制图基础

唐觉明　项　阳　编著

同济大学出版社
TONGJI UNIVERSITY PRESS
·上海·

内 容 提 要

本书依据教育部高等学校工程图学教学指导委员会于2010年制订的《普通高等学校本科工程图学课程教学基本要求》以及国家其他最新有关标准修订而成。

本书着重读图能力培养，理论与实践并重，侧重培养学生的基础机械制造工艺意识的基本能力和徒手绘制工程草图及测绘零部件的基本技能。本书的主要内容有制图基本知识、正投影基础、立体的投影、组合体视图、轴测图、机件表达方法、标准件及常用件、零件图、装配图和焊接等。

本书还配有《制图基础习题集》，两者编排次序一致。本书适用于高等工科学校各近机类专业的教学，也可供高等职业教育、自学考试、函授和成人教育等使用。

图书在版编目(CIP)数据

制图基础/唐觉明，项阳编著. --上海 ：同济大学出版社，2017.8（2023.8重印）

ISBN 978-7-5608-7067-0

Ⅰ. ①制… Ⅱ. ①唐… ②项… Ⅲ. ①工程制图一高等学校一教材 Ⅳ. ①TB23

中国版本图书馆CIP数据核字(2017)第108973号

制图基础

唐觉明 项 阳 编著

责任编辑 姚烨铭 责任校对 徐春莲 封面设计 陈益平

出版发行 同济大学出版社 www.tongjipress.com.cn

（地址：上海市四平路1239号 邮编：200092 电话：021-65985622）

经 销 全国各地新华书店

印 刷 常熟市大宏印刷有限公司

开 本 787mm×1092mm 1/16

印 张 19

字 数 474000

版 次 2017年8月第1版

印 次 2023年8月第3次印刷

书 号 ISBN 978-7-5608-7067-0

定 价 59.00元

前　言

本书是在上海工程技术大学参加主编的为全国轻工院校编写的《画法几何及机械制图》教材的基础上，认真总结了上海工程技术大学多年的教学实践与教学改革，按照国家工程制图最新发布的各项有关技术标准，全面加以修订，正式作为上海工程技术大学系列教材之一。考虑到计算机图形学的发展和广泛应用，上海工程技术大学已作为独立一门学科开设。因此，本书未列入的部分内容，另行专门编写《计算机图形学》，以适应该校各工科专业以及服装、艺术类专业使用，特在此说明。

近年来，随着计算机等高新技术的飞跃发展，高等学校的教学改革步伐不断加大，作为传统工程图学的授课学时已多次缩减。上海工程技术大学的办学有重视产学结合、加强实践的特点，因此，本书在编排上采用多媒体教学与图例示教一致，由易到难、循序渐进，力求学生在学习过程中，在教师精讲的同时，有利于多练和自学，便于阅读。具体体现在以下几个方面：在保持画法几何部分的系统性的前提下，删去了工程实际中应用甚少的内容，以掌握概念、强化应用、加强徒手画工程草图及测绘零部件等技能训练和培养学生工程意识为教学重点。同时加强题解分析，便于学生自我提高，扩展知识面，有利于学生空间想象和图示方法能力的提高。组合体部分加强读图分析与方法的培养，示教图例则由易到难、由简到繁并增加空间构思的内容。在零件图与装配图中，编写时从实用出发，尽量扩大典型零、部件的示教以及零、部件的工艺结构示教。尺寸标注历来是薄弱环节，本书仍采取分段讲解、各有侧重、难点分散、细水长流的原则，以便于学生掌握和应用。

本书由唐觉明、项阳主编，由潘裕煊、钱杨等副教授担任主审。参加编写的还有张旭、刘胜、夏超文及朱希玲等教师。

鉴于水平和能力有限，书中若有差错，衷心希望读者提出批评、建议。

编者

2016 年 12 月

目 录

严肃认真，一丝不苟。必须严格遵守《国家标准机械制图》的规定。

不断改进学习方法，准确地使用有关资料和图表，提高独立工作能力和自学能力。

本课程只能为学生的绘图和读图打下一定的基础，在后继课程、生产实习、课程设计和毕业设计中还要继续培养和提高。

第二节　投影法及其分类

物体在光线照射下，在墙壁或地面上会出现物体的影子，这种现象被称为投影现象。画法几何学中应用的投影方法即是人们对投影现象进行科学的抽象而得到的。用这种方法确定空间几何形体在平面上的图像，称为投影法。

投影法分为两大类：中心投影法和平行投影法。

一、中心投影法

图 0-1 所示是光源抽象为一点 S，S 称为投影中心；ABC 为三角形平面物体；平面 P 称为投影面；S 与物体上任一点之间的连线（如 SAa、SBb、SCc）称为投射（影）线。投射线与投影面的交点 a、b、c 为物体上 A、B、C 点的投影。所有的投射线都从一点 S 开始，称为中心投影法。

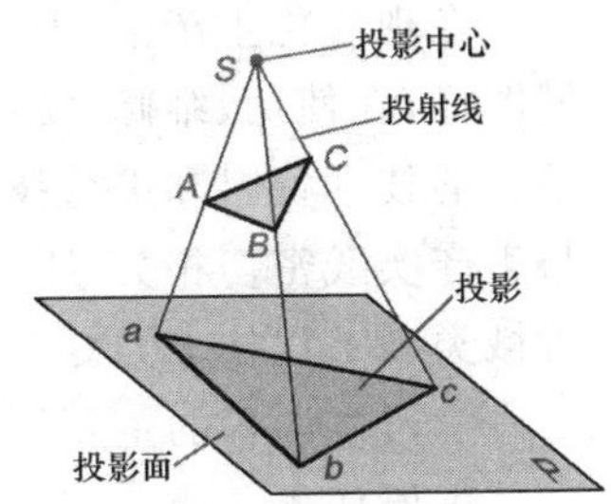

图 0-1　中心投影法

用投影法在投影面上所得到的物体的图形，称为物体的投影。

由图 0-1 中可以看出，应用中心投影法，线段的投影（如 ab）与其实际长度（AB）不相等。所以用中心投影法画出的图形不能反映物体的真实形状和大小，为此机械图样的绘制不采用中心投影法。

二、平行投影法

当中心投影法的投影中心移到距投影面无限远时，则各投射线互相平行，这就称为平行投影法，如图 0-2 所示。平行投影法又分为两种类型：

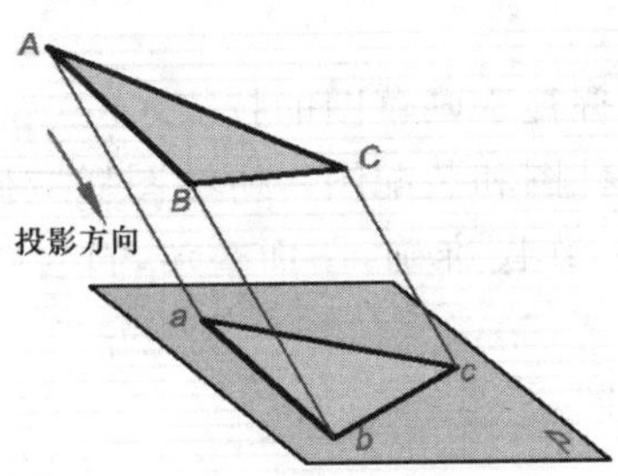

a) 斜投影法

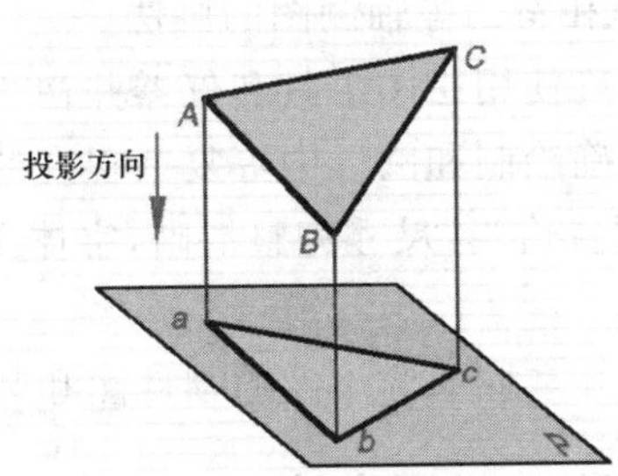

b) 正投影法

图 0-2　平行投影法

（1）斜投影法：当互相平行的投射线与投影面倾斜时，称为斜投影法，见图 0-2a）。

（2）正投影法：当互相平行的投射线与投影面垂直时，称为正投影法，见图 0-2b）。

机械图样的绘制，主要用正投影法，但有一些图样也要用到斜投影法或中心投影法。为此读者应在本课程开始时就要弄清楚这几种投影方法的异同，并特别重视正投影法的投影

绪　论

第一节　制图基础课程的性质、要求和学习方法

一、制图基础课程的地位、性质和任务

“制图基础”是一门研究绘制和阅读机械图样，解决空间几何问题的理论与方法的课程。

在现代化生产中，无论设计和制造机床、轻工机械、化工设备还是仪表工具都离不开机械图样，在使用、维修、安装和检验中也要以图样为依据。因此，图样就成为工业生产中一种重要的技术资料和进行技术交流不可缺少的工具，被喻为“工程界的语言”。由于机械图样与生产实践密切相关，所以本课程是一门既有系统理论，又有较强实践性的技术基础课，是机械类和工程技术类专业的一门主干课程。

学习本课程的主要目的是培养学生的绘图、读图和空间想象能力。

主要任务是：

(1) 掌握正投影法的基本理论及其应用；培养空间想象和空间分析能力。

(2) 培养绘制和阅读机械图样的能力和空间几何问题的图解能力。

(3) 培养认真负责的工作态度和严谨细致的工作作风。

此外，在教学过程中还必须有意识地培养学生自学能力、分析问题和解决问题的能力、创新能力。

二、本课程的基本要求

学完本课程后，应达到如下要求：

(1) 熟练掌握用正投影法表达空间几何形体基本理论和方法；了解轴测投影的基本概念并掌握正等和斜二等轴测图的画法。

(2) 能正确使用绘图工具和仪器并初步掌握徒手画草图的技能。

(3) 能正确绘制和阅读中等复杂程度的零件图和装配图。所绘图样应做到：投影正确，视图选择与配置恰当，尺寸完整清晰，字体工整，作图准确，图面整洁，符合《机械制图》国家标准的规定。

(4) 熟悉并掌握中等难度的零件图和装配图。

三、本课程的学习方法

“制图基础”的内容是以画法几何理论为依据的，同时与生产实际密切联系。因此在学习时既要善于应用画法几何理论指导绘图和读图，又要紧密联系实际。绘图和读图能力的培养主要通过完成一系列的作业才能达到。要多画多想，注意画、读结合，图、物结合，以不断培养空间想象能力和空间构形能力。

图样是用来指导生产的技术文件，在绘图和读图中切忌粗心大意、草率从事，必须做到

第一章 制图的基本知识

第一节 国家标准《机械制图》的基本规定

图样是现代工业生产中重要的技术文件之一。为了便于生产和技术交流，必须对图样的内容，如表达方法、尺寸标注以及图纸幅面、格式等作出统一的规定。

我国于 1959 年发布了国家标准《机械制图》，对图样作了统一的技术规定。为适应科学技术的发展和国际技术交流的需要，于 1970 年、1974 年和 1984 年、1995 年直至现今已进行多次修订。

国家标准简称国标，其代号为“GB”。本节仅摘录国家标准《机械制图》中的部分内容：如图幅、比例、字体、图线和尺寸注法等，其余有关内容将在以后各章节中分别叙述。

一、图纸幅面及格式(GB/T 14689—93)

(1) 绘制图样时，优先采用表 1-1 中所规定的幅面尺寸，必要时可以沿长边加长。具体加长量见 GB 有关的规定。

表 1-1 图纸幅面及周边尺寸(mm)

<table>
<tr><th rowspan="2">幅面代号</th><th>幅面尺寸</th><th colspan="3">周边尺寸</th></tr>
<tr><th>$B \times L$</th><th>a</th><th>c</th><th>e</th></tr>
<tr><td>A0</td><td>841×1189</td><td rowspan="5">25</td><td rowspan="3">10</td><td rowspan="2">20</td></tr>
<tr><td>A1</td><td>594×841</td></tr>
<tr><td>A2</td><td>420×594</td><td rowspan="3">10</td></tr>
<tr><td>A3</td><td>297×420</td><td rowspan="2">5</td></tr>
<tr><td>A4</td><td>210×291</td></tr>
</table>

需要装订的图样，其图框格式如图 1-1a)所示，不需要装订的图样，其图框格式如图 1-1b)所示。图框线用粗实线绘制。为了复制方便，可采用对中符号，对中符号是以从周边画入图框内约 5mm 的一段粗实线表示，如图 1-1b)所示。

(2) 每张图样上都要有标题栏，它的格式如图 1-2 所示。

无论图样是否装订，均应用粗实线画出图框线，需要装订的图样，其图框格式如图 1-1a)所示，周边尺寸按表 1-1 中规定。一般采用 A0 幅面竖装或 A3 幅面横装。不需要装订的图样，其格式如图 1-1b)所示；周边尺寸 e 见表 1-1 所示。

标题栏一般配置在图样的右下角紧靠图框线。标题栏中的文字方向为看图方向，标题栏的格式建议采用图 1-2 所示，外框是粗实线。文字除图名、单位名用 10 号字，其余皆用 5 字。

特性和逐渐掌握正投影法的绘图规律，正确、熟练地表达形体。

三、工程中常用的几种投影图

工程中常用的投影图有四种：轴测投影图、透视投影图、正投影图和标高投影图。轴测投影图和正投影图在以后各章中广泛应用和介绍。现仅对标高和透视投影图作简单介绍。

（一）标高投影图

标高投影是正投影画法的一种，采用水平面作为投影面，主要用于地形图的绘制。因为大地幅员广阔，起伏多变，而高度方向与幅员相比显得很小，其他绘图方法都难适应地形图的绘制。为此采用地面等高线的水平正投影，并用数字标明各等高线的高度，就得到标高投影图。

图 0-3 是用标高投影法绘制的地形图。另外标高投影法还用于不规则曲面的表达，如船舶、飞机、汽车曲面等的绘制。如图 0-4 所示。

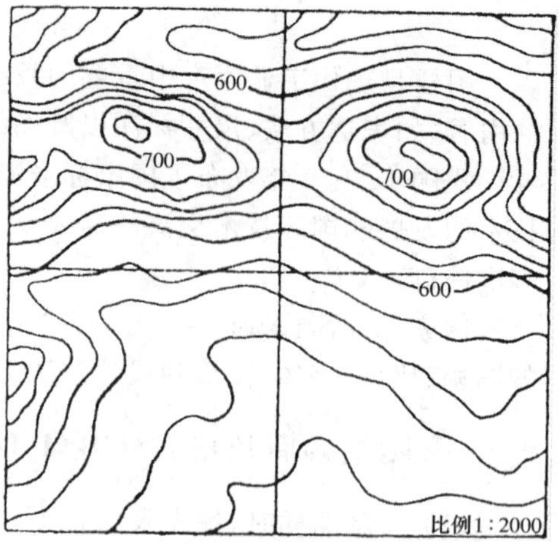

图 0-3　标高投影法画的地形图

（二）透视投影图

透视投影图采用中心投影法，在一个投影面上得到形体的投影。它的成像原理与照相原理相似，图形接近于人的视觉映象，所以透视图形象逼真，立体感强。

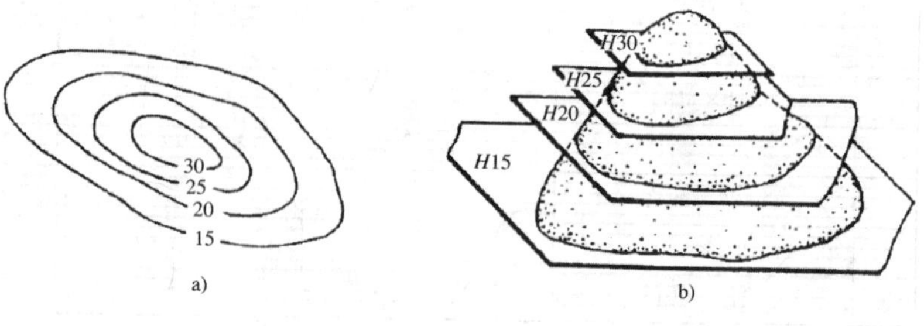

图 0-4　标高投影法画的不规则曲面

图 0-5 是几何体的透视投影图。由于采用中心投影法，所以物体上原来互相平行的边，在透视投影图上就不平行了。透视图画法比较复杂，又不能从图形上度量物体的尺寸，所以一般不用于绘制机械图样，而用于某些建筑图和工艺美术设计等方面。

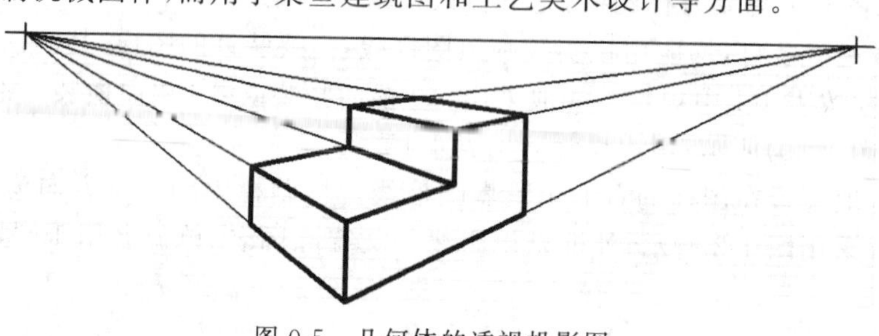

图 0-5　几何体的透视投影图

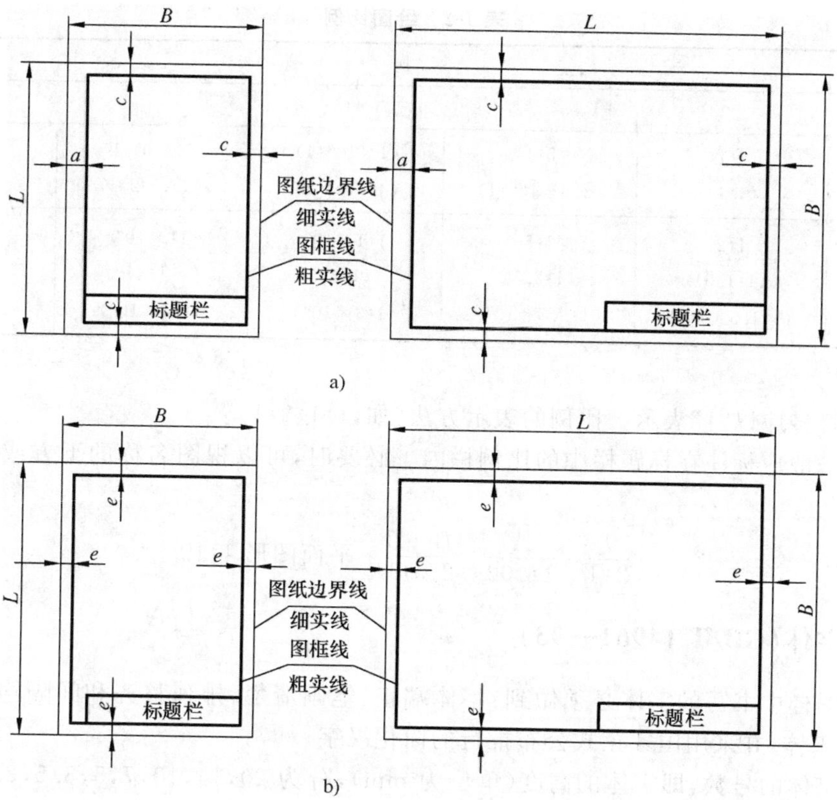

图 1-1　图框格式

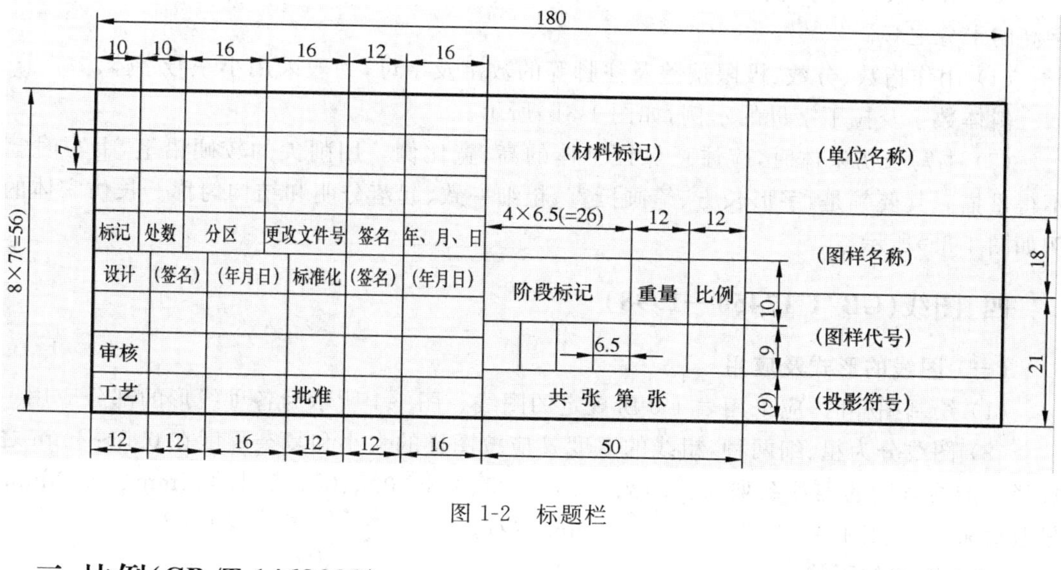

图 1-2　标题栏

二、比例(GB/T 1469093)

图样上的比例是指图样中机件要素的线性尺寸与实际机件相应要素的线性尺寸之比。绘制图样时，一般采用表 1-2 中规定的比例。有时亦可选用带括号的比例。

表 1-2　绘图比例

种类	比例				
原值比例	1:1				
放大比例	2:1 (4:1)	5:1 (2.5×10^n:1)	(1×10^n:1) (4×10^n:1)	2×10^n:1 (2.5:1)	5×10^n:1
缩小比例	1:2 (1:1.5) (1:1.5×10^n)	1:5 (1:2.5) (1:2.5×10^n)	1:1×10^n (1:3) (1:3×10^n)	1:×10^n (1:4) (1:4×10^n)	1:5×10^n (1:6) (1:6×10^n)

注：n 为正整数。

比例符号应以“:”表示。比例的表示方法，如，1:1、2:1 等。

比例一般应标注在标题栏中的比例栏内。必要时，可以视图名称的下方或右侧标注比例，如：

$$\frac{I}{2:1}\quad \frac{A}{1:100}\quad \frac{B-B}{2.5:1}\quad \text{平面图形 } 1:10$$

三、字体(GB/T 14961—93)

(1) 图样中书写的字体必须做到：字体端正、笔画清楚、排列整齐和间隔均匀。汉字应写成长仿宋体，并采用国家正式公布推行的简化汉字。

(2) 字体的号数，即字体的高度(单位为 mm)，分为 20，14，10，7，5，3.5，2.5，1.8 等八种。字体的宽度约等于字体高度的三分之二。

(3) 斜体数字及字母的字头向右倾斜，与水平线约成 75°，数字与字母的笔画粗细约为字高的十分之一。

(4) 用作指数、分数、极限偏差及注脚等的数字及字母，一般采用小一号字体。

斜体数字及拉丁字母的示例，如图 1-3b)所示。

(5) 书写长仿宋体时，应注意保证字体的高、宽比例。用削尖的较硬铅笔，书写时笔画不得重描。其要领是：字形长方、笔画挺直、粗细一致、起落分明和结构匀称。长仿宋体的示例如图 1-3a)所示。

四、图线(GB/T 17450—1998)

(一) 图线的形式及应用

(1) 绘制图样时，应采用表 1-3 所规定的图线。图 1-4 所示为各种线形的部分应用。

(2) 图线分为粗、细两种，粗线的宽度 d 应按图样的大小和复杂程度在 0.5～2mm 之间选择。图线宽度的推荐系列为：0.13、0.18、0.25、0.35、0.5、0.7、1、1.4、2mm。0.18mm 尽量避免采用。制图中一般选用 d 为 0.7mm 左右。

(二) 图线的画法

(1) 同一图样中同类图线的宽度应基本一致。虚线、点画线及双点画线的线段长度和间隔应各自大致相等。具体长短间隔建议按表 1-3 的规定画。

(2) 绘制圆的对称中心线时，圆心应为线段的交点。计算机制图圆心中心线可用圆心符号代。点画线和双点画线的首末两端应是线段而不是点，并应超出圆周 2～5mm。如图 1-5 所示。

字体工整 笔画清楚 间隔均匀 排列整齐

横平竖直　结构均匀　注意起落　填满方格

技术制图机械电子汽车航空船舶

土木建筑矿山井坑港口纺织服装

a) 汉字示例

ABCDEFGHIJKLMNOPQRSTUVWXYZ

abcdefghijklmnopqrstuvwxyz

12345678910 I II III IV V VI VII VIII IX X

R3　2×45°　M24-6H　Φ60H7　Φ30g6

$\Phi 20^{+0.021}_{\ \ 0}$　$\Phi 25^{-0.007}_{-0.020}$　*Q235*　*HT200*

b) 斜体数字及拉丁字母示例

图 1-3　仿宋体字

（3）在较小的图形上绘制点画线或双点画线有困难时，可用细实线代替。

（4）虚线与虚线或粗实线相交时，应在线段处相交，不应在空隙处相交。当虚线处于粗实线的延长线上时，其连接处应留有空隙。如图 1-6 所示。

表 1-3　图线的形式及应用

图线名称	图线形式	图线宽度	一般应用
粗实线		d	A1 可见轮廓线 A2 可见过渡线
细实线		约 $d/3$	B1 尺寸线及尺寸界线 B2 剖面线 B3 重合剖面的轮廓线 B4 螺纹牙底线 B5 引出线
波浪线		约 $d/3$ （徒手绘制）	C1 断裂处的边界线 C2 视图和剖视的分界线
双折线	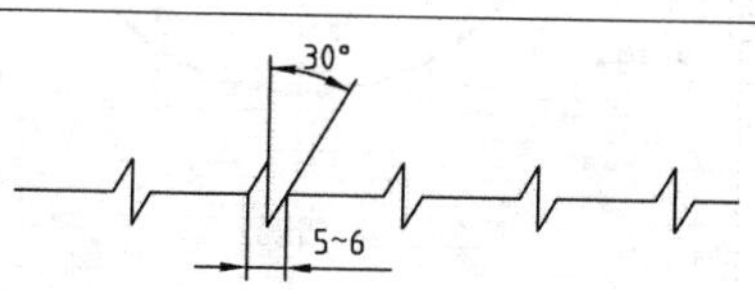	约 $d/3$	D 断裂处的边界线

续表

图线名称	图线形式	图线宽度	一般应用
虚 线	4~6 1	约 $d/3$	F1 不可见轮廓线 F2 不可见过渡线
细点画线	15~24 5	约 $d/3$	G1 轴线 G2 对称中心线 G3 轨迹线
粗点画线		d	Jl 有特殊要求的线或表面的表示线
双点画线	9 15~24	约 $d/3$	K1 相邻辅助零件的轮廓线 K2 极限位置的轮廓线

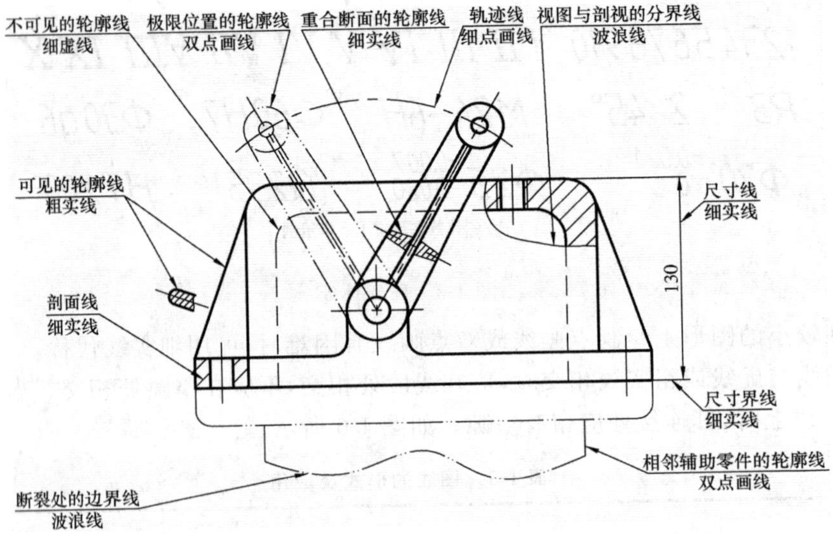

图 1-4 线型的应用

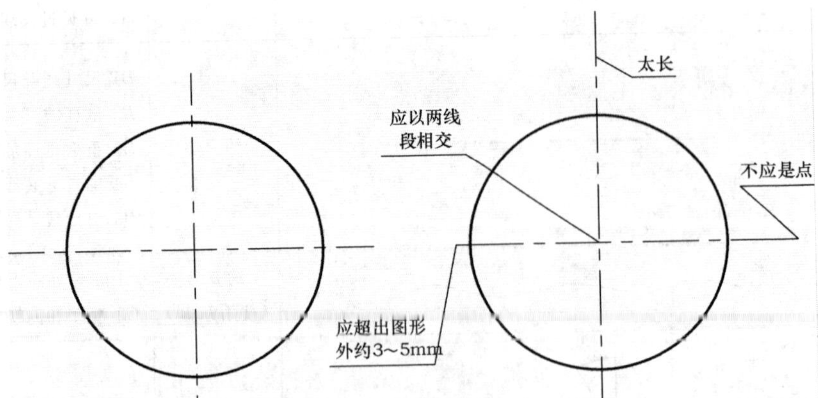

图 1-5 点画线用法

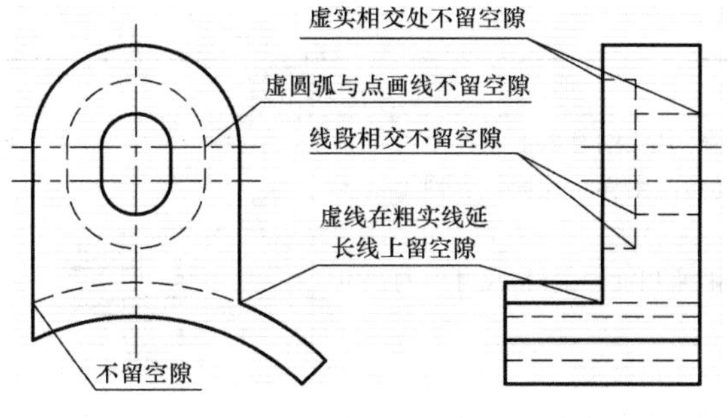

图 1-6　虚线用法

五、尺寸注法

(一) 基本规则

(1) 机件的真实大小应以图样上所注的尺寸数值为依据，与图形的大小及绘图的准确度无关。

(2) 图样中的尺寸以毫米为单位时，不需要标注计量单位的代号或名称，如采用其他单位时，则必须注明相应的计量单位的代号或名称。

(3) 图样中所标注的尺寸，为该图样所示机件的最后完工尺寸，否则应另加说明。

(4) 机件的每一尺寸，一般只标注一次并应标注在反映该结构最明显的视图上。

(二) 规则与方法

表 1-4 中列出了标注尺寸的一些规则与方法，并适当加以说明，这些规定在画图时是必须遵守的。

表 1-4　标注尺寸的规则

项目	说　　明	图　　例
尺寸的组成	完整的尺寸，由下列内容组成： 1.尺寸数字； 2.尺寸线； 3.表示尺寸线终端的箭头或细斜线； 4.尺寸界线	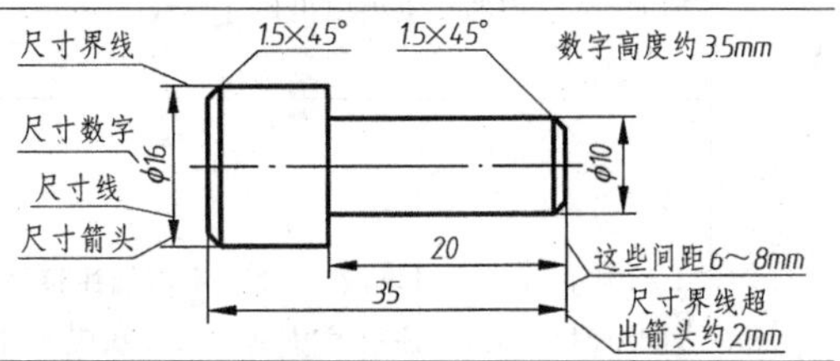
尺寸数字	1.线性尺寸的数字一般应注写在尺寸线的上方，也允许注写在尺寸线的中断处，但在同一张图样中，应尽可能采用同一种形式注写。 2.线性尺寸数字的方向应按图 a)所示的方向注写，并尽可能避免在图示 30°范围内标注尺寸。当无法避免时，可按图 b)标注。 3.尺寸数字不可被任何图线所通过，否则必须将该图线断开	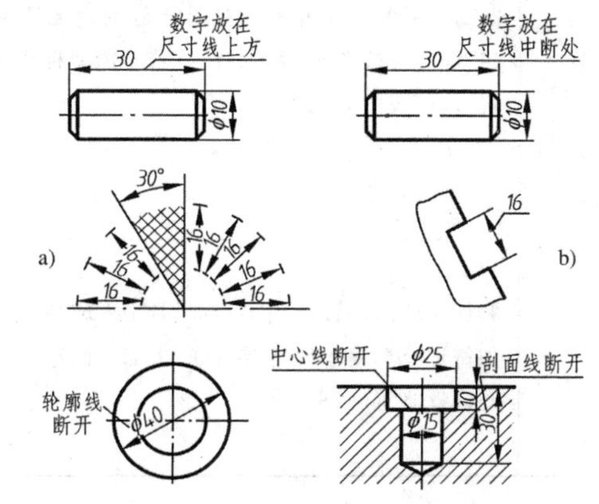

续表

<table>
<tr><th>项目</th><th>说　　明</th><th>图　　例</th></tr>
<tr><td>尺寸线</td><td>1. 尺寸线用细实线绘制，其终端有以下两种形式。
a. 箭头：适用于各种类型的图样。在同一张图上箭头的大小应一致。
b. 斜线：用细实线绘制，采用此形式时，尺寸线与尺寸线必须互相垂直。
在机械图样中一般优先采用箭头。
2. 当尺寸线与尺寸界线相互垂直时，同一张图样中能采用一种尺寸终端的形式，不得混合使用。小尺寸注法中用斜线代替箭头的情况例外。
3. 尺寸线不能用其他图线代替，也不得与其他图线重合或画在其延长线上。尺寸线两端的箭头应指到尺寸界线。
4. 标注线性尺寸时，尺寸线必须与所标注的线段平行。如有几条互相平行的尺寸线时，应将大尺寸放在小尺寸的外面，两尺寸之间的距离一般为 6～8mm</td><td>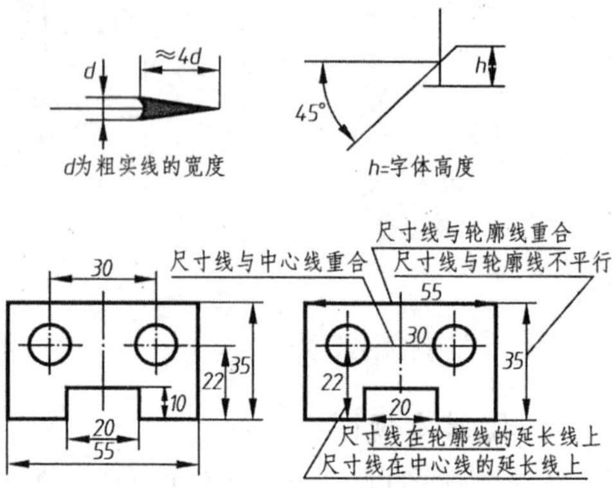

a) 正确　　b) 错误</td></tr>
<tr><td rowspan="2">尺寸界线</td><td>1. 尺寸界线用细实线绘制，由图形的轮廓线、轴线或对称中心线引出。也可利用轮廓线、轴线或对称中心线作尺寸界线</td><td>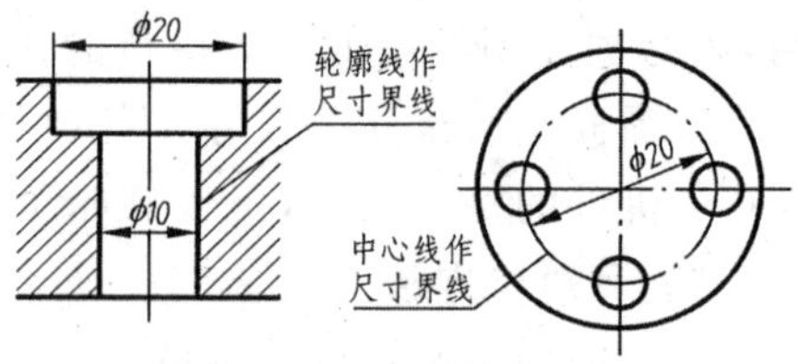
</td></tr>
<tr><td>2. 尺寸界线一般应与尺寸线垂直，并超出尺寸线约 2～3mm，必要时才允许倾斜。
3. 在光滑过渡处标注尺寸时，必须用细实线将轮廓线延长，从它们的交点处引出尺寸界线</td><td>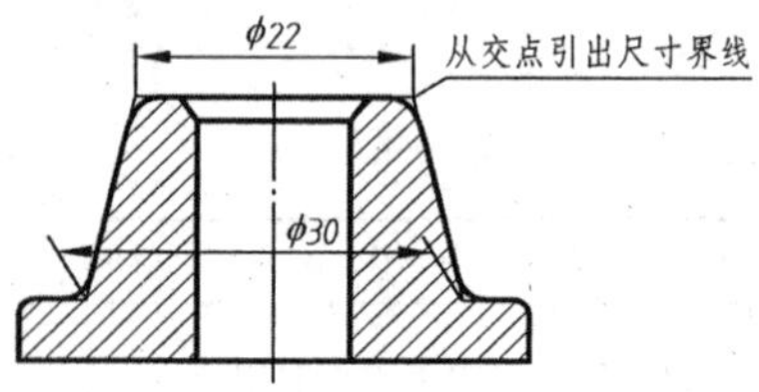
</td></tr>
<tr><td rowspan="2">直径与半径</td><td>1. 标注直径尺寸时，应在尺寸数字前加注符号“ϕ”，标注半径尺寸时，加注符号“R”，其尺寸线应通过圆心
2. 当圆弧的半径过大或在图纸范围内无法标出圆心位置时，可按图 a)形式标注。若不需要标出其圆心位置时，可按图 b)标注</td><td>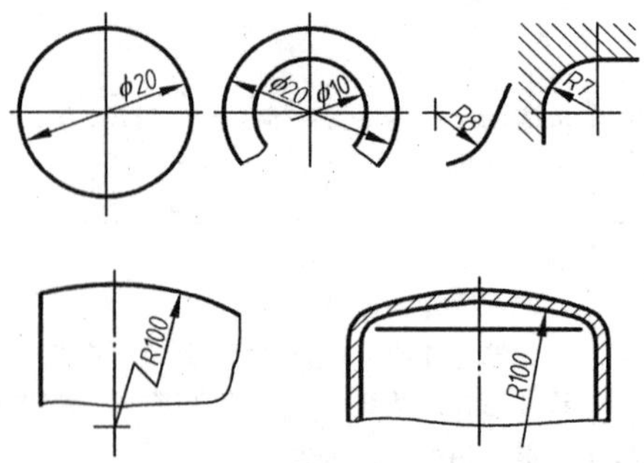

a)　　b)</td></tr>
<tr><td>3. 标注球面的直径或半径时，应在“ϕ”或“R”前面再加符号“S”，对于螺钉、铆钉的头部，轴及手柄的端部，允许省略符号“S”</td><td>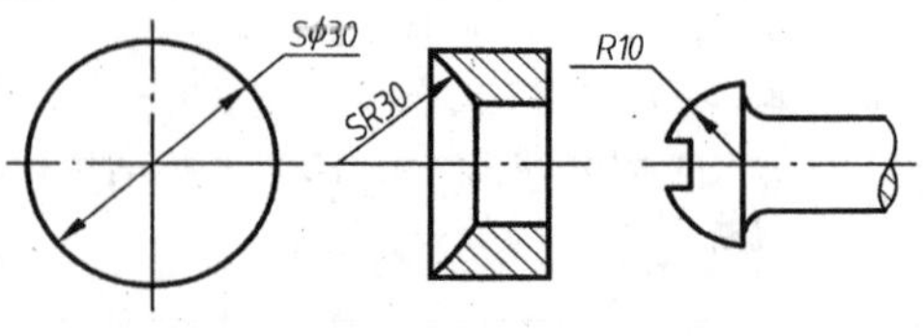
</td></tr>
</table>

续表

项目	说　　明	图　　例
角度	1. 角度的尺寸界线必须沿径向引出，尺寸线应画成圆弧，圆心是该角的顶点。 2. 角度的数字一律写成水平方向，一般注写在尺寸线的中段处，必要时允许写在外面或引出标注	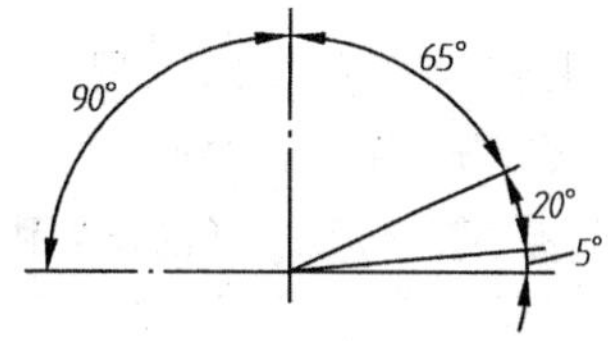
弧度	1. 弧长弦长的尺寸界线应平行于该弦的垂直平分线，如图 a)。当弧长较大时，尺寸界线可沿径向引出，如图 b)。 2. 标注弧长时，应在尺寸数字的上方加符号“⌒”	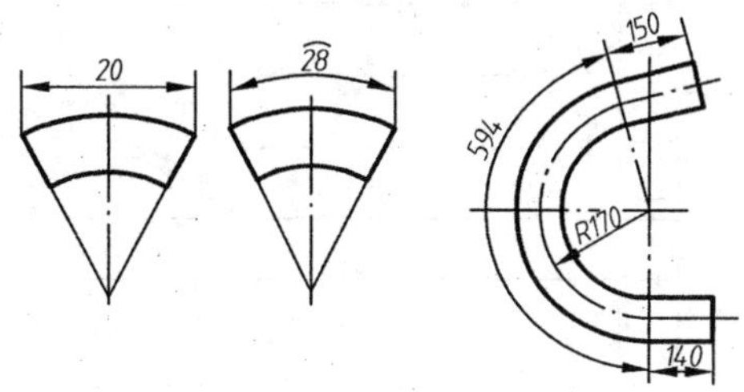 a)　　b)
小尺寸注法	1. 若没有足够位置画箭头或注写数字时可按有图形式标注。 2. 连按尺寸无法画箭头时，可用圆点代替中间省去的两个箭头。 3. 标注小圆弧半径的尺寸线，不论其是否画到圆心，但方向必须通过圆心	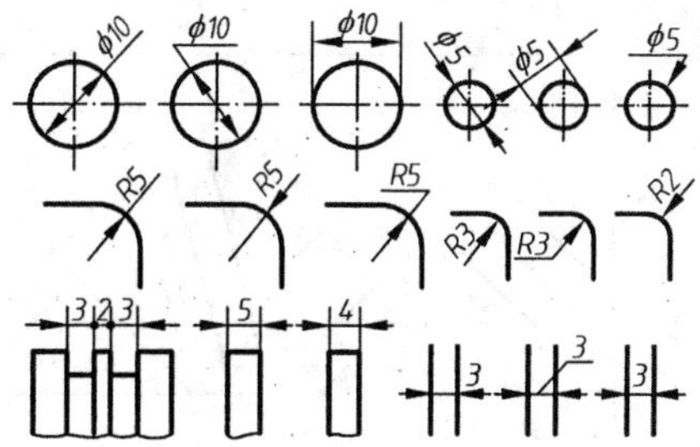
对称图形	当对称机件的图形只画一半或略大于一半时，尺寸线应超过对称中心线或断裂处的边界线，此时仅在尺寸线的一端画出箭头	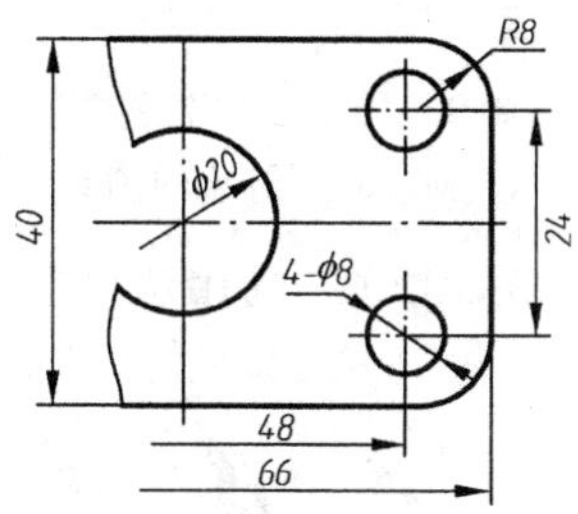
其它	1. 标注板状零件的厚度时，可在尺寸数字前加注符号“δ”。 2. 当需要指明半径尺寸是由其他尺寸所确定时，应用尺寸线和符号“R”标出，但不要注写尺寸数字	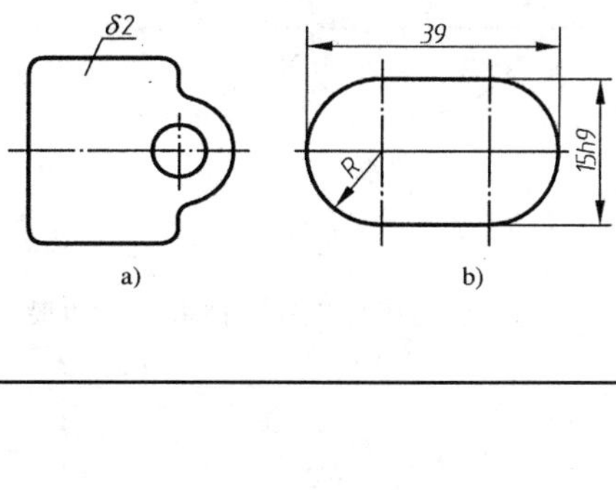 a)　　b)

第二节　绘图工具和仪器的使用方法

为了既快又好地画出工程图样，除应有正确的绘图方法外，正确、熟练地使用绘图工具是非常重要的。本节简要介绍一些常用的绘图工具及它们的使用方法。

1．图板、丁字尺、三角板的用法（图 1-7～图 1-10）。

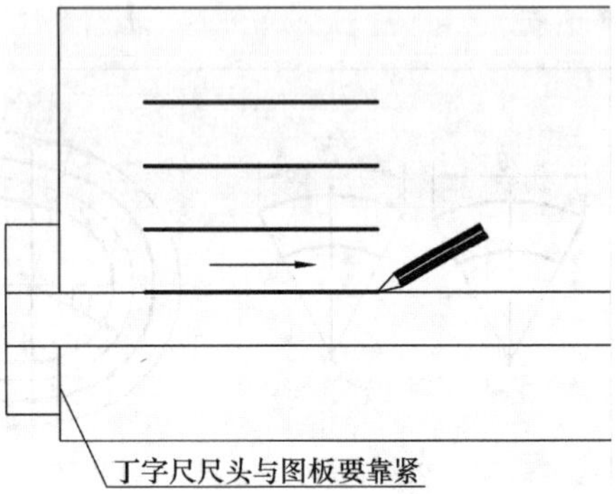

图 1-7　用丁字尺画水平线

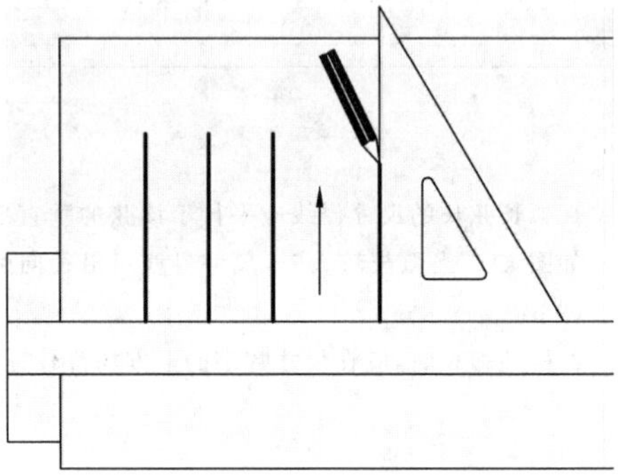

图 1-8　用丁字尺、三角板配合画铅垂线

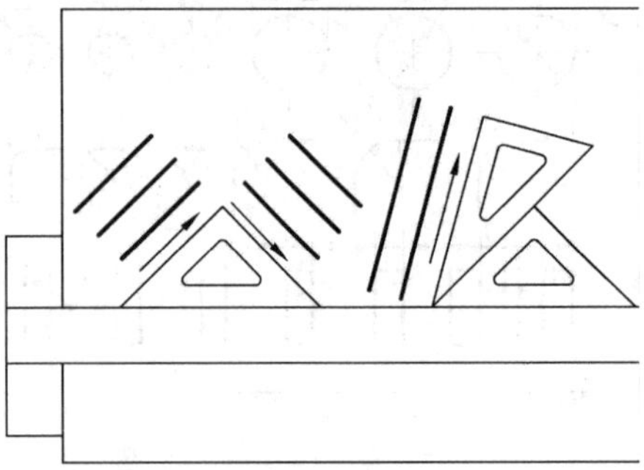

图 1-9　用丁字尺、三角板配合画 15°整倍数的斜线

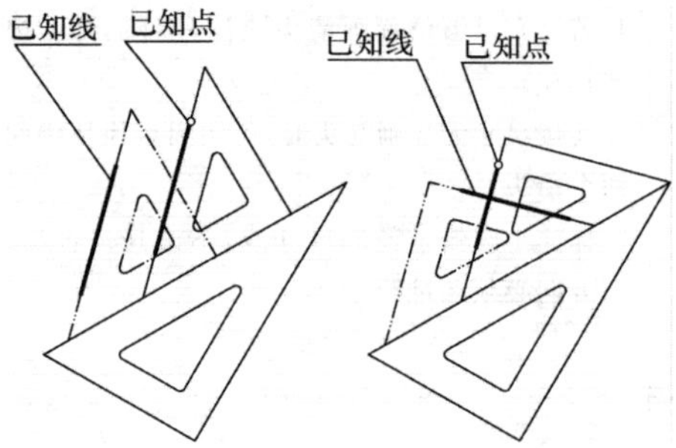

图 1-10　用两块三角板配合作已知线的平行线或垂直线

2．分规、比例尺的用法（图 1-11、图 1-12）。

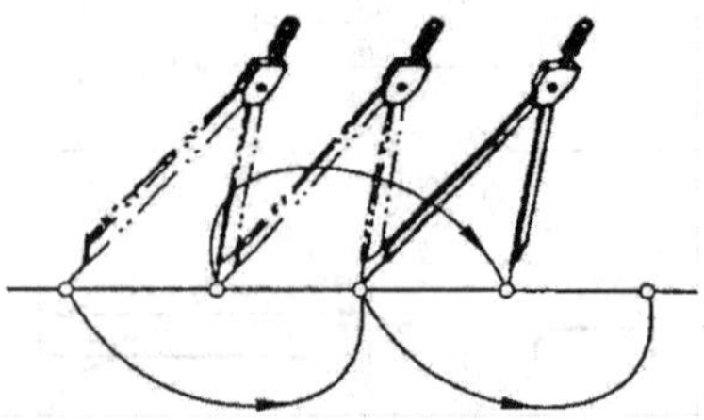

图 1-11　用分规连续截取等长线段

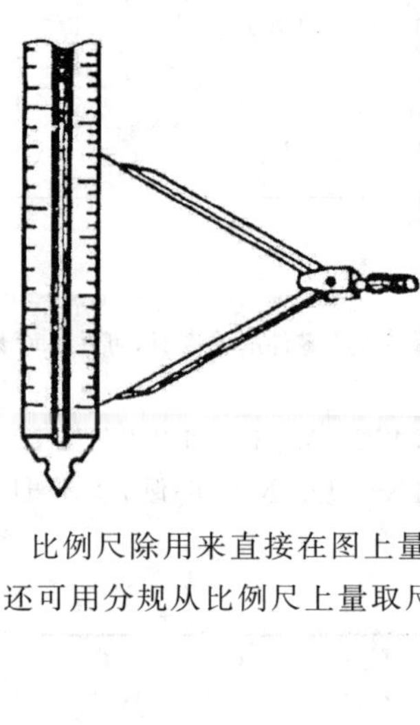

图 1-12　比例尺除用来直接在图上量取尺寸外，还可用分规从比例尺上量取尺寸

3. 圆规的用法(图 1-13～图 1-15)。

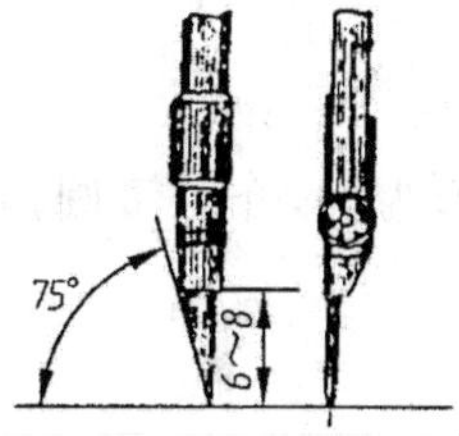

图 1-13 铅芯脚和针脚高低的调整

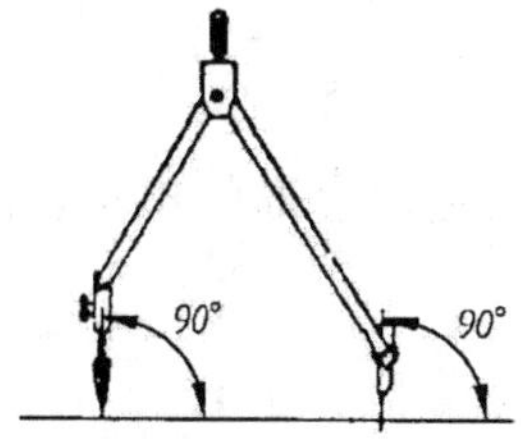

图 1-14 画圆时,针脚和铅芯脚都应垂直纸面

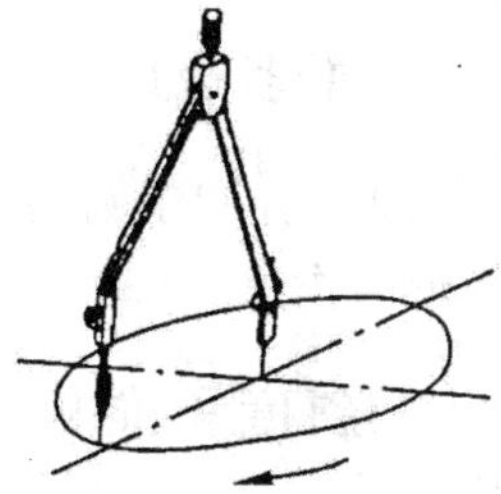

图 1-15 画圆时,圆规应按顺时针方向旋转并稍向前倾斜

4. 曲线板的用法(图 1-16)。

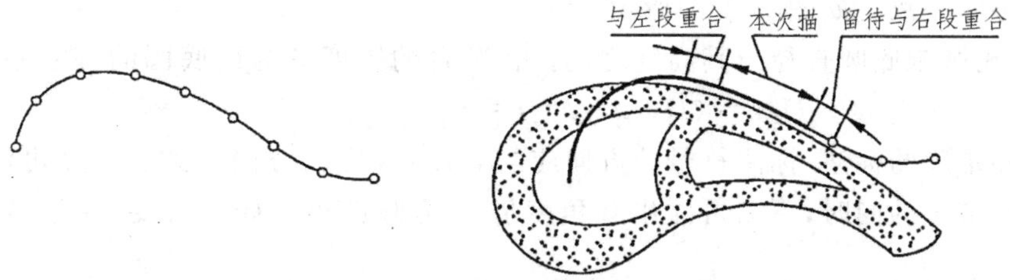

a) 细线通过各点徒手连成曲线

b) 分段描绘，在两段连接处应有一小段重复，以保证所连曲线光滑过渡

图 1-16 曲线板的用法

5. 直线笔的用法(图 1-17、图 1-18)。

6. 铅笔的削法(图 1-19)。

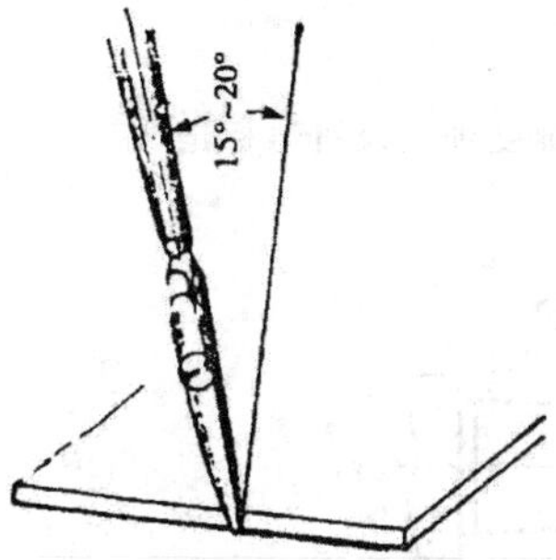

图 1-17 用直线笔画墨线图画线时,直线笔要向前进方向稍作倾斜

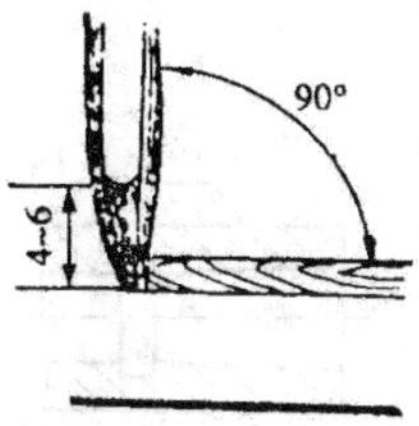

图 1-18 直线笔的两片都要和纸面接触才能保证画出的图线两边光滑

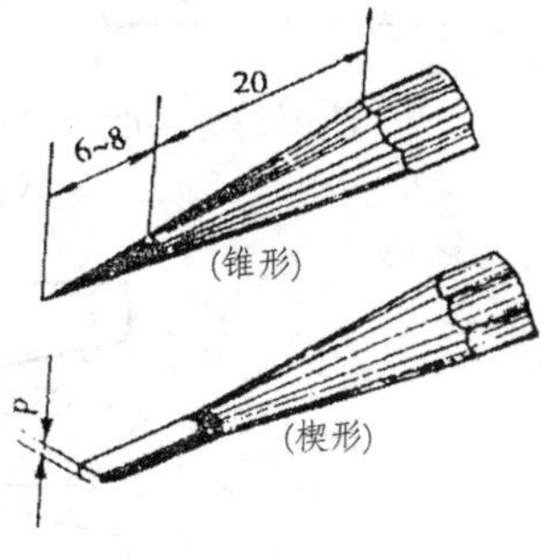

图 1-19 一般将 H 型、HB 型铅笔的铅芯削成锥形,用来画细线和写字;将 B 型铅笔的铅芯削成楔形,用来画粗线

第三节 几何作图

机械图样中,零件的轮廓形状虽然是多种多样的,但是基本上都是由直线、圆弧和其他

一些曲线组成的几何图形。本节介绍常用几何图形的作图方法。

一、正多边形

表 1-5 介绍了圆内接正五边形、正六边形的作法，并以正七边形为例，介绍了圆内接正多边形的作法。

二、斜度和锥度

（一）定义及规定符号

斜度：一直线（或平面）对另一直线（或平面）的倾斜程度。图 1-20 中，直线 CD 对直线 AB 的斜度 $=(T+t)/l=T/L=1:n$，在图样中以 $1:n$ 的形式标注。

斜度的符号按图 1-20b）绘制，h 为字体的高度，符号的线宽为 $h/10$，符号斜线的方向应与斜度的方向一致。如图 1-22a）所示。

锥度：正圆锥底圆直径与其高度之比。正圆台的锥度则为两底圆的直径差与其高度之比，图 1-21a）中，锥度 $=D/L=(D-d)/l=1:n$。

斜度和锥度的标注：标注符号的方向应与斜度、锥度的方向一致。锥度可注在轴线上。一般在标注锥度的同时，不需再注出其角度值（α 为圆锥角），如有必要，在括号中注出其角度值。

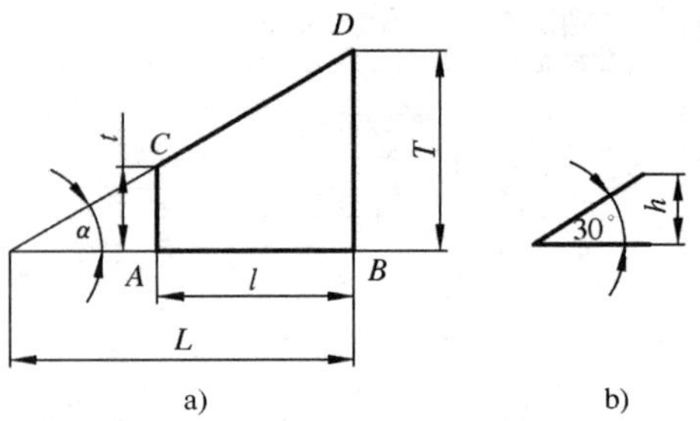

图 1-20　斜度画法及符号标记

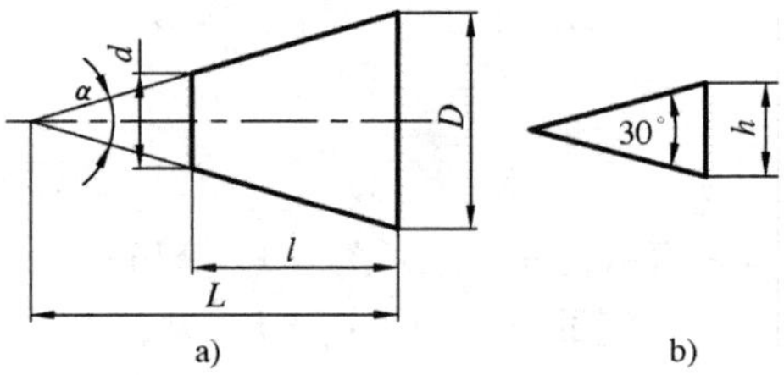

图 1-21　锥度画法及符号标记

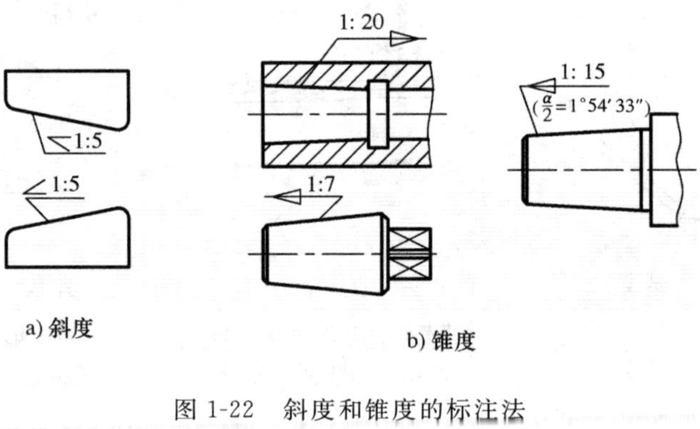

图 1-22　斜度和锥度的标注法

（二）画法

斜度和锥度的画法及作图步骤如图 1-23 和图 1-24 所示。

锥度的符号按图 1-21b）绘制，h 为字体的高度，符号的线宽为 $h/10$。符号方向应与锥度的方向一致。如图 1-22b）所示。

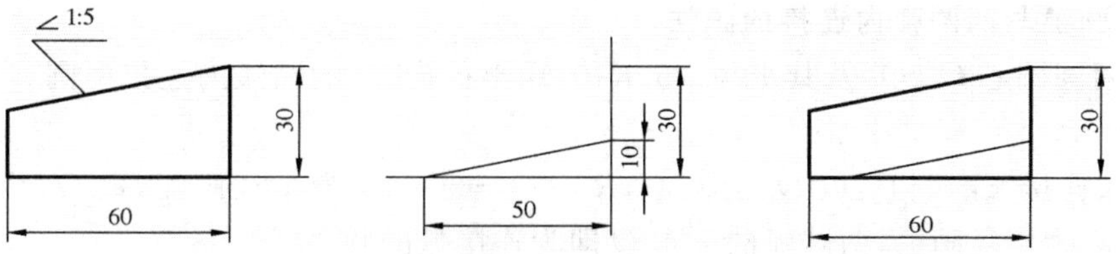

a) 给出图形　　b) 作斜度1:5的辅助线　　c) 完成作图

图 1-23　斜度的作图

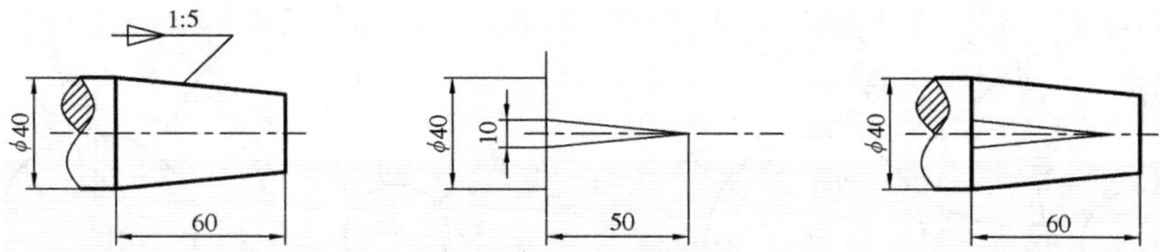

a) 给出图形　　b) 作锥度1:5的辅助线　　c) 完成作图

图 1-24　锥度的作图

三、圆弧连接

在绘制工程图样时，经常遇到用圆弧来光滑连接已知直线或圆弧情况，光滑连接也就是在连接点处相切。为了保证相切，在作图时就必须准确地作出连接圆弧的圆心和切点。

圆弧连接有三种情况：用已知半径为 R 的圆弧连接两条已知直线；用已知半径为 R 的圆弧连接两已知圆弧，其中有外连接和内连接之分；用已知半径为 R 的圆弧连接一已知直线和一已知囱弧。下面就各种情况作简要地介绍。

（一）圆弧与两已知直线连接的画法

已知两直线以及连接圆弧的半径 R，求作两直线的连接弧。作图过程如图 1-25 所示。

要画一个圆弧，必须知道半径和圆心的位置；如果只知道圆弧半径，圆心要用作图法求得，这样画出的圆弧为连接弧。

（1）求连接弧的圆心：作与已知两直线分别相距为 R 的平行线，交点 O 即为连接弧圆心。

（2）求连接弧的切点：从圆心 O 分别向两直线作垂线，垂足 M、N 即为切点。

（3）以 O 为圆心、R 为半径在两切点 M、N 之间作圆弧，即所求连接弧。

（二）圆弧与两圆弧外连接的画法

已知两圆圆心 O_1O_2 及其半径 $R5$、$R10$，用半径为 15 的圆弧外连接两圆。作图过程如图 1-26 所示。

（1）求连接弧的圆心：以 O_1 为圆心，$R_1=5+15=20$ 为半径画弧，以 O_2 为圆心，$R_2=10+15=25$ 为半径画弧，两圆弧的交点 O 即为连接弧的圆心。

（2）求连接弧的切点：连接 O_1、O 得点 N，连接 O、O_2 得点 M。点 M、N 为切点。

（3）以 O 为圆心，$R15$ 为半径画圆弧 MN，MN 即为所求连接弧。

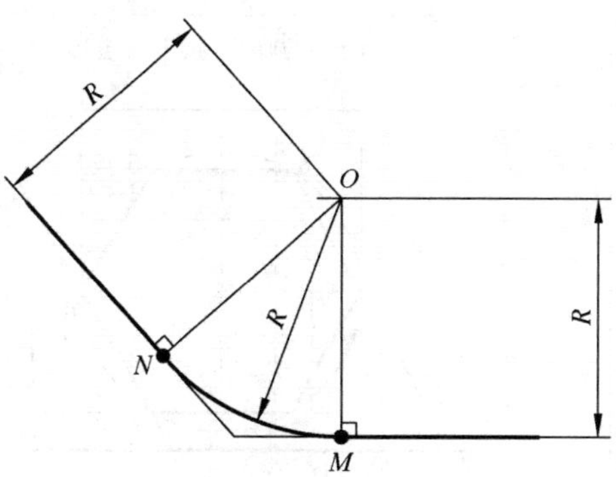

图 1-25　圆弧连接两直线的画法

(三) 圆弧与两圆弧内连接的画法

已知两圆圆心 O_1、O_2 及其半径 $R5$、$R10$，用半径为 30 的圆弧内连接两圆。作图过程如图 1-27 所示。

(1) 求连接弧的圆心：以 O_1 为圆心，$R_1=30-5=25$ 为半径画弧，以 O_2 为圆心，$R_2=30-10=20$ 为半径画弧，两圆弧的交点 O 即为连接弧的圆心。

(2) 求连接弧的切点：连接 O、O_1 得点 N，连接 O、O_2 得点 M，点 M、N 即为切点。

(3) 以 O 为圆心，$R30$ 为半径画圆弧 MN。MN 即为所求的连接弧。

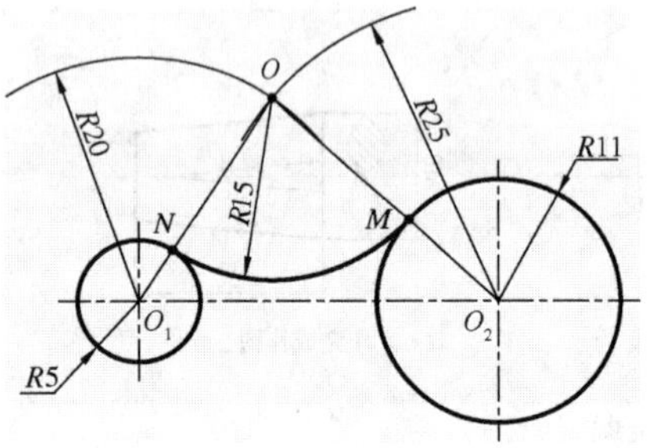

图 1-26　圆弧与两圆弧外连接的画法

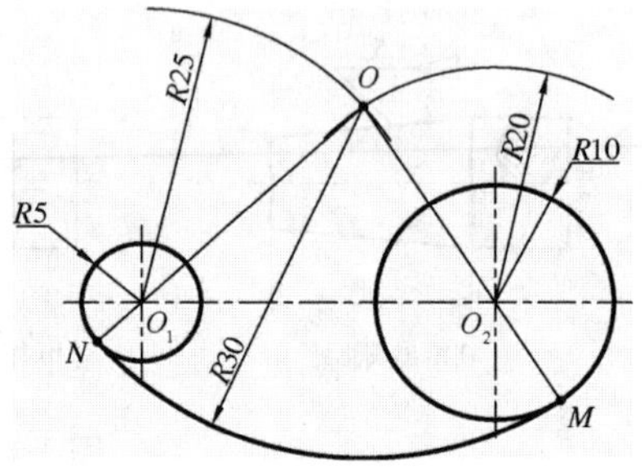

图 1-27　圆弧与两圆弧内连接的画法

四、常见的平面曲线

工程上常见的非圆平面曲线有椭圆、渐开线、阿基米德涡线等。

表 1-5　正多边形的画法

作图要求	作图步骤
作已知圆的内接正五边形 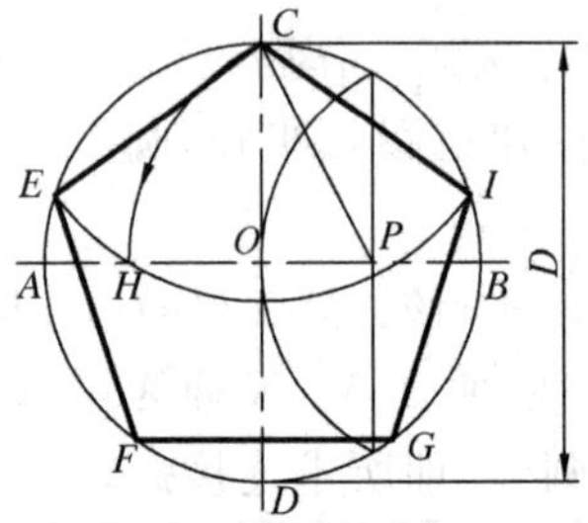	1. 过圆心 O 作水平直径 AB 和垂直直径 CD。 2. 作半径 OB 的中点 P。 3. 以 P 为圆心，PC 为半径作圆弧交 OA 于 H 点 4. 以 CH 为边长依次在圆周上截取，即完成圆内接正五边形
作已知圆的内接正六边形 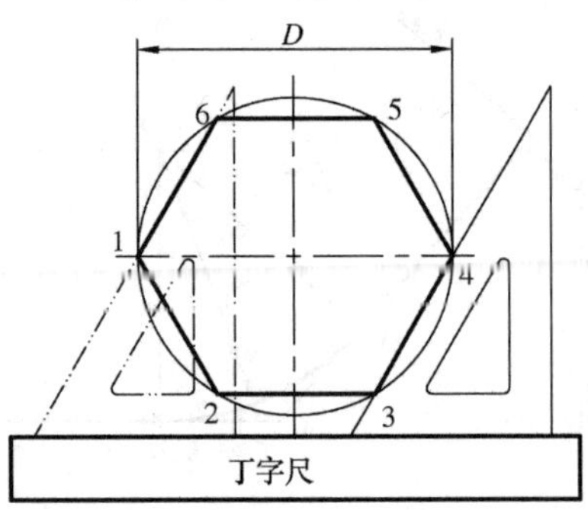	1. 作已知圆及互相垂直的中心线。 2. 水平中心线与已知圆交于 1、4 点。 3. 用 60°三角板配合丁字尺作图，使三角板的斜边过 1、4 点作平行线，画出四条边。 4. 用丁字尺作出上下水平边即完成圆内接正六边形

续表

作　图　要　求	作　图　步　骤
作已知圆的内接正 n 边形(七边形) 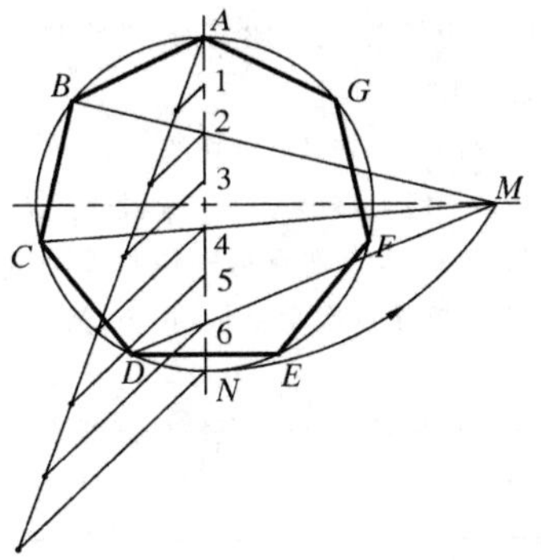	1. 将圆的直径 AN 作 n 等分($n=7$)。 2. 以 A 为圆心，AN 为半径画圆弧交圆的水平中心线于 M 点。 3. 过 M 点与 AN 上的偶数点(2、4、6)等连直线并延长，交左半圆周为 B、C、D 点。 4. 以 AN 为对称轴，在右半圆周上取 B、C、D 的对称点 G、E、F。 5. 连接 A、B、C、D 等点即得到圆内接正七边形

表 1-6　常见平面曲线的画法

作　图　要　求	作　图　步　骤
已知长短轴 AB 和 CD 作椭圆(同心圆法) 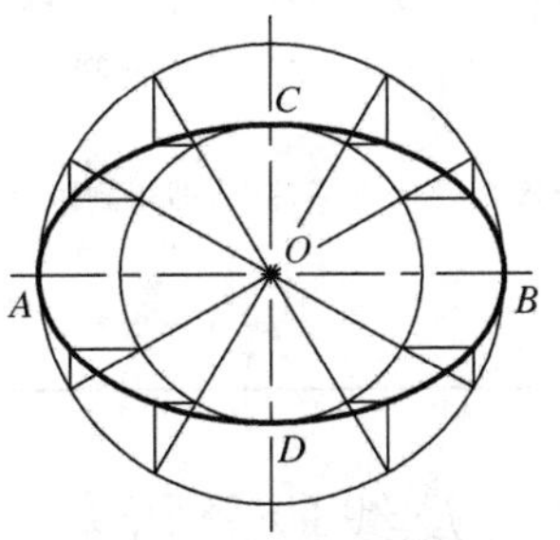	1. 以 O 为圆心，OA 和 OC 为半径，分别画辅助圆。 2. 过圆心 O 作若干直径与两辅助圆相交。 3. 过大圆上的交点引平行于 CD 的直线，过小圆的交点到平行于 AB 的直线，则两直线的交点为椭圆的点。 4. 用曲线板光滑连接各点，即得到所求椭圆
已知长短轴 AB 和 CD 作近似椭圆(四心圆法) 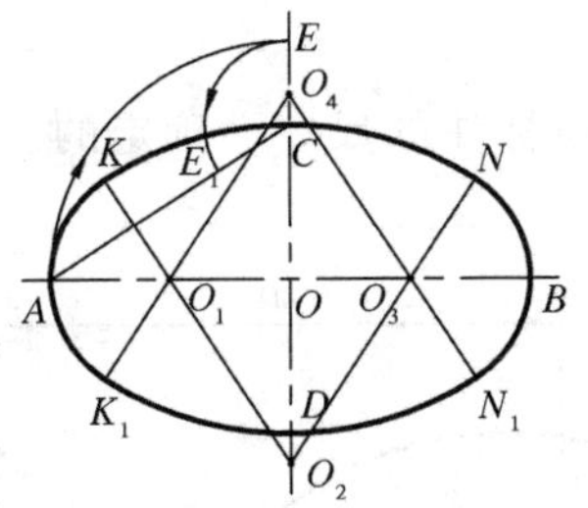	1. 连接 AC，并在 AC 上取 $CEl=CE=OA-OC$。 2. 作 $AE1$ 的垂直平分线，与长短轴分别交于 O_1 和 O_2，再作对称点 O_3 和 O_4。 3. 以 O_1、O_2、$O3$、$O4$ 为圆心，O_1A、O_3B、O_2C、O_4D 为半径，分别画圆弧，即得出所求的近似椭圆。圆心的连线与圆弧的交点 K、K_1、N、N_1 为切点
已知共轭直径 KL 及 MN 作椭圆(八点法) 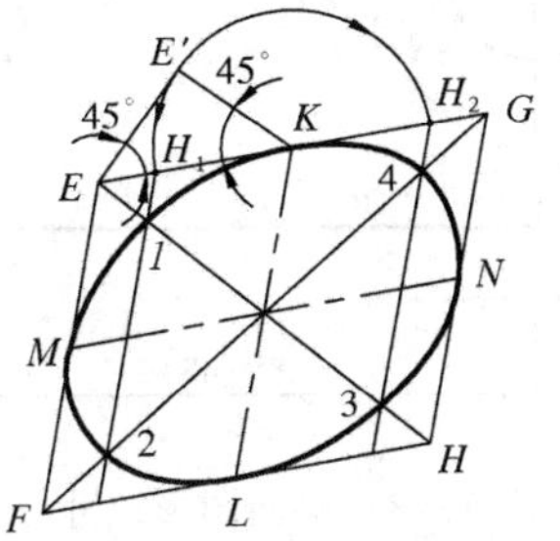	1. 过共轭直径的端点 K、L、M、N 作共轭直径的平行线得平行四边形 $EGHF$。 2. 自 E 和 K 作 45°的斜线交于 E'。 3. 以 K 为圆心，KE' 为半径作圆弧，与 EG 交于 H_1、H_2。 4. 过 H_1、H_2 作直线平行于 KL，与对角线相交得 1、2、3、4 点，用曲线板把 M、1、K、4、N、3、L、2、M 顺次连成椭圆

续表

作图要求	作图步骤
已知基圆直径 D 作圆的渐开线 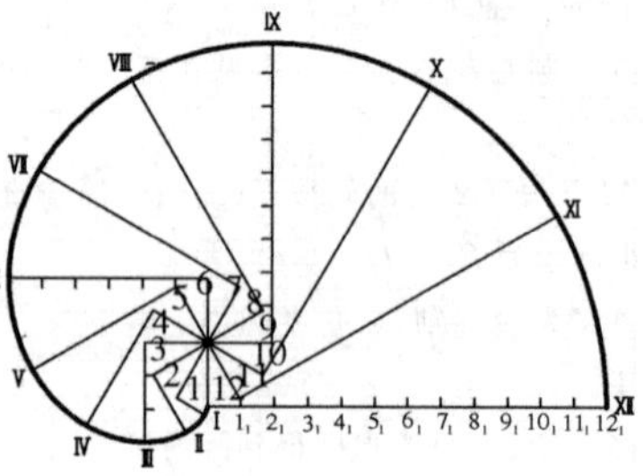	1. 把基圆分为任意等分(12 等分)并将基圆的展开长度 πD 分成相同的等分。 2. 过基圆上的各点作基圆的切线。 3. 在第一条切线上，自切点取一段长为 $\pi D/12$ 得 Ⅰ 点，在第二条切线上，自切点取一段长度为 $2\pi D/12$ 得 Ⅱ 点，以同样的方法依次定出 Ⅲ，Ⅳ…，Ⅻ 各点，即为渐开线上的点。 4. 用曲线板连接各点，即为基圆的渐开线
已知导程 $O8_1$ 作阿基米德涡线 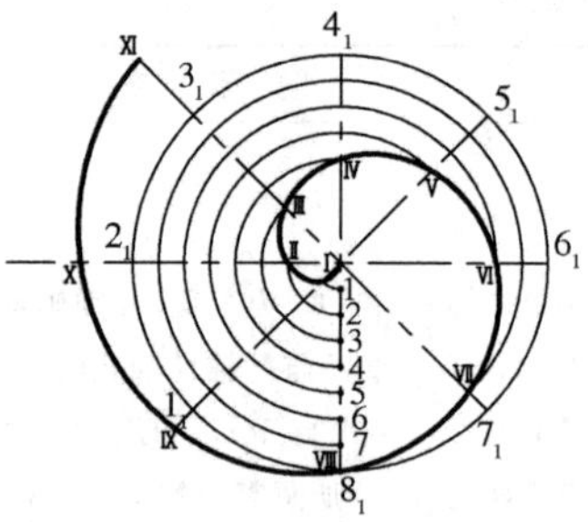	1. 以导程 $O8_1$ 为半径画圆，将圆周及半径分为相同的等分(8 等分)。 2. 在等分圆周的各条辐射线上依次截取线段，分别等于导程的 1/8，2/8，3/8…，11/8 得到 Ⅰ，Ⅱ，Ⅲ，…，Ⅸ 等点。 3. 用曲线板光滑地连接各点，即得到阿基米德涡线

第四节　平面图形的尺寸注法及线段分析

一、平面图形的尺寸分析

平面图形中各组成部分的大小和相对位置是由其所标注的尺寸而确定的。平面图形中所标注的尺寸，按其作用可分为以下两类。

(一) 定形尺寸

用以确定平面图形各组成部分的形状和大小的尺寸，称为定形尺寸。例如：圆的直径、圆弧的半径、线段的长度等。

如图 1-28 中，$\phi 12$、$R13$、$R26$、10 等。

(二) 定位尺寸

用以确定平面图形中各个组成部分之间相对位置的尺寸，称为定位尺寸。例如图 1-28 中，尺寸 18 是 $\phi 12$ 圆的宽度方向定位尺寸，长度方向的定位尺寸省略，这是因为圆的定位线在长度方向与线段 AB 上点 A 重合。

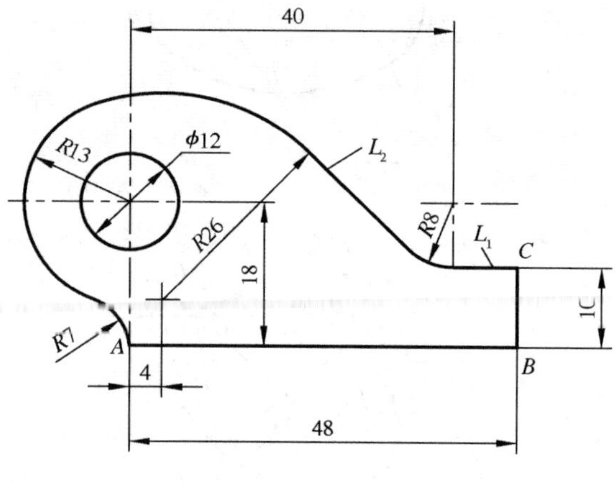

图 1-28　平面图形尺寸分析

标注定位尺寸起始位置的点或线，称为尺寸基准。在平面图形中一般要有长度和宽度两个方向的两个尺寸基准。通常选取图形的对称中心线、较大圆的中心线、图形底线或端线作为尺寸基准。如图 1-28 所示，长度方向尺寸基准选取图形底线左端点(A)，宽度方向则以底线作为尺寸基准。

标注平面图形尺寸时，应该注意：

(1) 分析形状，确定尺寸基准(图 1-29a))。

(2) 标注出各部分的定形尺寸(图 1-29b))。

(3) 标注出各部分所需的定位尺寸，定位尺寸都应与尺寸基准有联系(图 1-29c))。

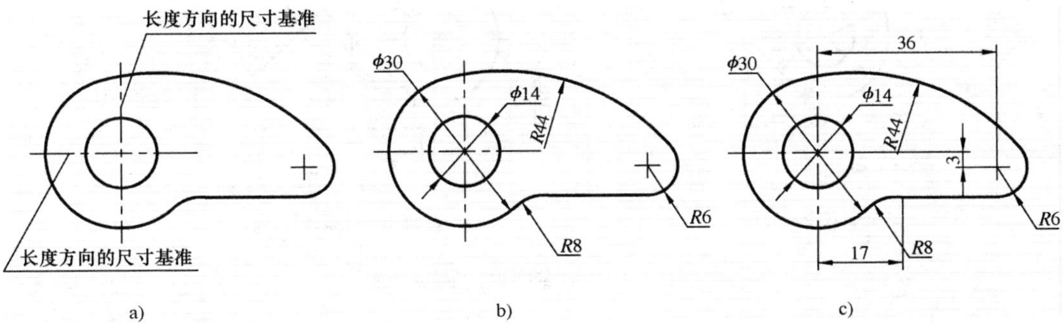

图 1-29　平面图形尺寸注法

标注时注意尺寸要完整，既不能有多余尺寸，也不得遗漏，而且应标注在图形明显处，布局整齐清晰，符合国家标准的有关内容。

二、平面图形的线段分析

根据平面图形所给出的尺寸，组成平面图形的线段可以分为表 1-7 所示三种。

表 1-7　平面图形的线段

种　类	条　　件	举　　例(图 7-28)
已知线段	圆弧或直线的定形尺寸和两个方向的定位尺寸	ϕ12、$R$13、48、10、Ll
中间线段	线段的定形尺寸和一个方向的定位尺寸	$R$26、$R$8
连接线段	线段的定形尺寸	$R$7、$L$2

三、平面图形的画图步骤

通过平面图形的线段分析，可以得出如下结论：绘制平面图形时，必须先画出各已知线段，再依次画出各中间线段，最后画出各连接线段，图 1-30 表示图 1-28 的作图步骤。

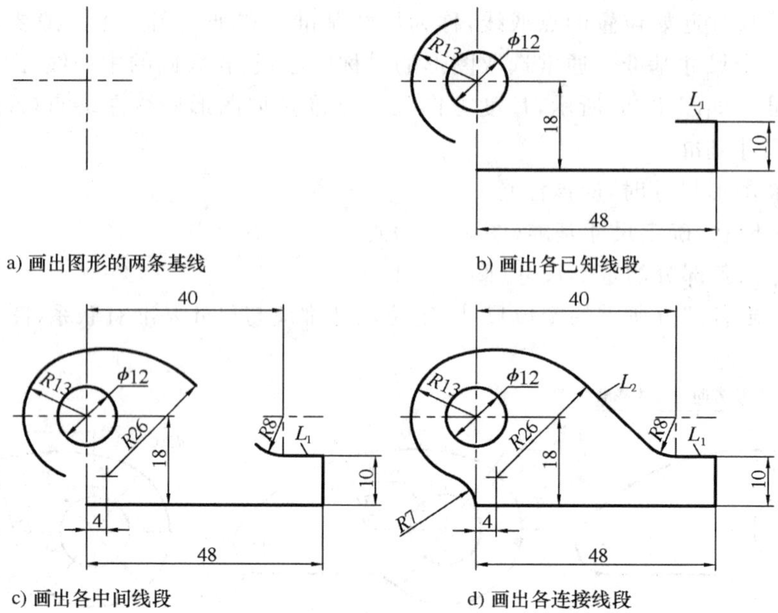

a) 画出图形的两条基线　b) 画出各已知线段

c) 画出各中间线段　d) 画出各连接线段

图 1-30　平面图形的画图步骤

第五节　绘图的方法与步骤

一、仪器绘图

仪器绘图时，一般按下列步骤进行。

(一) 做好绘图前的准备工作

(1) 准备工具。擦干净全部绘图仪器和工具，磨削铅笔及圆规内装的铅芯，清理桌面，暂时不用的工具、资料不要放在图板上。

(2) 选定图幅。根据图形大小和复杂程度选定比例，确定图纸幅面。

(3) 固定图纸。将选择的图纸用胶带纸固定在图板上，固定时应使用图纸的下边与丁字尺平行，且与图板的下边相距的尺寸大于丁字尺的宽度。如图 1-31 所示。

(二) 图形布局

图形布局应尽量匀称。

(三) 画底图

画出图框和标题栏轮廓后，先画出各图形的对称中心线和主要轮廓线。注意底稿线要细、轻、准，再画图形。

(四) 画尺寸界线、尺寸线、箭头并注出数字

(五) 加深

底图经检校无误后，擦去不必要的作图线，按线形要求用 B 型铅芯加深粗实线，HB 型铅芯加深 $b/3$ 的细实线。加深后的线形应符合国标，均匀、整齐、深浅一

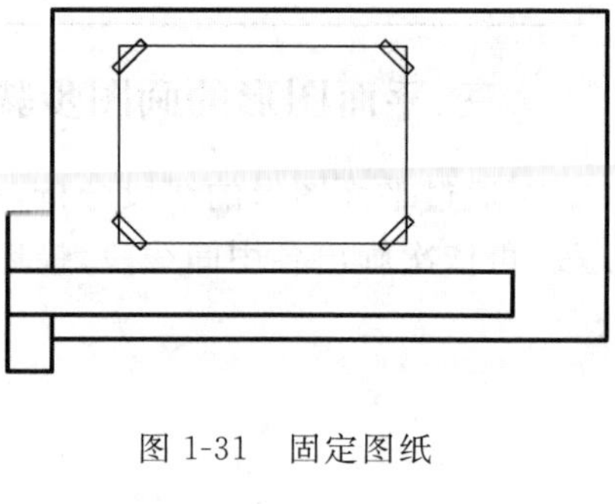

图 1-31　固定图纸

致、切点准确，并连接光滑。

(1) 首先加深所有的圆及圆弧，先小圆后大圆，注意铅芯用 2B 型，加深粗线的铅芯形状与铅笔端头一样。

(2) 加深直线时要自上而下、自左到右，先画水平线，再画垂直线，最后完成倾斜线段。

(3) 按第(2)条顺序加深虚线，点画线和细实线。

(六) 填写标题栏

描图步骤与加深步骤相同。

二、徒手绘图

徒手图也称为草图，是不用绘图工具，通过目测形状及大小，徒手绘制的图样。

在机器测绘、讨论设计方案、现场参观时，受现场条件或时间限制，经常是绘制草图的。所以工程技术人员必须具备徒手绘图的能力。

徒手绘图仍应基本上做到：图形正确，线型分明，比例匀称，字体工整，图面整洁。

画草图时一般选用 HB 型、B 型或 2B 型的铅笔，铅芯削成圆锥形，也常用印有淡色方格的纸画图。

要画好草图，必须掌握徒手绘制各种图线的基本方法。

(一) 握笔的方法

手握笔的位置要比用仪器绘图时较高些，以利运笔和观察目标。笔杆与纸成 45°～60°角，执笔稳而有力。

(二) 直线的画法(图 1-32)

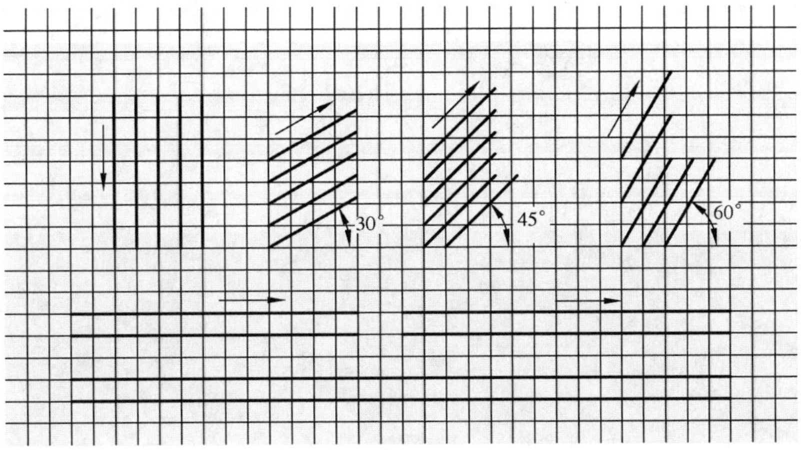

图 1-32　直线的画法

画直线时，手腕轻轻靠着纸面、沿画线方向移动，眼睛看着图线的终点。画垂直线时自上而下运笔，画水平线时自左向右运笔。为了作图方便可把图纸放得倾斜一些。

(三) 圆的画法(图 1-33)

画小圆时，可按半径先在中心线上截取四点，然后分四段逐步连接成圆，如图 1-33a)所示。画大圆时，除中心线上四点外，还可通过圆心画两条与水平线成 45°的射线，再取四点，分八段画出，如图 1-33b)所示。

画草图的步骤基本上与用仪器绘图相同，草图的标题栏不能填写比例，绘图时，不用固定图纸，完成的草图图形必须基本上保持物体各部分的比例关系。

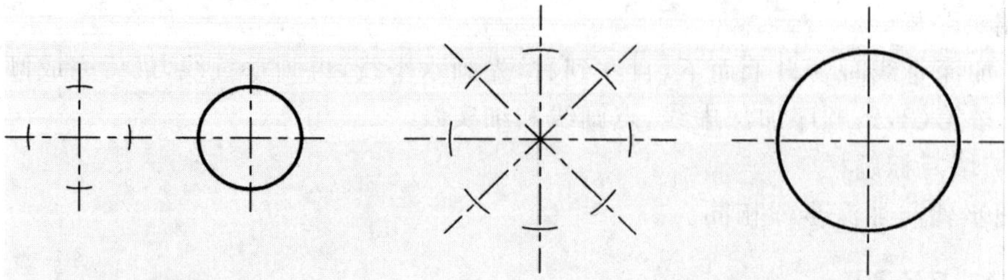

a) 小圆画法　　b) 大圆画法图

图 1-33　圆的画法

第二章　点、直线、平面的投影

一般物体，都可以看作是由基本形体(柱、锥、球、环等)构成的，而基本形体是由表面、棱线和顶点所限定。画物体的图形，实际上就是画限定物体的点、线、面的投影。为此，要正确地画出物体的正投影，须先研究点、线、面正投影的画法及其基本特性。

第一节　点的投影

一、点在两投影面体系中的投影

(一) 两投影面体系

为了根据点的投影确定点在空间的位置，设想由互相垂直的投影面 V 和 H(图 2-1)，V 面称为正投影面，H 面称为水平投影面。两投影面的交线为投影轴 OX。可以设想整个空间被 V 面和 H 面划分成四部分，并被称为四个分角。

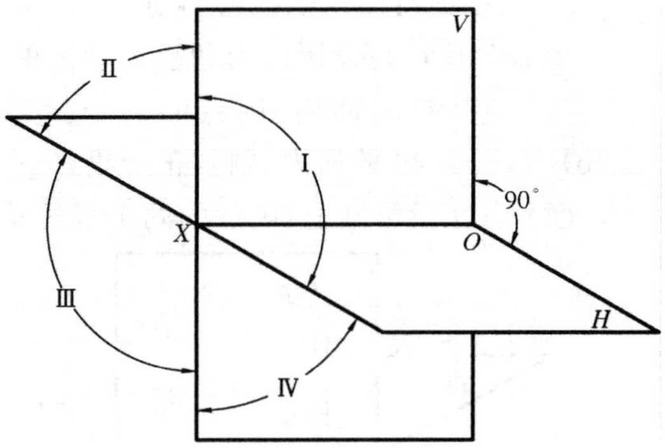

图 2-1　空间分为四个分角

国家标准《机械制图》规定，机件的图形按正投影法绘制，并采用第一分角画法，故本书主要讨论第一分角投影画法。

(二) 点的两面投影图

设在第一分角中有一点 A，如图 2-2a)所示。经过点 A 分别向 V 面和 H 面作垂线，得交点 a' 和 a，则 a' 称为点 A 的正面投影，a 称为点 A 的水平投影。

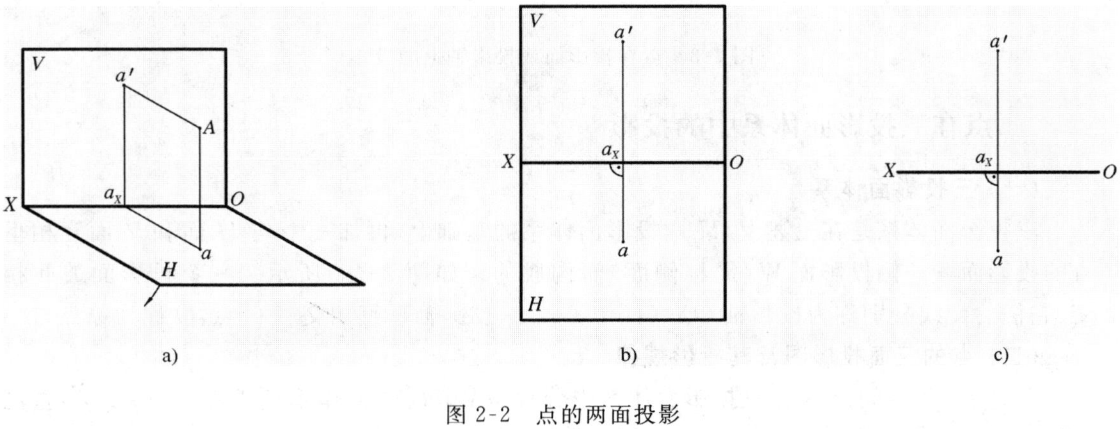

图 2-2　点的两面投影

规定空间点用大写字母 A、B、C 等表示；水平投影用小写字母 a、b、c 等表示；正面投影用带撇的小写字母 a'、b'、c' 等表示。

为了把空间两投影面的投影画在同一平面上，规定 V 面不动，将 H 面以 OX 为轴向下旋转 90°，与 V 面重合，即得点 A 的正投影图，见图 2-2b)。为了作图简便、图形清晰，实际作图不画出投影面的边框线，如图 2-2c)所示。

1. 两投影面体系中的投影规律

由图 2-2a)可以看出，$Aa \perp H$ 面，$Aa' \perp V$ 面，所以 Aa 和 Aa' 所决定的平面不仅垂直于 V 面和 H 面，而且也垂直于它们的交线 OX 轴。因此，该平面与 H 面的交线 aa_x 和与 V 面的交线 $a'a_X$ 都分别垂直于 OX 轴。又因为 $a'a_X$ 和 aa_X 相交于 a_X 点，所以在投影图上，a、a_X、a' 三点在同一条直线上，即 $aa' \perp OX$ 轴。

因为 Aa_Xa' 是矩形，所以 $aa_x = Aa'$，$a'a_X = Aa$。为此可以得出两投影面体系中的投影规律为：

（1）点的正面投影和水平投影的连线垂直于 OX 轴，即 $aa' \perp OX$ 轴。

（2）点的正面投影到 OX 轴的距离，反映该点到 H 面的距离，点的水平投影到 OX 轴的距离反映该点到 V 面的距离。即 $a'a_X = Aa$，$aa_X = Aa'$。

2. 点在投影面内的投影特点

图 2-3 是点在投影面内和投影轴上的情况（仍属于第一分角），其投影特点是：

（1）点在投影面内，则点的一个投影与空间点重合，另一个投影在投影轴上。如图 2-3b)中，点 B 在 V 面内，则其正面投影 b' 在 V 面内，水平投影 b 与 OX 轴重合。

（2）点在投影轴上，则点的两个投影均与空间点重合，即位于投影轴上。

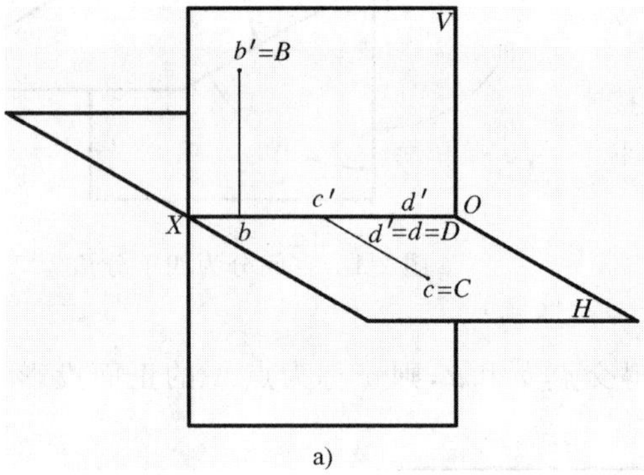

a)

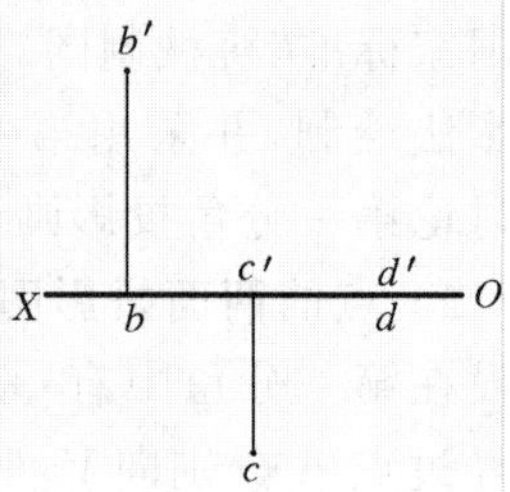

b)

图 2-3　点在投影面或投影轴上的投影

二、点在三投影面体系中的投影

（一）三投影面体系

三投影面体系是在上述 V/H 两投影面体系的基础上，再加一个与 H 面和 V 面互相垂直的投影面——侧投影面 W（简称侧面）而构成的。如图 2-4a)所示。三个投影面彼此相交，它们的交线分别称为投影轴 OX、OY 和 OZ，三投影轴垂直相交于 O 点，O 称为原点。

（二）点的三面投影图及其投影规律

图 2-4a)是空间点 A 在三投影面体系中分别向 V、H、W 面作垂直线 Aa'、Aa、Aa''，垂足分别为 a'、a、a''，即为点 A 在三个投影面上的投影。

为了使三个投影面摊平在一个平面上，规定 V 面不动，使 H 面绕 OX 轴向下旋转 90°与

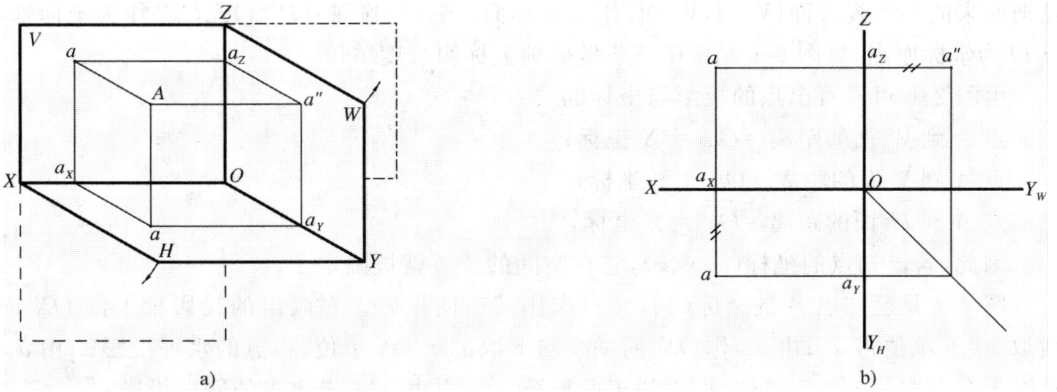

图 2-4　点的三面投影

V 面重合，W 面绕 OZ 轴向右旋转 90°与 V 面重合，这样就得到点 A 的三面投影图。实际作图时，表示投影面大小的边框不画，故点 A 的三面投影图如图 2-4b)所示。

要注意的是，投影图按上述方法展开在一个平面上时，Y 轴将分别用 Y_H 和 Y_W 在两个位置表示。

由图 2-4 可以得到点在三投影面体系中的投影规律：

(1) 点的正面投影与水平投影的连线垂直 OX 轴，即 $a'a \perp OX$；

(2) 点的正面投影与侧面投影的连线垂直 OZ 轴，即 $a'a'' \perp OZ$；

(3) 点的水平投影到 OX 轴的距离等于侧面投影到 OZ 轴的距离，即 $aa_X = a''a_Z$。

(三) 根据点的两个投影求第三投影

在三投影面体系中，若已知点的两个投影，则该点在空间的位置就唯一被确定了。因此，给出点的两个投影，就可以画出点的第三个投影。

【例 2-1】　已知点的正面投影 a' 和水平投影 a，求其侧面投影 a''，见图 2-5a)。

解　作图步骤如下，见图 2-5b)：

(1) 过原点 O 作直角 Y_HOY_W 的分角线；

(2) 过 a 作水平线平行 OX 轴与分角线相交，再过交点作垂直线；

(3) 过 a' 点作水平线与上述垂直线相交于 a''，a'' 即为所求。

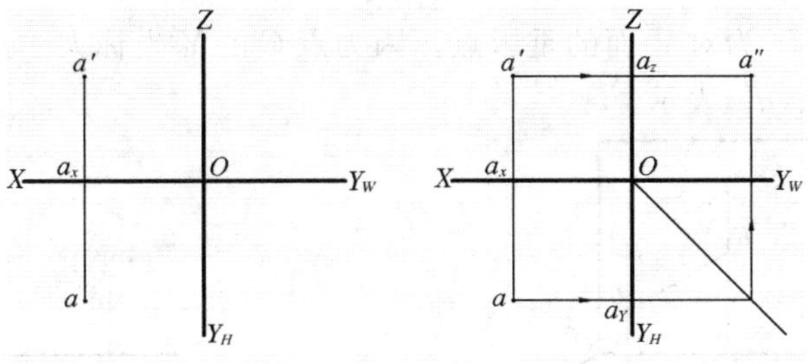

图 2-5　根据点的两个投影求第三投影

三、点的坐标与投影

点的空间位置也可以用数字表示，方法是设置坐标系，把点放在坐标系里。简而言之，是把原来的三个投影面(V、H、W 面)作为坐标面，三条投影轴(OX、OY、OZ)作为坐标轴，交点 O 为坐标原点，见图 2-6。并在三条坐标轴上标明长度单位。

由图 2-6 可以看出点的投影与坐标的关系：

点 A 到 W 面的距离$=Oa_X=X$ 坐标；

点 A 到 V 面的距离$=Oa_Y=Y$ 坐标；

点 A 到 H 面的距离$=Oa_Z=Z$ 坐标。

因此，若已知点的坐标(x、y、z)，它在空间的位置就被确定了。

图 2-7 是已知点 A 的坐标(6、4、5)，求作其三面投影。在画出的投影轴上沿 OX 向左截取 $x=6$ 单位得 a_X；由 a_X 作 OX 的垂线向下取 $a_Xa=4$ 单位，得点的水平投影 a；由 a_X 在垂线上向上取 $a_Xa'=5$ 单位，得点的正面投影 a'。再由 a、a' 求出点的侧面投影 a''。

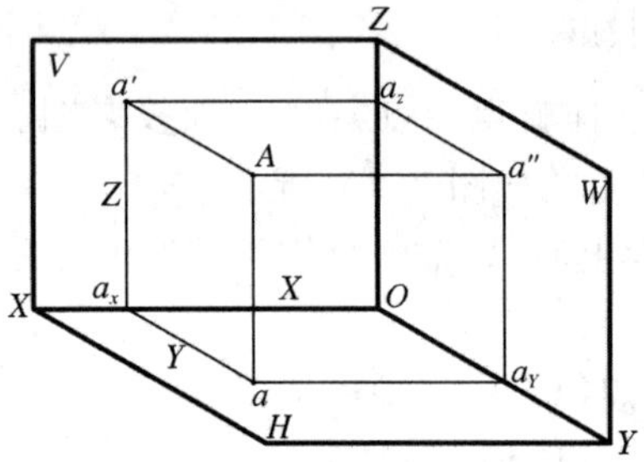

图 2-6 点的坐标

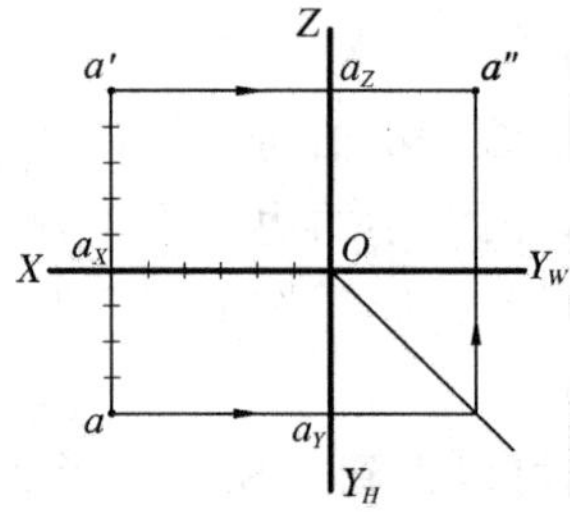

图 2-7 根据点的坐标画投影图

四、重影点

当空间两点位于某个投影面的同一垂直线上时，则两点在该投影面上的投影重合为一点。这两点被称为该投影面的重影点。

如图 2-8 所示，点 A 与点 B 的连线垂直于 H 面，故它们的水平投影 a 和 b 重合。所以点 A 和点 B 是 H 面的重影点。

两点重影，就存在可见性问题。在图 2-8 中，A、B 两点相比较，点 A 的 Z 坐标大于点 B 的 Z 坐标，即点 A 高于点 B，所以从上向下(向 H 面)投射时，点 A 挡住点 B。因此投影 a 可见，而 b 不可见。规定不可见点的投影加括号，如图 2-8b)所示。

同理，点 C 与点 D 为对 V 面的重影点。因为点 C 的 Y 坐标大于点 D 的 Y 坐标，所以 c' 看得见，d' 看不见，以(d')表示。

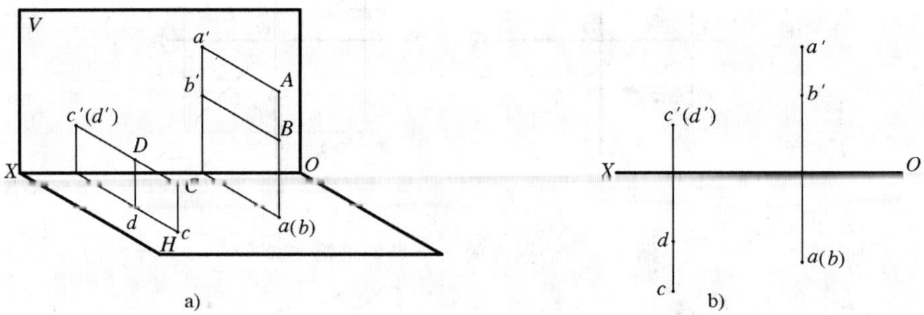

图 2-8 重影点的投影

五、点的相对位置

由前面第三节点的坐标与投影可知：

a 反映空间点的 X，Y 坐标；

a'反映空间点的 X，Z 坐标；

a''反映空间点的 Y，Z 坐标。

如已知两点的投影，便可根据点的投影对应关系和坐标，判别它们在空间的相对位置。例如图 2-9 中，已知 a，a'，a''和 b，b'，b''，则由于 b 在 a 的右边，即 $XB<XA$，表示点 B 在点 A 的右方；b 在 a 的前边，即 $YB>YA$，表示点 B 在点 A 的前面；b'在 a'的上边，即 $ZB>ZA$，表示点 B 在点 A 的上方。即：点 B 在点 A 的右、前、上方。

由于点的正面投影及水平投影同时反映点的 X 坐标，水平投影及侧面投影同时反映点的 Y 坐标，正面投影及侧面投影同时反映点的 Z 坐标，故可利用两点的正面投影（a'，b'）或水平投影(a，b)来比较左右位置，利用水平投影（a，b）及侧面投影（a''，b''）比较前后位置，同理利用正面投影(a，b)及侧面投影(a''，b'')比较上下位置关系。

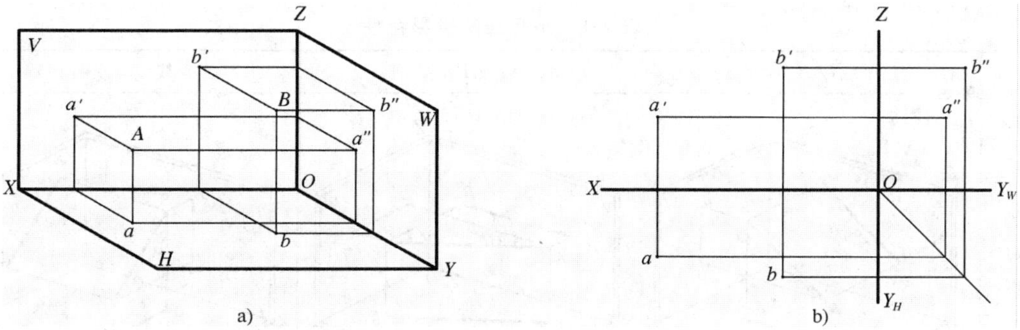

图 2-9　点的相对位置

第二节　直线的投影

一、直线的投影

根据几何定理，两点可以确定一条直线，所以空间一直线的投影可由直线上两点的同面投影来确定(通常取直线段的两个端点)。如图 2-10 所示，直线 AB 与三个投影面都不垂直，分别作出 AB 两端点的投影(a、a'、a'')、(b、b'、b'')，然后将其同面投影连接起来即得直线的三面投影(ab、$a'b'$、$a''b''$)。可见，不垂直投影面的直线的投影仍为直线。

二、直线对投影面的相对位置及其投影特性

在三投影面体系中 1 根据直线对投影面的相对位置，可把直线分为三类。

(一) 投影面平行线

平行于一个投影面而与另外两个投影面倾斜的直线。

投影面平行线可分成三种：

(1) 水平线 $/\!/H$ 面，对 V、W 面倾斜的直线。

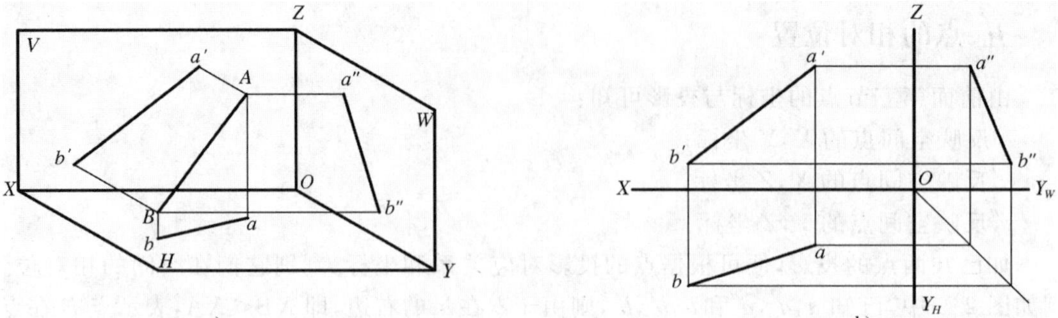

a)　　　　　　　　b)

图 2-10　直线的投影

（2）正平线 //V 面，对 H、W 面倾斜的直线。

（3）侧平线 //W 面，对 H、V 面倾斜的直线。

直线与它的水平投影、正面投影、侧面投影的夹角，分别称为该直线对投影面 H、V、W 的倾角 α、β、γ。

表 2-1　平行线的投影特性

名称	正平线（AB//V 面）	水平线（AB//H 面）	侧平线（AB//W 面）
轴测图	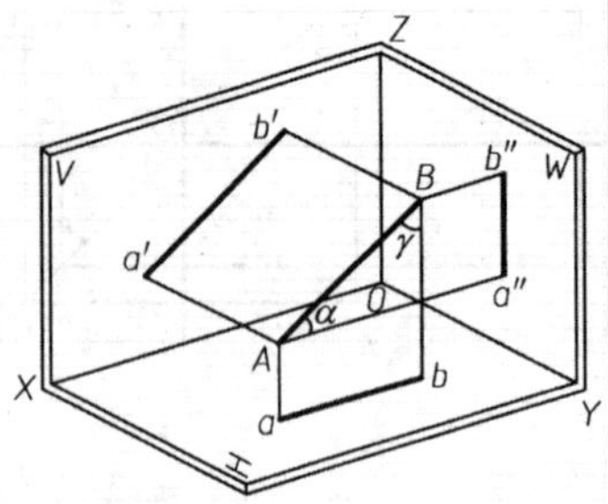	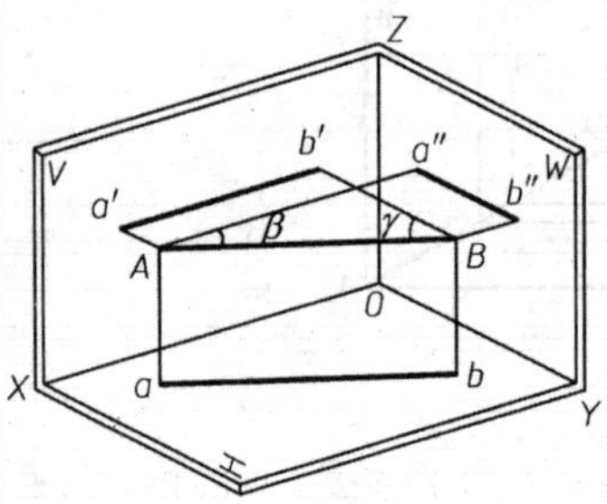	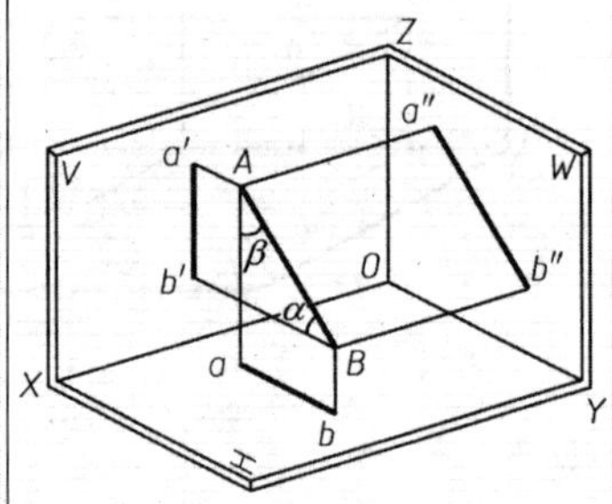
投影图	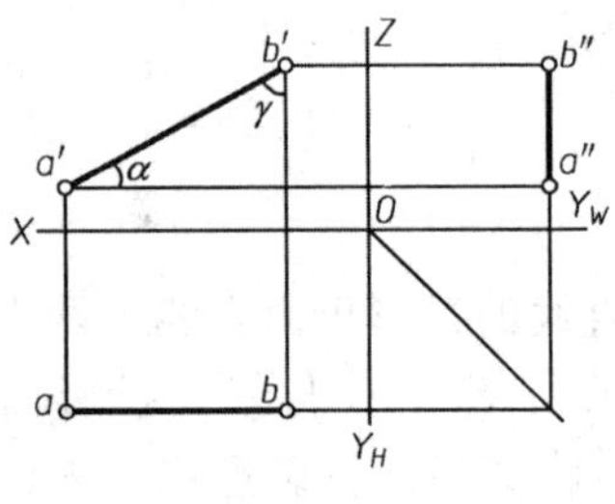	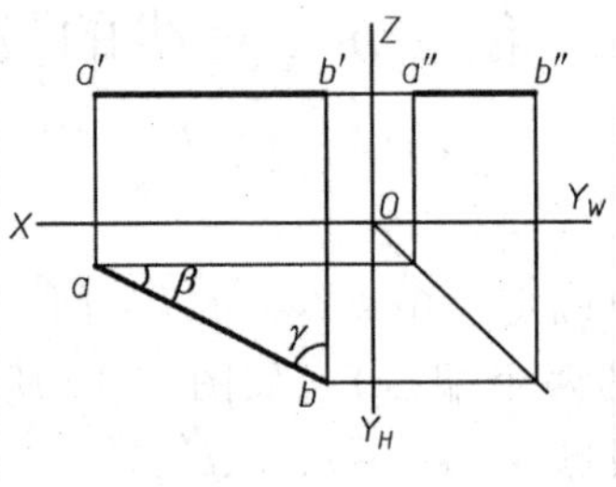	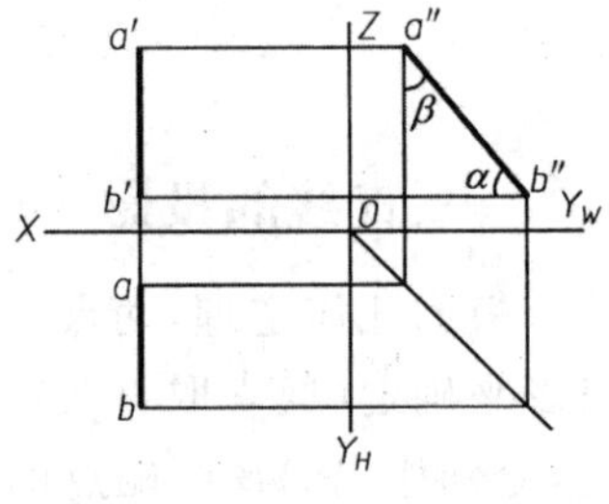
投影特性	1. $a'b'=AB$ 2. $a'b'$ 与投影轴夹角反映 α、γ 3. ab//OX，$a''b''$//OZ	1. $ab=AB$ 2. ab 与投影轴夹角反映 β、γ 3. $a'b'$//OX，$a''b''$//OY_W	1. $a''b''=AB$ 2. $a''b''$ 与投影轴夹角反映 α、β 3. ab//OY_H，$a'b'$//OZ

表 2-1 所示，直线 AB 为一正平线，其投影特性如下：

（1）正面投影反映直线 AB 的实长，即 $a'b'=AB$。

（2）正面投影 $a'b'$ 与 X 轴的夹角反映直线对 H 面的倾角 α；与 Z 轴的夹角反映直线对

W 面的倾角 γ。

(3) 水平投影 $ab /\!/ X$ 轴；侧面投影 $a''b'' /\!/ Z$ 轴，它们的长度均小于 AB 实长。

水平线、侧平线的投影特性见表 1-1 中的直线 CD 与 EF。

(二) 投影面垂直线

垂直于一个投影面的直线：

(1) 正垂线 $\perp V$ 面。

(2) 铅垂线 $\perp H$ 面。

(3) 侧垂线 $\perp W$ 面。

表 2-2 垂直线的投影特性

名称	正垂线($AB\perp V$ 面)	铅垂线($AB\perp H$ 面)	侧垂线($AB\perp W$ 面)
轴测图	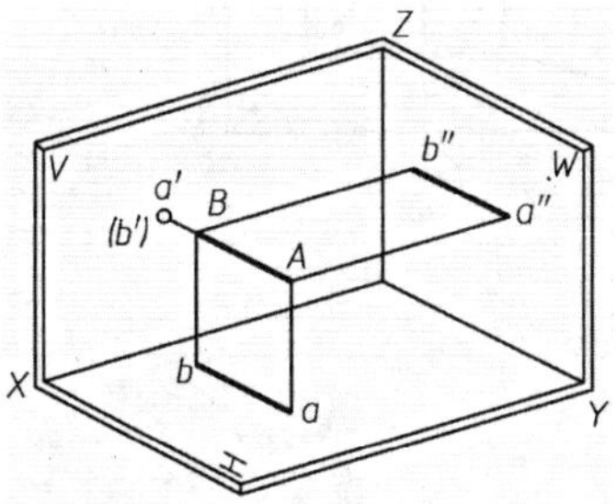	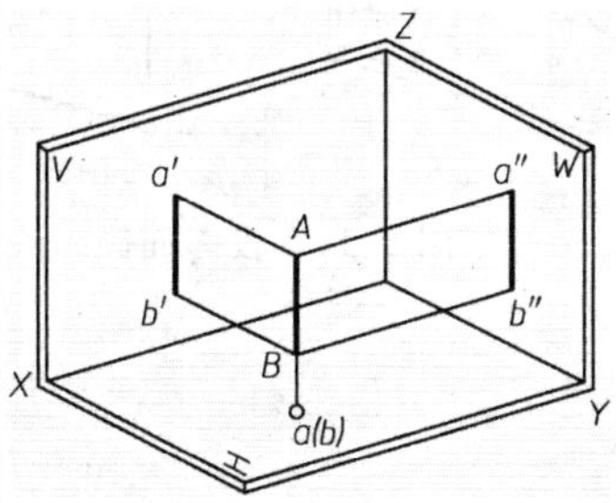	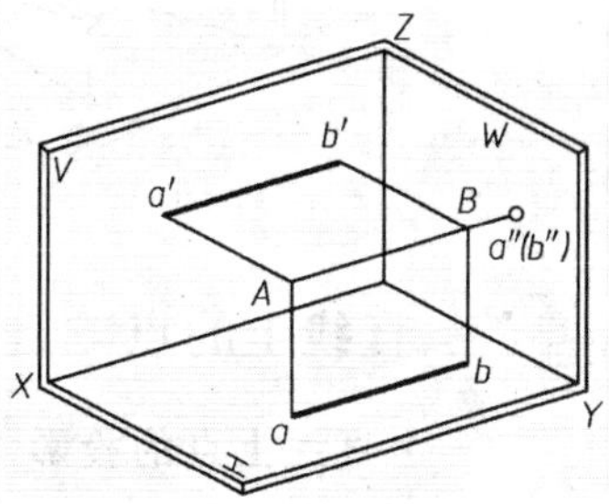
投影图	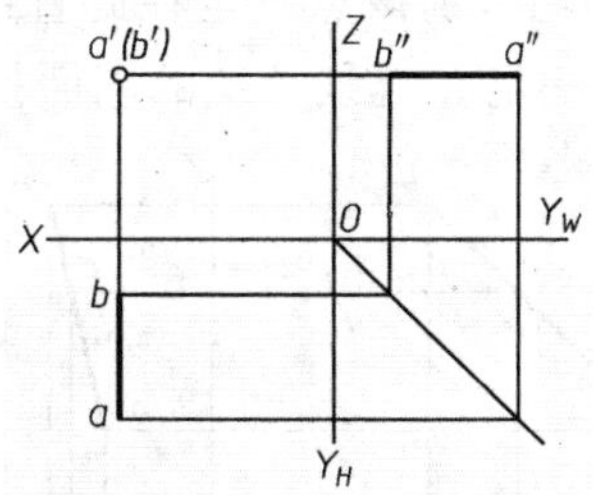	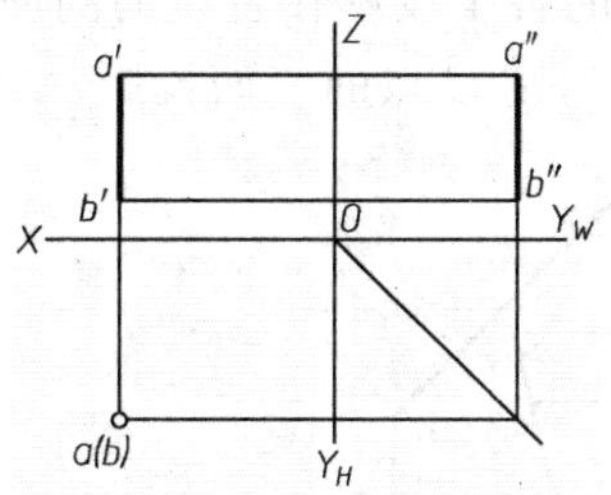	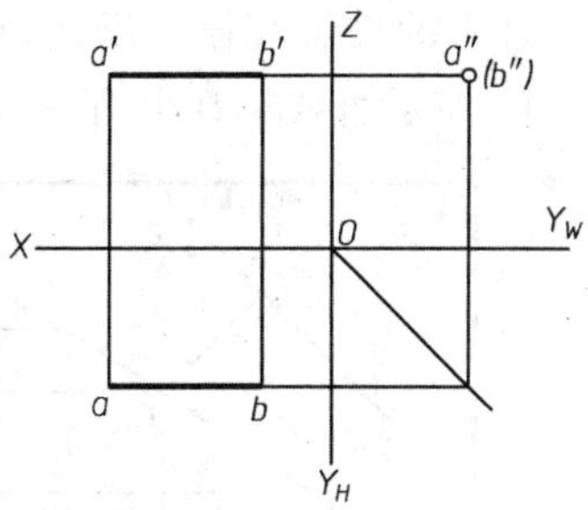
投影特性	1. $a'b'$ 积聚成一点 2. $ab\perp OX$, $a''b''\perp OZ$ 3. $ab = a''b'' = AB$	1. ab 积聚成一点 2. $a'b'\perp OX$, $a''b''\perp OY_W$ 3. $a'b' = a''b'' /\!/ AB$	1. $a''b''$ 积聚成一点 2. $a'b'\perp OZ$, $ab\perp OY_H$ 3. $a'b' = ab = AB$

表 2-2 所示直线 AB 为一正垂线，其投影特性如下：

(1) 正面投影积聚成一点，即 $a'(b')$ 为一点。

(2) 水平投影和侧面投影分别垂直于相应的投影轴，即 $ab\perp OX$, $a''b''\perp OZ$。

(3) 水平投影和侧面投影反映直线实长，即 $ab=AB$；$ab\perp OX$, $a''b''=AB$。

铅垂线、侧垂线的投影特性见表 2-2。

投影面平行线和投影面垂直线称特殊位置直线。

(三) 投影面倾斜线

与三个投影面都倾斜的直线。

图 2-11 所示，由于投影面倾斜线 AB 与三个投影面都不平行，所以其三面投影都不反

映直线的实长。其投影长、实长和倾角之间的关系为：$ab=Ab\cos\alpha$；$a'b'=Ab\cos\beta$；$a''b''=AB\cos\gamma$。由于 α、β、γ 都不等于零，所以三个投影长度都小于实长，而且投影与投影轴的夹角也不反映空间直线对投影面的真实倾角。

由于直线两端点分别沿 X、Y、Z 方向的坐标差不等于零，所以其三面投影都倾斜于投影轴。

投影面倾斜线又称一般位置直线。

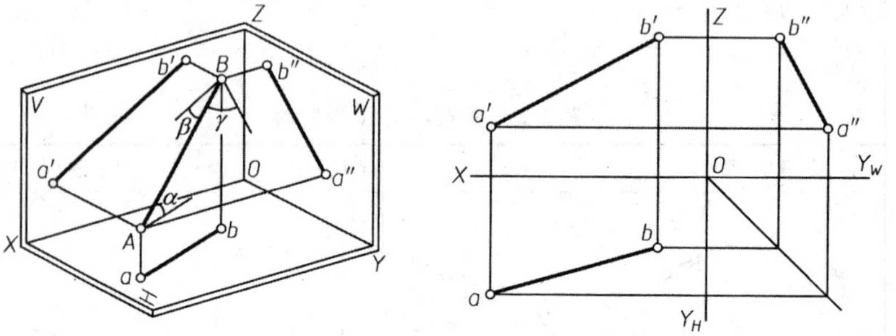

图 2-11　投影面倾斜线

三、直线上的点

(一) 直线上点的投影

根据投影的基本特性可知，点在直线上，则点的各个投影必在该直线的同面投影上，且符合点的投影规律。反之，点的各个投影在直线的同面投影上，则该点一定在此直线上。图 2-12 所示直线 AB 上有一点 C，则 C 点的三面投影 c、c'、c'' 一定在直线 AB 的同面投影上。

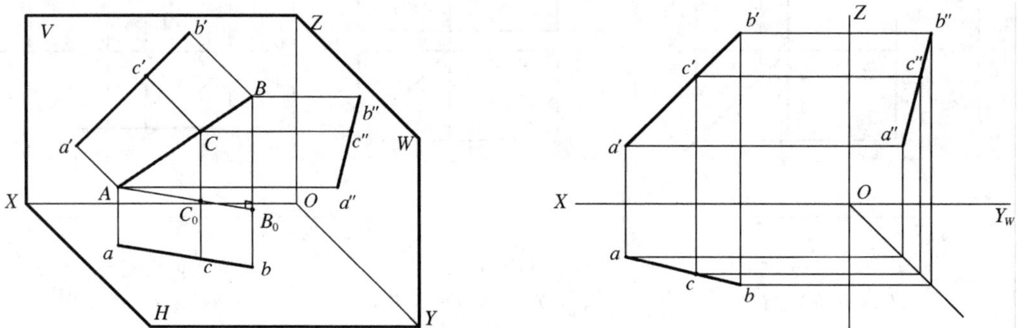

a)　　b)

图 2-12　直线上的点

(二) 点分割线段成定比

若点 C 在直线段 AB 上，则把 AB 分成 AC 和 CB 两段，其空间长度之比等于其各同面投影长度之比。如图 2-12 所示，($\triangle ABB_0 \backsim \triangle ACC_0$，则) $AC:CB=ac:cb=a'c':c'b'=a''c'':c''b''$。

【例 2-2】　已知侧平线 AB 的两面投影和此直线上点 C 的正面投影 c'，求水平投影 c，见图 2-13。

方法一　如图 2-13a) 所示。

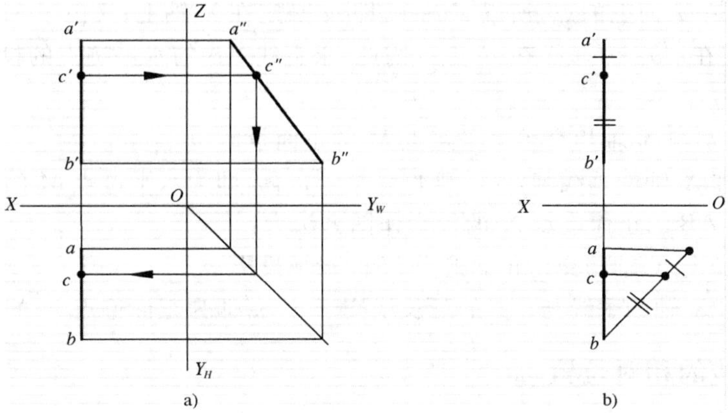

图 2-13　已知 c' 求水平投影 c

分析

由于 AB 是侧平线，所以不能由 c' 直接求出 c，根据点 C 在 AB 上，c'' 必定在 $a''b''$ 上，可先作出 $a''b''$，然后作 c''，再根据 c'' 求出 c。

作图步骤

(1) 作 AB 的侧面投影 $a''b''$。

(2) 作 $c'c'' \perp OZ$ 轴，交 $a''b''$ 于 c''。

(3) 根据点的投影规律由 c'、c'' 求出 c。

方法二　如图 2-13b) 所示。

分析

因为点 C 在直线 AB 上，必定符合定比分割关系，即 $AC:CB=a'c':c'b'=ac:cb$。

作图步骤

(1) 自 a(或 b)作任意辅助线 ab_0，在 ab_0 上取 $ac_0=a'c'$(或 $bc_0=b'c'$)；$c_0b_0=c'b'$。

(2) 连接 bb_0，作 $c_0c \parallel b_0b$ 交 ab 于 c，c 即为所求。

(三) 直线的迹点

直线与投影面的交点称为迹点。

直线与 H 面的交点称为水平迹点，用 M 表示；与 V 面的交点称为正面迹点，用 N 表示，如图 2-14 所示。

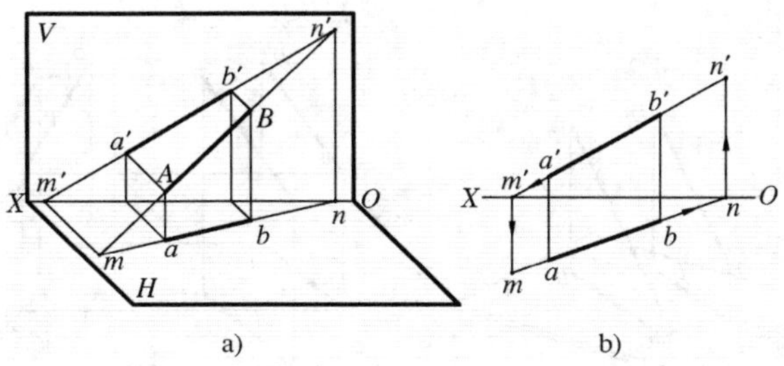

图 2-14　直线的正面迹点和水平迹点

迹点的基本特性是：它既是直线上的点，又是投影面上的点。根据这一特性就可以作出直线上迹点的投影。

由于点 M 是 H 面上的点，所以 $Z_M=0$，即 m' 必定在 X 轴上；又由于 M 是直线 AB 上的点，所以 m' 必定在 $a'b'$ 上，m 必在 ab 上。因此，求直线 AB 的水平迹点的投影作图方法如图 2-14b)所示。

(1) 延长 $a'b'$ 与 X 轴相交得水平迹点 M 的正面投影 m'。

(2) 自 m' 作 X 轴的垂线与 ab 的延长线交于 m，m 即为水平迹点 M 的水平投影。

同理，直线 AB 的正面迹点 N 的投影作图方法为：

(1) 延长 ab 与 X 轴相交得正面迹点 N 的水平投影 n。

(2) 自 n 作 X 轴的垂线与 $a'b'$ 的延长线交于 n'，n' 即为正面迹点 N 的正面投影。

四、两直线的相对位置

空间两直线的相对位置有三种情况：即两直线平行、两直线相交、两直线交叉。前两种为同面直线，后一种为异面直线。

(一) 两直线平行

若空间两直线相互平行，则此两直线的各组同面投影一定相互平行。如图 2-16 所示，由于 $AB /\!/ CD$，则 $ab /\!/ cd$，$a'b' /\!/ c'd'$，$a''b'' /\!/ c''d''$。反之，如果两直线的各组同面投影都相互平行，则该两直线在空间一定相互平行。

对于一般位置直线，根据两直线的任意两组同面投影相互平行即可确定空间两直线平行。但当两直线平行于同一投影面时，则必须看在该投影面上的投影是否平行，才能确定其空间是否平行。如图 2-15 所示，两侧平线 AB 和 CD，虽然 $a'b' /\!/ c'd'$，$ab /\!/ cd$，但通过检查侧面投影，由于 $a''b''$ 与 $c''d''$ 不平行，可知 AB 和 CD 两直线不平行。

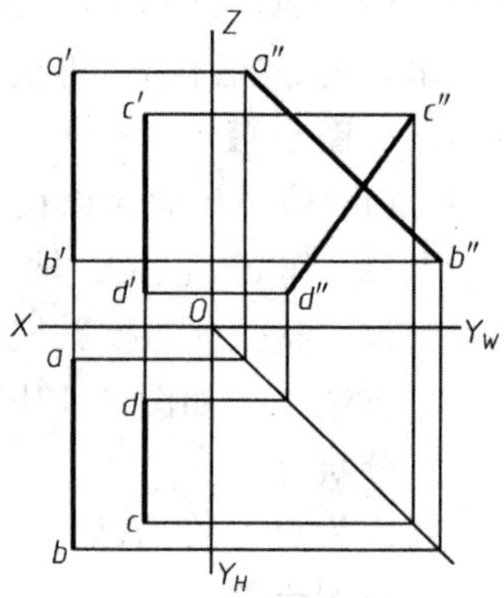

图 2-15 判别 AB、CD 两直线的相对位置

(二) 两直线相交

若空间两直线相交，则此两直线的各组同面投影必相交，且交点符合点的投影规律。如图 2-17 所示，两直线 AB 与 CD 相交，交点为 K，则 ab 与 cd、$a'b'$ 与 $c'd'$、$a''b''$ 与 $c''d''$ 必相交于 k、k'、k''，且符合点的投影规律。

反之，若空间两直线的各组同面投影都相交，且各组投影的交点符合空间一点的投影规律，则此两直线在空间必定相交。

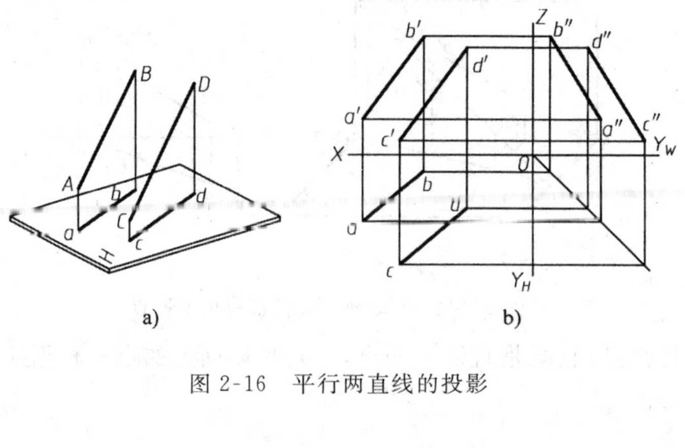

a) b)

图 2-16 平行两直线的投影

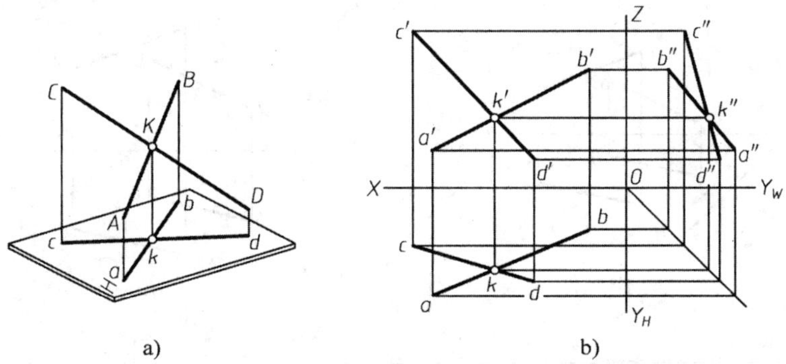

图 2-17 相交两直线的投影

(三) 两直线交叉

若空间两直线既不平行又不相交,则称为两直线交叉,见图 2-18。

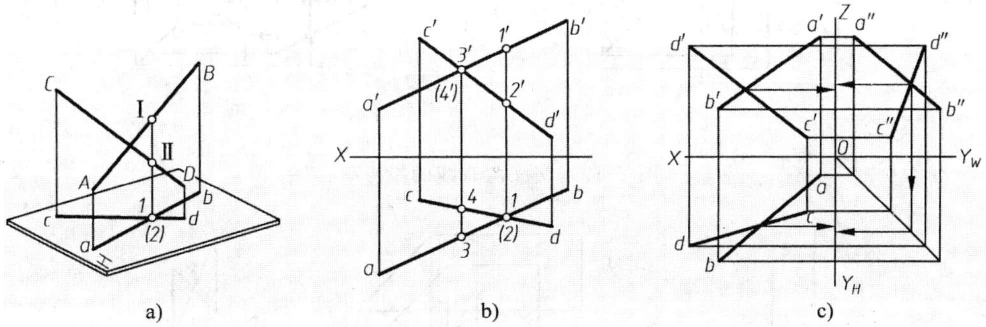

图 2-18 交叉两直线的投影(一)

两直线交叉,它们的投影可能有一组、二组或三组同面投影相交,但投影的交点一定不符合同一点的投影规律,如图 2-18 所示。

从图 2-18a)可知,ab 和 cd 的交点实际上是两直线上不同点(AB 上的Ⅰ点和 CD 上的Ⅱ点)的重合投影,即对 H 面的一对重影点。由于 $Z_{\text{I}} > Z_{\text{II}}$,所以从上往下看时,点Ⅰ可见,点Ⅱ不可见。同理,在图 2-18b)中,$3'(4')$ 为 AB 上的点Ⅲ与 CD 上的点Ⅳ的正面投影重合,即对 V 面的一对重影点。由于 $Y_{\text{III}} > Y_{\text{IV}}$,所以,从前往后看点Ⅲ可见,点Ⅳ不可见。

两直线交叉,它们的投影也可能有一组或二组是相互平行的,但决不会三组同面投影都相互平行,如图 2-19 所示。

对于一般位置直线,通常只需两组同面投影就可判别是否为交叉直线。如其中有一直线为投影面平行线时,则一定要检查直线在三个投影面上的投影交点是否符合点的投影规律。如图 2-19d)所示。

【例 2-3】 判别图 2-20a)中所示,AB 和 CD 两直线是何种相对位置。

方法一 图 2-20b)。

分析

可作出第三投影,如图 2-20b)所示,因为 $a''b'' /\!/ c''d''$,则空间二直线 $AB /\!/ CD$。

方法二 图 2-20c)。

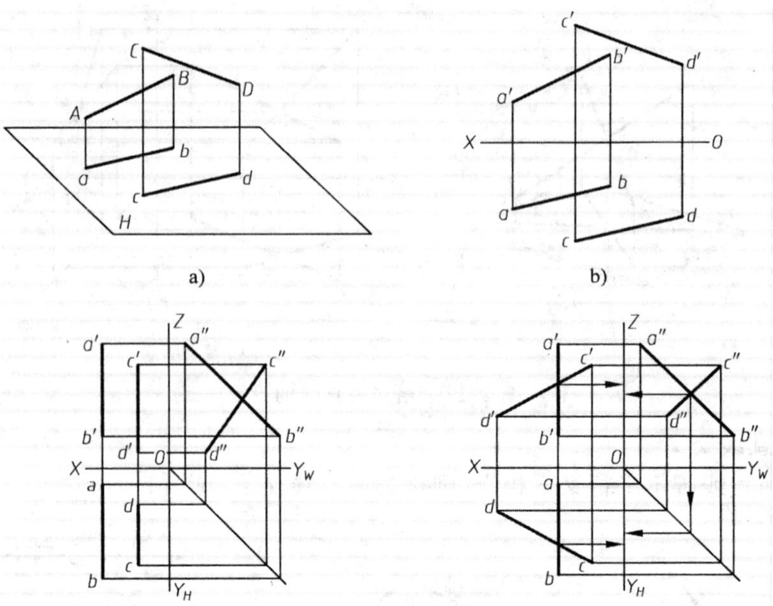

图 2-19 交叉两直线的投影(二)

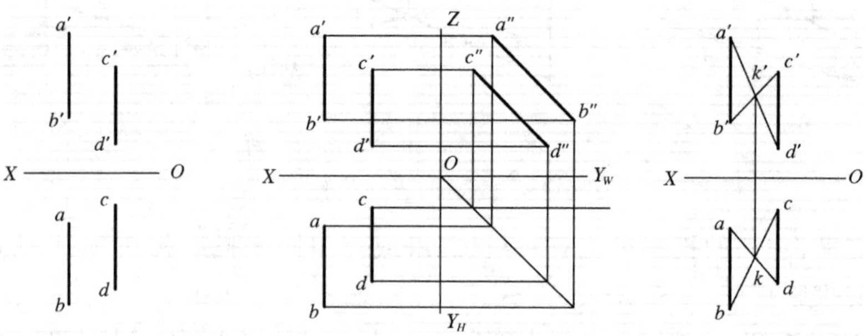

图 2-20 判别两直线的相对位置

分析

如 AB 和 CD 为平行两直线,则可确定一平面,平面内两相交直线的交点一定符合点的投影规律。否则,为交叉两直线。

作图 连接 ad、bc 和 $a'd'$,$b'c'$,分别交于 k 和 k',k 和 k' 的连线垂直于 OX 轴,说明符合点的投影规律,所以 $AB /\!/ CD$。

第三节 平面的投影

一、平面的投影表示法

(一) 几何元素表示法

根据初等几何可知,平面可由几何元素决定。通常用下列几种方式表示:

(1) 不在同一直线上的三个点,如图 2-21a)所示;

(2) 一直线和直线外的一点，如图 2-21b)所示；

(3) 相交两直线，如图 2-21c)所示；

(4) 平行两直线，如图 2-21d)所示；

(5) 任意平面图形，如三角形、四边形等平面图形，如图 2-21e)所示。

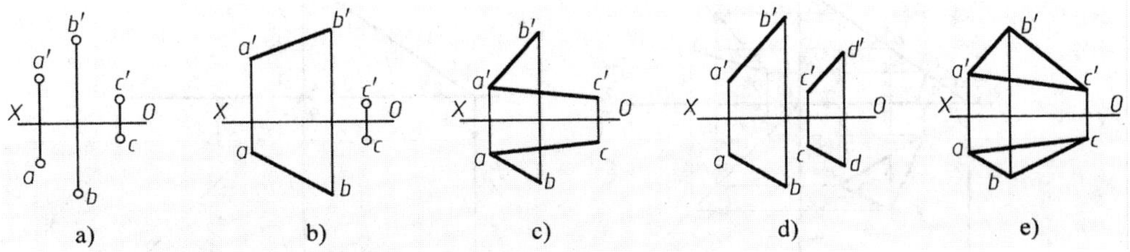

图 2-21　平面表示法

以上五种表示平面的方法，虽在表达形式上有所不同，但若 A、B、C 三点空间位置不变，则所表示的平面是同一平面，因此它们在表达形式上可以相互转换。

通常以平面图形表示居多，如三棱锥体就是由四个三角形平面所围成。

(二) 迹线表示法

在投影面体系中，如把平面扩大，则该平面就与投影面相交而产生交线，称为平面的迹线。在图 2-22 中，平面 P 与 H 面的交线称为平面的水平迹线，用 P_H 表示；平面 P 与 V 面的交线称为平面的正面迹线，用 P_V 表示；平面 P 与 W 面的交线称为平面的侧面迹线，用 P_W 表示。P_H、P_V、P_W 两两相交于 X、Y、Z 轴得交点，P_X、P_Y、P_Z 称为迹线的集合点。

由于迹线既在平面上，又在投影面上，所以迹线的一个投影与其迹线本身重合.规定用迹线符号标记。而迹线的另两个投影在相应的投影轴上，一般省略标记。即在投影图上直接用 P_V 表示正面迹线的正面投影，P_H 表示水平迹线的水平投影，P_W 表示侧面迹线的侧面投影。

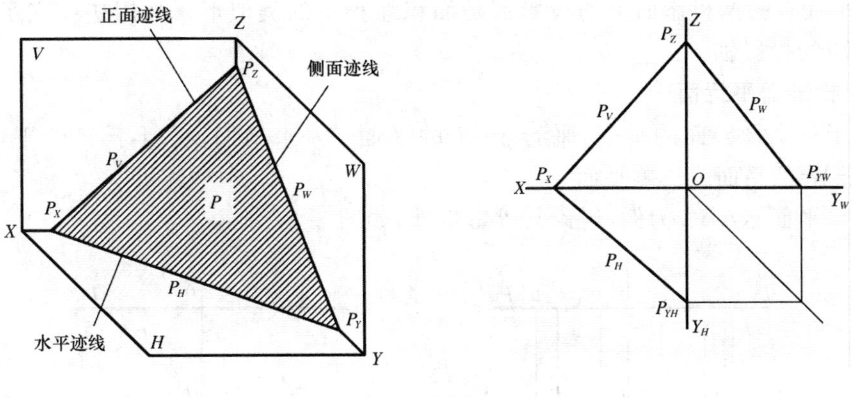

图 2-22　平面迹线表示法

既然 P_V 和 P_H 是属于平面 P 的相交两直线，当然可以用迹线来表示该平面。这种用迹线表示的平面，称为迹线平面。

二、平面与投影面的相对位置及其投影特性

(一) 投影面垂直面

垂直于一个投影面，与另两投影面倾斜的平面。

垂直于 H 面的平面——铅垂面；垂直于 V 面的平面——正垂面；垂直于 W 面的平面——侧垂面。

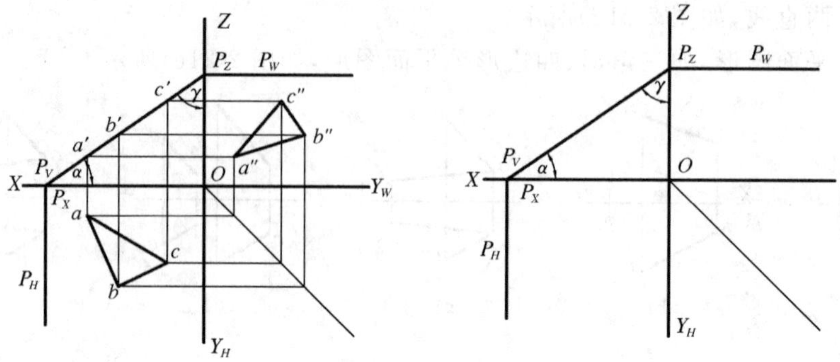

图 2-23　正垂面

现以正垂面△ABC 为例，讨论其投影特性。如图 2-23 所示。

(1) 正面投影 $a'b'c'$积聚成一直线(与 P_V 重合)。

(2) 水平投影△abc 和侧面投影△$a''b''c''$都是面积缩小了的类似形(P_H 垂直 X 轴，P_W 垂直 Z 轴)。

(3) 正面投影与 X 轴的夹角等于该平面对 H 面的倾角 α；与 Z 轴的夹角等于该平面与 W 面的倾角 γ；与 V 面的倾角 $\beta=90°$。

对于铅垂面和侧垂面，也可用同样的分析方法得到类似的投影特性，详见表 2-3 所示。

综上所述，垂直面的投影特性为：

(1) 平面在所垂直的投影面上的投影积聚成直线(与平面在该投影面的迹线重合)，与投影轴的夹角反映该平面与另两投影面的倾角。

(2) 平面在另两投影面上的投影都是面积缩小了的类似形。如用迹线表示，则其迹线垂直于相应的投影轴。

(二) 投影面平行面

平行于一个投影面的平面；平行于 H 的平面——水平面；平行于 V 的平面——正平面；平行于 W 的平面——侧平面。

现以水平面△ABC 为例，讨论其投影特性，如图 2-24 所示。

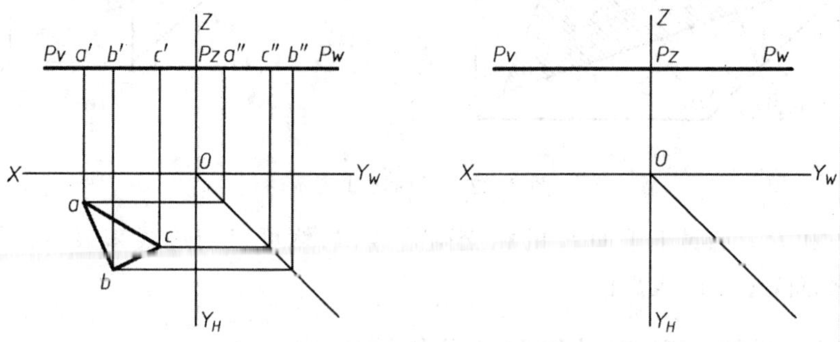

图 2-24　水平面

表 2-3　垂直面的投影特性

名称	正垂面（⊥V 面）	铅垂面（⊥H 面）	侧垂面（⊥W 面）
轴测图	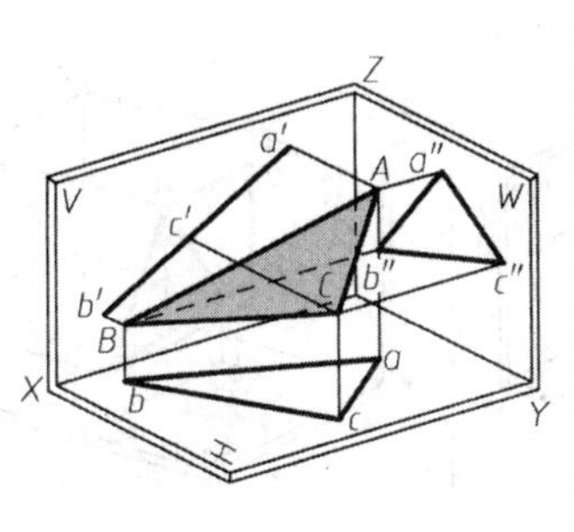	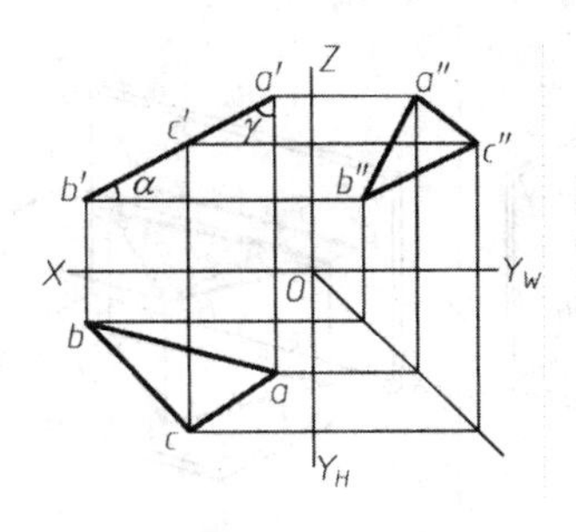	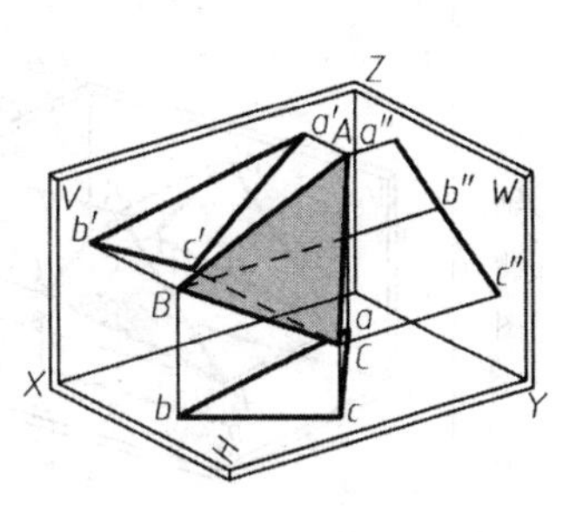
投影图 几何元素	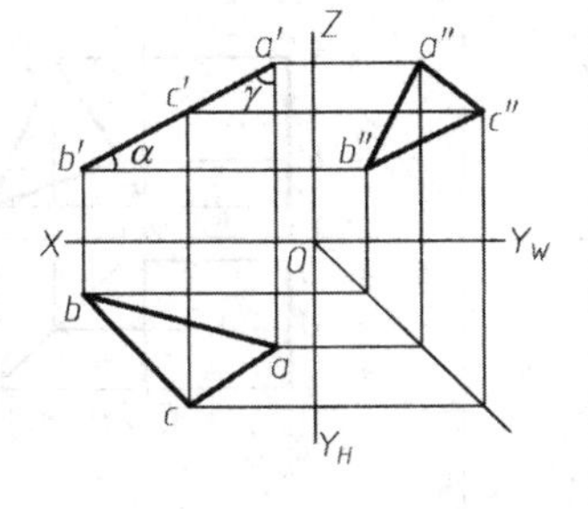	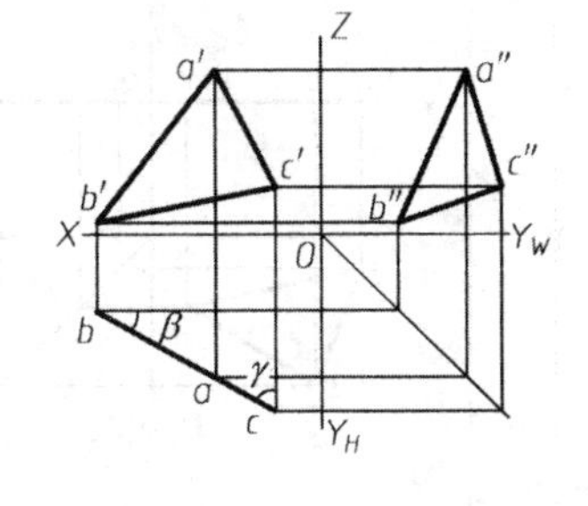	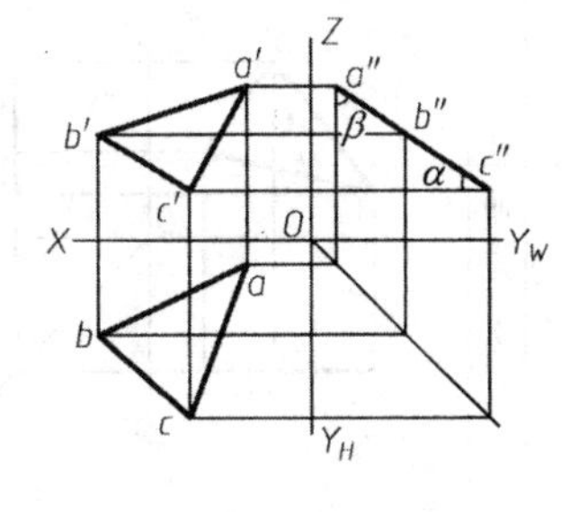
投影图 迹线表示法	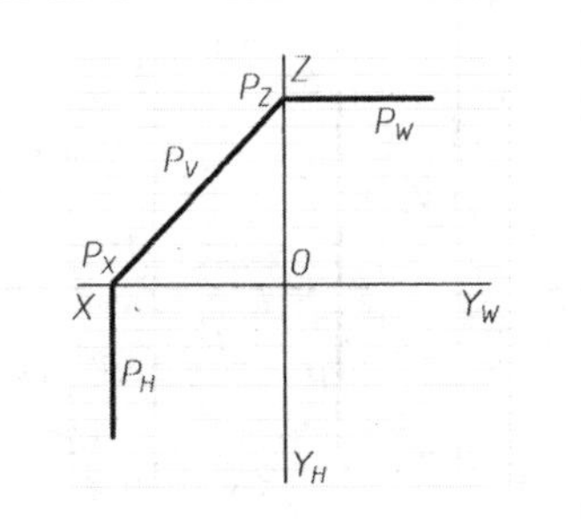	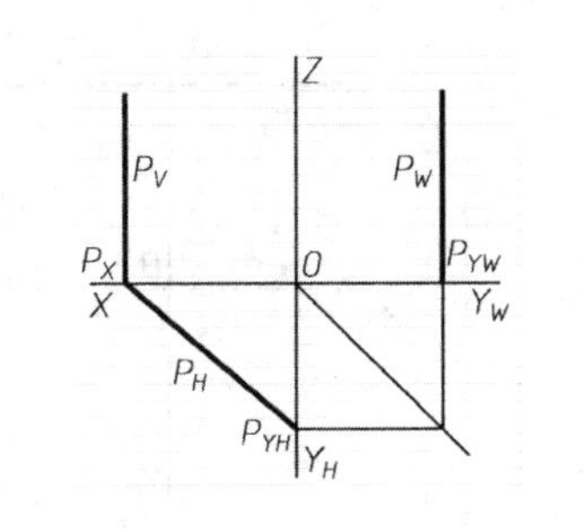	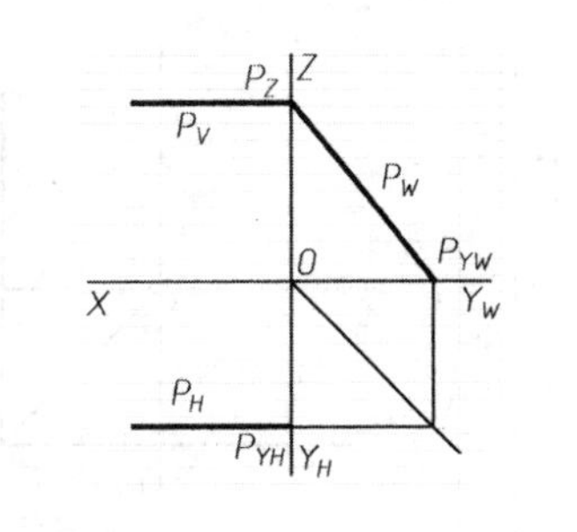
投影图 投影特性	1. 正面投影有积聚性（与 P_V 重合），且与 X 轴、Z 轴的夹角反映 α、γ。 2. 水平投影为类似形，侧面投影为类似形。（$P_H \perp X$ 轴、$P_W \perp Z$ 轴）	1. 水平投影有积聚性（与 P_H 重合），且与 X 轴、Y 轴的夹角反映 β、γ。 2. 正面投影为类似形，侧面投影为类似形。（$P_V \perp X$ 轴、$P_W \perp Y_W$ 轴）	1. 侧面投影有积聚性（与 P_W 重合），且与 Y 轴、Z 轴的夹角反映 α、β。 2. 正面投影为类似形，水平投影为类似形。（$P_V \perp Z$ 轴、$P_H \perp Y_H$ 轴）

(1) 正面投影 $a'b'c'$ 和侧面投影 $a''b''c''$ 积聚为一直线（与 P_V、P_W 重合），且分别平行 X 轴和 Y_W 轴。

(2) 水平投影△abc 反映△ABC 的实形（无 P_H）。

(3) 与 H 面的倾角 $\alpha=0$，与 V 面的倾角 $\beta=90°$，与 W 面的倾角 $\gamma=90°$。

对于正平面和侧平面也可用同样的分析方法得到类似的投影特性，详见表 2-4 所示。

表 2-4　平行面的投影特性

名称		正平面(//V 面)	水平面(//H 面)	侧平面(//W 面)
轴测图		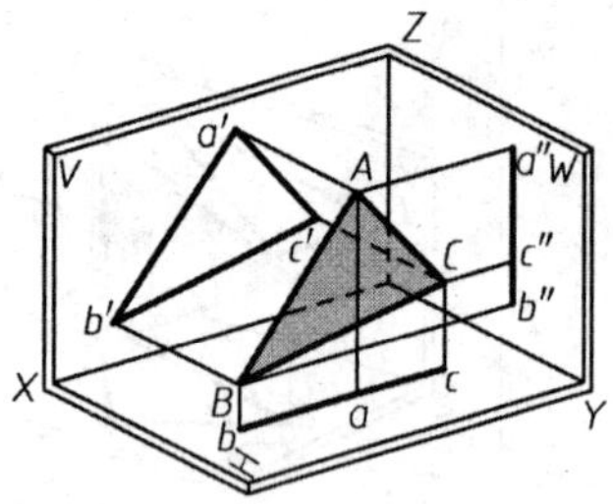	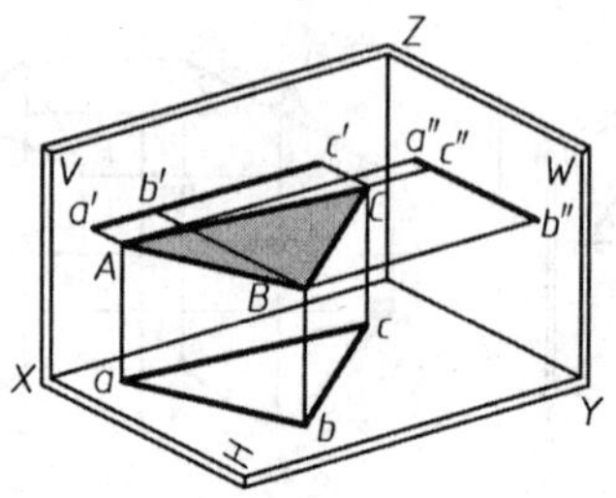	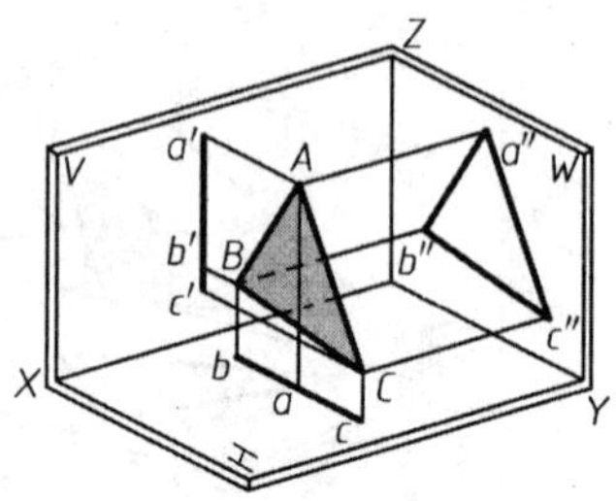
投影图	几何元素	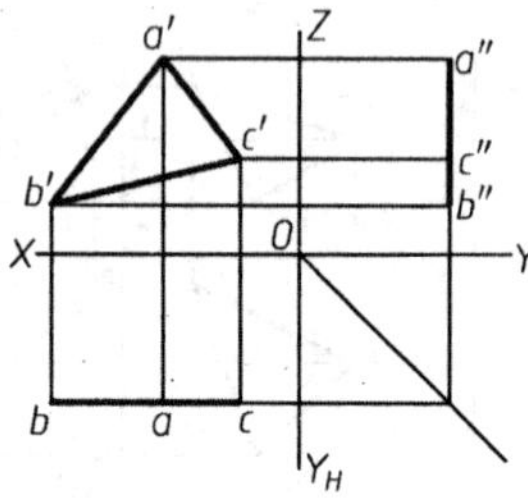	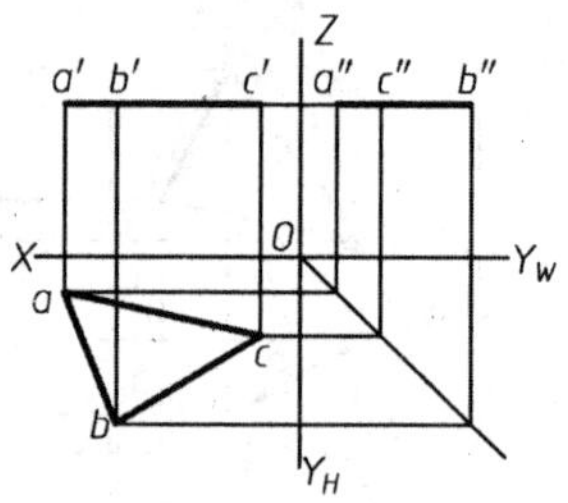	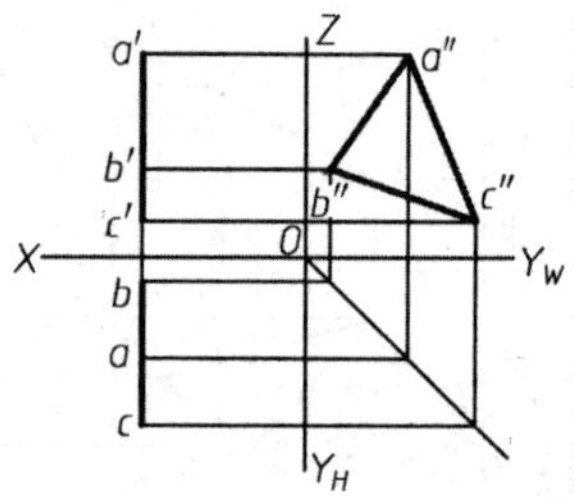
	迹线表示法	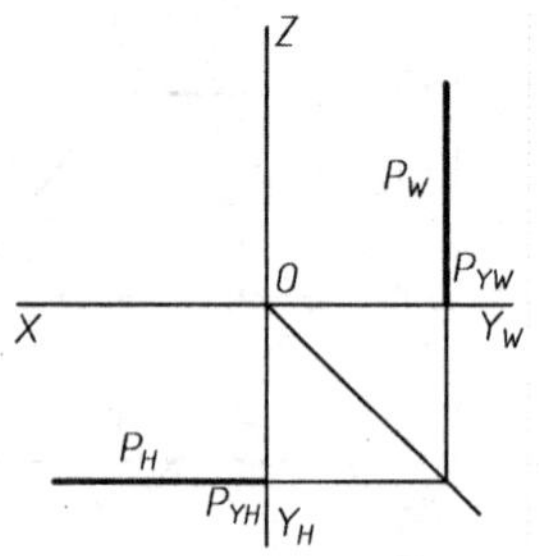	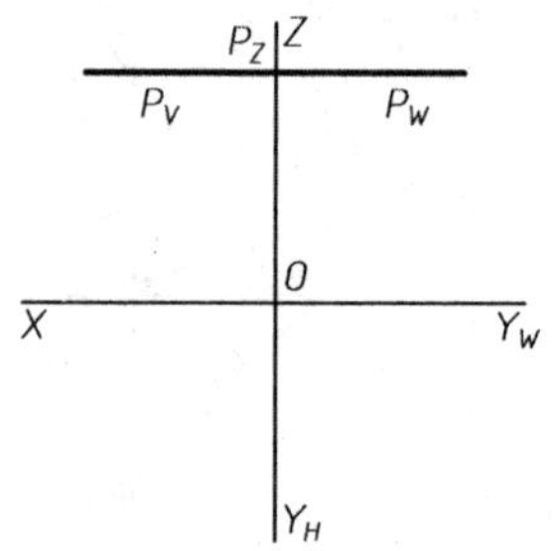	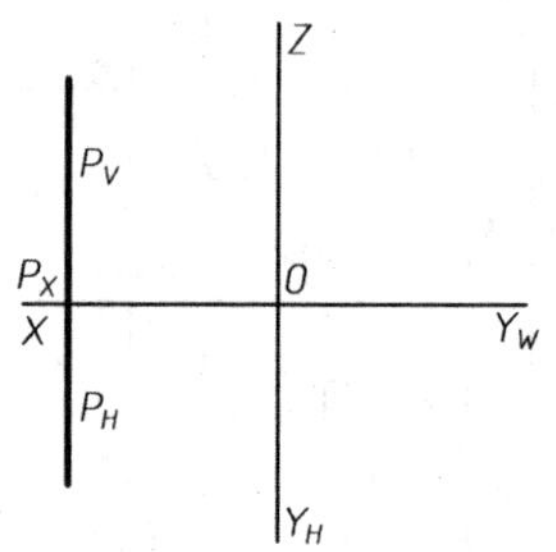
	投影特性	1. 水平投影积聚成直线且平行 OX ($P_H // OX$)，侧面投影积聚成直线且平行 OZ($P_W // OZ$)。 2. 正面投影反映实形(无 P_V)。 3. $\alpha=90°$、$\gamma=90°$、$\beta=0°$	1. 正面投影积聚成直线且平行 OX ($P_V // OX$)，侧面投影积聚成直线且平行 OY($P_W // OY$)。 2. 水平投影反映实形(无 P_H)。 3. $\beta=90°$、$\gamma=90°$、$\alpha=0°$	1. 正面投影积聚成直线且平行 OZ ($P_V // OZ$)，水平投影积聚成直线且平行 OY_H($P_H // OY_H$)。 2. 侧面投影反映实形(无 P_W)。 3. $\alpha=90°$、$\beta=90°$、$\gamma=0°$

综上所述，平行面的投影特性为：

(1) 平面在所平行的投影面上的投影反映实形(无该平面的迹线)。

(2) 平面在另两投影面上的投影都积聚成直线，且平行于相应的投影轴(与该平面的相应迹线重合)。

(3) 与平行的投影面的倾角为 0°，与另两投影面的倾角为 90°。

(三) 一般位置平面

因为一般位置平面与三个投影面都倾斜，所以在三个投影面上的投影既不反映实形，也不反映此平面与投影面的倾角 α、β、γ。如图 2-25 所示。$\triangle ABC$ 为一般位置平面，所以 $\triangle abc$、$\triangle a'b'c'$、$\triangle a''b''c''$都是$\triangle ABC$ 的类似形。

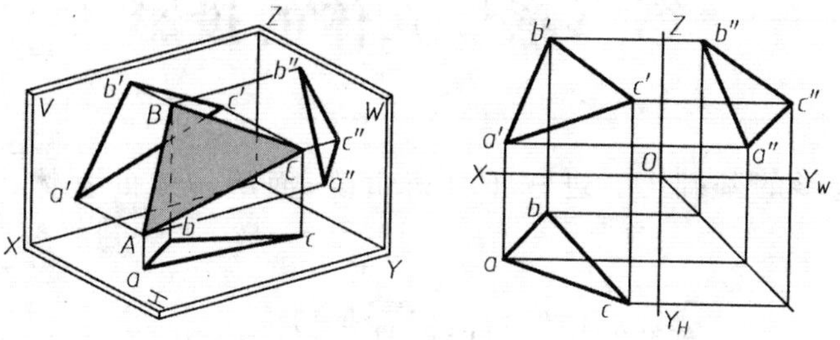

图 2-25　一般位置平面

三、平面内的点和直线

(一) 平面内取直线

平面内取直线是以初等几何中的两个定理为依据。即：

(1) 若一直线通过平面内的两点，则此直线必定在该平面内。如图 2-26a)所示，M、N 两点在 P 平面内，则过 M、N 两点所作的直线 MN 一定在 P 平面内。

(2) 若一直线通过平面内的一点，且平行于平面内另一直线，则此直线必定在该平面内。如图 2-26b)所示，直线 EF 和点 M 在 Q 平面内，则过点 M 作直线 MN 平行 EF，则 MN 一定在 Q 平面内。

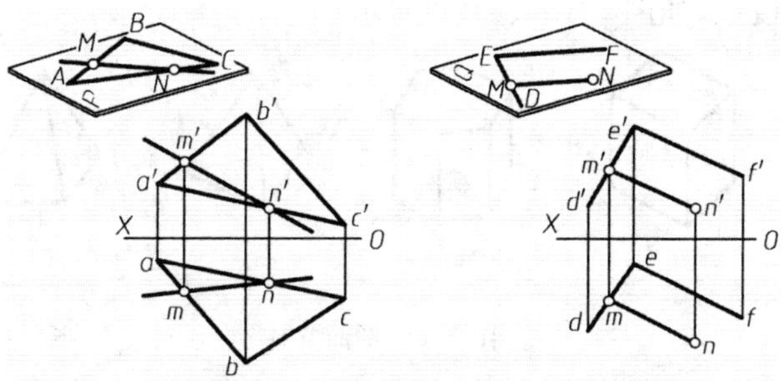

a)　　b)

图 2-26　平面曲取直线

(二) 平面内取点

如点在平面内的任一直线上，则此点一定在该平面内，因此在平面内取点，首先要在平面内取线。

图 2-27 所示，已知$\triangle ABC$ 平面内一点 K 的水平投影 k，求出它的正面投影 k'。可先通过点 K 在平面内任取一直线 EF，交 AC 于 E，交 AB 于 F。求出正面投影 $e'f'$，则 k'一定在 $e'f'$上。

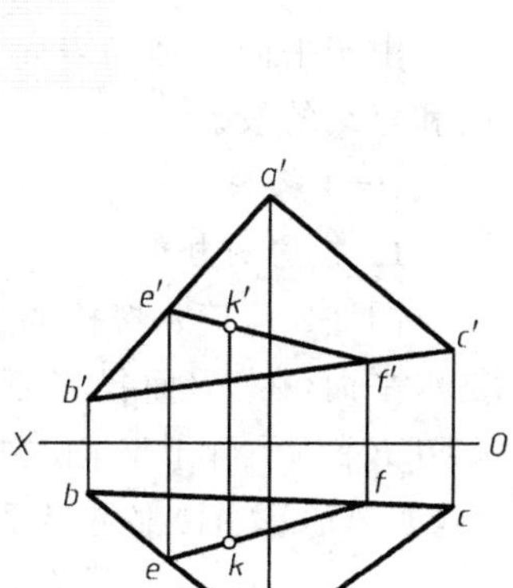

图 2-27　平面内取点

第三章　立体的投影

在点、线、面投影的基础上。进一步分析由线、面所构成的立体，并研究其投影作图问题。

第一节　基本几何体的投影

基本几何体分为两大类。一类是平面立体。即立体表面均是平面，如棱柱、棱锥等；另一类是曲面立体，立体表面为曲面或平面与曲面的立体，如圆柱、圆锥、球和环等立体。本节对这些基本几何体逐一分析，并研究它的投影作图及表面取点问题。

一、平面立体的投影

平面立体是由若干个多边形平面围成的多面体，如三棱柱是由三个四边形和两个三角形组成，二棱锥是由四个三角形平面围成。面面交线为棱线，棱线与棱线的交点为顶点。当棱线互相平行时，平面立体为棱柱，如图 3-1a)、b)、c)所示。当所有棱线在有限远处相交于一点时，平面立体为棱锥，如图 3-1d)、e)、f)所示。

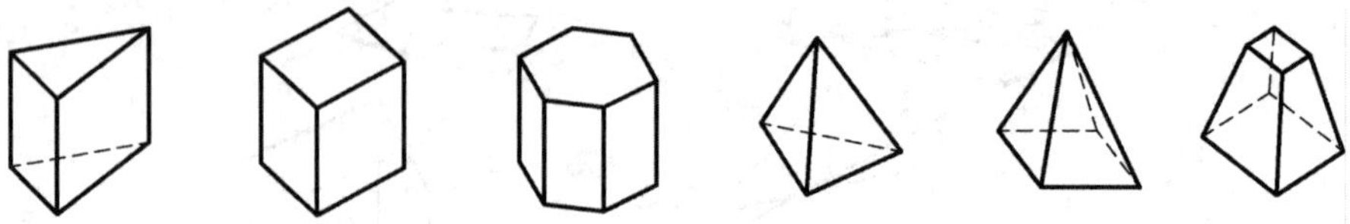

a)　b)　c)　d)　e)　f)

图 3-1　平面立体

由于平面立体的表面为平面，其棱线为直线，故研究平面立体的投影也就是研究这些平面和直线的投影。

(一) 棱柱

1. 投影分析

图 3-2 是正六棱柱的立体图和投影图。正六棱柱由六个侧面和两个端面围成。两端面是水平面，在 H 面投影反映实形，V 面和 W 面投影都积聚为一直线。前后两侧面(如 $ADEF$ 面)平行于 V 面，在 V 面投影反映实形，H 面和 W 面投影积聚为直线。另外四个侧面(如 $ABCD$ 面)都是铅垂面，在 H 面投影积聚为直线，在 V 面和 W 面的投影都是类似形。

各棱线中，铅垂线有六条(如 AB、CD、EF 等)，它们在 H 面投影都积聚成一点，在 V 面和 W 面投影都反映实长；另外四条棱线为侧垂线(如 DE、CF 等)，还有八条水平线(如 AD、BC 等)。

作投影图时，一般先画反映实形的投影，如图 3-2b)所示，应先画水平投影，然后按照投影规律作出其他两个投影。

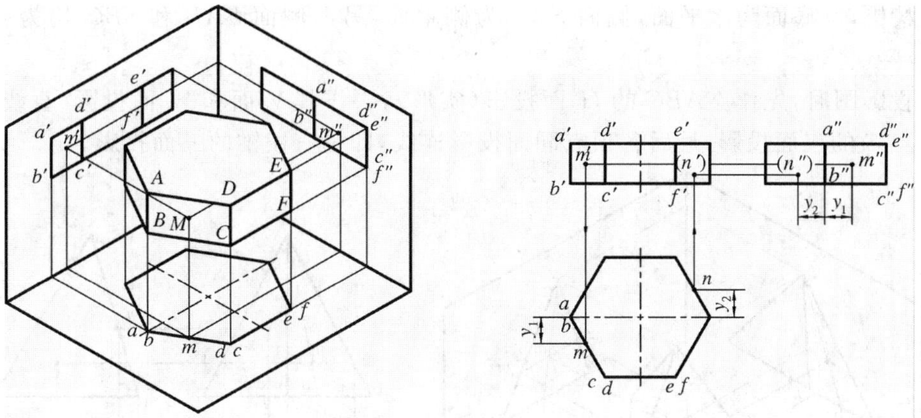

a)　　　　　　　　b)

图 3-2　正六棱柱的投影分析

2. 可见性判别

判别可见性的原则是：

(1) 确定投影范围的外形轮廓线都是可见的。

(2) 在外形轮廓线以内，若棱线是两个可见的棱面的交线，则此棱线的投影可见；反之不可见。

(3) 在外形轮廓线以内的相交直线，如是空间交叉两直线的投影，则可用重影点的方法来判别其可见性。

在图 3-2b)中，由于六棱柱前后、左右均对称，不可见的棱线与可见的棱线的投影重合，故虚线被粗实线所遮挡。

3. 表面上取点

平面立体表面上取点的方法与前面所述平面上取点的方法相同。但要注意的是，首先确定点在哪个棱面上，再根据棱面所处的空间位置利用投影的积聚性或辅助线作图，求出点在棱面上的投影。

【例 3-1】　如图 3-2b)，已知六棱柱表面上点 M 的 V 面投影 m' 和表面上点 N 的 W 面投影 n''，求作点 M 和 N 的另两个投影。

分析

点 M 在六棱柱表面 $ABCD$ 面上，$ABCD$ 面是铅垂面，它在 H 面投影积聚成直线，所以点 M 的 H 面投影必在该直线上。点 N 在 $ABCD$ 对面的平面上，同理可求点 N 的 H 面和 W 面投影。从图可知，点 M 的 W 面投影可见，点 N 的 W 面投影不可见。

作图步骤

(1) 过 m' 作 H 面投影连线，交 $ABCD$ 面的 H 面投影于一点 m，则为点 M 的水平投影。

(2) 由 m' 和 m 作出 m''。

(3) 判别可见性，m'' 可见。

同理作出 n 和 n'、n' 不可见。

(二) 棱锥

1. 投影分析

图 3-3 为三棱锥的立体图和投影图。此三棱锥是以 S 为顶点，以正三角形 ABC 为底

的正三棱锥，其底面为水平面，侧面 SAC 为侧垂面，另两侧面 SAB 和 SBC 均为一般位置平面。

作投影图时，先作△ABC 的 H 面投影（实形），再作其 V 面和 W 面投影（直线）。然后作出顶点 S 的三面投影，最后各顶点同面投影连线，即是三棱锥的三面投影。

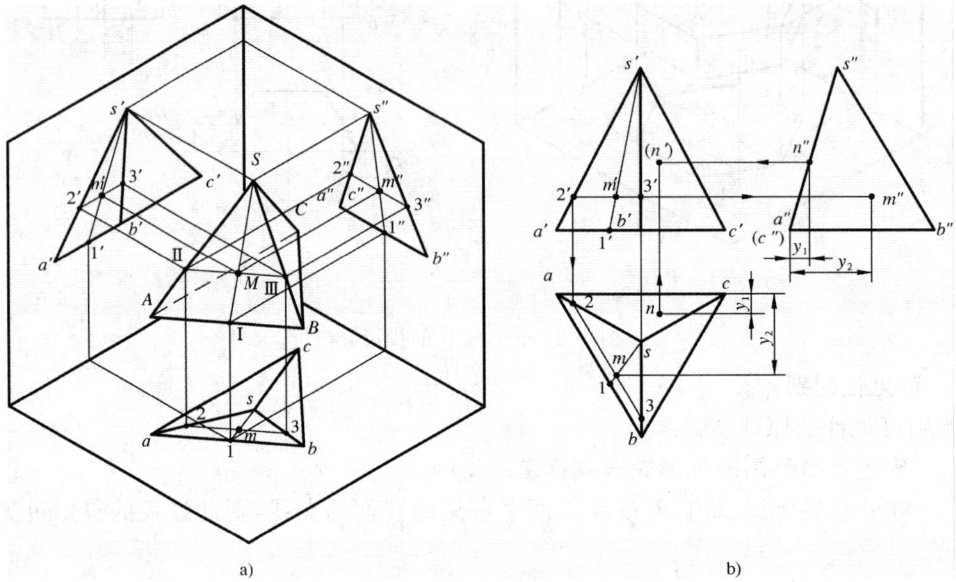

图 3-3　棱锥的投影分布

2. 可见性判别

从投影图可知，在 H 面上三棱锥三个侧面均可见，底面不可见，在 V 面上 SAB 和 SBC 可见，SAC 不可见，底面积聚为直线；在 W 面上，SAC 和 ABC 积聚为直线，SAB 可见，SBC 不可见。

3. 表面上取点

棱锥表面上取点的方法和棱柱一样，可利用其投影的积聚性或作面内辅助线法来取点。

【例 3-2】 如图 3-3，已知三棱锥表面 SAC 上点 N 的 H 面投影 n 和表面 SAB 上点 M 的 V 面投影 m'，试补全点 M 和点 N 的另两投影。

分析

因为 SAC 在 W 面积聚为一直线，所以点 N 的 W 面投影也必在此线上。点 M 在一般位置平面 SAB 上，可以用引辅助线法求得另两投影。

作图步骤

（1）由 n 作宽相等在 $s''a''c''$ 上得到 n''，再由 n 和 n'' 求 n'。

（2）过 s'、m' 引 V 面辅助线 $s'1'$，再求出 SⅠ的 H 面和 W 面投影 $s1$ 和 $s''1''$，根据点在直线上存在的条件和投影规律，求出 m 和 m''。

（3）可见性判别，由于 SAB 在三个投影面的投影均可见，所以点 M 三个投影均可见；而 SAC 面在 V 面投影不可见，所以 n' 不可见。

过点 M 可以作无数条辅助线。考虑到作图简便，还可以过点 M 作 SAB 上 AB 线的平行线ⅡⅢ，从而求得 M 点的投影。具体作图由读者自己分析。

二、曲面立体的投影

曲面立体是由曲面或曲面与平面所围成，曲面可以看作是由一母线按一定的规律运动而形成，曲面上任一位置的母线称为素线。母线绕轴线旋转而形成的曲面体称为回转体，常见的如圆柱、圆锥、球和环等。

（一）圆柱

如图 3-4a)圆柱体，它的圆柱面是由直母线 $AA1$ 绕与它平行的轴线 OO_1 回转而成的曲面，圆柱体是由圆柱面和上、下两底圆围成。

1. 圆柱的投影

如图 3-4a)所示，圆柱的轴线为铅垂线，因此圆柱面也垂直于 H 面，其 H 面投影积聚为圆，此圆也是圆柱上、下底面的 H 面投影。对称中心线的交点是圆柱轴线的 H 面投影。

由于圆柱体两底面均垂直于轴线，所以圆柱体的 V 面投影为矩形。图中 $a'a'_1$ 和 $b'b'_1$ 是圆柱体正面投影的转向线（即由前向后看时，圆柱体上可见与不可见部分的分界线）的投影。上下两底面投影为直线 $a'b'$ 和 $a'_1b'_1$。圆柱体的 W 面投影可同样进行分析，只是 $d''d''_1$ 和 $c''c''_1$ 是从左向右看时圆柱的侧面投影的转向线的投影。

作投影图时，先画各投影的中心线，再画有积聚性的投影图，最后按投影规律画出其他两个投影，如图 3-4b)所示。

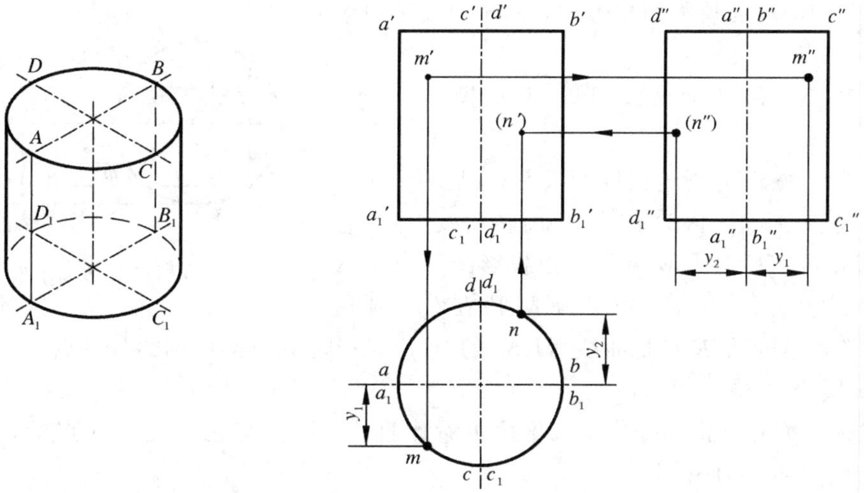

a)　　　　　　　　b)

图 3-4　圆柱的投影

2. 可见性判别

由于在投影图上圆柱的转向线是圆柱面可见部分与不可见部分的分界线。在 V 面投影上，$a'a'_1$ 和 $b'b'_1$ 为圆柱体前后两部分可见性的分界线，前半圆柱面可见，后半圆柱面不可见；在 W 面投影 $c''c''_1$ 和 $d''d''_1$ 为圆柱体左右两部分可见性的分界线，左半圆柱面可见，右半圆柱面不可见。

3. 圆柱表面上取点、线

若点在圆柱的转向线上，可按直线上取点直接作图。如果点不在圆柱的转向线上，则可利用圆柱面的积聚性投影来解决取点问题。

【例 3-3】　如图 3-4b)，已知圆柱面上点 M 的 V 面投影 m' 和点 N 的 W 面投影 n''，求出点 M 和点 N 的另两投影。

分析

由于圆柱面的 H 面投影积聚成圆，所以利用积聚性作图。

作图步骤

（1）利用积聚性投影，在 H 面的圆周上作出 m 和 n。

（2）由 m'、m 和 $n''n$ 作出 m'' 和 n'。

（3）可见性判别。由于点 M 在左半圆柱面上，所以 m'' 可见，点 N 在后半圆柱面上，所以 n' 不可见。

【例 3-4】　如图 3-5，已知圆柱面上曲线 NKM 的 V 面投影，求其 H 面和 W 面投影。

分析

由于圆柱面的 H 面投影积聚为圆，所以曲线 NKM 的 H 面投影就在此圆上，根据 V 面投影就可求到 $n''k''m''$。NKM 中点 K 位于圆柱的侧面转向线上，点 M 和点 N 在圆柱面上的一般位置处。

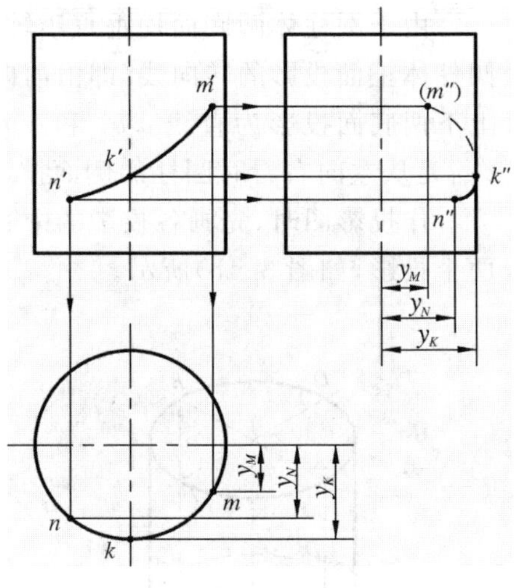

图 3-5　圆柱表面上取点线

作图步骤

（1）利用圆柱面投影的积聚性，在 H 面投影中求得 m、k、n 三点。

（2）由 V 面和 H 面投影，求出 W 面投影 m''、k''、n'' 三点。

（3）按点顺序，光滑连接同面投影即是。

（4）判别可见性，因为 K 为 W 面转向线上点，它分曲线 NM 为 NK 和 KM 两段。由投影图可知，NK 段在左半圆柱面上，故 $n''k''$ 可见，KM 段在右半圆柱面上，故 $k''m''$ 不可见，K 点是曲线 NKM 的 W 面投影可见与不可见的分界点。

（二）圆锥

圆锥由平面和圆锥面围成。圆锥面可看作直线 SA 绕与它相交于 S 点的轴线 OO_1 回转而成。如图 3-6a)所示。

1. 圆锥的投影

在图 3-6 中，圆锥体的轴线是铅垂线，其底面是水平面，所以其底面的 V 面和 W 面投影分别积聚为直线，H 面投影反映实形圆。在 H 面投影中对称中心线的交点即为圆锥轴线的水平投影，同时它又是锥顶 S 的 H 面投影。圆锥面的 H 面投影与底面的 H 面投影相重合。

圆锥面 V 面投影的转向线 $s'a'$、$s'b'$ 是圆锥面上最左最右素线 SA、SB 的 V 面投影；SA、SB 的 W 面投影 $s''a''$ 和 $s''b''$ 与轴线的 W 面投影重合。圆锥 W 面投影的转向线 $s''c''$、$s''d''$ 是圆锥面上最前最后素线 SC、SD 的 W 面投影，它们的 V 面投影与轴线的 V 面投影重合。

画圆锥的投影时，一般先画出各投影的中心线，再画出底圆及顶点的投影，最后画出转向线。

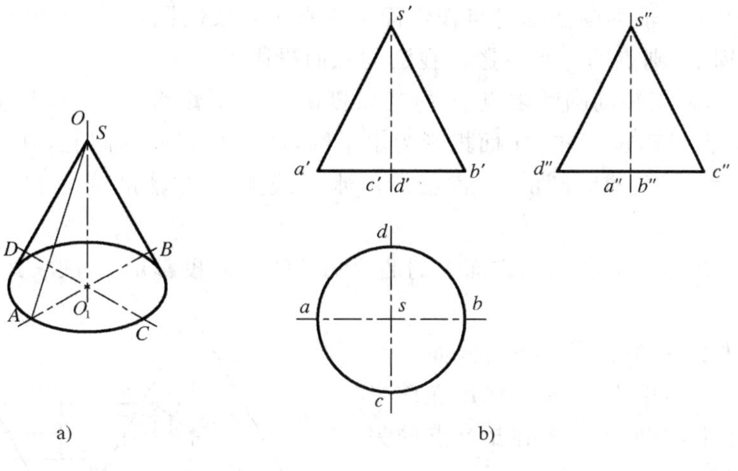

图 3-6　圆柱表面上取点线

2. 可见性判别

图 3-6b)为圆锥的三面投影。显然圆锥面的三个投影都没有积聚性，投影图上的转向线为圆锥面的可见性分界线。在 V 面投影上，转向线 $s'a'$、$s'b'$ 为锥面可见前半部分与不可见后半部分的分界线；在 W 面投影，转向线 $s''c''$、$s''d''$ 为锥面可见左半部分与不可见右半部分的分界线。圆锥面在 H 面投影可见，底面不可见。

3. 圆锥表面取点、线

由于圆锥的三个投影都没有积聚性，所以不能像圆柱那样利用积聚性投影直接作图求得，如果点在圆锥的转向线上时，可直接从投影图中求得点的三面投影。如果点在圆锥面的一般位置上，则可用素线法、辅助圆法求之。

(1) 素线法。素线法是过锥顶引过已知点的素线，求得素线的其他两投影，然后应用点在线上存在的条件求之。

图 3-7a)中，已知点 A 的 V 面投影 a'，求其他两投影，就是用素线法。过锥顶 S 和已知点 A 作素线 SB。$s'b'$ 为 SB 的 V 面投影，然后作出 sb 和 $s''b''$；由于点 A 在 SB 线上，则点 A 的投影必在 SB 投影上，由此作出 a 和 a''。

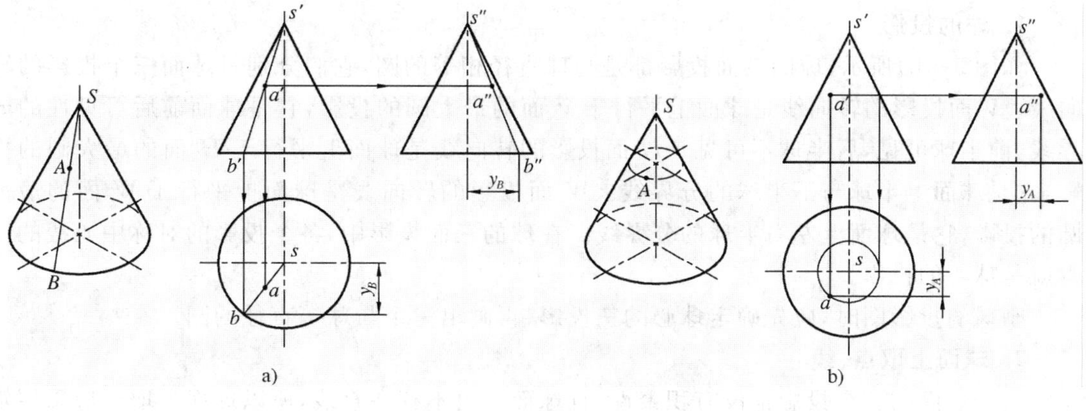

图 3-7　圆锥表面上取点

（2）辅助圆法。辅助圆法即过点作锥面上垂直于轴线的圆，然后求出其圆的三面投影。由于点在该圆周上，则点的三个投影必在圆的三面投影上。

如图 3-7b)，是用辅助圆法求点 A 的三面投影。过 a' 作水平圆，其 V 面投影为垂直轴线的水平线；W 面投影也一样；H 面投影为水平圆，此圆与底面圆同心，其直径为 V 面投影中水平线的长度。a''在辅助圆的 W 面投影的水平线上，a 在辅助圆的 H 面投影的水平圆周上。

【例 3-5】 如图 3-8，已知圆锥面上的曲线 AE 的正面投影 $a'e'$，试求其另两投影。

分析

可将 AE 曲线看成由若干个点（如五个点）组成，由于 a'、e'可见，故曲线 AE 在前半圆锥面上，然后用辅助圆法求出五个点的另两投影，连接即是。

作图步骤

（1）分别过 $a',b',\cdots,e'$作 $s'1'$的垂直线，即为五个辅助圆，同时求出其 H 面投影的五个圆，W 面投影的五条水平线。

（2）在辅助圆的投影上求出 $a,b,\cdots,e$ 和 a'',b'',e''。

（3）依次光滑连接 $a,b\cdots,e$ 和 $a'',b'',\cdots,e''$即是。

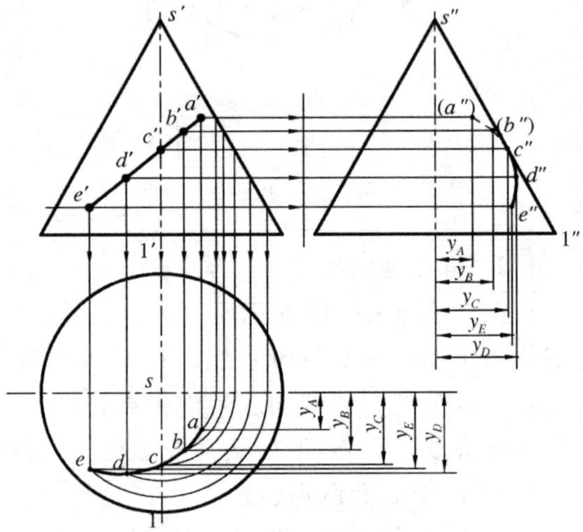

图 3-8　圆锥表面上取线

（4）可见性判别：由于点 C 是侧面投影转向线上的点，它分 AE 为 AC 和 CE 两段。由图可见，CE 段在圆锥面的左半部分，所以 $c''e''$可见；AC 段在圆锥面的右半部分，所以 $a''b''$不可见。故而 C 点是曲线 W 面投影可见与不可见的分界点。

（三）球

球是由球面围成的。如图 3-9a)所示，球面可看作是圆母线 Q 绕其直径 OO_1 为轴旋转而成的。

1. 球的投影

如图 3-9b)所示，球的三面投影都是与球直径相等的圆，它们分别是球面三个投影的转向线。V 面投影的转向线是球面上平行于 V 面的最大圆的投影，它是球面前后可见性的分界线，前半球可见，后半球不可见。H 面投影的转向线是球面上平行于 H 面的最大圆的投影，它是球面上半球与下半球的分界线。W 面投影的转向线是球面上平行于 W 面的最大圆的投影，它是球面上左右半球的分界线。在球的三面投影中，各个投影的对称中心线的交点就是球心的投影。

画球的投影图时，应先确定球心的三投影；再画出三个与球等直径的圆。

2. 球面上取点、线

由于球面的三个投影都没有积聚性，且球面上也不存在直线，所以球面上取点应采用辅助圆法，即过已知点作平行于某一投影面的辅助圆，该圆的另两个投影均积聚成直线，这样就可以比较容易地在球面上找到点的投影。如点在球面转向线上，则可直接求得。

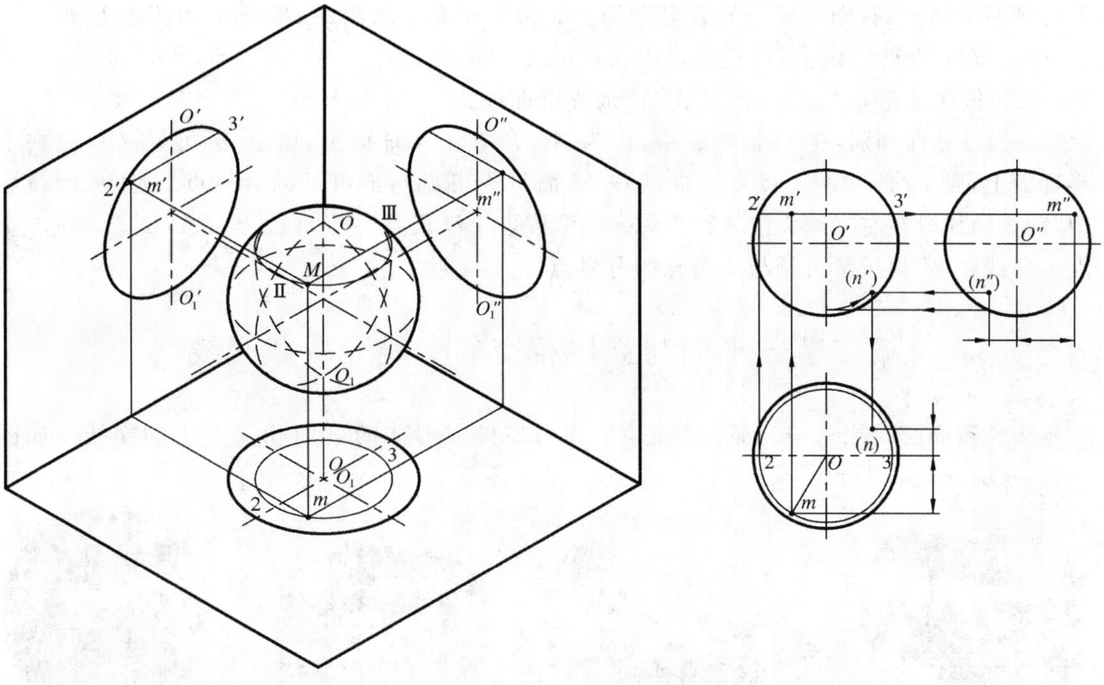

图 3-9　圆球的投影及表面取点

【例 3-6】　已知球面上点 M 的 H 面投影 m 和点 N 的 W 面投影 n''，求其另两投影。如图 3-9b)所示。

分析

投影 m 可见，表示点 M 在前半球面上；n''不可见，表示点 N 在右半球面上。点 M 和点 N 均不在转向线上，所以须用辅助圆法求之。

作图步骤

(1) 以 O 为圆心，om 为半径作圆；再作其对应的 V 面投影 $2'3'$，m'必在 $2'3'$上。

(2) 由 m 和 m'求出 m''。

(3) 过 n''作平行于 V 面的辅助圆，在 V 面投影得到一个同心圆，n'必在该圆上。

(4) 由 n'和 n''求出 n。

(5) 可见性判别：由投影图可知，m'、m''可见；n、n'不可见。

【例 3-7】　已知属于圆球面的曲线 AD 的 V 面投影 $a'd'$，求其另两投影，如图 3-10 所示。

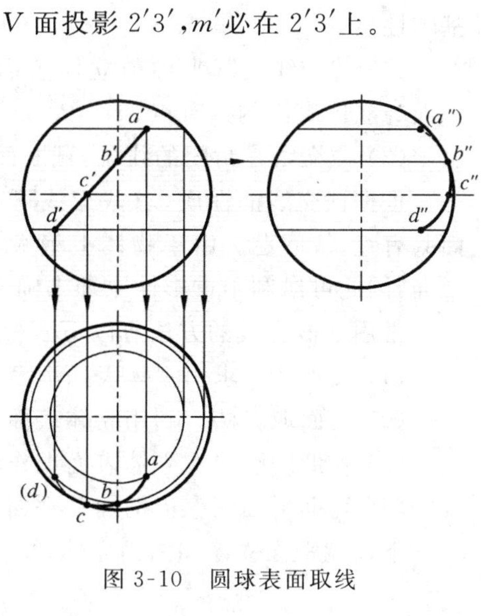

图 3-10　圆球表面取线

分析

可将曲线 AD 看成由几个点(如 4 个点)组成。由于 $a'd'$可见，故曲线 AD 在前半球面上。

作图步骤

(1) 过 a'、d'作两个水平辅助圆。在 H 面投影上得到两个同心圆，则 a、d 分别在其圆周上。根据 a' 和 a 求出 a''，根据 d' 和 d 求出 d''。

(2) b'，c' 在转向线上，可直接求出 b 和 b'' 及 c 和 c''。

(3) 依次连接 a、b、c、d，a''、b''、c''、d'' 成光滑曲线。

(4) 可见性判别：在 H 面投影中，因为 AC 段在上半球面上，所以 ac 可见；CD 段在下半球面上，则 cd 不可见。C 点为曲线在 H 面投影可见与不可见的分界点。在 W 面投影中，因为 AB 段在右半球面上，所以 $a''b''$ 段不可见；BD 段在左半球面上，故 $b''d''$ 段可见。B 点为曲线在 W 面投影可见与不可见的分界点。

第二节　平面与立体相交的交线——截交线

零件表面交线之一——截交线，是平面与零件上形体的表面相交产生的交线。如图 3-11a)、b)、c)、d)所示。

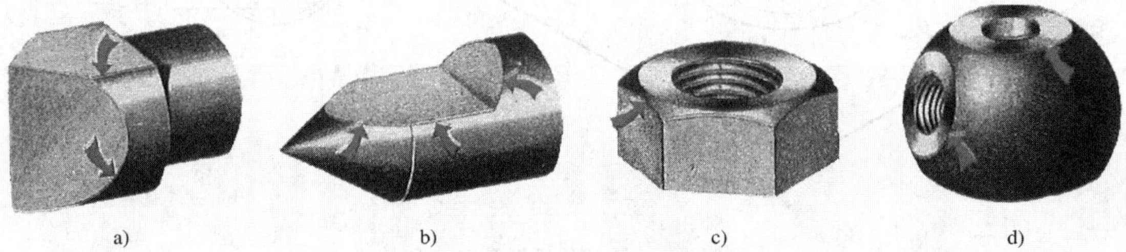

图 3-11　几种常用零件表面交线

平面与立体相交，可视为立体被平面所截，如图 3-12 所示。平面 P 称为截平面，截平面与立体表面的交线称为截交线，截交线所围成的图形称为截断面。

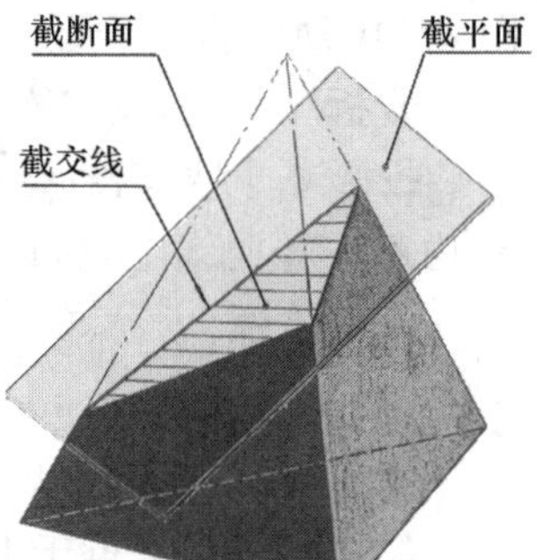

图 3-12　平面截切立体

立体可分为平面立体与曲面立体。截平面与立体的相对位置不同，其截交线的形状也不同，但任何截交线都具有下列两个基本性质。

(1) 截交线是截平面与立体表面的共有线，其上的点是截平面与立体表面的共有点。

(2) 截交线是封闭的线条，截断面是封闭的平面图形。

根据截交线的性质，求截交线可归结为求截平面与立体表面共有点、线问题。由于物体上绝大多数的截平面是特殊位置平面，因此可以利用重影性原理来确定其共有点、线范围。

常用求截交线的方法有以下四种：

(1) 交点法。求出立体表面上已知直线与截平面的交点，连接交点为所求。

(2) 表面取点法。利用立体表面在投影面上的投影有积聚性的特点求之。

(3) 辅助线法。在立体表面上作辅助素线及辅助圆求之。

(4) 辅助平面法。借助辅助平面与立体表面及截平面相交来求之，也称为三面共点法。

下面就平面立体和曲面立体两类，研究求截交线的作图方法。

一、平面与平面立体相交

平面与平面立体相交的截交线是平面多边形，其各顶点是平面立体的棱线与截平面的交点；多边形的每一条边，是平面立体的表面与截平面的交线，如图 3-13a)所示。因此，求平面立体的截交线，是利用交点法求截平面与立体上各棱线的交点，然后依次连接各交点即是。

【例 3-8】 三棱锥被正垂面 P 所截，完成截交线的投影及截断面实形，如图 3-13 所示。

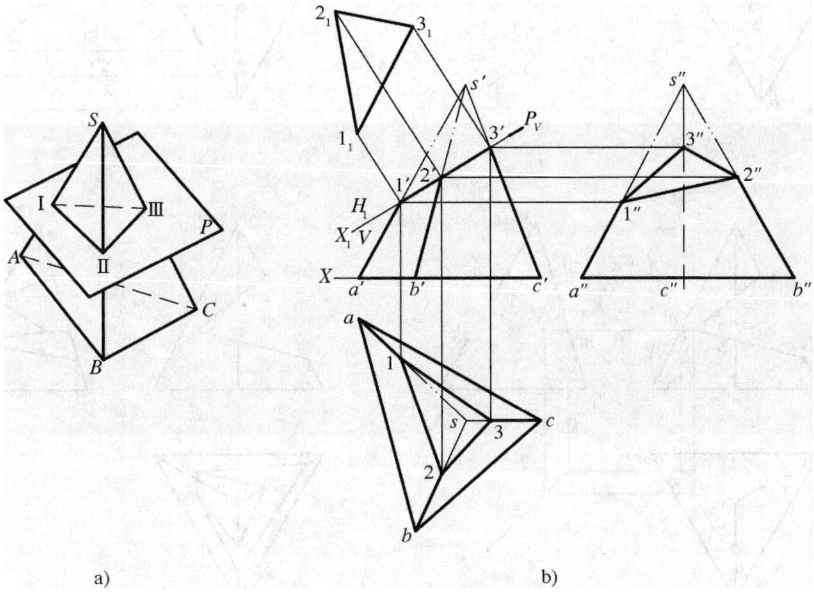

图 3-13　平面截切三棱锥

分析　如图 3-13a)所示，因截平面 P 为正垂面，故截平面的正面投影积聚在 P_V 上，H 面和 W 面截交线利用交点法求之。

作图步骤

如图 3-13b)所示。

(1) 作出三棱锥的棱线 SA、SB、SC 与截平面 P 的交点Ⅰ、Ⅱ、Ⅲ的 V 面投影 $1'$、$2'$、$3'$。

(2) 根据点的投影规律求出 H、W 面投影 1、2、3 和 $1''$、$2''$、$3''$。

(3) 依次连接各交点的同面投影即所求。

(4) 可用换面法求得截断面的实形△ⅠⅡⅢ。

【例 3-9】 三棱锥被正垂面 P、Q 截切，完成其 H、W 面投影，如图 3-14 所示。

分析　如图 3-14a)所示，三棱锥底面 ABC 为水平面，棱面 SAB 和 SBC 为一般位置面，棱面 SAC 为侧垂面。P 和 Q 为正垂面，截交线的 V 面投影积聚在 P_V、Q_V 上。

作图步骤

(1) 作出三棱锥两个棱线 SA、SB 与截平面 P、Q 的交点Ⅰ、Ⅱ、Ⅲ、Ⅳ的 V 面投影 $1'$、$2'$、$3'$、$4'$，由此再求出 1、2、3、4 和 $1''$、$2''$、$3''$、$4''$。如图 3-14b)所示。

(2) 作出 SBC 面Ⅴ点和 SAC 面Ⅵ点的 H 和 W 面投影。由图 3-14c)所示，过点Ⅴ和点Ⅵ作ⅤM∥BC、ⅥM∥AC，交棱线 SC 于 M 点，即作 $5'm'$∥$b'c'$，$6'm'$∥$a'c'$交 $s'c'$于 m'，

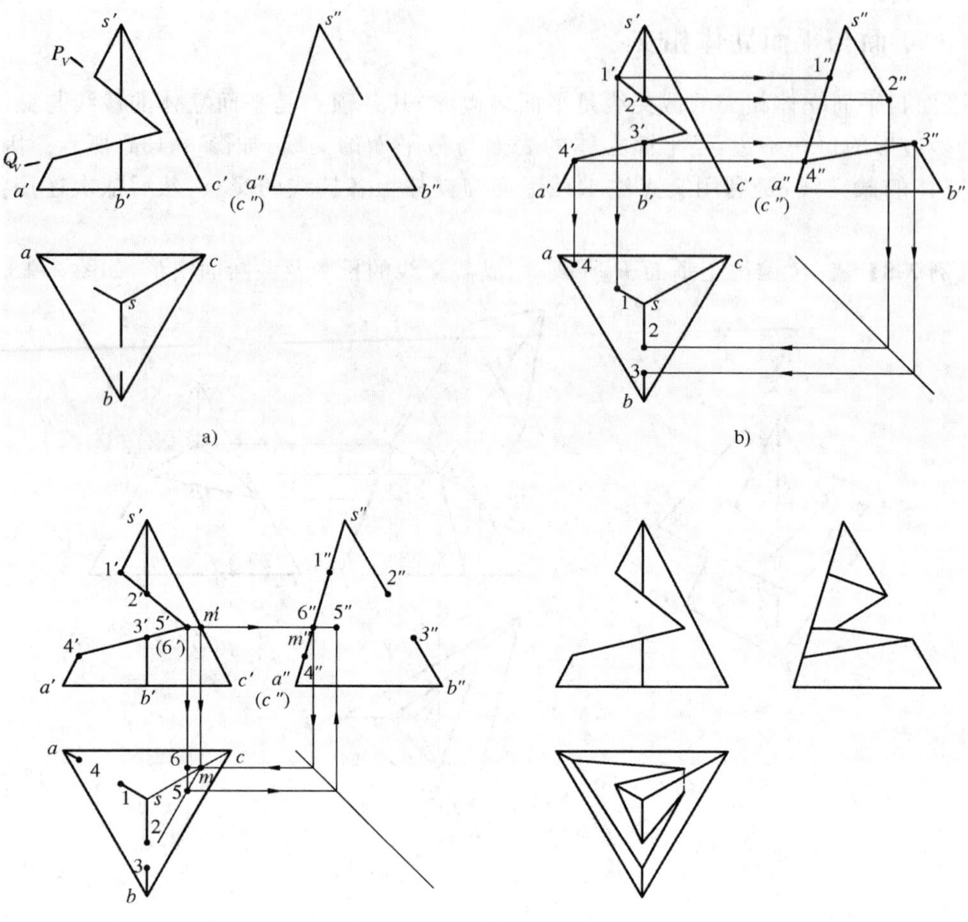

图 3-14　平面截三棱锥的作图过程

由此求得其余两投影 5、5″和 6、6″。

(3) 连接各点的同面投影，即为所求。如图 3-14d)所示。

(4) 可见性判别。由于 P、Q 的交线 Ⅴ Ⅵ 为正垂线，H 面投影被锥面所遮，不可见，画虚线。

二、平面与曲面立体相交

曲面立体的截交线，通常是一条封闭的平面曲线，也可能是由曲线和直线所围成的平面图形或多边形。截交线的形状取决于曲面立体的几何性质及其与截平面的相对位置。

截交线是截平面和曲面立体表面的共有线，截交线上的点也就是它们的共有点，当截平面为特殊位置平面时，截交线的投影就重影在截平面具有积聚性的同面投影上，故可用曲面立体表面上的点和线来作截交线的投影。

求曲面立体截交线投影，通常先作一些确定截交线形状和范围的特殊点，然后按需要再作一些一般点，最后连点成截交线，并判别投影可见性。

(一) 平面与圆柱相交

截平面与圆柱相交时，截交线的形状有如表 3-1 所示的三种情况。

表 3-1　平面与圆柱面的交线

截平面位置/截交线形状	与轴线平行/两平行直线	与轴线垂直/圆	与轴线倾斜/椭圆
轴测图	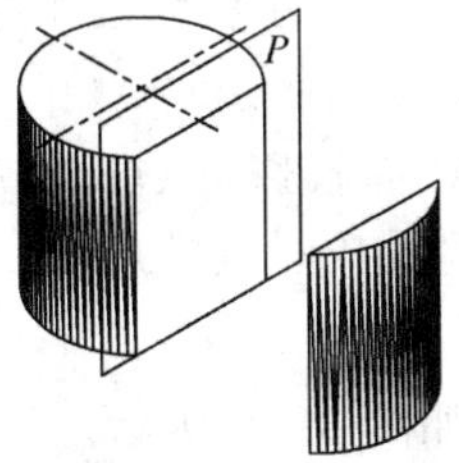	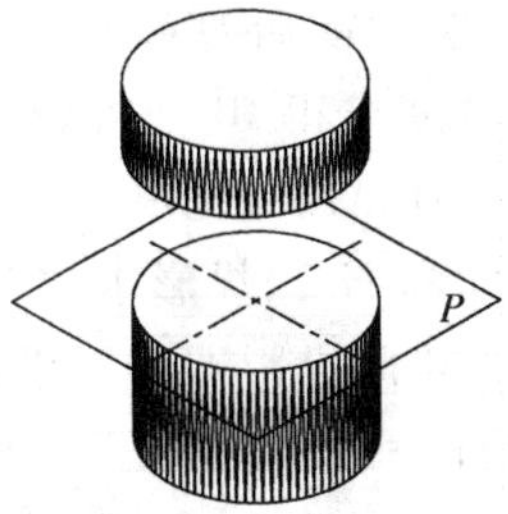	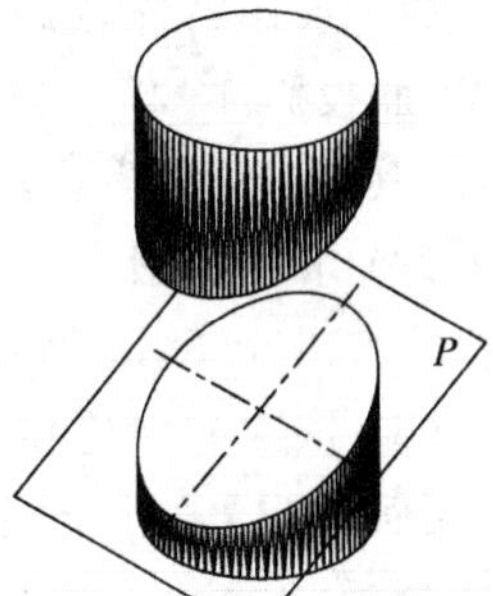
投影图	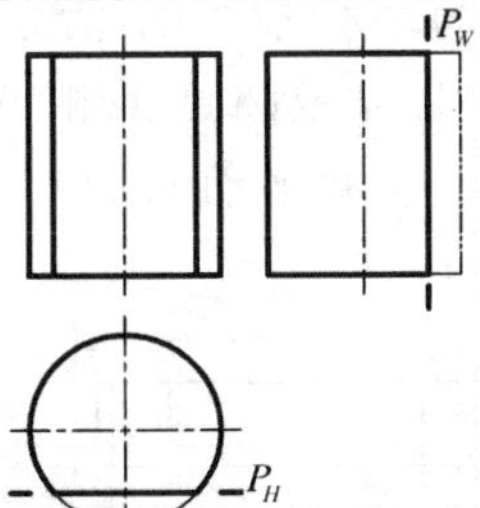	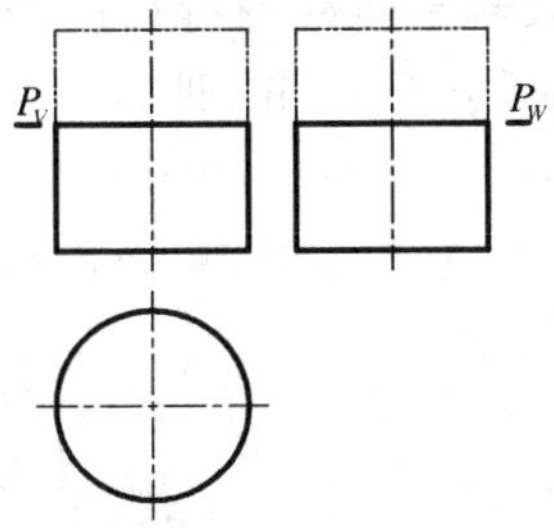	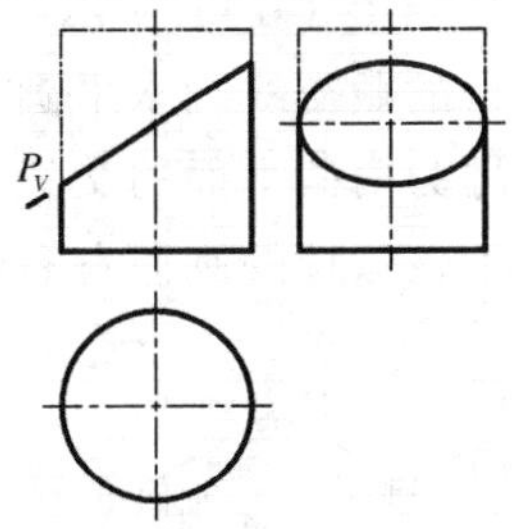

求圆柱表面的截交线，可利用圆柱轴线垂直于某一投影面时其表面投影的积聚性，用表面取点法直接作图。取点时，先求特殊点，即最高、最低、最左、最右、最前、最后点及转向轮廓线上的点，再求出一般点。特殊点要取全，一般点要适当。

【例 3-10】 求圆柱截交线的投影，如图 3-15a)所示。

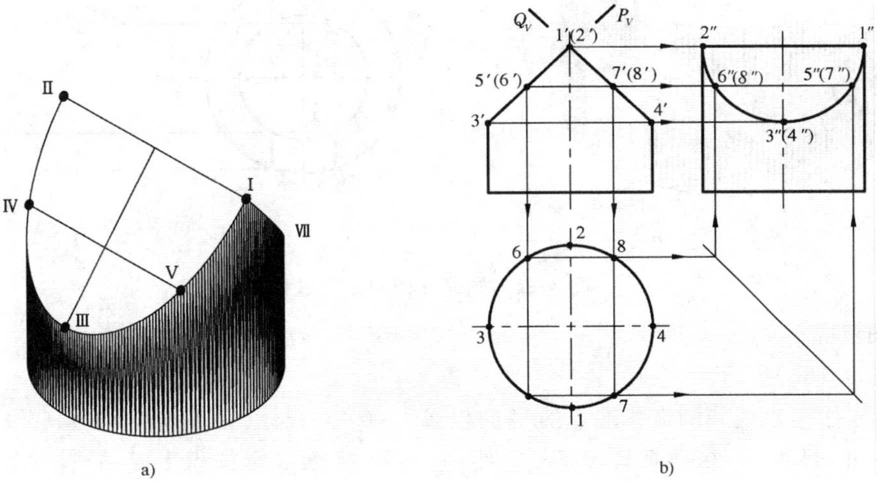

图 3-15　圆柱被平面截切的作图过程

分析

如图 3-15a)所示。圆柱被左、右对称两正垂面 P、Q 所截切，截交线为左、右对称的半个椭圆，其 V 面投影与 P_V、Q_V 重影；H 面投影与圆柱面的 H 面投影重影；由于半椭圆左右对称，其 W 面投影重影在一起。

作图步骤

如图 3-15b)所示。

(1) 求作特殊点。半椭圆短轴为正垂线Ⅰ、Ⅱ，由 V 面投影 $1'$、$(2')$ 和 H 面投影 1、2 求得 W 面投影 $1''$、$2''$。长轴位于圆柱前后对称面上，点Ⅲ及点Ⅳ分别为两个半椭圆长轴的端点，由其 V、H 面投影 $3'$、$4'$ 及 3、4 求得 W 面投影 $3''$、$(4'')$。

(2) 求作一般点。选取Ⅴ、Ⅵ、Ⅶ、Ⅷ为一般点，先从 V 面投影 $5'$、$(6')$、$7'$、$(8')$，求出 H 面投影 5、6、7、8，最后根据 V 面和 H 面投影求出 W 面投影 $5''$、$6''$、$(7'')$、$(8'')$。

(3) 依次光滑连接各点的 W 面投影即为所求。

【例 3-11】 补全圆筒开凸榫和凹槽后的 W 面投影，如图 3-16 所示。

分析

如图 3-16a)所示，圆筒被侧平面截切所得的截交线为平行轴线的直线；被水平面截切所得的截交线为水平圆弧。如交线Ⅰ、Ⅱ、Ⅲ、Ⅳ、Ⅴ、Ⅵ、Ⅶ、Ⅷ及圆弧ⅡⅧ、ⅣⅥ，直线ⅡⅣ、ⅥⅧ为两截平面的交线（正垂线）。而直线ⅠⅢ、ⅤⅦ是 P_V 截平面与圆筒上端面的交线。由于被截切的圆筒左右对称，以上各线其 W 面投影重影。

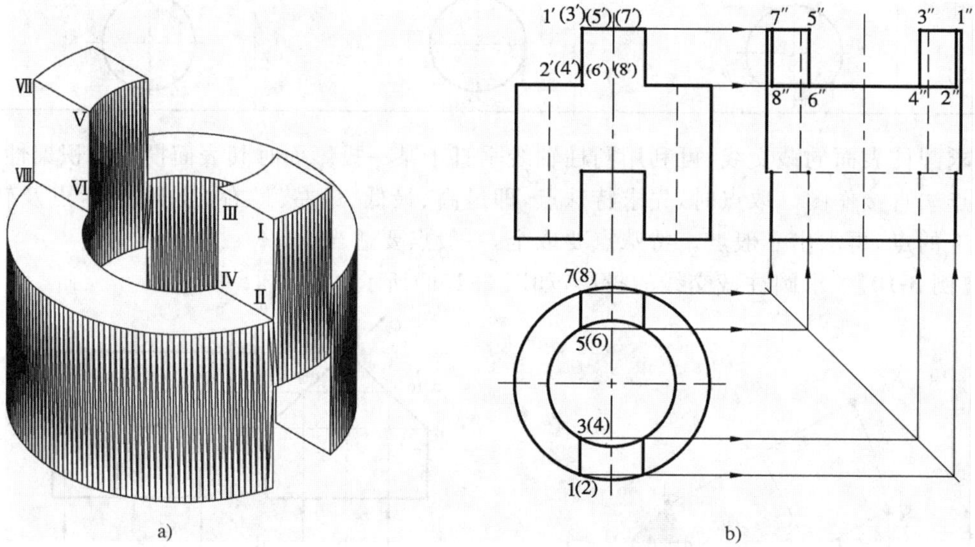

图 3-16　圆筒开槽的作图过程

作图步骤

如图 3-16b)所示。

(1) 先作出直线和圆弧各端点的 V 面投影 $1'$、$(3')$、$(5')$、$(7')$ 及 $2'$、$(4')$、$(6')$、$(8')$。由于交线ⅠⅡ、ⅢⅣ、ⅤⅥ、ⅦⅧ是四条铅垂线，它们的 H 面投影都积聚成一点，并且位于圆筒内、外圆柱面的有积聚性的 H 面投影上，即它们的 H 面投影为 1(2)、3(4)、5(6)、7(8)。根据投影规律求出 W 面投影 $1''2''$、$3''4''$、$5''6''$、$7''8''$。

(2) 交线ⅡⅧ和ⅣⅥ圆弧是平行于 H 面的圆弧，其 H 面投影(2)(8)、(4)(6)积聚在圆柱面的 H 面投影圆周上，W 面投影为直线 $2''8''$、$4''6''$，并重合。

(3) 连接各点的 W 面投影即为所求。

本题只分析了凸榫左侧截交线的投影，凸榫右侧及凹槽的截交线投影，请读者自行分析。

（二）平面与圆锥相交

平面与圆锥相交，截交线有以下五种情况，如表 3-2 所示。

由于圆锥面在各个投影面上的投影均无积聚性，求作截交线时可采用在圆锥面上作辅助素线、辅助圆或用辅助平面法求得。

表 3-2　平面与圆锥面的交线

截平面位置	与轴线垂直 $\theta=90°$	过锥顶	与轴线倾斜 $\theta=\alpha$	与轴线倾斜 $\theta>\alpha$	与轴线平行 $\theta=0$ 与轴线倾斜 $\theta<\alpha$
截交线	圆	过锥顶的两相交直线	抛物线	椭圆	双曲线
轴测图	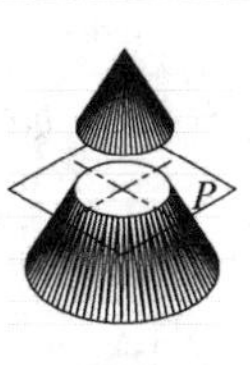	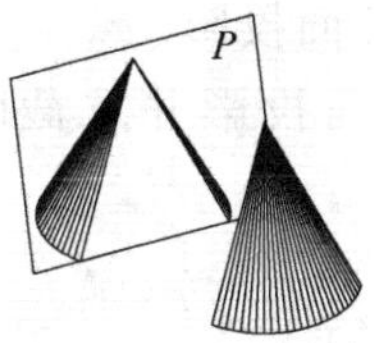	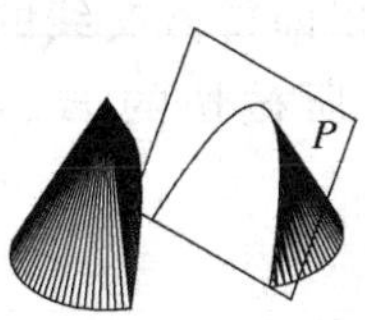	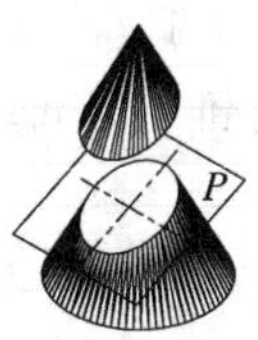	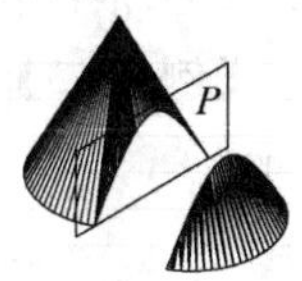
投影图	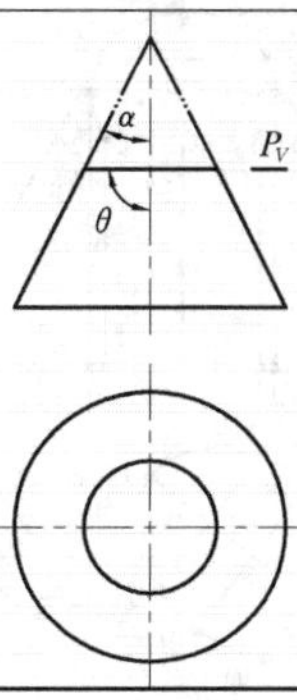	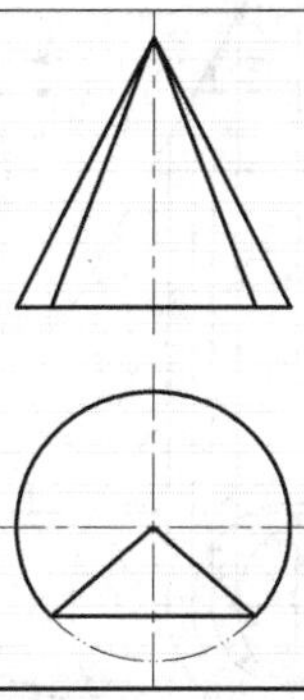	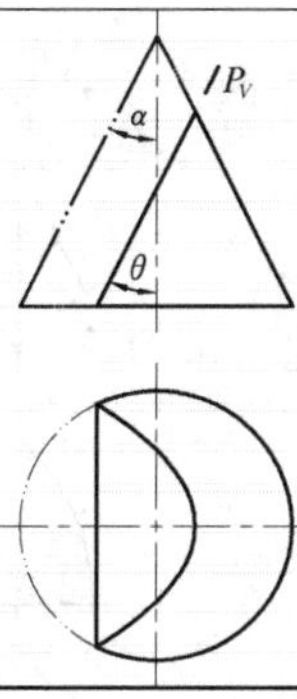	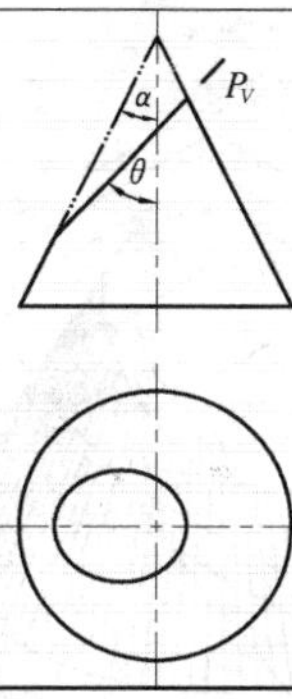	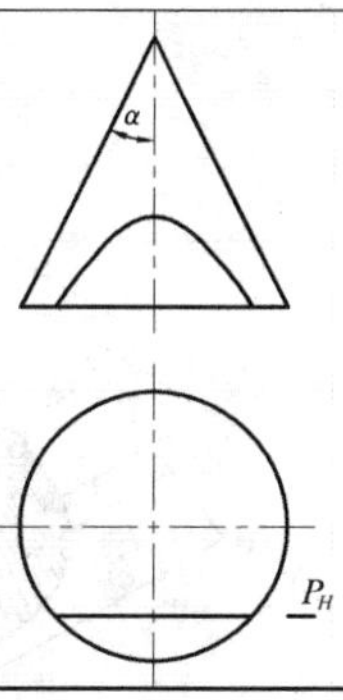

【例 3-12】　求圆锥被 P 面所截的截交线 V 面投影，如图 3-17 所示。

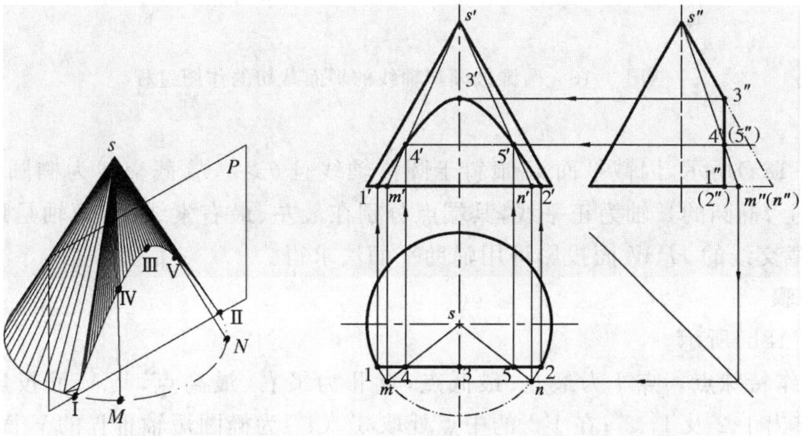

a)　　　　b)

图 3-17　圆锥被平行轴线的平面截切的作图过程

分析

如图 3-17a)所示，圆锥被正平面 P 截切，因 P 平行于圆锥轴线，故截交线为双曲线，其 V 面投影为双曲线的实形。而 H 和 W 面投影聚积在 P_H 及 P_W 上，投影为直线。截交线的 V 面投影可用辅助素线来求。

作图步骤

如图 3-17b)所示。

(1) 求作特殊点。点Ⅲ在最前素线上，为最高点，由 3″和 3 直接求得 3′；点Ⅰ、点Ⅱ为最低点，又是最左、最右点，其 H 面投影在截交线与底圆的水平投影相交处。由 1、2 和 1″、2″求得 1′、2′。

(2) 求作一般点。在截交线适当位置上作两个点Ⅳ、Ⅴ，其 H 投影为 4、5。过点Ⅳ、Ⅴ作素线 SM、SN 的 H 面投影，即连接 s、4 及 s、5，与底圆的水平投影交于 m、n，则ⅣⅤ也是素线 SM、SN 上的点。由 m、n 求出 m'、n'，并与 s'连成 $s'm'$、$s'n'$。分别在 $s'm'$、$s'n'$上求出 4′、5′。

(3) 依次圆滑连接 1′、4′、3′、5′、2′即得截交线的 V 面投影。

【例 3-13】 求圆锥被正垂面 P 所截切的 H、W 面投影并求截断面实形。如图 3-18 所示。

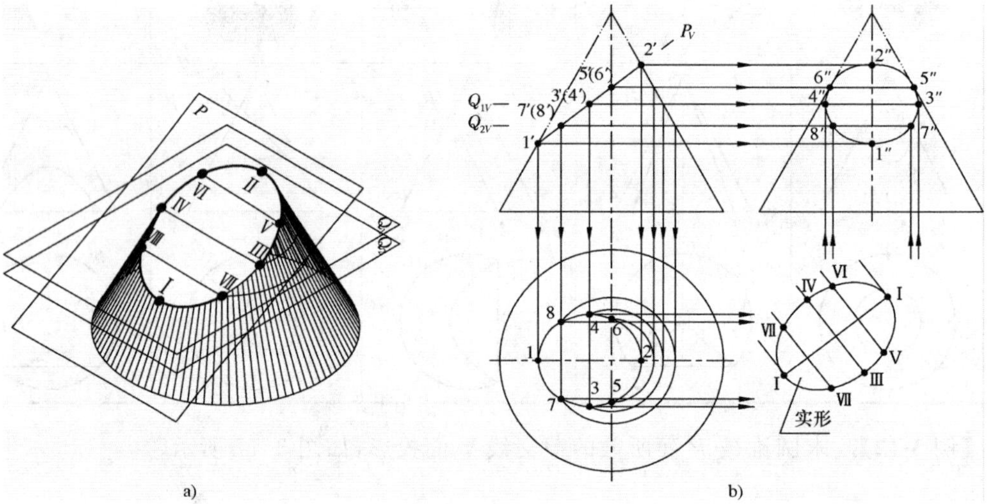

图 3-18　圆锥被倾斜轴线的平面截切的作图过程

分析

如图 3-18a)所示，因截平面 P 倾斜于圆锥轴线且 $\theta>\alpha$，故截交线为椭圆，其 V 面投影积聚在 P_V 上，椭圆的长轴为正平线，其端点分别在最左、最右素线上，短轴是通过长轴中点的正垂线、截交线的 H、W 面投影可用辅助平面法求得。

作图步骤

如图 3 18b)所示。

(1) 求作特殊点。点 *I* 为最左、最低点，点Ⅱ为最右、最高点，其 V 面投影为 1′、2′，由 1′、2′直接求出 1、2 及 1″、2″；在 1′2′的中点处取 3′、(4′)为椭圆短轴ⅢⅣ的 V 面投影，点Ⅲ为最前点、点Ⅳ为最后点、点Ⅴ、点Ⅵ位于圆锥最前、最后素线上，由 5′、6′直接求出 5″、6″及 5、6。过点Ⅲ、Ⅳ作水平辅助平面 Q_1，Q_1 与圆锥面的截交线为水平圆。点Ⅲ、Ⅵ即在 Q_1 与圆锥面的截交线水平圆上，也在圆锥表面及 P_V 上。由 3′、(4′)求出 3、4 及 3″、4″。

(2) 求作一般点。在截交线上取点Ⅶ、Ⅷ，其 V 面投影 7′、(8′)。过Ⅶ、Ⅷ点处作水平辅助平面 $Q2$ 求出 7、8 及 7″、8″。

(3) 依次圆滑连接即得截交线的 H、W 面投影。

(4) 在适当位置作 1′2′的平行线ⅠⅡ，并从 1′、2′以及诸正垂弦的正面投影 5′(6′)、3′(4′)、7′(8′)处作 1′2′的垂线与所作的平行线ⅠⅡ相交，除了与所作的平行线交得Ⅰ、Ⅱ外，再在这些垂线上向两侧量取其水平投影的相应距离，便得到Ⅴ、Ⅵ、Ⅲ、Ⅳ、Ⅶ、Ⅷ点，然后依次圆滑连接Ⅰ、Ⅶ、Ⅲ、Ⅴ、Ⅱ、Ⅵ、Ⅳ、Ⅷ、Ⅰ各点，便得截断面实形，ⅠⅡ为长轴，ⅢⅣ为短轴。

(三) 平面与圆球相交

平面与球相交的截交线是圆。当截平面为投影面的平行面时，截交线的投影为实形圆；当截平面为投影面的垂直面时，截交线的投影积聚为直线，长度等于圆的直径；当截平面倾斜于投影面时，其截交线的投影为椭圆，椭圆长轴等于圆的直径。

用辅助平面法求圆球截交线，举两例说明。

【例 3-14】 求半圆球被开凹槽后的 H、W 面投影，如图 3-19 所示。

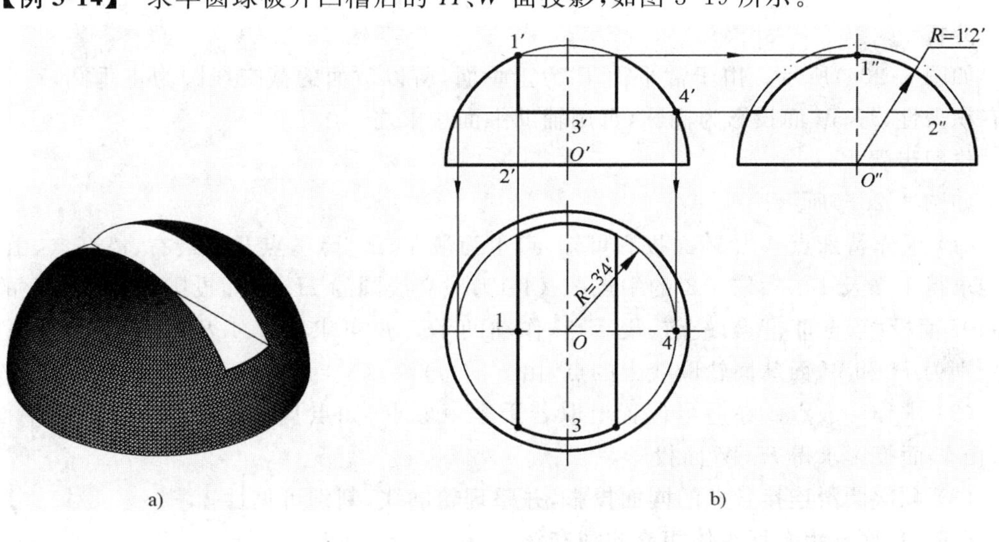

图 3-19　圆球开槽的作图过程

分析

如图 3-19a)所示，两个侧平面截切圆球，各得一段平行 W 面的圆弧；而水平面截切圆球，得前后各一段水平的圆弧。

作图步骤

如图 3-19b)所示。

(1) 先在 V 面投影中扩展侧平面的投影，得截交线圆弧半径实长为 1′2′，由此作出凹槽截交线圆弧的 W 面投影。再作出 H 面投影。

(2) 同理作出凹槽的水平面与球截交线的水平投影圆弧，半径为 3′4′。再作出 W 面投影。

(3) 判别可见性，整理轮廓线。

【例 3-15】 求圆球被正垂面截切的截交线投影。如图 3-20 所示。

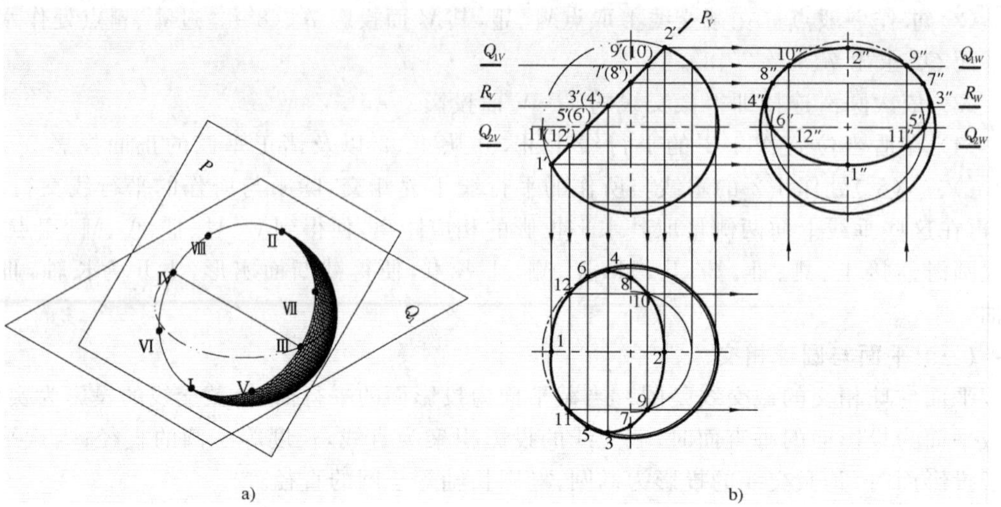

图 3-20　圆球被平面斜切的作图过程

分析

如图 3-20a)所示。由于截平面 P 为正垂面，所以球面的截交线圆为正垂圆，V 面投影具有积聚性，H、W 面投影为椭圆，可用辅助平面法求之。

作图步骤

如图 3-20b)所示。

(1) 求作特殊点。由 V 面投影可知，点Ⅰ为最左、最低点，点Ⅱ为最右、最高点，由 $1'$、$2'$ 直接求得 1、2 及 $1''$、$2''$；取 $1'2'$ 的中点 $3'$ $(4')$ 为截交线圆的 H、W 面投影椭圆长轴上的两端点的 V 面投影，点Ⅲ、Ⅳ为最前、最后点，作辅助平面 R 可求得 3、4 及 $3''$、$4''$。点Ⅴ、Ⅵ、Ⅶ、Ⅷ分别为 H 和 W 面球面轮廓线上的点，由 $5'$、$(6')$，$7'$ $(8')$ 可求得 5、6、7、8 及 $5''$、$6''$、$7''$、$8''$。

(2) 求作一般点。在适当位置上取若干个一般点，如点Ⅸ、Ⅹ、Ⅺ、Ⅻ，用辅助平面 Q_1、Q_2，由 V 面投影求得 H、W 面投影。

(3) 顺次圆滑连接各点的同面投影，并整理轮廓线，判别可见性。

(四) 平面与组合回转体相交的截交线

由于组合回转体是由几个基本体组合而成，所以截交线也是由各基本体的截交线组合而成，在求作截交线时，分别求出截平面与基本体的截交线，再把它们组合在一起，即是截平面与组合体的截交线。

【例 3-16】 求作顶尖截交线的 H 面投影，如图 3-21 所示。

分析

如图 3-21a)所示，顶尖是同轴圆锥、圆柱所组成，被水平面 P 和正垂面 Q 所截切，截交线由三部分组成：水平面与圆锥截切得双曲线，与圆柱截切得平行两直线；正垂面与圆柱斜切得椭圆。截交线的 V 和 W 面投影均有积聚性。只需求出 H 面投影。

作图步骤

如图 3-21b)所示。

(1) 求作特殊点。Ⅰ、Ⅱ、Ⅳ、Ⅴ、Ⅵ、Ⅲ为特殊点，可由 V 和 W 面投影直接求出 H 面投

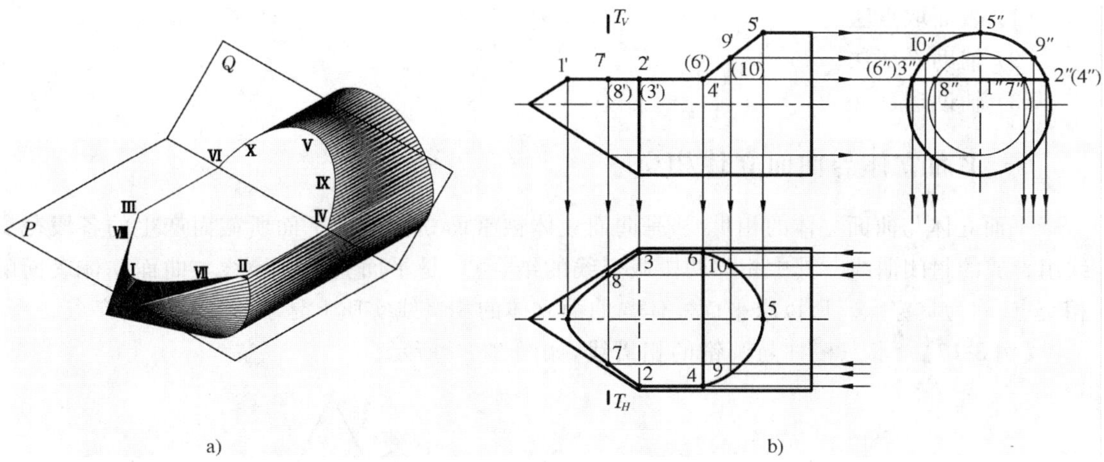

图 3-21　顶尖截交线画法

影 1、2、4、5、6、3。

(2) 求作一般点。在圆锥面上取Ⅶ、Ⅷ点，可用辅助平面 T 求得 H 面投影 7、8，在圆柱面上取Ⅸ、X 点，通过 W 投影不难求得 H 投影 9、10。

(3) 依次连接各点，并整理轮廓线，判别可见性。

第三节　两曲面立体相交线——相贯线

零件表面交线之二——相贯线，是零件上形体间相交而产生的交线。如图 3-22a)、b)、c)、d)所示。

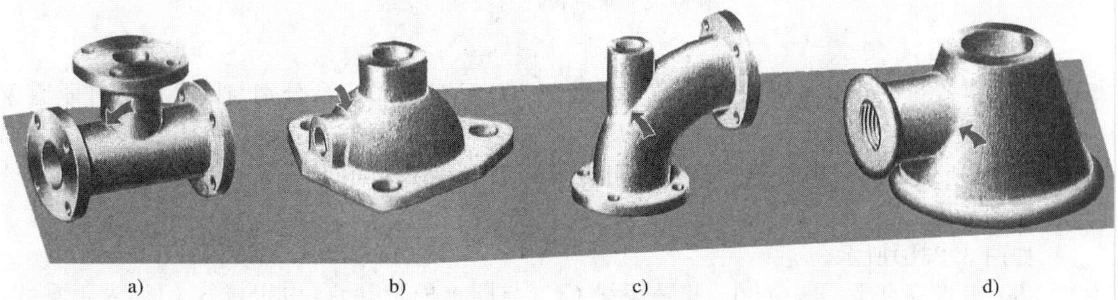

图 3-22　几种常见零件表面交线

相贯线的基本性质

(1) 相贯线是两立体表面共有线(亦为相交两立体表面的分界线)，相贯线上的各点都是两立体表面上的共有点。

(2) 由于立体都具有一定的范围，所以相贯线一般为封闭的空间曲线或空间折线。特殊情况下为平面曲线或直线。

求相贯线常用的方法

根据相贯线的基本性质，求相贯线的实质就是求两立体表面上一系列共有点。常用以下三种方法：

（1）表面取点法。

（2）辅助平面法。

（3）辅助球面法。

一、平面立体与曲面立体相交

平面立体与曲面立体的相贯线，是曲面立体被平面立体上的平面所截而产生的各段截交线组合成的封闭曲线。其中相邻两段截交线的结合点，是平面立体上棱线与曲面立体表面的相交点，称为贯穿点。所以求平面立体与曲面立体的相贯线实质上是求截交线和贯穿点。

【例 3-17】 求三棱柱与圆锥的相贯线，如图 3-23 所示。

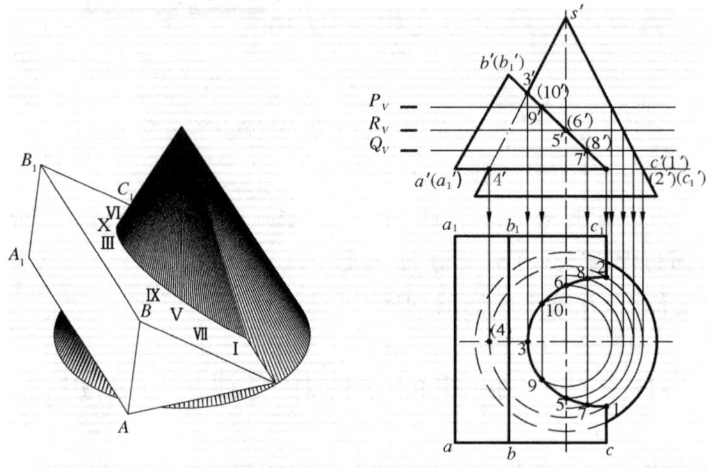

a)　　　　b)

图 3-23　求三棱柱与圆锥的交线

分析

如图 3-23a）所示，三棱柱棱线 CC_1 和棱面 BB_1C_1C、AA_1C_1C 分别与圆锥相交并垂直 V 面，其相贯线的 V 面投影积聚在棱面 BB_1C_1C 及 AA_1C_1C 的 V 面投影上；相贯线为部分椭圆、部分圆所组成的空间封闭折曲线。相贯线的 H 面投影可根据其 V 面投影而求得。

作图步骤

如图 3-23b）所示。

（1）求贯穿点Ⅰ、Ⅱ。点Ⅰ、Ⅱ是棱线 CC_1 与圆锥的贯穿点，由于棱线 CC_1 为正垂线，故点Ⅰ、Ⅱ与棱线 CC_1 的 V 面投影重合。过 V 面重影点作辅助素线 SM、SN 的 V 面投影 $s'm'$、$s'(n')$，由此求出点Ⅰ、Ⅱ的 H 面投影 1、2。

（2）由于棱面 AA_1C_1C 为水平面，与圆锥的截交线为部分水平圆。根据截交线的 V 面投影量得水平圆半径，画截交线水平圆 H 面投影。

（3）棱面 BB_1C_1C 为正垂面，与圆锥面的截交线（部分椭圆）的 V 面投影积聚为直线，可根据 V 面投影用辅助平面法求出截交线的 H 面投影。

具体作图步骤请读者参照图 3-23 自行分析。

二、两曲面立体相交

两曲面立体相交，由于曲面立体的形状、大小及相对位置不同，相贯线的形状也各不相同，一般为封闭的空间曲线，特殊情况下是平面曲线或直线。

下面分别介绍求相贯线常用的几种方法。

（一）表面取点法

当曲面立体投影具有积聚性时，相贯线上的点可利用积聚投影特性通过表面取点法求得。

【例 3-18】 求垂直相交两圆柱的相贯线，如图 3-24 所示。

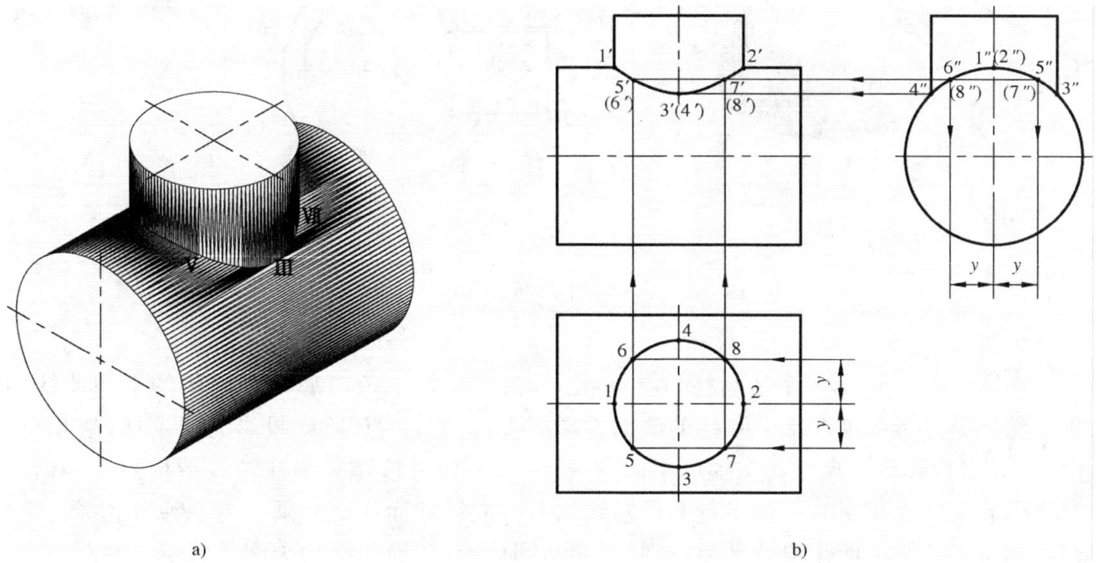

图 3-24　两圆柱正贯相贯线

分析

如图 3-24a)所示，两圆柱垂直相交，其相贯线为左右、前后对称的一条封闭空间曲线，由于两圆柱的轴线分别为铅垂线和侧垂线，因此，相贯线的 H、W 面投影分别积聚在小圆柱和大圆柱的相应 H 及 W 面投影上。只需求出相贯线的 V 面投影即可。

作图步骤

如图 3-24b)所示。

(1) 求作特殊点。点Ⅰ、Ⅱ为相贯线上的最高点，也是最左、最右点；点Ⅲ、Ⅳ为相贯线的最低点，也是最前、最后点。根据 H、W 面投影，求出 V 面投影 $1'$、$2'$、$3'$、($4'$)。

(2) 求作一般点。在相贯线适当位置上取若干点，如取Ⅴ、Ⅵ、Ⅶ、Ⅷ四点，先在 H 面投影中取 5、6、7、8，再在 W 面投影得到 $5''$、$6''$、($7''$)、($8''$)；最后求出 V 面投影 $5'$、($6'$)、$7'$、($8'$)。

(3) 依次圆滑连接各点，$1'$、$5'$、$3'$、$7'$、$2'$为前半段相贯线的 V 面投影，后半段与其重合。

(4) 判别可见性，按点所在表面可见与否原则，$1'$、$5'$、$3'$、$7'$、$2'$连线为可见线。

（二）辅助平面法

假想用一个平面截切相交两立体，所得截交线的交点，即为相贯线上的点。此方法是求相贯线最常用的方法。

这个假想的平面称为辅助平面，辅助平面的选择原则：要遵循截平面与两曲面立体截切后所产生的交线为简单易画，如投影为圆或直线；辅助平面与投影面的相对位置一般为平行面或垂直面。

【例 3-19】 求圆柱和球的相贯线，如图 3-25 所示。

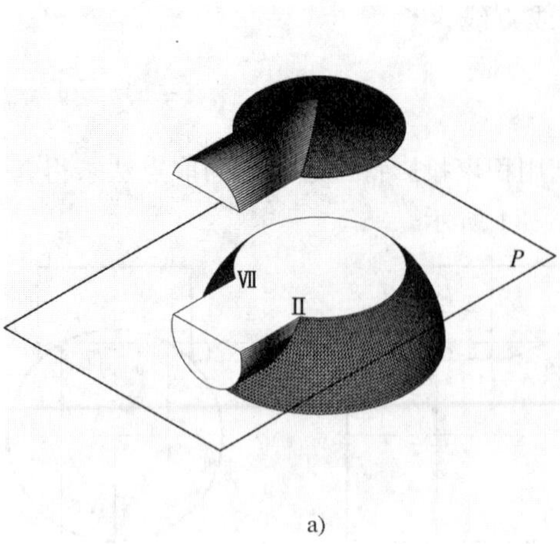

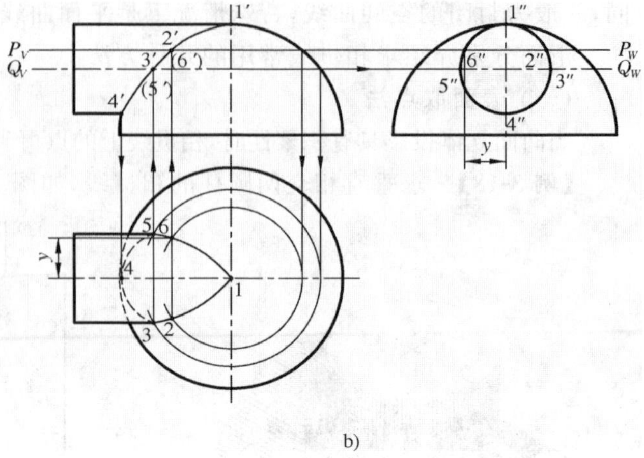

图 3-25

分析

如图 3-25a)所示为水平圆柱与半球相交,相贯线是一条前后对称封闭的空间曲线,相贯线的侧面投影积聚在水平圆柱的侧面投影图上,而它的 H、V 面投影无积聚性,故相贯线的 H、V 面投影均需求之。在辅助平面的选择上,一种可选择和圆柱轴线平行的水平面,这时平面和圆柱面相交为一对平行圆柱轴线的直线或与球面相交是圆。另一种可选择与圆柱轴线相垂直的侧平面作辅助平面,这时平面与圆柱面、球面相交均为圆或圆弧。

作图步骤

如图 3-25b)所示。

(1) 求特殊点。Ⅰ、Ⅳ是最高点和最低点也是最右点和最左点。由 1′、4′、1″、4″直接求得 1、4。最前点Ⅲ和簸后点Ⅴ通过作辅助平面 Q 求得。过圆柱轴线作水平面 Q 和圆柱相交为最前和最后素线,和球面相交为圆,它们的水平投影相交于 3、5 两点,也是相贯线水平投影曲线的可见部分和不可见部分的分界点,其正面投影是 3′、5′。

(2) 求作一般点。作辅助水平面 P,它与圆柱相交为一对平行直线,与球面相交是圆。直线与圆的水平投影交点 2、6 即为共有点Ⅱ、Ⅵ的水平投影,由此求 V 面投影 2′、6′。它们是一对重影点故投影重合。

(3) 依次圆滑遴接各点的同面投影,即得相贯线的各个投影。按连点原则,如图所示,其连接顺序为Ⅰ-Ⅱ-Ⅲ-Ⅳ-Ⅴ-Ⅵ-Ⅰ。

(4) 判别可见性。按判别原则Ⅲ-Ⅳ-Ⅴ在圆柱面的下半部,故其水平投影不可见,3-4-5画虚线,其余线段画实线。

【例 3-20】 求作圆锥与圆柱垂直相交的相贯线,如图 3-26 所示。

分析

如图 3-26a)b)所示圆锥与圆柱轴线垂直相交,相贯线为一条前后对称的封闭空间曲线。由于圆柱轴线为侧垂线,因此相贯线的 W 面投影积聚在圆柱面的 W 面投影圆周上,而相贯线的 V、H 面投影均无积聚性,需作图求之。

作图步骤

如图 3-26c)所示。

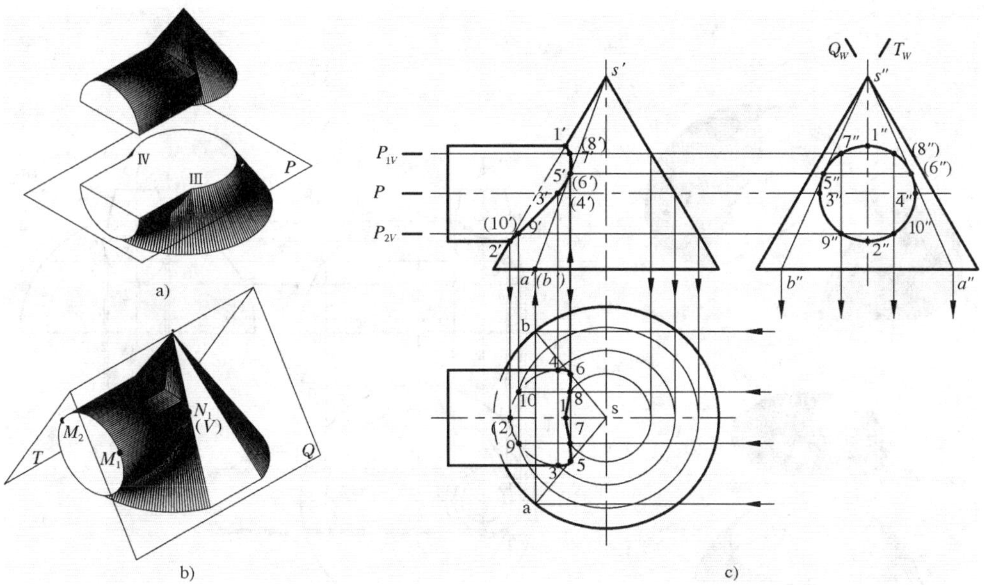

图 3-26 求圆锥与圆柱正交的相贯线

(1) 求作特殊点。点Ⅰ、Ⅱ为相贯线上的最高点和最低点,可直接求得其三面投影。点Ⅲ和Ⅳ为最前和最后点,引用辅助水平面 P 求之;点Ⅱ是最左点,而相贯线的最右点,可用下法求得:过 W 投影中的圆心作圆锥转向素线的垂线,过垂足引水平线,它与该圆的交点即为最右点的 W 投影(图中未标出最右点)。

在 W 面投影上,过锥顶作与圆柱面相切的侧垂面 Q、T,与圆柱相切于前后两条素线 M_1N_1、M_2N_2,其 W 面投影积聚在 Q_W、T_W 与圆柱面 W 面投影(圆)的切点处,投影为 5″、6″,由此求出 5、6 及 5′、(6′)。

(2) 求作一般点。在相贯线适当位置取若干一般点,用辅助平面法求其投影,如过点Ⅶ、Ⅷ及点Ⅸ、Ⅹ作辅助水平面 P_1、P_2,由 7″、8″、9″、10″求出 7、8、(9)、(10)及 7′、(8′)、9′、(10′)。

(3) 依次圆滑连接各点的同面投影即为所求。

(4) 判别可见性。曲线 1′7′5′3′9′2′位于圆柱、圆锥前半部可见表面上,故可见、画实线;其余部分曲线为不可见,并与可见部分重合;相贯线 H 面投影以 3、4 为分界点,3571864 为可见,画成实线,其余为虚线。

【例 3-21】 求圆锥台与半圆球的相贯线,如图 3-27 所示。

分析

如图 3-27a)b)所示圆锥台轴线不通过球心,但圆锥台与球有公共前后对称面,相贯线是一条前后对称的封闭空间曲线,其各投影面上的投影均无积聚性。可采用辅助平面法求相贯线。辅助平面的选择应使截得的交线为圆或直线,对圆锥台而言,辅助平面应通过轴线或垂直于轴线;对圆球而言,辅助平面为投影面的平行面。综合起来,辅助平面应为水平面和过锥顶的正平面、侧平面。

作图步骤

如图 3-27c)所示。

(1) 求作特殊点。点Ⅰ、Ⅱ为最高点和最低点,也是最右和最左点;其 V 面投影 1′、2′在

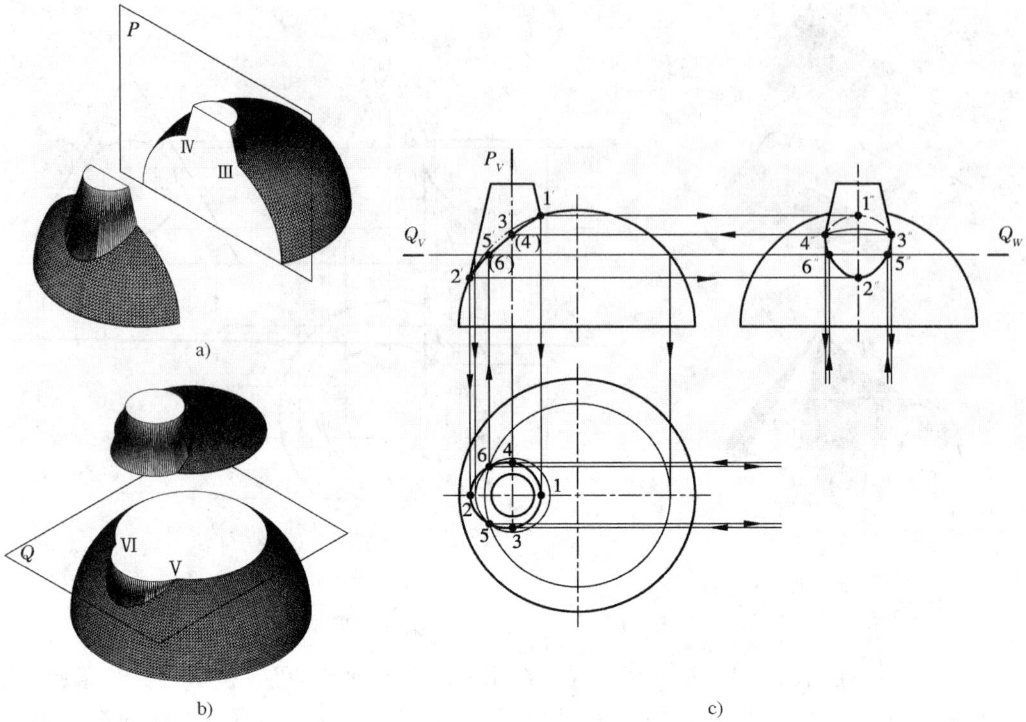

图 3-27　求圆锥台与半球体的相贯线

半圆球和圆锥台的 V 面投影转向轮廓线交点处。由 1′、2′直接求得 1、2 及 1″、2″。点Ⅲ、Ⅳ是位于圆锥台最前、最后素线上，可过圆锥台轴线作辅助侧平面 P 求出 3″、4″，由此再求出 3、4 及 3′、4′。如图 3-27a)所示。

(2) 求作一般点。在相贯线适当位置上用辅助水平面求作一般点，如用辅助水平面 Q 求得点Ⅴ、Ⅵ的三面投影 5、6；5′、(6′)及 5″、6″。如图 3-27b)所示。

(3) 依次圆滑连接各点的同面投影即为所求。

(4) 判别可见性。由于点Ⅲ、Ⅴ在圆锥台前半部圆锥面上，故相贯线的 V 面投影 1′3′5′2′，为可见，画成实线，其余部分与其重合。而点Ⅰ是圆锥台右半部上的点，故相贯线的 W 面投影 3″(1″)4″为不可见，画成虚线，其余部分为实线。

在零件上最常见两轴线垂直相交的圆柱相贯线形式有如图 3-28 所示。作图方法与图 3-24 相同。

(三) 相贯线的特殊情况

在一般情况下，两曲面立体的相贯线为空间曲线，但在特殊情况下为平面曲线或直线。如图 3-29 所示。

(1) 两同轴回转体相交，其相贯线为垂直轴线的圆，当回转体轴线平行于某一投影面时，则相贯线在该投影面上的投影为垂直丁轴线的直线。如图 3-30 所示。

(2) 两轴线平行的圆柱相交，其相贯线为两条平行于轴线的直线，如图 3-29a)所示。

(3) 当相交两回转体同时切于一个球面时，其相贯线为椭圆。如果两回转体轴线都平行于某一投影面时，则相贯线在该投影面上的投影为两条相交直线。如图 3-29b)、c)所示，它们的相贯线都是垂直 V 面的椭圆，投影为直线。

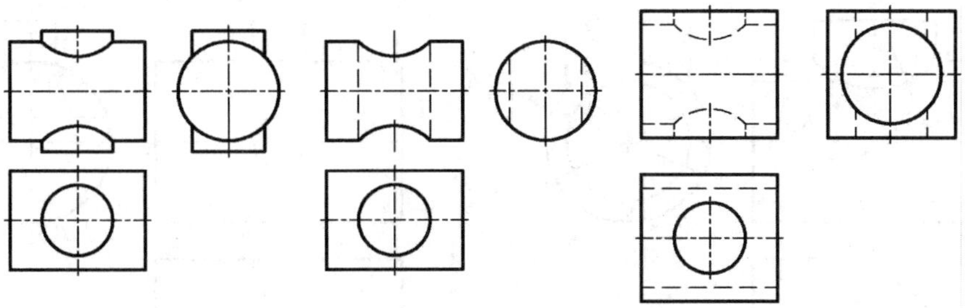

a) b) c)

图 3-28 两轴线垂直相交的圆柱相贯线形式

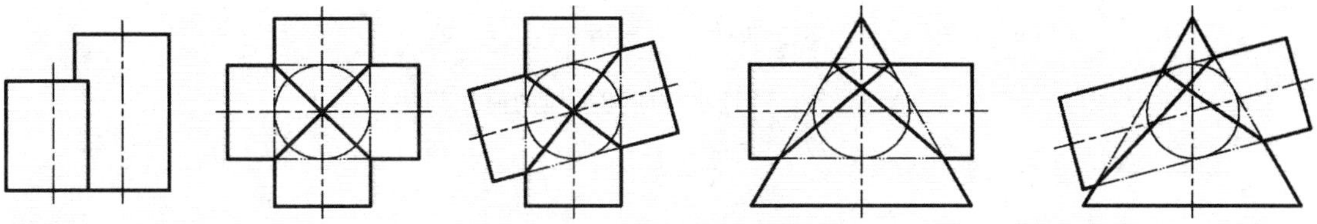

a) b) c)

图 3-29 相贯线的特殊情况

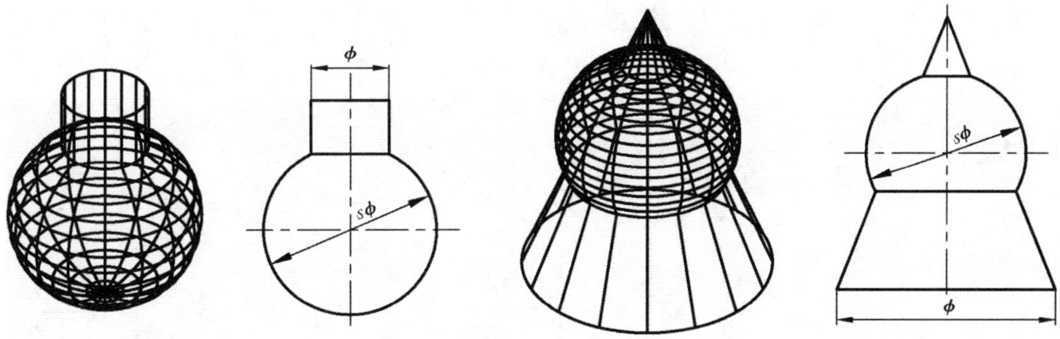

a) b)

图 3-30 回转体的轴线通过圆球心的相贯线情况

三、相贯线的简化画法

如果对相贯线的精确度要求不高时，可用圆弧或直线来代替，以便简化作图。

如图 3-31a)所示的三通管，是轴线垂直相交、并且都平行于 V 面的大、小圆筒，当它们的直径不很接近时，相贯线的 V 面投影可用大圆筒的内、外圆柱面半径所作的圆弧来代替。具体作图如下：以大圆筒外圆柱面的半径 R_1 为半径，圆心在小圆筒的轴线上，过两圆筒外圆柱面的 V 面投影转向线交点处画圆弧。要注意：圆弧从小圆柱面向大圆柱面弯曲。同理，以 R_2 为半径画出圆筒内圆柱面的相贯线。

图 3-31b)所示，当小圆柱的直径与大圆柱的直径相差很大时，相贯线可用直线代替。

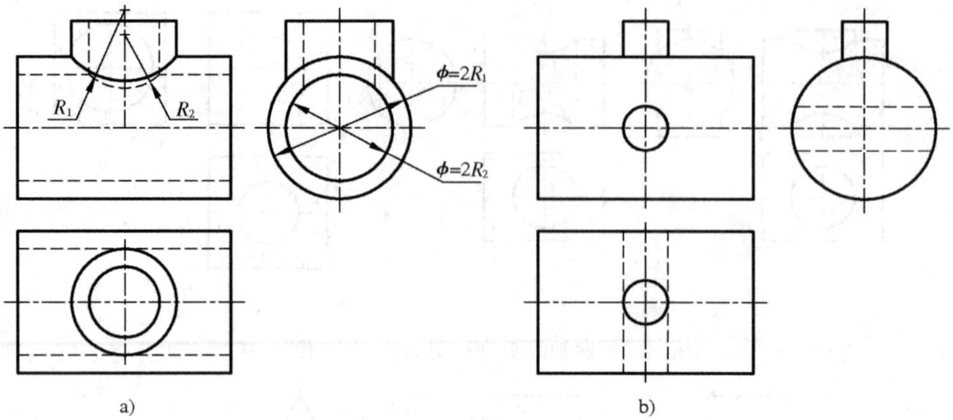

图 3-31　圆柱正贯时相贯线的简化画法

第四章　组合体

工程中的实际零件一般都不是单一的基本几何体，而是由一些基本几何体按一定的要求组合而成。这种由若干基本几何体所构成的物体称为组合体。本章将在学习制图的基本知识、投影原理和基本几何体投影的基础上，进一步研究三视图的形成及投影特性、组合体的构成形式、画图和读图的基本方法及组合体的尺寸标注等问题。

第一节　三视图的形成及其投影特性

一、三视图的形成

根据国家标准《机械制图》有关图样画法的规定，机械图样按正投影法绘制。如图 4-1a）所示，在由三个互相垂直的投影面所构成的投影体系中，将物体向投影面作投影所得的图形叫视图。在正面上的投影叫主视图，在水平面上的投影叫俯视图，在侧面上的投影叫左视图。三投影面体系按规定方法展开后得到图 4-1b）。由于展开后视图之间的距离不影响物体形状的表达，因此绘制视图时不需要画投影轴。

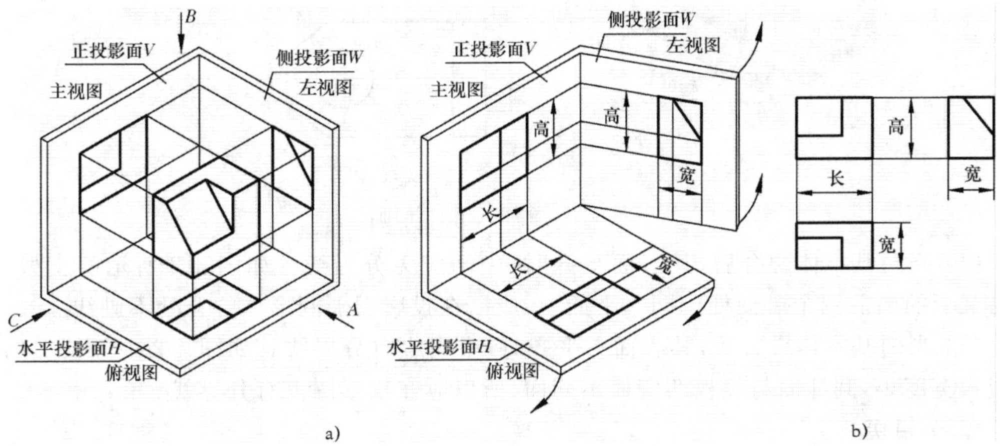

图 4-1　三面投影体系展开图

二、三视图的投影特性

如图 4-1b）所示，主视图反映物体的长和高，俯视图反映物体的长和宽，左视图反映物体的高和宽。由此可以得出三视图的投影特性：主、俯视图同时反映物体的长，即物体的左、右位置。主、左视图同时反映物体的高，即物体的上、下位置。俯、左视图同时反映物体的宽，即物体的前后位置。因此总结出三视图的投影规律是：

（1）主、俯视图长对正；

（2）主、左视图高平齐；

（3）俯、左视图宽相等。

在应用三等规律时，应注意以下两个问题：一是物体的上下、左右及前后六个部位与视图间的关系。特别要在俯、左视图上分清物体的前后，即远离主视图的部位必定是物体的前部。二是俯、左视图上量取物体的宽度时，要注意度量的起点与方向。

第二节　组合体的组合形式

组合体是由完整或不完整的基本几何形体经过叠加或切割等方式组成的。下面将其组合形式进行逐一分析。

一、叠加

按照形体表面的接触方式不同，大致分为：叠合、相切和相交三种方式。

(一) 叠合式

两个基本体是以平面的方式进行组合，这种方式称为叠合。它们的分界线是直线或平面曲线，因此只要知道接触平面的位置，就可以画出它们的投影，如图 4-2 所示。

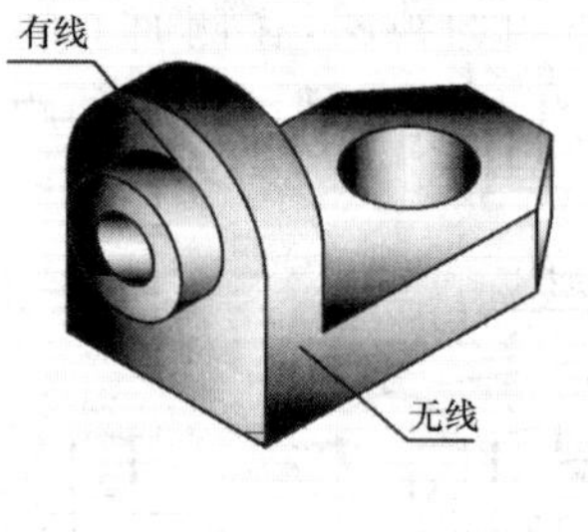

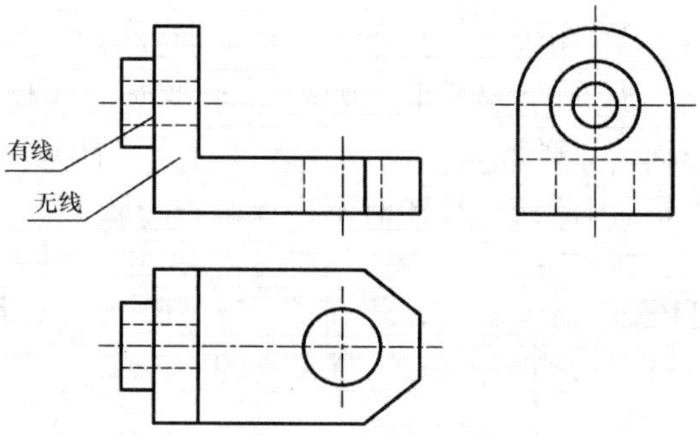

图 4-2　叠加式组合体画法

(1) 当两基本体叠合后，其表面平齐时，中间应无分界线。如图 4-2 所示的支架，其底板与竖板的前后两个表面处于同一平面上，所以在投影图上两形体叠合处不画线。

(2) 当两基本体叠合后，其表面不平齐时，中间应有分界线。如图 4-2 中竖板上的凸台比竖板宽度小，圆柱面与竖板的壁面不同面，所以应在投影图上有分界线。

(二) 相切

当两个基本体的表面(平面与曲面或曲面与曲面)相切时，由于它们的表面呈光滑过渡，相切处无分界线。如图 4-3 所示。

只有当圆柱面与圆柱面相切的公共平面垂直于一个投影面时，才能在那投影面上画出切线的投影，如图 4-4 所示。

(三) 相交式

当相邻表面处于相交位置，则一定产生交线(截交线、相贯线)，它是两表面的分界线，所以在视图中应将其画出来。图 4-5 中，圆柱和左方的一个凸台相交，凸台的上半部分为圆柱面，下半部分为平面。当上半部分圆柱面和大圆柱面相交时(又称相贯)，即产生相贯线。一般说来，相贯线的投影要通过取点来求得。当下半部分平面与圆柱面相交时，则产生截交线。关于表面交线的画法，已在第三章讲过。

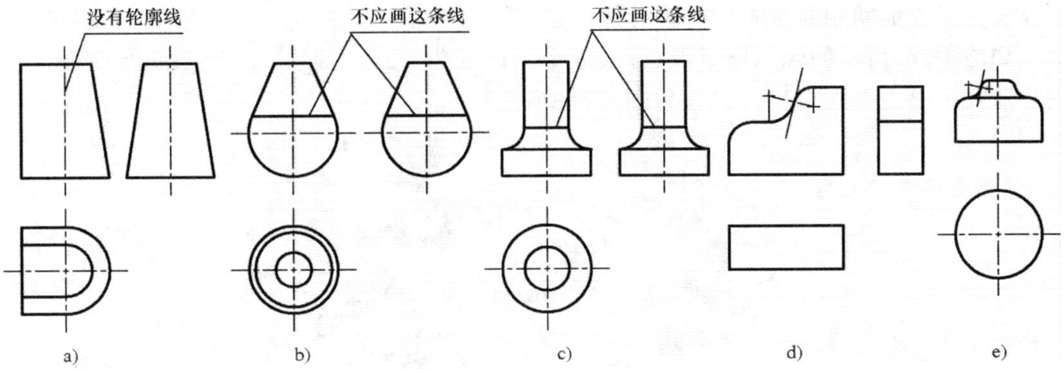

图 4-3　相切式组合体画法

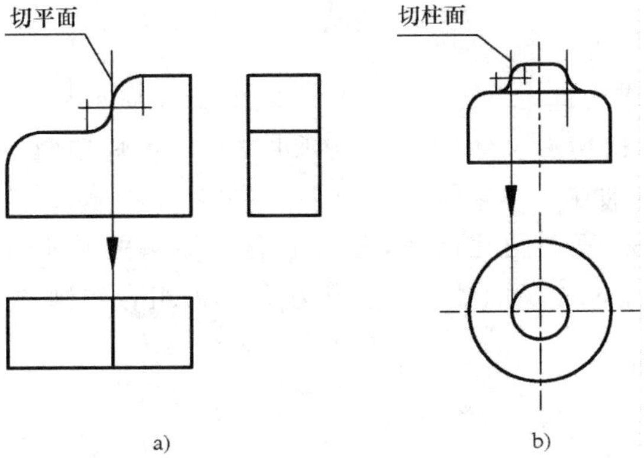

图 4-4　圆柱面与圆柱面相切画法

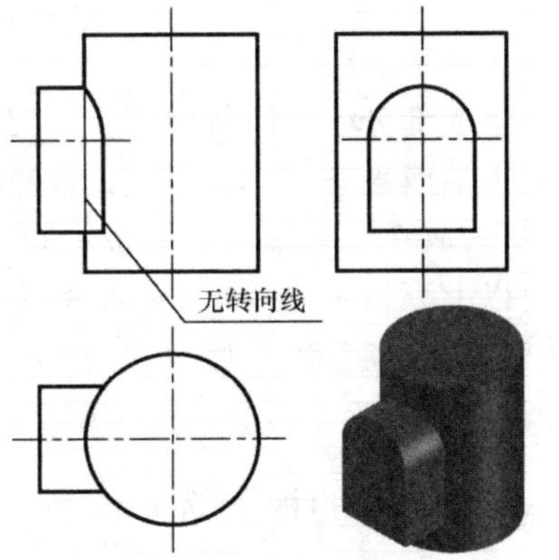

图 4-5　相交式组合体画法

二、切割

(一) 截切

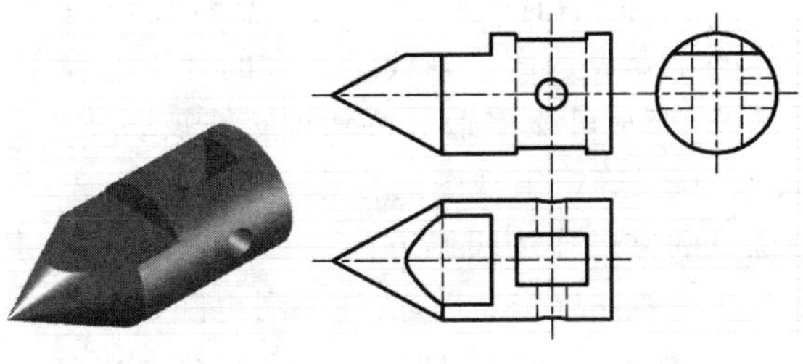

图 4-6　顶尖

当基本体被平面或曲面截切时，会产生各种形状的交线。如图 4-6 所示的顶针，圆锥和圆柱叠合后，在左上方被一水平面和侧平面截切，则分别得到截交线。由于圆柱和圆锥叠合处被同一水平面截切，所以该面上不存在分界线，但是水平面以下的锥、柱分界线仍应画出。

(二) 穿孔

当基本体被穿孔时，也会产生不同形状的交线。如图 4-6 中顶尖圆柱体上穿一个四棱柱孔和一个小圆柱孔，所以应分别画出由此产生的截交线和孔口相贯线。

第三节　画组合体视图

一、组合体的形体分析

形体分析法就是假想将组合体合理地分解为若干个基本几何体，并确定它们的组合形式以及相邻表面间相对位置的一种分析方法。

如图 4-7a)所示的轴承座,可以分成五个组成部分:凸台、轴承、支承板、肋及底板。它的组合形式主要是叠加、局部切割,如图 4-7b)所示。

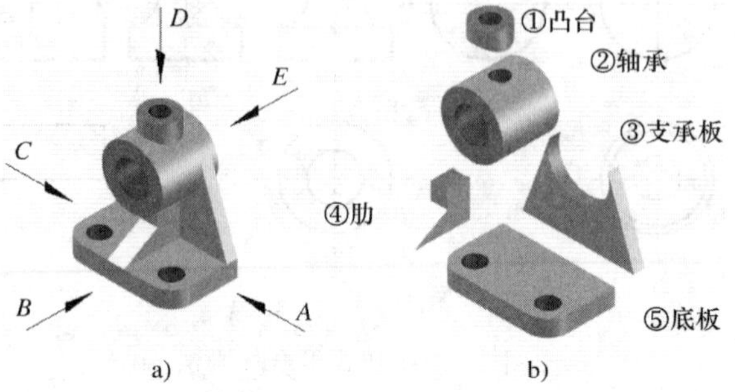

图 4-7 形体分析法画组合体

各组成部分表面间的位置关系是:底板作为基准在最下方,底板之上叠加支承板,其端面与底板端面平齐,两侧面与轴承筒体表面相切。主体轴承在支承板的槽中,其端面不平齐,肋板安放在主体轴承与底板之间,凸台叠加在主体轴承的上方。

由以上分析可以看出,形体分析法就是将复杂的几何体,分解成若干简单的基本几何体,从而有助于正确、方便地画图、读图和标注尺寸。因此形体分析法是学习组合体画图、读图、标注尺寸的最基本方法。

二、组合体的视图选择

(一) 主视图选择原则

(1) 组合体的放置原则:一般应选择组合体放置成自然平稳的位置,同时尽可能使组合体的主要表达面或轴线尽量多的处于与投影面平行或垂直的位置,以利于画图,使组合体上的线、面尽可能多地呈特殊位置或反映实形。

(2) 确定主视图的投影方向。一般选择较多地反映组合体形状特征及各组成部分相对位置的方向作为投影方向,同时尽可能减少其他视图中的虚线。

主视图确定之后,其他视图也随之确定。如图 4-7 所示,主视图的放置位置如图 4-7a)所示,主视图的投影方向有 *A*、*B*、*C*、*D* 四个方向。很明显,*D* 方向不能选择,因为不能反映轴承的形状特征。*C* 向也不足取,因为虽可反映形状特征及相对位置,但会在左视图上呈现许多虚线,选择 *A*、*B* 向较为合适,因为都可以在主视图上反映出轴承座的结构形状及几何形体之间的相对位置。两者相比较,以 *B* 向为佳,因为能更多地反映出轴承、支承板的形状特征。

(二) 选择比例,确定图幅

为方便画图,一般采用 1∶1 的比例。根据所给比例及组合体的长、宽、高总体尺寸,计算视图所占的面积,并在视图之间留出适当的距离及标注尺寸的位置来确定合适的标准图幅。

(三) 固定图纸、画图框及标题栏

布图时,根据测算出的三个视图大小及间距,画出各个视图的定位基准及主要中心线。这样就确定了各个视图在图纸上的具体位置,如图 4-8a)所示。

(四) 按照形体分析的结果,逐个画出各几何形体的三视图

一般先画主要的、较大的形体,再画其他部分。每画一个形体,应先从反映实形或有特

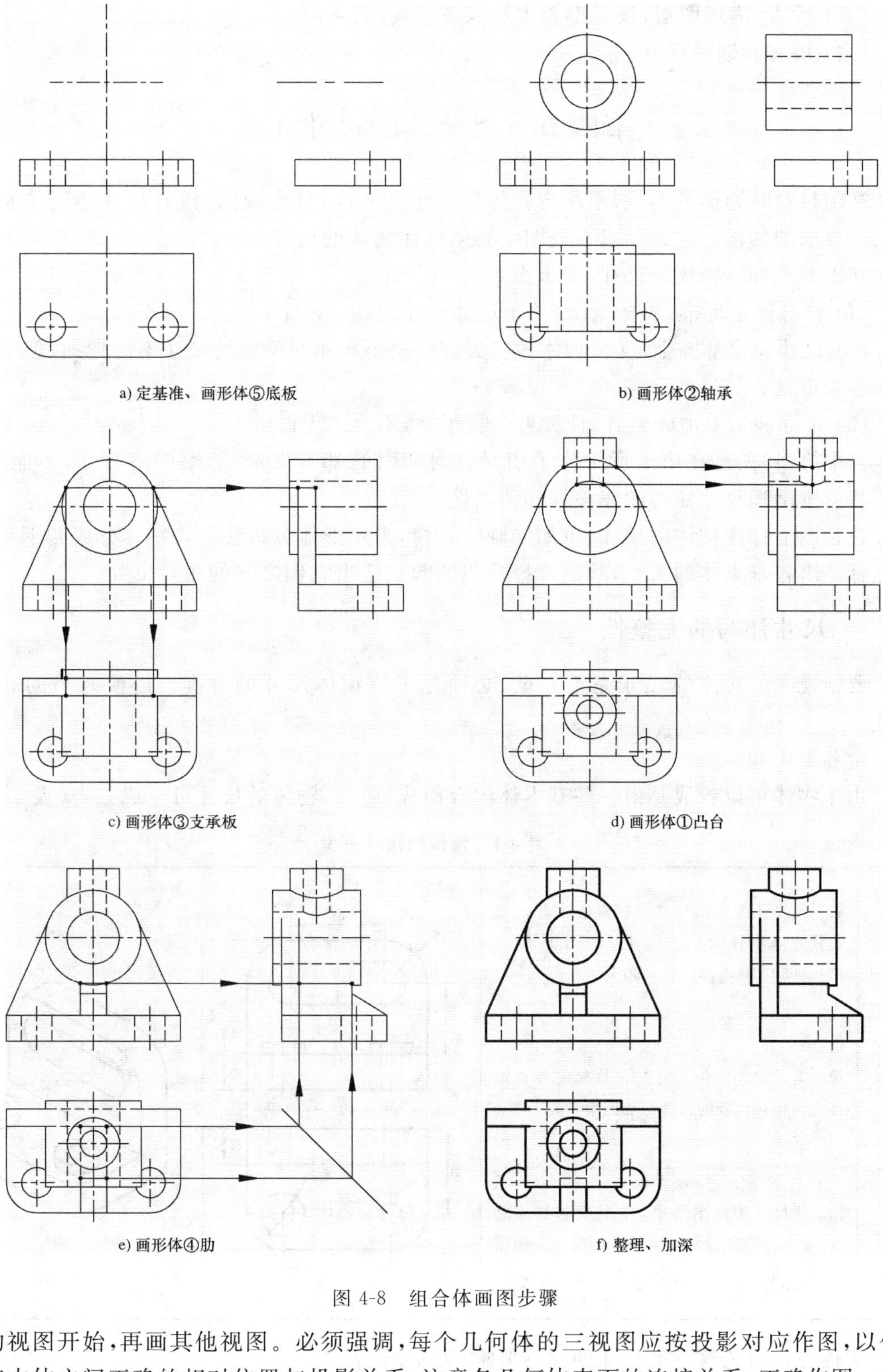

a) 定基准、画形体⑤底板　　b) 画形体②轴承

c) 画形体③支承板　　d) 画形体①凸台

e) 画形体④肋　　f) 整理、加深

图 4-8　组合体画图步骤

征的视图开始，再画其他视图。必须强调，每个几何体的三视图应按投影对应作图，以保证各基本体之间正确的相对位置与投影关系；注意各几何体表面的连接关系，正确作图。如图 4-8b)～e)所示。

(五) 检查、清理图面，按线型要求加深各图线(图 4-8f))

(六) 填写标题栏

第四节　组合体的尺寸注法

视图只反映物体的形状，不决定物体的大小。所以，只有视图、没有尺寸还不能制造出有大小要求的物体。这就要求在视图中必须标注物体的尺寸。

在视图上标注物体的尺寸，要求做到：

(1) 符合国家标准《机械制图》关于尺寸标注的基本规定；

(2) 尺寸应完整齐全，反映物体各组成部分大小和相对位置的尺寸不能遗漏，但一般也不能多余重复；

(3) 尺寸注写要清晰整齐，使读者一目了然，不会产生误解。

其中第(1)条已在第七章中作了引录。对所引的基本规定，必须严格遵守，不能违反。本节将着重阐述尺寸注写的完整性和清晰性。

在视图上标注物体的尺寸，可如同画图一样，采用形体分析法。将物体分成若干基本体后先标注出各基本体的大小，然后选择适当的起点注出它们之间的相对位置。

一、尺寸注写的完整性

要使视图上所注的尺寸完整齐全，必须先了解物体尺寸的分类。以便有目的有步骤地注全各类尺寸。

由于物体可以看成是由一些基本体组合而成，所以，物体的尺寸可分成三类(表 4-1)。

表 4-1　物体的尺寸分类

(1) 定形尺寸	第一类尺寸为定形尺寸。它是确定各组成部分的基本体大小的尺寸。如图中 R25、R30、φ30、2—φ15、25、8、30 等	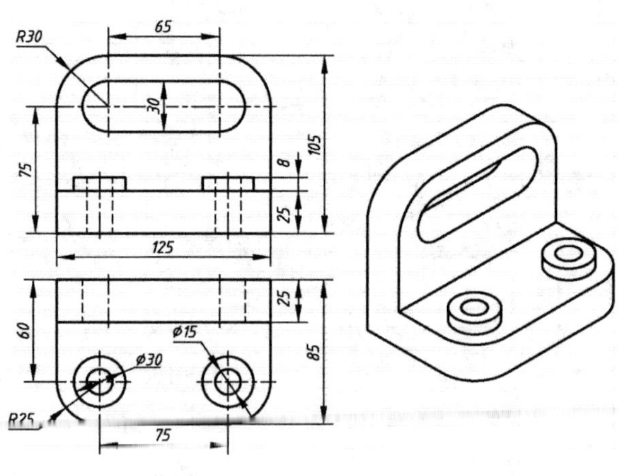
(2) 定位尺寸	第二类尺寸为定位尺寸。它是确定各基本体之间相对位置的尺寸。如图中 60、75 等	
(3) 总体尺寸	第三类尺寸为总体尺寸。它是反映物体总长、总宽、总高的尺寸，也称外形尺寸。如图中 125、85、105	

下面分别讨论这三类尺寸的注写要求(表 4-2～表 4～6)。

表 4-2　定形尺寸的标注

单个基本体的定形尺寸	柱体注写底面尺寸和高度；锥体注写上下底面尺寸和高度；球体注写直径，并在直径符号ϕ前加注英文缩写字母 S；环体注写母线圆直径和中心纬圆直径；曲线回转体注写上下底圆直径、母线尺寸和高度	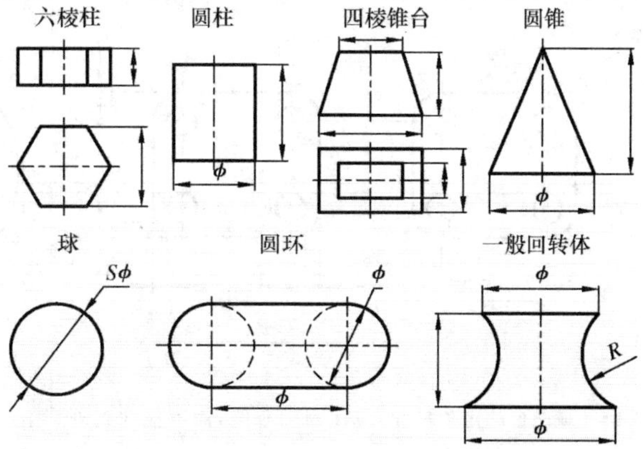
组合体的定形尺寸	两基本体以相截、相切或相贯形式组合时，一基本体在组合方向上的定形尺寸不注。如图中左端底板与中间主体圆柱以相截和相切形式组合，所以它的长度方向的定形尺寸不注。又如右端凸台（横向圆柱）与中间主体圆柱相贯，它的长度则需注。 由于截交线或相贯线是两基本体组合时自然产生的，所以交线上不应注尺寸	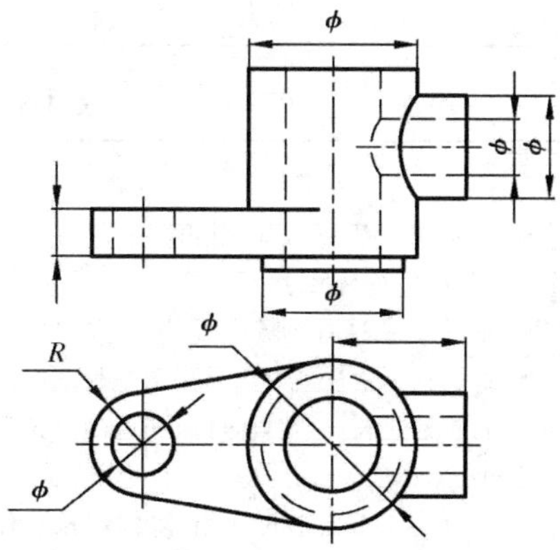

表 4-3　定位尺寸的标注

基准及其选择	注写定位尺寸有一个起点，这个起点叫作“基准”。它可以是光滑的平面（如底面、顶面、端面）、物体的对称面或回转体的轴心线。长、宽、高每个方向总有一个，并且只有一个主要基准，同时可有一个或几个辅助基准。 以对称面作为基准时，对称要素的定位尺寸，应注两对称要素间的总距离，而不应注各自至对称面的单边距离。 右上图，长度方向的主要基准为右端面；左端面为辅助基准。宽度和高度方向的主要基准为轴心线。 右下图，长度方向主要基准为左右对称面。高度方向主要基准为下底面；顶面为辅助基准。宽度方向以轴心线为主要基准	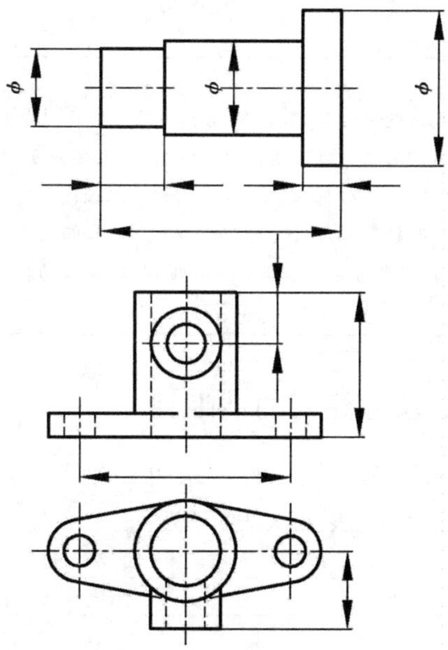

表 4-4　圆孔或凸台定位尺寸的标注

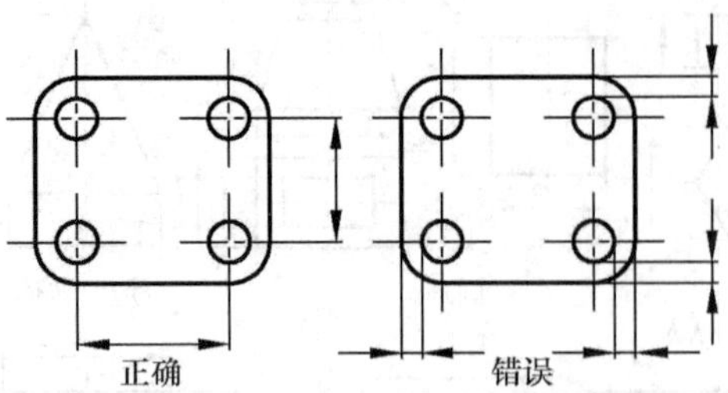	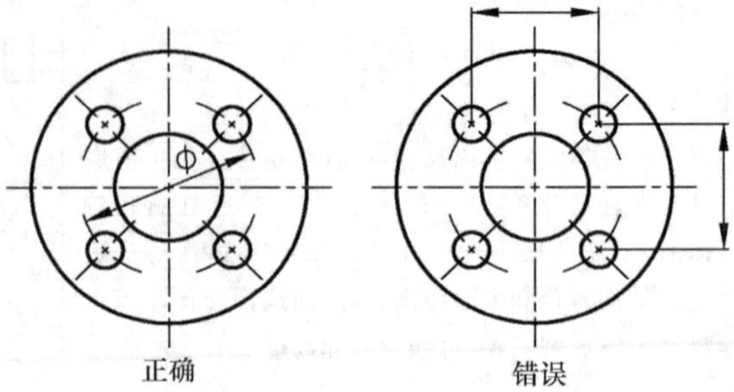
圆孔或凸台的定位尺寸，应注到轴心线，而不应注到外形素线。上图为正误对照	位于同一圆周上的圆孔，其定位尺寸应标注圆孔中心所在圆的直径，而不用纵横尺寸来定位，上图为正误对照

表 4-5　总体尺寸的标注

(1)如果物体的两端面都是平面，则相应方向的总体尺寸应注全长。如图中总高尺寸。 (2)如果物体的一端或两端是回转面，则该方向的总体尺寸应注到轴线，而不应注到两端。如图中长度方向和高度方向，不再标注总长、总宽，而可由相应的定位尺寸和定形尺寸相加获得。 (3)如果总体尺寸与部分定形尺寸相等时，则该总体尺寸就不再重复标注	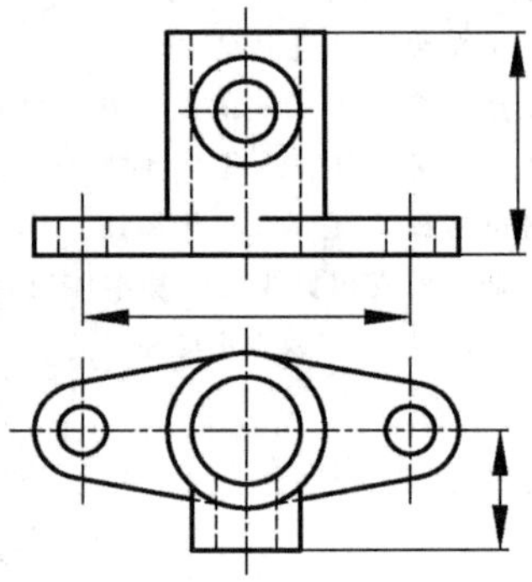

表 4-6　三类尺寸的关系

在标注物体的尺寸时，既要分别地考虑三类尺寸的标注，又要综合考虑三者的关系。既要防止尺寸的遗漏，又要避免尺寸的重复。如图，在标注长度方向的尺寸时，中间圆柱的长度尺寸，由于有了总长和左右两圆柱的长度尺寸已经完全被确定，如果再注就造成重复。所以，注了总长一般应去掉一个长度尺寸(宽度方向也同)	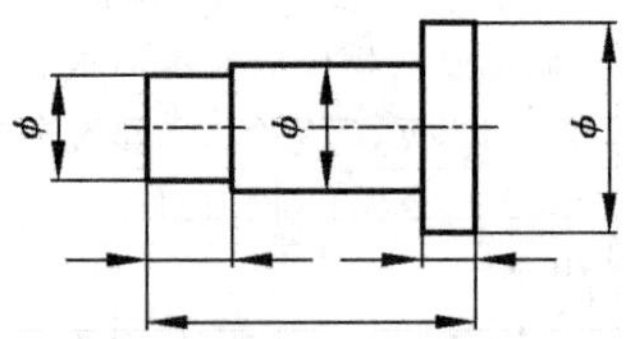

二、尺寸注写的清晰性

尺寸注写的清晰性要求可归纳为：明显、集中，避虚求实，力戒相交，舍远就近，均匀布置，排列整齐(表 4-7、表 4-8)。

表 4-7　总体尺寸的标注

说明	图例
(1)尺寸应尽量注在形体特征明显的视图上，并使同一形体的同一面上的尺寸尽量集中在同一视图上。图中左面注法为好，右面注法不好	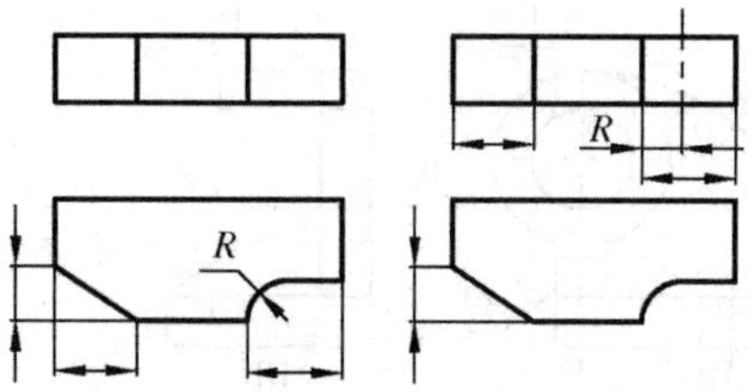 明显　集中　　分散　不明显(R注法错误)
(2)尺寸尽量注在可见轮廓线上，避免在虚线上标注尺寸。 右图中圆孔直径注在俯视图上为好，避免在主视图的虚线上标注	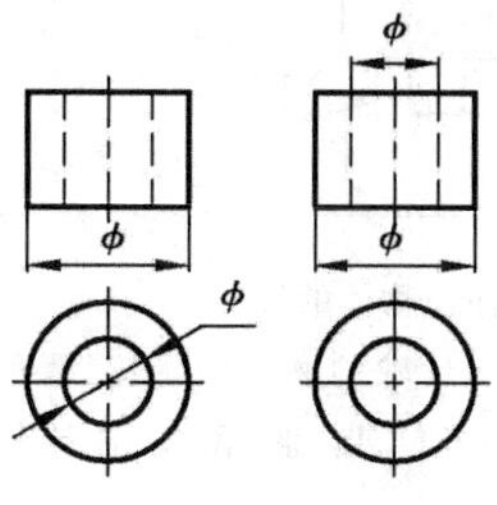 好　　尽量避免
(3)尺寸线应避免与其他尺寸线、尺寸界线或图形轮廓线相交。为此，在同一方向上的尺寸应遵循从小到大、由里到外标注的原则。 另外，能就近标注的尺寸，不要注在远处	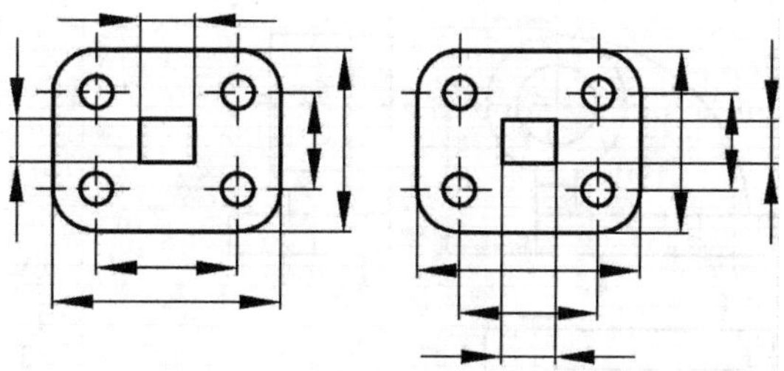 好　　不好
(4)在同心圆上标注尺寸不要偏在一边，而应分两边注写。这样，既可使尺寸配置匀称，又不致使人误读造成错误。 另外，在同心圆上标注尺寸，一般不要多于两个，否则，尺寸密集，容易使人读错	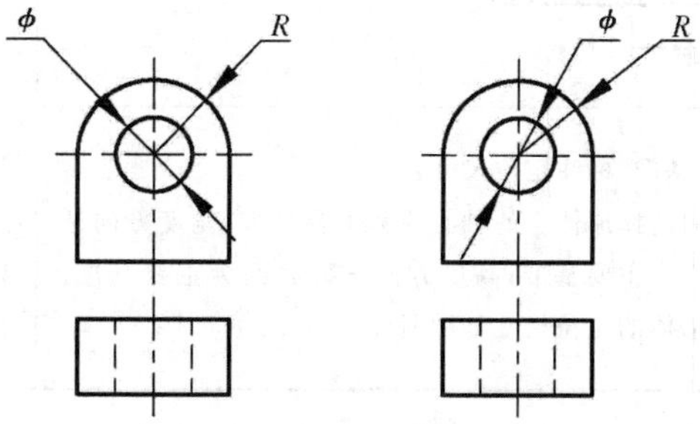 好　　不好
(5)同一层次的尺寸，应尽量注在一条直线上，不要参差不齐交错排列。否则，尺寸显得零乱，图面也不够整齐美观。 注意右图两种标注的优劣	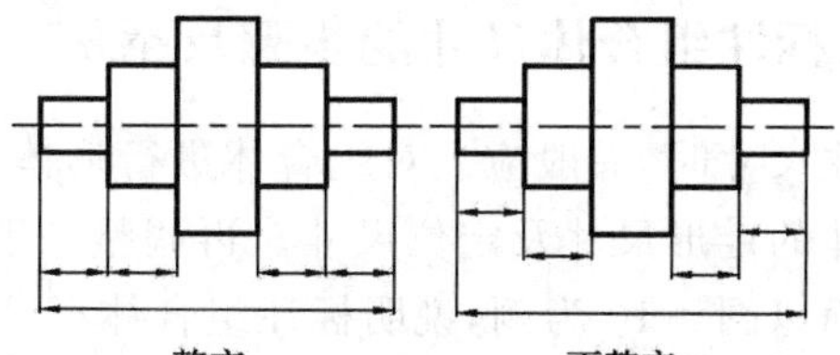 整齐　　不整齐

表 4-8　尺寸标注综合举例

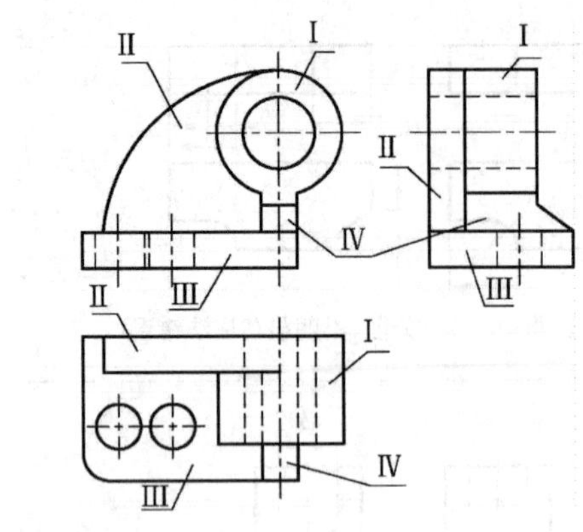	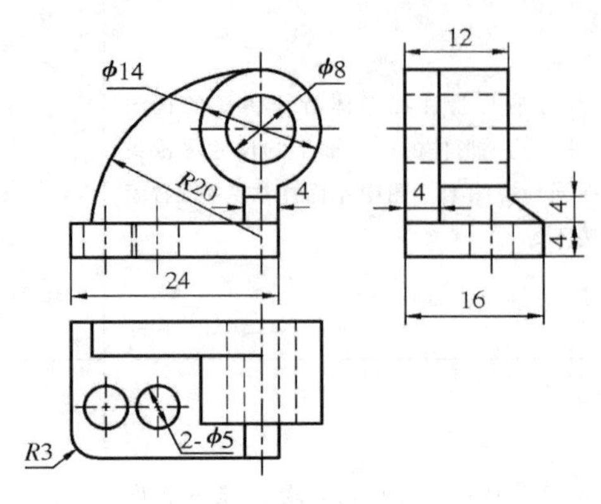
题目：在三视图中标注该物体的尺寸。 形体分析：根据主视图反映的物体形状特征，可将该物体分成四个基本部分（Ⅰ、Ⅱ、Ⅲ、Ⅳ）。各部分的三视图，如图所注	(1)标注定形尺寸：带孔圆柱直径$\phi 8$、$\phi 14$ 和宽度 12；弧形筋板Ⅱ $R20$ 和厚 4；底板Ⅲ的长 24，宽 16，高 4，圆角 $R3$，两孔直径$\phi 5$；筋板Ⅳ厚 4 和斜筋高 4
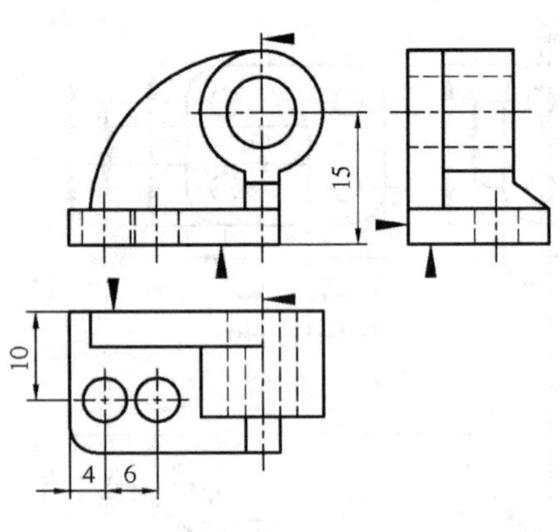	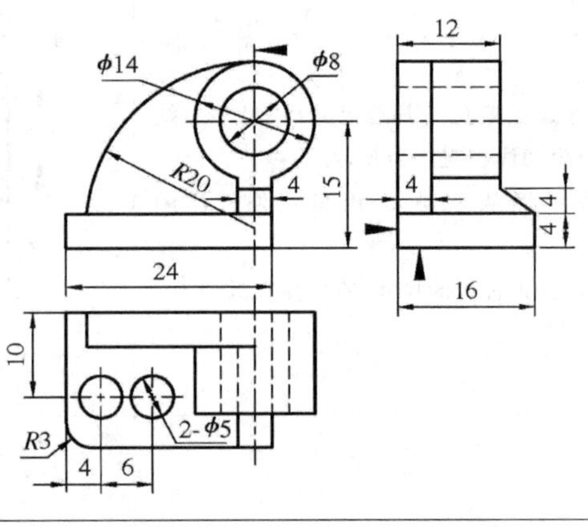
(2)选择基准、标注定位尺寸： 长度方向选择形体Ⅰ的轴心线为主要基准；宽度方向选择后背面为主要基准；高度方向选择底面为主要基准。各基本形体的定位尺寸如图所注	(3)标注总体尺寸，完成全部尺寸标注： 由于该物体的右端和上部都是回转面，所以，总长和总高只能由部分尺寸相加而得，不能注到极端。总宽和底板宽相等，所以也不再重复

在标注尺寸时，特别提醒的是，相贯线与截交线不注尺寸。具体见图 4-9。

三、标注组合体尺寸的步骤及举例

标注尺寸时，一般应先对组合体进行形体分析，选定三个方向的形体尺寸基准，标注出每个形体的定形尺寸及定位尺寸。再调整一下总体尺寸，最后检查，完成全图尺寸标注。

下面以图 4-10 为例，说明标注组合体尺寸的步骤。

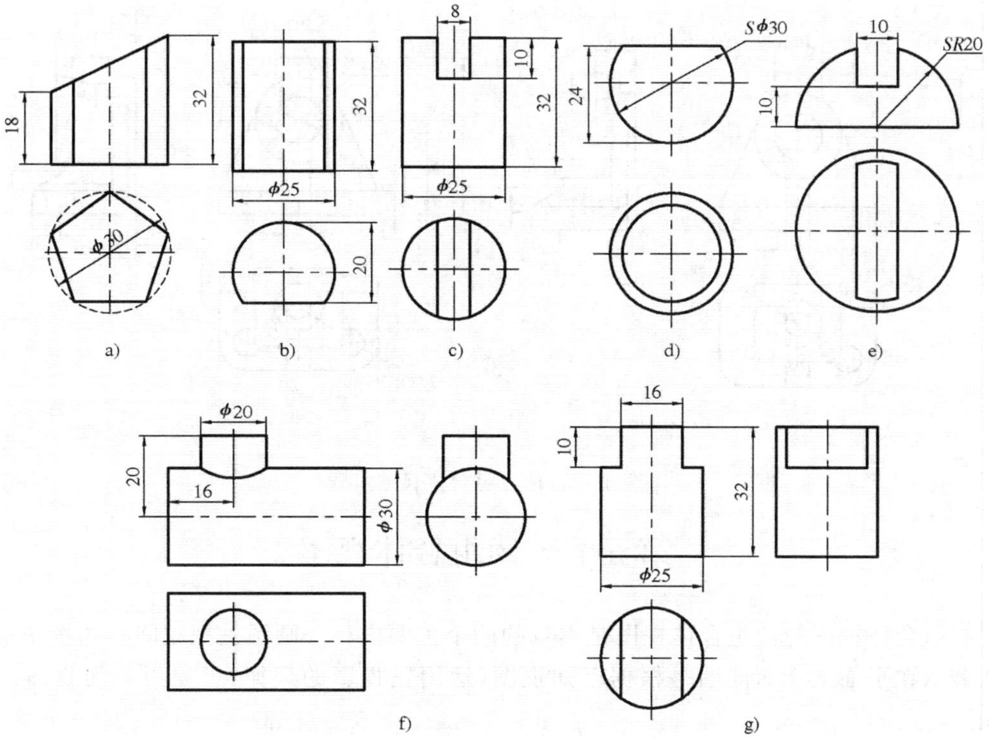

图 4-9　相贯线、截交线不注尺寸

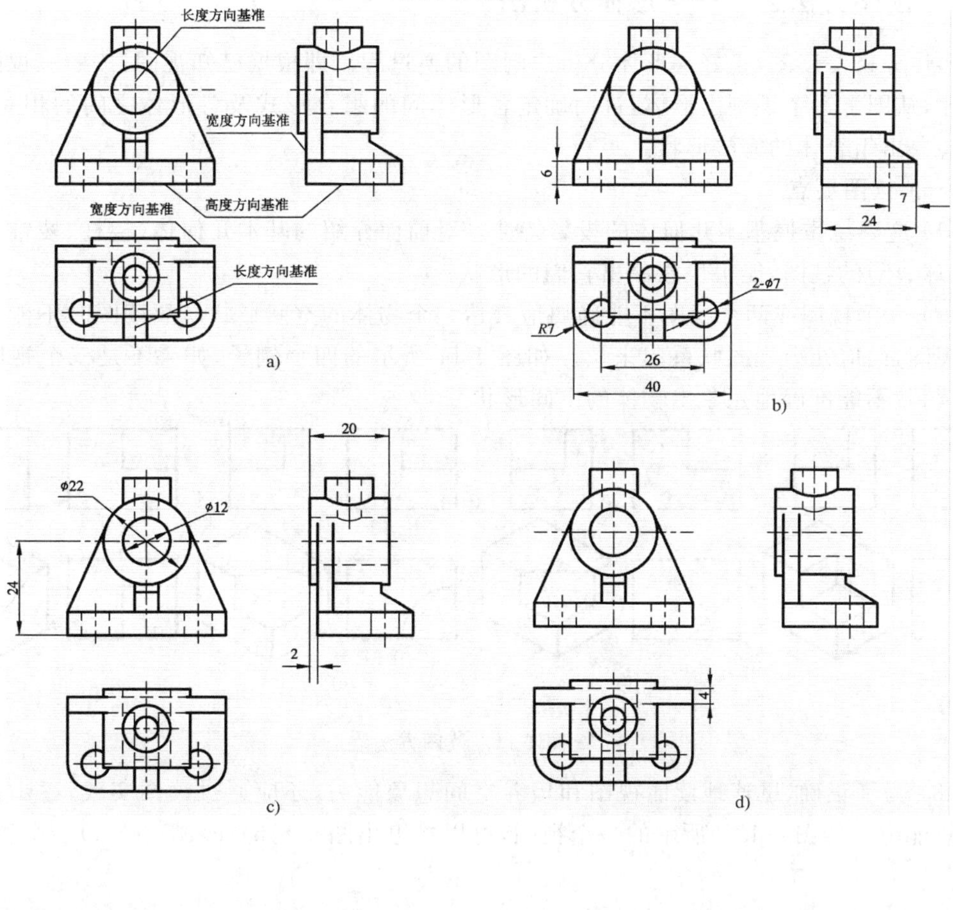

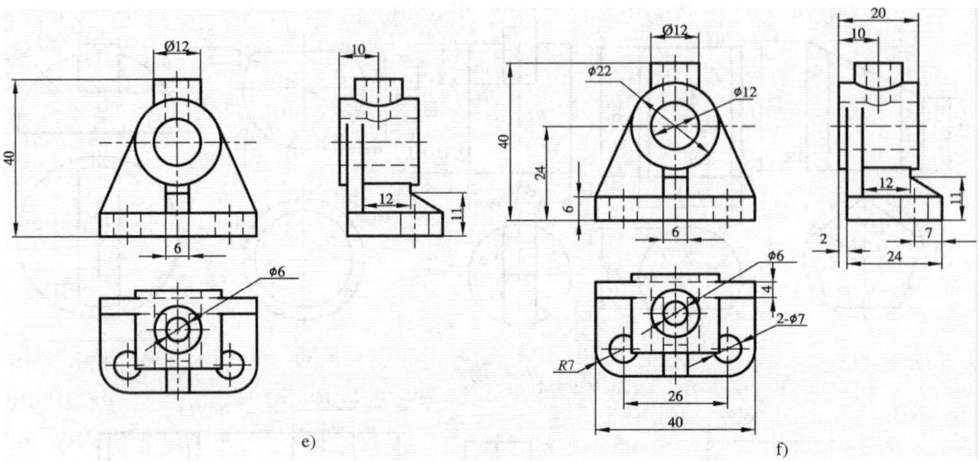

图 4-10　标注组合体尺寸步骤

第五节　读组合体视图

画组合体视图与读组合体视图是本章的两个主要内容。画图是把空间物体按正投影的方法表示在平面上。而读图是根据已知视图，运用正投影的规律，想象出空间物体的结构形状。

一、读图方法之一——形体分析法

形体分析法读图，正好是形体分析法画图的逆过程。即根据已知视图，按照三视图的投影规律，从图上逐个识别出形体，进而确定各形体间的组合形式及各形体之间的相对位置，综合想象出组合体的完整形状。

(一) 读图要点

(1) 应熟练掌握基本几何体的投影特性。对前面介绍的基本几何体(棱柱、棱锥、圆柱、圆锥、球、环)的视图，能很快想象出它们的形状。

(2) 一个视图或两个视图不能确切地表达一个物体的空间形状。故读图时不能单看一两个视图，而应几个视图联系起来读。如图 4-11 所示的四个例子，如果不是三个视图联系起来读，就不能准确地想象出物体的空间形状。

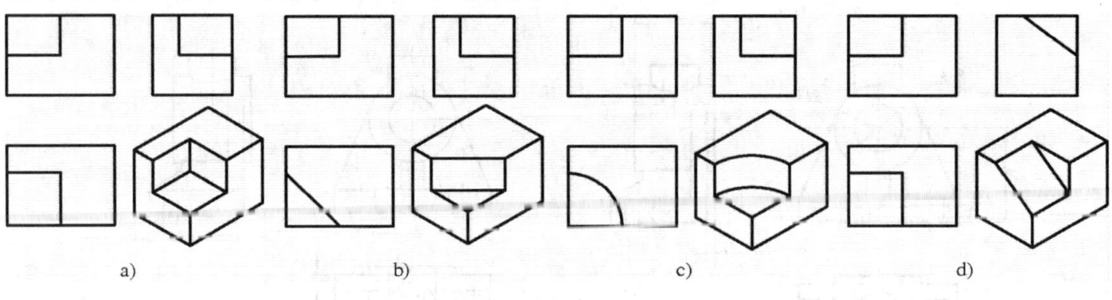

图 4-11　读图方法

(3) 为了正确、迅速地读懂视图和培养空间想象能力，还应通过读图实践，逐步提高空间构想能力。如图 4-12a)所示的一个视图，可以构思出图 4-12b)、c)、d)、e)、f)五个物体，都能满足图 4-12a)所示的要求。在此基础上通过其他视图，就能很快地想象出各组视图所表示的物体形状。

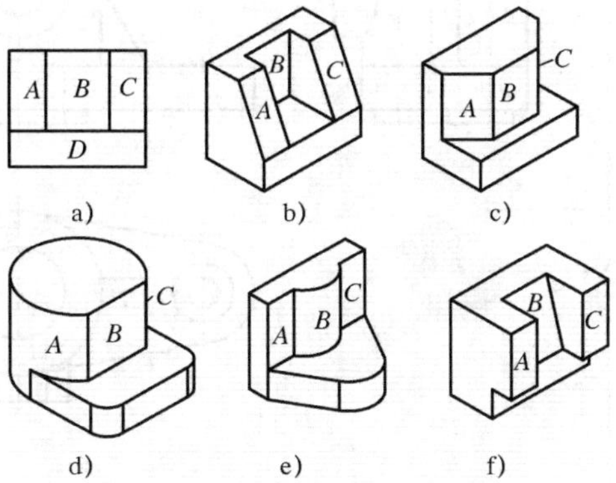

图 4-12　构思零件形状

（4）一般在能较多反映物体形状特征及位置特征的视图上，按线框划分出各形体的范围，再按投影关系在其他视图上找到相应的投影，想象出各个形体的形状，再按各形体之间相对位置，想象出组合体的空间形状，如图 4-13 所示。

如图 4-13a)所示，先在视图上按线框分成六个部分，图 4-13b)按主视图上 1、2 在其他视图上找到相应的投影(图中粗实线表示)，可以想象出两个带孔的同轴圆柱体。

按主视图 3，在其他视图上找到对应投影，想象出带孔的圆柱体，如图 4-13c)所示。

按主视图 4，在其他视图上找到对应投影，想象出带半圆柱的凸台，如图 4-13d)所示。

按主视图 5，6，想象出一块肋及圆角带孔的底板，如图 4-13e)所示。

(二) 综合想象

按各部分想象的形体及视图中表明的相对位置，综合起来，就可以想象出物体的形状，如图 4-13f)所示。

二、读图方法之二——线面分析法

读组合体视图，主要应用形体分析法，对于有些组合体，仅用形体分析法还难于解决问题时，可用线面分析法来阅读。

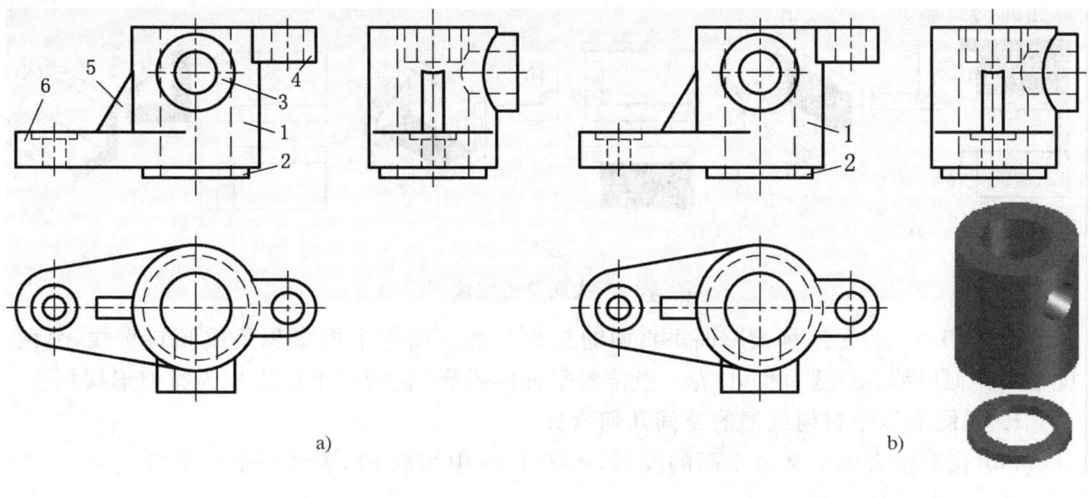

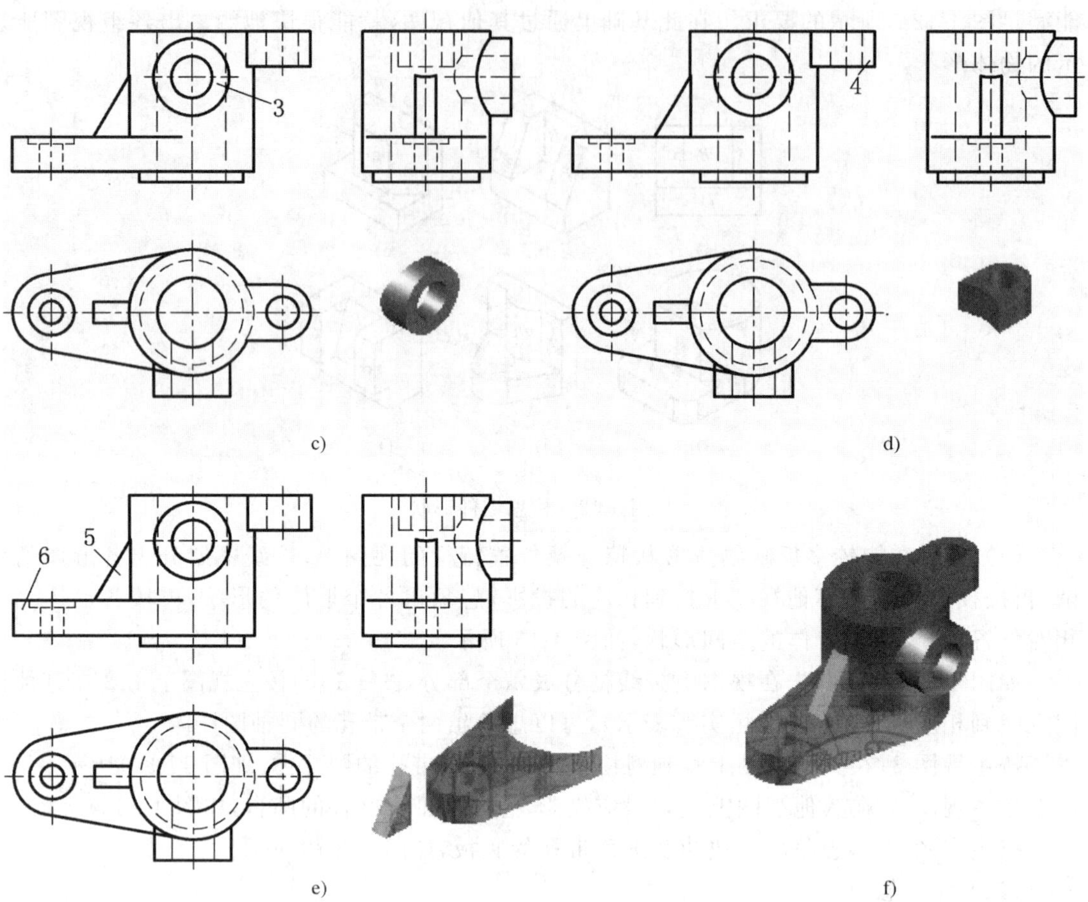

图 4-13　读轴承座

线面分析法就是把组合体分解成若干线和面，然后在视图上通过划线框，对投影读懂它们的形状及相对位置，从而想象出组合体空间形状的方法。

图 4-14 是正平面、水平面、侧平面的投影，从投影面平行面的投影特性中，我们知道三种投影面平行面除一个投影反映实形外，其他两个投影均是平行某根轴的直线，这样便读出平行面的投影。

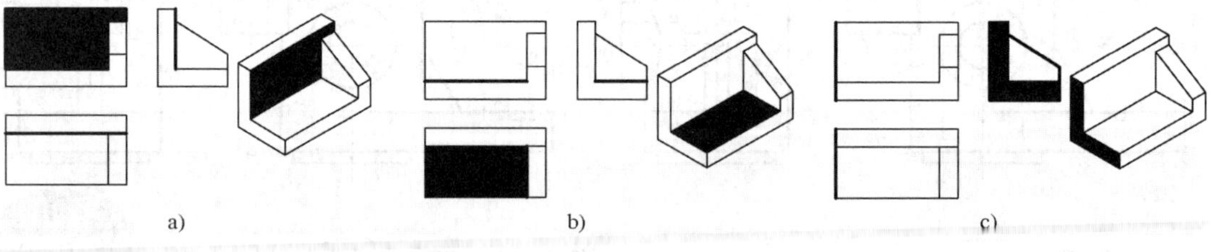

图 4-14　线面分析法读图(一)

图 4-15a)～c)是三种投影面垂直面的投影。垂直面一个投影积聚成倾斜直线，另两个投影为类似形线框。图 4-15d)为一般位置平面的投影，它的三个投影均为类似形线框。

1. 视图上每个封闭线框的空间几何含义

(1) 代表组合体上某一平面的投影，如图 4-16 中线框 a)，表示一个水平面。

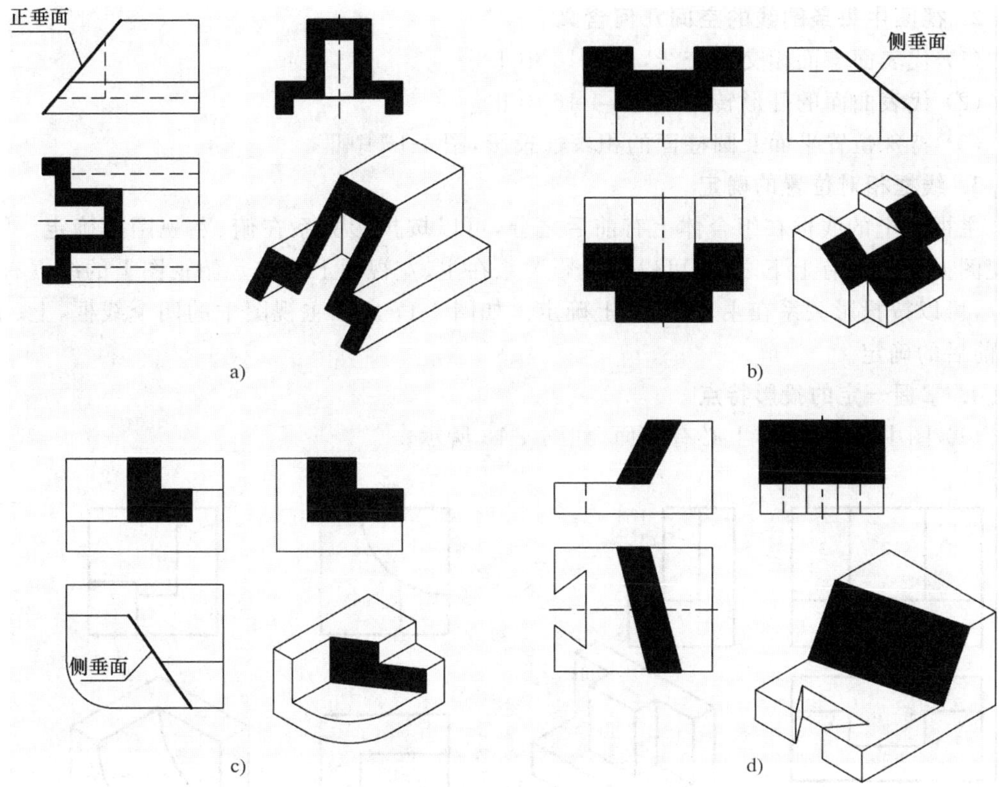

图 4-15　线面分析法读图(二)

(2) 代表组合体上某一曲面的投影,如图 4-16 中线框 b),表示半个圆柱面。

(3) 代表组合体上某个体的投影,如图 4-16 中线框 d),即一个内圆柱孔。

(4) 代表组合体上平面与曲面相切,曲面与曲面相切,如图 4-16 中线框 c),表示平面与圆柱面相切。

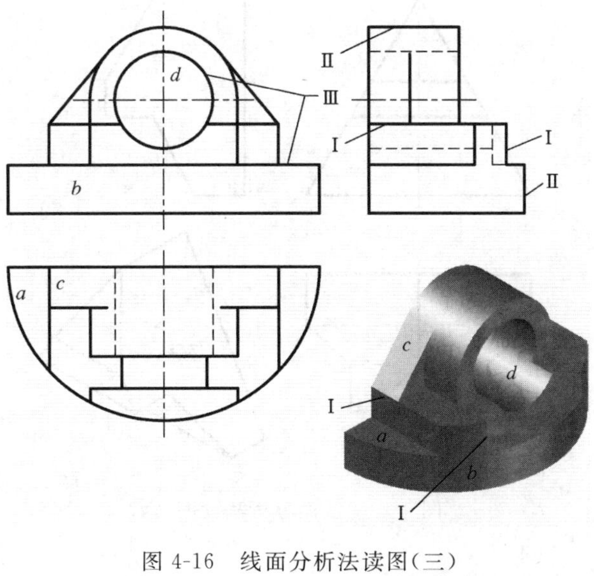

图 4-16　线面分析法读图(三)

2. 视图中每条图线的空间几何含义

(1) 代表面与面相交的交线,图 4-16 中Ⅰ。

(2) 代表曲面的外形转向线,图 4-16 中Ⅱ。

(3) 特殊位置平面及圆柱面的积聚性投影,图 4-16 中Ⅲ。

3. 线框相对位置的确定

主视图上的线框在组合体上有前后之分,可以按投影关系在俯、左视图上确定。同理,俯视图上的线框有上下之分,可以按投影关系在主、左视图上确定。俯视图上的线框有左右之分,可以按投影关系在主、左视图上确定。如图 4-17 所示主视图中的四个线框,上、下、左右、前后的确定。

4. 掌握一定的投影特点

(1) 图中有曲线,体上必有曲面,如图 4-18 所示。

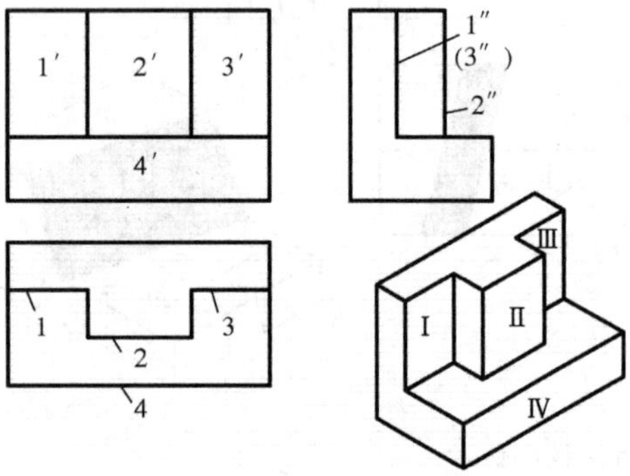

图 4-17　线面分析法读图(四)

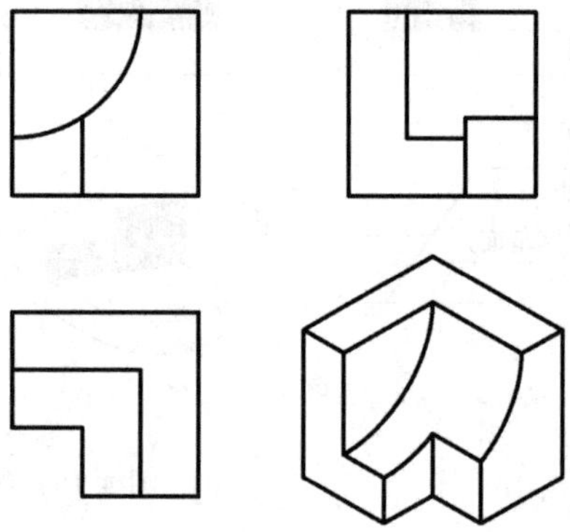

图 4-18　线面分析法读图(五)

(2) 图中有斜线,体上必有斜面。但有时也可能是两斜面或两垂直面的交线。如图4-19所示。

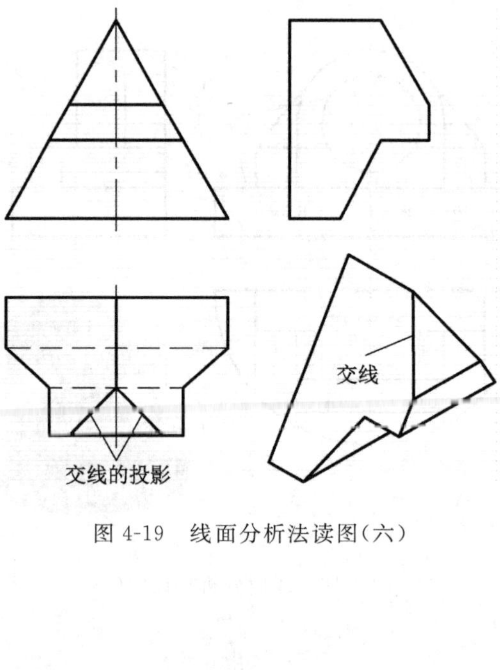

图 4-19　线面分析法读图(六)

组合体读图举例。

【例 4-1】 已知组合体的主、左视图，求作俯视图。如图 4-20a)所示。

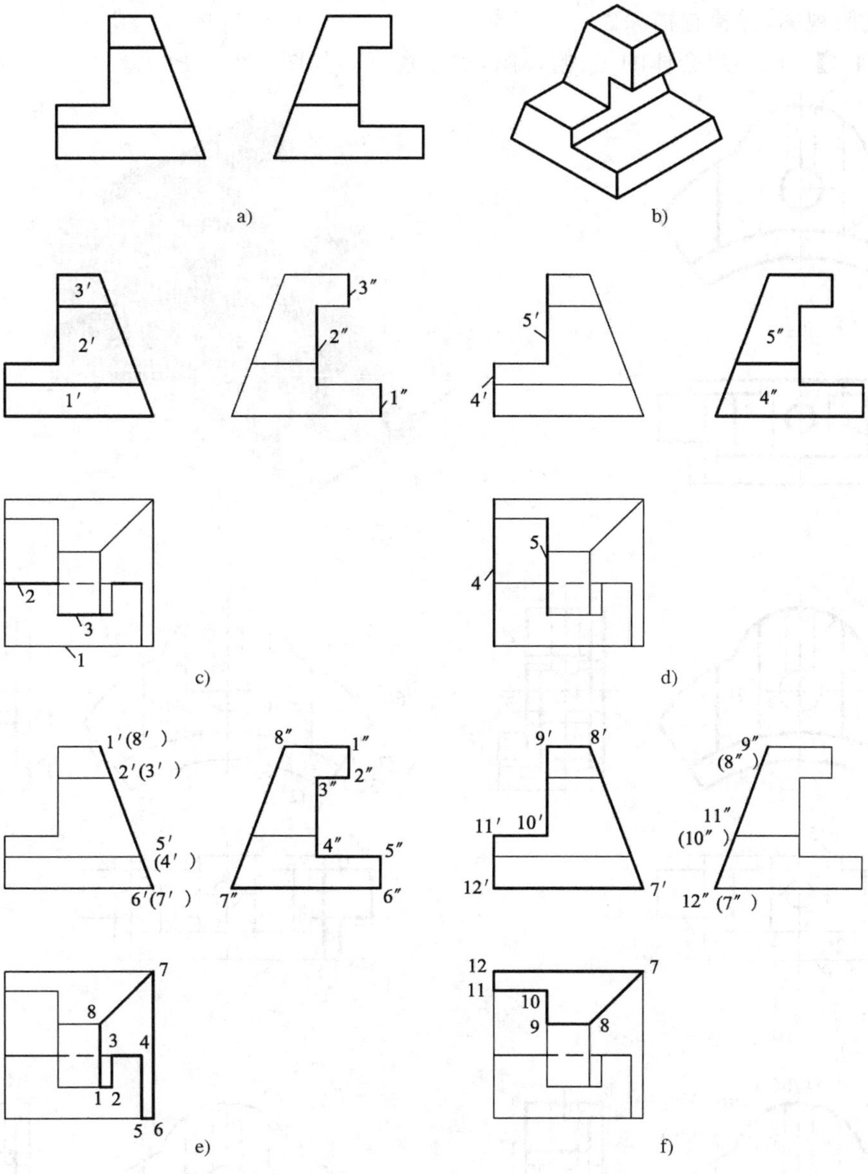

图 4-20　读图实例

分析

从两个已知视图看出组合体是由四棱柱切割而成。主、左视图上均有两条斜线，说明组合体上定有两个斜面，组合体左端有一个水平面及一个侧平面把四棱柱截去一块，前端又被两个水平面及正平面截切，如图 4-20b)所示。

作图步骤

(1) 先按投影关系画出三个正平面的水平投影。如图 4-20c)所示 2、3、1 面。

(2) 按投影关系画出两个侧平面的水平投影。如图 4-20d)所示 4、5 面。

(3) 按投影关系作出正垂面 12345678 的水平投影。如图 4-20e)所示。

(4) 作出侧垂面 7、8、9、10、11、12 的水平投影。如图 4-20f)所示。

完成俯视图,并检查描深。

【例 4-2】 已知组合体的主、俯视图,求左视图。如图 4-21a)所示。

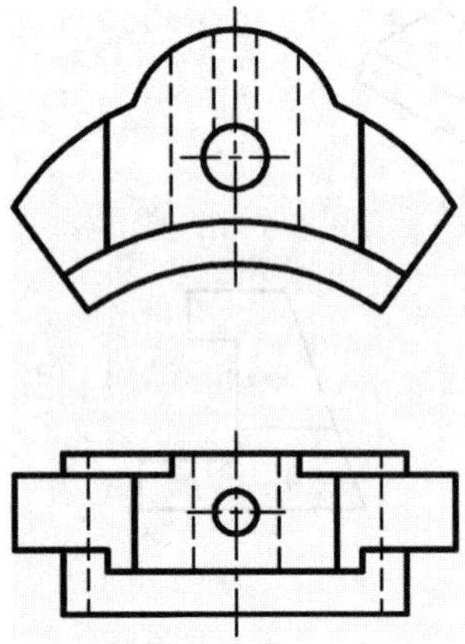

a)

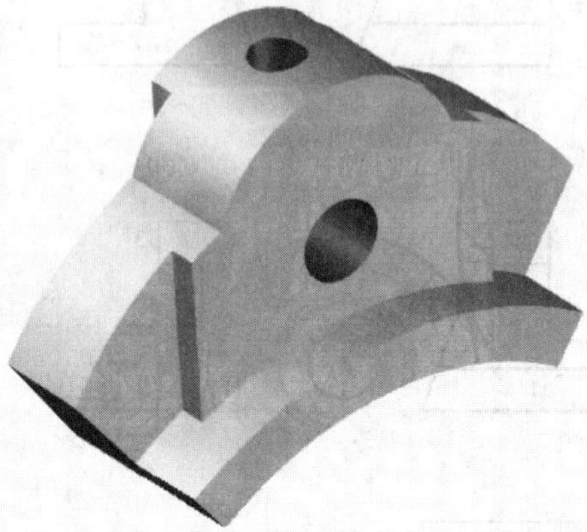

b)

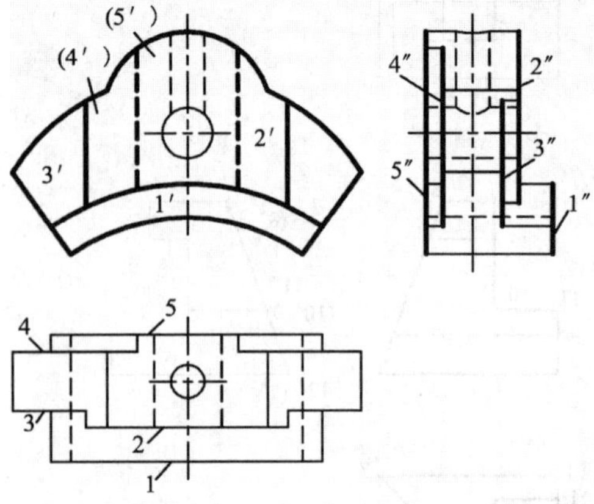

c)

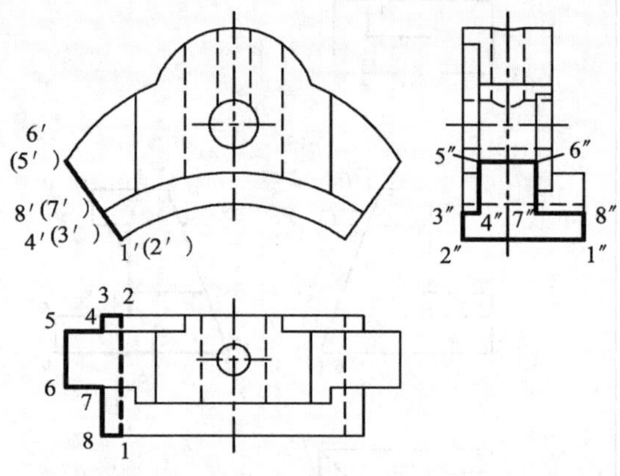

d)

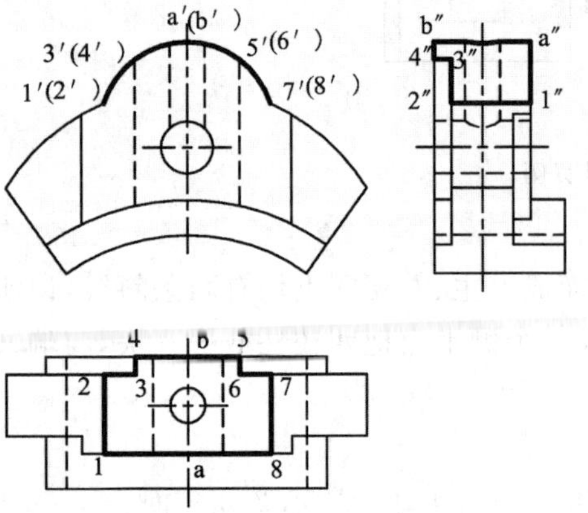

e)

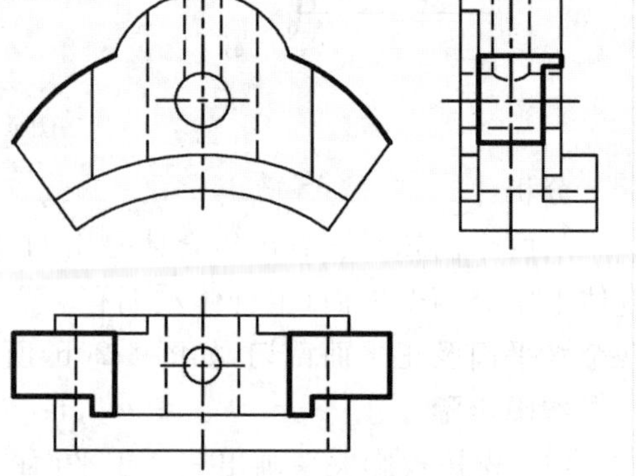

f)

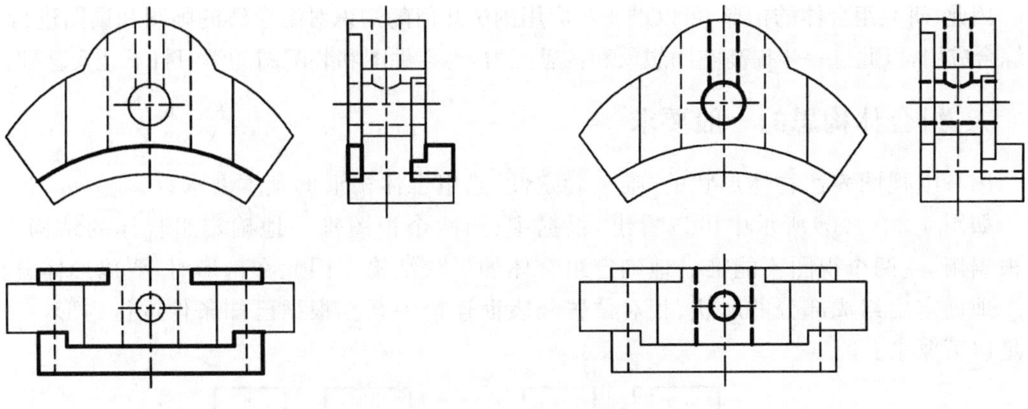

g) h)

图 4-21 读图实例

分析

从已知视图可以看出，组合体是由下部分的瓦形片和上部分的圆柱状叠加而成，而上部分又被多个平面（正平面、侧平面、正垂面）切割而成，因而产生多条截交线；还有圆柱孔相交的交线。此题是叠加、切割、截切和相贯全包括，作图时逐一进行。如图 4-21b）所示。

作图步骤

(1) 先作出Ⅰ、Ⅱ、Ⅲ、Ⅳ、Ⅴ正平面的侧面投影 1″、2″、3″、4″、5″。如图 4-21c）所示。

(2)画出工、Ⅱ、Ⅲ、Ⅳ、Ⅴ、Ⅵ、Ⅶ、Ⅷ正垂面的侧面投影 1″、2″、3″、4″、5″、6″、7″、8″。如图 4-21d）所示。

(3) 画出圆柱面的侧面投影。如图 4-21e）所示。

(4) 画出另一圆柱面的侧面投影。如图 4-21f）所示。

(5) 画出瓦形体的侧面投影。如图 4-21g）所示。

(6) 画出孔及相贯线的侧面投影。如图 4-21h）所示。

(7) 检查整理描深。

总结从以上两个例子可以看出，已知两个视图求作第三视图，是在运用形体分析法及线面分析法读懂视图并想象出物体结构形状的前提下，通过已知视图中的线面投影关系来求出第三投影的。这里熟悉基本几何体的投影、线面的投影特征非常重要，读者必须通过多想、多画，才能很好地掌握本章内容。

第六节 组合体的构形

一、概述

本节所研究的组合体，是由实际零件经过抽象和简化所得。这类组合体在结构上不考虑生产加工等方面的要求，仅在构形上反映出某种功能特征。

所谓组合体的构形，就是根据功能要求，构思出一种形体，使其在整体造型上反映某种功能特征，各组成部分具有合理的确定的形状结构、相对位置及表面连接关系，并用一组完整的视图正确地表达出来。

因此，研究组合体的构形，可以进一步应用画法几何的知识对组合体的画图和读图进行深化与综合应用，以此进一步提高空间想象和构思能力，为零件图和装配图的学习打下扎实基础。

二、组合体构思的一般要求

用一组视图表达物体形状的“唯一确定性”是组合体构形的基本要求。

如图 4-22a)、b)所示中可以看出，根据主、俯两个视图唯一地确定组合体的结构形状，但根据俯、左两个视图不能唯一地确定组合体的形状结构。因此在构形时，要以形体分析法唯一地确定出组成部分的形状、相对位置及表面连接关系。根据已知条件进行构形，一般应满足以下要求：

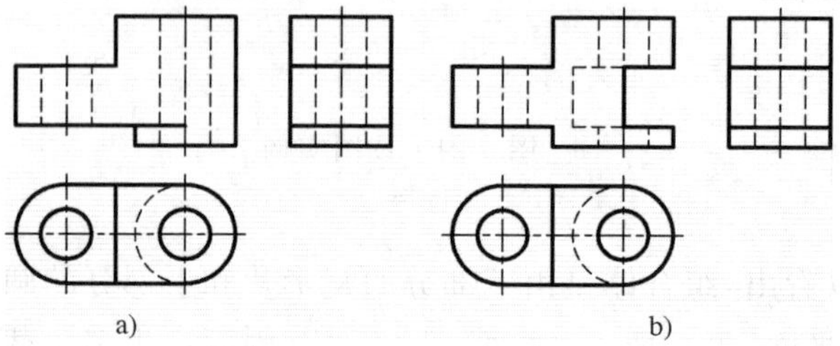

图 4-22　组合体三视图

（1）满足给定的已知条件，而且是唯一确定的组合体。

（2）组合体各组成部分的结构形状符合各自的构形要求，并按合理、简明的组合连接方式构成组合体。

（3）组合体的造型具有稳定、协调及美观的特点。

（4）所绘制的组合体视图应选择及配置合理，投影正确，便于作图和标注尺寸。

（5）暂不考虑加工、材料及其他方面的机械设计要求。

三、组合体构形的一般方法与步骤

参看图 4-7 所示轴承座，这种零件主要用于支承其他零件，一般由三个部分构成。

（1）支承部分：主要用于支承、包容旋转轴或其他零件的结构，如圆筒。考虑到加注润滑油的需要，往往在圆筒上加一带孔的凸台。圆筒的形式可以是整体式或分离式，圆筒内为通孔或有台阶的孔。

（2）安装部分：即用以固定总体的部分，通常为板或盘状结构，上面有安装定位用的若干通孔（或带有凸台、凹坑）。安装底板较大时，底板下部常带有用以减少接触面的槽或凹坑。

（3）连接及加强部分，用立板或肋板等结构，将上述两部分连接成一体，并用以加强整体的紧固性和稳定性。该部分的形状大多为棱柱形，具体结构与尺寸由总体构形决定。

总结轴承座的构形方法，提出如下构形步骤，供读者参考。

（1）总体构思。根据给定的已知条件，在收集素材，反复酝酿的基础上，逐步想象构思出组合体的总体形象，然后用草图、模型和轴测图来表达自己的构想方案。

（2）分部构形。按照总体构思的方案，详细设计出各个组成部分的具体形状和大小，确定其相对位置及表面连接关系。

（3）检查修改，完成构形草图。

（4）根据草图画出仪器图并标注尺寸。

四、构形举例

【例 4-3】 如图 4-23a)给定的支座的主视图，试设计出支座的形状，并画出其他两视图。

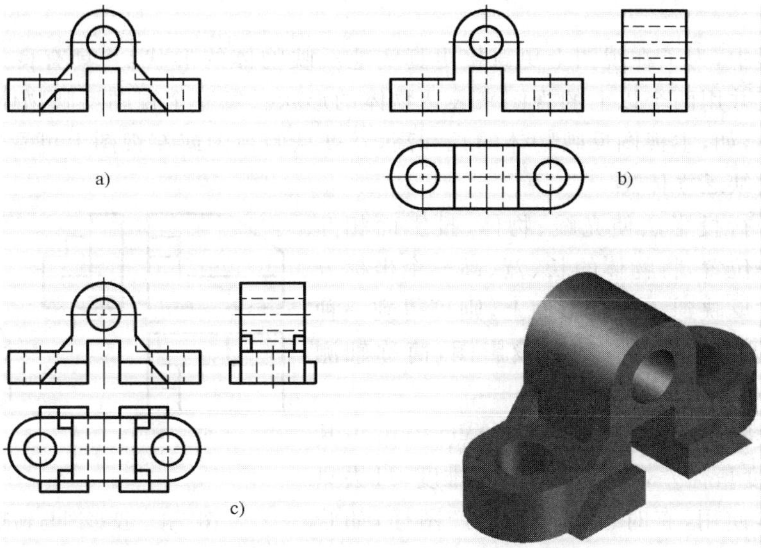

图 4-23　构形方案(一)

分析

根据已知的主视图可以看出，支座上部为带通孔的支承部分，其下脚为安装用底板(上面有安装用通孔)，中部开有通槽，上下两部分之间为连接加强部分。根据各部分的功能，形状特征及结构要求，可以有多种构形方案。这里仅列出两种。

作图步骤

（1）主体构形。如图 4-23b)所示。

（2）分部构形、完成设计。图 4-23c)为第一构形方案。

（3）图 4-24 为第二构形方案。

构形过程请读者自行分析。

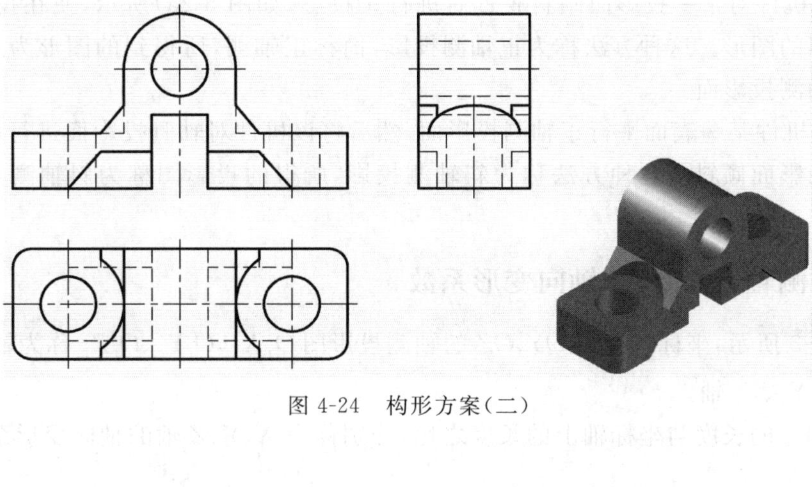

图 4-24　构形方案(二)

第五章　轴测投影图

在正投影中，为了在视图上更直接更真实地反映物体的形状，并具有良好的度量性，一般把物体放正并用两个以上的视图来表达物体的形状。每一个视图反映物体两个坐标方向的形状和大小，如，主视图反映物体的长和高，宽度从俯视图或左视图上可看出，但这样画出的正投影图均缺乏立体感。

如果用平行投影法使光线、物体、投影面相互之间处于某一位置，将物体的长、宽、高三个坐标方向的形状同时反映到一个投影面上，则可得到一种富有立体感的投影图——轴测投影图，简称轴测图，如图 5-1 所示。

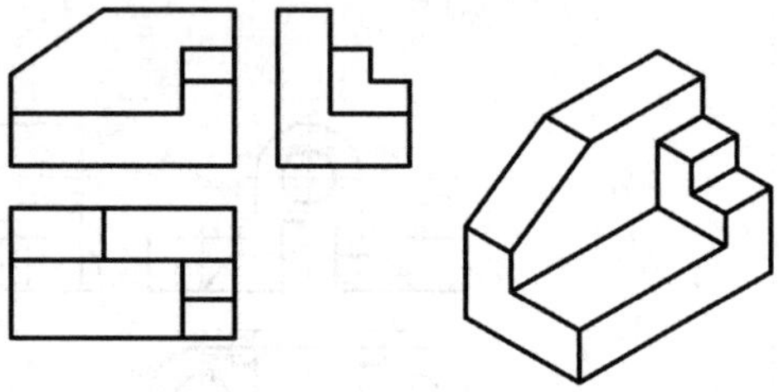

a)　　b)

图 5-1　投影图与轴测图比较

轴测图具有易懂、立体感强等特点，但由于其投影后变形，度量性差，提高了画图的难度，过去只作为辅助图样使用，有时也可作为生产图样，如管路轴测图。近年来由于计算机技术的不断发展，使画图时间大大缩短。为了充分发挥其立体感强的特点，轴测图的作用正在不断扩大，如装配车间采用装配轴测图进行机件的组装工作。

第一节　轴测投影的基本知识

一、轴测投影图的形成

轴测图是应用轴测投影的方法而得到的图样，所谓轴测投影是通过投影使在一个独立的投影面上能同时反映出空间物体的长、宽、高三个坐标方向的形状。轴测投影可分为以下两种：

(1) 将机件对某一投影面倾斜放置后进行正投影，如图 5-2a)所示，使在投影面上得到富有立体感的图形。这种方法称为正轴测投影，简称正轴测，所得到的图形为正轴测图，该投影面为轴测投影面。

(2) 使机件某一表面平行于轴测投影面，然后将该机件对轴测投影面进行斜投影，即投射方向与投影面倾斜。这种方法称为斜轴测投影，所得的投影图称为斜轴测投影图，如图 5-2b)所示。

二、轴测轴、轴间角和轴向变形系数

如图 5-3 所示，坐标轴 OX、OY、OZ 的轴测投影图 O_1X_1、O_1Y_1、O_1Z_1 称为轴测轴。分别简称为 X_1、Y_1、Z_1 轴。

轴测轴上的长度与坐标轴上的长度之比，分别称为 X、Y、Z 轴的轴向变形系数，用 p、q、

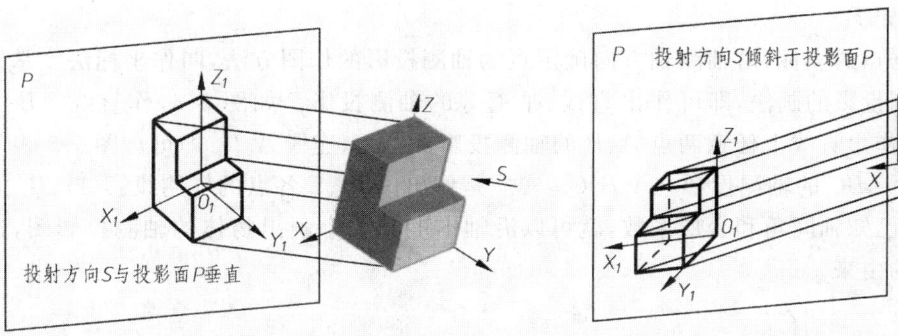

a) 正轴测图　　　　b) 斜轴测图

图 5-2　轴测图的形成

r 表示。从图 5-3 中可以看出：

$$p=\frac{O_1X_1}{OX}\qquad q=\frac{O_1Y_1}{OY}\qquad r=\frac{O_1Z_1}{OZ}$$

三条轴测轴的交点称为原点；轴测轴之间的夹角为轴间角，它们是 $\angle X_1O_1Y_1$、$\angle Y_1O_1Z_1$、$\angle X_1O_1Z_1$。

三、轴测投影的特性和基本作图方法

(一) 轴测投影的特性

由于轴测投影采用的是平行投影法，所以在原物体和轴测投影之间必然保持如下关系：

(1) 若空间两直线相互平行，则其轴测投影仍相互平行。

(2) 凡与坐标轴平行的线段，其变形系数与相应的轴向变形系数相同。

(二) 轴测投影图的基本作图方法

图 5-3 中，已知点 A 的正投影图，轴测轴和轴向变形系数，求作点 A 的轴测投影图，作图方法如图 5-3b)所示。

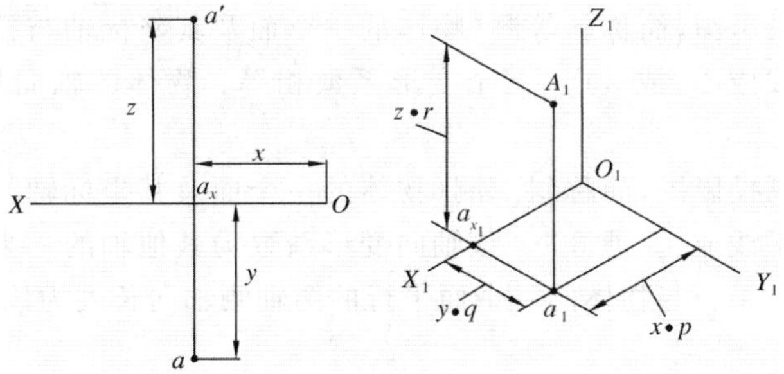

a)　　　　b)

图 5-3　点的轴测投影

(1) 沿轴测轴 O_1X_1 截取 $O_1a_{x_1}=p\cdot x$，得点 a_{x_1}。

(2) 过 a_{x_1} 引平行于 O_1Y_1 的直线，并在该直线上截取线段 $a_{x_1}a_1=q\cdot y$，得点 a_1，即点 A 的次投影。

(3) 过 a_1 引平行于 O_1Z_1 的直线，并在该线上截取线段 $a_1A_1=r\cdot z$，得点 A_1，A_1 即为

点 A 的轴测投影。

上述根据点的坐标，沿轴测轴方向确定点的轴测投影的作图方法，叫作坐标法。掌握了一个点的轴测投影的画法，即可作出直线、平面等的轴测投影。如图 5-4，作直线 AB 的轴测投影时，即作出直线上任意两点 A、B 的轴测投影 A_1、B_1，连线 A_1B_1 即可。图 5-5 表示出一平面图形△ABC 的轴测投影△$A_1B_1C_1$，实质是作出 A、B、C 各点的轴测投影 A_1、B_1、C_1。

因此，当已知轴间角和变形系数，就可以沿轴向度量大小画出物体的轴测投影图，这就是轴测两字的由来。

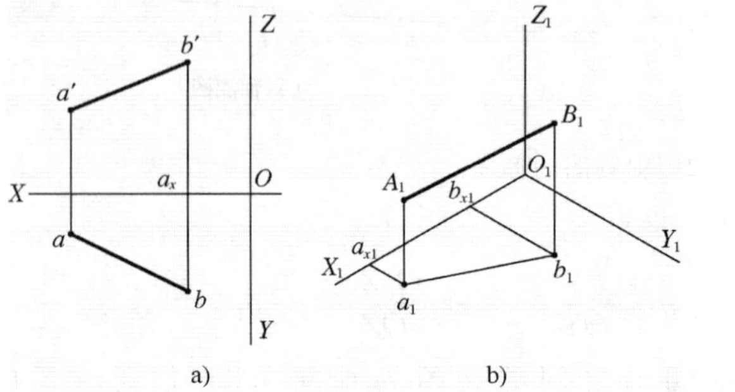

图 5-4　直线的轴测投影

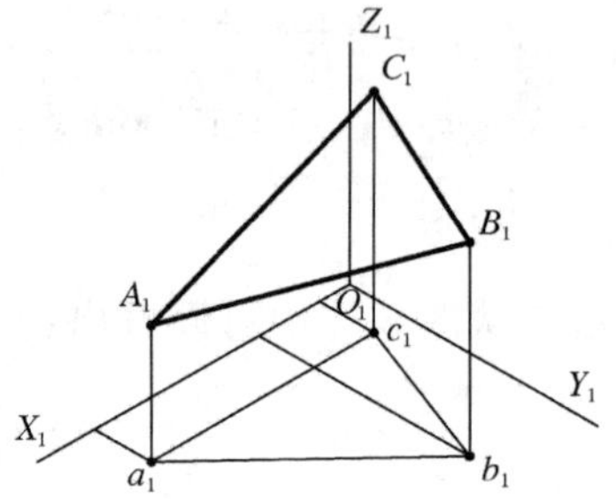

图 5-5　平面△ABC 的轴测投影

四、轴测投影的分类

轴测投影分为正轴测投影和斜轴测投影两大类。当投影方向垂直于投影面时称为正轴测投影；当投影方向倾斜于投影面时称为斜轴测投影。

正轴测投影分为：

(1) 正等轴测投影图，简称正等测(其中各个轴间角相等，各变形系数相等)。

(2) 正二等轴测投影图，简称正二等测(其中两个轴间角相等，两个变形系数相等)。

(3) 正三测轴测图，简称正三测(其中各个轴间角不相等，各个变形系数不相等)。

斜轴测投影分为：

(1) 斜等轴测投影图，简称斜等测(物体的一个面及其坐标轴与投影面平行，另一坐标轴一般选为与水平线成 45°或 30°。三个变形系数相等。物体的轴向长度与轴测轴向长度不变)。

(2) 斜二等轴测投影图，简称斜二测(物体的一个面及其坐标轴与投影面平行，另一坐标轴一般选为与水平线成 45°或 30°。该轴向变形系数为其他轴的一半；该轴向长度为物体的相应轴向长度的一半。与物体的一个面平行的两轴测轴向长度为该物体相应轴向长度不变)。

(3) 斜三等轴测投影图，简称斜三测(物体的各面及其坐标轴都倾斜于投影面。轴间角和变形系数都不相等)。

画物体的轴测投影图时，先确定所要画的是哪一种轴测投影图，从而确定变形系数和轴间角。选择位置时，要注意物体的自然位置或工作位置，并尽量使要显示的一面朝向可见的面。通常在轴测图中不画出物体的不可见轮廓线。

第二节　正等轴测图

一、轴间角和各轴向变形系数

如图 5-6 所示，正等测的轴间角都是 120°，各轴向的变形系数均为：$p=q=r\approx 0.82$。为了作图简便，常采用简化系数，即 $p=g=r=1$，即作图时，沿各轴向所有尺寸都按实物的真实长度量取，如图 5-7 所示为一六棱柱的正等测投影过程。这样所画出的图形沿各轴的长度分别放大 $\frac{1}{0.82}\approx 1.22$ 倍。因此这个图形与原物的图形是相似的图形，称正等轴测图，它们的体积关系是 $1:1.22^3$。通常画轴测图只是起参考作用，因而画正等测时都采用简化变形系数。

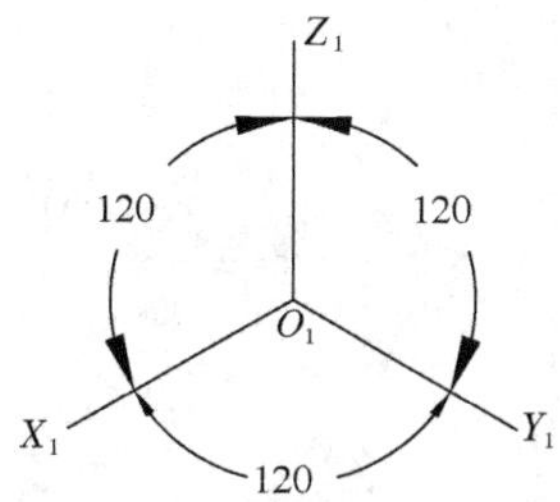

图 5-6　正等测的轴测轴

二、平面立体的正等测画法

画轴测图的基本方法是坐标法。但在实际作图时，还应根据物体的形状特点采用叠加法和切割法进行作图。

【例 5-1】 根据正六棱柱的正投影图，画其正等测图。

图 5-7a)是正六棱柱的正投影图，图 5-7b)、c)、d)是作图步骤。

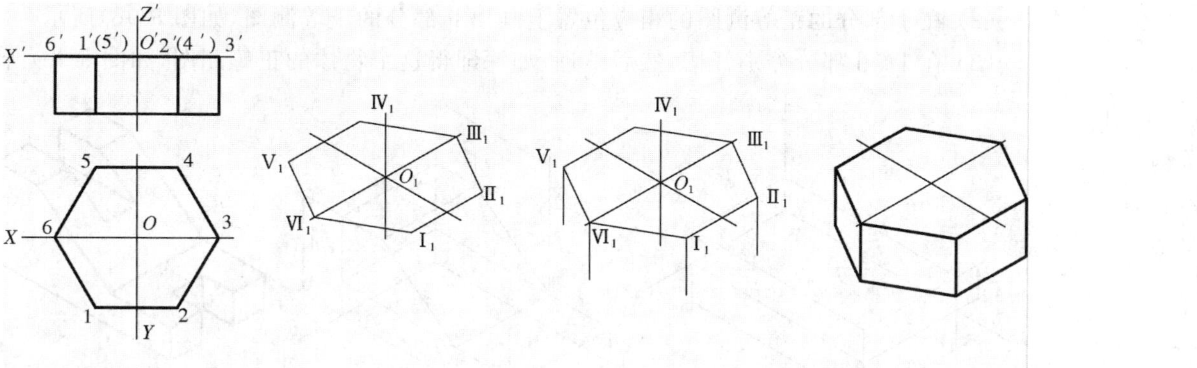

图 5-7　六棱柱的轴测投影图

具体作图步骤如下：

（1）在正投影图上确定坐标原点和坐标轴。

（2）作轴测轴，然后按坐标分别作出顶面各点的轴测投影，依次连接起来，即可得顶面的轴测投影 $Ⅰ_1$、$Ⅱ_1$、$Ⅲ_1$、$Ⅳ_1$、$Ⅴ_1$、$Ⅵ_1$，如图 5-7b)所示。

（3）过顶面各点作 O_1Z_1 轴的平行线，并在其上量取高度 H，得各棱的轴测投影，如图 5-7c)所示。

（4）依次连接各棱端点，得底面的轴测投影，即完成正六棱柱的正等测图，如图 5-7d)所示。

【例 5-2】 根据物体的正投影图，画其正等测图，见图 5-8。

画这种组合体的轴测图时，可采用叠加法或切割法进行。

采用叠加法作图时，将物体看作由Ⅰ、Ⅱ两部分叠加而成，依次画出这两部分的轴测图，即得该物体的轴测图。

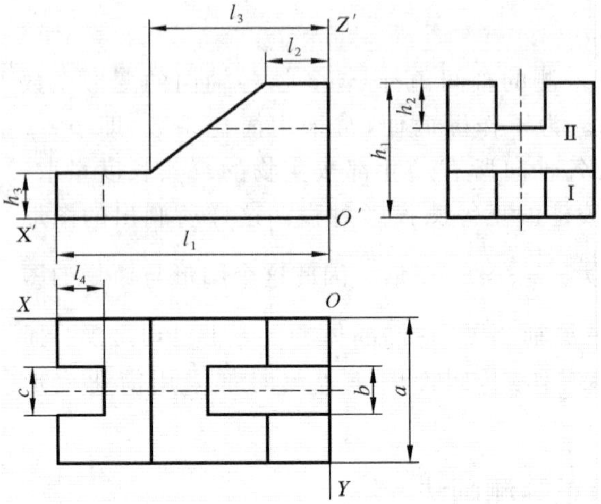

图 5-8 物体的三视图

作图步骤

如图 5-9 所示。

（1）画轴测轴，定原点位置，画出Ⅰ部分的正等测图，如图 5-9a）所示。

（2）在Ⅰ部分的正等测图的相应位置上画出Ⅱ部分的正等测图，如图 5-9b）所示。

（3）在Ⅰ、Ⅱ部分分别开槽，然后整理、加深即得这个物体的正等测图，如图 5-9c）所示。

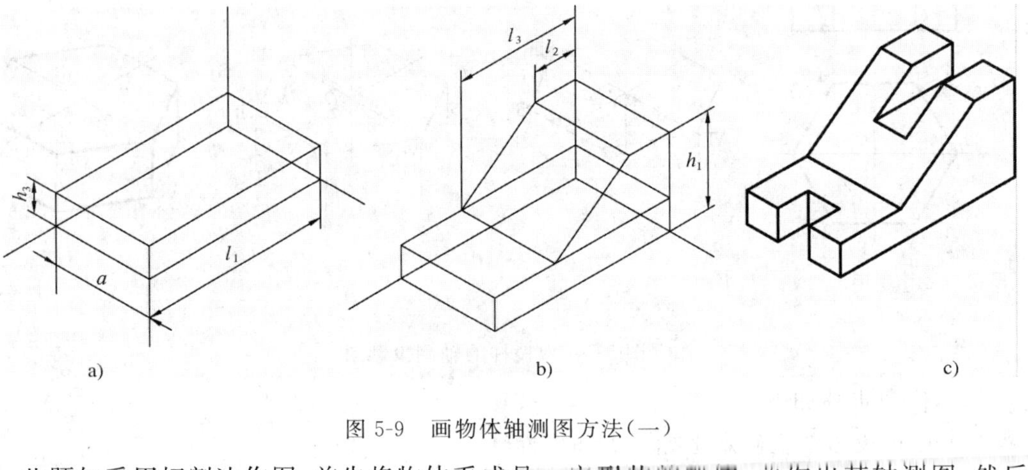

图 5-9 画物体轴测图方法（一）

此题如采用切割法作图，首先将物体看成是一定形状的整体，并作出其轴测图，然后再相继画出被切割后的形状。

作图步骤

如图 5-10 所示。

（1）此物体可视为由长方体切割而成，因此首先画出切割前长方体的正等测图，如图 5-10a）所示。

（2）在长方体上截去左侧一角，如图 5-10b）所示。

（3）分别在左下侧、右上侧开槽，如图 5-10c）所示。

（4）擦去作图线，整理、加深即完成全图，如图 5-10d）所示。

画轴测图时必须注意：画倾斜线段时，不能直接量取。因为与三个坐标轴都不平行的线段，在轴测图上的变形系数与轴向变形系数不同。在画这些倾斜线段时，必须先根据端点的坐标画出其位置，然后用线段把它们连接起来。

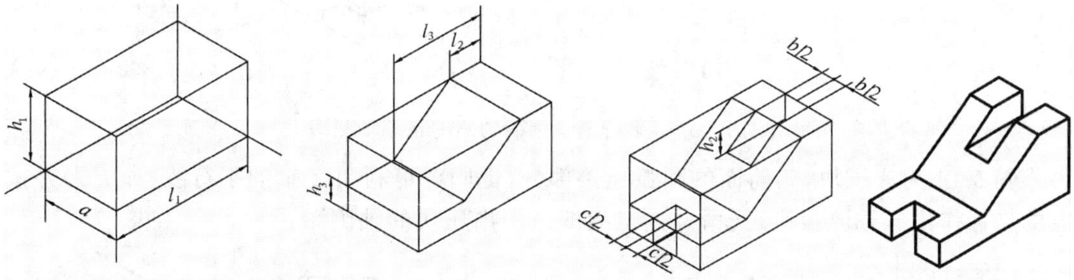

a)　　b)　　c)　　d)

图 5-10　画物体轴测图方法（二）

【例 5-3】　作车刀刀头的正轴测图，如图 5-11 所示。

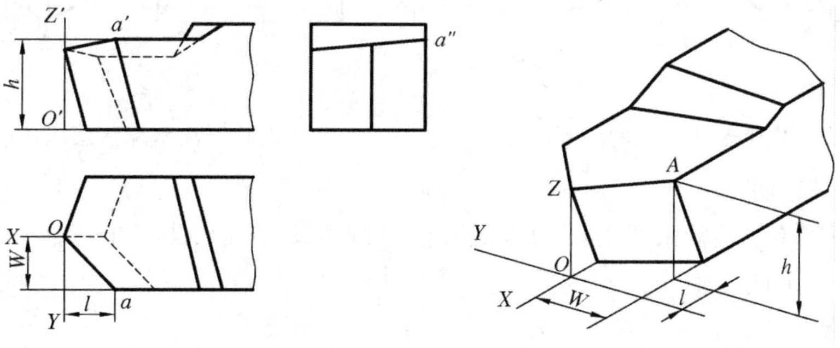

a) 车刀刀头的三视图　　b) 车刀刀头的正轴测图

图 5-11　车刀刀头的投影图及其正轴测图

【解】　图 5-11a）为一车刀刀头的三视图，现在要画出它的正等测。因为车刀刀头上各面大部分是倾斜于投影面的一般位置平面。故现在采用坐标法先定出各面的交点，连接各交点即得刀头的各面即刀头的轴测图。具体作法已显示于图 5-11b）中。图中 b 显示了点 A 的坐标作法。

三、平行于坐标面的圆的正等测图

坐标面或其平行面上的圆的正等测投影是椭圆。三个坐标面上的圆的正等测投影是大小相等、形状相同的椭圆，只是它们的长、短轴方向不同，如图 5-12a）所示。

（一）坐标法

对于处于坐标面（或其平行面）上的圆，都可以用坐标法作出圆上一系列点的轴测投影，然后光滑地连接起来即得圆的轴测投影，如图 5-13 所示。此法也适用于一般位置平面上的圆和曲线的轴测投影。

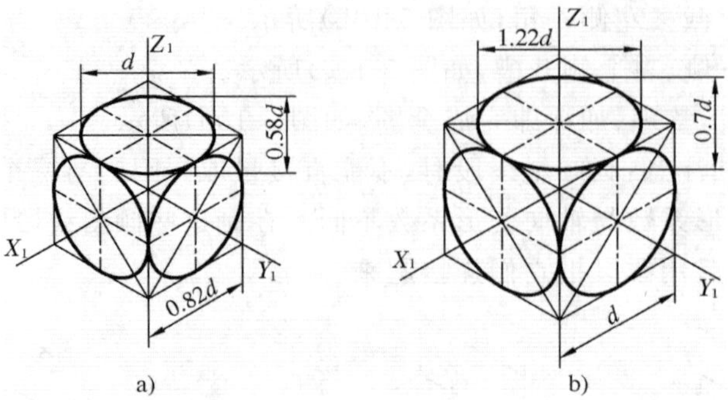

图 5-12　平行于坐标面的圆的正等轴测图

图 5-14 为一压块，其前面的圆弧连接部分，也同样可利用 Z 轴的平行线(如 BC)并按相应的坐标作出其轴测投影，光滑地连接后即可画出压块的轴测图。

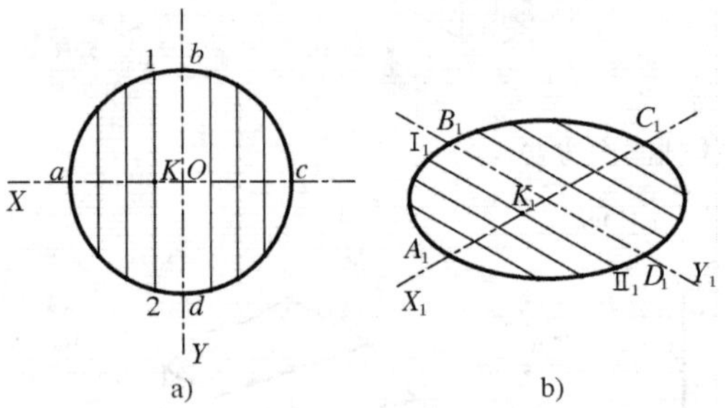

图 5-13　用坐标法画圆的轴测图

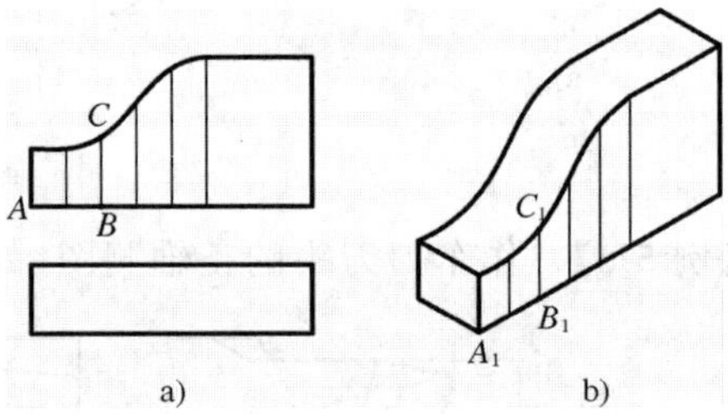

图 5-14　用坐标法画压块的轴测图

(二) 近似画法

为了简化作图，通常采用椭圆的近似画法。现以水平面(XOY 坐标面)上圆的正等测图为例，说明用菱形法近似作椭圆的方法。

作图步骤

如图 5-15 所示。

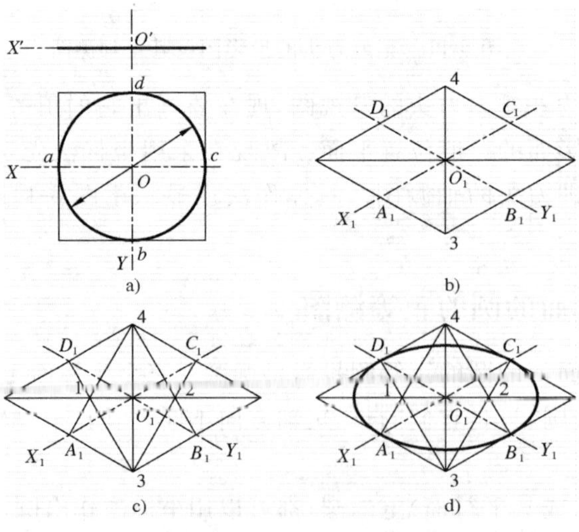

图 5-15　用菱形法近似画圆的轴测图

(1) 在正投影图上作该圆的外切正方形。

(2)画轴测轴，根据圆的直径 d 作圆的外切正方形的正等测图——菱形。菱形的长、短对角线方向即为椭圆的长、短轴方向。两顶点 3、4 为大圆弧圆心。

(3) 连接 $D_1 3$、$C_1 3$、$A_1 4$、$B_1 4$，两两相交得点 1 和点 2，点 1、2 即为小圆弧的圆心。

(4) 以点 3、4 为圆心，以 $D_1 3$、$A_1 4$ 为半径画大圆弧 $D_1 C_1$ 和 $A_1 B_1$，然后以点 1、2 为圆心，以 $D_1 1$ 和 $B_1 2$ 为半径画小圆弧 $A_1 D_1$ 和 $B_1 C_1$，即得近似椭圆。

图 5-12 画出了正方体表面上三个内切圆的正等测图，其中图 5-12b)是采用简化的轴向变形系数并以菱形法近似作图得到的。凡平行于坐标面的圆的正等测投影——椭圆，都可以用菱形法作出，只不过椭圆长、短轴的方向不同。椭圆的长、短轴用轴测轴有如下关系：

水平椭圆($X_1 O_1 Y_1$ 面)的长轴垂直于 Z_1 轴，短轴平行于 Z_1 轴。

正面椭圆($X_1 O_1 Z_1$ 面)的长轴垂直于 Y_1 轴，短轴平行于 Y_1 轴。

侧面椭圆($Y_1 O_1 Z_1$ 面)的长轴垂直于 X_1 轴，短轴平行于 X_1 轴。

四、圆角正等测图的画法

连接直角的圆弧，等于整圆的 1/4，在轴测图上，它是 1/4 椭圆弧，可以用简化画法近似作出，如图 5-16 所示。

作图时根据已知圆角半径 R，找出切点 A_1、B_1、C_1、D_1，过切点作垂线，两垂线的交点即为圆心，以此圆心到切点的距离为半径画圆弧即得圆角正等测图。为了省时，可把圆弧的圆心向下量取 H 定出圆心，再作圆弧，并作圆弧的外公切线。

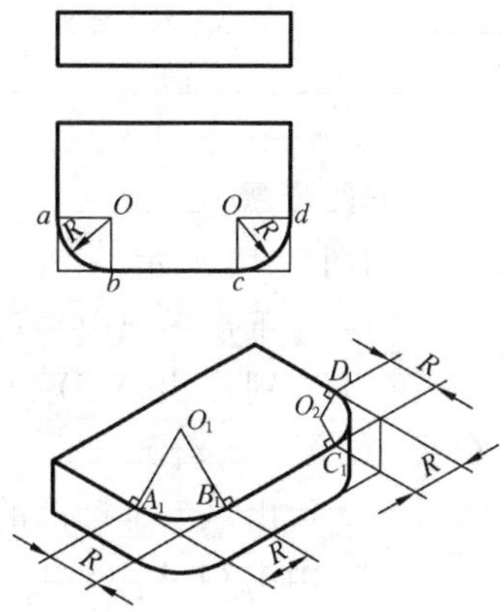

图 5-16　圆角正等轴测图画法

五、正等测图举例

【例 5-4】 已知圆柱的正投影图，画出其正等测图。

作图步骤

如图 5-17 所示。

(1) 在圆柱的正投影图上确定坐标原点和坐标轴，并作底圆的外切正方形。

(2) 作 Z_1 轴，使其与圆柱轴线重合，定出坐标原点 O_1，截取圆柱高度 H，画圆柱顶圆、底圆轴测轴。

(3) 用菱形法画圆柱顶圆、底圆的正等测投影——椭圆。

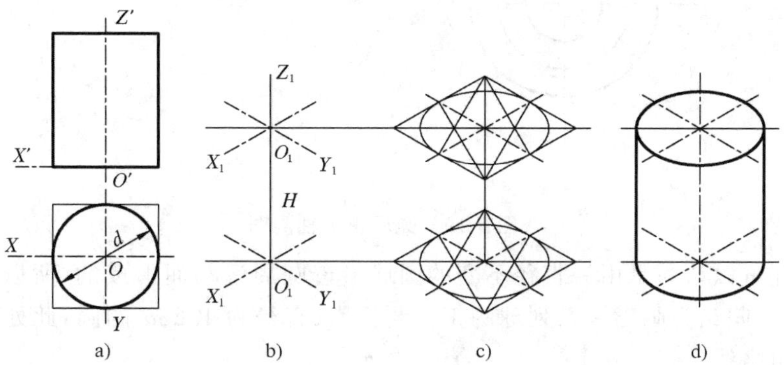

图 5-17　圆柱正等轴测图画法

(4) 作两椭圆的公切线，然后整理、加深即完成全图。

注：当用菱形法作出圆柱顶圆的正等测投影——椭圆后，亦可根据圆柱高度 H，用移心法画出底圆椭圆，作图方法略。

【例 5-5】 已知圆球被切去 1/8，画出其正等测图。

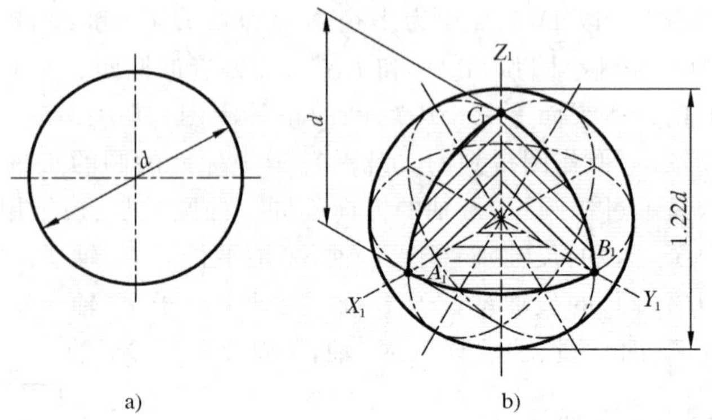

图 5-18　圆球切去 1/8 正等轴测图

作图步骤

如图 5-18 所示。

(1) 在正投影图中确定坐标。作轴测轴。

(2) 分别作出 XOY、YOZ、XOZ 坐标面上圆的轴测投影——椭圆，其长轴分别垂直 O_1Z_1、O_1X_1、O_1Y_1。

(3) 作出这三个椭圆的包络线——圆。该圆直径为 $1.22d$。

(4) 画出 O_1A_1、O_1B_1、O_1C_1 即得圆球被切去 $1/s$ 的正等测图。

【例 5-6】 已知圆环的正投影图，求作其正等测图，图 5-19。

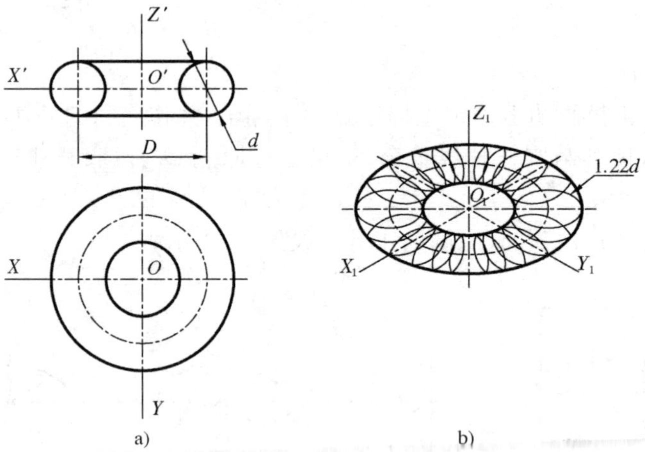

图 5-19　圆环正等轴测图

由于圆环可以认为是由一直径不变的圆球沿着圆周运动而形成的，所以圆环的正等测投影的画法，可归结为画出一系列球的正等测投影（直径为 $1.22d$ 的圆，此处 d 为圆球的直径），并作其包络线。

作图步骤

如图 5-19b)所示。

(1) 作出圆环中心圆的轴测投影——椭圆(长轴=1.22D,此处 D 为圆环中心圆直径)。

(2) 画一系列直径为 1.22d 的圆,并使圆心都在上述椭圆上。

(3) 作出这些圆的包络线,即为所求圆环的正等测图。

【例 5-7】 作出图 5-20 所示回转体的正等测图。

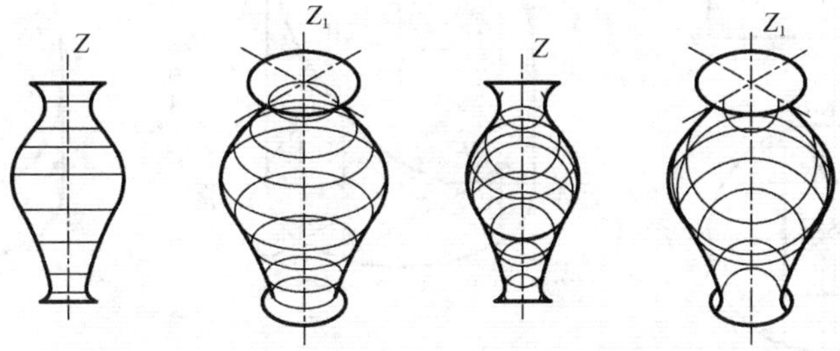

图 5-20　回转曲面正等轴测图

此回转体是由一平面曲线绕一固定轴回转而成的曲面立体。而该回转曲面与任一垂直于回转轴线的平面相交,它们的交线都是圆。只要画出一系列圆的正等测图——椭圆,然后画出椭圆的包络线,就可得到回转体的轴测图。

作图步骤

如图 5-20a)、b)所示。

(1) 先在回转体的正投影图中作出若干垂直于轴线的截平面迹线,截平面与回转体前后转向线相交,亦是截交线——圆的正面投影。

(2) 按截平面在正投影图中截得的长度为直径,对应地在轴测图中作出椭圆。然后作出各椭圆的包络线,即得该回转体的正等测图。

上述作图原理虽简单,但椭圆大小不一致,使作图很繁琐。另一种作图方法是:可把回转曲面看成是由直径不断改变的圆球,沿着回转轴线运动而成。又由于球的正等测图是圆,作图时只要在正投影图中作出一系列与回转曲面相切的圆球,再在轴测图中找出对应的球心,并作圆,然后画出圆的包络线即可。这就大大简化了作图,具体作图见图 5-20c)、d)。

六、截交线、相贯线的正等测画法

物体中具有截交线、相贯线的画法与其投影图中画法一样可以利用辅助平面法。

【例 5-8】 已知圆柱被截切后的两面投影,画出其正等测图,图 5-21。

如图 5-21a)所示,从正投影图中可以看出,该圆柱被截平面截切后截交线为矩形,被正垂面截切后,截交线为椭圆。

作图步骤

如图 5-21 所示。

(1) 在正投影图中确定坐标轴。

(2) 作轴测轴,并作出完整圆柱的正等测图。

(3) 作矩形截面。

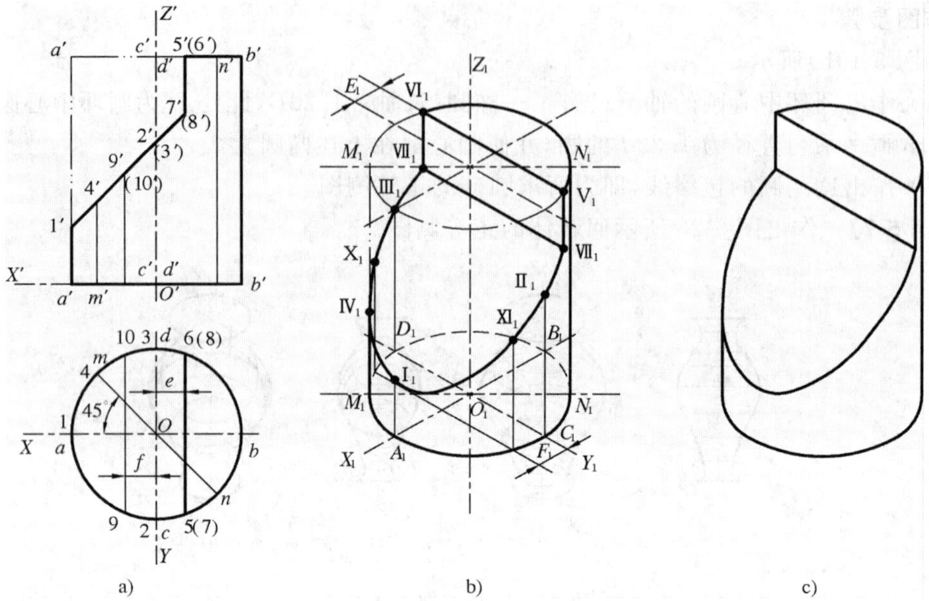

图 5-21　截切圆柱正等轴测图

① 在 O_1X_1 轴右方量取 $E_1=e$，作线平行 O_1Y_1 轴，交椭圆于 $\mathrm{V}_1\mathrm{VI}_1$ 即为所求矩形截面一边。

② 过点 V_1 作线平行 O_1Z_1 轴，量取 $\mathrm{V}_1\mathrm{VII}_1=5'7'$；过 VI_1 作线 $\mathrm{VI}_1\mathrm{VIII}_1 /\!/ \mathrm{V}_1\mathrm{VII}_1$，两线交于 $\mathrm{VIII}_1\mathrm{VII}_1$，即完成矩形截面的轴测图。

(4) 作椭圆形截面。

根据正投影图，利用点、线从属关系，用坐标法可作出截交线上各点的轴测投影。

① 画出正投影图中前后转向线上点。点 Ⅰ 属于 AA 线，故点 I_1 属 A_1A_1 线。作图时，可根据 X_1 轴与底面椭圆的交点引出 A_1A_1 素线，量取 $A_1\mathrm{I}_1=a'1'$ 得点 I_1。同理可根据 Y_1 轴求出点 II_1 及点 III_1。

② 画出轴测图中前后转向线上点。由于圆柱的正等测图中的前后转向线一定位于其正投影图中与 OX 轴成 45°位置的素线上，即 MM、NN 两条素线。则点 IV_1 属于 M_1M_1 线，故 $M_1\mathrm{IV}_1=m'4'$ 得点 IV_1。

③ 画出截交线上一般点。在正投影图中，沿 OX 轴适当位置定一距离 F。过点 F 作 OY 轴平行线，得 Ⅺ、X 两点，在轴测图中画出相应的轴测投影 XI_1、X_1 即可。

④ 依次光滑地连接各点，即得椭圆形截面。

⑤ 整理、加深即完成全图。

【例 5-9】 图 5-22 是一直角支板的正投影图，画其正等测图。

作图步骤

如图 5-23 所示。

(1) 在正投影图上确定坐标原点和坐标轴。

(2) 画底板和侧板的正等测图。

(3) 画底板上圆孔和侧板上圆孔及半圆柱面的正等测图。

(4) 画底板圆角和中间肋板的正等测图。

(5) 擦去作图线，整理、加深即完成全图。

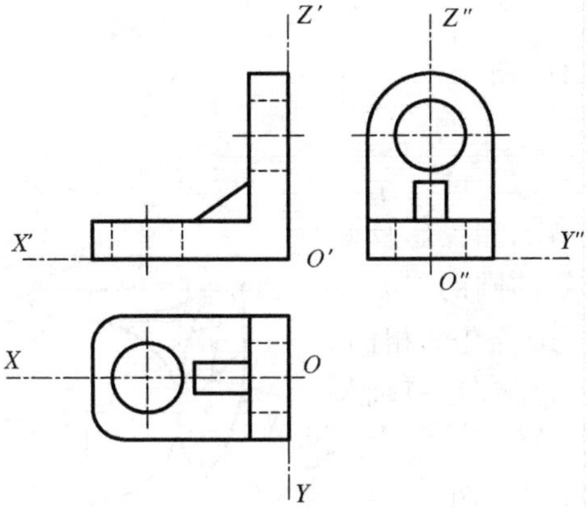

图 5-22　直角支板正投影图

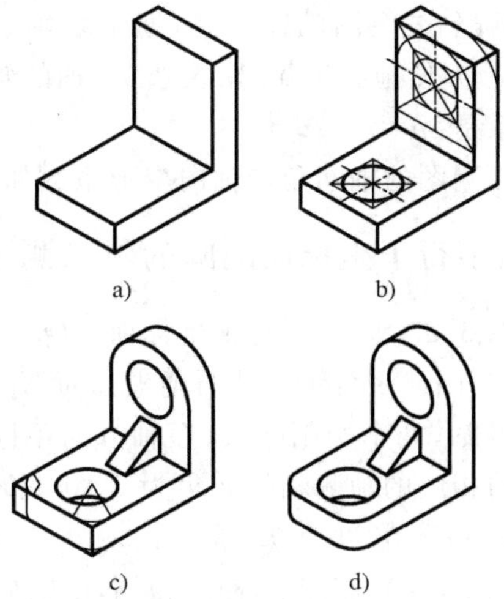

图 5-23　直角支板正等轴测图

第三节　斜二等轴测图

一、斜二等轴测图形成

如图 5-24a)所示，使确定立方体在空间位置的直角坐标系中 XOZ 坐标面与轴测投影面 P 平行，而投影方向 S 倾斜于轴测投影面 P，这时投影方向 S 与三个坐标面都倾斜，得到的轴测图叫正面斜轴测图。本节只介绍常用的正面斜二等轴测图，简称斜二测图。

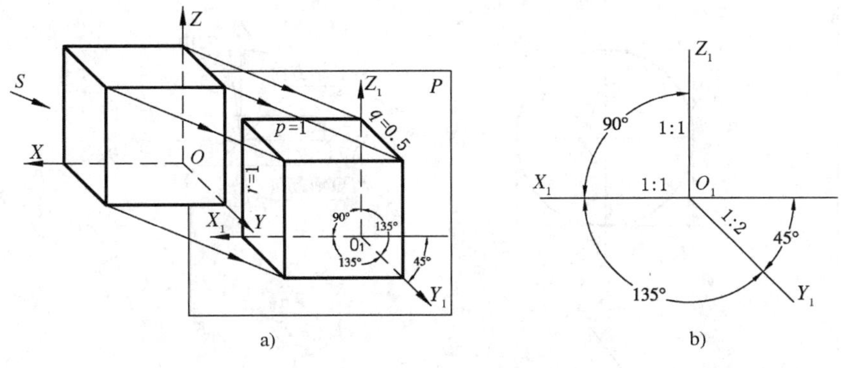

图 5-24　斜二等轴测坐标参数

二、轴间角和轴向变形系数

在正面斜二等轴测图中，由于坐标面 XOZ 与轴测投影面 P 平行，根据平行投影特性，X_1、Y_1 轴的轴向变形系数都等于 1，X_1、Y_1 轴的轴间角为直角，即 $p=r=1$，$\angle X_1O_1Z_1=90°$。一般将 Z_1 轴画成铅垂位置，物体上凡平行于坐标面 XOZ 的直线、曲线、平面图形的斜二测投影均反映实形。

Y_1 轴的轴向变形系数和相应的轴间角是随着投影方向 S 的变化而变化的。为了作图简便，增强斜二测图的立体感，通常取轴间角$\angle X_1O_1Y_1=\angle Y_1O_1Z_1=135°$，这样可以利用45°三角板方便地画出 Y_1 轴。选 Y_1 轴的轴向变形系数 $q=0.5$，即斜二测图各轴向变形系数的关系是：$p=r=2q$。

斜二测图的轴间角和轴向变形系数如图 5-24b)所示。

三、平行于坐标面的圆的斜二测图

如图 5-25 所示，平行于坐标面 XOZ 的圆的斜二测投影反映实形，仍为圆。平行于另外两个坐标面 XOY、YOZ 的圆的斜二测投影为椭圆，两个椭圆除长、短轴方向不同之外，其余完全相同。其长轴与相应的轴测轴的夹角为 7°10′，长度为 1.06d，其短轴与长轴垂直平分，长度为 0.33d。

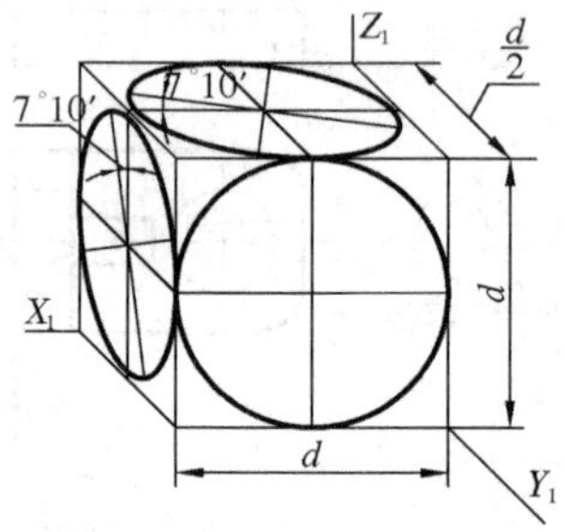

图 5-25　平行坐标面的圆的斜二测图

现以 $X_1O_1Y_1$ 面上的椭圆为例，说明椭圆的近似作图法。

作图步骤

如图 5-26 所示。

(1) 作 X_1、Y_1 轴，画圆的外切正方形的斜二测图，得一平行四边形。过 O_1 作直线 AB 与 X_1 轴成 7°10′，AB 即为椭圆的长轴方向。过 O_1 作直线 CD 垂直于 AB，CD 即为椭圆短轴方向，如图 5-26b)所示。

(2) 在短轴方向线 CD 上截取 $O_15=O_16=d$，点 5、6 即为大圆弧的圆心。连接点 5、2 及点 6、1，并与长轴交于 7、8 两点，点 7、8 即为小圆弧的圆心，如图 5-26c)所示。

(3) 分别作大圆弧(9、2、1、10)和小圆弧(1、9、2、10)，即得所求椭圆，如图 5-26d)所示。

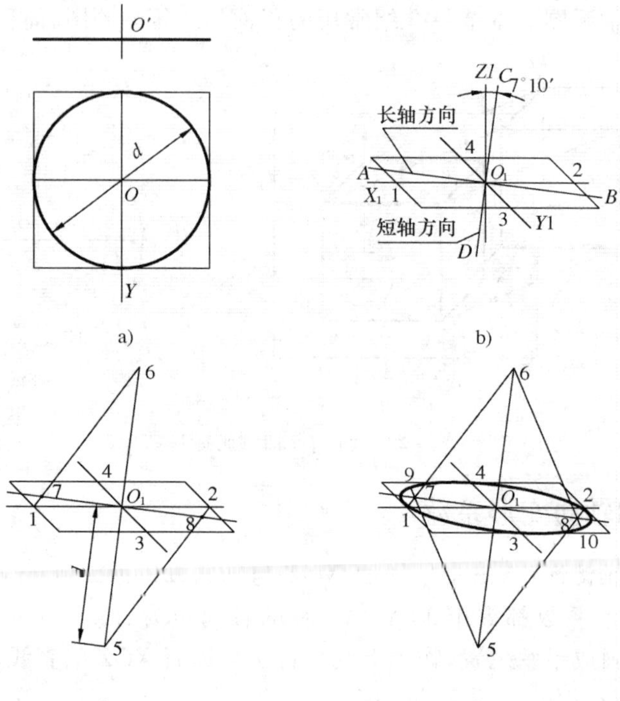

图 5-26　水平面上圆的斜二测图

四、斜二测图的画法

当物体的正面（*XOZ* 坐标面）形状比较复杂时，采用斜二测图较合适。物体的斜二测图与前述的正等测图的作法相同。

【例 5-10】 根据支座的正投影图，作其斜二测图，见图 5-27。

作图步骤

如图 5-27 所示。

（1）确定坐标原点，画轴测轴。作出物体上Ⅰ部分的斜二测图，如图 5-27b）所示。

（2）作Ⅱ部分的斜二测图，并在Ⅰ、Ⅱ部分上画圆孔的斜二测图，如图 5-27c）所示。

（3）擦去作图线，整理、加深即完成全图，如图 5-27d）所示。

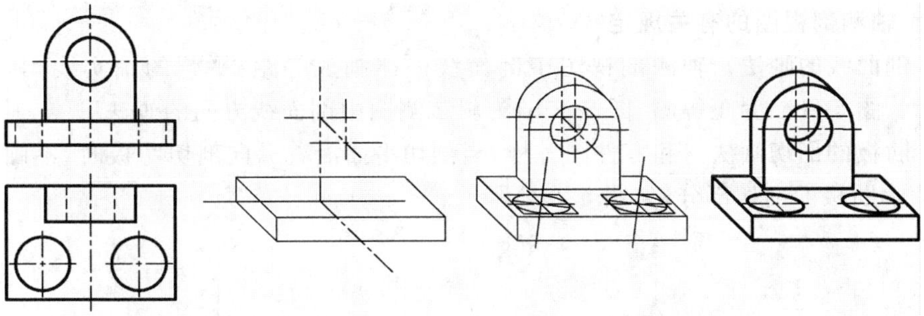

a)　　b)　　c)　　d)

图 5-27　支座的斜二测图

第四节　画轴测图的几个问题

一、轴测剖视图的画法

为了表示物体的内部形状，在轴测图上也常采用剖视，但为了保持外形的清晰，所以不论零件是否对称，通常采用两个相互垂直的剖切平面，剖切掉物体的 1/4 的剖视方法，这种剖切后的轴测图称为轴测剖视图。

（一）轴测剖视图的画法

画轴测剖视图，一般可采用下述两种方法之一。

（1）先将物体完整的轴测图画出，然后沿轴测轴方向用剖切平面剖切开，如图 5-28 所示。

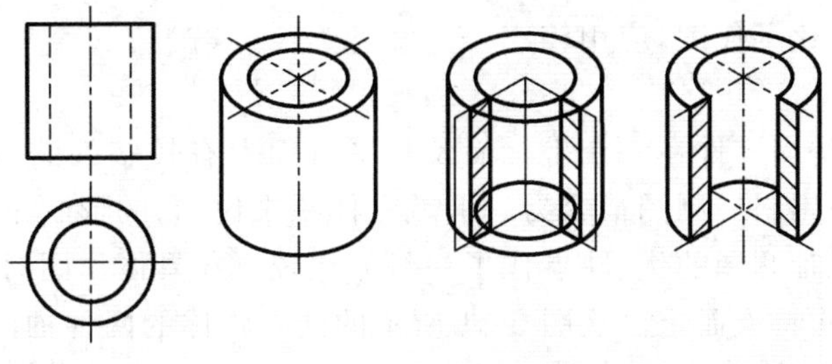

a)　　b)　　c)　　d)

图 5-28　轴测剖视图画法（一）

(2) 先画出断面的轴测投影图，然后再画出看得见的外形轮廓线，如图 5-29 所示。

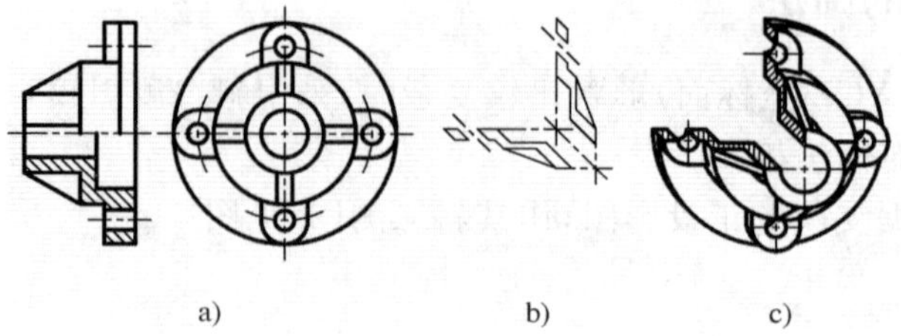

图 5-29　轴测剖视图画法(二)

上述第一种方法对初学者来说较容易掌握。第二种方法作图时，可减少不必要的作图线，使作图更为迅速，这对内、外结构较复杂的零件更为合适。

(二) 轴测剖视图的有关规定

(1) 剖面线的画法。轴测剖视图中剖面线一律画成等距、平行的细实线，其方向如图 5-30所示。图 5-30a)为正等测、图 5-30b)为斜二测图中剖面线方向的画法。

(2) 肋板的剖切画法。和零件图一样，当剖切平面沿着纵向剖切肋板时，不画剖面线或用细点表示肋板的剖切部分，如图 5-29c)所示。

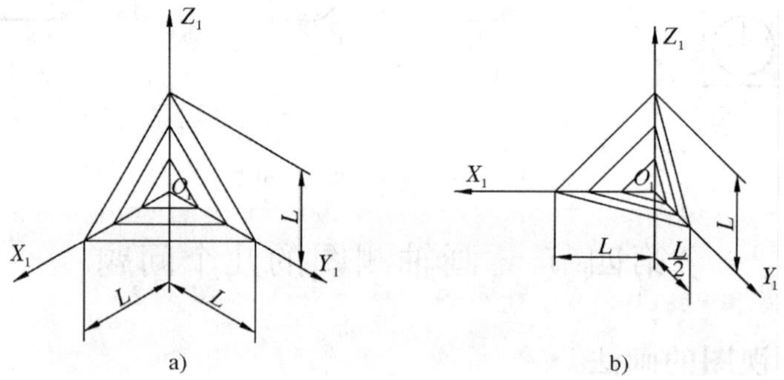

图 5-30　轴测图剖面线画法

二、轴测图的选择

画轴测图的目的是要增强立体感，但也要考虑作图方便。前面介绍的正等测、斜二测图，它们各有优、缺点。现比较如下，供参考。

(一) 正等测图

度量性好，三向坐标尺寸可直接由正投影图量得。轴间角均匀分布，三向轴测坐标面上的椭圆画法一致，简化了作图，应用较广。

(二) 斜二测图

它的主要优点是当零件在一个坐标面及其平行面上有较多的圆或圆弧，而在其他平面上图形较简单时，采用斜二测图最容易。但就立体感来说，它的形状呆板、失真。

上述，仅对两种轴测图的优、缺点作了一般的比较。在具体作图时，如何选用，还要看物体的具体形状和结构特点而定。从图 5-31 所示的同一物体的两种轴测图比较看，由于该物体在三向坐标面上均有圆，采用正等测图表达较好。

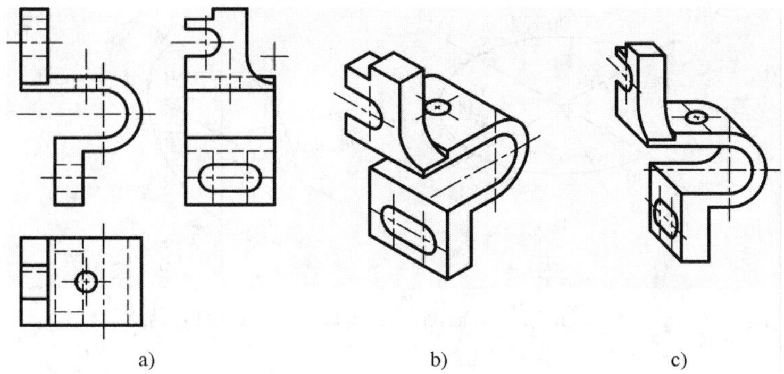

图 5-31　两种轴测图比较

三、轴测图中的尺寸注法

（一）轴测图线性尺寸的标注

轴测图上的线性尺寸，一般须沿轴测轴方向标注。尺寸数值为物体的基本尺寸；尺寸线必须同所标注的线段平行；尺寸界线一般应平行于某一轴测轴；尺寸数值应按相应的轴测图形，标注在尺寸线的上方。但在图形中若出现字头朝下时，应用引出线将数字写成水平位置。线性尺寸的标注方法如图 5-32 所示。

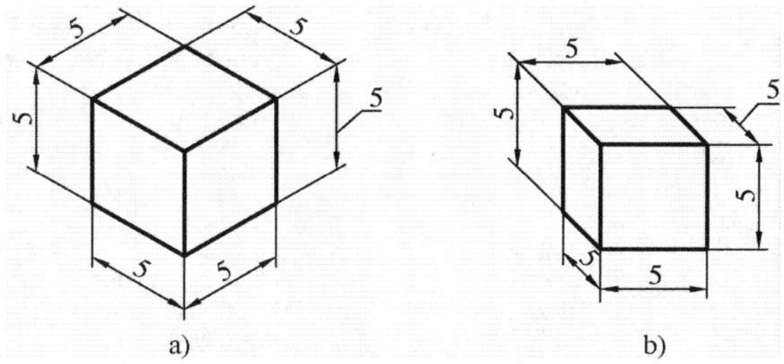

图 5-32　轴测图中线性尺寸标注方法

（二）轴测图上圆的直径的标注

在轴测图上标注圆的直径时，尺寸线和尺寸界线应分别平行于圆所在平面的轴测轴。标注圆弧半径或标注较小圆的直径时，尺寸线可以从（或通过）圆心引出标注，但注写尺寸的横线必须平行于轴测轴，如图 5-33所示。

（三）轴测图上角度的标注

轴测图上标注角度的尺寸线，应画成与该坐标平面相应的椭圆弧。角度数字一般写在尺寸线的中断处，字头向上，如图 5-34 所示。

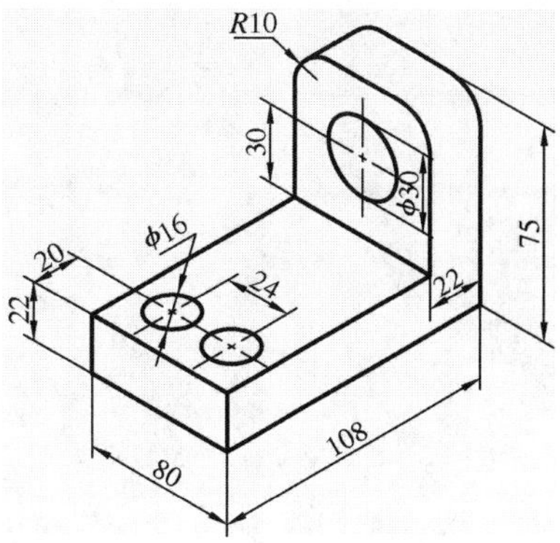

图 5-33　轴测图中标注尺寸示例

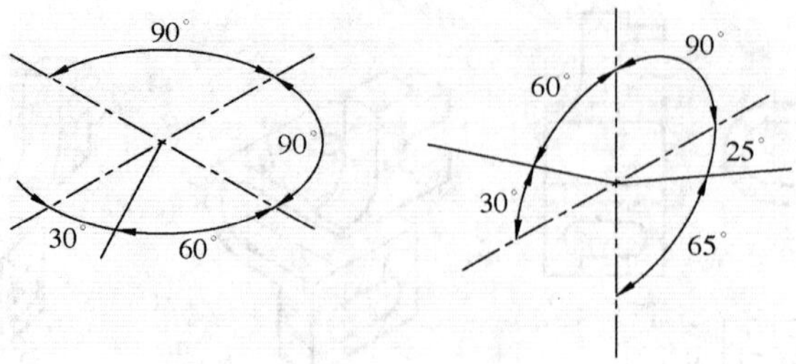

图 5-34　轴测图上角度尺寸标注法

第六章 机件常用的表达方法

在实际生产中，机器零件(以下简称机件)的种类繁多，结构形状也千差万别，为了把它们的结构形状完整、清晰地表达出来，需要根据机件的结构特点采用多种表达方法。国家标准《机械制图》“图样画法”(GB 4458.1—84)中规定了表达机件形状的各种方法。本章将介绍其中一些常用的表达方法。

学习本章时，应重点掌握各种表达方法的用途、图形的规定画法及标注方法。

第一节 视 图

国标规定，机件的图形按正投影法绘制，并采用第一角投影法。按此规定，将机件向投影面投影所得的图形称为视图。视图分为基本视图、向视图、局部视图和斜视图。

一、基本视图

用正六面体的六个面作为基本投影面，机件向基本投影面投影所得的图形称为基本视图(图 6-1)。在六个基本视图中，除前面已经介绍过的主视图、俯视图和左视图外，还有：右视图——由右向左投影所得的视图；仰视图——由下向上投影所得的视图；后视图——由后向前投影所得的视图。

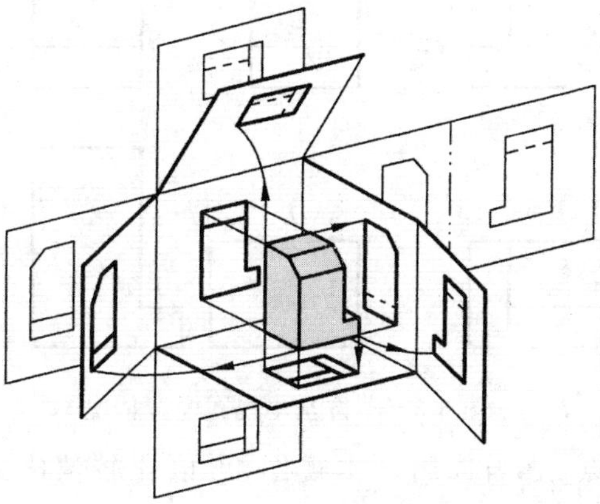

图 6-1 六个基本投影面

六个基本投影面按图 6-1 所示展开，即正面(V 面)保持不动，其余各面按箭头所指方向旋转至与正平面同一平面的位置，得到六个基本视图的配置关系，如图 6-2 所示。由此可见，六个基本视图的位置是一定的，各个视图之间保持一定的投影对应关系。因此，如果在同一张图纸内按图 6-2 配置视图时，一律不标注视图的名称。

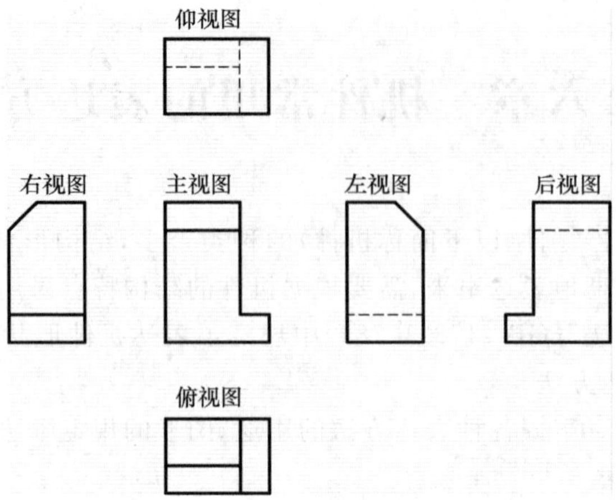

图 6-2　六个基本视图配置关系

二、向视图

基本视图的一种表达形式，主要差别在视图的配置方向。如果不能按图 6-2 配置时，则应在视图上方标出视图的名称“×”，如图 6-3 中的“D”“E”等，在相应的视图附近用箭头指明投影方向。投影方向的箭头应尽可能配置在主视图上，并注上同样的字母(图 6-3)。

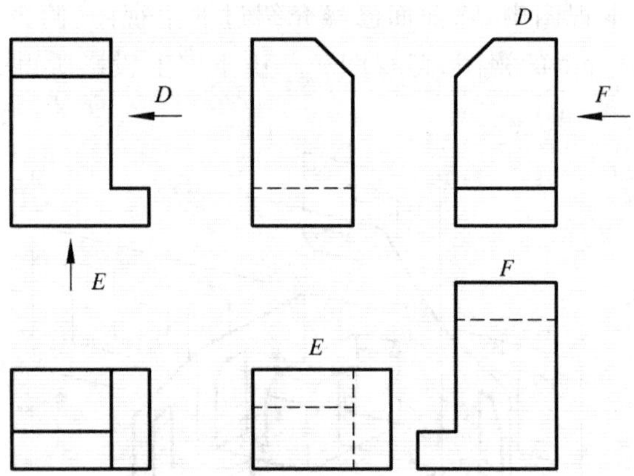

图 6-3　不按基本视图配置情况

根据机件的结构特点，适当选用基本视图，可以比较清晰地表达机件的形状。如图 6-4a)所示的壳体零件，可以选用主视图和左视图两个视图来表达它的形状，如图 6-4b)所示。但由于视图中虚线较多，不便于看图，而选用主、左、右三个视图来表达，如图 6-4c)所示，图形就清晰多了。

国标规定，绘制机械图样时，视图一般只画机件的可见部分，必要时才画出其不可见部分。因此，在图 6-4c)中，为了表达壳体的内部形状，主视图和左视图中仍需画出必要的虚线。

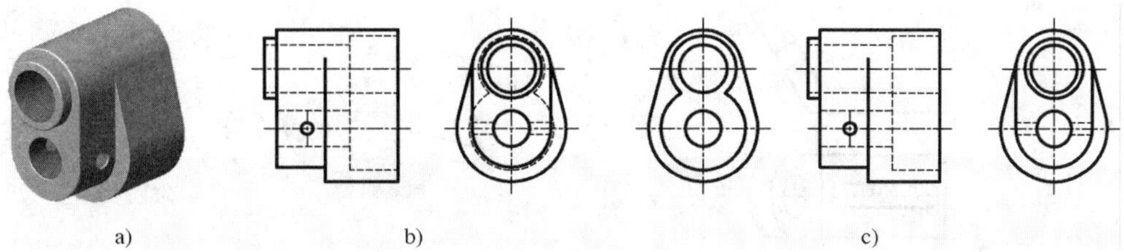

图 6-4　视图数量的选择

三、局部视图

将机件的某一部分向基本投影面投影所得的视图称为局部视图，如图 6-5 中的 A、B 视图，图 6-6c)中的斜视图。

图 6-5　局部视图的画法及标注

画局部视图时应注意：

(1) 画局部视图的范围用波浪线表示。当所表示的局部结构具有完整、封闭的外轮廓，而且相对位置又能唯一确定时，可以单独画出局部结构的视图，而不画出波浪线，如图 6-5b)视图所示。

(2) 画局部视图一般按投影关系配置在箭头所指的方向(图 6-5a)视图)，必要时也可配置在其他适当的位置，如图 6-5b)视图。

(3) 画局部视图时，一般应在被表达部位的附近用箭头指明投影方向，并标注字母"×"，在视图的上方用相同字母标出视图的名称"×"。但当局部视图按投影关系配置，中间又没有其他图形隔开时，可以不标注。如图 6-6c)、d)中的斜视图。

四、斜视图

图 6-6a)表示的支架零件具有倾斜结构，其倾斜表面为正垂面，因此它在俯视图中的投影不反映真实形状，不便于画图和看图。为了清楚地表示倾斜结构的实形，可以采用变换投影面的方法。如图 6-6b)所示，设立一个与倾斜表面平行的投影面 H_1，将倾斜结构向 H_1 面作正投影，所得的视图即能反映出倾斜结构的实形。这种将机件向不平行于任何基本投影面的平面投影所得的视图称为斜视图。

画斜视图时应注意：

(1) 斜视图只表达零件上倾斜结构的局部形状，其余部分不必画出，而采用波浪线作为

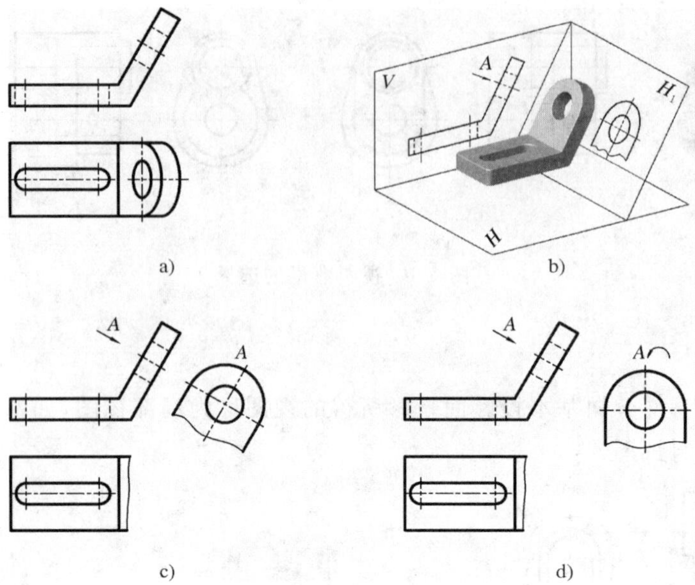

图 6-6　斜视图

分界线，画成一个局部的斜视图，如图 6-6c)所示。

(2) 必须在所表达的部位附近用箭头指明投影方向，并标注字母“×”，在斜视图的上方用相同字母标注视图的名称“×”。箭头必须与倾斜表面垂直，字体要水平书写，如图 6-6c)所示。

(3) 斜视图一般按投影关系配置在箭头所指的方向。为了布局方便，也可以将图形平移到其他适当位置。在不至于引起误解的情况下，允许将图形旋转，并在视图上方注明“×⌒”或“⌒×”，如图 6-6d)所示。旋转后的位置应以看图方便为准。

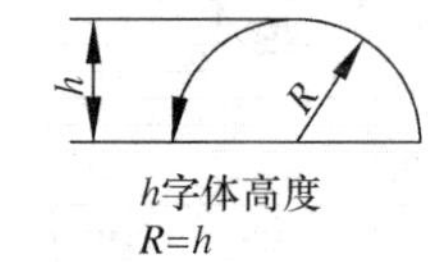

图 6-7　斜视图的符号

(4) 旋转符号方向要与实际旋转方向相一致，箭头要靠近字母，书写符号规格见图 6-7。为避免出现图形倒置而影响读图，旋转角度尽量小于 90°(也允许大于 90°)，最终必须旋转至与主视图相一致的位置。

第二节　剖视图

一、剖视的基本概念

当只用视图表达零件的形状时，不可见的内部形状是用虚线表示的，如图 6-8 所示。如果零件的内部形状比较复杂，视图中就会出现很多虚线，影响图形清晰，不便于看图和标注尺寸。为了解决这个问题，必须采用剖视的方法。

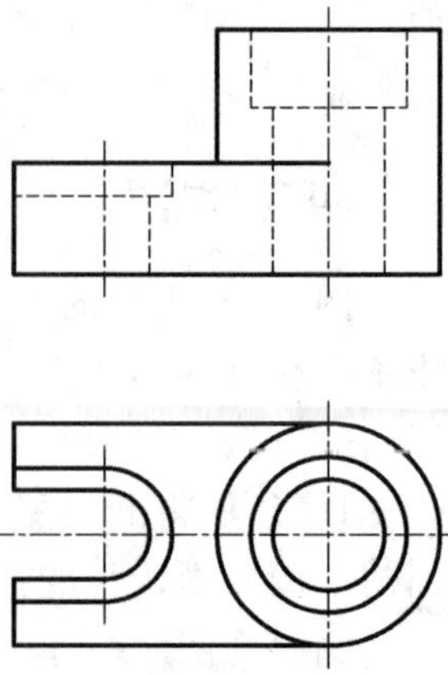

图 6-8　机件视图

假想用剖切面剖开机件，将处在观察者和剖切面之间的部分移去，而将其余部分向投影面投影，所得图形称为剖视图，简称剖视。剖切面一般采用平面，也可以采用曲面。图 6-9a)所示为假想用一个剖切平面从零件的对称面处剖开，得到的剖视图如图 6-9b)中的主视图。与图 6-8 比较，原来的虚线变成实线，即剖开零件后，原来不可见的部分变成可见的。因此，剖视图的用途主要是表达机件的内部形状。

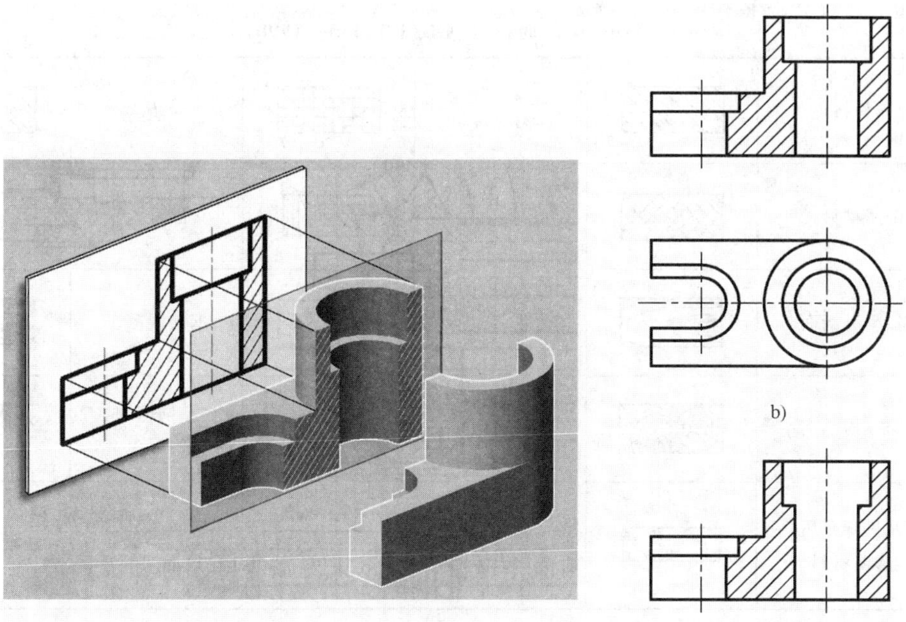

a) b) c)

图 6-9 机件的全部视图

二、剖视图的画法

（1）确定剖切平面及剖切位置。剖切平面一般与基本投影面平行或垂直，剖切位置一般应通过对称面或回转轴线。

（2）必须画出剖切平面后面可见部分的全部投影。初学时要特别注意防止出现如图6-9c)中漏画图线的错误。

（3）由于剖视图是假想剖开机件后画出的，因此，当机件的一个视图画成剖视图后，其他视图不受影响，仍应完整画出。

（4）在剖视图中，只对尚未表达清楚的结构用虚线表示，其他不必要的虚线一律不画。图 6-10b)中的虚线可以省略，如图 6-10a)所示。图 6-11a)中的虚线则不能省略，若省略，如图 6-11b)所示，则该零件的前后两个平面高度不能确定。

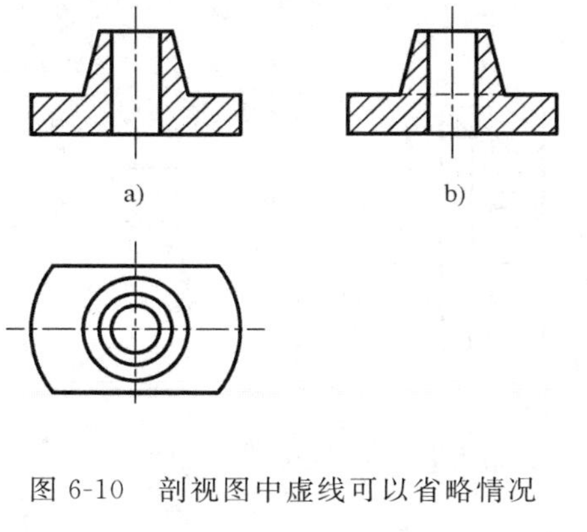

a) b)

图 6-10 剖视图中虚线可以省略情况

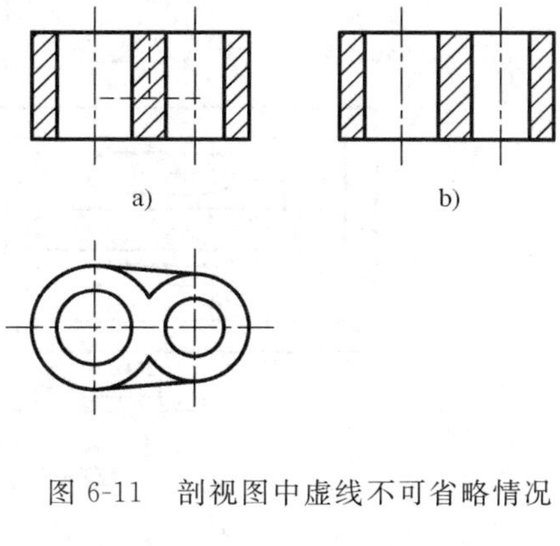

a) b)

图 6-11 剖视图中虚线不可省略情况

(5) 在剖切断面上画出剖面符号。

表 6-1　剖面符号(GB/T 17453—1998)

材料	剖面符号	材料	剖面符号	材料	剖面符号
金属材料		线圈绕组元件		砖	
非金属材料		转子、电枢、变压器和电抗		混凝土	
木材　纵剖面		型砂、填沙、砂轮、陶瓷及硬质合金刀		钢筋混凝土	
木材　横剖面		液体		基础周围的泥土	
玻璃及供观察用其他透明材料		木板胶合板		格网(筛网、过滤网等)	

注:(1) 剖面符号仅表示材料的类别,材料的名称和代号必须另行注明。
(2) 叠钢片的剖面线方向,应与束装中叠钢片的方向一致。
(3) 液面用细实线绘制。

零件被剖切到的断面部分称为断面,断面上应画出剖面符号。国标 GB/T 17453—1998 中规定了各种材料的剖面符号,详见表 6-1 所示。

金属材料的剖面符号采用间隔相等、方向相同且与零件主要轮廓线、剖面区域的对称线成 45°的平行细实线(通常称为剖面线)表示。同一金属零件的所有剖面线应保持方向、间隔一致,如图 6-12 所示。当剖视图中的主要轮廓线与水平成 45°或接近 45°时,剖面线则应画成与水平成 30°或 60°,其倾斜方向仍与其他图形的剖面线一致,如图 6-13 主视图。

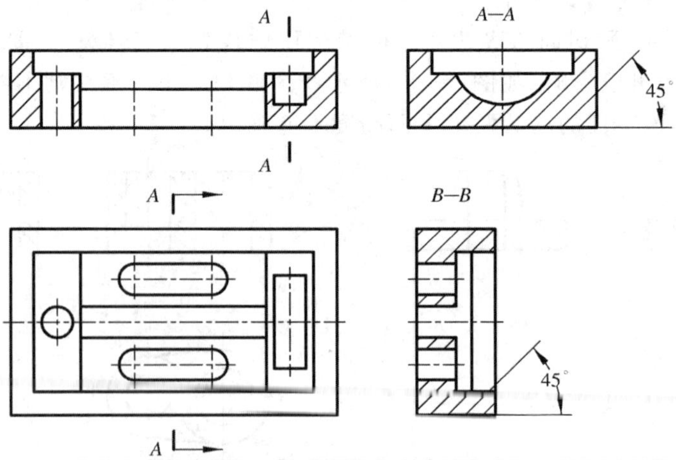

图 6-12　画零件剖面线规定

三、剖视图的标注及配置

（1）为了看图方便，一般情况下都应标注剖切位置、投影方向及剖视图的名称。即在相应的视图上用剖切符号（线宽为 1～1.5d的短粗实线，尽可能不与图形轮廓相交）表示剖切位置；在剖切符号的起讫处用箭头表示投影方向，并标注字母“×”；在剖视图的上方用相同字母标注剖视图的名称“×—×”。如图 6-12 中的 B—B 剖视图。

（2）省略标注的情况。

① 当剖视图按投影关系配置，中间又没有其他图形隔开时，可以省略箭头，如图 6-12 中的 A—A、图 6-13 中的 A—A。

② 当只用一个剖切平面沿机件的对称平面或基本对称平面剖切，且剖视图按投影关系配置，中间又没有其他图形隔开时，可以不作任何标注，如图 6-12 主视图、图 6-13 主视图。

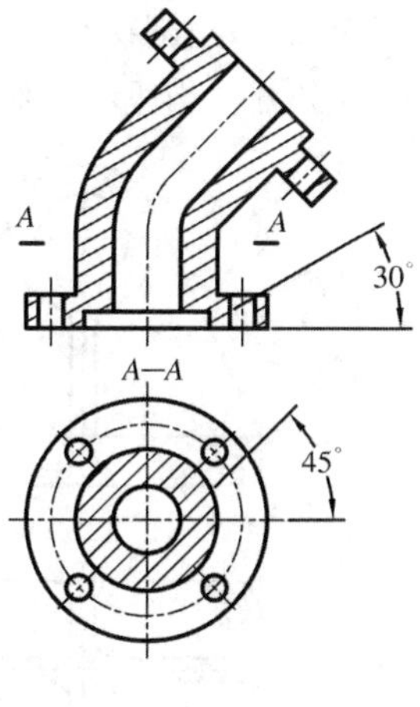

图 6-13　倾斜结构零件剖面线画法

（3）剖视图的配置。

本章第一节中基本视图的配置规定，同样适用于剖视图。剖视图也可以按投影关系配置在与剖切符号相对应的位置，如图 6-12 中的 B—B。必要时，也允许将剖视图配置在其他适当位置，但必须标注清楚。

四、剖视图的分类

根据剖切范围不同，可将剖视图分为全剖视图、半剖视图和局部剖视图，如图 6-14 所示。

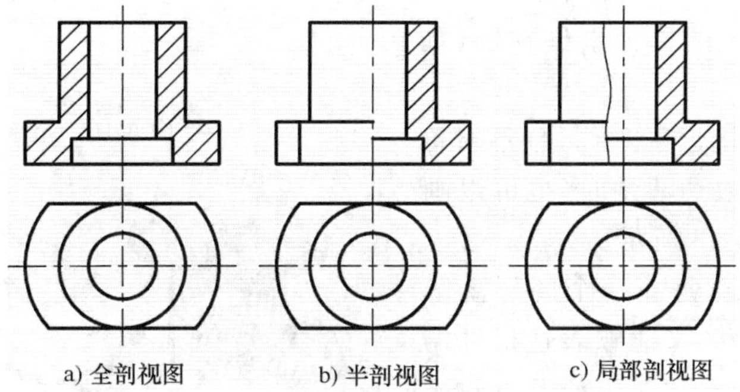

图 6-14　剖视图的分类

（一）全剖视图

用剖切平面完全地剖开机件所得的剖视图称为全剖视图，如图 6-9b)、图 6-12、图 6-13、图 6-14a)中的剖视图。

全剖视图通常用来表达机件的整体内形。

全剖视图应按规定标注。

图 6-15 所示的轴承座、左视图和俯视图都采用了全剖视图。但在左视图中有一个结构的断面未画剖面线，这个结构称为肋。生产中把那些具有加强和连接作用的薄板结构通称为肋。

国标规定，当剖切平面通过肋的纵向对称面时，它的断面不画剖面线，而用粗实线将它与邻接部分分开。当垂直于纵向对称面剖切时，其断面上必须画剖面线，如图 6-15 俯视图。

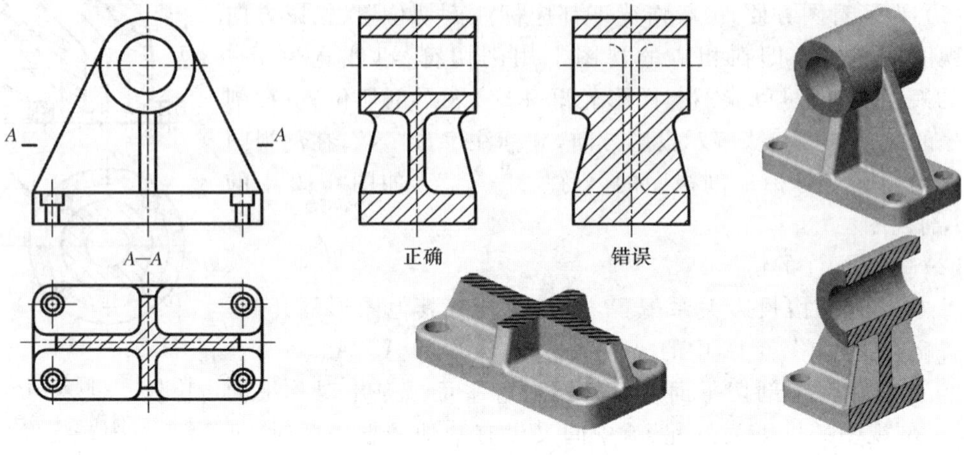

图 6-15　全剖视图

一般用平面剖切机件，视需要也可用柱面剖切机件，采用柱面剖切机件时，剖视图应按展开绘制，如图 6-16 中 B—B 所示。

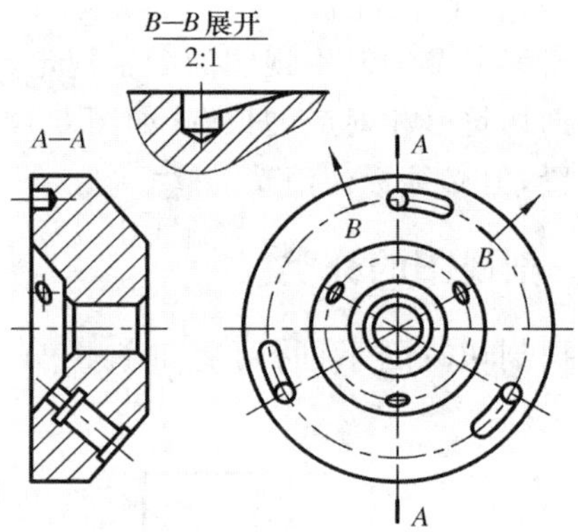

图 6-16　全剖视图

（二）半剖视图

当机件具有对称平面时，在垂直于对称平面的投影面上投影所得的图形，可以对称中心线为界，一半画成剖视，另一半画成视图，这种剖视图称为半剖视图，如图 6-17 所示。

当机件的形状接近于对称，且不对称部分已由其他图形表达清楚时，也可以画成半剖视图，如图 6-18 所示。

半剖视图的特点是在一个图形上既表达机件的内部形状，又兼顾表达机件的外部形状，因此用于表达对称或基本对称零件的内外形状时很方便。但对于那些虽然对称，而外形却十分简单的零件，为了图形清晰和标注尺寸方便，通常还是采用全剖视图，如图 6-14a)所示。

画半剖视图时应注意：

(1) 视图与剖视图分界线是点画线，不要画成粗实线。

(2) 由于图形对称，零件的内部形状

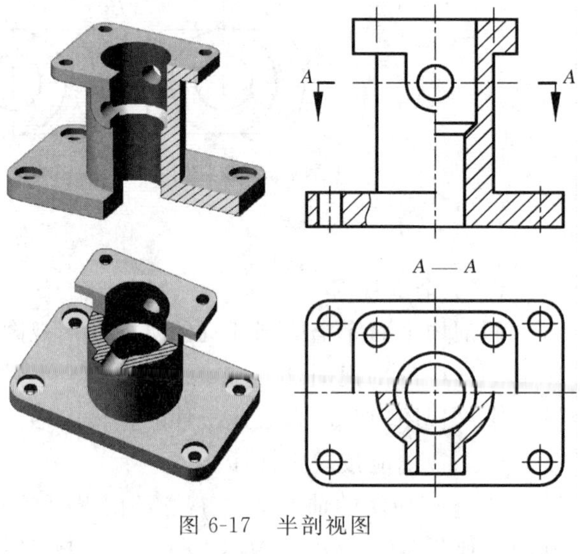

图 6-17　半剖视图

已在半个剖视图中表达清楚，所以在表达外部形状的半个视图中，不必再画虚线。

（3）半剖视图的标注与全剖视图相同。

在图 6-17 中，位于主视图位置的半剖视图不必标注。而位于俯视图位置的半剖视图，因为剖切位置不是对称平面，所以必需标注剖切符号和剖视图名称“A—A”。但由于图形按投影关系配置，中间又没有其他图形隔开，因此可以省略箭头。

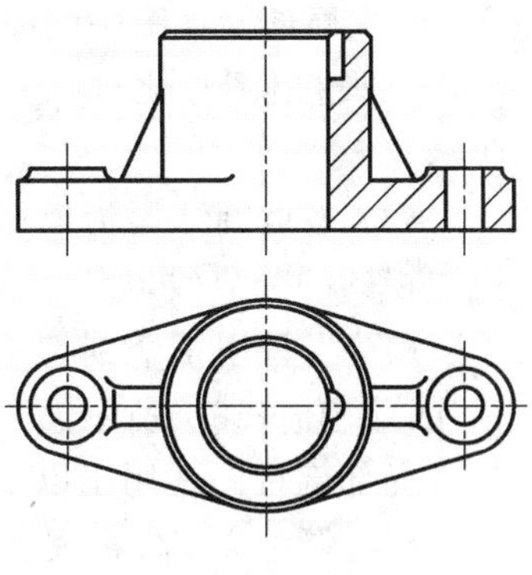

图 6-18 局部不对称结构也可画成半剖视图

（三）局部剖视图

用剖切平面局部地剖开机件所得的剖视图，称为局部剖视图。

图 6-19a)是一个箱体零件的两视图，可以看出箱体的前后和左右都不对称，因此不能采用半剖视图。如果两个视图都采用全剖视图，虽然可以将内部形状表达清楚，但是箱体前面的凸台和顶部的长方形孔却因剖切后移开，而不能将其实形表达出来，否则就要再增加视图。但是，如果主、俯视图都采用局部剖视图，如图 6-19b)所示，就很好地解决了以上问题。

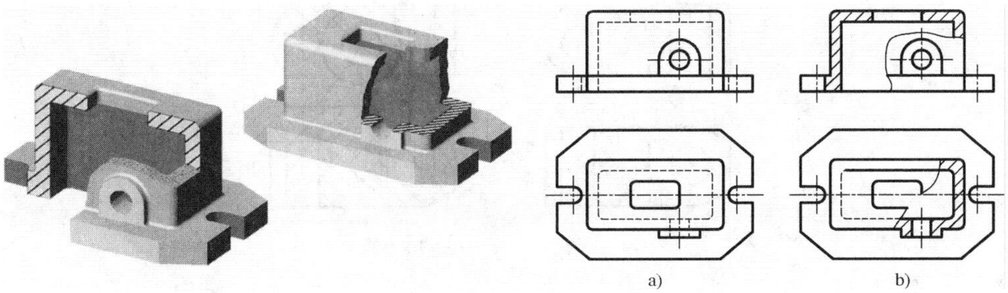

图 6-19 局部剖视图

画局部剖视图时应注意：

（1）局部剖视图的剖切范围用波浪线表示，为方便计算机绘图，也可采用双折线表示，剖切范围的大小以能够完整地反映内部形状为准。图 6-20b)中波浪线的位置表示剖切范围太小，未能反映出孔的深度，因此是错误的。

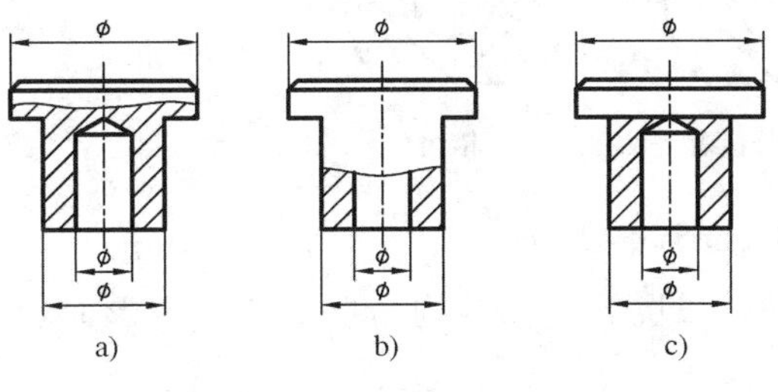

图 6-20 局部剖视图正误剖析

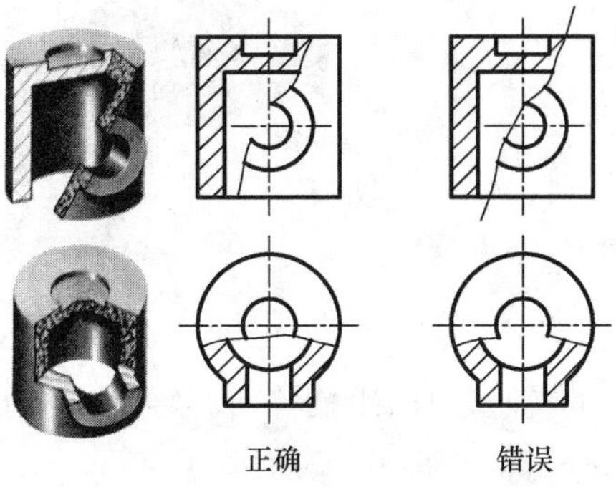

图 6-21 局部剖视图中波浪线画法

（2）局部剖视图中的波浪线不应与其他图线重合，如图 6-20c）所示，不应超出图形之外，也不要穿过孔或槽的中空部分，如图 10-21 所示。

（3）当被剖结构为回转体时，允许将该结构的轴线作为局部剖视与视图的分界线，如图 6-22 所示。

（4）当只用一个剖切平面且剖切位置明显时，局部剖视图不必标注，如图 6-19b）所示。

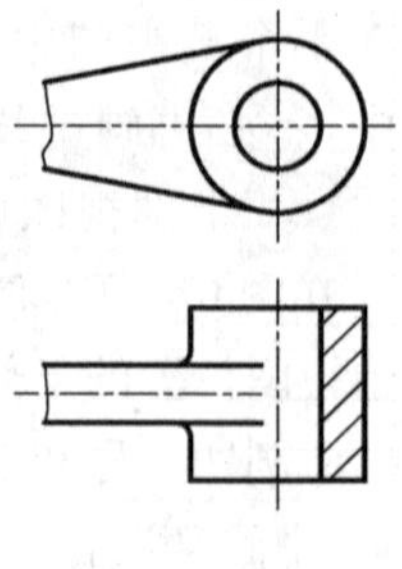

图 6-22 允许将结构的轴线作为局部剖视与视图分界线的情况

局部剖视图适用于以下几种情况：

（1）不对称零件需要在一个图形中同时表达内外形状而不能采用全剖视图的情况，如图 6-19 所示。

（2）需要表达内形而又不必采用全剖视图的情况。

图 6-23a）表示一个压板，如果按图 6-23b）画成全剖视图，不但对表达压板形状没有任何作用，反而会徒劳地多画许多剖面线。

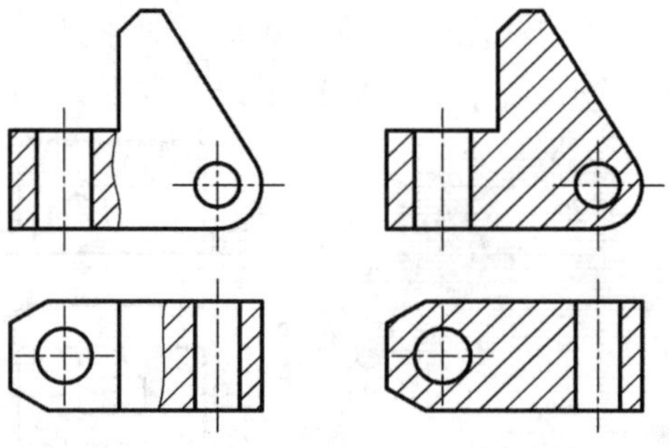

图 6-23 不宜全剖的情况

（3）对称零件的轮廓线与对称中心线重合，不宜采用半剖视图的情况，如图 6-24 所示。

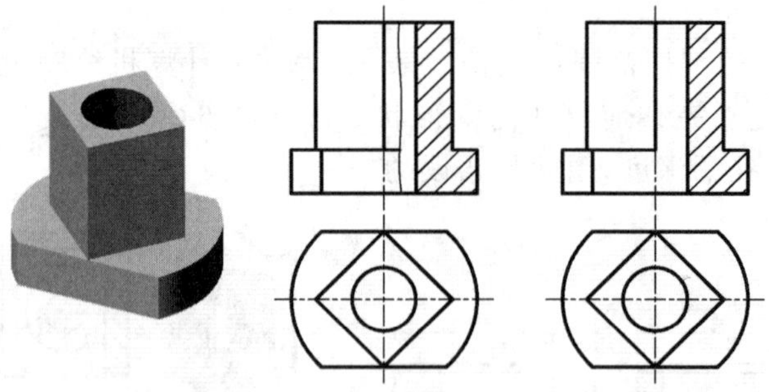

图 6-24 不宜采用半剖视图的情况

（4）轴、连杆、手柄等实心零件上有小孔、槽、凹坑等局部结构需要表达其内形时，常用局部剖视图，如图 6-25 所示。

（5）在剖视图中某些结构尚未表示出来，而又不宜采用其他表达方法时，允许在剖视图中再作一次局部剖视，通常称为“剖中剖”。采用这种方法时，两者的剖面线应同方向、同间隔，但要互相错开。一般须用引出线标注其名称，如图 6-26 所示。当剖切位置明显时，也可省略标注。

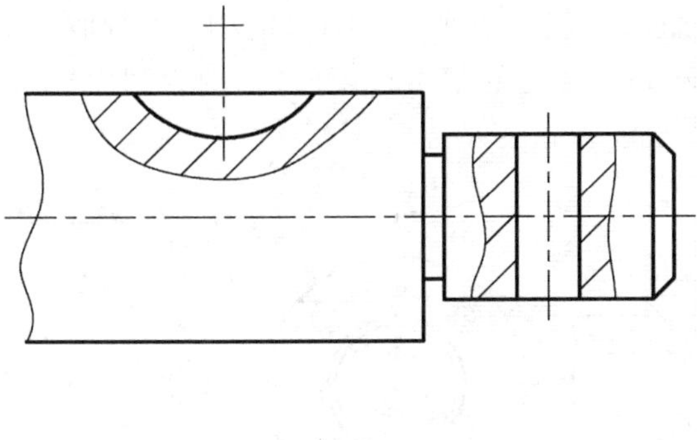

图 6-25　常用局部剖视的情况

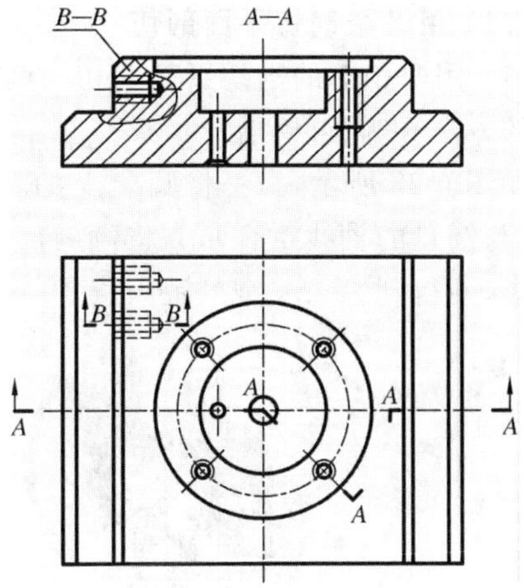

图 6-26　在剖视图中作局部剖视

从以上情况可以看出，局部剖视图是一种比较灵活的表达方法。它不受零件是否对称的限制，在波浪线的两边，一边为视图，另一边为剖视图，既能表达零件的外部形状，又能表达内部形状。剖切范围的大小也可以根据需要而定。因此，局部剖视图若使用得当，可使图形简明清晰。但要注意在一个视图中局部剖视图的数量不宜过多，否则会使图形过于零乱，对看图不利。

五、剖切平面的种类及剖切方法

根据机件的结构形状不同，可以采用不同数量和不同位置的剖切平面进行剖切。

(一) 用单一剖切平面剖切

一般用平面剖切，也可用柱面剖切(参看国标 GB 4458.1—84 图 6-16)。

(1) 用平行面剖切　前面介绍的全剖视图，半剖视图、局部剖视图中的图例，都是用一个平行于某一基本投影面的剖切平面剖开零件后画出的。这种用平行面剖切的方法应用最广泛。

(2) 用不平行于任何基本投影面的剖切平面剖切。

用不平行于任何基本投影面的剖切平面剖开机件的方法称为斜剖。斜剖适用于表达机件上倾斜结构的内部形状。

如图 6-27 所示，为了表达零件上部倾斜圆柱上的孔、开口槽的宽度及凸耳上的圆孔和螺孔，采用垂直于圆柱轴线的正垂面(不平行于任何基本投影面)剖切，将得 *B*—*B* 全剖视图。

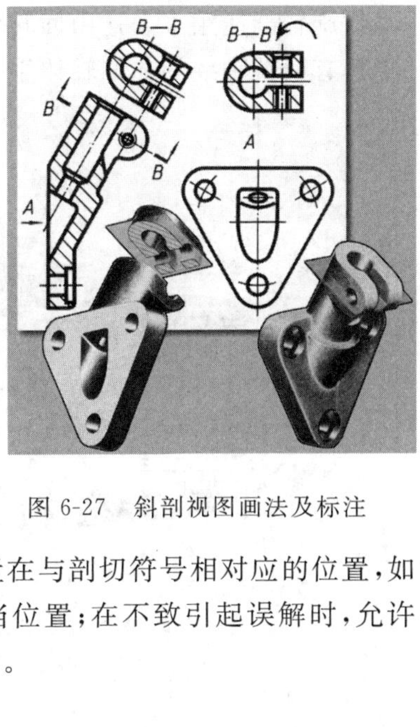

图 6-27　斜剖视图画法及标注

用斜剖的方法画剖视图时，剖视图一般按投影关系配置在与剖切符号相对应的位置，如图 6-27 中的 *B*—*B*；必要时也可以将剖视图平移到其他适当位置；在不致引起误解时，允许将图形旋转，并在剖视图上方标注“×—×”，如图 6-27 所示。

用斜剖的方法画剖视图时，必须按规定标注。

(二) 用多个剖切平面剖切

(1) 用两相交的剖切平面剖切用两相交的剖切平面(交线垂直于某一基本投影面)剖开机件的方法称为旋转剖。

如图 6-28 所示，为了将圆盘上的孔、槽的深度表示出来，采用两相交的剖切平面剖切(交线与圆盘的轴线重合)，并将倾斜部分旋转到与选定的基本投影面(本例为侧面)平行后再投影，便得到 A—A 全剖视图。

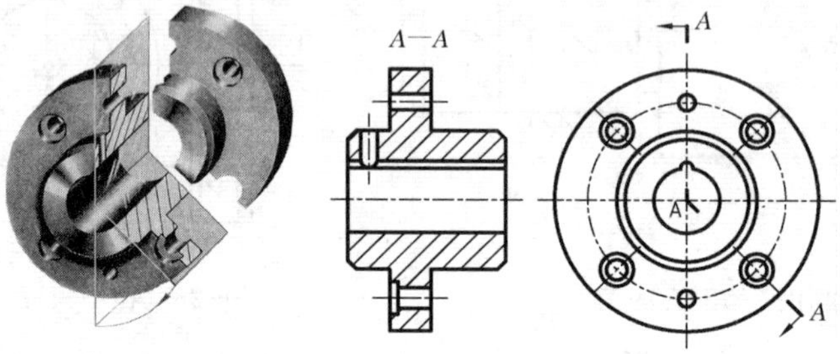

图 6-28　旋转剖视画法及标注

用旋转剖的方法画剖视图时应注意：

① 在剖切平面后面的其他结构，一般仍按原来位置投影。如图 6-29 所示。

② 当剖切后产生了不完整的结构要素时，应将该结构按不剖绘制。如图 6-30 中零件右侧中间的支臂。

③ 应对剖视图进行标注。即在剖切平面的起迄和转折处均应画出剖切符号并标注字母“×”；在剖切平面起迄处用箭头指明投影方向；在剖视图上方用相同字母标注剖视图的名称“×—×”。当转折处位置有限而又不致引起误解时，允许在该处省略标注字母，如图 6-29 主视图。

旋转剖适用于表达由回转体构成的盘类零件上的孔、槽等结构，如图 6-28 所示；也适用于具有回转轴线的非回转体零件表达内形，如图 6-29、图 6-30 所示。

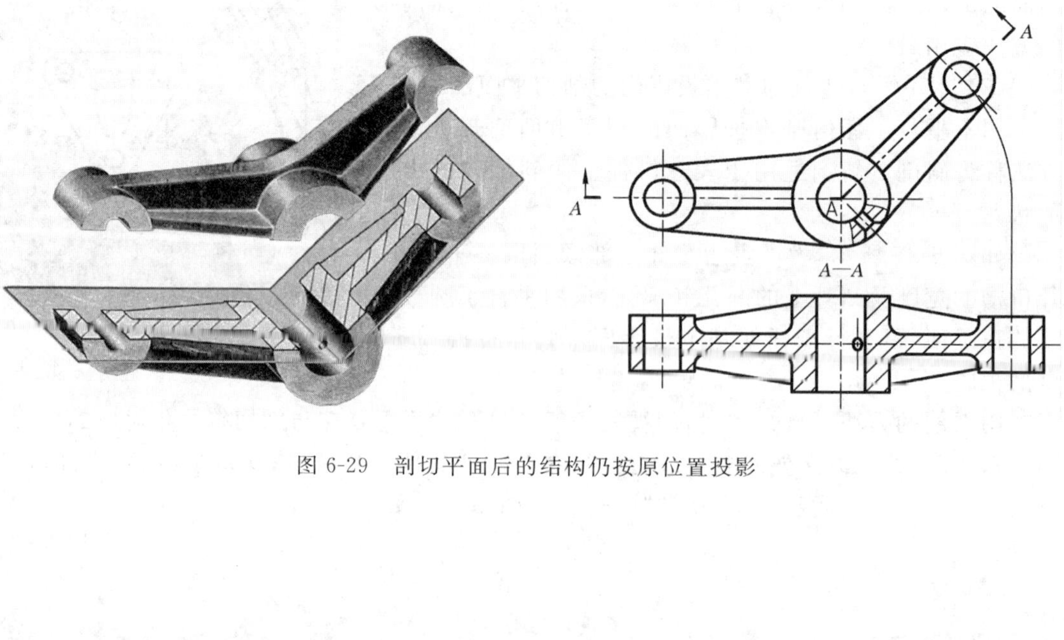

图 6-29　剖切平面后的结构仍按原位置投影

(2) 用几个平行的剖切平面剖切。

用几个平行的剖切平面剖开机件的方法称为阶梯剖。

当机件的内部结构层次较多，而且这些结构的对称中心线或轴线相互平行而又不在同一个投影面平行面上时，适宜采用阶梯剖的方法。如图 6-31a)，为了表达零件上处于不同位置上的孔和槽，采用了两个互相平行的剖切平面作阶梯剖，然后画出 $A—A$ 全剖视图，如图 6-31b)所示。

用阶梯剖方法画剖视图时应注意：

① 不应画出剖切平面转折处的交线，如图6-31b)所示。剖切平面转折处也不要与轮廓线重合。

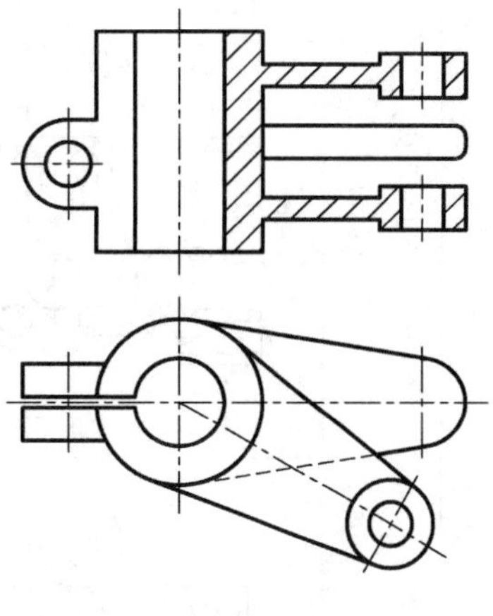

图 6-30　剖切后产生不完整要素应按不剖画

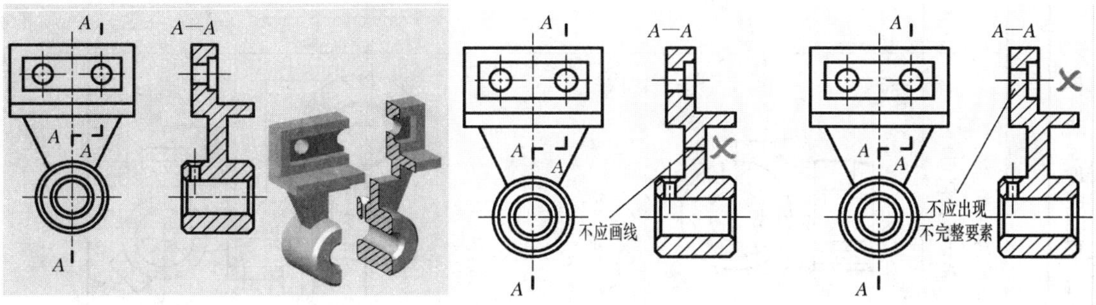

a)　b)　c)

图 6-31　用几个平行的剖切平面剖切的画法

② 剖视图内不应出现不完整的结构要素如图 6-31c)所示；只有当两个结构要素在图形上具有公共的对称中心或轴线时，才能以对称中心线或轴线为分界线各画一半，如图 6-32 所示。

(3) 用组合的剖切平面剖切　当机件的内部结构形状比较复杂，用旋转剖或阶梯剖的方法都不能表达清楚时，可以用组合的剖切平面剖开机件，这种剖切方法称为复合剖，如图 6-33、图 6-34 所示。

用复合剖的方法画剖视图时，可以采用展开画法，在剖视图上方标注"×—×展开"，如图 6-34 所示。

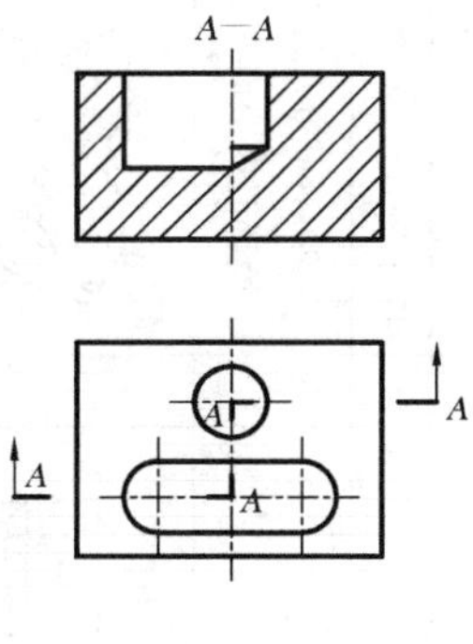

图 6-32　具有公共轴心线

以上介绍的五种剖切方法所举图例中的剖视图都是全剖视图，而实际上在大多数情况下，采用任何一种剖切方法剖开机件后，都可以根据表达机件内外形状的需要画成全剖视图、半剖视图或局部剖视图。表 6-2 充分反映了剖视图与剖切方法的这种关系。

表 6-2　剖视图与剖切方法

剖切方法 / 剖视图	单一平面剖面		多个平面剖切		
	用平行面剖切	斜剖（不平行任何基本投影面的平面剖切）	旋转剖（两个相交的剖切平面剖切）	阶梯剖（几个平行的剖切平面剖切）	复合剖（组合剖切平面剖切）
全剖视图	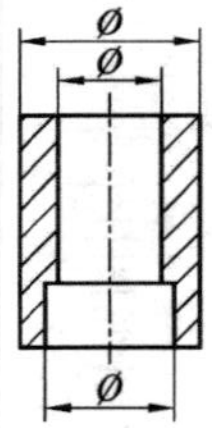	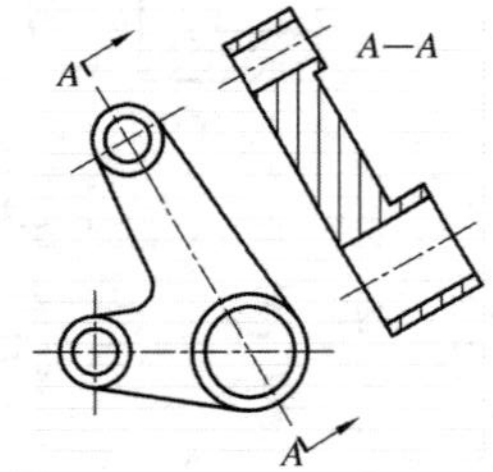	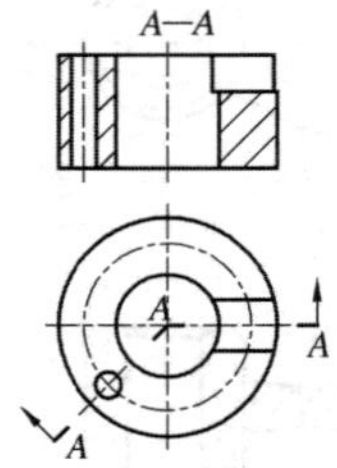	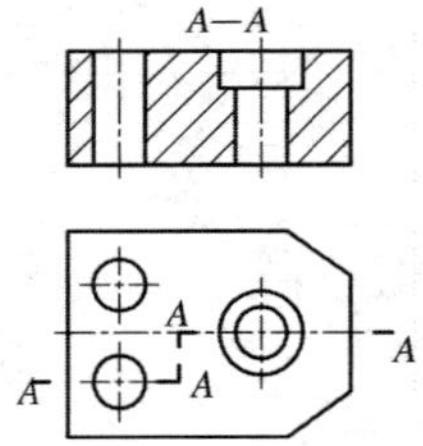	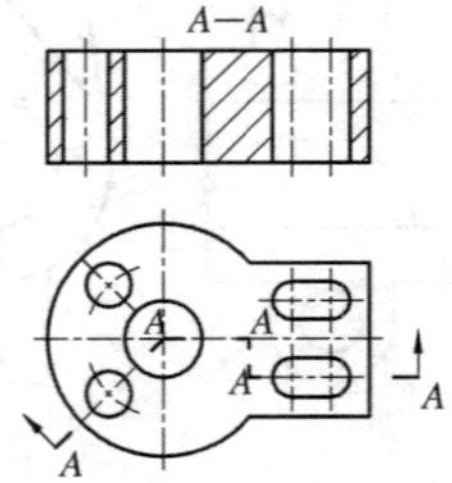
半剖视图	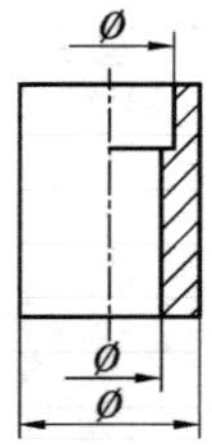			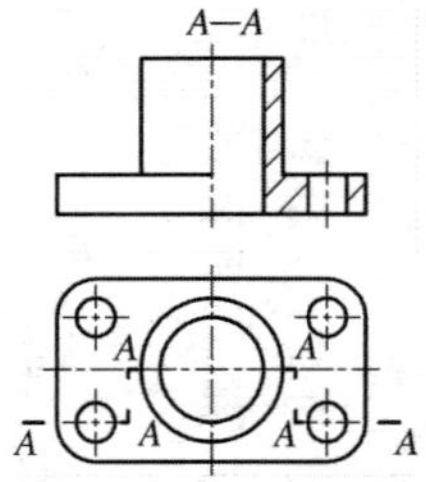	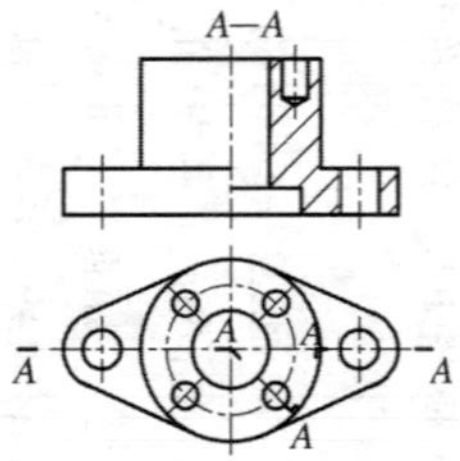
部剖视图	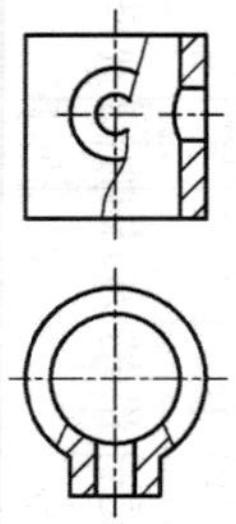	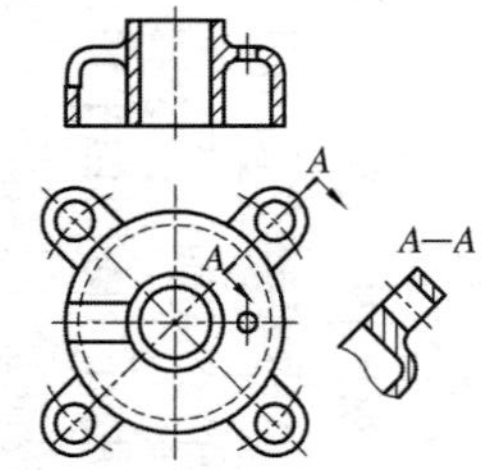	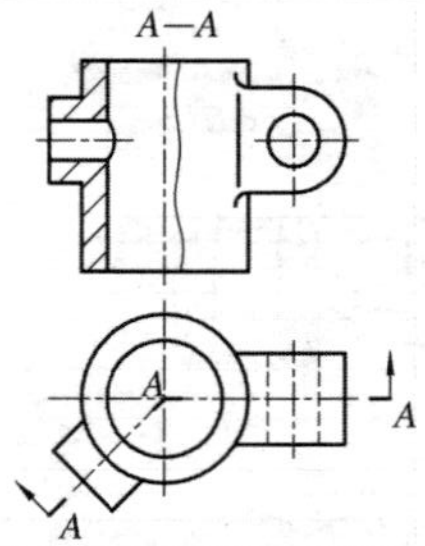	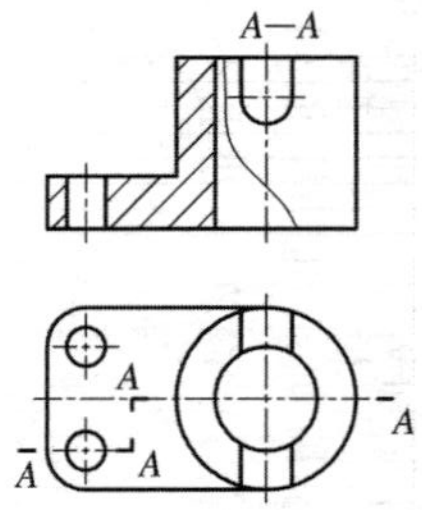	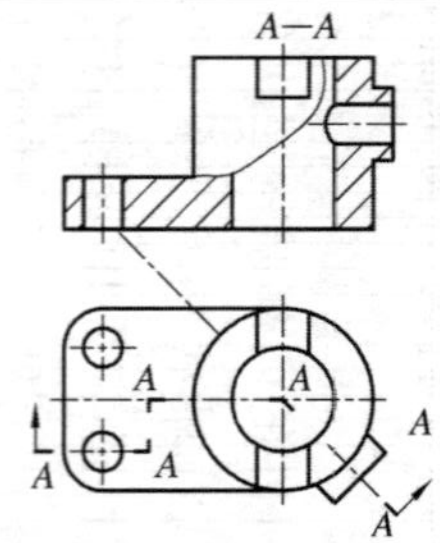

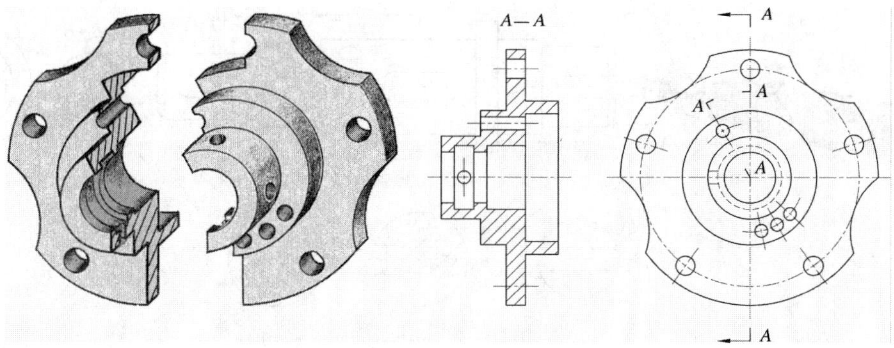

图 6-33 复合剖视画法

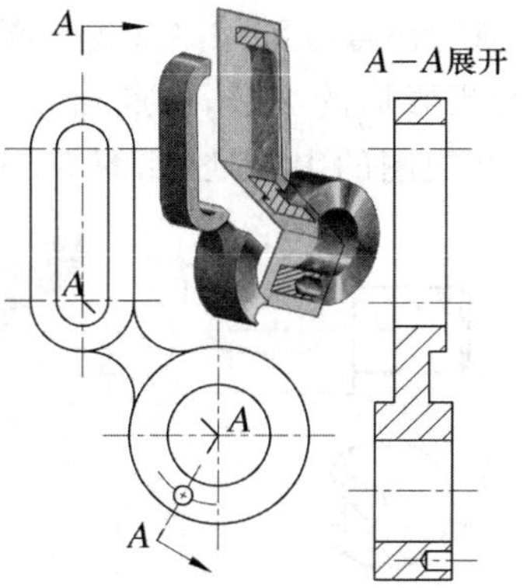

图 6-34 复合剖视标注

第三节 断 面

一、断面的基本概念

假想用剖切平面将机件的某处切断，仅画出断面的图形，这个图形称为断面图。简称断面，如图 6-35a)、b)所示。

断面图常用于表达轴类零件上的孔、键槽等局部结构的形状以及零件上的肋、轮辐、薄壁等结构的断面形状。

比较图 6-35a)、e)可知，断面图与剖视图的区别在于：断面图只画断面形状，而剖视图除了画出断面形状外，还必须画出其余可见部分的全部投影。

二、断面的种类及画法

断面分移出断面和重合断面两种。

(一) 移出断面

画在视图轮廓线之外的断面称为移出断面，如图 6-35、图 6-36 所示。

(1) 移出断面的画法。

① 移出断面的轮廓线用粗实线绘制。

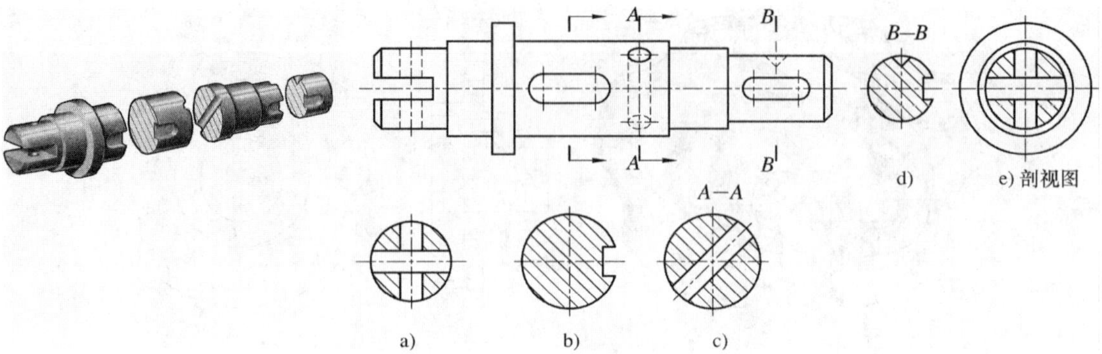

图 6-35　断面图

② 移出断面应尽量配置在剖切符号或剖切平面迹线的延长线上，如图 6-35a)、b)所示。剖切平面的迹线是指剖切平面与投影面的交线，用点画线表示。

当断面图形对称时，也可画在视图的中断处，如图 6-36a)所示。

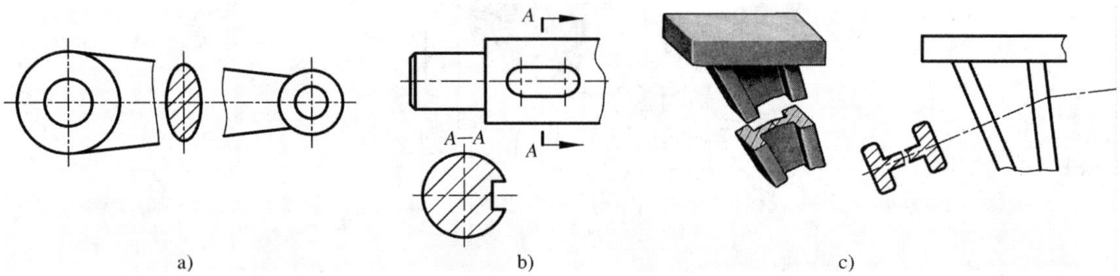

图 6-36　断面图标注

必要时可将移出断面配置在其他适当的位置，如图 6-36b)所示；在不致引起误解时，允许将图形旋转，并标注"×—×"，如图 6-37c)所示。

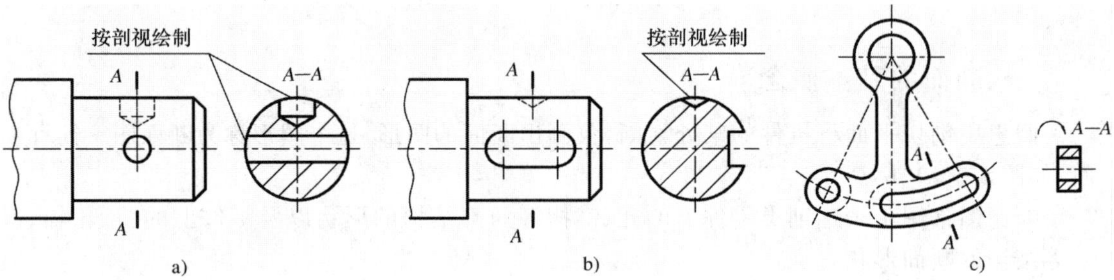

图 6-37　断面图按剖视图绘制情况

③ 由两个或多个相交平面剖切得到的移出断面，中间一般应断开，如图 6-36c)所示。为了反映断面的实形，剖切平面应垂直于所表达结构的主要轮廓线或轴线。

④ 当剖切平面通过回转面形成的孔或凹坑的轴线时，这些结构按剖视绘制，如图 6-37a)、b)所示。

当剖切平面通过非圆孔，会导致出现完全分离的多个断面时，则这些结构按剖视绘制，如图 6-37c)所示。

(2) 移出断面的标注移出断面一般应标注剖切位置、投影方向和断面名称。根据断面图配置的位置及图形是否对称的具体情况，也可以省略某些标注：

对称的移出断面配置在剖切符号延长线上，如图 6-35b)或在视图的中断处，如图6-36a)时，可以不标注；配置在其他任何位置时均可省略箭头，如图 6-37a)所示。

不对称的移出断面配置在剖切符号延长线上，如图 6-35a)可以省略字母；按投影关系配置时，可以省略箭头，如图 6-37b)所示。

(二)重合断面

在不影响图形清晰的情况下，断面也可以按投影关系画在视图之内，这种断面称为重合断面，如图 6-38 所示。

重合断面的轮廓线用细实线绘制。当视图中的轮廓线与重合断面的图形重叠时，视图的轮廓线不可间断，仍应连续画出，如图 6-38b)所示。

对称的重合断面不必标注，如图 6-38a)所示。配置在剖切符号上的不对称重合断面不必标注字母，但仍要在剖切符号处画出箭头，如图 6-38b)所示。

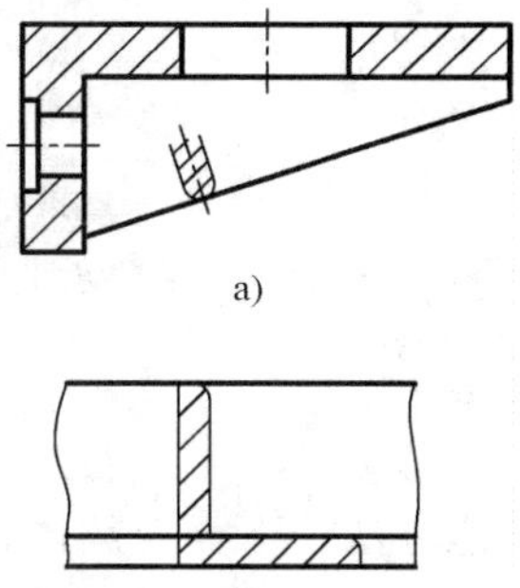

a)　b)

图 6-38　重合断面画法

第四节　局部放大图和简化画法

一、局部放大图

将机件的部分结构用大于原图所采用的比例画出的图形，称为局部放大图。局部放大图可画成视图、剖视、断面，它与被放大部分的表达方式无关，如图 6-39a)、b)所示。

当机件上某些细小结构在原图上表达不清楚或不便于标注尺寸时，可以采用局部放大图表示。

局部放大图应尽量配置在被放大部位附近。

被放大部位应用细实线圈出，当同一机件上有几个被放大部位时，必须用罗马数字依次注明，并在局部放大图上方标注出相应的罗马数字和所采用的比例，如图 6-39a)、b)所示。

当机件上被放大部位只有一个时，在局部放大图的上方只需标注所用比例。同一机件上不同部位的局部放大图，当图形相同或对称时，只需要画出一个。

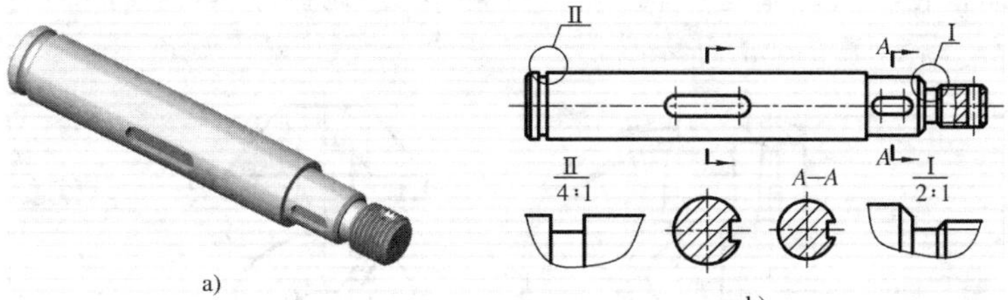

a)　b)

图 6-39　局部放大图法画法及标注

必要时也可用几个图形表达同一被放大部位的结构，如图 6-40 所示。

二、简化画法

简化画法是在完整、清晰地表达零件形状的前提下，力求制图简便，看图方便的简化表

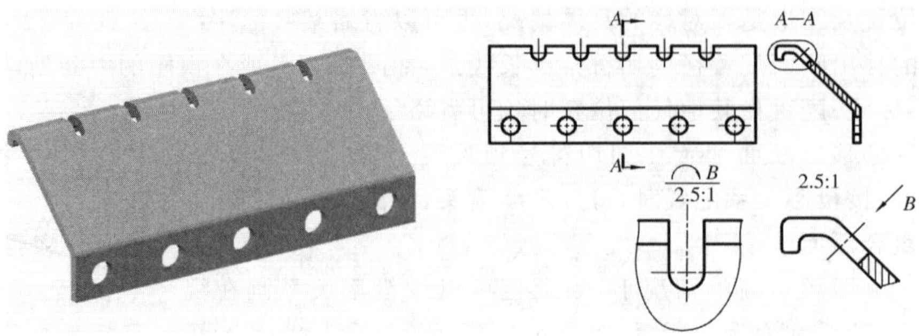

图 6-40　几个图形表达同一放大部位结构的情况

达方法。下面介绍国标规定的一些常用的简化画法。

（1）剖面符号的简化　在不致引起误解时，移出断面允许省略剖面符号，但仍须按规定标注，如图 6-41 所示。

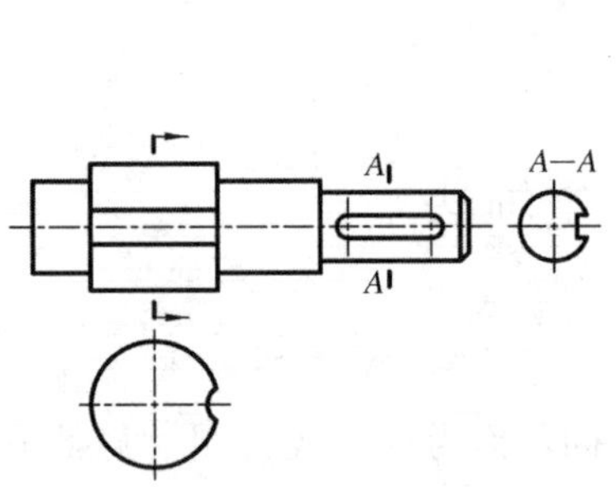

图 6-41　断面图省略剖面符号的情况

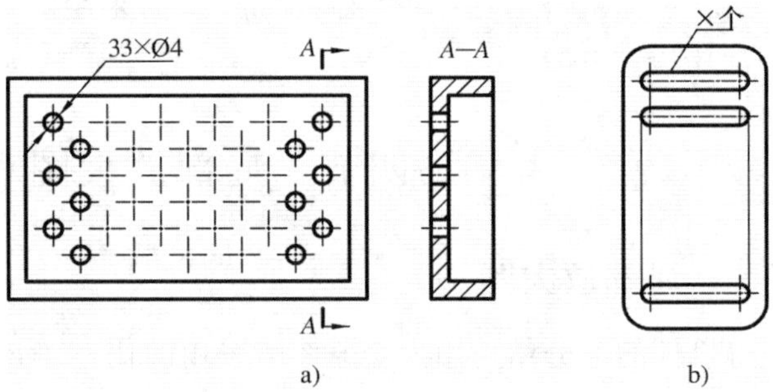

图 6-42　若干相同结构的画法

（2）相同结构的简化画法。

① 当零件具有若干相同结构（齿、槽等），并按一定规律分布时、只需画出几个完整的结构，其余用细实线连接，并注明这些结构的总数，如图 6-42b）所示。

② 若干直径相同且成规律分布的孔（圆孔、螺孔、沉孔等），可以只画出一个或几个，其余只需用点画线表示其中心位置，如图 6-42a）所示。

（3）肋、轮辐等结构的简化画法。

① 机件的肋、轮辐及薄壁等结构，如按纵向剖切，这些结构不画剖面符号，而用粗实线与其邻接部分分开，如图 6-43a）所示。

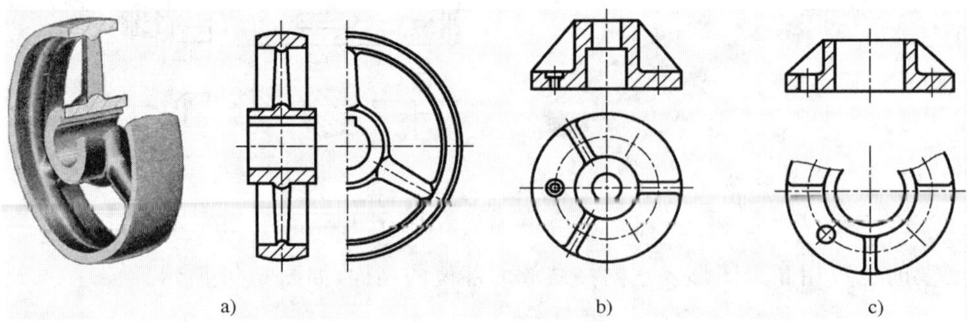

图 6-43　肋、轮辐画法

② 当回转体上零件均匀分布的肋、轮辐、孔等结构不处于剖切平面上时，可将这些结构假想旋转到剖切平面上画出，如图 6-43b)、c)所示。

(4) 较长零件的简化画法。较长的零件(轴、杆、型材等)沿长度方向的形状一致或按一定规律变化时，可断开后缩短绘制，但仍应按实际的长度标注尺寸。断开处用波浪线或双点画线表示，如图 6-44a)、b)所示。轴类零件断开处也可采用图 6-44c)、d)的画法。

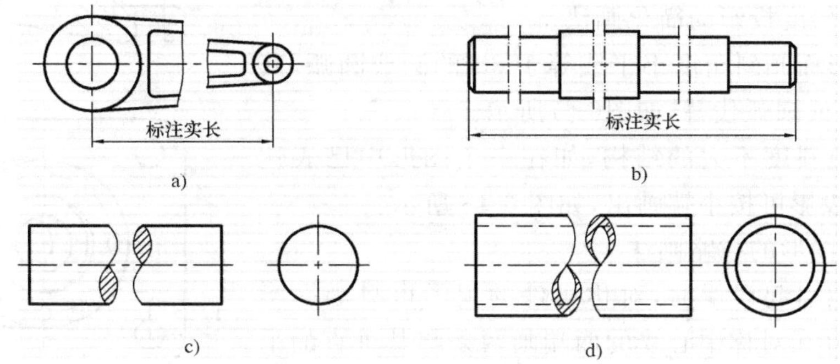

图 6-44　折断画法

(5) 交线的简化画法　图形中的相贯线和过渡线在不影响真实感的情况下允许简化，例如用圆弧或直线代替非圆曲线，如图 6-45a)所示。两圆柱(或孔)垂直相交时，其相贯线通常用大圆柱的半径所作的圆弧来代替，如图 6-45b)所示。

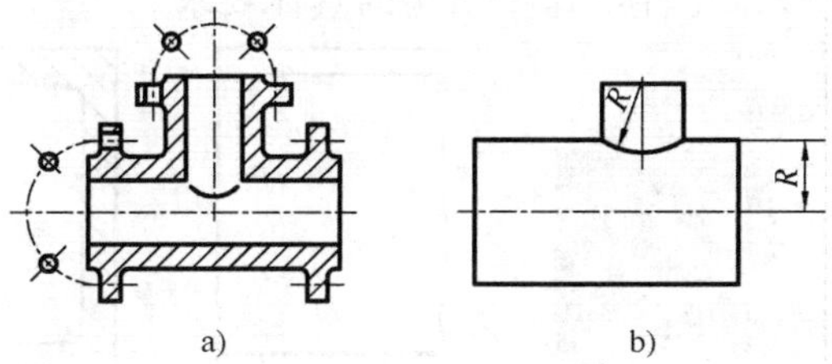

图 6-45　表面交线画法

(6) 较小结构的简化画法。

① 机件上较小的结构，如果已经在一个图形中表示清楚时，其余投影可以简化或省略。如图 6-46a)中，由于断面图已将零件左端形状表示清楚，因此主视图中省略了两条截交线。

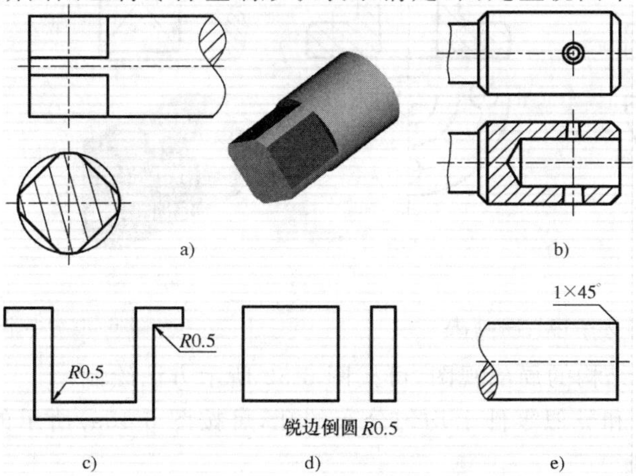

图 6-46　可省略的画法

在图 6-46b)中，一个很小的圆锥孔与较大的圆柱及圆孔相贯，相贯线在俯视图中的投影简化为直线，主视图中锥孔的投影只画大小端。

② 在不致引起误解时，零件图中的小圆角、锐边的小倒圆或 45°小倒角允许省略不画，但必须标注尺寸或在技术要求中加以说明，如图 6-46c)、d)、e)所示。

(7) 较小斜度投影的简化画法。

① 与投影面倾斜角度小于或等于 30°的圆或圆弧，其投影可以用圆或圆弧代替，如图6-47所示。

② 机件上斜度不大的结构，如在一个图形中已表达清楚时，其他投影可按小端画出，如图 6-48 所示。

(8) 关于图形的省略画法。

① 在不致引起误解时，对称机件的视图可只画一半或四分之一，并在对称中心线的两端画两条与其垂直的平行细实线，如图 6-49a)、b)所示。

② 当图形不能充分表达平面时，可用平面符号(相交的两条细实线)表示。如图 6-50 所示。

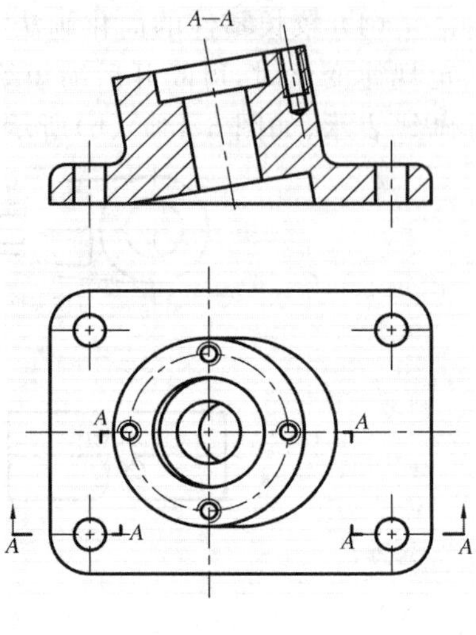

图 6-47　小斜度圆面圈法

③ 网状物、编织物或机件上的滚花部分，可在轮廓线附近用细实线示意画出，如图 6-51 所示，并在零件图或技术要求中注明这些结构的具体要求。

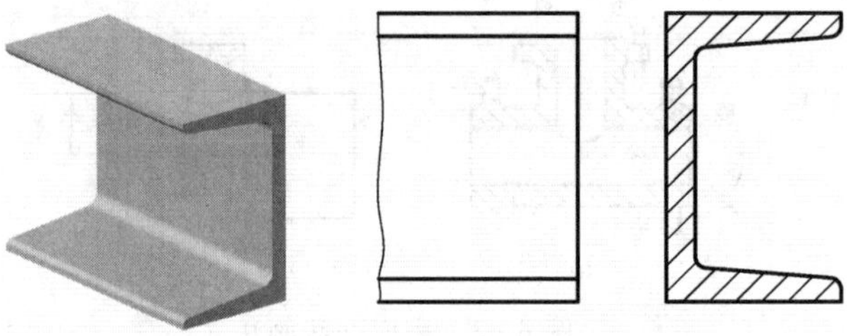

图 6-48　斜度不大结构画法

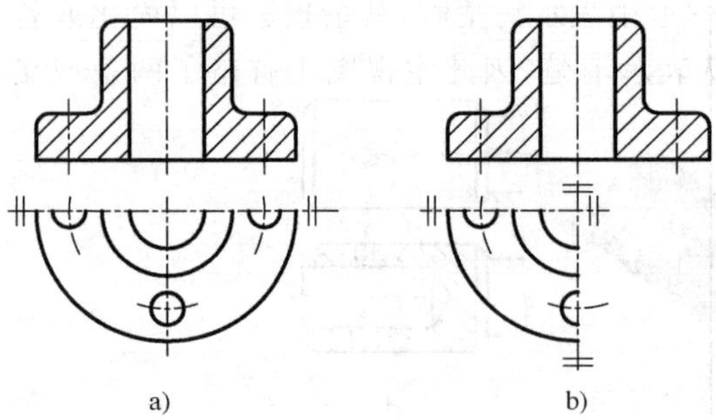

a)　　b)

图 6-49　对称结构省略画法

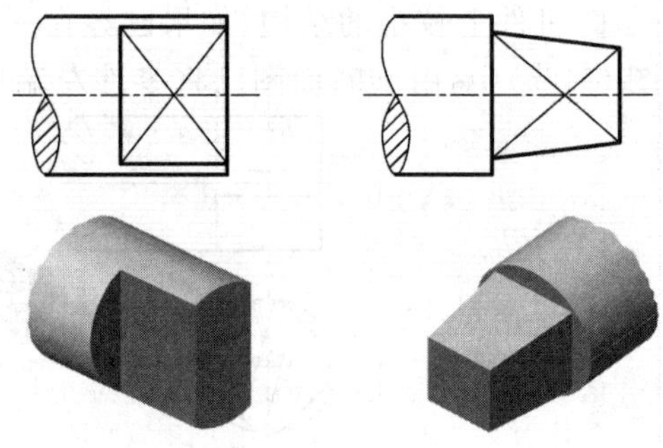

a)　　b)

图 6-50　小平面表示法

④ 零件上对称结构的局部视图，可按图 6-52 所示方法绘制。

⑤ 圆柱形法兰和类似零件上均匀分布的孔，可按图 6-45a)所示的方法表示(由零件向该法兰端面方向投影)。

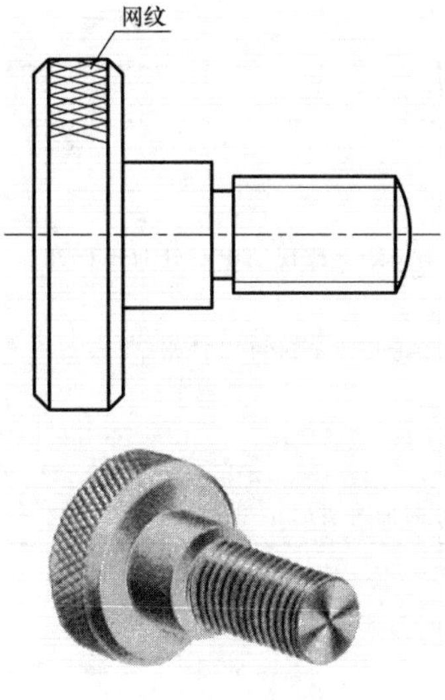

图 6-51　网纹画法

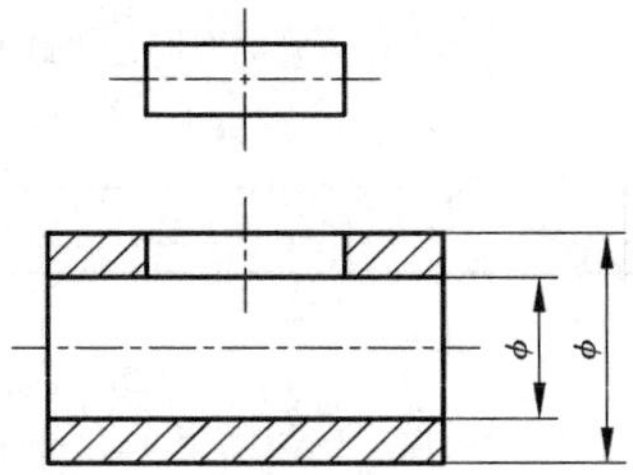

图 6-52　对称结构画法

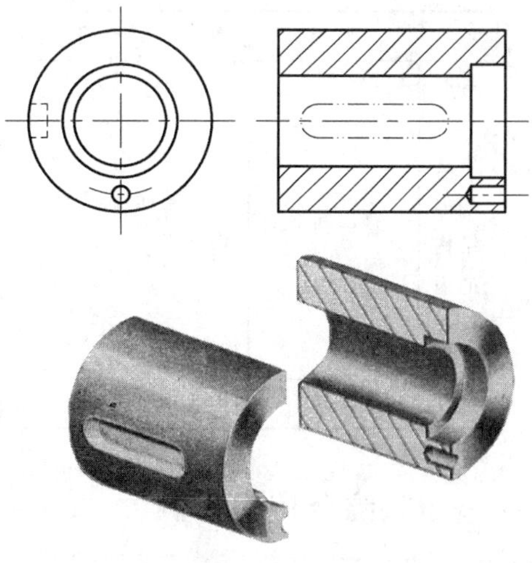

图 6-53　剖切平面前面结构的画法

(9) 假想投影的画法如果需要表示位于剖切平面前面的结构，可按假想投影的轮廓线绘制，如图 6-53 所示。

第五节　表达方法小结及综合应用

一、表达方法小结

表 6-3 中归纳了视图、剖视、断面的分类、用途及标注方法，可供应用时参考。

表 6-3　机件常用的表达方法

分类			用途	标注方法
视图—表达机件的外形	基本视图		表达机件的外形	符合基本配置关系时不标注
	向视图		表达机件外形	标准箭头及字母“×”，视图名称“×”
	局部视图		表达局部结构的外形	同上
	斜视图		表达倾斜结构的外形	同上
剖视—表达机件的内形	全剖视图		表达机件整体内形	一般应标注剖切符号、箭头及字母“×”、剖面图名称“×—×”特殊情况可以不标注
	半剖视图		表达具有对称面的机件的内形和外形	同全剖视图
	局部剖视图		表达机件的局部内形、保留局部外形	只用一个剖切平面且剖切位置明显时，可以不标注
	单一平面剖切	用平行面剖切	适用于面全剖视图、半剖视图和局部剖视图	
		斜　剖	表达倾斜结构的内形	同全剖视图
	多个平面剖面	旋转剖	表达具有回转轴线的机件的内形	同全剖视图，同时，在剖切平面转折处也要标注剖切符号及字母
		阶梯剖	表达不在同一个投影面平行面上的孔、槽等结构的内形	同旋转剖
		复合剖	综合旋转剖、阶梯剖的作用，表达复杂的内形	一般情况与旋转剖相同，但采用展开画法时，剖视图应标注“×—×”展开

续表

分类		用途	标注方法
表面—表达局部结构的内形成断面形状	移出断面	表达断面形状或断面上局部结构的内形	一般应按全剖视图标注 对称断面画在剖切位置延长线上或视图中断处时不标注；其它位置上可省略箭头 不对称断面画在剖切位置延长线上时可以省略字母；按投影关系配置时可省略箭头
	重合断面	主要用于表达断面形状	对称断面不标注；不对称断面可省略字母

二、综合应用举例

国家标准《机械制图》关于图样画法的总则指出："绘制机械图样时，应首先考虑看图方便。根据机件的结构特点，选用适当的表达方法。在完整、清晰地表达机件各部分形状的前提下，力求制图简便。"以下是根据总则要求，综合应用视图、剖视、断面等各种表达方法的一个实例。

【例 6-1】 根据图 6-54 所示泵体的三视图，想象泵体的形状，选择适当的表达方法重新表达泵体的形状。

我们按以下步骤来画出泵体的图样。

(一) 根据三视图想象泵体的形状，并对泵体作形体分析，充分了解其结构特点

根据三视图的投影关系，可以把泵体分成三大部分：

主体部分　由同一轴线的不同直径(ϕ 82、ϕ 78、ϕ 38)的三个圆柱体组成。主体内部是直径为⑽的圆柱形空腔及圆柱孔(ϕ 15、ϕ 22)；两侧是直径为 20 的圆柱，并有直径为ϕ 10 的圆孔与空腔相通；主体的前端面有均匀分布的六个小孔(ϕ 6)，后端均匀分布三个小孔(ϕ 4)。底部是一个长方形底板，上面有两个安装孔。中间有一块支承板和一块肋板把主体和底板连接起来。

经过以上分析，可以想象出泵体的实际形状，如图 6-55 所示。

(二) 视图选择

(1) 选择主视图在表达这机件形状的一组图形中，主视图应具有反映机件主要形状特征的作用。因此机件的安放位置和主视图的投影方向应有利于主视图显示它的重要作用。主视图的表达方法可根据表达形状的需要选择基本视图或剖视图。

从图 6-54 泵体的三视图中可以看出，其主视图能明显地反映出泵体的外形特征，因此仍然选它作主视图，只是为了表示出两侧孔和安装孔的结构，必须把主视图画成局部剖视图，如图 6-56 主视图。

(2) 选择其他视图。主视图确定之后，应根据机件的结构特点，全面考虑所需要的其他视图，此时应注意：

① 优先选用基本视图或在基本视图上作剖视。

② 所选择的每一视图都应有自己的表达重点，使之具有别的视图不能取代的作用，只

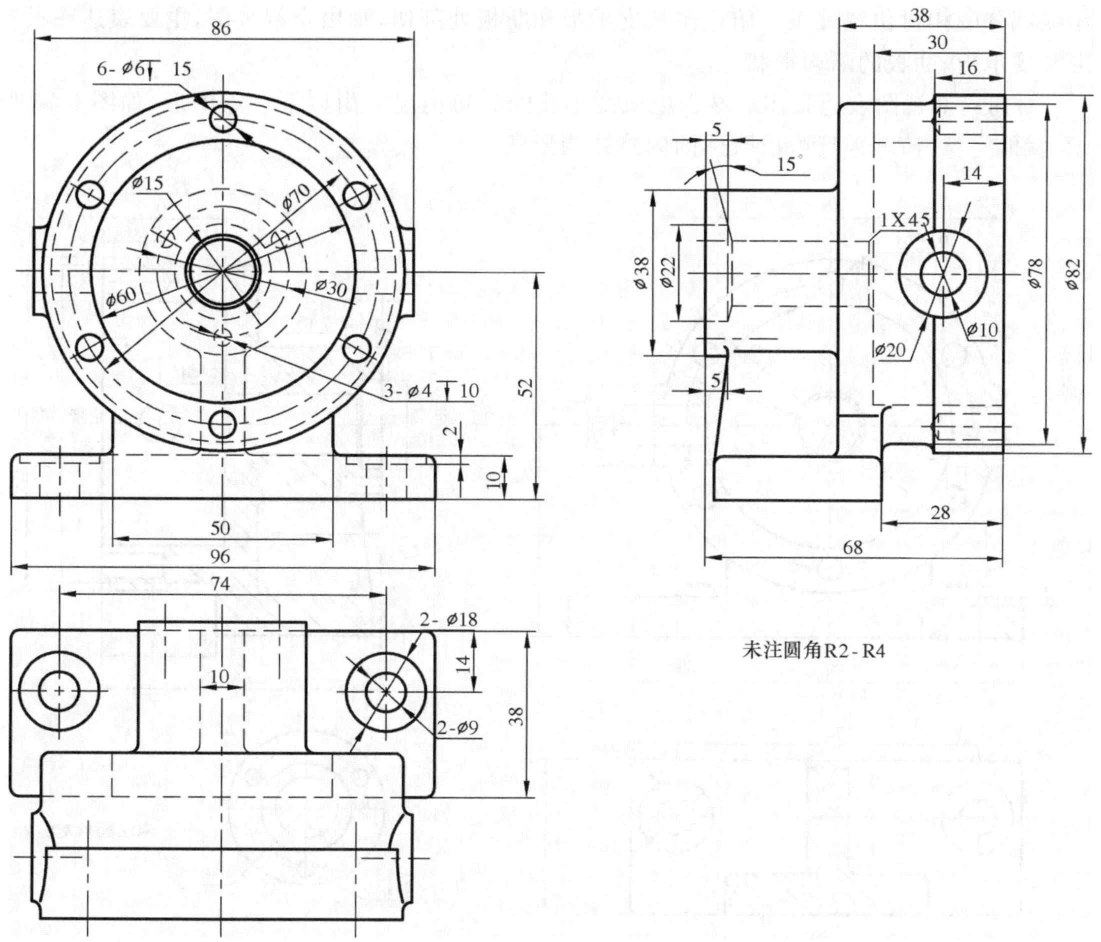

图 6-54　泵体三视图

图 6-55　泵体

有如此,方可避免不必要的重复,达到制图简便的目的。

从以上两点出发,泵体的其他视图选择如下:

左视图采用全剖视图,重点表达泵体的内形(空腔、通孔、前后端面上的小孔)和泵体各组成部分的相对位置关系。俯视图从支承板和肋板处剖切，画出全剖视图，主要表达底板实形和支承板、肋板的断面形状。

B 向局部视图表达泵体后端面上三个小孔的分布情况。由以下一组图形，如图 6-56 所示，就能完整、清晰地反映出泵体的内外结构形状。

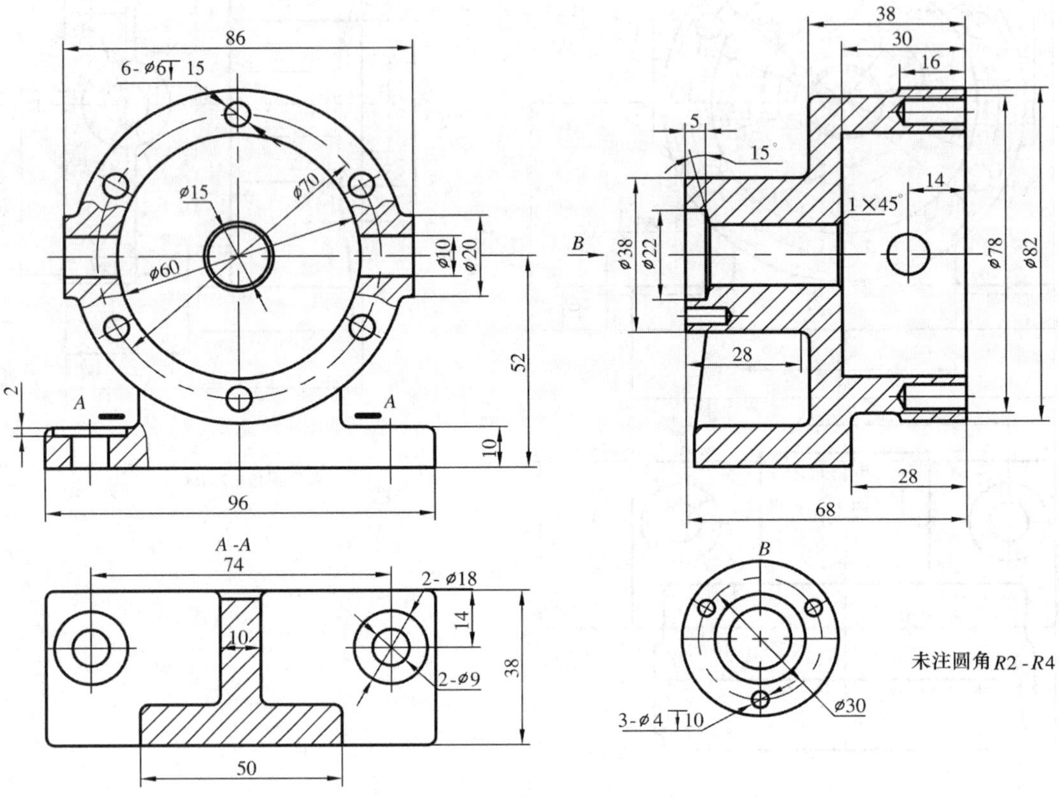

图 6-56　泵体表达方案(一)

讨论。从泵体的结构来看，它具有左右对称的特点，这很容易使我们想到采用半剖视图的方法，即可以把主视图或俯视图画成半剖视图。图 6-57 是把俯视图改画成半剖视图后考虑的另一个表达方案。与图 6-56 比较，俯视图除能够反映侧面孔(ϕ 10)和外形外，在表达空腔形状方面与左视图重复，而在反映泵体各部分相对位置方面又不如左视图清楚。同时，由于投影重叠，底板形状也不够清楚，$A—A$ 断面图也必须画成移出断面。因此图 6-57 表达方案欠佳。

如果把图 6-56 中的主视图画成半剖视图，它的作用仅仅是表达左右两侧的小孔。对表达外形没有什么作用。因此，主视图没有必要画成半剖视图。

通过以上分析可知，泵体虽然对称，但从表达整体内外形状的需要来全面考虑，不适合采用半剖视图的表达方法。比较以上三种表达方案，方案一，如图 6-56 具有表达简明清晰、看图方便、制图简便的优点，是一个比较好的表达方案。

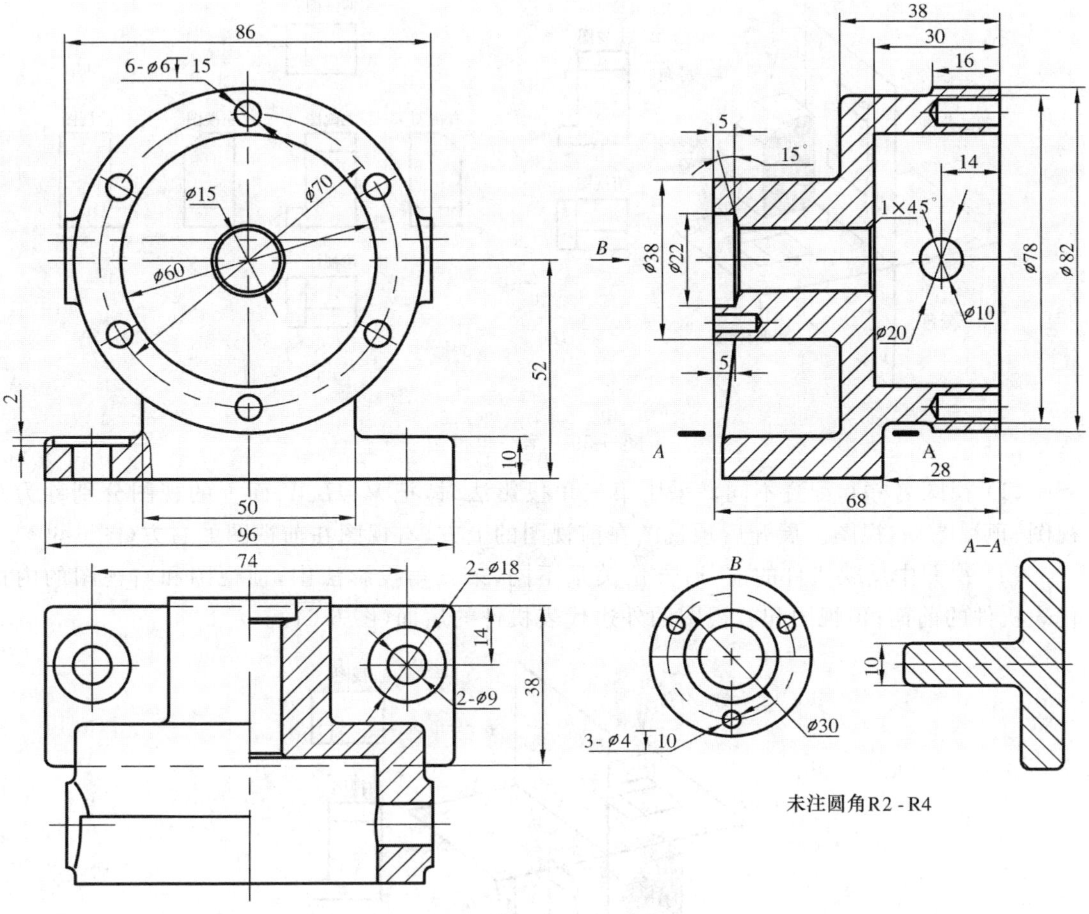

图 6-57　泵体表达方案(二)

第六节　第三角投影法简介

图 6-58 是三个互相垂直的投影面 V、H、W，它们把 W 面的左侧空间分成了四个分角，其编号顺序如图所示。将机件放在第一分角中(图 6-59)，则机件处于观察者和投影面之间，保持观察者—机件—投影面的关系，这就是第一角投影法。将机件放在第三分角内(图 6-60)，则投影面处于观察者和机件之间，保持观察者—投影面—机件的关系，这种投影方法称为第三角投影法。国际标准(ISO)规定，两种投影法具有同等效力。我国国家标准《机械制图》规定采用第一角投影法，有些国家(如英、美等国)现在仍采用第三角投影法。

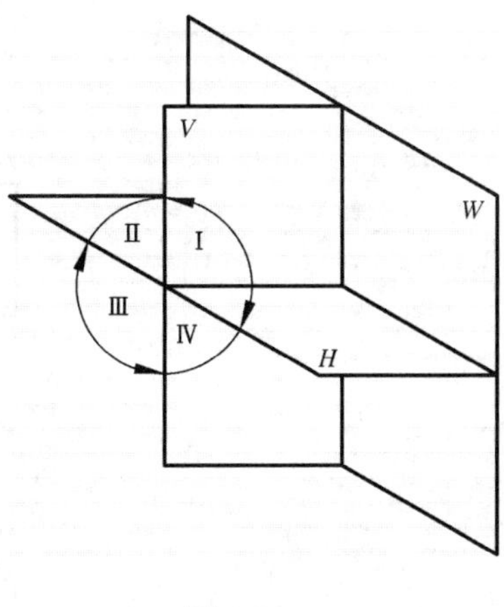

图 6-58

第三角投影法与第一角投影法的不同之处主要有两点：

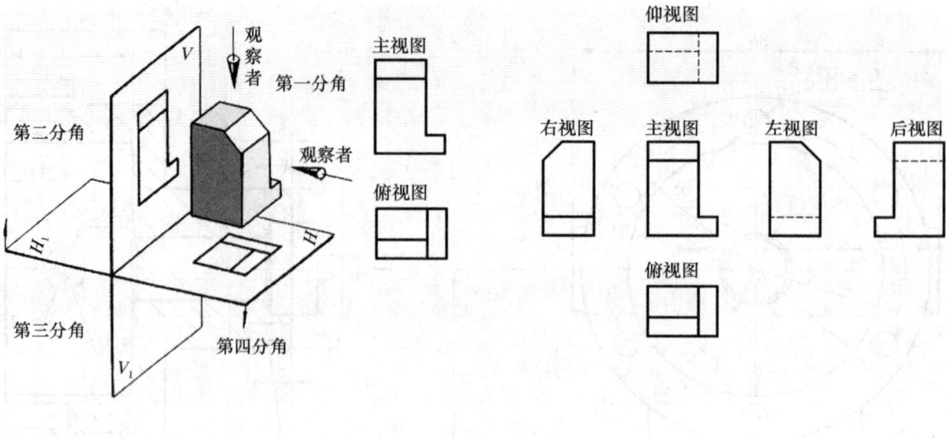

图 6-59　第一角投影

(1) 视图名称和配置不同。采用第三角投影法时，把 V、H、W 面上的视图分别称为前视图、顶视图、右视图。展开后顶视图在前视图的上方，右视图在前视图的右方(图 6-60)。

(2) 视图中反映机件的前、后方位关系不同，第三角投影法中，顶视图和右视图的内边代表机件的前面；顶视图和右视图的外边代表机件的后面(图 6-61)。

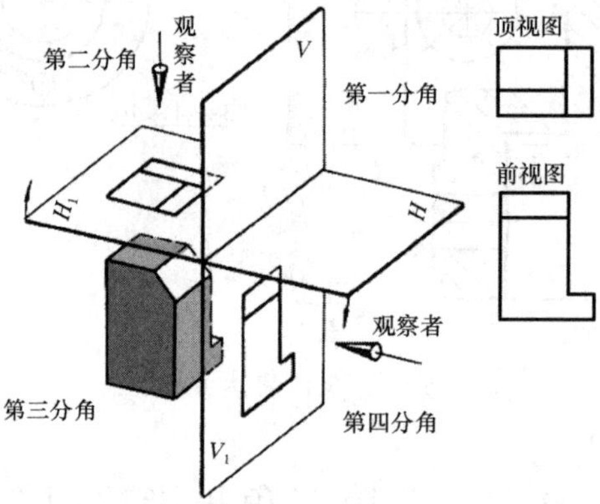

图 6-60　第三角投影

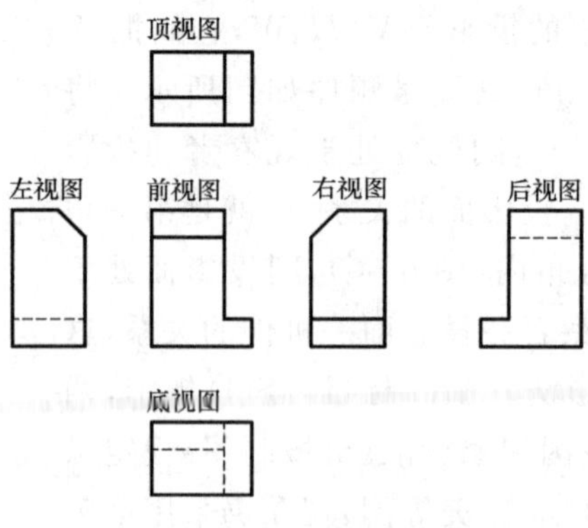

图 6-61　第三角投影六个基本视图

第七章　零件图

第一节　零件图的作用和内容

表达零件的图样称为零件工作图,简称零件图。它是设计者提交给生产部门的重要技术文件。它要反映出设计者的意图,表达出机器或部件对零件的要求,同时要考虑到结构和制造的可能性与合理性,它是直接指导制造和检验零件的依据。因此,一张完整的零件图(图 7-1)通常应有以下各项内容。

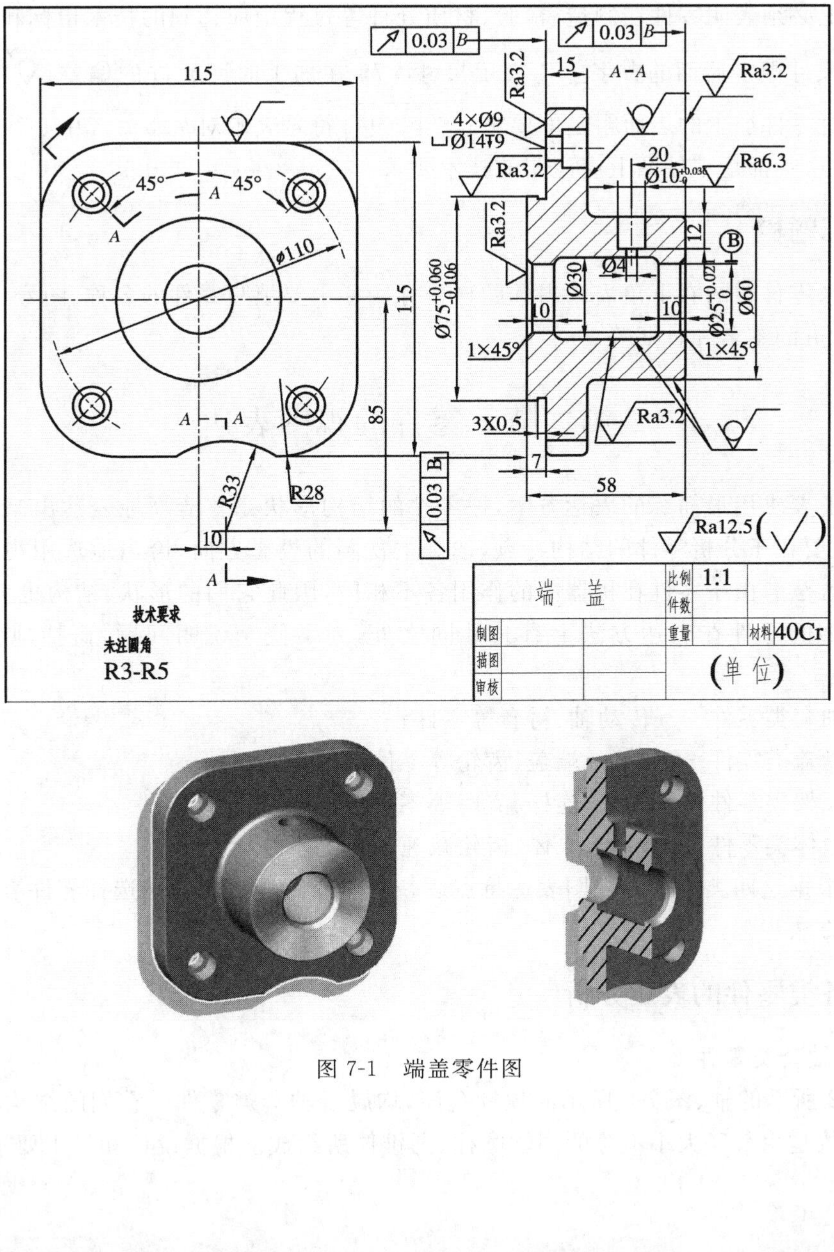

图 7-1　端盖零件图

一、图形

综合运用视图、剖视、断面和局部放大及其规定和简化画法，选择一组视图，正确、完整、清晰和简便地表达出零件的全部结构和形状。图 7-1 所示的端盖，它采用了一个主视图和一个全剖左视图的一组视图，较好地表达了端盖的内、外形状和结构。

二、尺寸

图样上必须正确、完整、清晰及合理地标注出零件各部分结构形状及其相互位置的尺寸。如图 7-1 中的尺寸 15、9、$\phi 60$、$\phi 30$、$R5$、$R28$、115、20、4-$\phi 14$ 等。

三、技术要求

图样上必须表明零件在制造、检验、材质处理等过程中应达到的技术指标和要求。如图 7-1 所示，尺寸数字后面的数字 ${}^{-0.06}_{-0.106}$ 表示尺寸 $\phi 75$ 在加工时所允许的偏差；$\overset{\circ}{\surd}$ 、$\sqrt{Ra3.2}$ 等代号表示对零件加工的表面粗糙度要求；| ↗ | 0.03 | B | 符号表示对 $\phi 25^{+0.021}_{0}$ 中心线的位置公差的要求等，这些都是零件图上应注明的技术要求。

四、标题栏

在每张零件图的右下角需画出标题栏。标题栏中要填写零件的名称、图号、比例以及制图、审核人员的签名和日期等。

第二节　零件的视图表达

生产上要求用最简练的表达方案，把零件的结构形状完整清晰地表达出来。表达方案的好坏，主要在于分析零件的结构特点，选好主视图的投影方向，恰当地选用视图、剖视、断面等各种方法。由于零件在机器中的作用各不相同，因此它们的形状、结构也多种多样，但结构上类似的零件在表达方法上有其共同之处，为了便于说明问题，概括地将它们分成四类：

（1）轴套类零件——传动轴、衬套等零件；

（2）盘盖类零件——阀盖、端盖、齿轮等零件；

（3）叉架类零件——拨叉、连杆、支座等零件；

（4）箱体类零件——阀体、泵体、齿轮减速箱体等零件。

下面根据这四类零件的视图表达特点逐一具体介绍。然后归纳选择零件表达方案的基本原则和方法步骤。

一、各类零件的表达分析

（一）轴套类零件

图 7-2 所示的轴、图 7-3 所示的顶针套筒，均属于轴套类零件。它们的结构特点是各组成部分多数是由直径大小不等的同轴圆柱、圆锥体所组成。根据设计和加工要求，这类零件

常带有圆角、倒角、键槽、退刀槽、销孔、中心孔及螺纹等结构。

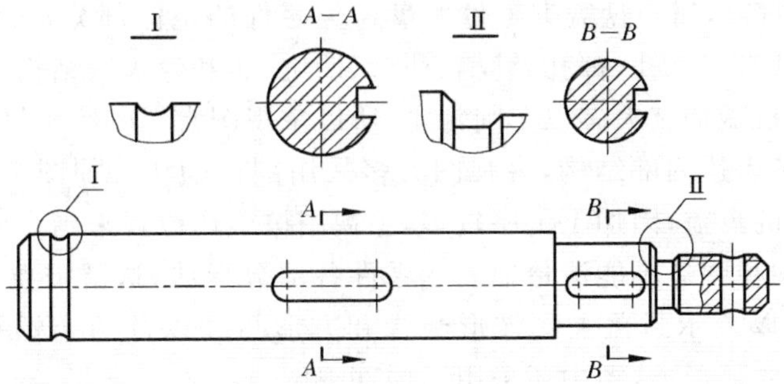

图 7-2　轴的视图表达

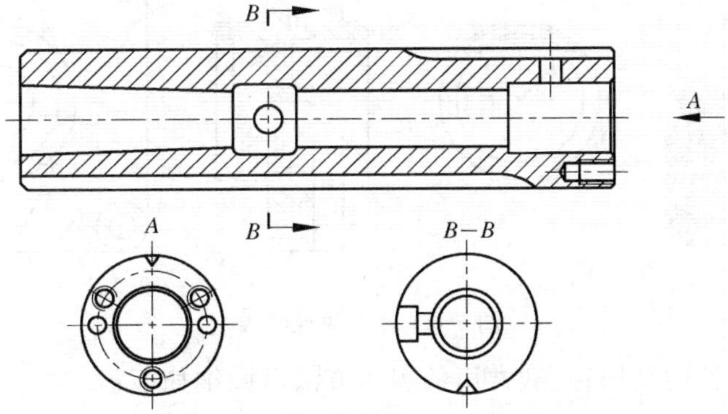

图 7-3　顶针套筒的视图表达

因为轴套类零件机械加工是以车削为主，还可能经过铣、钻、磨等工序。为了使加工时看图方便，轴套类零件的主视图按其加工位置选择。一般将轴线水平放置，把垂直于轴线的方向作为主视图的投影方向。

这样既符合加工位置，同时又反映了轴套类零件的主要结构等特征和各组成部分的相对位置。轴套类零件，一般只用一个基本视图，对于一些局部结构，常采用剖视、断面、局部视图和局部放大图等来表达，如图 7-2 中，轴的右端有销孔，所以在主视图上采用了局部剖视，此外还用了 A—A 和 B—B 断面表示出了轴上键槽的深度、用局部放大图Ⅰ和Ⅱ表示了轴上右端退刀槽和左端挡圈槽的结构。

图 7-3 为车床尾架的顶针套筒，是一个空心圆柱体，其外形简单而内部较复杂，所以主视图采用了全剖视的表达方法。此外，为了表示右端均匀分布的三个螺孔和两个销孔的位置，用了 A 向视图，销孔深度在注尺寸时标出，图上不用表达。B—B 剖视反映键槽的宽度和鱼眼孔的深度。

根据轴套类零件的结构特点，常用的表达方法可归纳如下：

(1) 画图时一般按加工位置将轴线水平放，表面主要结构朝前。通常采用垂直于轴线的方向作为主视图的投影方向。

(2) 一般用主视图和断面、局部剖视、局部视图等表达方法表示键槽和孔等其他结构。

(3) 用局部放大图表达零件上细小结构的形状和尺寸。

（二）盘盖类零件

图7-4所示的封盖，属于盘盖类零件。盘盖类零件的主体部分常是回转体或其他几何形状的扁平盘状，常带有光孔、螺孔、键槽、凸台、凹坑、肋和轮辐等结构。

盘盖类零件的机械加工大多以车削为主，所以主视图常以轴线水平放，垂直于轴线方向作为投影方向，为了表达内部结构，主视图大多采用剖视画法。如图7-4采用了半剖、局部剖。对有些较复杂的盘盖，因加工工序较多，主视图按工作位置来画。根据盘盖类零件的结构特点，采用一个主视图还不能清楚地表达零件各部分形状，这就需要增加其他视图，如图7-4选用了左视图，以表示封盖上腰鼓形凸缘和方形凸缘以及两个螺孔和四个光孔位置。为了表达右端面上的弧形槽，图中还采用了局部视图。

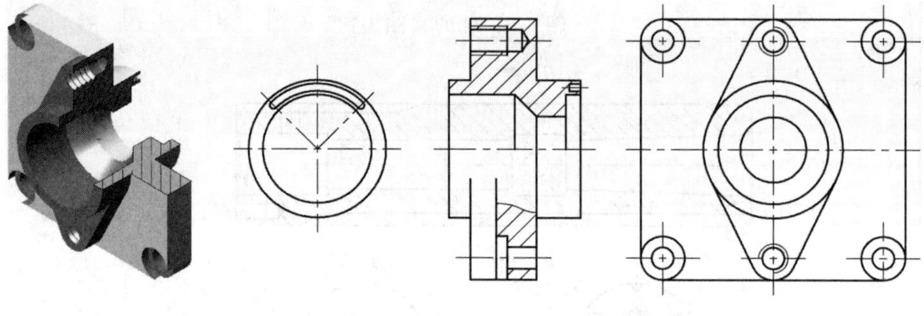

图7-4　封盖的视图表达

根据盘盖类零件的结构特点，常用的表达方法可归纳如下：

(1) 这类零件若以车削为主，选择主视图时，一般将轴线放成水平位置。若不以车削为主，则可按工作位置来画主视图。

(2) 一般采用若干个基本视图，主视图常采用剖视表示各组成部分的相对位置，其他视图表示零件的外形轮廓和孔、轮辐等的相对位置。

（三）叉架类零件

这类零件是指各种支架、拨叉、摇臂和杠杆等，它们主要是起支承作用，一般大都由支承孔、支撑板、底板等部分组成。如图7-5所示。

由于叉架类零件机械加工工序多种多样，加工位置变化较多，因此，常以工作位置放置。主视图根据其主要结构特征选择，如图7-5所示的支架主视图，表达了各部分结构的形状特征和相对位置。主视图采用了两处局部剖，分别表达了顶部两个耳，图7-5支架的视图表达环孔和右下部的安装槽，另外还采用三个辅助视图：*A*向局部视图反映了耳环和支承板的形状，*B*向和*C*向斜视图分别表达了左部和右部安装孔的结构和形状。

根据叉架类零件的结构特点，表达方法可归纳如下：

(1) 按工作位置放置，选择能够反映零件主要结构特征的投影方向来画主视图，用局部剖视来表达内部结构。

(2) 一般用若干个基本视图和一些局部视图、斜视图及断面图就可以表达清楚这类零件。

（四）箱壳类零件

图7-6所示的蜗轮减速器箱体及机器或部件的壳体、机体、主体等，均属于箱壳类零件。由于这类零件需要承装其他零件，因而常有空腔、轴孔、内支承臂、肋、凸台和沉孔等结构。

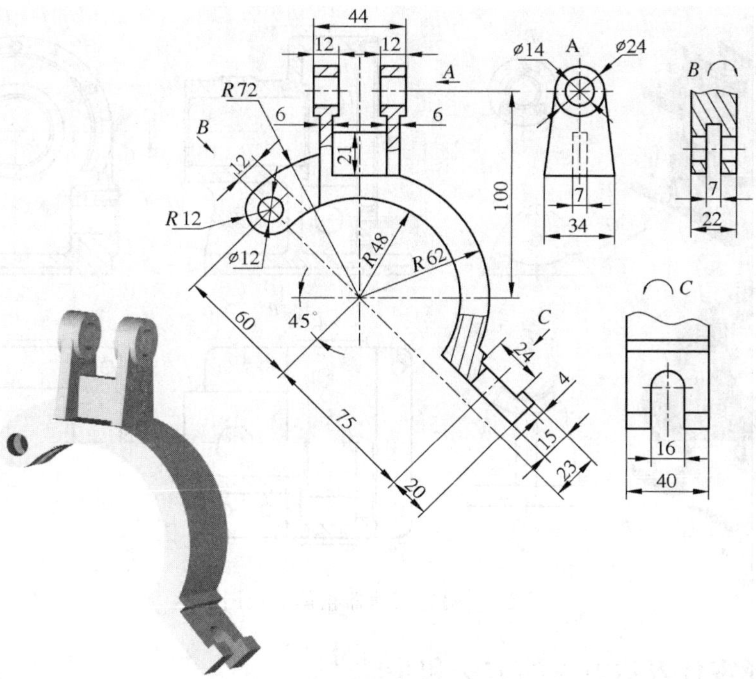

图 7-5　支架的视图表达

这类零件由于内外形状一般较为复杂，毛坯都为铸件，机加工工序较多，往往需要经过刨、铣、镗、磨、钻及钳等工种，加工位置变化较多。所以，主视图选择一般考虑工作位置和显示形状特征的原则绘出，视图数量也较多，一般需要两个以上的基本视图，还要广泛应用各种表达方法。如图 7-6 所示的蜗轮减速器箱体，可以看作由四个基本形体组成：壳体、套筒、底板和肋板。主视图的选取，以能清楚反映组成该零件的各基本形体的形状和相互位置为原则。所以，把箭头 G 所指的方向作为主视图投影方向。为了充分表达箱体的四个组成部分的形状和结构，必须采用三个基本视图：主视图、俯视图和左视图。

图 7-6 中的主视图采用了全剖视，清楚地反映了内部孔腔结构。壳体前面凸缘(因主视图全剖而被剖去)用 B 向局部视图来表示。俯视图前后对称，为了表示壳体和套筒的壁厚，采用 *C*—*C* 半剖视。六个安装孔的分布情况在俯视图上也得到清楚反映。左视图采用 *D*—*D* 局部剖视，既表达了壳体下部前后两轴孔的形状，又保留了壳体左端面上六个螺孔的分布情况。*E* 向视图反映底板底面凹坑的形状，因为对称，所以只画一半。*A* 向局部视图反映底板上表面凹槽的形状。*F* 向局部视图反映肋板的宽度。主视图上肋板部分的重合断面表示肋板断面圆角的实形。

根据箱壳类零件的结构特点，常用的表达方法可归纳如下：

(1) 常按工作位置放置，主视图可根据箱壳的主要结构特征选择。

(2) 一般常用若干个基本视图，并适当地采用各种剖视表示出内部结构和形状，对零件的外形也要采用相应的视图表达清楚。

(3) 箱壳上的一些局部结构，常用局部剖视、局部视图、斜视图和断面等表达。

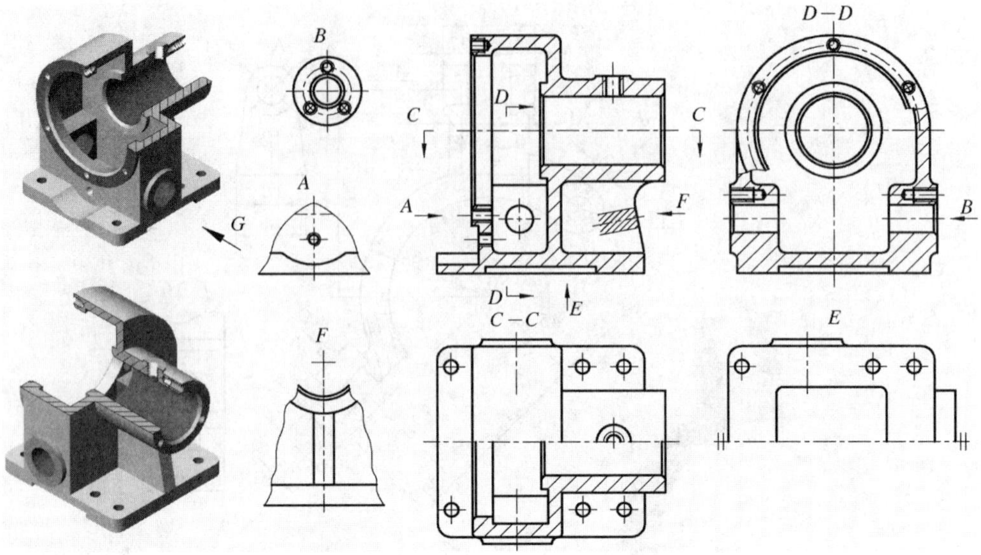

图 7-6　蜗轮减速器箱体的视图表达

二、选择零件表达方案的方法和步骤

通过上述分析不难看出，选择零件表达方案的方法步骤如下。

(1) 对零件进行分析。对零件进行结构分析(包括零件的装配位置及功用)，工艺分析(零件的制造加工方法)和形体分析。

(2) 选择主视图。在上述分析的基础上，确定主视图。主视图是表达零件最主要的一个视图。从易于看图这一基本要求出发，在选择主视图时应考虑以下两个方面：

① 确定零件的安放位置，其原则是尽量符合零件的主要加工位置或工作(安装)位置，这样便于加工和安装，通常对轴、套、盘等回转体零件选择其加工位置；对叉架、箱壳类零件选择其工作位置(或自然平稳位置)。

② 确定零件主视图的投影方向　其原则是选择最能明显地反映零件形状和结构特征以及各组成形体之间的相互关系。这样能较好地表达清楚零件的形状与结构。

(3) 选择其他视图。主视图选定后，其他视图的选择可以考虑以下几点：

③ 根据零件的复杂程度和内外结构全面地考虑所需要的其他视图，使每个视图有一个表达重点。但是，要注意采用的视图数目不宜过多，以免繁琐、重复，导致主次不分。

② 应优先考虑采用基本视图以及在基本视图上采用剖视。若在一个方向上仅有一部分结构需要表达时，可以采用局部视图、斜视图和局部剖视图，则更加清晰、简便。

③ 要考虑合理地布置视图位置，既要使图样清晰美观，便于看图，又要使图幅得到充分利用。

三、表达方案的讨论

上述各类零件的表达和选择表达方案的方法和步骤，为我们绘制零件图奠定了基础。但是，对于某一零件来说，表达方案往往不是唯一的。因此，在绘制零件图时，应尽可能多考虑几个表达方案，从中进行比较，以选定最佳的表达方案。下面举例，对表达方案进行选择比较。

【例 7-1】 试比较摇臂座(图 7-7)的表达方案。

方案一　如图 7-8 所示。图中采用了主、俯、仰和左视图来表达该零件的外形,又用了 $A—A$、$B—B$、$C—C$ 和 $D—D$ 四个剖视图来表达零件的内部结构形状,虽然这个方案把零件表达清楚了,且做到了正确、完整和清晰,但有的图形重复、多余。

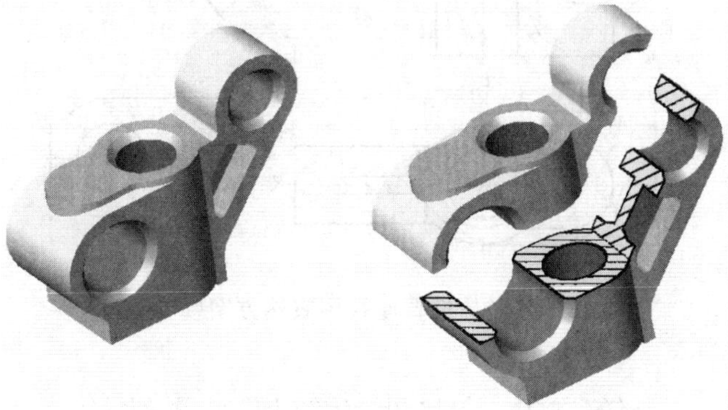

图 7-7　摇臂座立体图

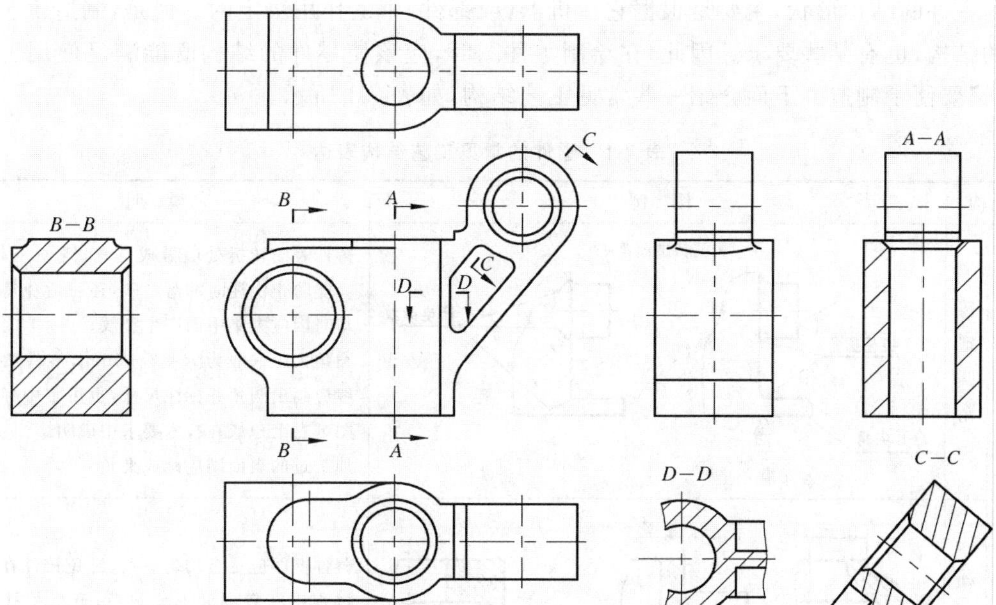

图 7-8　摇臂座视图表达方案(一)

方案二　如图 7-9 所示。图中采用了主、俯两个基本视图,在主、俯视图上分别采用了局部剖视。另外还用了 B 向局部视图和 $C—C$ 剖视图。这样零件的内外部结构形状都能表达清楚。和方案一相比较,除做到正确、完整、清晰外,还做到了简练。是一个较好的表达方案。

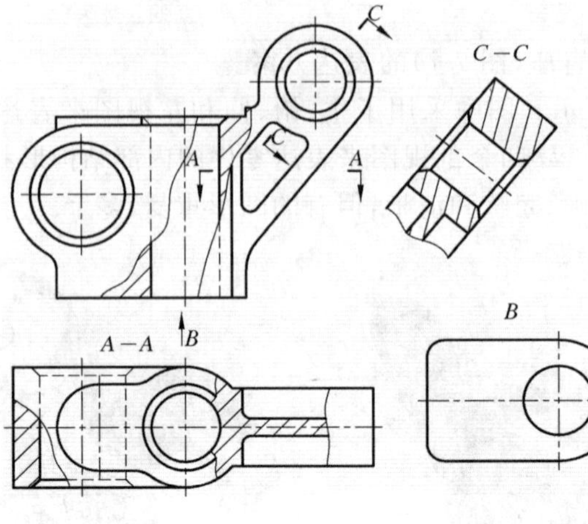

图 7-9 摇臂座视图表达方案(二)

第三节 零件的常见工艺结构

零件的结构形状,主要是根据它在机器(或部件)中的作用决定的。但是,制造工艺对零件的结构,也有某些要求。因此,在绘制零件图时,应该使零件的结构既能满足使用上的要求,又要便于制造。下面介绍一些常见工艺结构,如表 7-1 所示。

表 7-1 零件的常见工艺结构表达

结构		图例	说明
铸件	铸造圆角	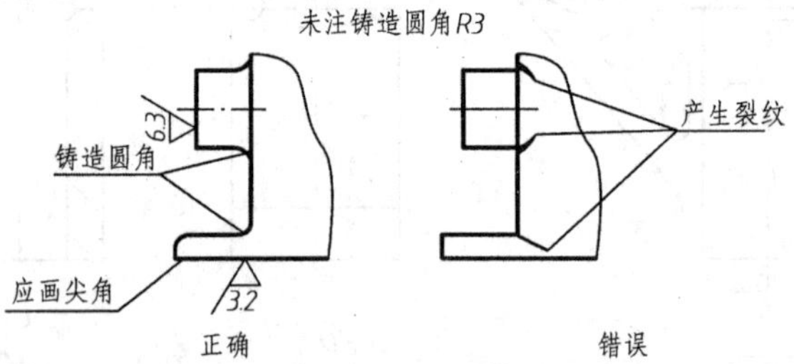	铸件表面转折处应做成圆角,既便于起模,又能防止浇注时冲落型砂,还可避免铸件冷却时因应力集中而产生裂纹。 圆角大小一般为 $R=3\sim5$mm,零件图上一般应画出圆角并标注尺寸,也可集中标注在图纸右上角或在技术要求中说明。 加工过的表面则应画成夹角
	铸件壁厚	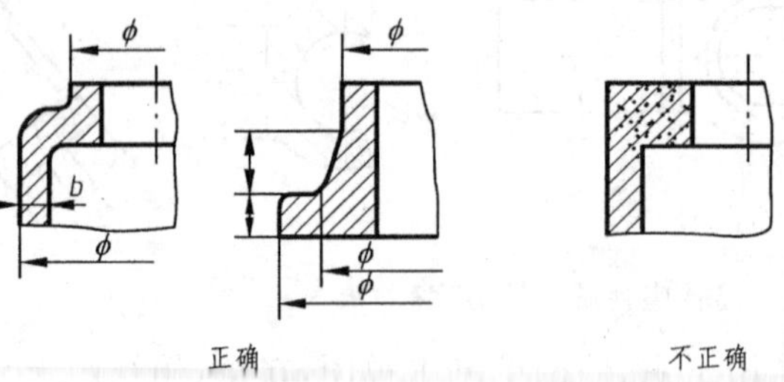	铸件壁厚应尽量均匀一致,已免铸件在冷却过程中在较厚处形成热节,产生缩孔或裂纹。在不同壁厚处应使厚、薄形成逐渐过渡。 铸件壁厚尺寸应在图上直接标出
	拔模斜度	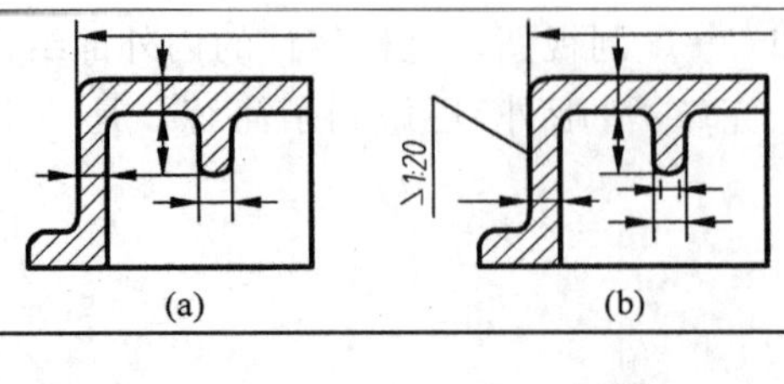	铸造零件时,为拔模方便,在铸件沿起模方面的内、外壁上应做成斜度(一般为 3°～5°30′),通常在图样上不必画出,也不标注,当需注明时,可按图(b)的形式加以标注

续表

结构		图例	说明
冲压件	圆角半径	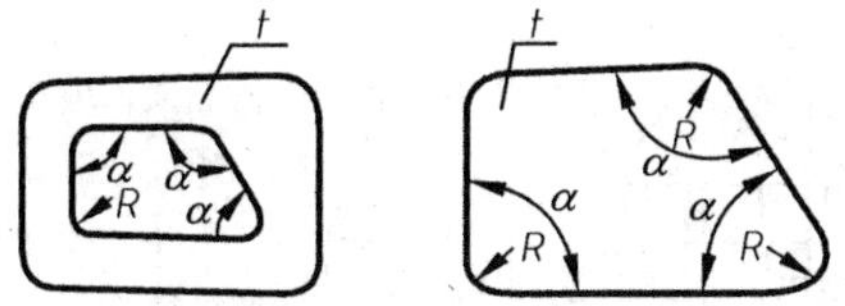	圆角半径 R 应大于或等于板厚 t 的一半，即 $R\geqslant\frac{1}{2}t$
	冲孔尺寸	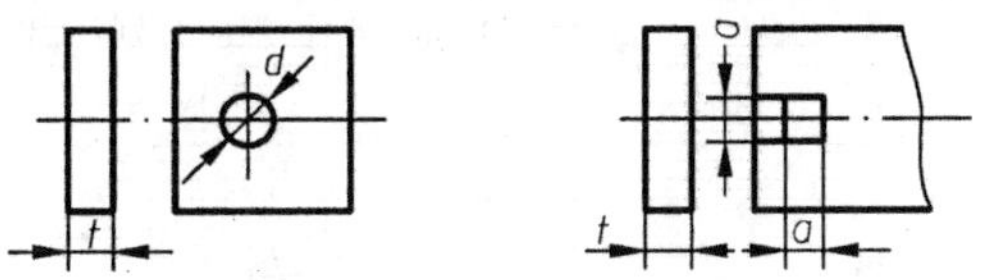	自由凸模 材料　尺寸 硬钢　$d\geqslant1.3t$，$a\geqslant1.2t$ 软钢、黄钢 $d\geqslant1.0t$，$a\geqslant0.9t$ 铝锌　$d\geqslant0.8t$　$a\geqslant0.7t$
	凸出或凹入尺寸	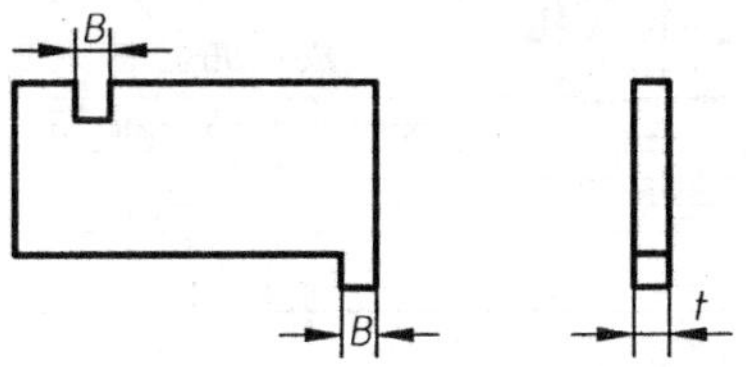	一般钢材：$B\geqslant1.5t$ 高碳钢、合金钢：$B\geqslant(1.95\sim2.25)t$ 黄铜、铝：$B\geqslant(1.125\sim2.2)t$
	孔间距、孔边距	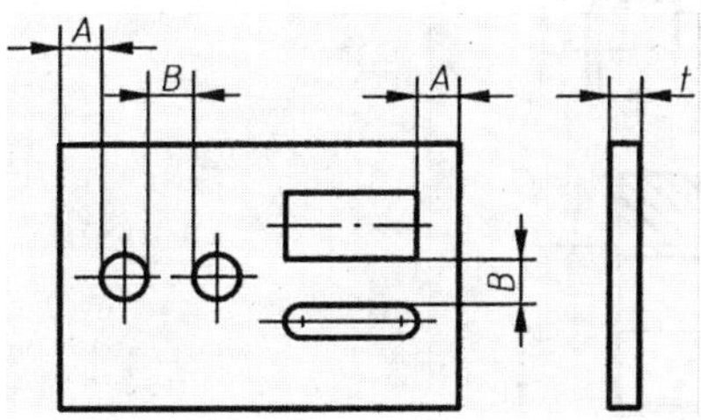	孔间距：$B\geqslant2t$ 孔边距：$A\geqslant2t$
	弯曲线位置	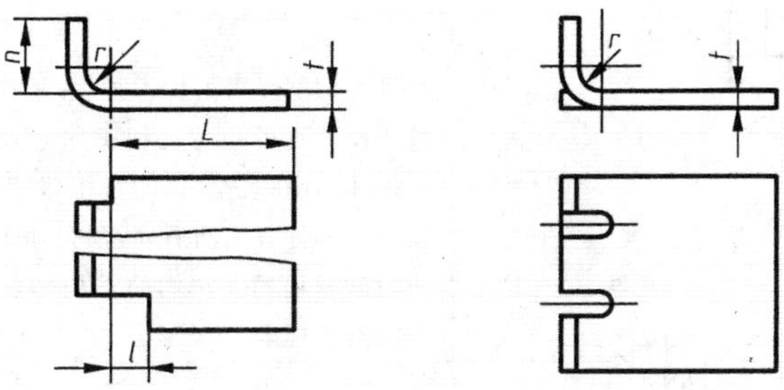	弯曲件的弯曲线不应在尺寸突变的位置，离突变处的距离 l 应大于弯曲半径 r，即 $l>r$。变形区与不变形区应利用槽或工艺孔将其分开
	弯曲件直边高及孔间距	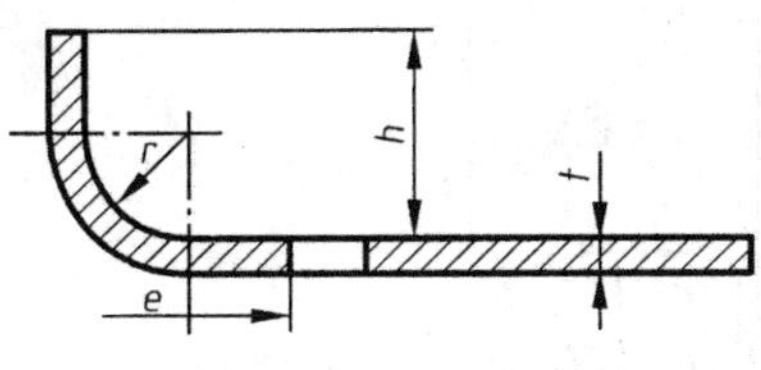	最小直边弯曲高度 h 应大于弯曲半径 r 加上板厚 t 的 2 倍：$h>r+2t$。 孔边离弯曲半径 r 中心的距离 e 应大于或等于板厚 t 的 2 倍：$e\geqslant2t$

续表

结构		图 例	说 明
机械加工	倒角	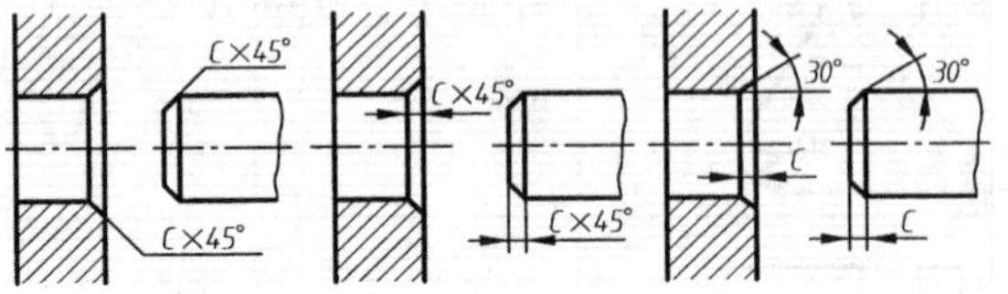	为了装配方便和操作安全，轴和孔的端部一般都加工成倒角。倒角尺寸可根据 GB 6403.4-1986 查得。尺寸标注形式：45°时为：C×45°(亦可简化为 C，如 2×45°可写成 C2)，非 45°时，则应分别注出
	倒圆	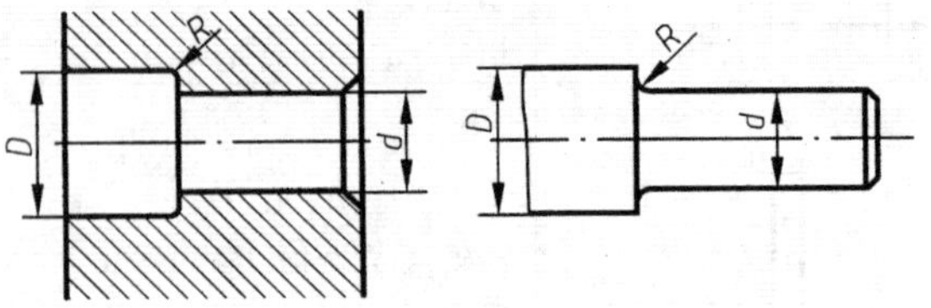	为了避免轴肩处因应力集中而出现断裂，应加工成圆角过渡。圆角半径可根据 GB 6403.4-1986 查得
	退刀槽与砂轮越程槽	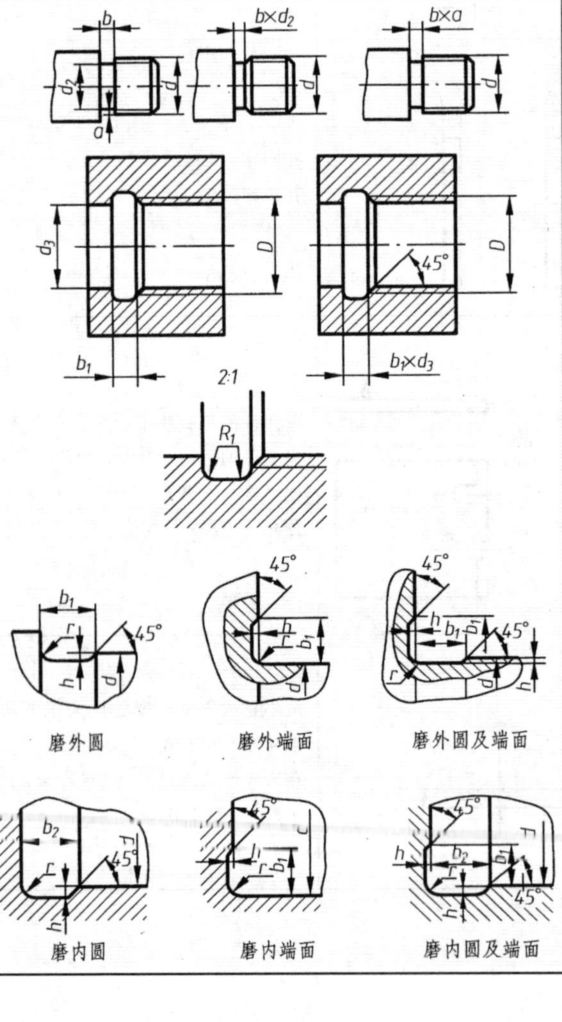 磨外圆 磨外端面 磨外圆及端面 磨内圆 磨内端面 磨内圆及端面	在进行切削或磨削加工时，为了便于退出刀具或使砂轮可稍越过加工面，不使刀具、砂轮损坏，且在装配时，能与相邻零件靠紧，在被加工零件表面凸肩处，预先加工出退刀槽或轮砂越程槽。它们的结构形状和尺寸可参阅有关标准

续表

结构		图　例	说　明
机械加工	燕尾槽	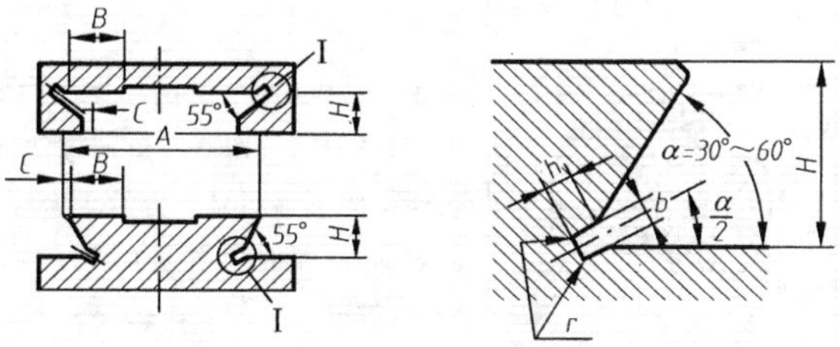	燕尾导轨要求用磨削加工，应有砂轮越程槽，尺寸及结构形状可查有关标准
	中心孔	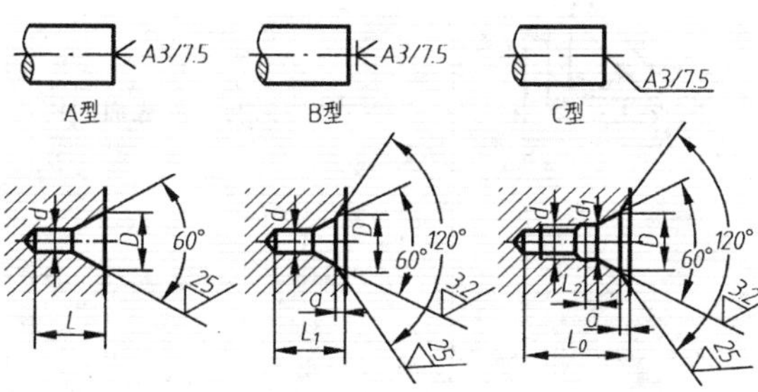	轴端须表明有无中心孔的要求，中心孔是标准的结构，在图纸上用符号表示。 左图为在完工零件上要求保留中心孔的标注示例。 中图为在完工零上不可以保留中心孔的标注示例。 右图为在完工零件上是否保留中心孔都可以的标注示例。 中心孔分A型、B型、C型三种。B型、C型有保护锥、C型带有螺孔可将零件固定在轴端。标注示例中A3/7.5表示采用A型中心孔，$d=3$、$D=7.5$。 2—B3/7.5表示两端中心孔相同
	凸台与凹坑	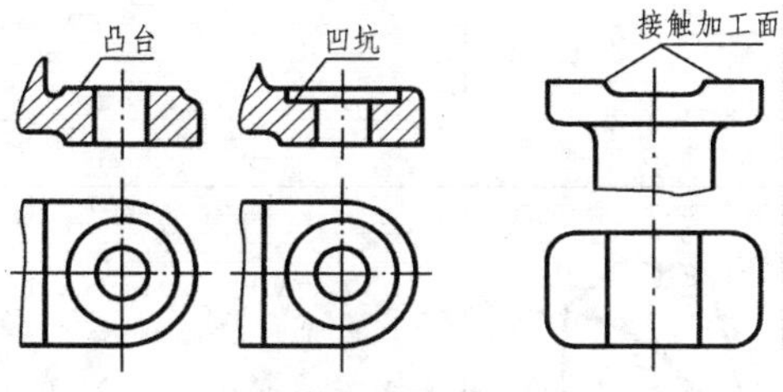	零件与零件之间的接触表面，一般均需加工，为了减少加工面，降低制造成本，应将零件设计成凸台或凹坑。这样也能提高装配性能
	钻孔	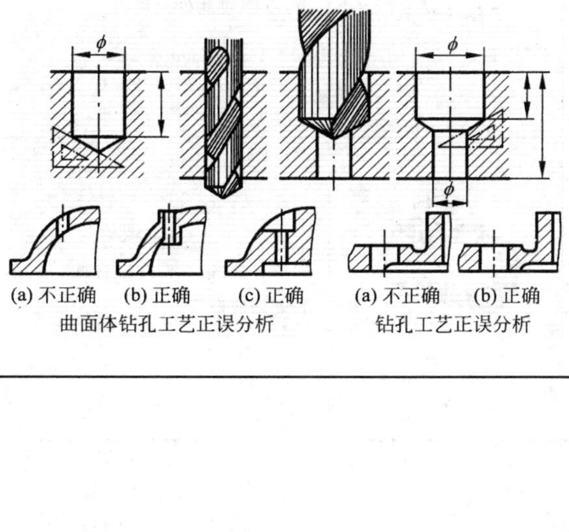(a) 不正确　(b) 正确　(c) 正确 曲面体钻孔工艺正误分析 (a) 不正确　(b) 正确 钻孔工艺正误分析	不通孔：由于钻头顶角≈120°，底部应画成120°的圆锥，此部不计入孔深，也不注尺寸。 通孔：用不同直径的钻头加工阶梯孔，在大小孔过渡处应画成锥角为120°的锥台。 钻孔时应尽量使钻头垂直于孔端表面，以防钻头歪斜、折断。一般可在钻孔前先将表面铣平、制成凸台或凹坑。同样，在钻孔过程中，尽量不使钻头单边受力

续表

结构		图　例	说　明
过渡线画法	两曲面相交	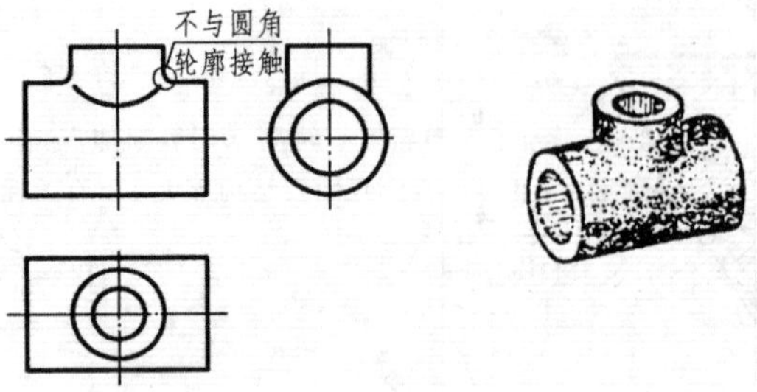	由于铸造、锻造工艺的要求，在铸件或锻件表面相交处，有铸造圆角、锻造圆角过渡，使表面交线不够明显。为了便于看图，区分不同表面，画图时仍按原有交线画出，此线称为过渡线
	两平面相交	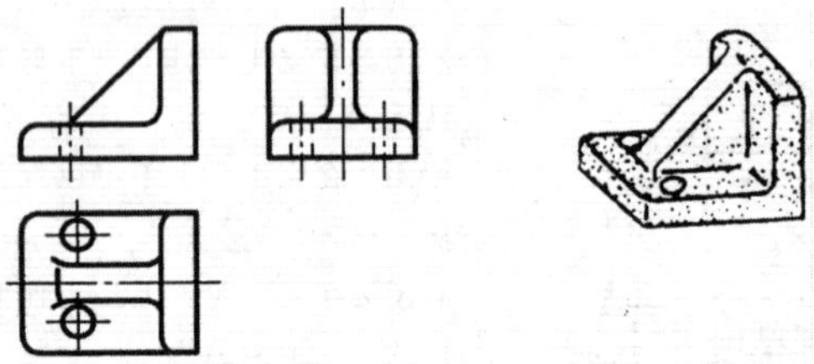	过渡线的弯向与零件表面的铸造圆角一臻
	平面与曲面相交	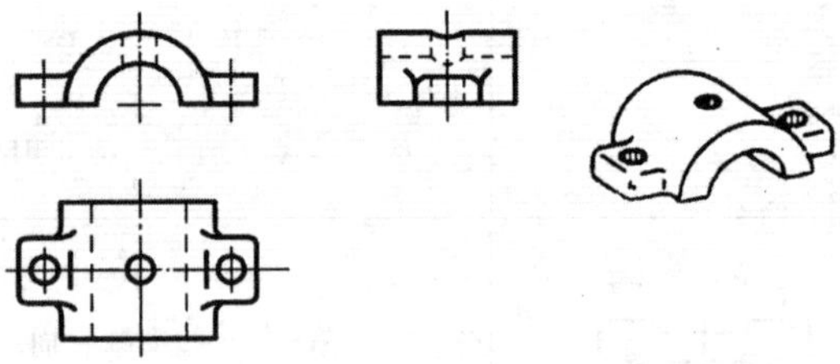	过渡线的弯向与零件表面的铸造圆角一致
	两曲面相切	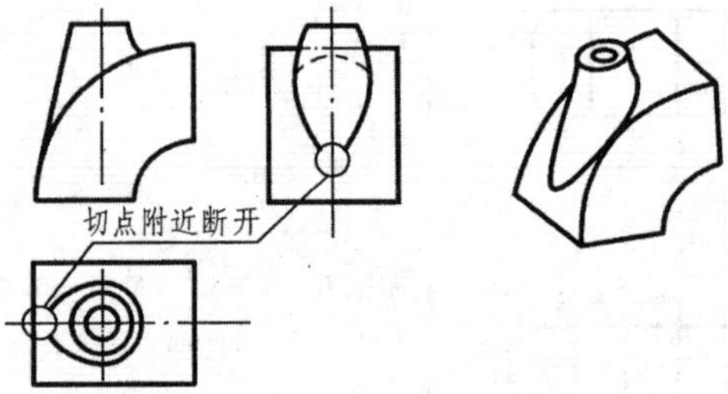	原来两交线走向应趋向切点，但由于有圆角，画图时此处应断开
	三条过濆线汇集点	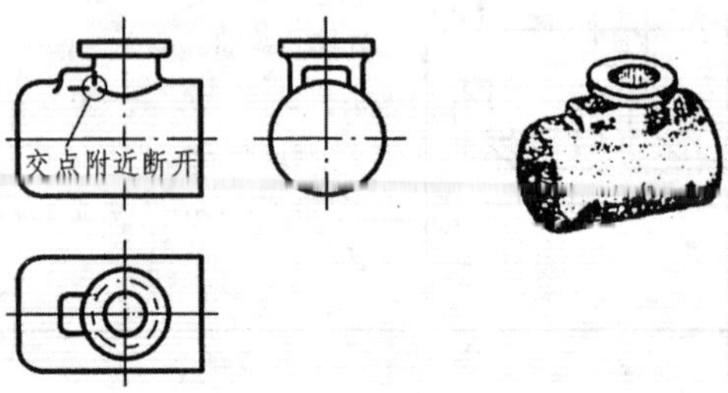	三条过渡纯线不论是直线，还是曲线、三线汇集处应断开

续表

结构		图　例	说　明
过渡线画法	筋板与圆柱组合	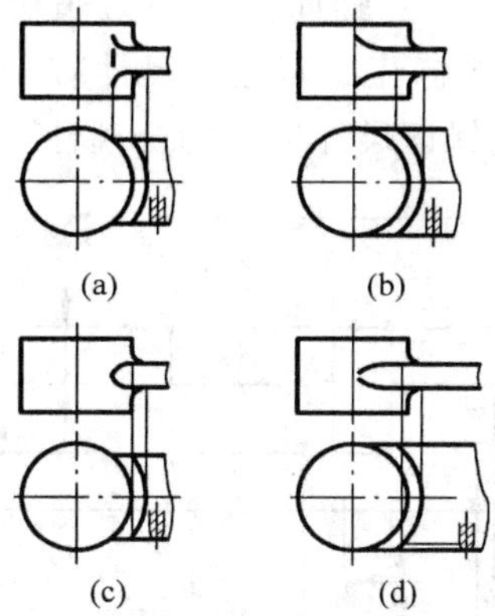	筋板与圆柱组合是零件中常见的结构。它们在圆角过渡处的画法主要取决于筋板的断面形状及筋板与圆柱面的相对位置（相交、相切），图中 a、b 断面形状为矩形，c、d 断面形状为长圆形。而 a、c 筋板与圆柱面相交，b、d 筋板与圆柱面相切
	加工面与过渡面角的关系	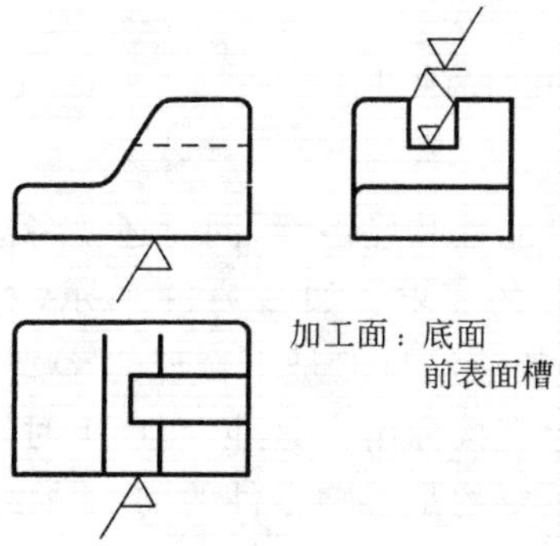	(1) 与过渡线两端相交的面，如是加工面，则过渡线画到与它相交；否则过渡线不应画到此面。 (2) 相交两面所的夹角，而尖角还是画圆角，与该两面加工与否有关；两面均不加工，应画成圆角，否则应画尖角

第四节　零件图的尺寸标注

一、标注零件尺寸的基本要求

零件图上的尺寸是制造、测量和检验零件的重要依据。因此零件图上的尺寸标注，除了满足完整、清晰和符合国家标准外，还需要注意满足零件在设计、制造、测量和检验方面的合理要求。

(一) 零件设计中的尺寸要求

零件的尺寸与零件的功用、性能有密切的关系，标注尺寸时不仅从几何角度考虑定形和定位，还应考虑这些尺寸在零件中所起的作用。零件上尺寸的作用一般可分为如下两个方面。

(1) 功能尺寸：保证零件在机构中具有正确位置和装配精度的尺寸，这类尺寸将直接影响产品的性能、工作精度和互换性。例如，零件的规格、性能尺寸、配合尺寸和与其它零件的连接和安装尺寸，以及影响零件在部件中准确位置的尺寸。这些尺寸都必须在零件图上直接标注出来，一般还应注出它们的尺寸公差和精度要求。

(2) 非功能尺寸：用来保证零件的机械性能（如强度、刚度等），满足工艺上（如退刀槽、凸台、凹坑及沟槽等）、重量上、装饰上以及使用、装拆方便等要求的尺寸。这些尺寸一般都是非配合尺寸，也不标公差（即使标注，其数值也较大）。但在标注这类尺寸时，应考虑加工顺序和测量的方便。

图 7-10 是填料压盖的尺寸注法，从图中可见，其轴向尺寸均为非功能尺寸（NF），考虑到其加工顺序和测量方便，应按图示所注的方法标注。而径向尺寸有功能（N）与非功能尺寸之分，只有分析清楚尺寸的作用，才能更好地保证尺寸标注的合理性。

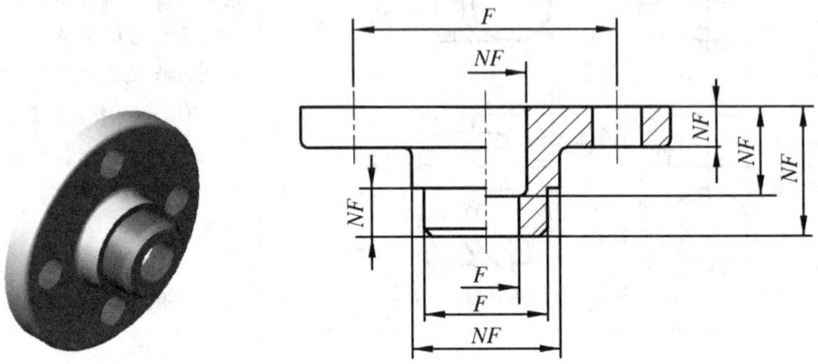

图 7-10　填料压盖的尺寸注法

（二）零件在加工、测量和检验中的要求

标注零件尺寸时，应考虑到零件加工的可能性和经济性，同时还要考虑测量的方便与准确，这样才体现了零件的制造工艺和检测工艺的要求。如图 7-11 所示，对该零件的两种尺寸注法作了分析比较，从加工工艺来看，图 a)的注法显然是不合理的，ϕ20、ϕ34 两内孔是从右端开始加工，其深度尺寸应以右端面为起点直接标出。另外，在加工时切忌通过换算求出加工尺寸，这样既容易出差错、增加工时，更重要的是影响零件的加工精度。

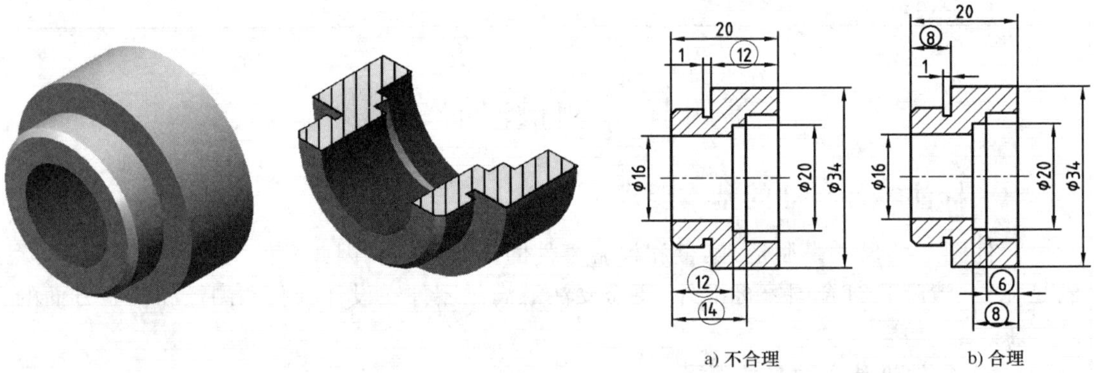

图 7-11　填料压盖的尺寸分析

二、尺寸基准及其选择

尺寸标注的合理与否，其主要因素是尺寸基准的选择合理与否。尺寸基准是指标注尺寸的起点，零件的长、宽、高三个方向都有尺寸基准。如果某个方向有几个基准时，其中必有一个为主要基准（也称设计基准），其余的为辅助基准（也称工艺基准），而辅助基准与主要基准之间应有尺寸联系。

(一) 设计基准

通常将确定零件在机器或部件中的位长置，以及保证零、部件性能的有关基准称为设计基准。

(二)工艺基准

确保制造精度或加工、测量的方便所选用的基准称为工艺基准。

为使尺寸基准既能满足设计要求，又要便于加工和测量，因此，所选择的尺寸基准应尽可能使设计基准与工艺基准重合。否则，应将对零件质量影响最大的尺寸，从设计基准出发进行标注，将其他尺寸从工艺基准出发进行标注，以利于加工和测量。

图 7-12 所示轴承座，高度方向以底面作为主要基准，以确保轴承孔的中心高。长度方向的主要基准选择左、右对称中心平面，以确保底板上螺栓孔的位置对称。宽度方向则选择轴承座的后端面为主要基准。图中还注出了顶部的螺孔深度，它是以轴承座的最高处作为基准的，此即高度方向的辅助基准，它与高度方向的主要基准之间有尺寸联系。

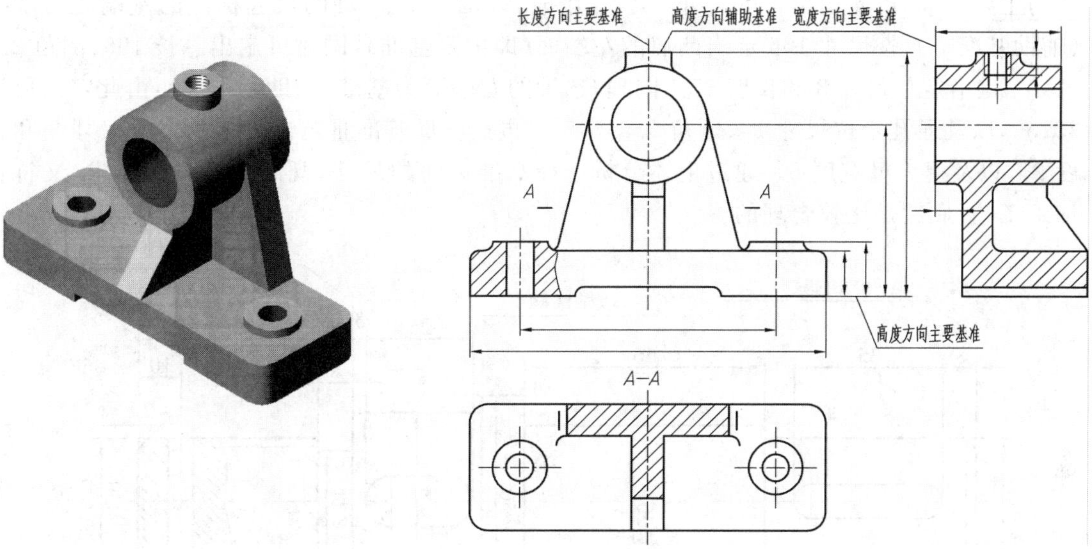

图 7-12　轴承座基准选择

图 7-13 所示为轴和轮毂上键槽深度的尺寸注法。主要考虑测量的可行性。

图 7-14 所示为轴上键槽的三种尺寸注法：

图 7-14a)是反映键槽的设计要求，包括机械强度、结构等，应如图标注 B 及 L(R 可只注半径符号 R，不注数值)。

图 7-14b)是考虑工艺，宜标注铣刀行程 e 及 R。

图 7-14c)是由于测量的因素。

严格讲，具体的结构其尺寸注法，应取决于图样的使用场合。

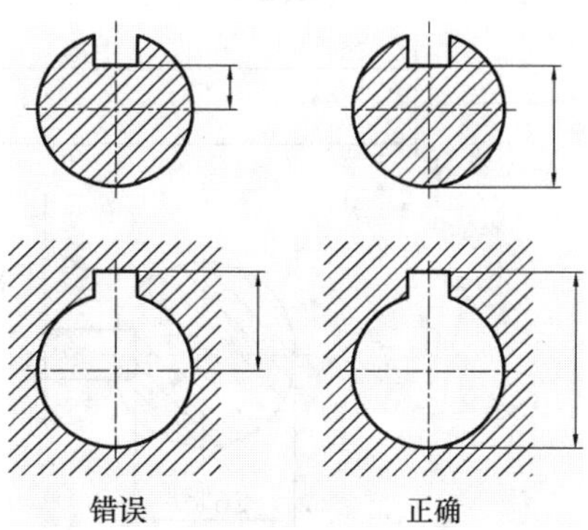

图 7-13　键槽深度尺寸注法

综上所述，尺寸基准通常选取零件的对称平面、装配结合面、重要的端面、安装面、主要孔及轴的轴线和坐标原点等。

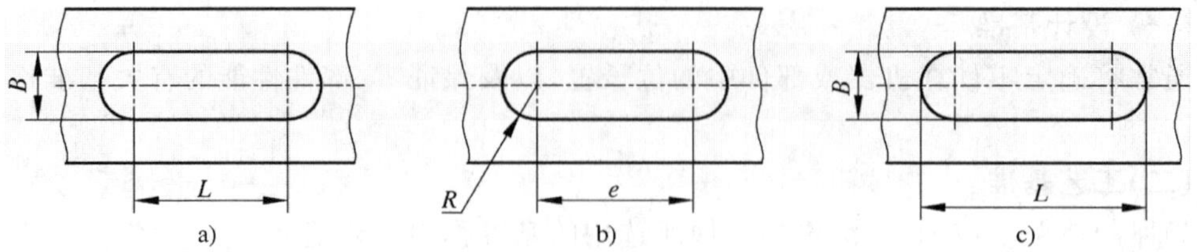

图 7-14　键槽尺寸的三种注法

三、零件尺寸标注举例

(一) 轴

图 7-15 所示的轴，从其结构分析可知：轴径ϕ 36 在工作时和轴承配合，轴的长度 56 必须保证。由此得出如下结论：凸肩ϕ 50 的左端面是与轴承的装配结合面，它应该是轴向尺寸的主要基准，由此定出长度尺寸 56。车削时，以轴图 7-15 轴的尺寸标注的左端面为基准(辅助基准工)，按尺寸 106 定出凸肩的左端面(即主要基准)，同时可定出总长 196、倒角 2.5×45°、键槽定位尺寸 8 和长度 35。同理，选轴的右端面为基准(辅助基准Ⅱ)，由此定出尺寸 80、50，以及通孔定位尺寸 10、倒角 2.5×45°。再选辅助基准Ⅲ定出键槽的定位尺寸 3 和长度 25，以及退刀槽宽度 8。通过上述分析选择基准标注的尺寸，既满足了设计要求，又符合加工工艺，显然是比较合理的。

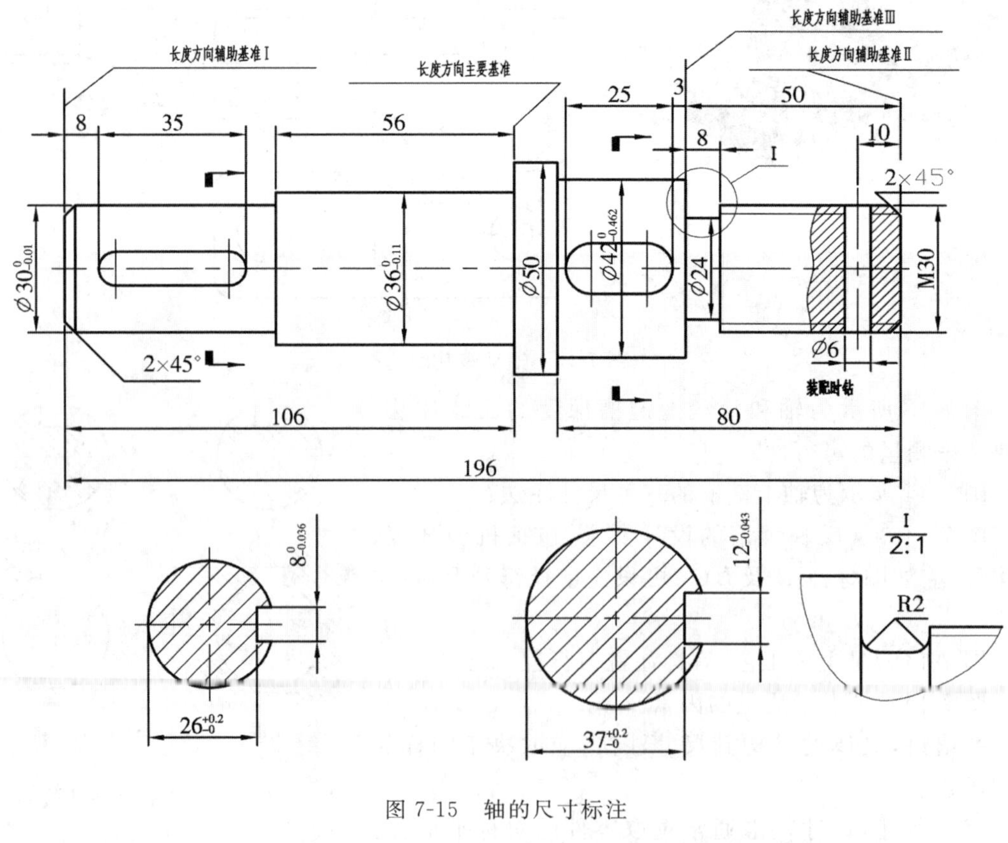

图 7-15　轴的尺寸标注

图 7-16 所示为该轴的车削加工过程(不包含键槽、孔、螺纹等其他结构的加工)。

从图 7-15 所示轴的尺寸标注中可看出有以下三种配置形式(图 7-17)。

(1) 链状注法:各尺寸首尾相连 (图 7-17a)),采用此注法时,前一段尺寸的加工误差不影响后一段尺寸的精度,但各段尺寸的误差将积累成为总尺寸上的误差。此种注法只适用于当零件上要求保证一排孔的中心距时才使用。

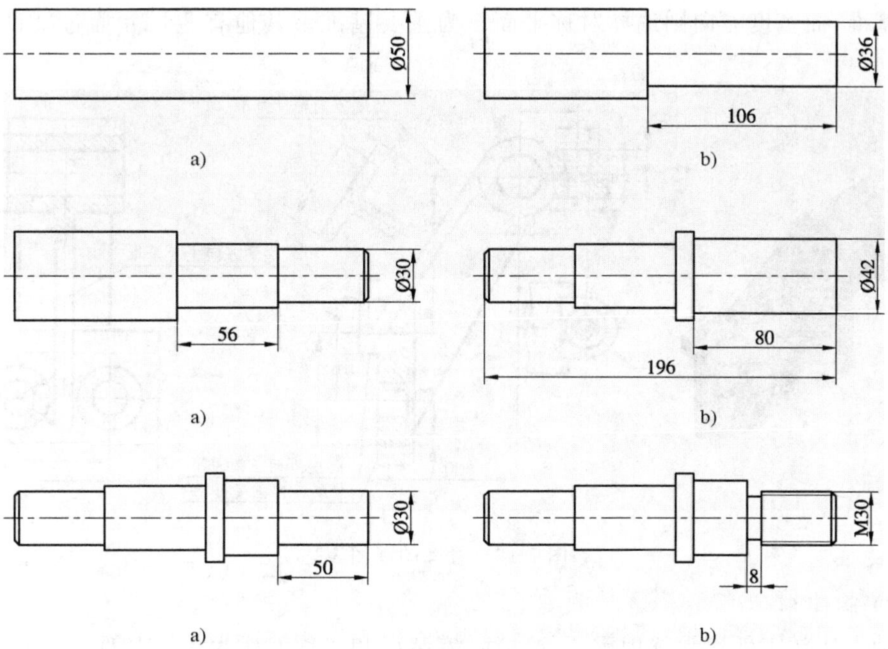

图 7-16　轴的车削步骤

(2) 坐标注法:各尺寸出自同一基准(图 7-17b)),采用此注法时,其中任一尺寸的加工误差只影响本尺寸段的精度,不受其他尺寸段的影响。此法仅适用于出自同一基准的一组精确尺寸的场合。

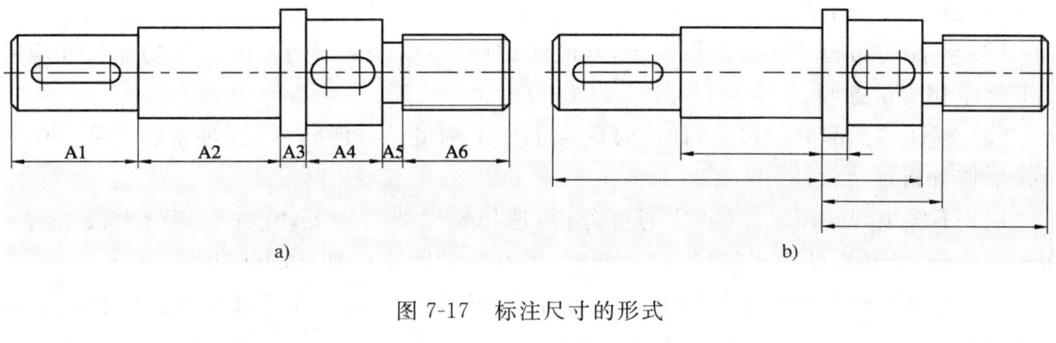

图 7-17　标注尺寸的形式

(3) 综合注法:上述两种形式的综合应用(图 7-15)。它具有上述两种形式的优点,能适应零件的设计要求和工艺要求,所以这种方式被普遍采用。

图 7-17a)所示的尺寸注法中,还提出了如下一个概念:“封闭尺寸链”。称每段尺寸为“一环”,图中注法是一环接一环,$A1$,$A2$,…,$A6$、L,每个尺寸首尾相接封闭成圈,称为封闭尺寸链。链中任一环的尺寸公差,都将受其他各环尺寸误差的影响(同样该环也会影响其他环),因此,零件图上不允许将尺寸注成封闭尺寸链。一般将不重要的那个尺寸空出不注,此环称为“开口环”。其他各环的尺寸误差都积累到此环上,但并不影响零件的质量。

（二）拨叉

图 7-18 所示的拨叉是较典型的叉架类零件，其右下部分是一 L 形安装板，左上部是一夹紧其他零件的结构，两结构之间由 T 字形筋板连接。此类零件通常选择安装基面或对称平面作为主要基准。如图中所示：长度和高度方向分别选择安装基面的两个互相垂直面作为主要基准，而宽度方向则选择对称平面作为主要基准。其他有些尺寸通过辅助基准进行标注。

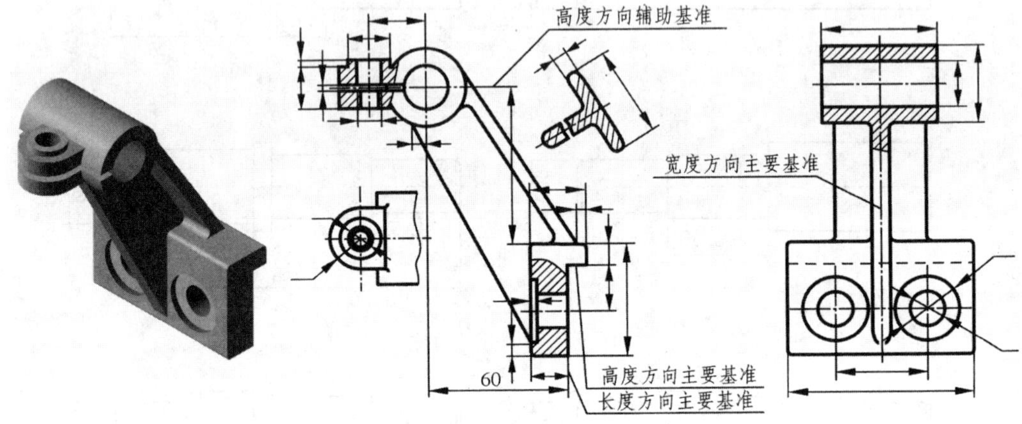

图 7-18　拨叉的视图表达

（三）阀体

这种壳体类零件通常选用重要的轴线、安装面和对称面作为主要基准。如图 7-19 所示的阀体，其高度方向选用内腔的公共回转轴线为主要基准，长度方向以左端结合面为主要基准，宽度方向以前后对称面为主要基准。

综上所述，在标注零件的尺寸时，需要注意下述几点：

（1）要对零件的功能及结构进行仔细分析，合理选择尺寸基准，使所注尺寸能满足设计要求，又便于加工测量。

（2）零件的功能尺寸应直接注出，不应经过换算，以保证制造精度。非功能尺寸应考虑加工顺序和测量方便。

（3）零件加工部分的尺寸，标注时应考虑加工测量的方便与可能，对非加工部分的尺寸可按形体分析逐个标注。

（4）不应出现封闭尺寸链，应通过分析，选择精度要求较低，允许出现最大误差的一环作为开口环，此环在图上不注尺寸（必要时，可在尺寸数字外加半圆弧括号）。

（5）零件上与其他零件装配连接的尺寸，其基本尺寸和尺寸基准与连接零件的相应尺寸应一致。

四、零件常见结构要素的尺寸注法

（一）尺寸的简化表示法

机件的大小靠尺寸来表示，尺寸标注作为一种方法，在保证不致引起误解和不会产生理解的多意性的前提下，应力求制图简便，尺寸注法应允许简化。

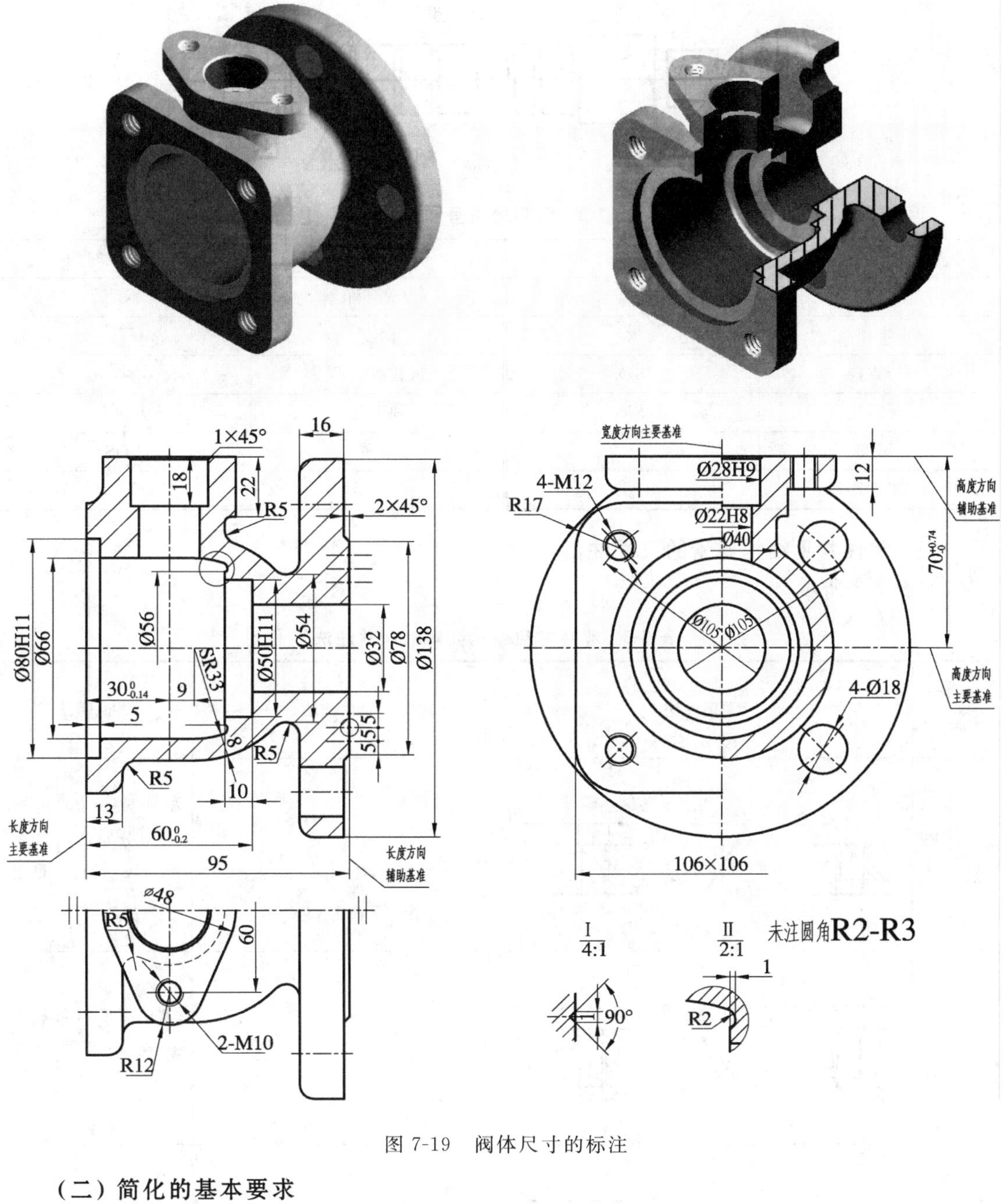

图 7-19　阀体尺寸的标注

(二) 简化的基本要求

(1) 若图样中的尺寸和公差全部相同或某个尺寸和公差占多数时，可在图样空白处作总的说明，如，“全部倒角 $C2$”、“其余圆角 $R3$”等。

(2) 对于尺寸相同的重复要素，可仅在一个要素上注出其尺寸和数量，如图 7-20 所示。

(3) 标注尺寸时，应尽可能使用符号和缩写词，常用的符号和缩写词见表 7-2 所示。

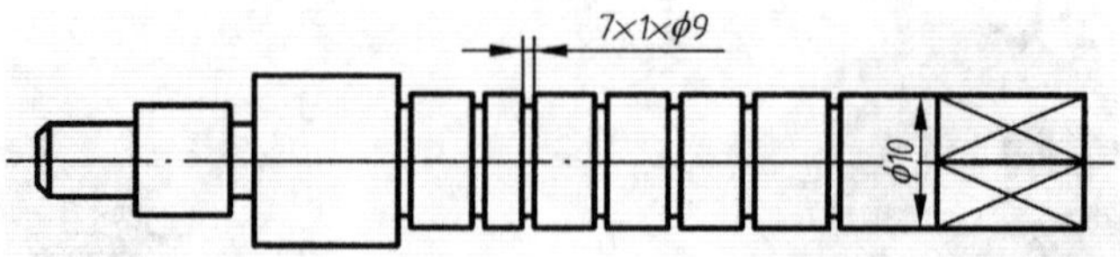

图 7-20

表 7-2　常用的符号和缩写词

名　称	符号或缩写词	名　称	符号或缩写词
直径	ϕ	45°倒角	C
半径	R	深度	↧
球直径	$S\phi$	沉孔或锪平	⌴
球半径	SR	埋头孔	√
厚度	t	均布	EQS
正方形	□		

(三)零件常见结构要素的尺寸注法

如表 7-3 所示。

表 7-3　零件常见结构要素的尺寸注法

零件结构类型		常用注法	简化注法	说明
螺孔	通孔	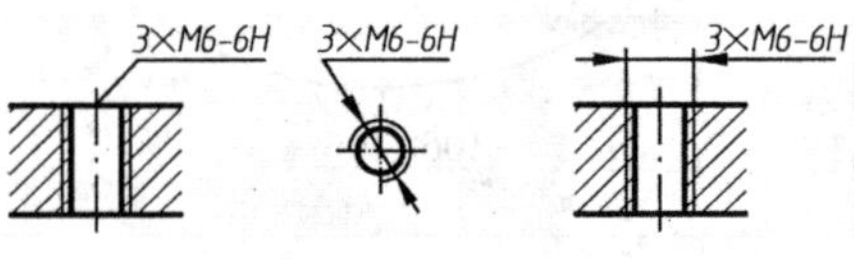		3-M6 表示直径为 6，均匀分布的三个螺孔。可以旁注，也可以直接注出
	不通孔	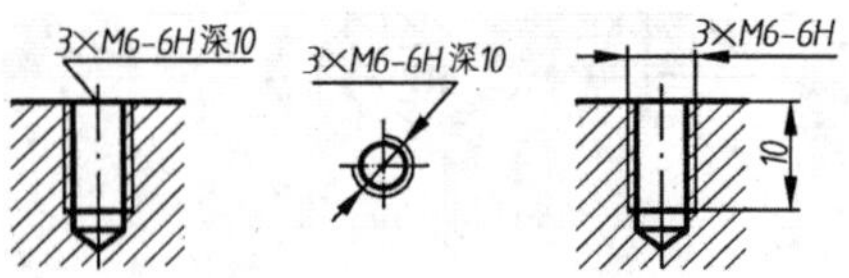		螺孔深度与可螺直径连注；辄可分开注出
	不孔通	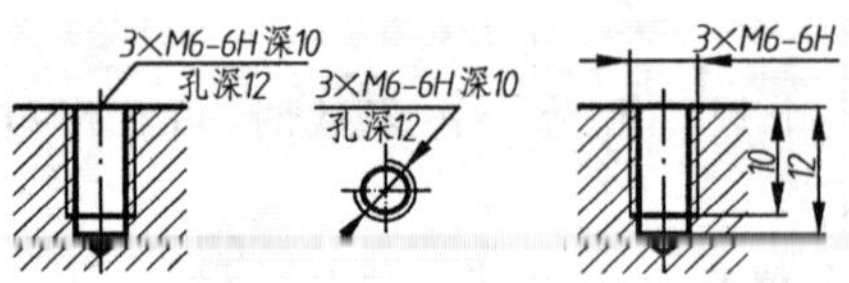		需要注出孔深时，应明确标注孔深尺寸

续表

零件结构类型		常用注法	简化注法	说明
光孔	一般孔	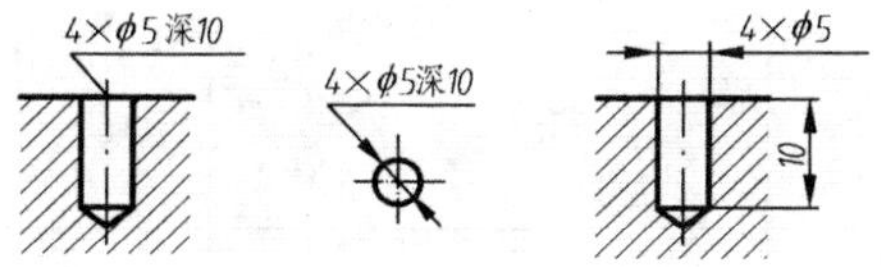	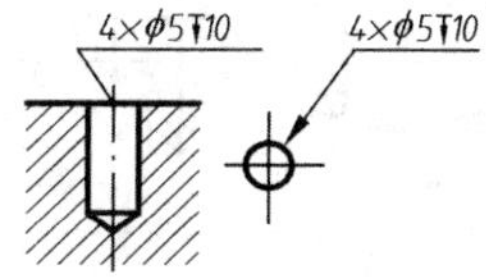	4×ϕ5 表示直径为 5 均匀分布的四个光孔，孔深可与孔径连注；也可以分开注出。各类孔可采用旁注和符号相结合的方法标注
	精加工孔	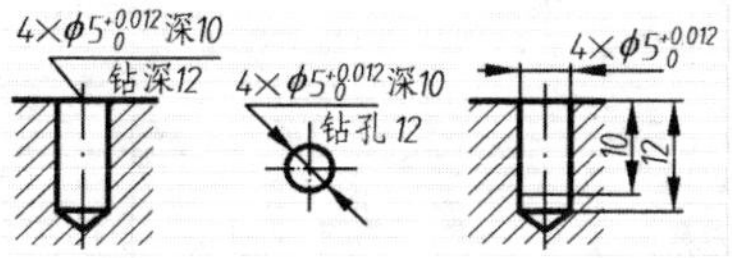		光孔深为 12，钻孔后需精加工至ϕ $5^{+0.012}_{0}$深度为 10
	锥销孔	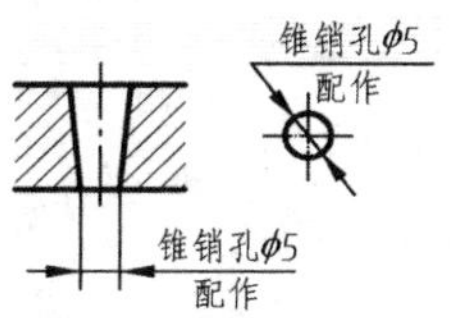	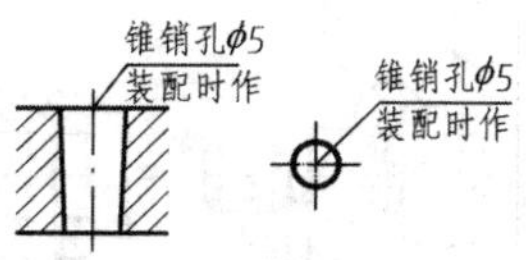	ϕ5 为与锥销孔相配的圆锥销小头直径(公称直径)。 锥销孔通常是相邻两零件装在一起时加工的
沉孔	埋头孔		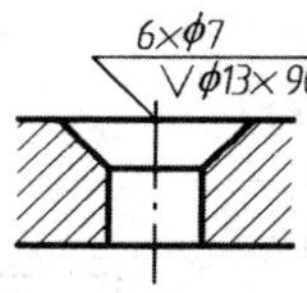	6×ϕ7 表示直径为 7 均匀分布的六个孔。锥形都尺寸可以旁注，也可直接注出
	沉孔	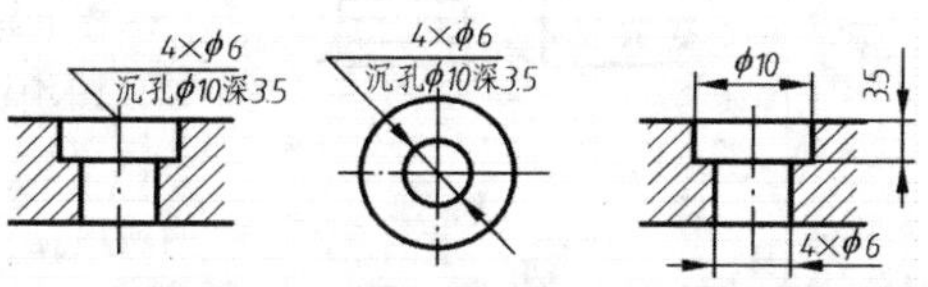	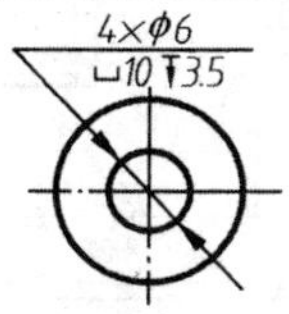	柱形沉孔的小直径为ϕ 6，大直径为ϕ10，深度为 3.5，均需标注
	锪平	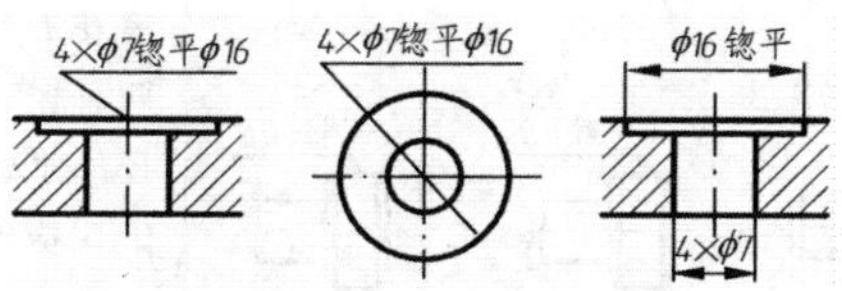	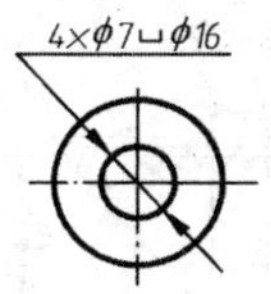	锪平面ϕ 16 的深度不需标注，一般锪平到不出现毛面为止
键槽	平键键槽	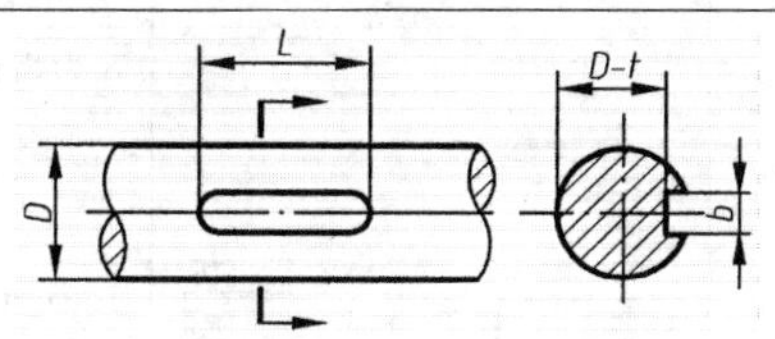		这样标注便于测量
	平面键键槽	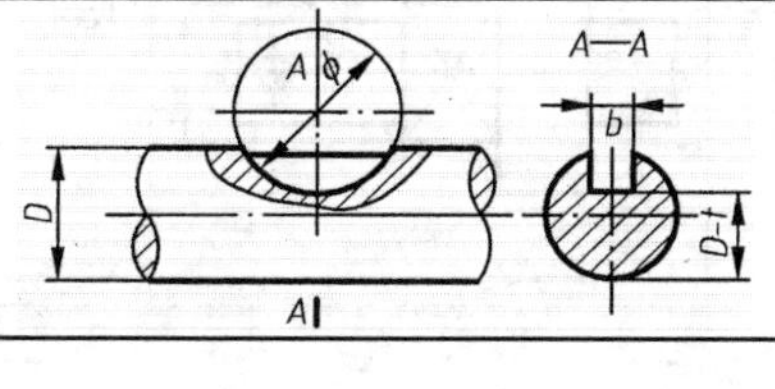		这样标注便于选择铣刀(铣刀直径为ϕ)及测量

续表

零件结构类型	常用注法	简化注法	说明
锥轴、锥孔	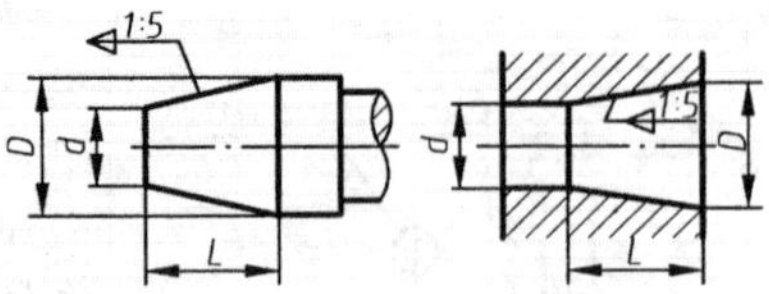		当锥度要求不高时，这种标注便于制造木模
	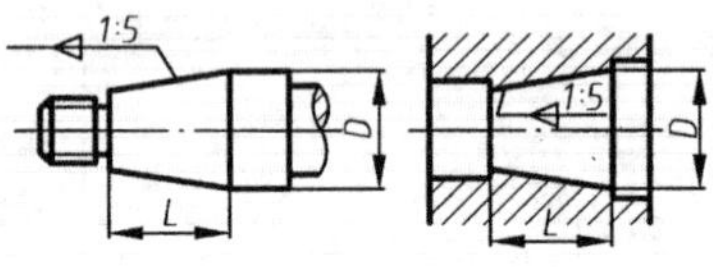		当锥度要求准确并为保证一端直径尺寸时，这种标注便于测量和加工。符号“◁”方向应与锥度的方向一致
退刀槽	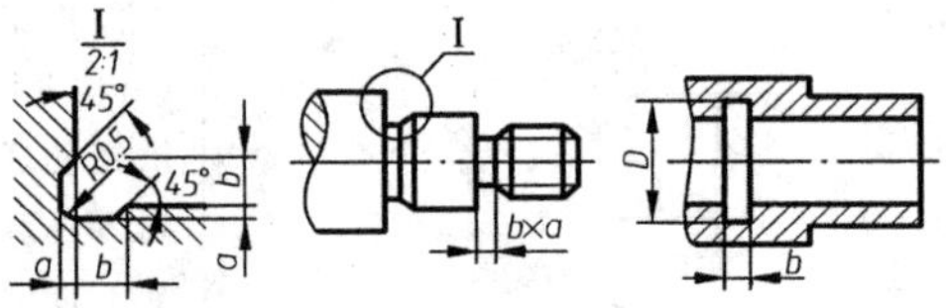		这种标注便于选择退刀槽，退刀槽宽度应直接注出，直径 *D* 可直接注出；也可注出切入深度 *a*。详见表 11-1
倒角	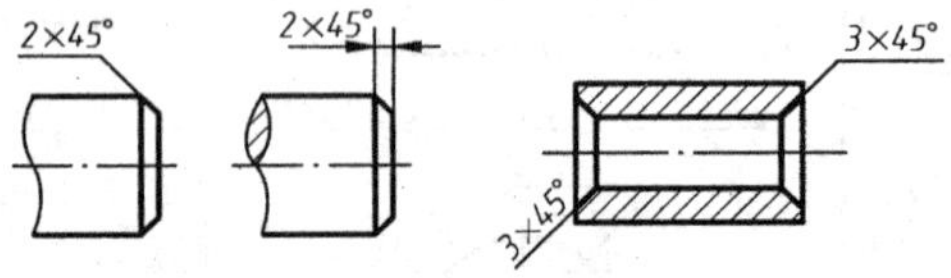	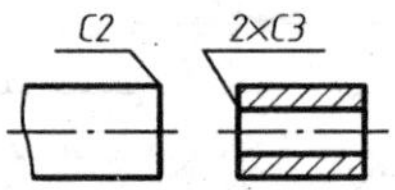	倒角 45°时，可与倒角的轴向尺寸 *C* 连注；倒角不是 45°时，要分开标注。在不致引起误解时，零件图中的倒角可不画。2×C2 表示两端均有
滚花	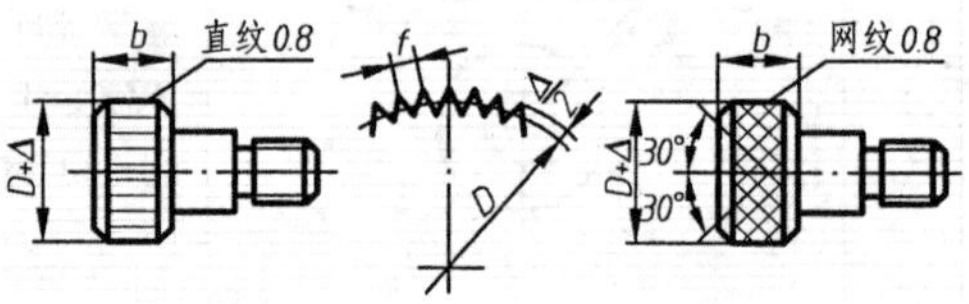	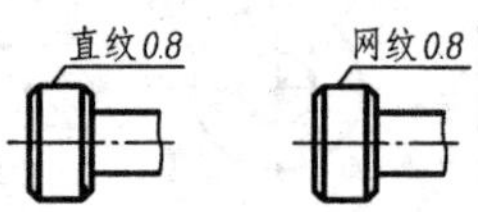	滚花有直纹与同纹两种瓢注形式。直径尺寸滚花前为 *D*，滚花应为 *D*＋Δ，Δ 为齿深，旁注中的 0.8 为齿的节距 *f*
平面	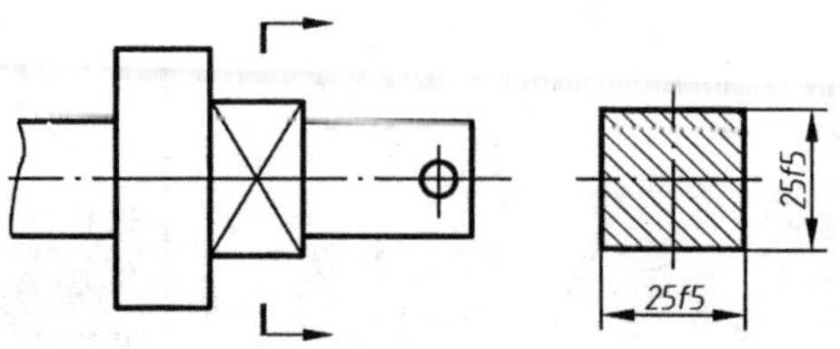	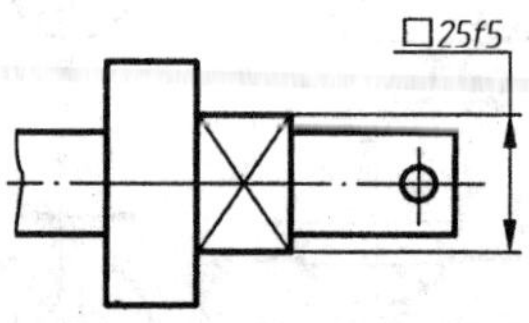	标注正方形的结构尺寸时，可在正方形边长尺寸数字前加注“□”符号

续表

零件结构类型		常用注法	简化注法	说明
系列孔	直线分布	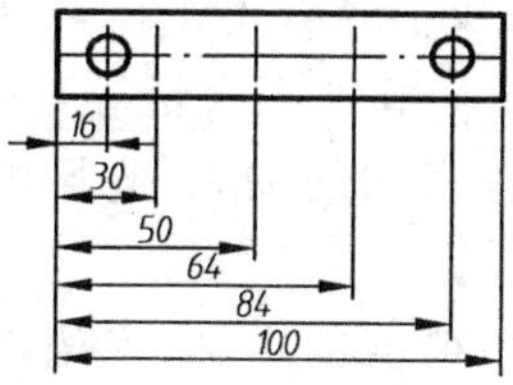	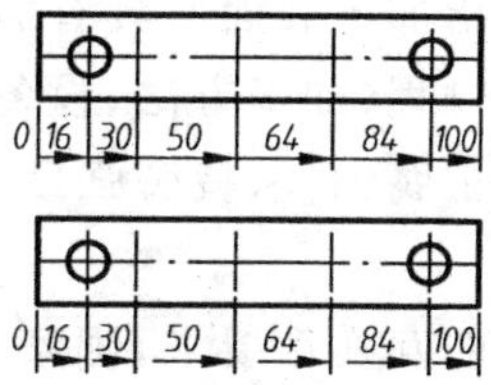	从同一基准出发的尺寸可按简化注法的形式标注
	圆周分布	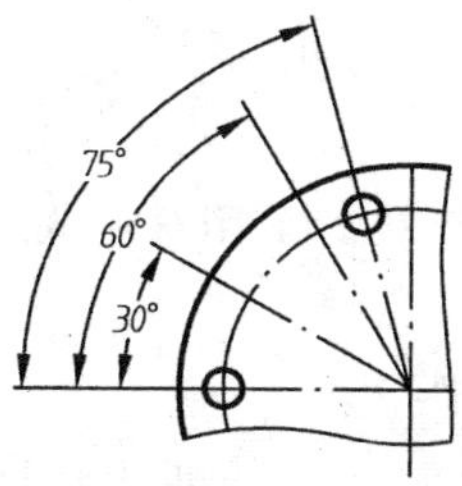	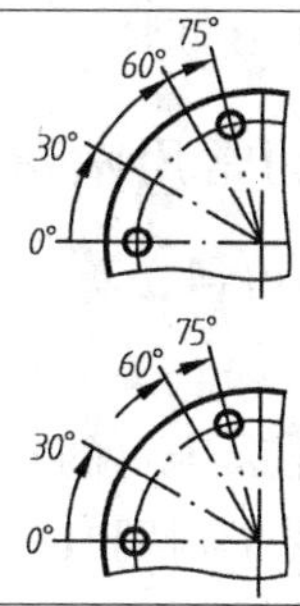	
圆弧半径		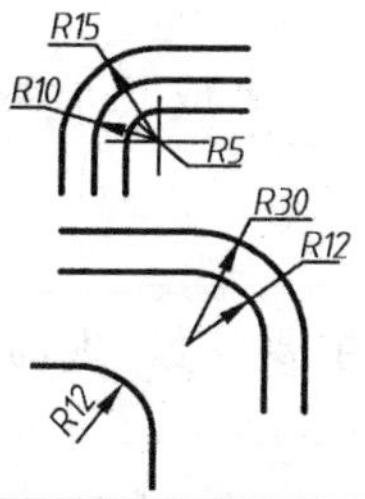	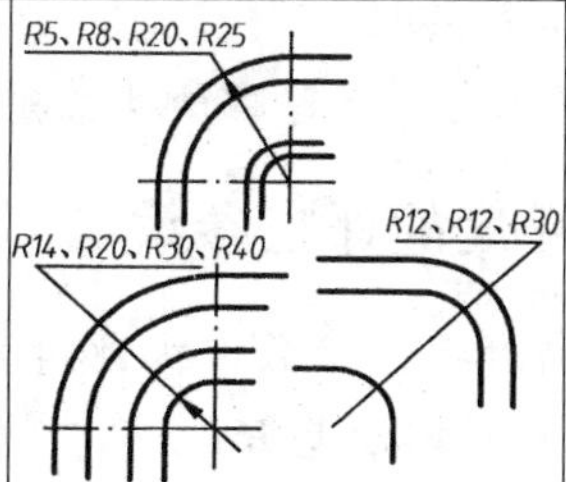	一组同心圆弧或圆心位于一条直线上的多个不同心圆弧的尺寸,可用共用的尺寸线箭头依次表示
同心圆、台阶孔		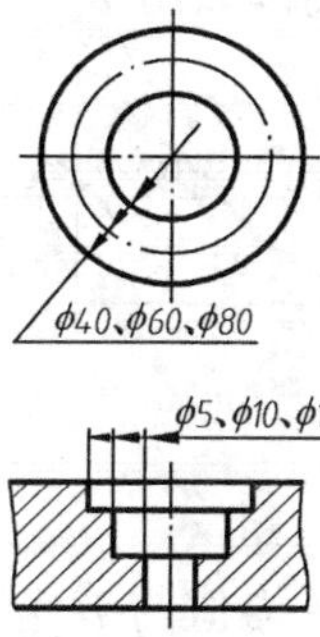	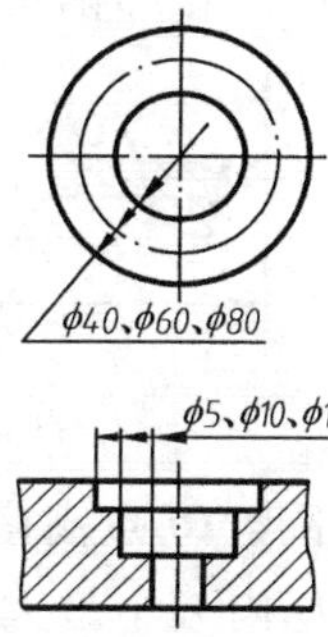	一组同心圆或尺寸较多的台阶孔的尺寸,可用共用的尺寸线和箭头依次表示
阶梯轴		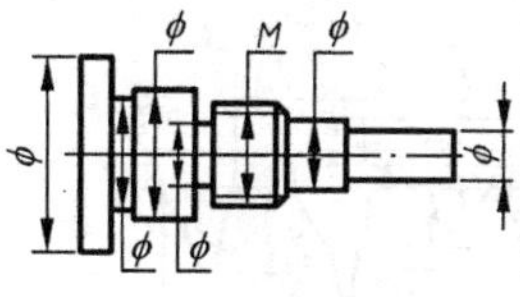	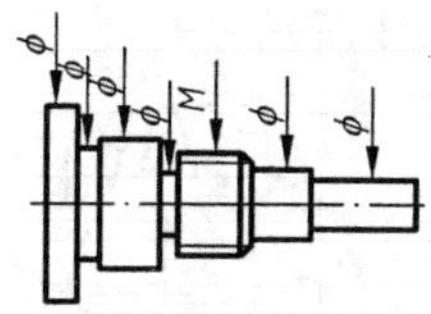	标注尺寸,可采用带箭头的指引线
		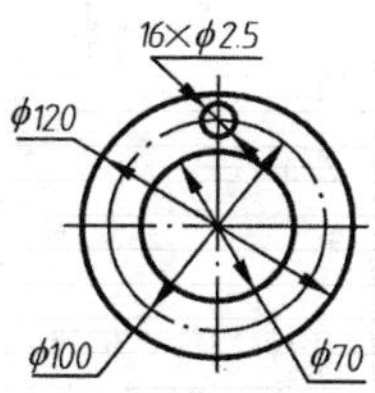	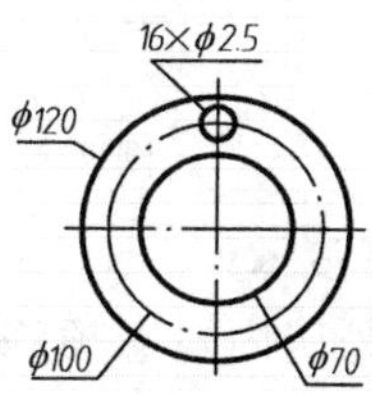	标注尺寸时,也可采用不带箭头的指引线,但指引线必须指向圆心

第五节　表面粗糙度、镀涂和热处理代(符)号及其标注

表面粗糙度是指加工表面所具有的较小间距和微小峰谷不平度，这种微观几何形状一般是由零件的加工过程(加工方法、设备、加工纹理方向和加工余量等)决定的。它对零件的配合性质、耐磨性、抗腐蚀性、疲劳强度及密封性等有密切的关系，它影响零件、机器的工作性能和使用寿命。

为了满足零件的互换性要求，国家标准对表面粗糙度的定义、术语、代(符)号及标准都作了统一的规定(详见 GB/T131—93)，它能较全面地反映零件的表面质量。

一、表面粗糙度的常用术语

(1) 基准线 OX：用以评定表面粗糙度参数的给定线。采用被测表面轮廓的中线作为基准线。

(2) 轮廓偏距 Y：轮廓线上的点与基准线之间的距离。

(3) 取样长度 L：用于判别具有表面粗糙度特征的一段基准线长度。取样长度的值规定在轮廓总的走向上量取。

(4) 评定长度 L_n：评定轮廓所必需的长度。它包括一个或几个取样长度。

二、表面粗糙度的评定参数

规定了三项高度特性参数作为评定表面粗糙度的主要参数，现简介如下。

(一) 轮廓算术平均偏差 *Ra*

Ra 是在取样长度 L 内轮廓偏距绝对值的算术平均值，如图 7-21 所示。

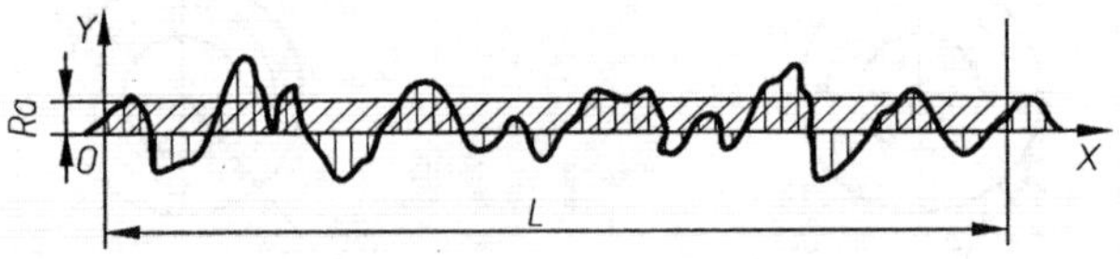

图 7-21　轮廓算术平均偏差

(二) 轮廓微观不平度 10 点高度 *Rz*

Rz 是在取样长度 L 内五个最大的轮廓峰高 Y_p 的平均值与五个最大的轮廓谷深 Y_v 的平均值之和，如图 7-22 所示。

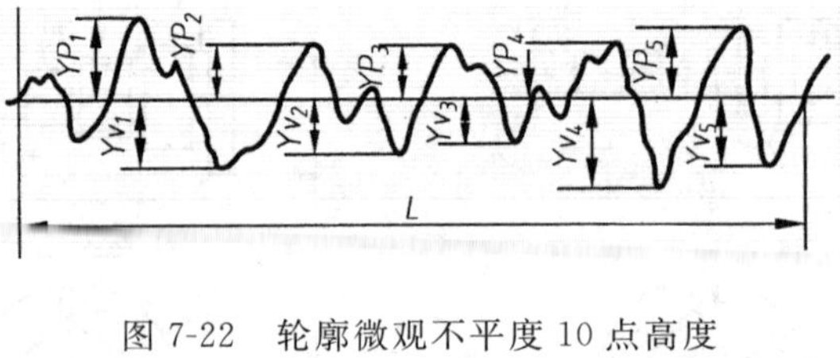

图 7-22　轮廓微观不平度 10 点高度

(三) 轮廓最大高度 *Ry*

Ry 是在取样长度 L 内轮廓顶峰线轮廓谷底线之间的距离，如图 7-23 所示。

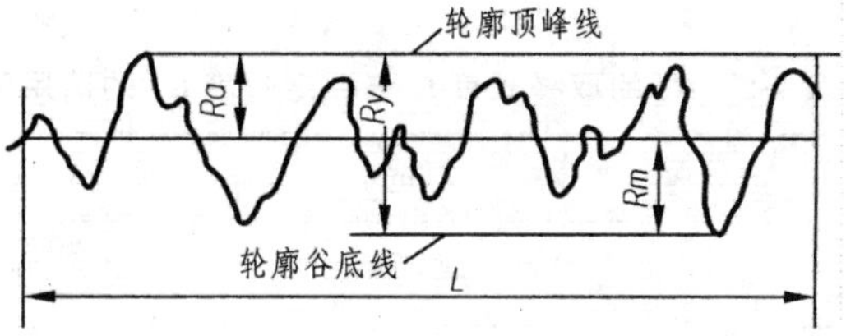

图 7-23　轮廓最大高度

规定轮廓算术平均偏差 R_a 为主参数，推荐优先采用。表 7-4 列出了 R_a 的数值，常用的参数值范围为(0.025～6.3)μm。在测量 R。时，推荐表 7-5 选用相应的取样长度值。

三、表面粗糙度的选择

选择表面粗糙度时，主要是满足零件表面的功能要求，但也要考虑经济性。具体选择时，可参考一些成熟的产品，用类比法确定。

表面粗糙度的选择原则如下：

(1) 在满足表面功能要求的前提下，尽量选用较大的表面粗糙度参数值。

(2) 工作表面比非工作表面的表面粗糙度参数值要小。

(3) 摩擦表面比非摩擦表面的粗糙度参数值要小；滚动摩擦表面比滑动摩擦表面的粗糙度参数值要小；运动速度高，单位压力大的摩擦表面比运动速度低，单位压力小的摩擦表面的粗糙度参数值要小。

表面粗糙度的选择原则如下：

(1) 在满足表面功能要求的前提下，尽量选用较大的表面粗糙度参数值。

表 7-4　轮廓算术平均偏差 R_a 的数值

第 1 系列	第 2 系列	第 1 系列	第 2 系列	第 1 系列	第 2 系列	第 1 系列	第 2 系列
	0.008						
	0.010						
0.012			0.125		1.25	12.5	
	0.016		0.160	1.60			16.0
	0.020	0.20			2.0		20
0.025			0.25		2.5	25	
	0.032		0.32	3.2			32
	0.040	0.40			4.0		40
0.050			0.50		5.0	50	
	0.063		0.63	6.3			63
	0.080	0.80			8.0		80
0.100			1.00		10.0	100	

优先选用第 1 系列。

表 7-5　R_a 的取样长度 L 与评定长度 L_n 的选用值

$R_a/\mu m$	L/mm	$L_n(L_n=5l)$/nm
≥0.008～0.002	0.08	0.4
>0.02～0.1	0.25	1.25
>0.1～2.0	0.8	4.0
>2.0～10.0	2.5	12.5
>10.0～30.0	8.0	40.0

(2) 工作表面比非工作表面的表面粗糙度参数值要小。

(3) 摩擦表面比非摩擦表面的粗糙度参数值要小；滚动摩擦表面比滑动摩擦表面的粗糙度参数值要小；运动速度高、单位压力大的摩擦表面比运动速度低、单位压力小的摩擦表面的粗糙度参数值要小。

(4) 受交变载荷的零件及易引起应力集中的圆角、沟槽，其表面粗糙度参数值要小。

(5) 配合性质相同，件尺寸小的比大的粗糙度参数值要小；相同公差等级，小尺寸比大尺寸、轴比孔的表面粗糙度参数值要小。

(6) 配合性质要求高的、配合间隙小的和要求连接可靠、受重载的过盈配合表面，应取较小的表面粗糙度参数值。

(7) 一般情况下，尺寸公差和表面形状精度高的表面，其表面粗糙度要求也高。但尺寸公差、形状公差之间并不存在确定的函数关系，只是有一定的对应关系。设表面形状公差值为 T，尺寸公差值为 IT，它们有如下的对应关系：

若：$T\leqq 0.6IT$，则：$R_a\leqslant 0.05\ IT$；

$T\leqq 0.4IT, R_a\leqslant 0.025IT$；

$T\leqq 0.25IT, R_a\leqslant 0.012IT$；

$T<0.25IT, R_a\leqslant 0.15IT$。

不同的加工方法可得到不同的 R_a 值，如表 7-6 所示。

表 7-6　表面粗糙度 R_a 值与加工方法的选择参考表

主要分类	加工方法名称	$R_a/\mu m$													
		0.006	0.012	0.025	0.05	0.1	0.2	0.4	0.8	1.6	3.2	6.3	12.5	25	50
成形	砂型铸造												—	—	—
	压力铸造								—	—	—	—	—	—	
	精密铸造								—	—	—	—			
变形	模锻								—	—	—	—	—	—	
	挤压								—	—	—	—	—	—	
	辊压						—	—	—	—	—	—	—	—	

续表

主要分类	加工方法名称	$R_a/\mu m$													
		0.006	0.012	0.025	0.05	0.1	0.2	0.4	0.8	1.6	3.2	6.3	12.5	25	50
分割	车						—	—	—	—	—	—	—	—	
	刨						—	—	—	—	—	—	—	—	
	插							—	—	—	—	—	—	—	
	刮						—	—	—	—	—	—	—	—	
	钻						—	—	—	—	—	—	—	—	
	镗				—	—	—	—	—	—	—	—	—		
	铣						—	—	—	—	—	—	—	—	
	拉削						—	—	—	—	—	—	—	—	
	锉						—	—	—	—	—	—	—	—	
	磨		—	—	—	—	—	—	—	—	—	—	—		
	抛光		—	—	—	—	—								
	滚光			—	—	—									
	珩磨		—	—	—	—	—	—							
	研磨		—	—	—	—	—	—							
	火焰切割											—	—	—	—

四、表面粗糙度的代(符)号

图样上表示零件表面粗糙度的符号如表 7-7、表 7-8 所示。

表 7-7　表面粗糙度的符号

符号名称	符号	含义
基本图形符号	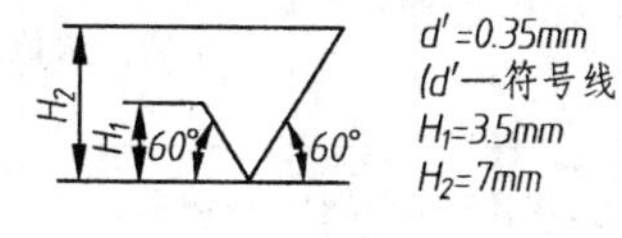	未指定工艺方法的表面，当通过一个注释解释时可单独使用
扩展图形符号		用去除材料方法获得的表面；仅当其含义是“被加工表面”时可单独使用
		不去除材料的表面，也可用于表示保持上道工序形成的表面，不管这种状况是通过去除或不去除材料形成的
完整图形符号	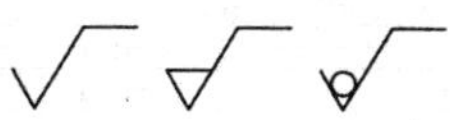	在以上各种符号的长边上加一横线，以便注写对表面结构的各种要求

注：当表中 d'、H_1 和 H_2 的大小是当图样中尺寸数字高度选取 $h=3.5mm$ 时按 GB/T 131—2006 的相应规定给定的。表中 H_2 是最小值，必要时允许加大。

当在图样某个视图上构成封闭轮廓的各表面有相同的表面粗糙度要求时，在完整图形符号上家一圆圈，标注在图样中工件的封闭轮廓线上，如图 7-24 所示。

五、表面粗糙度在图形符号中的注写位置

表面粗糙度数值及有关规定在符号中注写位置如图 7-25 所示。

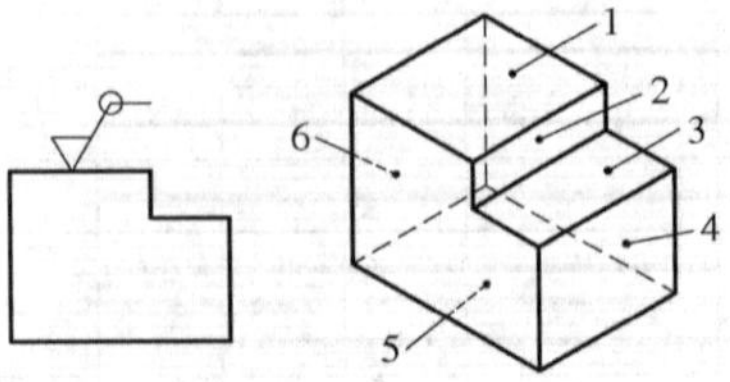

图 7-24　对图形中封闭轮廓的六个面的共同粗糙度要求(不包括前后面)

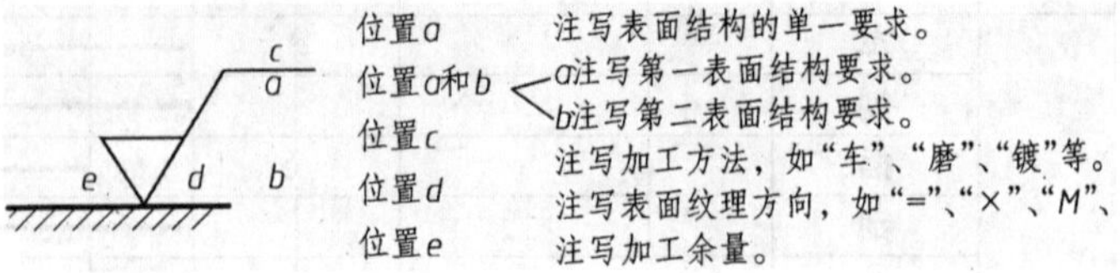

图 7-25　表面粗糙度要求的注写位置

六、表面粗糙度的符号示例

表面粗糙度的符号示例如表 7-8 所示。

表 7-8　表面粗糙度的符号示例

No.	代号示例	含义/解释	补充说明
1	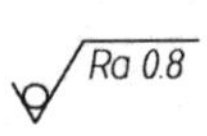	表示不允许去除材料，单向上限值，默认传输带，R 轮廓，算术平均偏差 0.8μm，评定长度为 5 个取样长度(默认)，“16%规则”(默认)。	参数代号与极限值之间应留空格(下同)，本例未标注传输带，应理解为默认传输带，此时取样长度可由 GB/T 10610 和 GB/T 6062 中查取
2	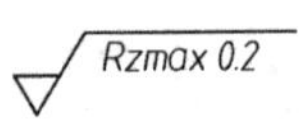	表示去除材料，单向上限值，默认传输带，R 轮廓，粗糙度最大高度的最大值 0.2μm，评定长度为 5 个取样长度(默认)，“最大规则”。	示例 No.1～No.4 均为单向极限要求，且均为单向上限值，则均可不加注“U”，若为单向下限值，则应加注“L”
3	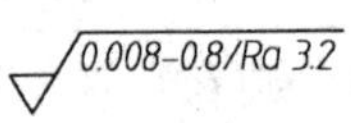	表示去除材料，单向上限值，传输带 0.008～0.8mm，R 轮，算术平均偏差 3.2μm，评定长度为 5 个取样长度(默认)，“16%规则”(默认)	传输带“0.008～0.8”中的前后数值分别为短波和长波滤波器的截止波长(λ_s－λ_c)，以示波长范围。此时取样长度等于 λ_c，即 l_r＝0.8mm
4	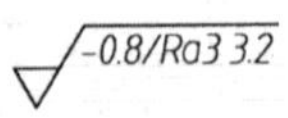	表示去除材料，单向上限值，传输带，根据 GB/T 6062，取样长度 0.8mm(λ_s 默认 0.0025mm)，R 轮廓，算术平均偏差 3.2μm，评定长度包含 3 个取样长度。“16%规则”(默认)	传输带仅注出一个截止波长值(本例 0.8 表示 λ_c 值)时，另一截止波长值 λ_s 应理解为默认值，由 GB/T 6062 中查知 λ_s＝0.0025mm
5		表示不允许去除材料，双向极限值，两极限值均使用默认传输带，R 轮廓，上限值：算术平均偏差 3.2μm，评定长度为 5 个取样长度(默认)，“最大规则”，下限值：算术平均偏差 0.8μm，评定长度为 5 个取样长度(默认)，“16%规则”(默认)。	本例为双向极限要求，用“U”和“L”分别表示上限值和下限值。在不致引起歧义时，可不加注“U”、“L”。

七、表面粗糙度的代(符)号在图样中的注法

(1) 表面粗糙度要求对每一表面一般只注一次,并尽可能注在相应的尺寸及其公差的同一视图上。除非另有说明,所标注的表面粗糙度要求是对完工零件表面的要求。

(2) 表面粗糙度的注写和读取方向与尺寸的读取方向一致。表面粗糙度要求可标注在轮廓线上,其符号应从材料外指向并接触表面(图 7-26)。必要时,表面粗糙度也可用带箭头或黑点的指引线引出标注(图 7-27)。

(3) 在不致引起误解时,表面粗糙度要求可以标注在给定的尺寸线上(图 7-28)。

(4) 表面粗糙度要求可标注在形位公差框格的上方(图 7-29)。

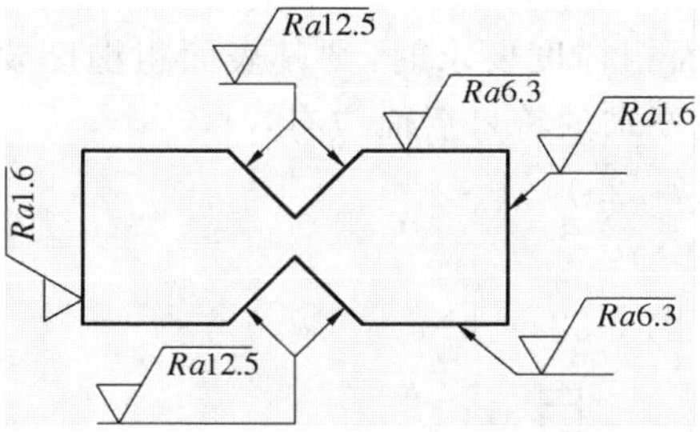

图 7-26 表面粗糙度要求在轮廓线上的标注

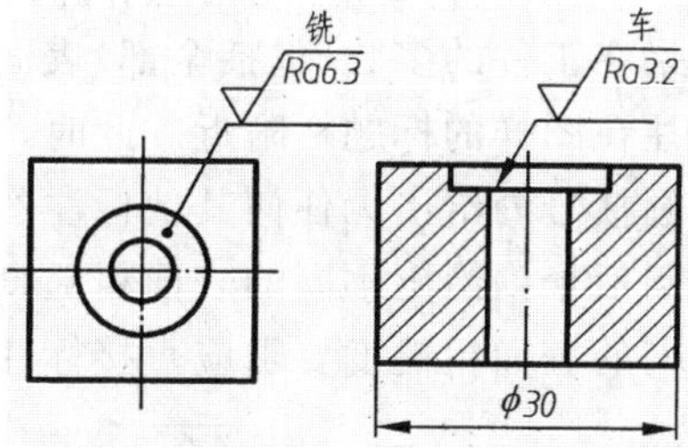

图 7-27 用指引线引出标注表面粗糙度要求

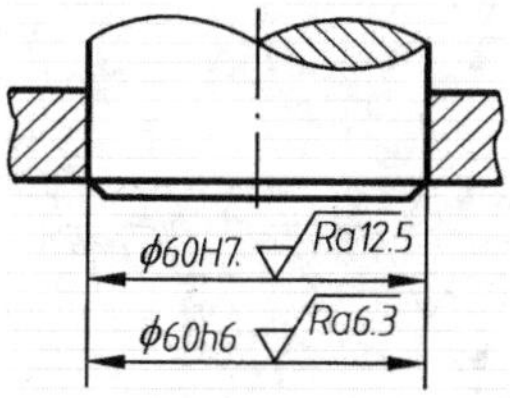

图 7-28 表面粗糙度要求标注在尺寸线上

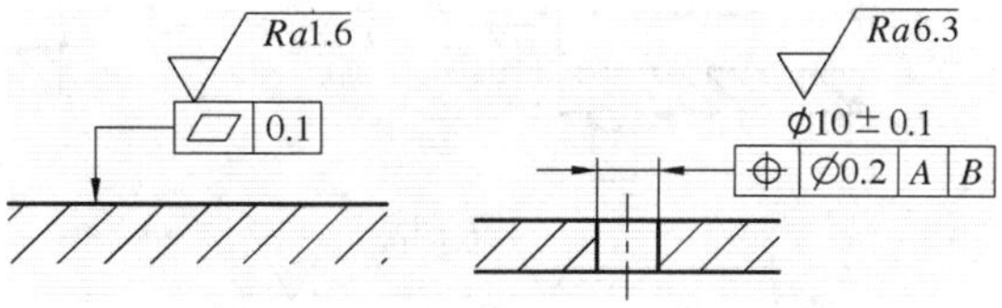

图 7-29 表面粗糙度要求标注在形位公差框格上方

(5) 圆柱和棱柱表面的表面粗糙度要求只标注一次(图 7-30)。如果每个棱柱表面有不同的表面粗糙度要求,则应分别单独标注(图 7-31)。

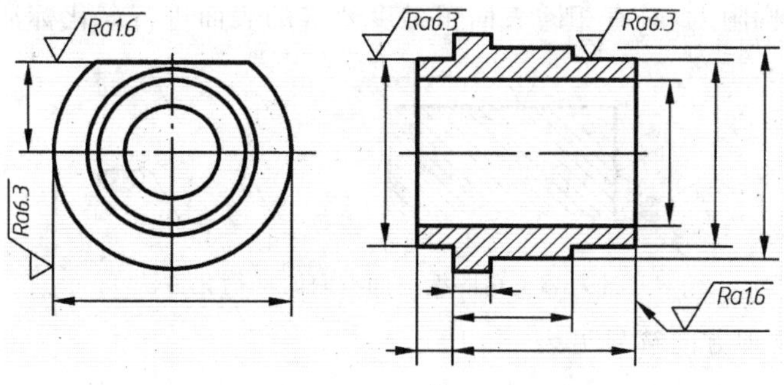

图 7-30 表面粗糙度要求标注在圆柱特征的延长线上

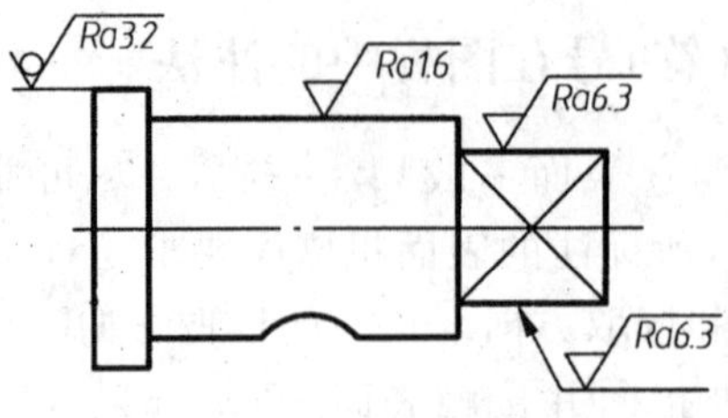

图 7-31　圆柱和棱柱的表面粗糙度要求的注法

八、表面粗糙度要求在图样中的简化注法

（一）有相同表面粗糙度要求的简化注法

如果在工件的多数（包括全部）表面有相同表面粗糙度要求时，则其表面粗糙度要求可统一标注在图样的标题栏附近。此时，表面粗糙度要求的符号后面应有：

在圆括号内给出无任何其他标注的基本符号(7-32a))；

在圆括号内给出不同的表面粗糙度要求(7-32b))；

不同的表面粗糙度要求应直接标注在图形中（图 7-32a)、b))。

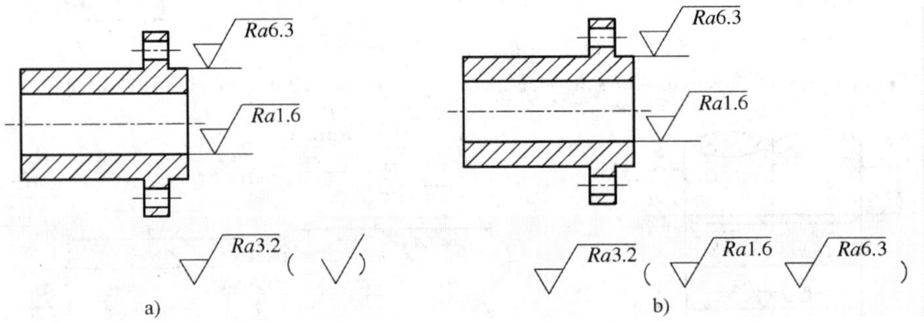

图 7-32　大多数表面有相同表面粗糙度要求的简化画法

（二）多个表面有共同表面粗糙度要求的注法

用带字母的完整符号的简化注法，如图 7-33 所示。用带字母的完整符号，以等式的形式，在图形或标题栏附近，对有相同表面粗糙度要求的表面进行简化标注。

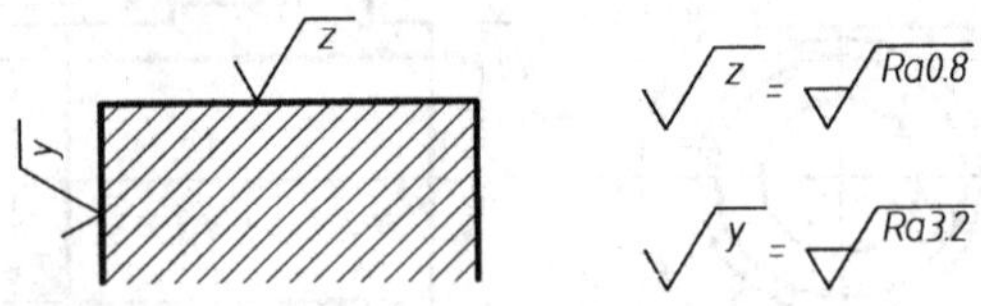

图 7-33　在图纸空间有限时的简化注法

常用的加工纹理方向符号见表 7-9 所示。

表 7-9　加工纹理方向符号

符号	说　明	符号	说　明
=	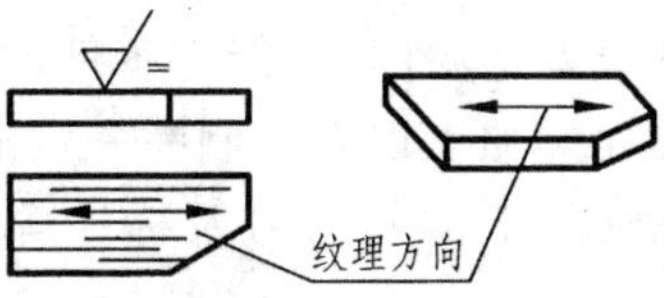 纹理平行于标注代号的视图的投影面	C	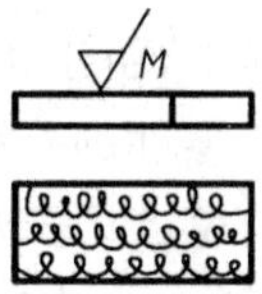 纹理呈近似同心圆
⊥	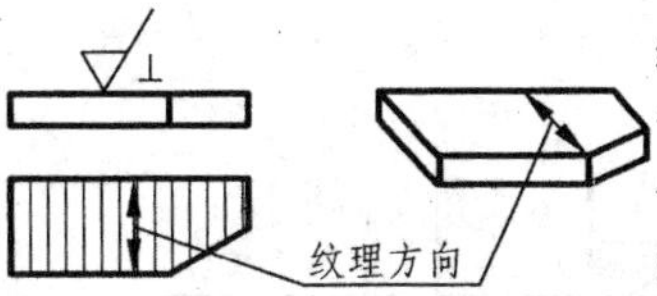 纹理垂直于标注代号的视图的投影面	R	 纹理呈近似放射形
×	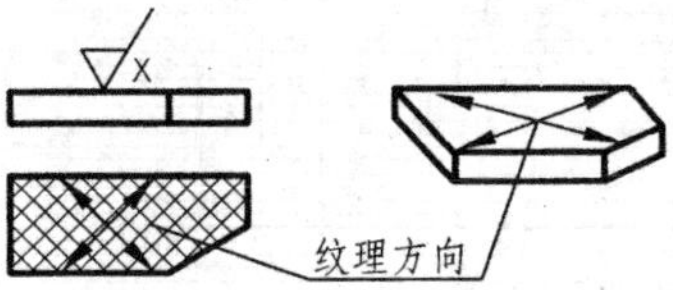 纹理呈两相交的方向	F	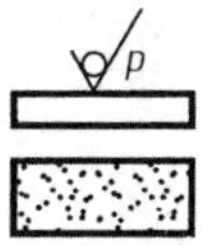 纹理无方向或呈凸起的细粒状
M	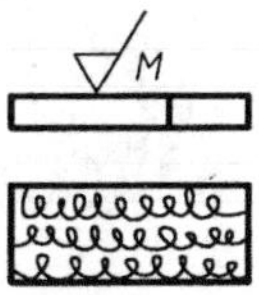 纹理呈多方向		

第六节　极限与配合

一、互换性

在机械制造业中，为了便于装配和维修，要求在按同一图样制造出的零、部件里任取一件，不经任何挑选或修配，就能装在机器上，并能达到设计规定的功能要求，这样的一批零、部件就称为具有互换性。

互换性生产对我国四个现代化的建设具有非常重大的意义。有了互换性，才有可能组织高效益的专业化生产，促进了自动化生产的发展，缩短生产周期，保证产品质量，降低生产成本。

零件的互换性主要由零件的尺寸、形状、位置和表面质量等几何参数决定。另外还受物理、化学、力学性能等参数的影响。

互换性要求尺寸的一致性，对于相互结合的零件，既要保证它们在尺寸之间形成一定的关系，又要在制造上考虑经济性，这就形成了新标准(GB/T 1800)极限与配合的概念。极限是平衡零件使用要求与制造经济性之间的矛盾，而配合则是反映零件结合时相互之间的关系。

新国标 GB/T 1800 系列是对尺寸的极限与配合进行标准化，构成极限制与配合制。这样，将标准的主标题定为“极限与配合”，比旧国标的主标题“公差与配合”更贴切，而且与国际标准相一致。

二、有关的术语和定义

零件在加工过程中，由于机床精度、刀具磨损、测量误差等原因，不能把零件的尺寸做得绝对准确。为了保证零件的互换性要求，必须将零件尺寸的加工误差限制在一定的范围内，并规定出尺寸的变动量。国家标准对有关的定义、术语(图 7-34)、符号及标注等作了统一的规定(详见 GB/T 1800.1—1997、GB/T 1800.2—1998、GB/T 1800.3—1998 和 GB/T 1804—92)。

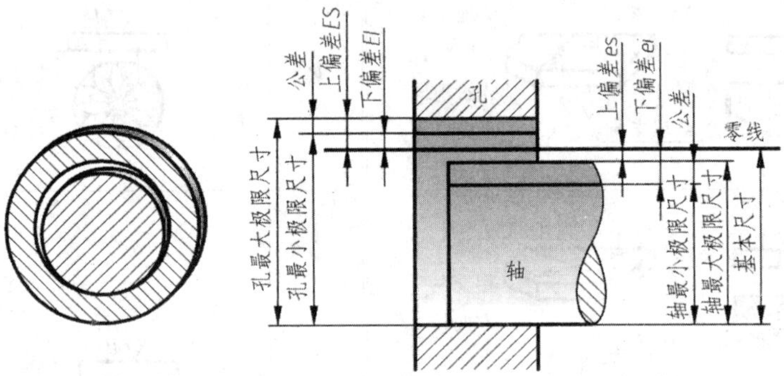

图 7-34　尺寸公差术语图

下面就有关的术语及它们之间的关系作一介绍。

(一) 基本尺寸

通过它应用上、下偏差可算出极限尺寸的尺寸。基本尺寸可以是一个整数或一个小数值。

(二) 实际尺寸

通过测量获得的某一孔、轴的尺寸。

(三) 极限尺寸

一个孔或轴允许的尺寸的两个极端。实际尺寸应位于其中，也可达到极限尺寸。极限尺寸有大、小两个：

(1) 最大极限尺寸，即孔或轴允许的最大尺寸；

(2) 最小极限尺寸，即孔或轴允许的最小尺寸。

(四) 偏差

某一尺寸减其基本尺寸所得的代数差。

(五) 极限偏差

上偏差和下偏差(图 7-35)详见附录 E-4、附录 E-5。

(1) 上偏差(孔用 *ES*、轴用 *es* 表示)，即最大极限尺寸减其基本尺寸所得的代数差；

(2) 下偏差(孔用 *EI*、轴用 *ei* 表示)，即最小极限尺寸减其基本尺寸所得的代数差。上、下偏差可以是正值、负值，也可为零。

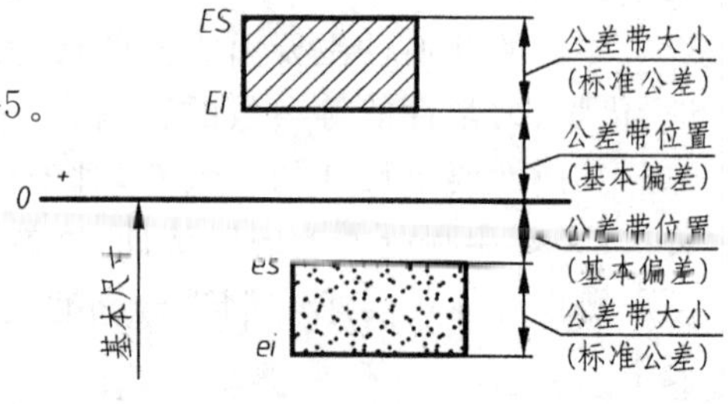

图 7-35　公差带图

(六) 公差

最大极限尺寸减最小极限尺寸之差(或上偏差
减下偏差之差),它是允许尺寸的变动量。尺寸公差一定是正值。

(七) 公差带和公差带图

在图 7-34 中,代表基本尺寸的水平线称为零线,在零线的上、下方,画出表示公差大小的两条水平线(为了便于分析,一般将尺寸公差与基本尺寸的关系按放大比例画),其左右长短可任意定,此即公差带图。一般用斜线表示孔的公差带,加点表示轴的公差带。

(八) 公差等级

国家标准将公差等级分为 20 级(见附录表 E-1);精度由高到低依次为 $IT01$,$IT0$,$IT1$,$IT2$,…,$IT18$。字母“IT”为“国际公差”的符号。

(九) 标准公差

标准中所规定的任一公差。标准公差是基本尺寸的函数。同一基本尺寸,公差等级越高,标准公差数值越小,尺寸精度越高。同一公差等级对所有基本尺寸的每组公差被认为精度相同。

(十) 基本偏差

确定公差带相对于零线位置的极限偏差称为基本偏差(上偏差或下偏差),一般是靠近零

线的那个偏差,如图 7-36 所示。

国家标准分别对孔和轴各规定了 28 个不同的基本偏差。具体数值见附录表 E5-2 和附录表 E-3。

从图 7-36 可知:

(1) 基本偏差用拉丁字母(一个或两个)表示,大写字母表示孔、小写字母表示轴。

(2) 轴的基本偏差 $a \sim h$ 为上偏差,$j \sim ZC$ 为下偏差,js 为上偏差或下偏差(它的标准公差对称分布在零线两侧,即上偏差 $=+IT/2$,下偏差 $=-IT/2$)。

(3) 孔的基本偏差 $A \sim H$ 为下偏差,$J \sim ZC$ 为上偏差,JS 为上偏差或下偏差(它的标准公差对称分布在零线两侧,即上偏差 $=+IT/2$,下偏差 $=-IT/2$)。

轴和孔的另一偏差,可按以下代数式计算而得:

轴的另一偏差(上偏差或下偏差):$ei=es-IT$ 或 $es=ei+IT$。

孔的另一偏差(上偏差或下偏差):$ES=EI+IT$ 或 $El=ES-IT$。

(十一) 孔、轴公差带代号

公差带由基本偏差和公差等级所组成,其代号也如此。如图 7-37 所示。

此公差带的含意是:基本尺寸为ϕ 50,公差等级为 7 级,基本偏差为 H 的孔的公差带。又如图 7-38 所示。

此公差带的含意是:基本尺寸为ϕ 20,公差等级为 6 级,基本偏差为 g 的轴的公差带。

三、配合的有关术语

基本尺寸相同的、相互结合的孔和轴公差带之间的关系,称为配合。

(一) 配合类别

国标将配合分为三类。

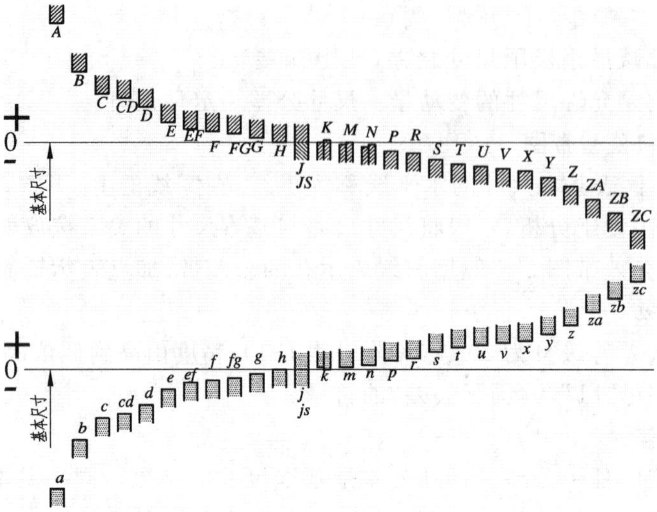

图 7-36　轴孔基本偏差图

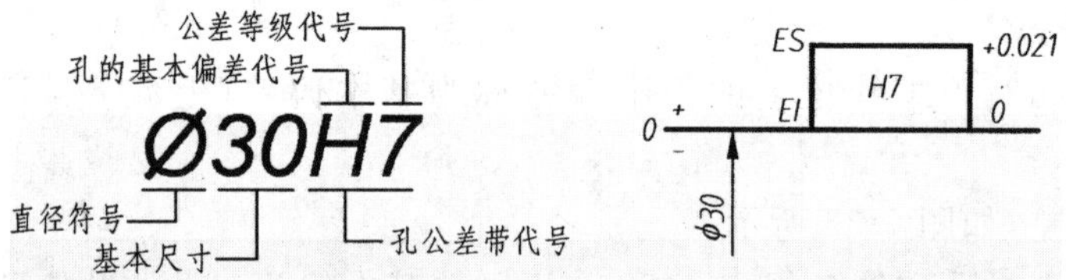

图 7-37　孔公差带图

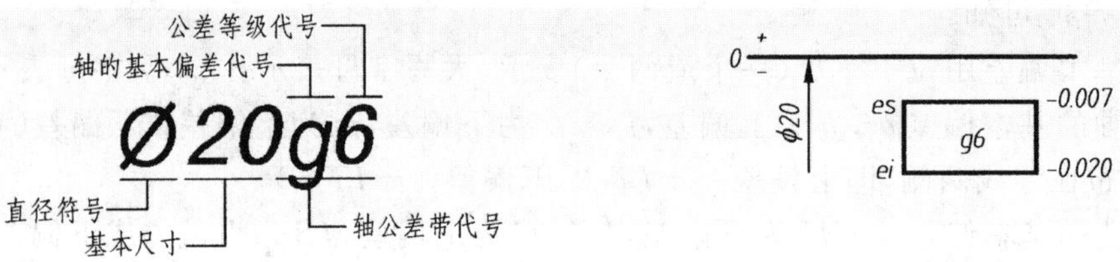

图 7-38　轴公差带图

1. 间隙配合

保证具有间隙的配合(含最小间隙等于零)。孔公差带在轴公差带之上,如图 7-39a)所示。

间隙:相结合的孔的尺寸减轴的尺寸之差为正值。

最大间隙为:孔的最大极限尺寸减轴的最小极限尺寸。

最小间隙为:孔的最小极限尺寸减轴的最大极限尺寸。

2. 过盈配合

保证具有过盈的配合(含最小过盈等于零)。孔公差带在轴公差带之下,如图 7-39b)所示。

过盈:相结合的孔的尺寸减轴的尺寸之差为负值。

最大过盈为:孔的最小极限尺寸减轴的最大极限尺寸。

最小过盈为:孔的最大极限尺寸减轴的最小极限尺寸。

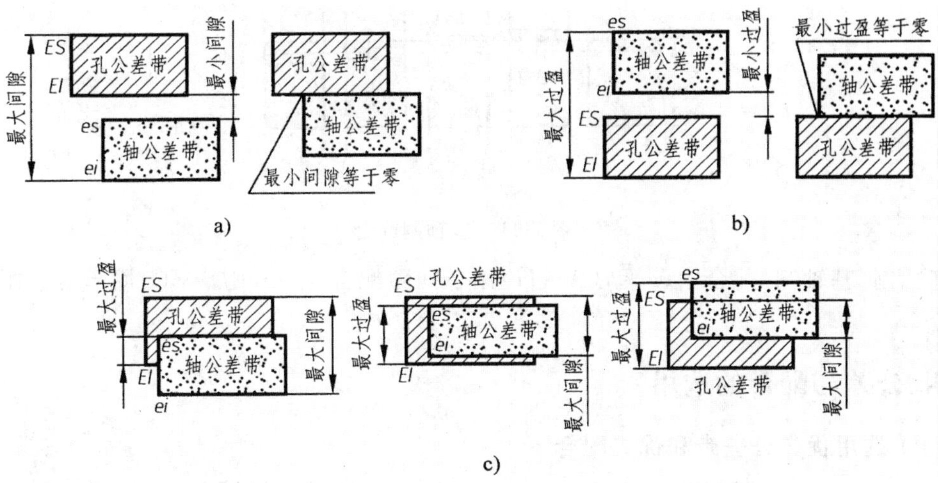

图 7-39 孔思配合公差带图

3. 过渡配合

可能具有间隙或过盈的配合。孔、轴公差带相互交叠，如图 7-39c)所示。

综上所述，最大间隙存在于间隙配合和过渡配合中，最大过盈存在于过盈配合和过渡配合中。

4. 配合公差

相互结合的孔和轴，不管是哪种配合，其间隙或过盈也有一个允许的变动范围，这个变动量就是配合公差。其数值就是组成配合的孔、轴公差值之和。

(二) 配合的基准制

国家标准规定了两种基准制：

1. 基孔制

基本偏差为一定的孔的公差带，与不同基本偏差的轴的公差带形成各种配合的一种制度。此时的孔，其最小极限尺寸即孔的基本尺寸，下偏差为零。这种制度是将孔的公差带位置固定，通过变动轴的公差带位置，得到各种不同的配合，如图 7-40 所示。基孔制配合中的孔称为基准孔，“H”为基准孔的基本偏差，也是基准孔的代号。

2. 基轴制

基本偏差为一定的轴的公差带，与不同基本偏差的孔的公差带形成各种配合的一种制度。此时的轴，其最大极限尺寸即轴的基本尺寸，上偏差为零。这种制度是将轴的公差带位置固定，通过变动孔的公差带位置，得到各种不同的配合，如图 7-41 所示。基轴制配合中的轴称为基准轴，“h”为基准轴的基本偏差，也是基准轴的代号。

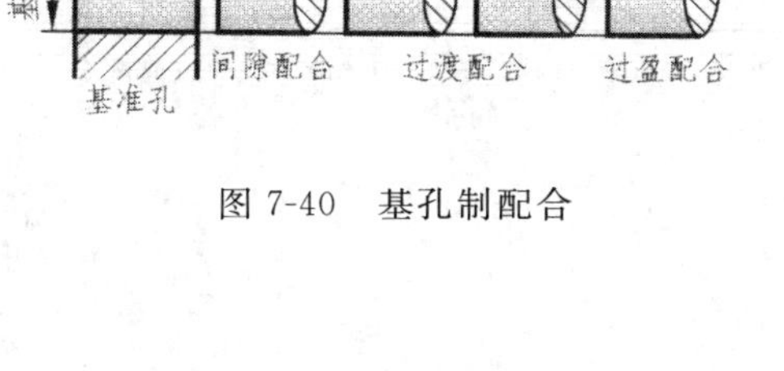

图 7-40 基孔制配合

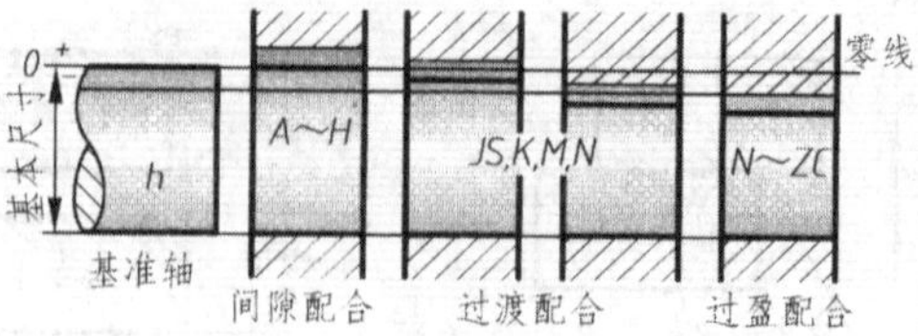

图 7-41　基轴制配合

基孔制(基轴制)配合中，$a \sim h(A \sim H)$用于间隙配合；$j \sim zc(J \sim ZC)$用于过渡配合和过盈配合。

四、公差与配合的选用

(一) 选用优先公差带和优先配合

国标根据产品需要和经济效益，考虑到定值刀具、量具规格的统一，规定了公差带分一般用途、常用和优先之分，从中选出常用的孔公差带 47 种，轴公差带为 59 种，它们的优先配合各 13 种(表 7-10)，详见表 7-11 和表 7-12 所示。

表 7-10　孔、轴公差带数量

	总数	一般	常用	优先
孔	543	109	47	13
轴	544	119	59	13

表 7-11　基孔制常用、优先配合

基准孔	轴																				
	a	b	c	d	e	f	g	h	js	k	m	n	p	r	s	t	u	v	x	y	z
	间隙配合								过渡配合			过盈配合									
H6						H6/f5	H6/g5	H6/h5	H6/js5	H6/k5	H6/m5	H6/n5	H6/p5	H6/r5	H6/s5	H6/t5					
H7						H7/f6	**H7/g6**	**H7/h6**	H7/js6	**H7/k6**	H7/m6	**H7/n6**	**H7/p6**	H7/r6	**H7/s6**	H7/t6	**H7/u6**	H7/v6	H7/x6	H7/y6	H7/z6
H8					H8/e7	**H8/f7**	H8/g7	**H8/h7**	H8/js7	H8/k7	H8/m7	H8/n7	H8/p7	H8/r7	H8/s7	H8/t7	H8/u7				
H8				H8/d8	H8/e8	H8/f8		H8/h8													
H9			H9/c9	**H9/d9**	H9/e9	H9/f9		**H9/h9**													
H10			H10/c10	H10/d10				H10/h10													
H11	H11/a11	H11/b11	**H11/c11**	H11/d11				**H11/h11**													
H12		**H12/b12**						H12/h12													

注：① H6/n5 和 H7/p6 在基本尺寸≤3mm 和 H6/r7 在≤100mm 时，为过渡配合；

② 黑体字的配合符号为优先配合。

表 7-12 基轴制常用、优先配合

基准轴 1	孔																				
	A	B	C	D	E	F	G	H	Js	K	M	N	P	R	S	T	U	V	X	Y	Z
	间隙配合								过渡配合			过盈配合									
h5						$\frac{F6}{h5}$	$\frac{G6}{h5}$	$\frac{H6}{h5}$	$\frac{Js6}{h5}$	$\frac{K6}{h5}$	$\frac{M6}{h5}$	$\frac{N6}{h5}$	$\frac{P6}{h5}$	$\frac{R6}{h5}$	$\frac{S6}{h5}$	$\frac{T6}{h5}$					
h6						$\frac{F7}{h6}$	$\frac{\mathbf{G7}}{\mathbf{h6}}$	$\frac{\mathbf{H7}}{\mathbf{h6}}$	$\frac{Js7}{h6}$	$\frac{\mathbf{k7}}{\mathbf{h6}}$	$\frac{M7}{h6}$	$\frac{\mathbf{N7}}{\mathbf{h6}}$	$\frac{\mathbf{P7}}{\mathbf{h6}}$	$\frac{R7}{h6}$	$\frac{\mathbf{S7}}{\mathbf{h6}}$	$\frac{T7}{h6}$	$\frac{\mathbf{U7}}{\mathbf{h6}}$				
h7					$\frac{E8}{h7}$	$\frac{\mathbf{F8}}{\mathbf{h7}}$		$\frac{\mathbf{H8}}{\mathbf{h7}}$	$\frac{Js8}{h7}$	$\frac{K8}{h7}$	$\frac{M8}{h7}$	$\frac{N8}{h7}$									
h8				$\frac{D8}{h8}$	$\frac{E8}{h8}$	$\frac{E8}{h8}$		$\frac{H8}{h8}$													
h9				$\frac{\mathbf{D9}}{\mathbf{h9}}$	$\frac{E9}{h9}$	$\frac{F9}{h9}$		$\frac{\mathbf{H9}}{\mathbf{h9}}$													
h10				$\frac{D10}{h10}$				$\frac{H10}{h10}$													
h11	$\frac{A11}{b11}$	$\frac{B11}{b11}$	$\frac{\mathbf{C11}}{\mathbf{h11}}$	$\frac{D11}{h11}$				$\frac{\mathbf{H11}}{\mathbf{h11}}$													
h12			$\frac{B12}{h12}$					$\frac{H12}{h12}$													

(二) 配合制的选择

一般情况下应优先采用基孔制。这样可减少定值刀具和量具规格的数量，既便于加工，又比较经济。基轴制通常仅用于有比较明显经济效果的场合和结构设计要求不适合采用基孔制的场合。例如：与用冷拔圆钢作轴的配合；同一基本尺寸的轴上装有不同配合要求的零件，应采用基轴制，轴就可不必另行加工达到不同的配合要求；与标准件配合时，应按标准件确定配合制，例如与滚动轴承配合的轴应按基孔制，与滚动轴承配合的孔应按基轴制。

(三) 标准公差等级的选用

标准公差等级的高低将直接影响产品的使用性能和加工经济性，选用时可参考表7-13，一般使用的配合可选用 $IT5 \sim IT11$。表 7-14 列出了具体应用场合。另外，考虑到同级的孔比轴加工困难，当标准公差 $\leqslant IT8$ 时，国家标准推荐孔比轴低一级配合，但对标准公差 $> IT8$ 或基本尺寸 $>$ 500mm 的配合，推荐孔、轴采用同级配合。

表 7-13 标准公差等级的选用

应 用	公差等级(IT)																			
	01	0	1	2	3	4	5	6	7	8	9	10	11	12	13	14	15	16	17	18
量 块	—	—	—																	
量 规			—	—	—	—	—	—	—											
配合尺寸							—	—	—	—	—	—	—							
特精件配合				—	—	—	—													
原材料公差										—	—	—	—	—	—	—				

表 7-14　常用的配合尺寸中标准公差等级的选用

公差等级	IT5	IT6(轴) IT7(孔)	IT8、IT9	IT10－IT11	举　例
精密机械	常　用	次要处			仪器、航空机械
一般机械	重要处	常　用	次要处		机床、汽车制造
非精密机械		重要处	常　用	次要处	矿山、农业机械

（四）配合种类的选择

间隙配合：主要用于结合件有相对运动（包括旋转运动和轴向滑动），也可用于一般的定位配合。

过盈配合：主要用于结合件没有相对运动的配合。过盈不大时，用键连接传递扭矩；过盈大时，靠孔轴结合力传递扭矩。前者可以拆卸，后者不可拆卸。

过渡配合：一般用于定位精确并要求能拆卸的场合。

选用配合时，可参考表 7-15 和表 7-16。

表 7-15　各基本偏差的配合特性

配合	基本偏差	配合特性及应用
间隙配合	a,b	可得到特别大的间隙，应用很少
	c	可得到很大间隙，一般适用于缓慢、松弛的动配合。用于工作条件较差(如农业机械)，受力变形较大，或为了便于装配，而必须有较大间隙时，推荐配合为 H11/c11。较高等级的配合，如 H8/c7，适用于轴在高温工作的紧密动配合，例如内燃机排气阀和导管
	d	一般用于 IT7～IT11 级。适用于松弛的转动配合，如密封盖、滑轮、空转带轮等与轴的配合。也适用于大直径滑动轴承配合，如透平机、球磨机、轧滚成型和重型弯曲机及其他重型机械中的一些滑动支承
	e	多用于 IT7～IT9 级。通常适用于要求有明显间 隙，易于转动的支承配合，如大跨距支承、多支点支承等配合。高等级的 e，适用于大的、高速、重载罢承，如涡轮发电机、大的电动机的支承等。也适用于内燃机主要轴承、凸轮轴支承、摇臂支承等配合
	f	多用于 IT6～IT8 级的一般转动配合。当温度差别不大，对配合基本上没影响时，被广泛用于普通润滑油(或润滑脂)润滑的支承，如齿轮箱、小电动机、泵等的转轴与滑动支承的配合
	g	多用于 IT5～IT7 级。配合间隙很小、制造成本高、除很轻载荷的精密装置外，不推荐用于转动配合。最适合不回转的精密滑动配合，也用于插销等定位配合，如精密连杆轴承、活塞及滑阀、连杆销等
	h	多用于 IT4～IT11 级。广泛用于无相对转动的零件，作为一般的定位配合。若没有温度、变形影响，也用于精密滑动配合

续表

配合	基本偏差	配合特性及应用
过渡配合	js	要求间比 h 轴配合小时，并允许略有过盈的定位配合，如联轴器、齿圈与钢制轮毂，一般可用手或木棰装配
	k	平均起来没有间隙的配，，适用于 IT4～IT7 级。推荐用于要求稍有过盈的定位配合，例如为了消除振动用的定位配合。一般用木棰装配
	m	平均起来具有不大过盈的过渡配合，适用于 IT4～IT7 级，一般可用木棰装配，但在最大过盈时，要求相当的压入力
		n 平均过盈比用 m 时稍大，很少得到间隙，适用于 IT4～IT7 级。用锤或压力机装配。通常推荐用于紧密的组件配合。H6/n5 为过盈配合
过盈配合	p	与 H6 或 J7 孔配合时是过盈配合，而与 H8 孔配合时为过渡配合。对非钢铁类零件，为较轻的压入配合，当需要时易于拆卸。对钢、铸铁或铜-钢组件装配是标准压入配合。对弹性材料，如轻合金等，往往要求很小的过盈，可采用 p 配合
	r	对钢铁类零件，为中等打入配合，对非钢铁类零件，为轻的打入配合，当需要时，可以拆卸与 H8 孔配合，直径在 100mm 以上时为过盈配合，直径小时为过渡配合
	s	用于钢铁和铁制零件的永久性和半永久性装配，过盈量充分，可产生相当大的结合力。当用弹性材料，如轻合金时，配合性质与钢铁类零件的 p 轴相当。例如套环压在轴上、阀座等配合。尺寸较大时，为了避免损伤配合表面，需用热胀或冷缩法装配
	t，u，v，x，y，z	过盈量依次增大，除 u 外，一般不推荐

表 7-16　配合的选用

间隙配合	H11/c11，c11/h11	间隙非常大，用于转动很慢、需求装配方便和低精度的很松的动配合
	H9/d9，D9/h9	间隙很大，用于大温差、高转速或大轴颈压力时的自动配合
	H8/f7，F8/h7	间隙不大，用于中等转速与轻轴颈压力的精确转动，或自由装配的中等定位配合
	H7/g6，G7/h6	间隙很小，用于可自由移动并精密定位的配合，而不希望自由转动
	H7/h6，H8/h7，H9/h8，H11/h11	均为间隙定位配合，零件可自由装拆，工作时一般相对静止不动
过渡配合	H7/k6，K7/h6	过渡配合，用于精密定位
	H7/n6，N7/h6	过渡配合，允许有较大过盈的精密定位
过盈配合	H7/p6，P7/h6	小过盈配合，用于定位精度特别重要的，并用以达到部件的刚性及对中性要求，不能传递摩擦负荷，当尺寸≤3mm 时，H7/p6 为过渡配合
	H7/s6，S7/h6	中等压入配合，用于一般钢件，薄壁件的冷缩配合，铁铸件的最紧配合
	H7/u6，U7/h6	压入配合，用于可承受大压力的零件，或不宜承受大压力人力的冷缩配合

五、标注与查表

(一) 在装配图中的标注方法

配合的代号由几个相互结合的孔和轴的公差带代号组成，用分数形式表示；分子为孔的公差带代号，分母为轴的公差带代号，标注的通用形式如下：

$$\text{基本尺寸}\ \frac{\text{孔的公差带代号}}{\text{轴的公差带代号}}$$

或基本尺寸、孔的公差带代号/轴的公差带代号。

具体标注如图 7-42a)所示。

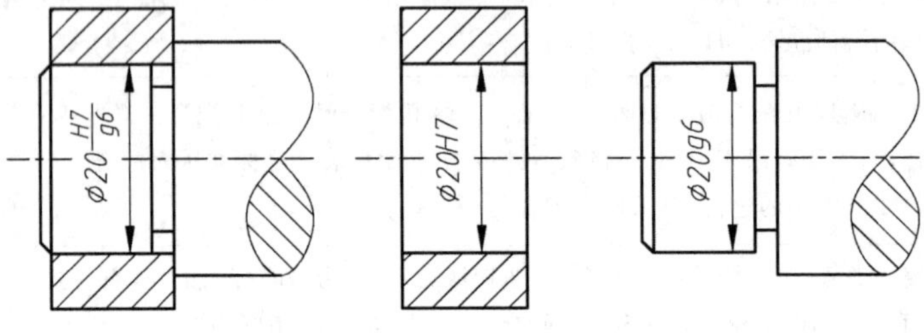

a) b)

图 7-42 公差与配合标注方法(一)

(二) 在零件图中的标注方法

在零件图中公差标注有三种形式：

(1) 标注公差带的代号，如图 7-42b)所示。这种标注法和采用专用量具检验零件统一起来，以适应大批量生产的需要，因此不需要标注偏差数值。

(2) 标注偏差数值，如图 7-43b)所示。上偏差注在基本尺寸的右上方，下偏差注在基本尺寸的右下方，偏差的数字应比基本尺寸数字小一号。如果上偏差或下偏差数值为零时，可简写为"0"，另一偏差仍标在原来的位置上，如图 7-43b)所示。如果上、下偏差的数值相同时，则在基本尺寸后标注"±"符号，再填写一个偏差数值，这时，数值字体高度与基本尺寸字体高度相同，如图 7-44 所示。这种标注法主要用于小批量生产或单件生产，以便加工和检验时减少辅助时间。

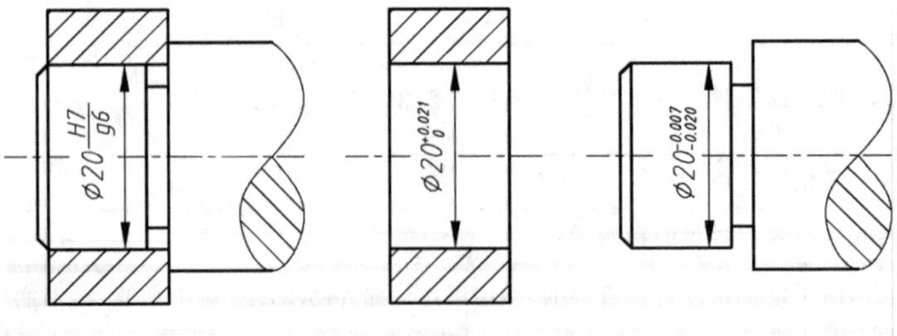

a) b)

图 7-43 公差与配合标注方法(二)

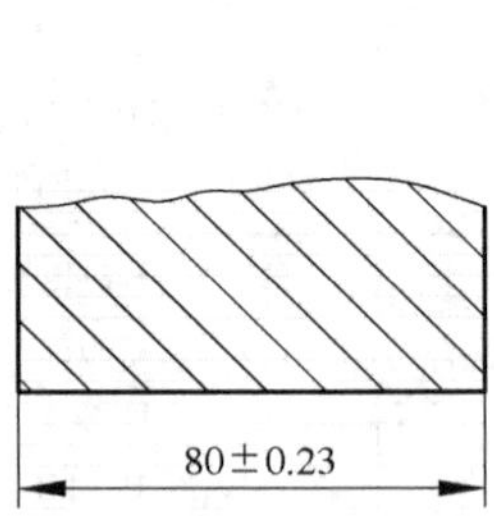

图 7-44 上、下偏差相同的公差的标注

(3) 标注公差带代号和偏差数值，如图 7-45 所示。当产品的产量不定时，应同时注出公差带代号和上、下偏差数值。

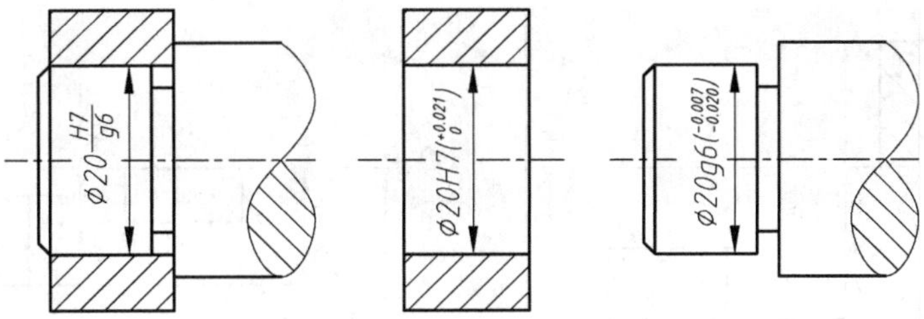

图 7-45　公差与配合标注方法(三)

(三) 查表方法

当零件的基本尺寸、基本偏差和公差等级确定以后,可根据国家标准的有关规定中查出其极限偏差数。

【例 7-2】　确定$\phi 18H8/f7$ 的偏差数值。

解　$\phi 18H8/f7$ 中的 $H8$ 是基准孔的公差带代号,是配合轴的公差带代号。从表 7-11 中可知,$H8/f7$ 是基准孔制的优先间隙配合。首先根据基本尺寸$\phi 18$ 和公差带代号,分别查出标准公差和基本偏差,再计算出孔和轴的另一偏差。具体步骤如下:

(1) 从附表 E-1 查得基本尺寸 18 的标准公差 $IT8$ 为 27μm、$IT7$ 为 18μm。

(2) 从附表 E-3 查得基准孔的基本偏差为:下偏差 $EI=0$,上偏差 $ES=EI+IT=(0+27)\mu m=27\mu m$。

(3) 从附表 E-2 查得配合轴的基本偏差为:上偏差 $es=-16$,下偏差 $ei=es-IT=(-16-18)\mu m=-34\mu m$。

基准孔$\phi 18H8$ 可写成$\phi 18^{+0.27}_{0}$;配合轴$\phi 18f7$ 可写成$\phi 18^{-0.016}_{-0.034}$。由$\phi 18H8/f7$ 的公差带图 7-46a)中可以看出,最大间隙(X_{max})为+0.061,最小间隙(X_{min})为+0.016。

【例 7-3】　确定$\phi 14N7/h6$ 的偏差数值。

解　由表 7-12 可知,$\phi 14N7/h6$ 是基轴制的优先过渡配合。

(1) 从附表 E-1 查得基本尺寸 14 的标准公差 $IT7$ 为 18μm,$IT6$ 为 11μm。

(2) 从附表 E-2 查得基准轴的基本偏差为上偏差 $es=0$,下偏差 $ei=es-IT=(0-11)\mu m=-11\mu m$。因此,基准轴$\phi 14h6$ 可写成$\phi 14^{\ 0}_{-0.011}$。

(3)从附表 E-3 查得配合孔的基本偏差为偏差 $ES=-12+\Delta=(-12+7)\mu m=-5\mu m$,下偏差 $EI=ES-IT=(-5-18)\mu m=-23\mu m$。因此,配合孔$\phi 14N7$ 可写成$\phi 14^{-0.005}_{-0.023}$。

在$\phi 14N7/h6$ 的公差带图 7-46b)中可以看出,最大间隙(X_{max})是+0.006,最大过盈(Y_{max})是-0.023。

六、一般公差的概念和作用(GB/T 1804—92)

一般公差(自由公差或未注公差)是指在普通工艺条件下,加工能力可自然保证的公差,一般可不作检验。其范围有:线性尺寸、角度尺寸、形状和位置等要素。

采用一般公差的要素在图样上不单独注出公差,只是在图样上、技术文件或标准中加以说明。

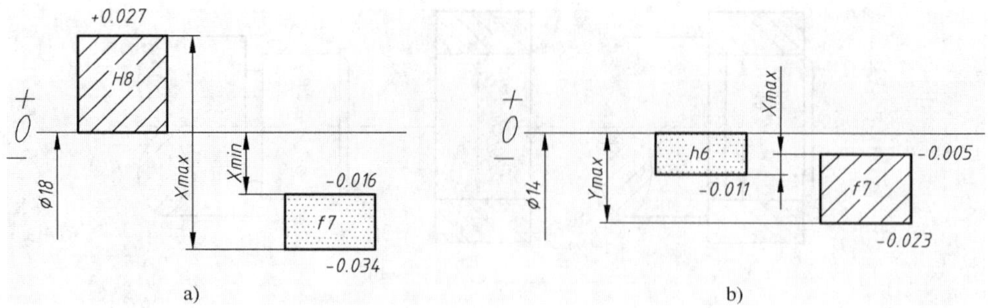

图 7-46　公差带图

线性尺寸的一般公差主要用于较低精度的非配合尺寸。当功能上允许的公差等于或大于一般公差时，均应采用一般公差。标准对线性尺寸，从 0.5～4000mm 划分为八个尺寸段，给出了四个公差等级的极限偏差数值，如表 7-17 所示。

表 7-17　线性尺寸的极限偏差数值(mm)

公差等级	尺寸分段							
	0.5～3	>3～6	>6～30	>30～120	>120～400	>400～1000	>1000～>200	>2000～4000
f(精密级)	±0.05	±0.05	±0.1	±0.15	±0.2	±0.3	±0.5	—
m(中等级)	±0.1	±0.1	±0.2	±0.3	±0.5	±0.8	±1.2	±2
c(粗糙级)	±0.2	±0.3	±0.5	±0.8	±1.2	±2	±3	±4
v(最粗组)	—	±0.5	±1	±1.5	±2.5	±4	±6	±8

倒圆半径和倒角高度尺寸的极限偏差数值，从 0.5～30mm 划分为四个尺寸段，给出了四个公差等级，如表 7-18 所示。图 7-47 表示倒圆半径和倒角高度的含意，α 角一般采用 45°，倒圆半径 R 和倒角高度 C 的数值，按《零件倒圆和倒角》(GB 6403.4—86)规定的尺寸系列选用，如表 7-19 所示。

表 7-18　倒圆半径与倒角高度尺寸的极限偏差数值(mm)

公差等数	尺寸分段			
	0.5～3	>3～6	>6～30	>30
f(精密级)	±0.2	±0.5	±1	±2
c(粗糙级) v(最粗级)	±0.4	±1	±2	±4

表 7-19　倒圆半径与倒角高度尺寸系列(mm)

R					0.5	0.6	0.8	1.0	1.2	1.6	2.0	2.5	3.0
C	4.0	5.0	6.0	8.0	10	12	16	20	25	32	40	50	—

这部分在过去标准中是没有的，现认为倒圆半径和倒角高度的一般公差不宜按线性尺寸的一般公差选取，既不合理，也不经济。为此单独规定了 R 和 C 的一般公差。

标准对线性尺寸一般公差的表示方法作了规定，在图样上、技术文件中用本标准国标号

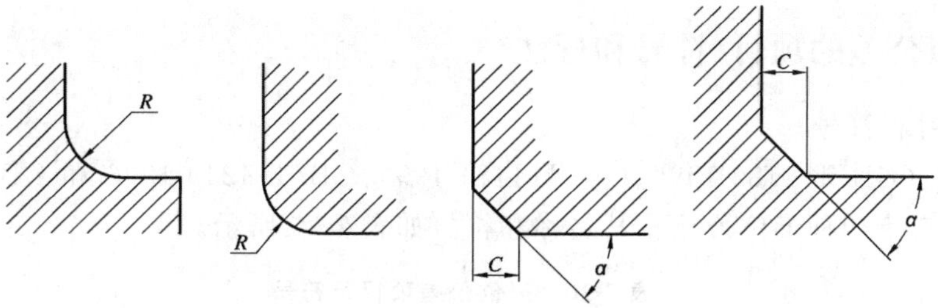

图 7-47　倒圆半径(R)和倒角高度(C)的含义

(GB/T 1804)和公差等级代号之间用一短划线隔开表示，如 GB/T 1804-m(中等级)、GB/T 1804—c (粗糙级)等。

第七节　形状和位置公差

一、形状和位置公差的概念

在零件的加工过程中，合格的零件不仅要保证其公差，而且还应保证其形状和位置公差，才能满足使用要求和装配时的互换性。由于工件、刀具、机床的变形和各种频率的振动，以及定位不准确等原因，都会使零件各几何要素的形状和相互位置产生误差。如图 7-48a)，该轴虽满足尺寸公差要求，但其形状(直线度)有误差。如图 7-48b)，该轴套左端面对轴线有位置(垂直度)误差。这些误差的产生，都会影响装配和使用。

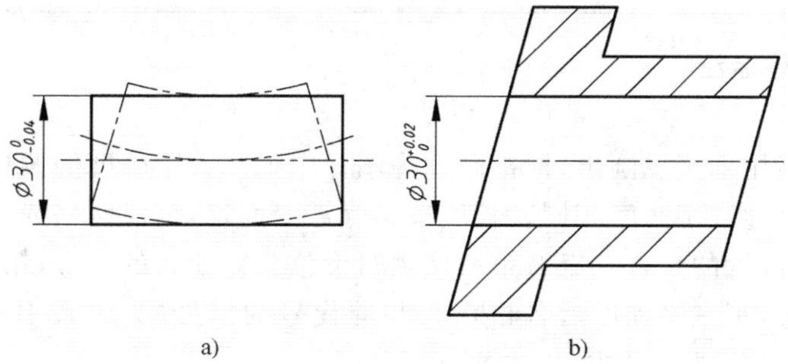

图 7-48　形状和位置误差

(一) 形状公差

被测单一要素的实际形状对其理想形状的变动量，称为该要素的形状误差。实际要素的形状所允许的变动全量称为形状公差。

(二) 位置公差

被测相关要素间的实际位置对基准要素位置的变动量，称为该被测要素的位置误差。实际要素的位置对基准所允许的变动全量称为位置公差。

(三) 公差带

限制被测实际要素允许变动的区域，称为公差带。被测要素要在公差带所规定的区域内，零件才合格。公差带有平面区域和空间区域两类。

二、形位公差的项目、符号和标注

(一) 项目和符号

国家标准(GB/T 1182-1996、GB/T 1184-1996、GB/T 4249-1996 和 GB/T16671-1996 等标准)规定有十四种形位公差。其名称和符号如表 7-20 所示。

表 7-20 形位公差项目及符号

分类	项目	符号	分类		项目	符号
形状公差	直线度	—	位置公差	定向	平行度	//
	平面度	▱			垂直度	⊥
	圆度	○			倾斜度	∠
	圆柱度	⌭		定位	同轴(同心)度	◎
	线轮廓度	⌒			对称度	⌯
	面轮廓度	⌓			位置度	⌖
				跳动	圆跳动	↗
					全跳动	⌰

(二) 形位公差标注

1. 公差框格

形位公差框格用细实线画出,框格高度为图样中尺寸数字高度的两倍,框格中字母和数字高度与图样中尺寸数字高度相同。长度按实际需要而定,分成两格或多格,一般将框格水平放置(也有垂直放置的),自左至右第一格填写形位公差项目的符号,第二格填写形位公差的数值和有关符号,第三格和以后各格填写基准代号的字母(为不致引起误解,字母 *E*、*F*、*J*、*L*、*M*、*O*、*P*、*R* 不要采用),如图 7-49 所示。

当有多个相同的被测要素时,应在框格上方标明,如图 7-50a)所示。如对同一被测要素有两个以上的公差项目要求时,可采用如图 7-50b)所示的形式标注。如要求在公差带内有限定被测要素的形状,则应在公差值后面加注有关符号,如表 7-21 所示。

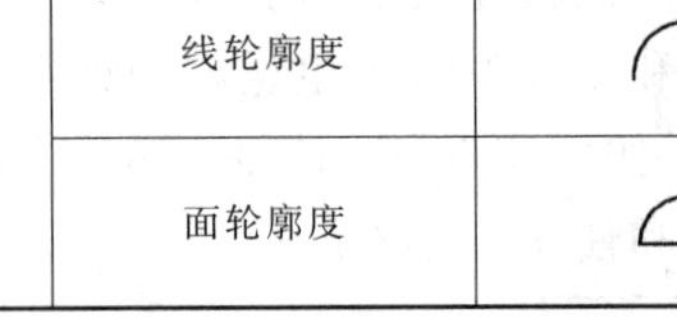

图 7-49 形状位置公差框格图

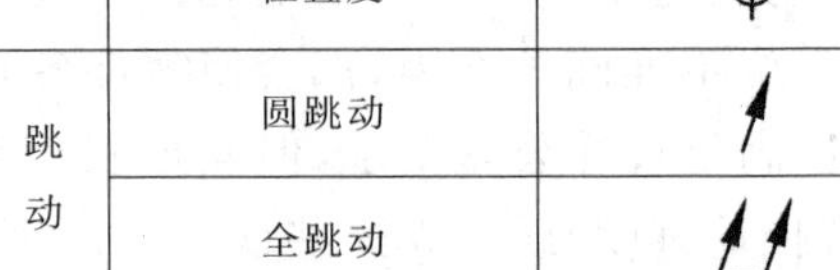

图 7-50 公差框格

表 7-21　形位公差值后的加注符号

只许中间向材料内凹下	(—)	— | t (—)
只许中间向材料外凸起	(+)	▱ | t (+)
只许从左至右减小	(▷)	⌭ | t (▷)
只许从右至减小	(◁)	⌭ | t (◁)

2. 被测要素

框格的一端与被测要素用带箭头的指引线相连，指引线应该从框格一端的中间位置引出。箭头应指向被测要素的公差带宽度或直径方向。可有以下几种情况：

(1) 当被测要素是表面或直线时，箭头应指在轮廓线或其延长线上，并应明显地与该尺寸线错开，如图 7-51、图 7-52 所示。

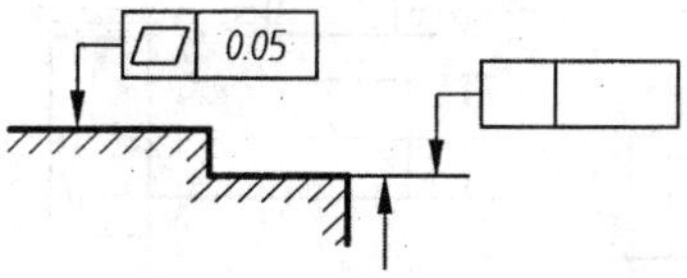

图 7-51　平面上形位公差注法

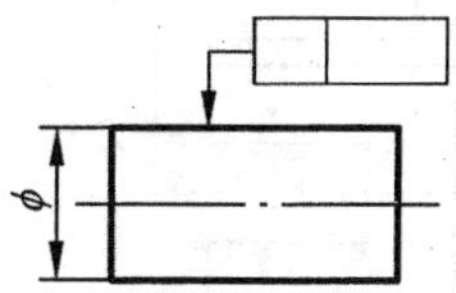

图 7-52　回转面形位公差注法

(2) 当被测要素为中心要素，如轴线、球心或对称平面时，指引线的箭头应与该要素的尺寸线对齐，如图 7-53、图 7-54 所示。当被测要素为圆锥体轴线时，指引线的箭头应与圆锥体大端(或小端)的直径尺寸线对齐，如图 7-55 所示。

(3) 当指向实际表面时，箭头可置于带点的参考线上(带水平线的指引线)，如图 7-56 所示。

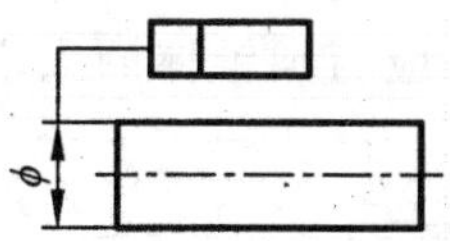

图 7-53　回转体轴线形位公差注法

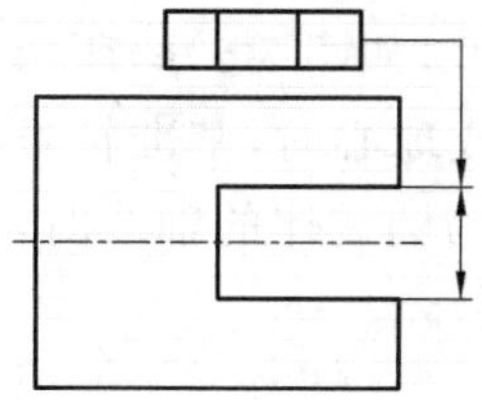

图 7-54　对称度形位公差注法

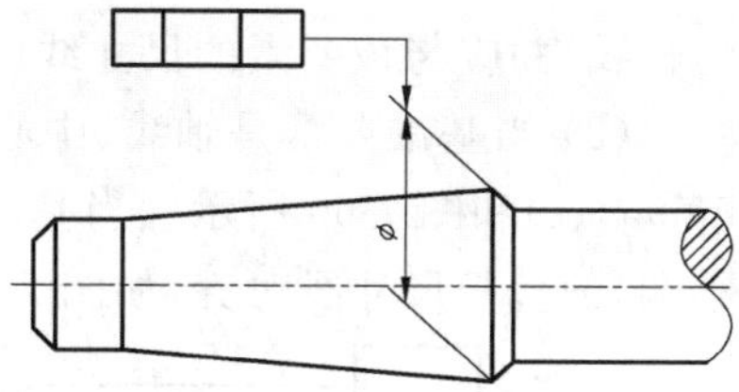

图 7-55　圆锥体轴线形位公差注法

3. 基准要素

图 7-57 所示是基准符号，圆的直径与框格高度相同，表示基准的字母相应注在公差框格内。不论基准符号是水平还是竖直放置，基准字母应水平书写。若由两个要素组成公共基准，则在框格的第三格内，应使用横线隔开的两个大写字母表示，如图 7-58 所示。另一种基准符号可采用粗短划线表示，该线上的指引线与框格的另一端相连，如图 7-59 所示。

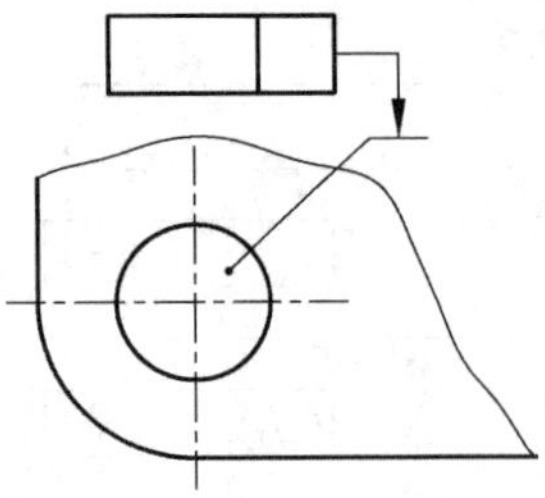

图 7-56　指向实际表面的标注

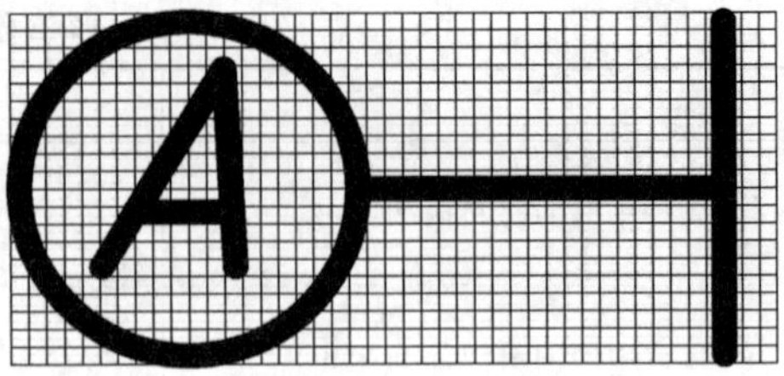

图 7-57　基准符号

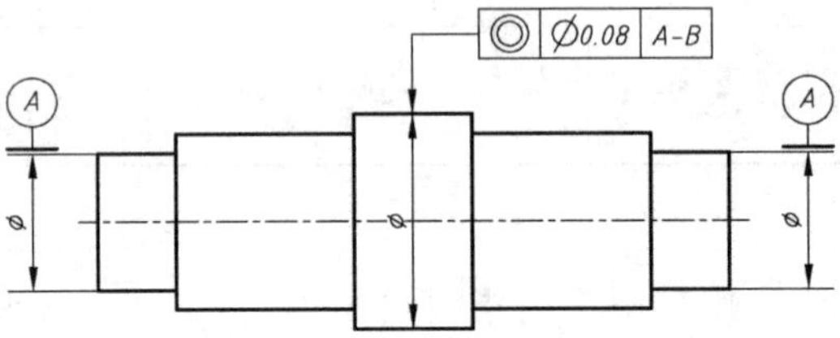

图 7-58　公共基准的标注

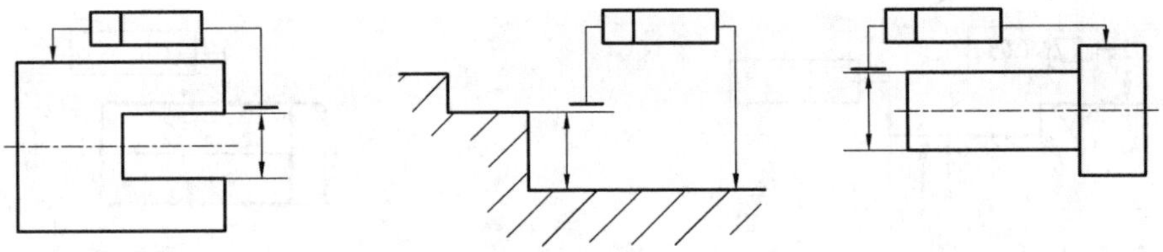

a)　　b)　　c)

图 7-59　平面上基准符号注法

基准符号标注方法有如下几种：

(1) 当基准要素是轮廓线或面时，带有基准字母的短横线应靠近该要素的轮廓线或其延长线，并应与该要素的尺寸线明显错开，如图 7-59b)所示。

(2) 当基准要素是轴线、中心平面或球心时，基准符号应与该要素的尺寸线对齐，如图 7-59a)、c)和图 7-60 所示。当基准要素为圆锥体的轴线时，基准符号应与圆锥体的大端(或小端)的直径尺寸线对齐，如图 7-61 所示。

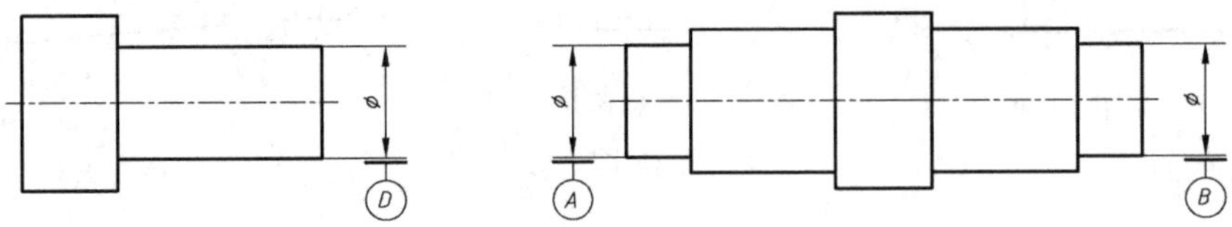

图 7-60　中心要素符号注法

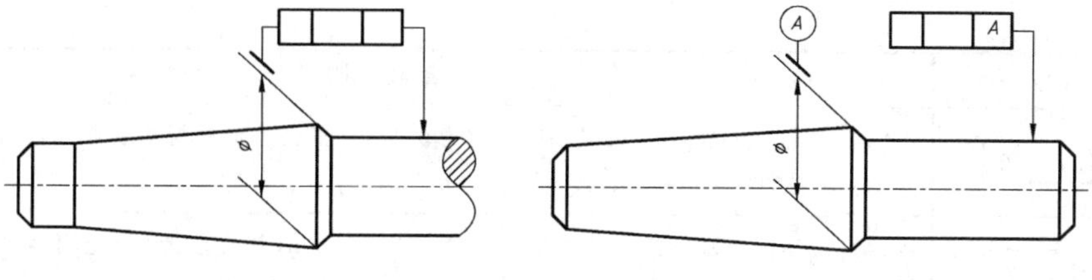

图 7-61 圆锥体轴线基准符号注法

(3) 基准符号还可置于用圆点指向实际表面的参考线上，见图 7-62 所示。

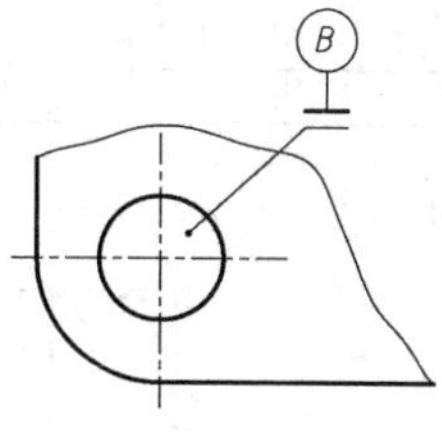

图 7-62 用圆点指向实际表面的注法

4. 公差数值

(1) 形位公差的数值如无特殊说明，一般是指被测要素全长上的公差值。例如，平面的平面度在全长上不大于 0.05mm，其标注方法如图 7-51 所示。如果被测部位仅为被测要素某一局部范围时，可采用细实线画出被测量范围，并注出此范围的尺寸，如图 7-63 所示。

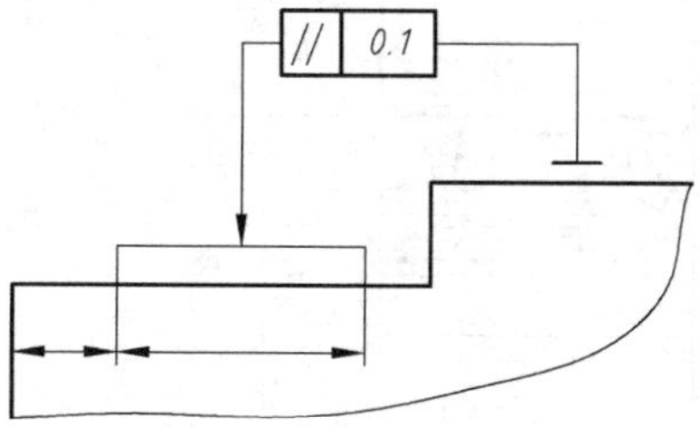

图 7-63 被测表面用指引线表示

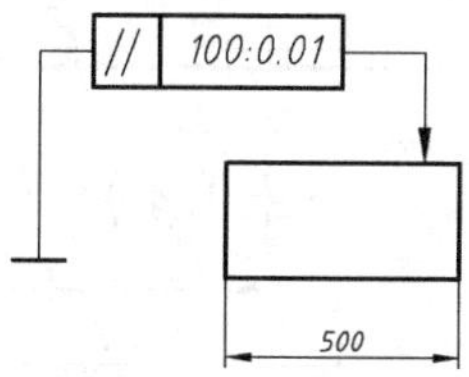

图 7-64 公差限制值的标注

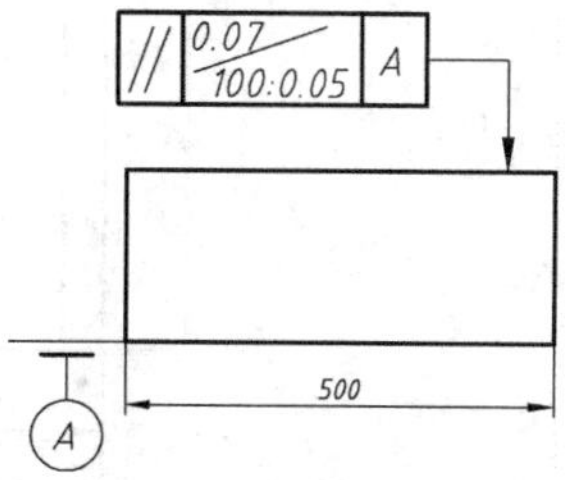

图 7-65 公差限制值的标注

(2) 如果需要规定被测要素上任意长度或任意范围的公差值时，可采用 $L:d$ 的比例形式，注写在框格中(L 为任意范围，δ 为公差值)，如图 7-64 所示。其含意为：被测表面上任意 100mm 长度上对于基准平面的平行度公差值不大于 0.01mm。

(3) 如对被测要素全长及任意限定长度都需要给出公差值时，应采用分数形式标注，如图 7-65 所示。其分式含意为：分母 100 ∶ 0.05 表示任意限定长度上的公差要求，即任意 100mm 长度上对基准 A 面的平行度公差不大于 0.05mm，分子表示全长上的公差值，即被测量表面对基准 A 面的平行度不大于 0.07mm。

5. 标注示例

【例 7-4】 在图 7-66 中标注的各形位公差代号的含意说明列于表 7-22。

表 7-22 综合标注示例说明

标注代号	含义说明
Ⓐ (基准符号)	以 ϕ 16f7 圆柱的轴心线为基准
⌭ 0.005	ϕ 16f7 圆柱面的圆柱度公差为 0.005mm，其公差带是半径差为 0.005mm 的两同轴圆柱面，是该圆柱面纵向和正截面形状的综合公差

续表

标注代号	含义说明
◎ | ϕ0.1 | A	M8×1 的轴线对基准 A 的同轴度公差为 0.1mm，其公差带是与基准 A 同轴，直径为公差值 0.1mm 的圆柱
↗ | 0.1 | A	$\phi 14_{-0.24}^{\ 0}$端面对基准 A 的端面圆跳动公差为 0.1mm，其公差带是与基准轴线同轴的任一直径位置的测量圆柱面上，沿母线方向宽度为公差值 0.1mm 的圆柱面区域
⊥ | 0.03 | A	$\phi 36_{-0.34}^{\ 0}$的右端面对基准 A 的垂直度公差为 0.03mm，其公差带是垂直于基准轴线的距离为公差值 0.03mm 的两平行平面内

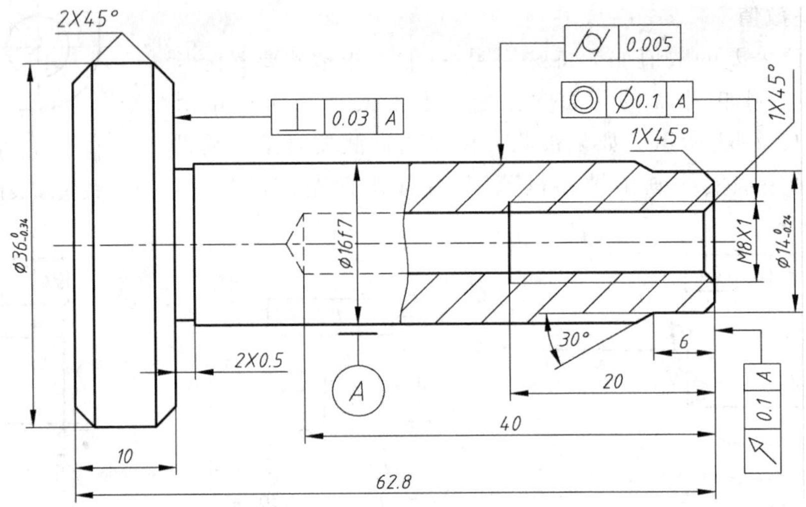

图 7-66　形位公差标注综合举例

第八节　零件草图与测绘

开始练习画草图时，可使用方格纸。横线、竖线尽可能沿着格子线画出，这样画出的线条较直，且易控制图形的大小、方向及投影关系。经过若干数量的练习后，应逐渐培养脱离方格纸，在空白图纸上徒手画出线条平直、比例匀称、图面整洁的图样。

要掌握徒手作图的技能，首先必须掌握徒手绘制各种线条的基本手法。

画较短的直线段，用手腕动作。画较长的直线段，应用小臂动作，也可先分作几段画，然后把几段连接起来。画图时，小手指稍微接触纸面，眼睛要看着线段的终点。画草图时可以转动图纸，使所画的线条处于顺手的方向，以适应手臂的运笔，如图 7-67 所示。画一些特殊角度时，可根据斜度比例关系近似画出，如图 7-68 所示。

徒手绘图时，应认真仔细目测所绘物体各部分的大小和相对位置，使画出的图形比例匀称，符合物体实际形状。在可能情况下，使其与实物大小相近。图 7-69 所示为一机件三视图的草图。

一、画零件草图的方法和步骤

(1) 分析零件，首先应进行结构和工艺分析，包括材料、各结构的作用、加工表面等。

图 7-67　徒手画直线

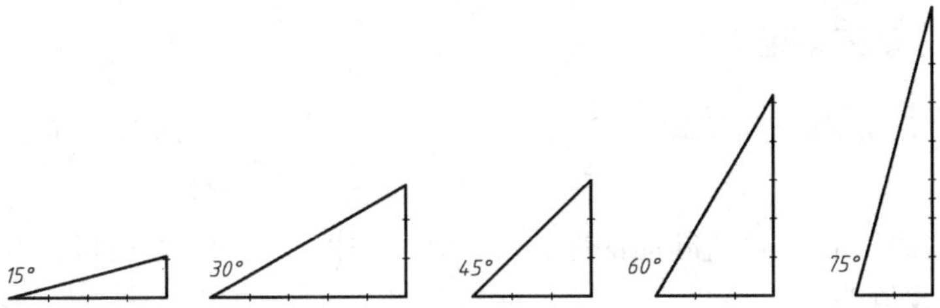

图 7-68　角度近似画法

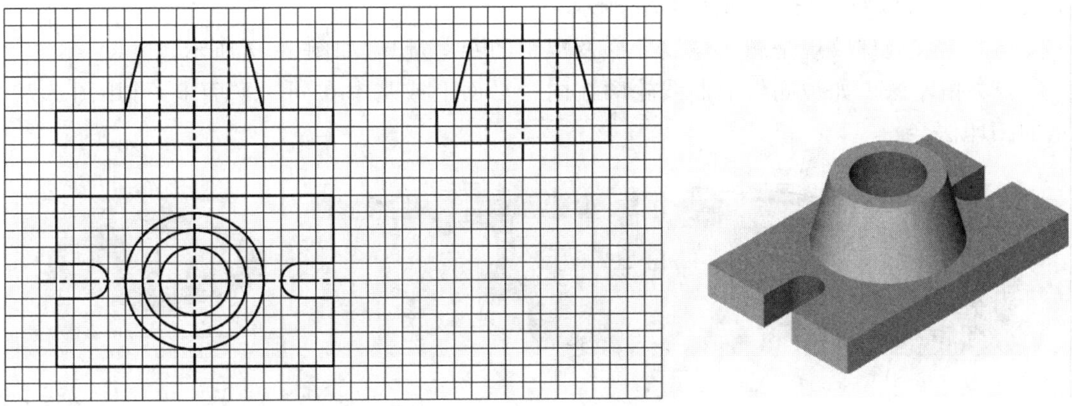

图 7-69　机件三视图草图

(2) 确定表达方案。

(3) 绘制图样。

(4) 标注尺寸及有关技术要求,填写标题栏。

二、零件测绘的基本方法及常用量具

常用测量工具有直尺(钢板尺),内、外卡钳,游标卡尺,千分尺,螺纹规及圆角规等。其中用内、外卡钳测量时,必须借助直尺方能读出零件尺寸的数值。零件上全部尺寸的测量应集中进行,以提高工作效率。测量尺寸的方法很多,现将其基本方法叙述如下:

(1) 直线尺寸的测量,可用钢板尺直接量取,如图 7-70 所示。

(2) 测量一般回转面的内、外直径,可分别使用内、外卡钳测定,如图 7-71 所示。

(3) 测量孔间中心距,孔径相同时,可直接用钢板尺或卡钳量出,如图 7-72b)所示。直径不等时,按图 7-72b)方法测量。

(4) 测量壁厚,可以综合使用钢板尺和内、外卡钳间接加减计算,得出要测定的尺寸,如

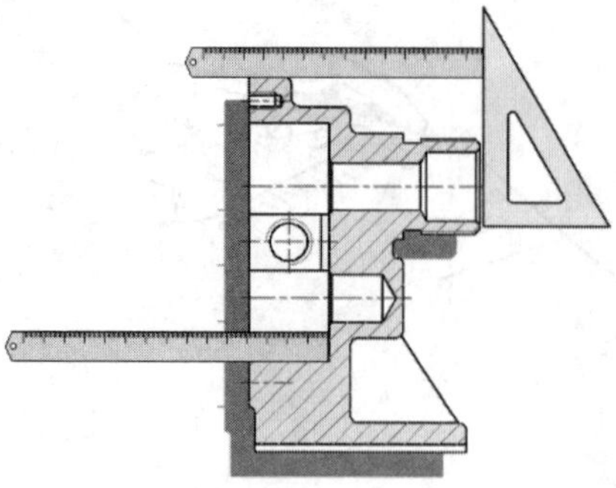

图 7-70　用钢板尺直接测量

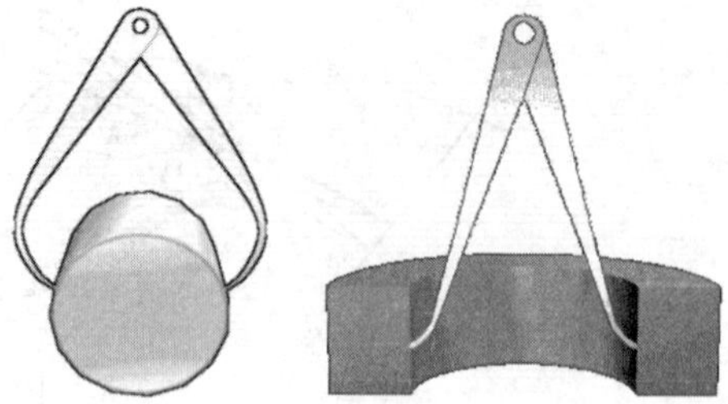

图 7-71　用内、外卡钳测轴、孔

图 7-73 所示。

（5）测量孔的轴心线到基准面的距离，一般可按图 7-74 的方法量出尺寸 A 和 D，通过计算得出 H 的数值。

（6）测量经切削加工后回转面的内、外直径以及深度等，可用比较精密的量具——游标卡尺（图 7-75）以及千分尺，如图 7-76 所示。

（7）螺纹规螺纹规是测量螺纹牙形及螺距的专用量具，如图 7-77 所示。

（8）拓印法。如被测件上曲线轮廓在同一平面上或基本在同一平面上，可用图 7-78 所示的拓印法。

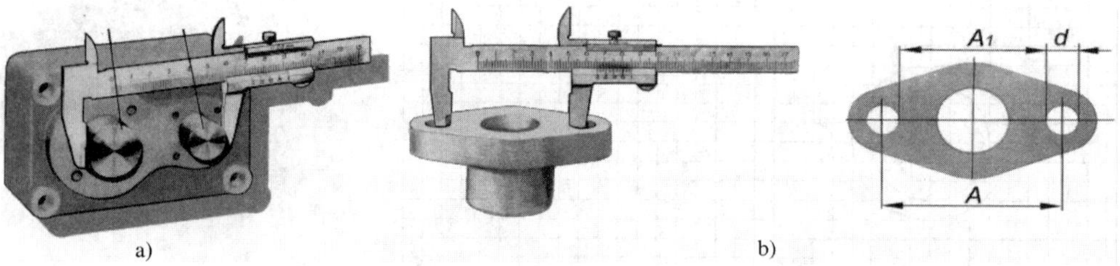

图 7-72　用游标卡尺测孔心距

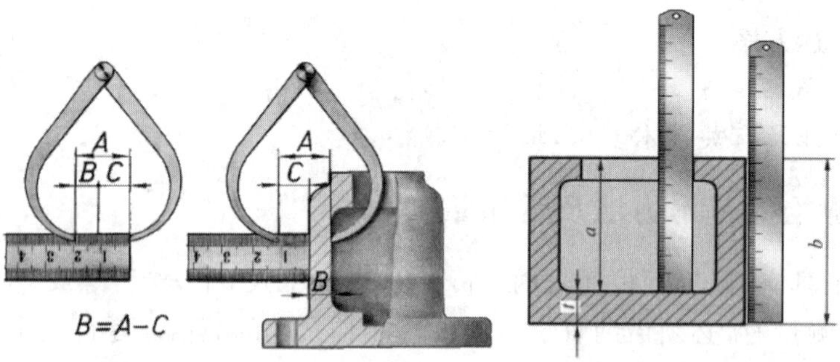

图 7-73　壁厚测量

三、画零件草图时应注意的问题

（1）注意分析零件结构的设计意图，对于加工和装配所需要的工艺结构如圆角、倒角、退刀槽、凸台和凹坑等都必须画出。对于制造上的缺陷，如砂眼、气孔和刀痕等则不应画出。

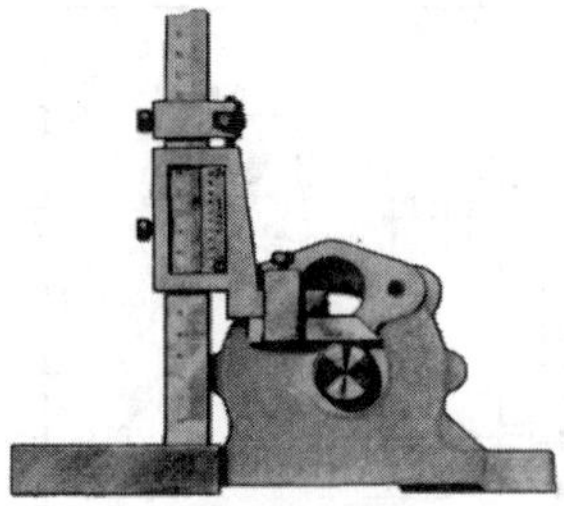

图 7-74　测量孔的轴心线到底面距离

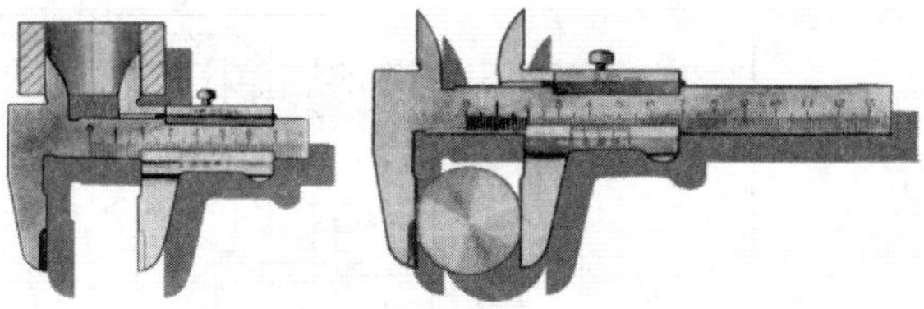

图 7-75　用游标卡尺测内、外直径

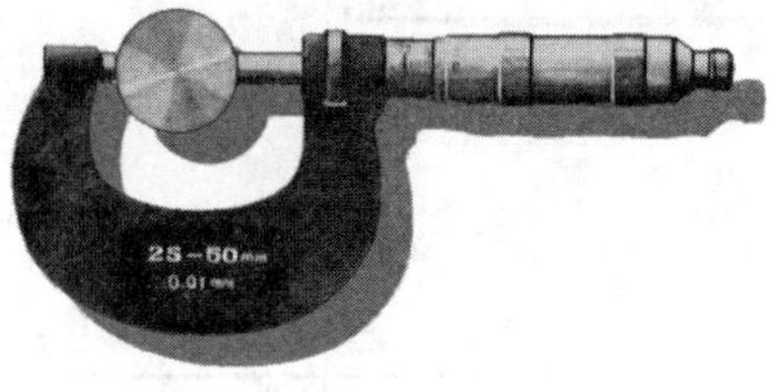

图 7-76　用于分尺测外直径

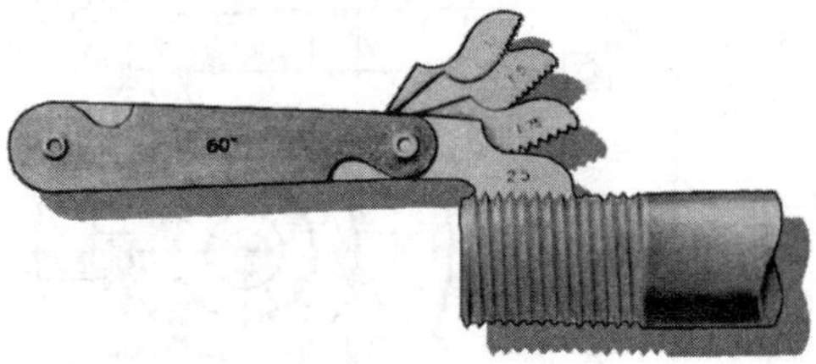

图 7-77　用螺纹规测量牙形及螺距

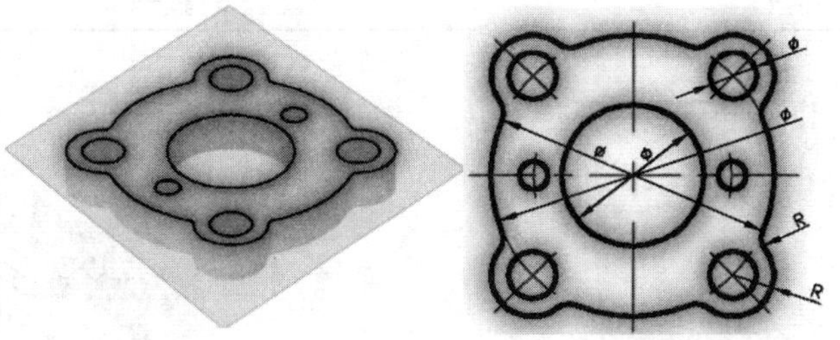

图 7-78　拓印法

(2) 在尺寸测量方面，应根据尺寸的性质，采取区别对待的原则妥善处理。对于零件上的配合尺寸和重要定位尺寸，应先测出其基本尺寸，然后分析配合性质，查阅手册，确定其公差数值。对于没有配合关系的尺寸，可将实测尺寸数值进行适当圆整到整数。

对于零件上某些标准结构，如螺纹、键槽、齿轮的轮齿等尺寸，应把测量的结果与标准数值核对，当有明显差距时，应以标准数值为准。

(3) 画完草图后，应将被测的零部件清理组装，并检查其性能是否完好，零件有无丢损。

第九节　读零件图

在生产中，读零件图是一项经常而又非常重要的工作。读零件图应全面地了解零件的结构形状及各部分的尺寸大小，同时还要弄清该零件制造、检验的技术要求，考虑并研究制造零件的工艺过程。

现以图 7-79 油压阀中的油压缸为例来说明读零件图的方法和步骤。

一、读标题栏和视图

首先读零件图的标题栏，从中了解零件的名称，并包括其功用及形状。从制造零件所用

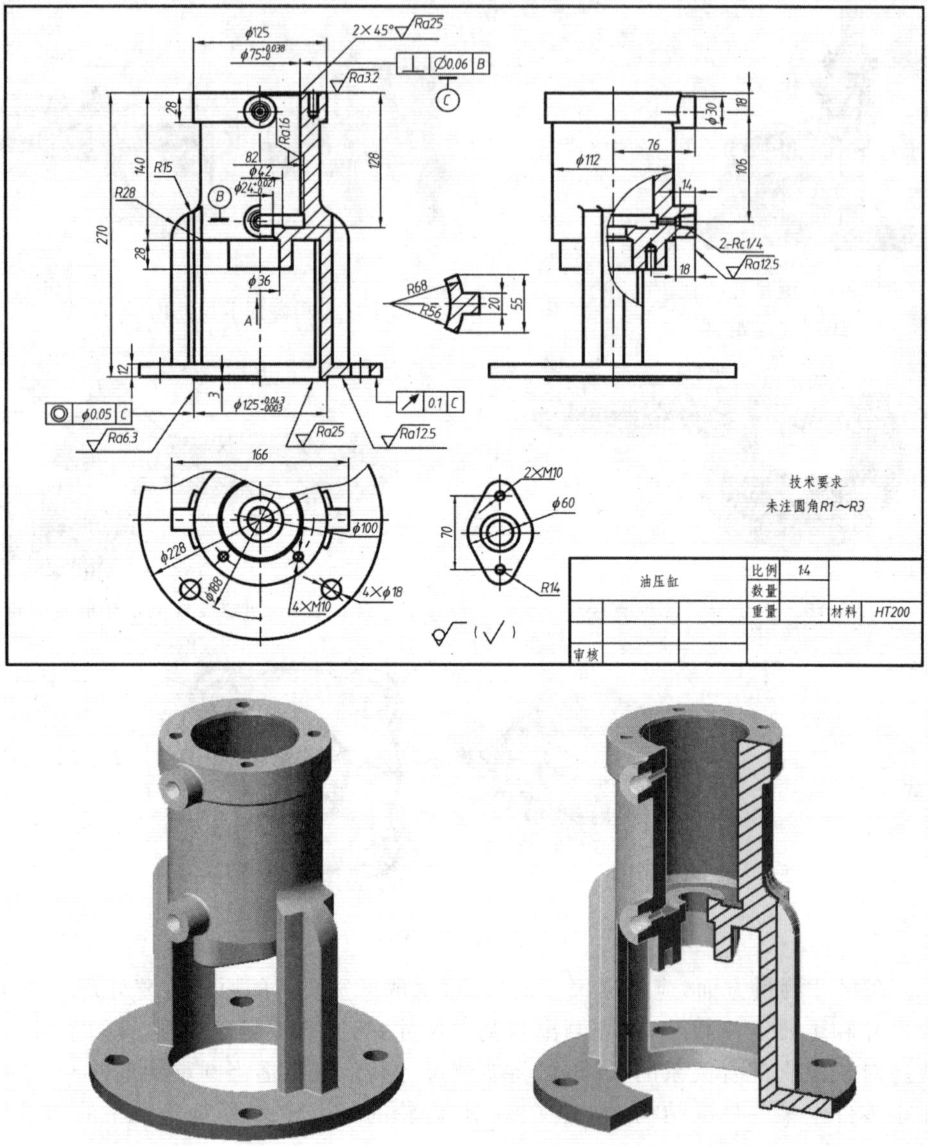

图 7-79　油压缸零件图

的材料可想到零件制造的工艺要求，从图的比例和图形的大小可以估计出零件的实际大小。例如，图 7-79 零件的名称是油压缸，其材料是铸铁，由此可想到这是圆筒形状的铸造件，在该零件上必有满足铸造工艺要求的铸造圆角及拔模斜度等结构。如果是不熟悉的零件，就需要进一步参考有关技术资料，如装配图和技术说明书等文字资料，来了解零件在机器或设备中的功用及与相关零件的配合和装配关系，然后再判断零件的结构形状。

找出主视图，分析各视图的投影方向，确定各视图之间的关系，明确各剖视图及断面图的剖切位置以及各视图的表达目的。如油压缸零件图，采用了主视图、俯视图、左视图、A 向视图及断面图。主视图采用了半剖视图，既表达了油压缸的外部形状，同时又表达了内腔形状，左视图采用了局部剖视，可显示油压缸的供油(排油)口、凸缘上螺孔以及填料函处等结构。

二、分析视图构思零件的结构形状

在搞清楚各视图关系的基础上，要根据零件的功用及视图的特征，运用形体分析和结构分析的方法将零件分解成几部分，并在各视图上找出其相应的部位，进一步运用视图间的投影对应关系想象出各部分的结构，最后综合在一起构思出零件的整体形状。

在分析想象过程中，可先构思出大致的轮廓，即先分析零件的主要组成部分的形状，然后再分析细小的局部结构形状。

构思油压缸零件的形状可按下列步骤进行：

(1) 由主视图、俯视图及左视图可知该油压缸主要由缸体、支撑立柱、连接圆盘三部分组成。

(2) 由 A 向视图和主视图可知该油压缸密封处填料函的结构形状。由断面图可知连接缸体与连接圆盘间的两条支撑立柱是 T 形肋。

(3) 按装配要求分析可知，连接圆盘上四个和前后对称面成45°角的孔 4-ϕ18 是供装配螺栓用的，该圆盘的底部凸台 $\phi 125_{-0.083}^{-0.043}$ 是与另外一零件装配时的定位止口。

(4) 综合想象零件的整体形状，便可构思出该油压缸的形状。

三、分析尺寸，弄清零件的大小

零件图上的尺寸是加工制造零件的依据。因此，必须对零件的每一个尺寸逐步而又仔细地分析。分析时可以从两个方面考虑：一个是分析标注尺寸的起点，从而找出尺寸的基准；另一方面要结合公差和表面粗糙度来阅读尺寸，从而找出重要尺寸以及确定被加工面的加工方法和要求。

由图 7-79 可见，油压缸高度方向的主要基准是顶面，如尺寸 140、28、128、18 都是从这一顶面的尺寸界线注起。长度和宽度方向尺寸的主要基准是该油缸的轴线，如 ϕ75、ϕ82、ϕ42、ϕ24、ϕ36、ϕ125 等。这些尺寸都是以轴线为基准注出。读尺寸 $\phi 75_{0}^{+0.03}$、$\phi 24_{0}^{+0.021}$、$\phi 125_{-0.083}^{+0.043}$，可知它们是重要的配合尺寸，不仅受到尺寸公差的限制，而且还受到形位公差的限制，它们直接影响到零件的精度或者说是影响油压阀的功能。油压缸零件被铸造出毛坯后，即按这些基准划线，然后再进行加工以达到所要求的尺寸。

四、看技术要求，进一步明确制造及检验的要求

零件图中的技术要求是制造零件的质量指标，其加工过程必须采取相应的工艺措施予以保证。因此，看图时对表面粗糙度、尺寸偏差、形位公差以及其他技术要求等项目都要逐项分析，然后考虑合理的工艺过程及方法。

如在图 7-79 中，是表示该油压缸缸体的内腔面需要进行必要的精加工，在考虑加工工艺时必须要保证 $\phi 24_{0}^{+0.021}$ 及 $\phi 125_{-0.083}^{-0.043}$ 对基准 C 的同轴度，$\phi 75_{0}^{+0.03}$ 对中间凸台 B 面的垂度。读用汉字表明的技术要求可知该油压缸零件对铸造工艺上的具体要求。

读图能力对每个工程技术人员来说都极为重要，只有熟悉各类零件的视图表达特点和尺寸标注方法及典型零件的加工方法，才能不断提高读图能力和阅读图样的速度。

第八章　零件的连接与连接件

在机器中，零件间的连接方式可分为两大类：可拆卸连接和不可拆卸连接。可拆卸连接有螺纹连接、键连接和销连接等；不可拆卸连接有铆接和焊接等。在机械工程中，可拆卸连接应用广泛，它通常是利用连接件将两个和多个零件连接起来。常用的连接件有螺栓、螺柱、螺钉、螺母、垫圈、键和销等。这些零件由于应用极为广泛，往往需要成批或大量生产。为了适应生产的需要，提高劳动生产率，降低生产成本，而将这些零件的结构及尺寸实行了标准化，这样的零件通称为标准件。标准件的结构与尺寸可按其规定标记从有关标准中查得。

第一节　螺　纹

一、螺纹的形成

如图 8-1 所示，当动点 A 沿圆柱的轴线方向作等速运动，同时，又绕圆柱的轴线作等速旋转运动，则动点 A 在圆柱面上的运动轨迹，称为圆柱螺旋线。动点 A 旋转一周，沿圆柱轴线方向移动的距离，称为圆柱螺旋线的导程。

螺旋线按动点的旋转方向不同，可分为右旋和左旋两种。当圆柱轴线成铅垂线位置时，螺旋线的可见部分自左向右升高，为右旋，如图 8-1 所示；反之，其可见部分自右向左升高，即为左旋。

螺纹是圆柱轴向剖面上的一个平面图形（如三角形、梯形或矩形等）绕圆柱轴线作螺旋运动所形成的螺旋体。在圆柱外表面上形成的螺纹，称为外螺纹；在圆柱孔内表面上形成的螺纹，称为内螺纹。

螺纹可以采用不同的加工方法制成。可用成形刀具（如板牙、丝锥等）加工，也可用车削的方法加工。图 8-2 为在车床上加工外螺纹和内螺纹的方法。图 8-3 为丝锥加工内螺纹的方法。

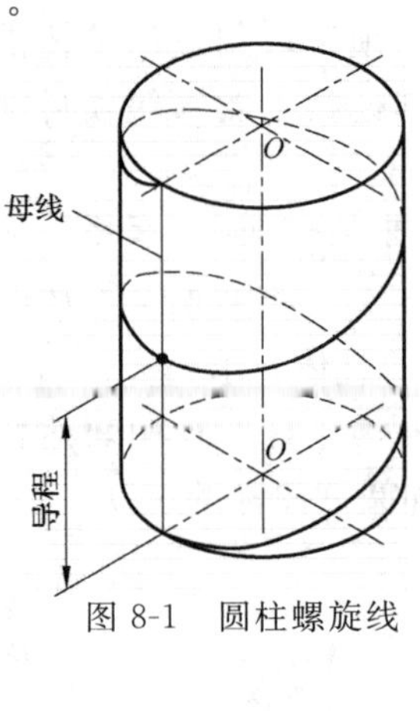

图 8-1　圆柱螺旋线

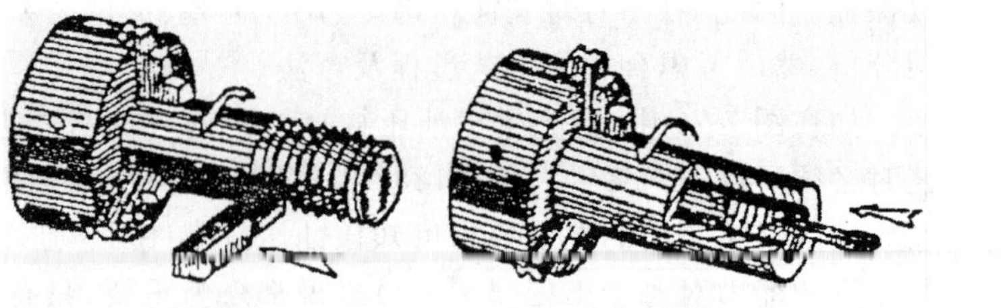

a) 车外螺纹　　b) 车内螺纹

图 8-2　车床上加工内、外螺纹的方法

在圆柱表面上加工形成的螺纹，称为圆柱螺纹。也可以在圆锥表面上加工形成，称为圆锥螺纹。

二、螺纹的要素

螺纹的结构和尺寸是由牙型、大径和小径、螺距和导程、线数、旋向等要素确定的。当

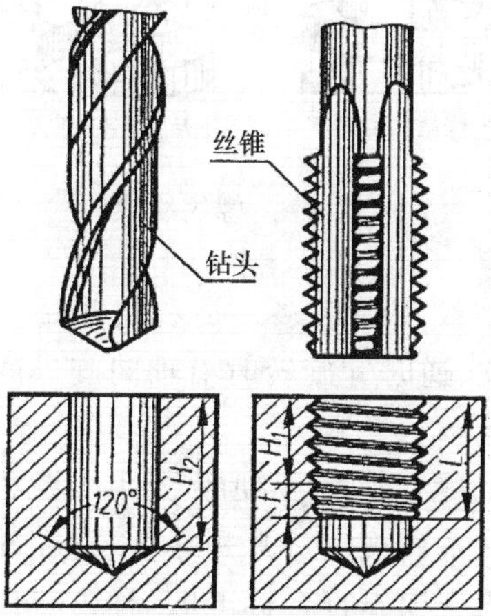

图 8-3　丝锥加工内螺纹

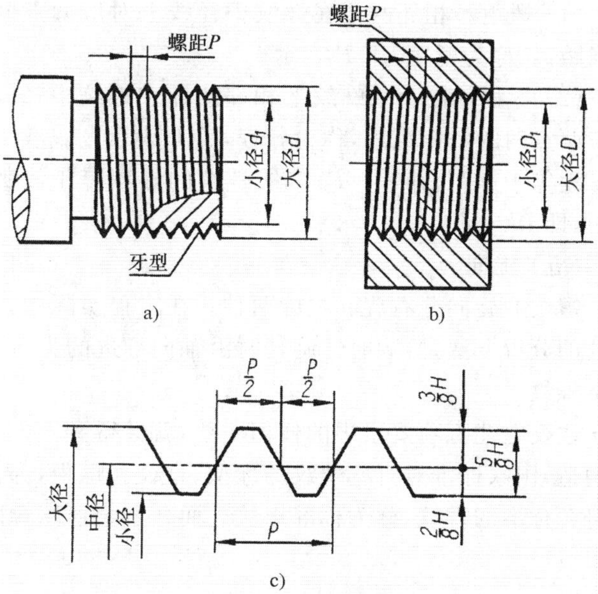

图 8-4　螺纹的要素

内、外螺纹相互连接时，其要素必须相同，见图 8-4。

(一) 螺纹牙型

螺纹的牙型是指通过螺纹轴线剖切螺纹所得到的断面形状，常见的螺纹牙型有三角形、梯形、锯齿形和矩形等。常用标准螺纹牙型如图 8-5 所示。

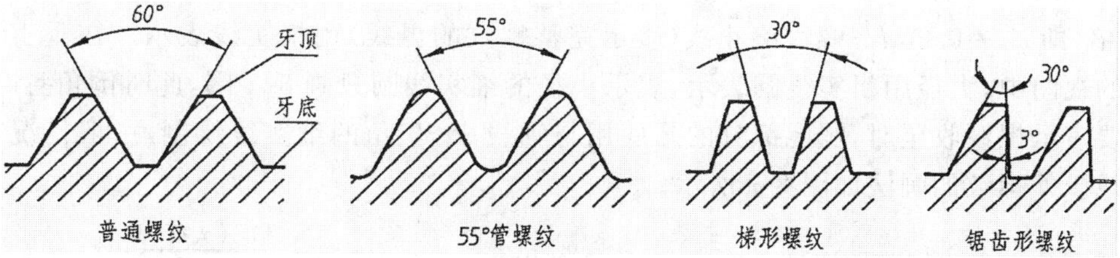

图 8-5　螺纹牙型

(二) 螺纹的大径、小径、中径和公称直径

(1) 螺纹的大径，是指与外螺纹牙顶或内螺纹牙底相重合的假想圆柱的直径。外螺纹的大径用 d 表示，内螺纹大径用 D 表示，如图 8-4 所示。

(2) 螺纹的小径，是指与外螺纹牙底或内螺纹牙顶相重合的假想圆柱的直径。外螺纹小径用 d_1 表示，内螺纹小径用 D_1 表示，见图 8-4。

(3) 螺纹的中径是一假想圆柱的直径，该圆柱的母线通过牙形上沟槽与凸起宽度相等处。外螺纹的中径用 d_2 表示，内螺纹的中径用 D_2 表示，如图 8-4c)所示。

（4）螺纹的公称直径，是代表螺纹尺寸的直径，对于普通螺纹是指螺纹的大径。

（三）螺纹的线数 n

螺纹线数是指同一圆柱表面上形成螺纹的条数。当圆柱面上只有一条螺纹时，称为单线螺纹；当圆柱面上有两条或多条螺纹时，称为双线或多线螺纹，如图 8-6 所示。

（四）螺距和导程

（1）螺距。相邻两牙在螺纹中径线上对应两点间的轴向距离，称为螺距，用 P 表示。

（2）导程。同一条螺纹上相邻两牙在螺纹中径线上对应两点间的轴向距离，称为导程，用 L 表示。单线螺纹的导程等于螺距，即 $L=P$；多线螺纹的导程等于线数乘螺距，即 $L=nP$。

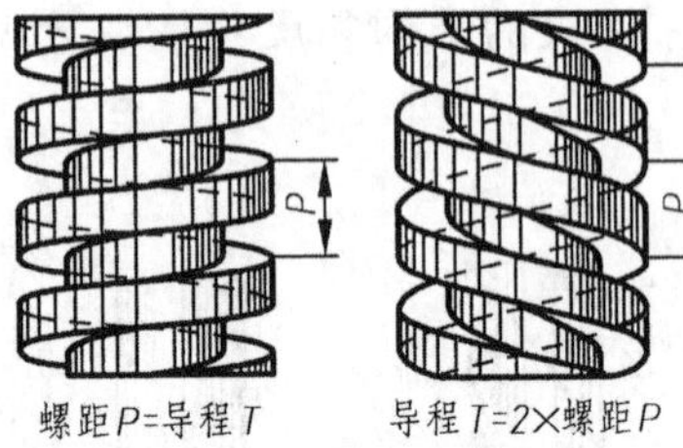

图 8-6　螺纹线数

（五）旋向

螺纹的旋向分右旋和左旋两种。在工程实际中，右旋螺纹用得最多。是右旋还是左旋螺纹的分辨方法是：顺时针旋转时沿轴向旋进的为右旋螺纹、逆时针旋转时沿轴向旋进的为左旋螺纹。

改变上述五项要素中的任何一项，就会得到不同规格的螺纹。为了便于设计计算和加工制造，国家标准对有些螺纹的牙型、直径和螺距，都作了一系列规定。凡是牙型、直径和螺距符合标准的螺纹，称为标准螺纹。而牙型、直径、螺距中任一项不符合标准的，称为非标准螺纹。

三、螺纹的规定画法

螺纹的真实投影是比较复杂的，为了简化作图，国家标准《机械制图》(GB 4459.1—84)对螺纹的画法作了如下规定。

（一）外螺纹的规定画法

外螺纹的大径（牙顶）用粗实线表示，小径（牙底）用细实线表示。小径通常画成大径的 0.85 倍，即 $d_1=0.85d$。螺纹终止线（表示完整螺纹的界线）用粗实线表示。在垂直于螺纹轴线的视图中，大径用粗实线圆表示，表示小径的细实线圆只画 3/4 圈，此时倒角省略不画。当需要表示螺纹收尾时，螺尾部分的牙底用与轴线成 30°角的细实线绘制，一般情况可不画收尾线。外螺纹的画法如图 8-7 所示。

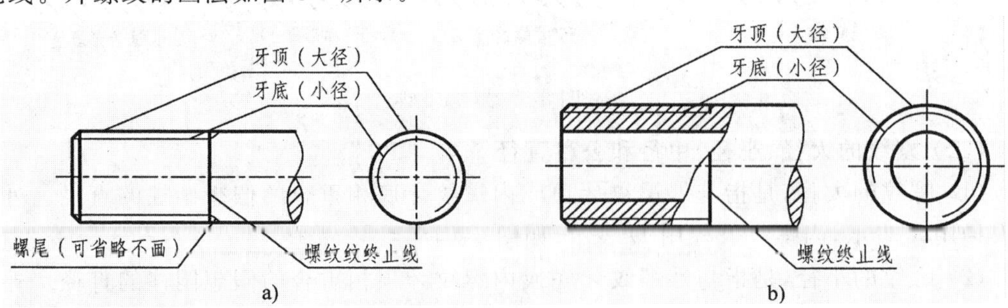

图 8-7　外螺纹的规定画法

（二）内螺纹的规定画法

内螺纹未剖切时，其大径（牙底）、小径（牙顶）和螺纹终止线均用虚线表示。

在剖视图中，内螺纹的大径用细实线绘制，小径用粗实线绘制，螺纹终止线用粗实线绘制，其剖面线必须终止于粗实线，螺纹收尾部分画法与外螺纹相同。

在垂直于螺纹轴线的视图中，表示大径的细实线，也只画约 3/4 圈，倒角也省略不画。

对于不通的螺孔，钻孔深度比有螺纹部分深 0.2d～0.5d。由于钻头的锥角约等于 120°，因此，钻孔底部圆锥孔的锥角应画成 120°。内螺纹的画法如图 8-8 所示。

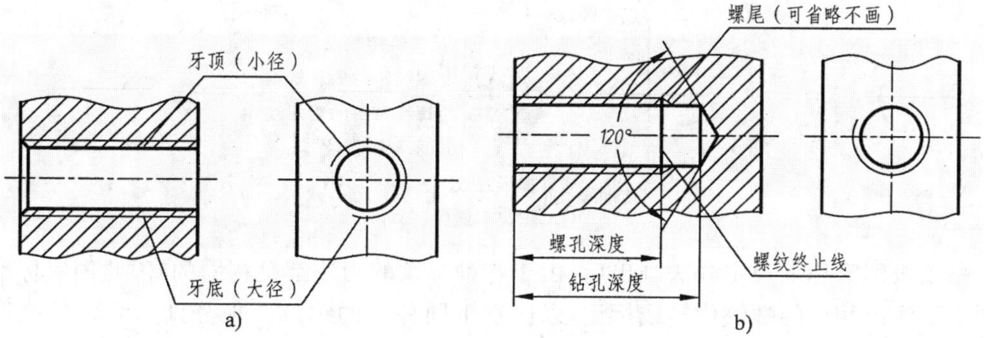

图 8-8　内螺纹的规定画法

（三）螺纹连接的规定画法

在剖视图中，内、外螺纹的旋合部分应按外螺纹的画法绘制，其余部分应按各自的画法绘制。要注意表示内、外螺纹的大、小径的粗、细实线应分别对齐，剖面线要画到粗实线处，如图 8-9 所示。

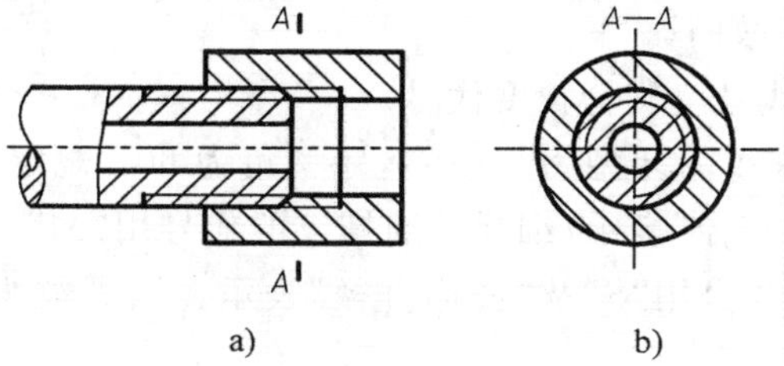

图 8-9　螺纹连接规定画法

（四）螺纹牙型表示法

按规定画法画出的螺纹，如需要表示螺纹牙型时（多用于非标准螺纹），可按图 8-10 所示的局部视图、局部放大图等方法表示。

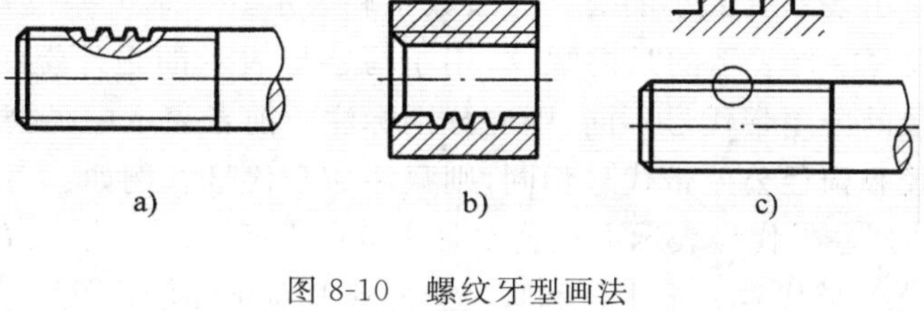

图 8-10　螺纹牙型画法

表 8-1 所示的是在视图、剖视图和断面图中，内、外螺纹的各种画法。

四、螺纹的种类和标注方法

螺纹按用途不同，分为连接螺纹和传动螺纹两类，前者起连接作用，后者用作传递动力和运动。常用标准螺纹分类如下：

- 螺纹
  - 连接螺纹
    - 营通螺纹
      - 细牙普通螺纹
      - 粗牙普通螺纹
    - 小螺纹
    - 管螺纹
      - 60°圆锥螺纹
      - 非螺纹密封的管螺纹
      - 用螺纹密封的管螺纹
      - 60°米制锥螺纹
  - 传动螺纹
    - 梯形螺纹
    - 锯齿形螺纹

螺纹按国家标准规定画法画出后，由于各种螺纹的画法都是相同的，因此国家标准规定在图上要注出相应的螺纹代号或标记，以区别不同种类的螺纹。现分别介绍各种螺纹的规定标注方法。

(一) 普通螺纹

普通螺纹分为粗牙、细牙两种，即同一公称直径的普通螺纹，其螺距分为一种粗牙和一种或一种以上的细牙，其具体数值可查阅有关螺纹标准(附表 A-1)。因此在标注细牙普通螺纹时，必须注出螺距。

完整标注一个普通螺纹应包括下述三个内容：螺纹代号、螺纹公差带代号和螺纹旋合长度代号。它们的标注顺序如下：

螺纹代号一公差带代号一旋合长度代号。

(1) 螺纹代号普通螺纹的牙型为三角形，牙型角为 60°，规定符号为“M”。粗牙普通螺纹的代号用“M”及“公称直径”表示；细牙普通螺纹的代号用“M”及“公称直径×螺距”表示。小螺纹(直径小于 3mm)代号用“S”及“公称直径”表示。当螺纹为左旋时，在螺纹代号后加“LH”字。

例如：“M24.”表示公称直径为 24mm，右旋粗牙普通螺纹；“M24×1.5”表示公称直径为 24mm，螺距为 1.5mm，右旋细牙普通螺纹；“M24×1.5LH”表示公称直径为 24mm，螺距为 1.5mm，左旋细牙普通螺纹。

(2) 螺纹公差带代号螺纹公差带代号包括中径公差带代号和顶径(指外螺纹的大径或内螺纹的小径)公差带代号。

公差带代号是由表示其大小的公差等级数字和表示其基本偏差位置的字母所组成。例如 6H、5g 等，用大写字母表示的是内螺纹，用小写字母表示的是外螺纹。如果螺纹的中径公差带代号和顶径的公差带代号不同，则应分别标注。前者表示中径公差带，后者表示顶径公差带。如果中径和顶径公差带代号相同，则只注一个代号。例如：

M16-5g6g，其公差带代号表示中径公差带为 5g，顶径公差带为 6g 的外螺纹。

M16-6H，其公差带代号表示中径和顶径公差带均为 6H 的内螺纹。

表 8-1　内、外螺纹的画法

<table>
<tr><th rowspan="2">各种表达情况</th><th rowspan="2">外螺纹的画法</th><th colspan="2">内螺纹的画法</th></tr>
<tr><th>穿通的纹螺内</th><th>不穿通的纹螺内</th></tr>
<tr><td>不剖时</td><td>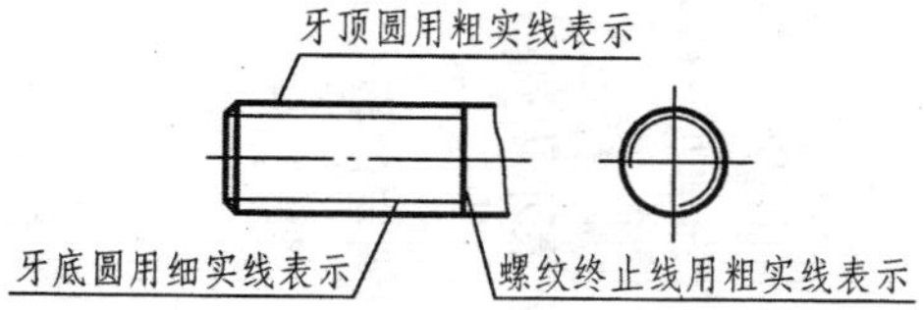</td><td>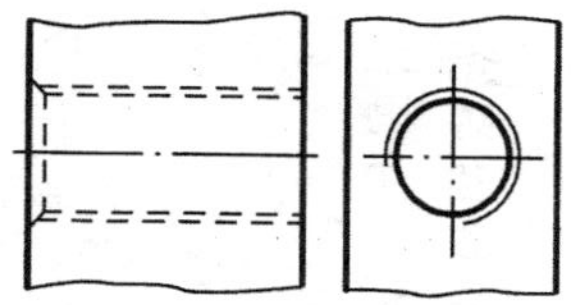</td><td>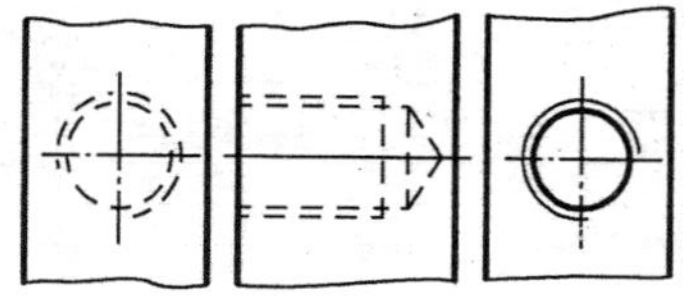</td></tr>
<tr><td rowspan="2">剖切时</td><td>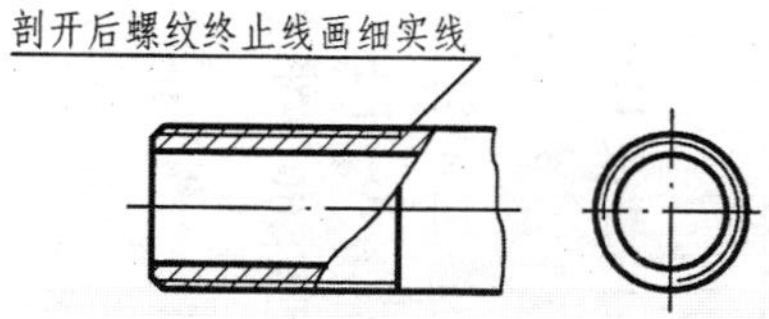</td><td>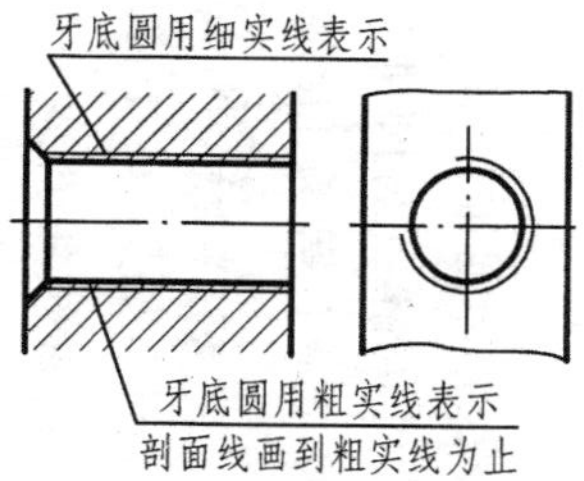</td><td>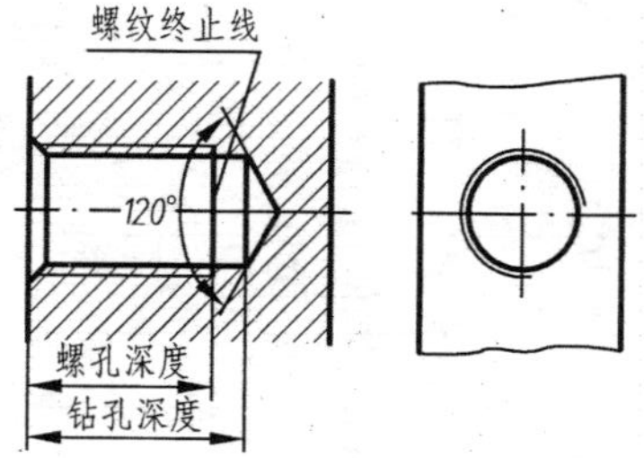</td></tr>
<tr><td>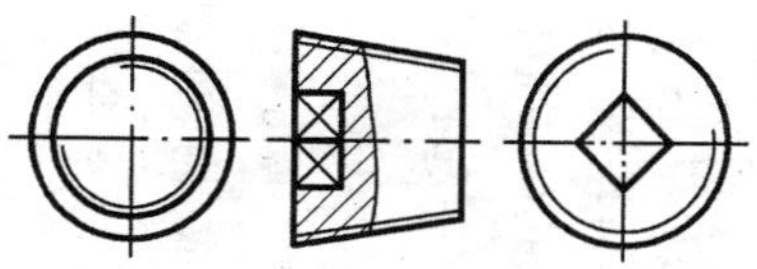</td><td colspan="2">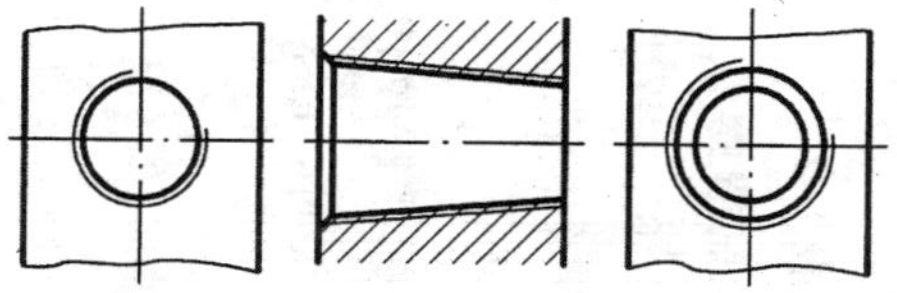</td></tr>
</table>

内、外螺纹装配在一起时，其公差带代号用斜线分开，左边为内螺纹公差带代号，右边为外螺纹公差带代号。例如：M24×1.5-6H/6g；：M24IH-6H/5g6g。

(3) 螺纹旋合长度代号螺纹旋合长度规定为短(S)、中(N)、长(L)三种。中等旋合长度代号 N 不必注出。例如：

M10-5g6g-S：M10-7H-L。

特殊需要时，可注明旋合长度的数值。例如：

M20×2-7g6g-40。

图中标注方法见表 8-2。

(二) 管螺纹及米制管螺纹

管螺纹包括 GB 7306—87 用螺纹密封的管螺纹和 GB 7307—87 非螺纹密封的管螺纹以及 60°圆锥管螺纹两个标准。

管螺纹的牙型角为 55°。

管螺纹的标注只标注螺纹代号和旋向代号。螺纹代号由该种螺纹的特征代号和尺寸代号组成。当螺纹为左旋时，在螺纹代号后加注“LH”，右旋螺纹不标注旋向代号。具体标注方法分述如下。

(1) 用螺纹密封的管螺纹。这类管螺纹有圆锥外螺纹“R”、圆锥内螺纹“Rc”和圆柱内螺纹“Rp”三种。内、外螺纹的连接有圆锥内螺纹与圆锥外螺纹配合和圆柱内螺纹与圆锥外螺纹配合两种形式。标注示例如下(以尺寸代号为 1½ 螺纹为例)：

圆锥外螺纹 R1½、圆锥内螺纹 R1½、圆柱内螺纹 Rp1½。

当螺纹为左旋时，在螺纹代号后加“LH”，如 R1½-LH。

内、外螺纹装配在一起时，内、外螺纹的标注用斜线分开，左边表示内螺纹，右边表示外螺纹。其标注示例如下：Rc1½/R1½；Rp1½/R1½；Rc1½/R1½-LH。

(2)非螺纹密封的管螺纹这类螺纹都是圆柱管螺纹“G”，其标注方法为，螺纹特征代号、尺寸代号和公差等级代号及旋向代号。

公差等级代号，外螺纹分 A、B 两级，内螺纹不标注。

标注示例如下(以尺寸代号为½螺纹为例)：

A 级外螺纹 G½A；B 级外螺纹，G½B；内螺纹 G½。当螺纹为左旋时，在公差等级代号后加“LH”，如 G½-LH、G½A-LH。

内、外螺纹装配在一起时，内、外螺纹的标注用斜线分开，左边表示内螺纹，右边表示外螺纹。例如：G½/G½A；G½/G½B；G½/G½A—LH。

(3) 60°圆锥管螺纹：(布锥管螺纹)牙型角 60°、锥度 1∶16，所规定的标记由螺纹特征代号和螺纹尺寸代号组成，内、外螺纹标记相同。如：

NPT 1/8

└ 螺纹尺寸代号（1/8）

└ 60°牙型角的圆锥管螺纹（NPT）

4. 米制锥螺纹：牙型角 60°、锥度 1∶16，用于气体、液体管路系统，依靠螺纹密封的连接，内、外螺纹标记相同。如：

表 8-2　螺纹种类代号与标注

螺纹类别		外形图	螺纹种类代号	标记方法	标注图例	说　明
连接螺纹	粗牙普通螺纹	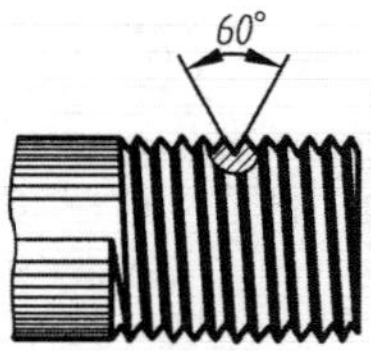	M	M12 - 6h - S S：短旋合长度代号 6h：外螺纹中径和顶径(大径)公差带代号 12：公称直径(大径) M：螺纹种类代号	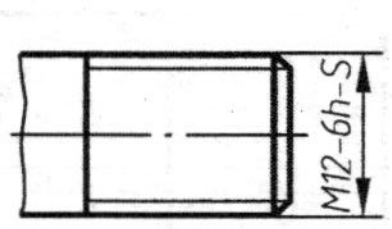	粗牙普通螺纹不标注螺距
	细牙普通螺纹			M20×2LH - 6H 6H：内螺纹中径和顶径(小径)公差带代号 LH：左旋 2：螺距 20：公称直径(大径) M：螺纹种类代号	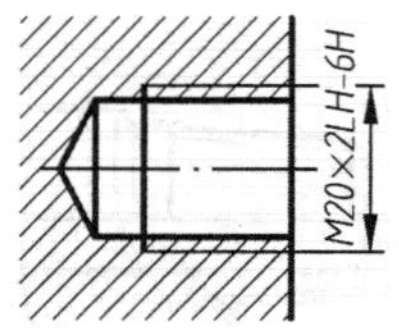	粗牙普通螺纹必须注明螺距
	非螺纹密封管螺纹	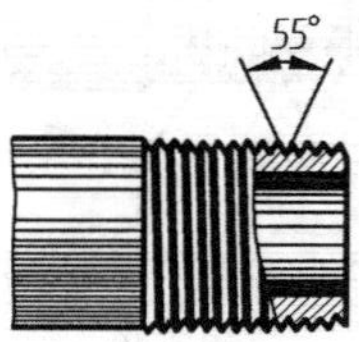	G	G1A A：外螺纹公差等级代号 1：尺寸代号 G：螺纹种类代号	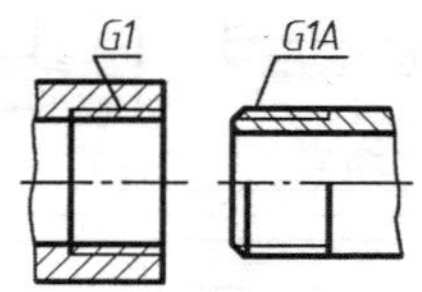	外螺纹公差等级代号有 A、B 两种，内螺纹公差等级仅一种，不必标洲其代号

续表

<table>
<tr><th colspan="2">螺纹类别</th><th>外形图</th><th>螺纹种类代号</th><th>标记方法</th><th>标注图例</th><th>说　明</th></tr>
<tr><td rowspan="2">连接螺纹</td><td>螺纹密封管螺纹</td><td>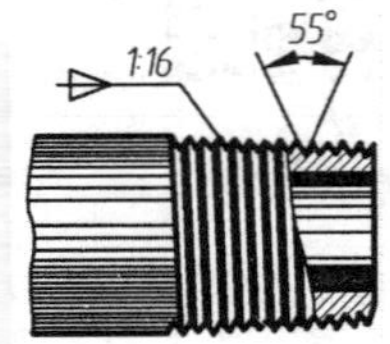</td><td>R_c
R_p
R</td><td>R1/2
└尺寸代号
└螺纹种类代号</td><td>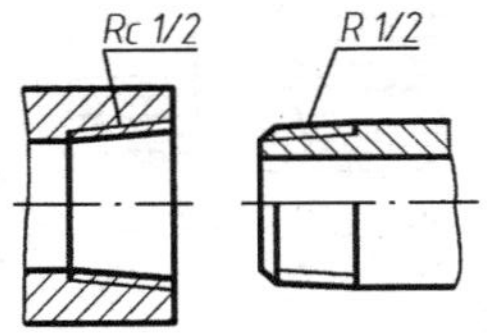</td><td>圆锥内螺纹，螺纹种类代号——R_c
圆柱内螺纹，螺纹种类代号——R_p
圆锥外螺纹，螺纹种类代号——R</td></tr>
<tr><td>60°圆锥管螺纹</td><td>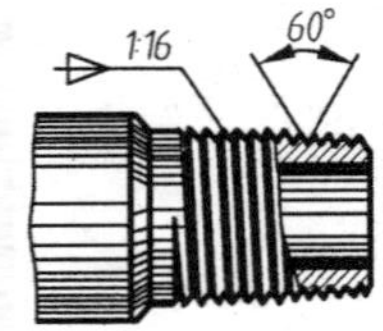</td><td>NPT</td><td>NPT3/4
└尺寸代号
└螺纹种类代号</td><td>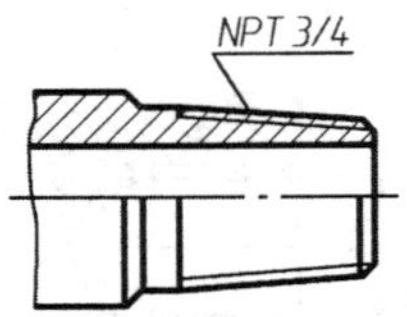</td><td></td></tr>
<tr><td>传动螺纹</td><td>梯形螺纹</td><td>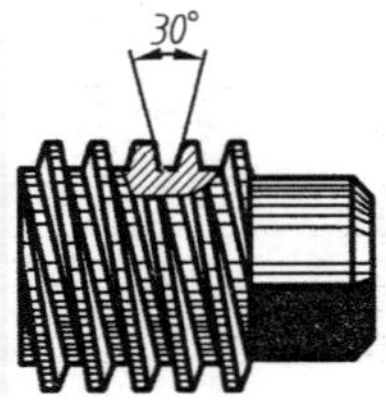</td><td>Tr</td><td>Tr22× 10(P5)—7e —L
└长旋合长度代号
└外螺纹中径公差带代号
└螺距
└导程
└公称直径(大径)
└螺纹种类代号</td><td>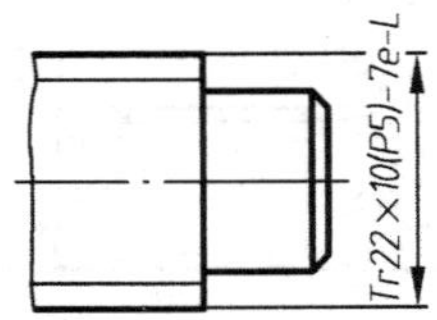</td><td>梯形螺纹螺距或导程必须注明</td></tr>
</table>

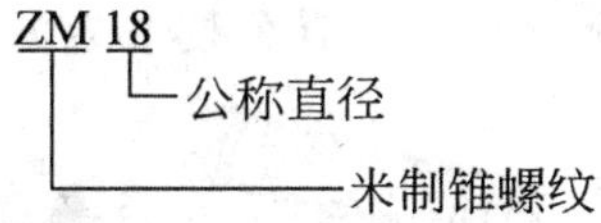

（三）梯形螺纹

梯形螺纹一般用来传递动力，如机床的丝杠等。梯形螺纹的标注与普通螺纹的标注相似，按如下形式标注：

螺纹代号—公差带代号—旋合长度代号。

(1) 螺纹代号。梯形螺纹的牙型符号为“Tr”。螺纹代号包括牙型符号和规定尺寸两个组成部分。当螺纹为左旋时，需在规格尺寸之后加注“LH”。单线螺纹的规格尺寸用“公称直径×螺距”表示；多线螺纹用“公称直径×导程(P 螺距)”表示。

例如：“Tr40×7”表示公称直径为 40mm，螺距为 7mm 的单线右旋梯形螺纹；“Tr40 ×14 (P7)-LH”表示公称直径为 40mm，导程为 14mm，螺距为 7mm 的双线左旋梯形螺纹。

(2) 公差带代号。梯形螺纹公差带代号，只标注中径公差带代号。标注方法与普通螺纹相同。

(3) 旋合长度代号。梯形螺纹的旋合长度分为中等旋合长度(N)和长旋合长度(L)两组：当旋合长度为中等时，不注旋合长度代号；当为长旋合长度时，应将代号 L 写在公差带代号之后，用“-”隔开。

例如：“Tr40×7-7H”表示公称直径为 40mm，螺距为 7mm 的单线右旋梯形内螺纹，中径公差带为 7H，中等旋合长度；“Tr40×14(P7)LH-8e-L”表示公称直径为 40mm，导程为 14mm，螺距为 7mm 的双线左旋梯形外螺纹，中径公差带为 8e，长旋合长度。

内、外螺纹旋合时，其公差带要分别注出。如 Tr40×7-7H/7e，左边的是内螺纹公差带代号，右边的是外螺纹公差带代号，中间用斜线分开。

（四）锯齿形螺纹

锯齿形螺纹的牙型符号为“B”。

锯齿形螺纹用来传递单向动力，如千斤顶中的螺杆。

锯齿形螺纹的标记顺序是：牙型、公称直径、×导程或螺距—公差带代号，如：

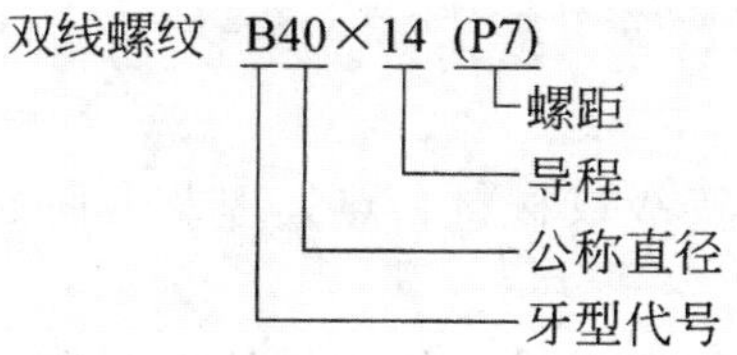

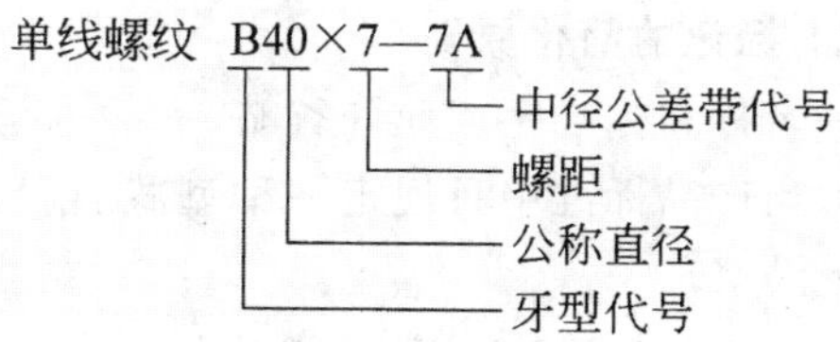

（五）非标准螺纹

牙型、直径、螺距有一项不符合标准的为非标准螺纹。绘制非标准牙型螺纹时，应画出螺纹的牙型，并注出所需要的尺寸和有关要求。

第二节　螺纹紧固件及连接画法

螺纹紧固件种类很多，其中最常见的如图 8-11 所示，有螺栓、双头螺柱、螺钉、螺母及垫圈等。这类零件一般都是标准件，其结构型式和尺寸均已标准化。只要给出它们的规定标记，就可在相应的标准中查出其全部尺寸及有关技术数据。

图 8-11　常见的螺纹紧固件

一、螺纹紧固件的规定标记

（一）标记内容

螺纹紧固件的完整标记由名称、标准编号、型式与尺寸（型式、规格、精度及其他要求）和性能等级或材料及热处理以及表面处理组成，排列顺序如下：

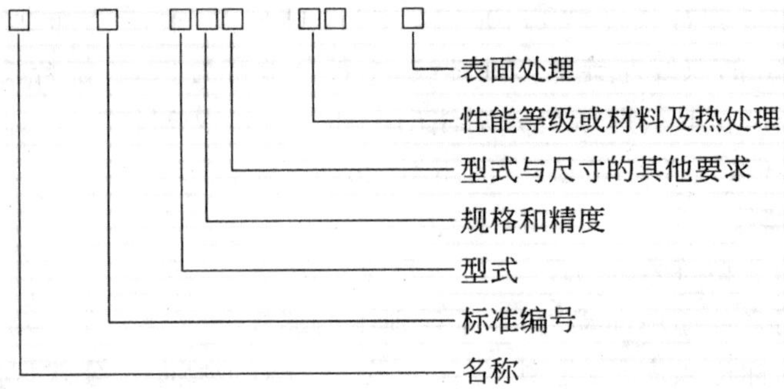

（二）标记的简化原则

（1）名称和标准年代允许省略。

（2）当产品标准中只规定一种型式、精度、性能等级或材料和热处理及表面处理时，允许省略。

（3）当产品标准中规定两种以上型式、精度、性能等级或材料和热处理及表面处理时，可规定省略其中的一种（如在产品标准的标记示例中规定简化的标记）。

（三）标记示例（详见附录 B-1 至附录 B12）

螺纹规格为 M12、公称长度 l=80mm、性能等级为 8.8 级、镀锌钝化、A 级的六角头螺栓的标记为：

螺栓 GB5782—86　M12×80—8.8—Zn・D

螺纹规格为 M12×1.5、公称长度 l=80mm、性能等级为 8.8 级、表面氧化、A 级的六角头螺栓的标记为（省略名称、标准年代号及前面的短划、性能等级及表面处理）：

GB 5782　M12×1.5×80

螺纹规格为 M5、公称长度 $l=20\text{mm}$、性能等级为 5.8 级、不经表面处理的开槽盘头螺钉的标记为：

螺钉 GB 67—85 M5×20—5.8

此例中，性能等级若为 4.8 级就可不标记，因为 4.8 级属于在产品的标记示例中规范简化的标记。

螺纹规格为 M12、性能等级为 10 级、不经表面处理、A 级的 1 型六角螺母的标记为：

螺母 GB 6170-86　M12

二、螺纹连接画法

按照被连接件的结构和所使用螺纹紧固件的不同，螺纹连接可分为螺栓连接、双头螺柱连接和螺钉连接等。绘制螺栓连接、双头螺柱连接和螺钉连接时，可按表 8-4 螺栓、螺钉头部及螺母的简化画法画螺栓、螺母、垫圈，并为了简化作图，通常可按各部分尺寸与螺纹大径 d 的近似比例关系绘图，如图 8-12～图 8-14 所示。

在装配图中螺纹紧固件的工艺结构如倒角、退刀槽、缩颈及凸肩等均可省略不画。常用螺栓、螺钉的头部及螺母等也可进一步采用如表 8-3 所列的简化画法。

表 8-3　螺栓、螺钉头部及螺母的简化画法

序号	形式	简化画法	序号	形式	简化画法
1	六角头	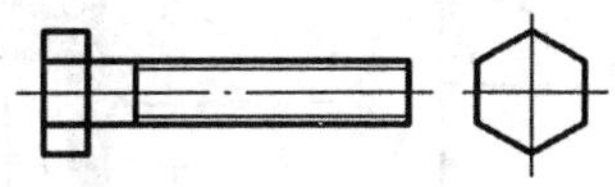	6	圆柱头 一字槽	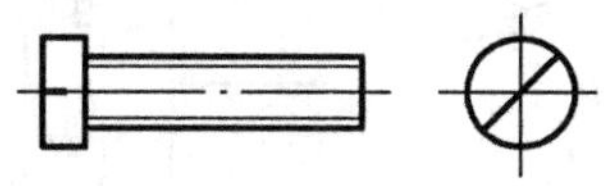
2	圆柱头 内六角	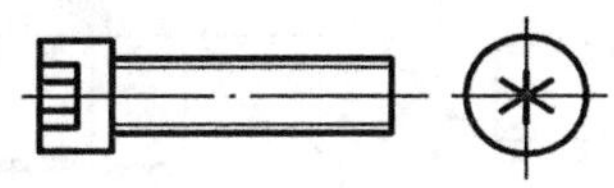	7	半沉头 一字槽	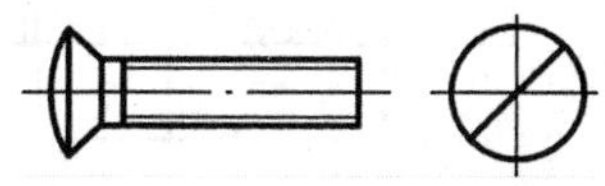
3	无头 内六角	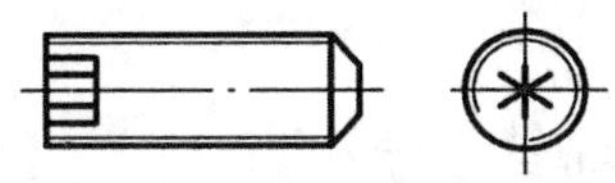	8	沉头 十字槽	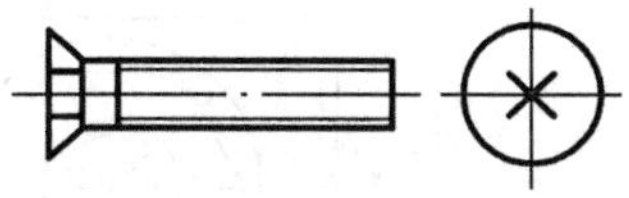
4	无头 一字槽	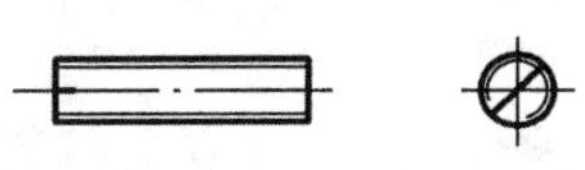	9	六角形	
5	沉头 一字槽	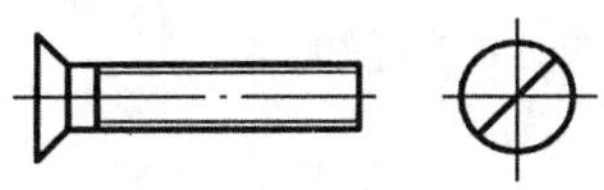	10	开槽 六角形	
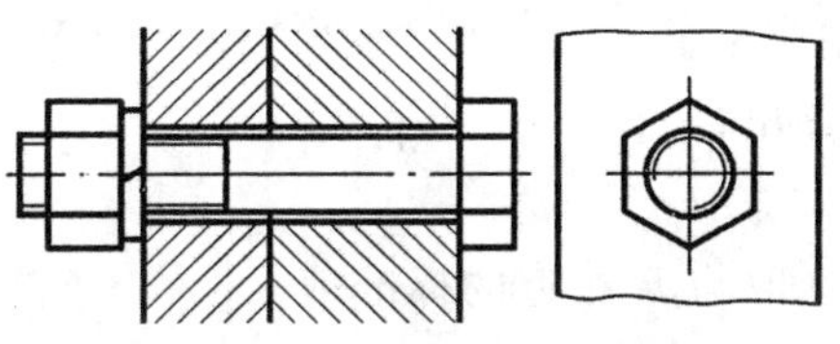			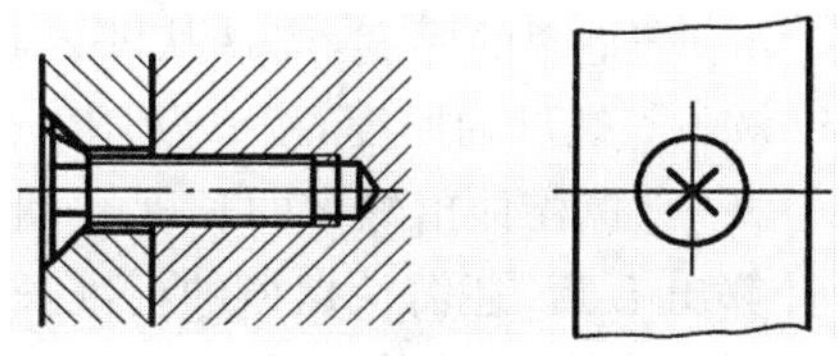		

(一) 螺栓连接

用螺栓、螺母和垫圈把两个被连接的零件连接在一起，称为螺栓连接。连接前，先在被连接的零件上钻出比螺栓直径稍大的通孔（≈1.1d）。装配时，使螺栓穿过通孔，并在螺栓的端部套上垫圈，再用螺母拧紧。螺栓连接适用于两个被连接件厚度都不太大，并能钻成通孔的场合。

图 8-12 表示螺栓连接的装配画法。绘图时应遵守下列基本规定：

(1) 当剖切平面通过螺栓、螺母、垫圈等标准件的轴线时，其标准件应按未剖切绘制，即只画出其外形。

(2) 在剖视图中，两相邻零件的剖面线倾斜方向应当相反或方向相同间距不同。但同一零件在各个剖视图中，其剖面线的倾斜方向和间距应当相同。

(3) 两零件的接触面应画成一条线，不接触的表面则要画出各自的轮廓线。

绘制螺栓连接的装配图时，螺栓、螺母及垫圈按表 8-3 的简化画法画，各部分尺寸按与螺纹大径 d 的近似比例关系绘图，见图 8-12 所示。

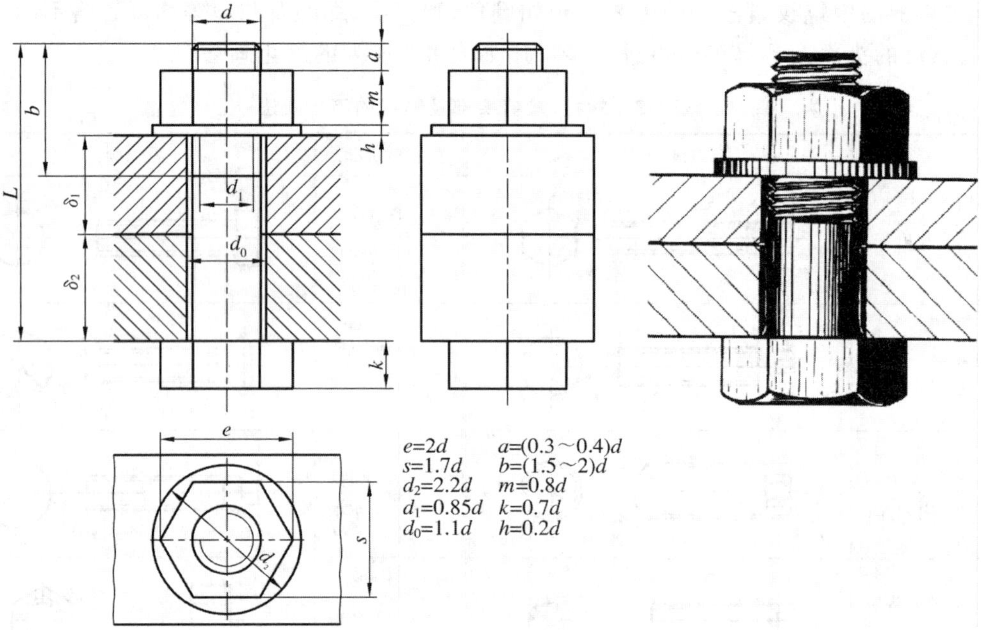

图 8-12　螺栓连接的装配图画法

螺栓的长度 L 应通过计算后查表选定。由图 8-12 可知：

螺栓长度　　　　　　　$L=\delta_1+\delta_2+h+m+a$

式中　δ_1、δ_2——被连接件的厚度；

h——垫圈的厚度，按 d 从图 8-12 中公式算出；

m——螺母的厚度，按 d 从图 8-12 中公式算出；

a——螺栓伸出螺母的长度，一般取(0.2～0.3)d。

计算出 L 后，还需从螺栓的标准长度系列中选取与 L 相近的标准值。

(二) 双头螺柱连接

如图 8-13 所示，双头螺柱连接是用双头螺柱、螺母和垫圈配合使用，把两个零件连接起来。双头螺柱的两端都加工有螺纹，螺纹较短的一端（旋入端）用来旋入较厚的被连接件的螺孔中；螺纹较长的一端（紧固端）穿过另一被连接件的通孔（孔径≈1.1d）后，套上垫圈，再用螺母拧紧。双头螺柱连接经常用在被连接零件中有一个由于太厚而不宜钻成通孔或是没有必要钻成通孔的场合。

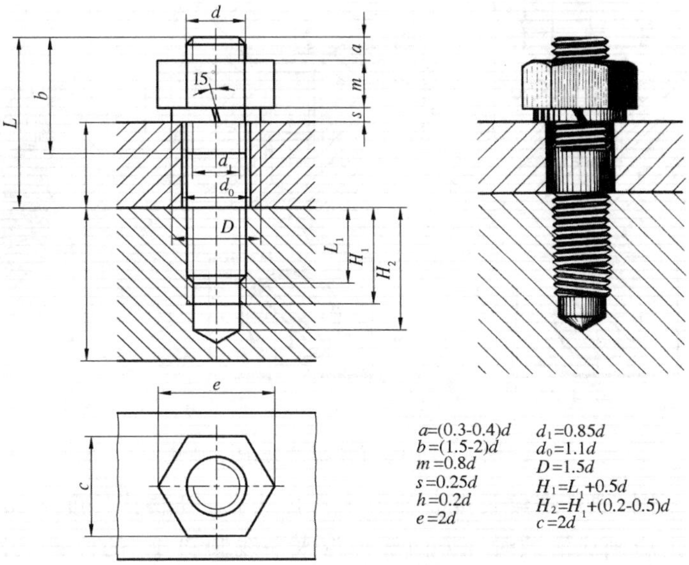

图 8-13　双头螺柱连接的装配图画法

双头螺柱连接的装配画法如图 8-13 所示。作图时应注意以下几点。

（1）双头螺柱的旋入端长度 L_1 与被旋入零件的材料有关。国家标准按 L_1 的不同，把双头螺柱分成四种：

$$L_1=d\text{(GB 897—88)}$$

$$L_1=1.25d\text{(GB 898—88)}$$

$$L_1=1.5d\text{(GB 899—88)}$$

$$L_1=2d\text{(GB 900—88)}$$

被旋入零件的材料为钢或青铜时，可选用 $L_1=d$；对于铸铁，可选用 $L_1=1.25d$ 和 $L_1=1.5d$；对于铝合金，可选用 $L_1=2d$。

（2）双头螺柱的规格尺寸是螺纹大径 d 和长度 L，其他尺寸可按 d 从图 8-13 中公式算出；

（3）双头螺柱的旋入端应画成全部旋入螺孔内，即螺纹终止线与被旋入零件表面平齐。螺孔的螺纹深度应大于旋入端的螺纹长度 L_1，一般螺孔的螺纹深度可取≈$L_1+0.5d$，而钻孔深度则可取≈L_1+d。

（4）从图 8-13 中可知，双头螺栓的长度 L 为：

$$L=\delta+S+H+a$$

式中：δ 为被连接穿通孔零件厚度；S 为垫圈厚度；m 为螺母厚度；a 为螺柱伸出螺母的长度≈(0.2～0.3)d。

（三）螺钉连接

螺钉种类很多，按用途分为连接螺钉和紧定螺钉两类。前者用来连接零件，后者主要用来固定零件。

(1) 连接螺钉。连接螺钉用于连接不经常拆卸，并且受力不大的零件。图 8-14 为开槽沉头螺钉和圆柱头一字槽螺钉连接的装配画法。由图可见，螺钉自上而下地穿过上部零件的通孔(孔径≈1.1d)，而与下部零件的螺孔相旋合。旋入螺孔的深度与被旋入零件的材料有关。

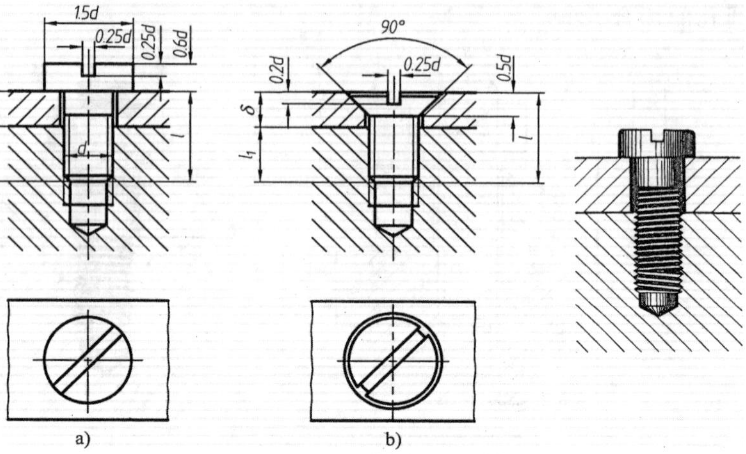

图 8-14　螺钉连接的装配图画法

与双头螺柱不同，螺杆螺纹长度要比旋入深度大，一般取其长度≈2d。还应指出，螺钉头槽口在俯视图上应画成沿顺时针方向旋转与水平线倾斜 45°的位置，当图形较小时，可用两倍粗实线宽的粗线来表示开槽。在反映螺钉轴线的视图上钻孔深度可省略不画，仅按螺纹深度画出螺孔。

螺钉的规格长度 L 可按下式计算：

$$L=\delta+L_1$$

式中　δ——上部零件的厚度；

L_1——螺钉旋入螺孔的长度。

L 算出后，需从标准长度系列中选取相近的标准值。

(2) 紧定螺钉。紧定螺钉是用来固定零件防止两个相配合零件产生相对运动。图 8-15 表示用锥端紧定螺钉限止轮和轴的相对位置，使它们之间不能产生轴向移动。

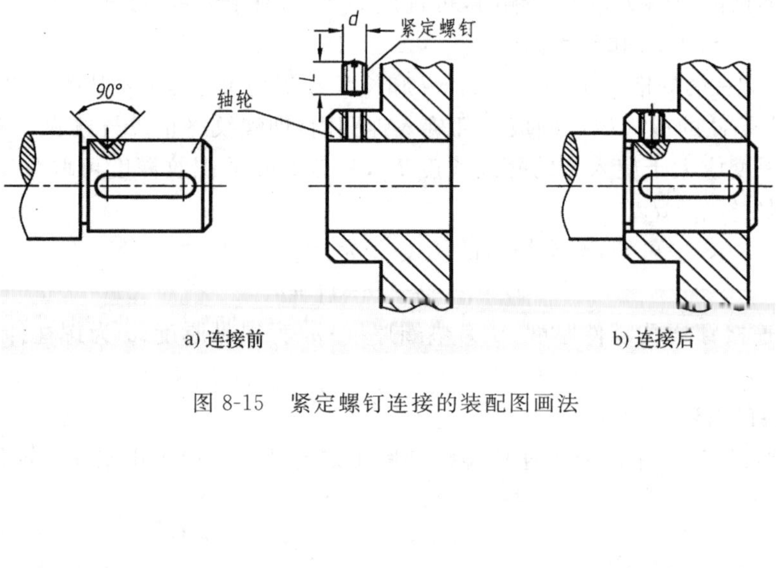

图 8-15　紧定螺钉连接的装配图画法

第三节　键连接和销连接

在机器和设备上，除了螺纹连接以外，键连接和销连接也是常用的可拆卸连接。

一、键连接

键通常用来连接轴和装在轴上的转动零件（如齿轮、皮带轮等），起传递转矩的作用。用键连接时，在轴和轮毂上都开有键槽，键的一部分装进轴的键槽中，另一部分装在轮毂键槽内，传动时使轮和轴一起转动。

常用的键有普通平键、半圆键、钩头楔键和花键等，如图 8-16 所示，其中最常用的是普通平键。

键是标准件，键的尺寸和键槽尺寸以及有关技术要求可从相应的标准中查得。

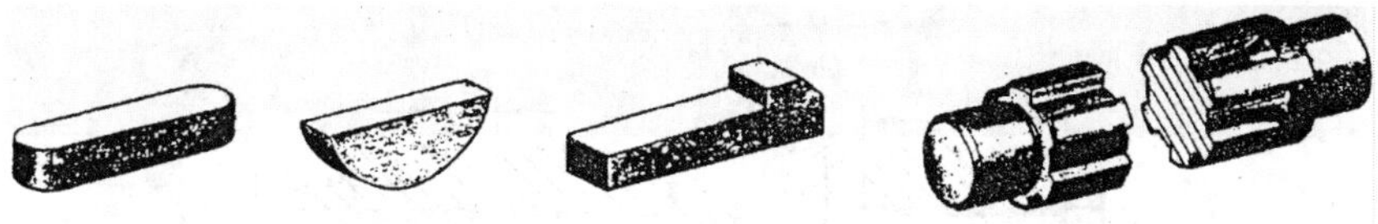

图 8-16　几种常用的键

（一）平键连接

平键有普通平键、薄型平键及导向平键三种。这里只介绍普通平键连接。

普通平键的型式有 A 型（圆头）、B 型（平头）、C 型（单圆头）三种，如图 8-17 所示，其形状、尺寸见 GB /T 1096-2000（附表 C-1）。在标记时，A 型平键省略 A 字，而 B 型和 C 型应当写出 B 或 C 字。

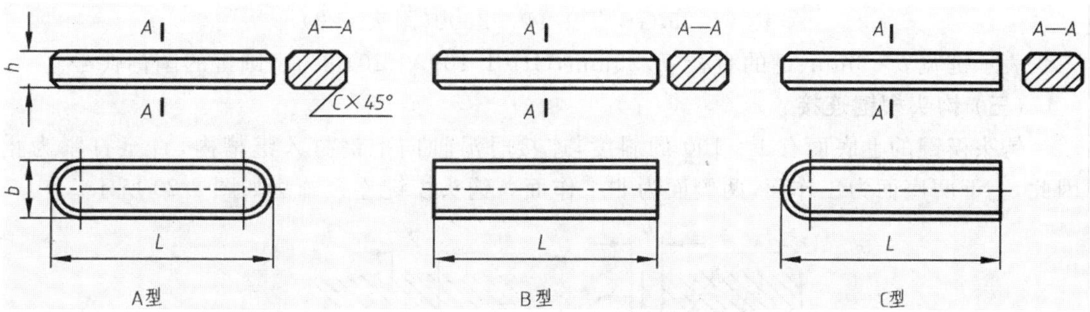

图 8-17　常用的普通平键

例如：键宽 b=18mm，键高，h=11mm，键长 L=100mm 的圆头普通平键，则标记为：

键 18×100 GB/T 1096—2000

又如键宽 b=18mm，键高，h=11mm，键长 L=100mm 的单圆头普通平键，则应标记为：

键　C18×100 GB/T 1096—2000

普通平键的两个侧面是工作面，上下两底是非工作面。连接时，平键的两侧面与轴和轮毂的键槽侧面相接触，上底面与轮毂键槽的顶面之间则留有一定间隙。图 8-18 表示一轮毂与轴用普通平键连接时的画法。普通平键连接的键与键槽剖面尺寸见 GB1095/T—2000

（附录 C-1）。

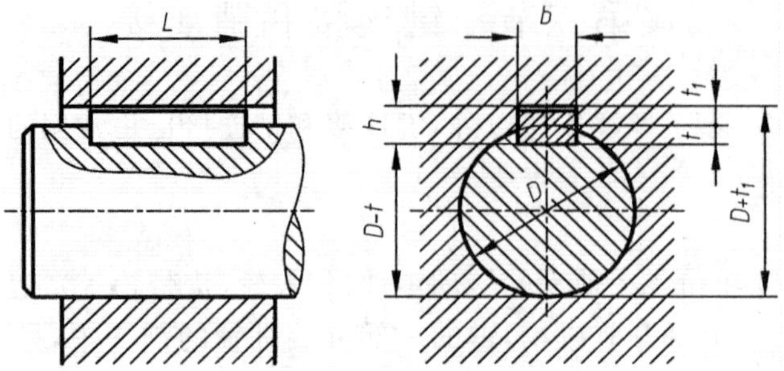

图 8-18　普通平键联接画法

（二）半圆键连接

半圆键连接情况与平键相似，键的侧面与键槽侧面接触，上底面留有间隙，其装配画法如图 8-19 所示。

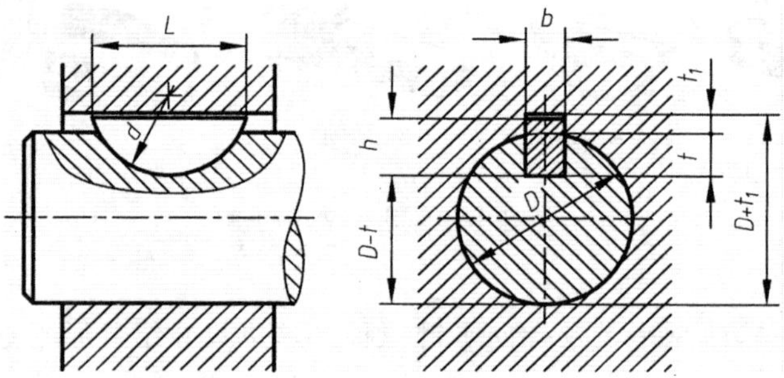

图 8-19　半圆键联接画法

半圆键的标记示例为：

键 6×25 GB/T 1099—2000（附表 C-2）

表示键宽 $b=6$mm、键的直径 $d_=25$mm，GB/T 1099—2000 为半圆键的国标代号。

（三）钩头楔键连接

钩头楔键的上底面有 1∶100 的斜度，连接时沿轴向把键打入键槽内，直至打紧为止。因此，上下两底面为工作面，两侧面为非工作面。钩头楔键连接画法如图 8-20 所示。

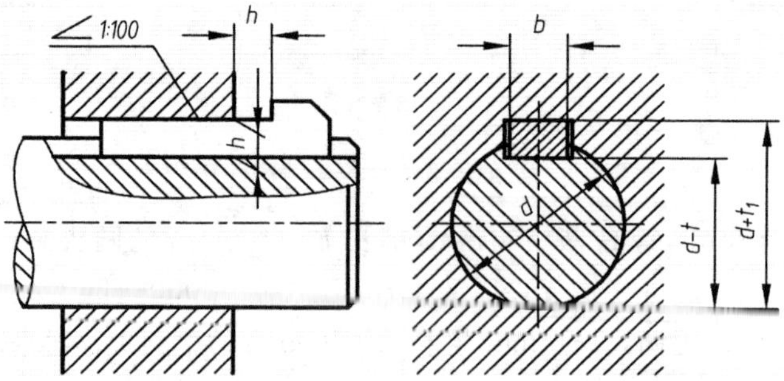

图 8-20　钩头楔键联接画法

钩头楔键的标记示例为：

键 16×100　GB /T1565—2000

表示键宽 b=16mm、键的长度为 100mm，GB/T 1565—2000 为钩头楔键的国标代号。

二、花键连接

花键连接又称多槽键连接，图 8-21 所示为一用花键连接的轴和齿轮。它的特点是键和键槽的数目较多，轴和键制成一体。因此，具有连接可靠、传递扭矩大、对中性好及导向性好等特点。花键按键齿形状分为矩形花键和渐开线花键，其中最常用的是矩形花键。

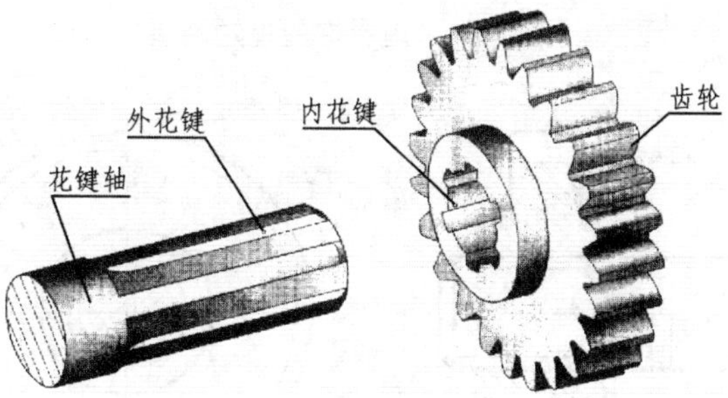

图 8-21　常用的矩形花键

花键轴称为外花键，花键孔称为内花键。绘制花键时，不是按花键的真实投影画图，在 GB 4459.3—84《机械制图》中规定了花键的画法。

(一) 外花键的规定画法

外花键在平行于花键轴线的投影面的视图中，大径 D 用粗实线画出，小径 d 用细实线绘制。工作长度 L 的终止线和尾部末端用细实线画出，尾部一般用倾斜于轴线 30°的细实线绘制。并用一断面图画出一部分或全部齿形，如图 8-22 所示。

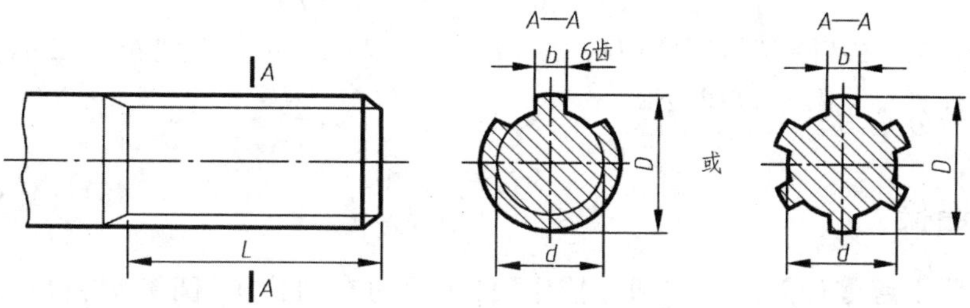

图 8-22　外花键的规定画法

(二) 内花键的规定画法

内花键在平行于花键轴线的投影面的视图中，大径 D 及小径 d 均用粗实线绘制。并用一局部视图画出一部分或全部齿形，如图 8-23 所示。

(三) 花键连接的画法

图 8-24 所示为一矩形花键连接的画法。其连接部分按外花键的规定画法绘制。

(四) 矩形花键的标注方法

内、外花键的标注方法有两种，一种是在图中注出大径 D、小径 d、键宽 6 和齿数 z 的一般尺寸注法，如图 8-22、图 8-23 所示。另一种是采用由大径处引线，并写出花键代号。代号的写法为 $Z-D\times d\times b$，例如 6－28×23×6(代号中 D、d、b 的数字后均应加注公差带代号)。

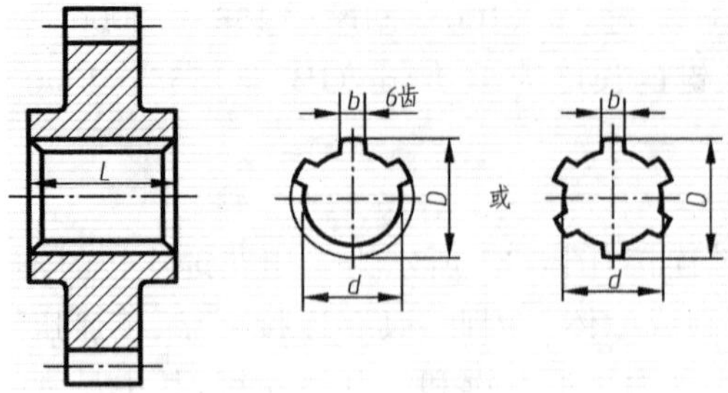

图 8-23　内花键的规定画法

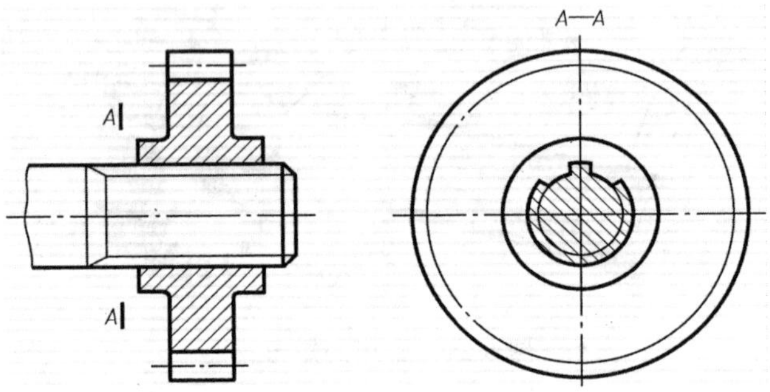

图 8-24　花键联接画法

在矩形花键连接视图中应注矩形花键连接代号，代号中需注明定心方式（大径定心、小径定心和齿宽或齿槽定心三种，分别以 D、d 和 b 表示）和各尺寸的配合代号。

花键连接代号示例如下：

$$6D\text{-}28\,\frac{H7}{g6}\times 23\,\frac{H12}{b12}\times 6\,\frac{E8}{f9}$$

表示齿数为 6、大径定心、大径 $D=28$mm、小径 $d=23$mm、齿宽 $b=6$mm，大径、小径、齿宽的配合代号分别为$\frac{H7}{g6}$、$\frac{H12}{b12}$、$\frac{E8}{f9}$。

三、销连接

销在机器上起零件间的定位和连接作用，常用的有圆柱销、圆锥销和开口销等，它们都是标准件。它们的型式、尺寸如图 8-25（附表 C-3、C-4）所示。

其中圆柱销有 A、B、C、D 四种型式，图中 $m6$、$h8$、$h11$、$u8$ 为销直径 d 的公差带代号。

圆柱销和圆锥销的规格尺寸为直径 d 和长度 l，其标记示例如下：

销　GB/T 119—2000　A10×100

表示直径 $d=10$mm、长度 $l=100$mm 的 A 型圆柱销，GB/T 119—2000 为圆柱销的国标代号。

销　GB 117/T—2000　A10×100

表示小端直径 $d=10$mm、长度 $l=100$mm 的 A 型圆锥销，GB/T 117—2000 为圆锥销的国标代号。

开口销的规格尺寸为销公称直径 d 和长度 l，销孔直径 d_0 等于公称直径 d，其标记示例如下：

销　GB/T 91—2000　3×20

表示销公称直径 $d=3\text{mm}$、长度 $l=20\text{mm}$ 的开口销，GB/T 91—2000 为开口销的国标代号。

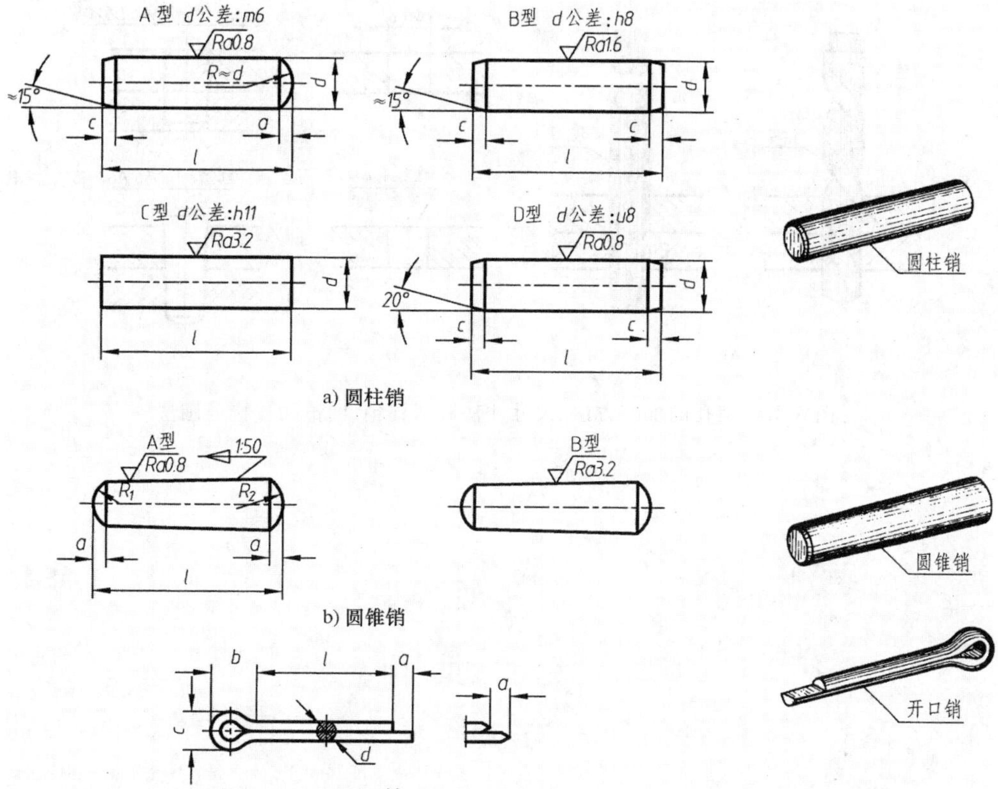

c) 开口销

图 8-25　几种常见的销

销连接的画法见图 8-26。当剖切平面通过销的基本轴线时，销作为不剖处理。

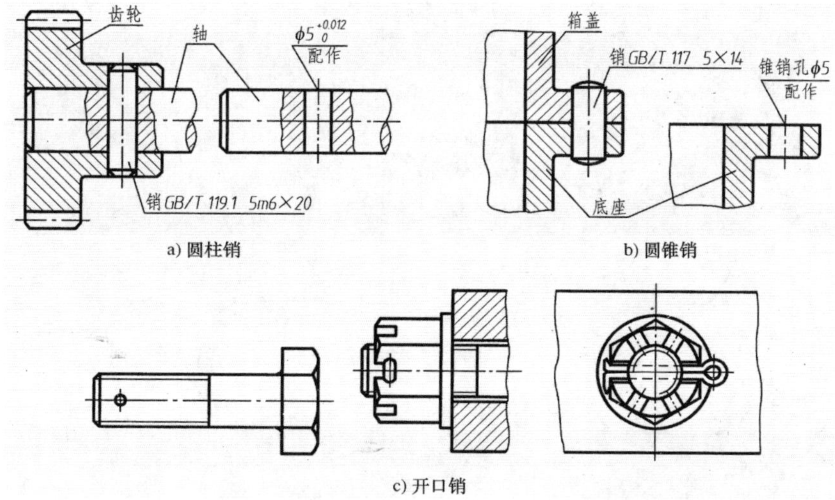

图 8-26　销连接图

图 8-27a)表示圆柱销孔及圆锥销孔的加工方法，图 8-27b)表示销孔尺寸的注法，图 8-27c)则表示圆柱销和圆锥销的连接画法及其标记。

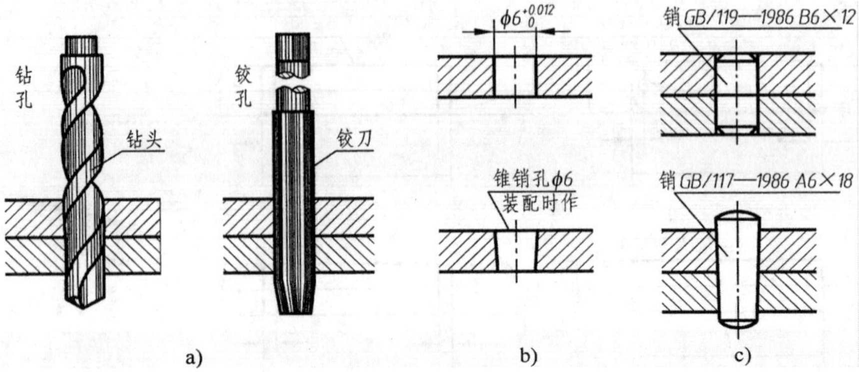

图 8-27　销孔的加工方法、尺寸注法和圆柱销、圆锥的连接的画法

第九章　齿轮、滚动轴承和弹簧

齿轮、滚动轴承和弹簧是广泛应用于机器中的零件。齿轮和弹簧是常用件，国家标准对它们的部分结构、尺寸作了统一的规定，滚动轴承则属于标准件。本章将介绍这三种零件的基本知识和规定画法。

第一节　齿　轮

一、齿轮的作用和分类

齿轮是应用于机器中的传动零件，它的主要作用是传递动力、改变转速和旋转方向。

齿轮有三种常用类型如图 9-1 所示。

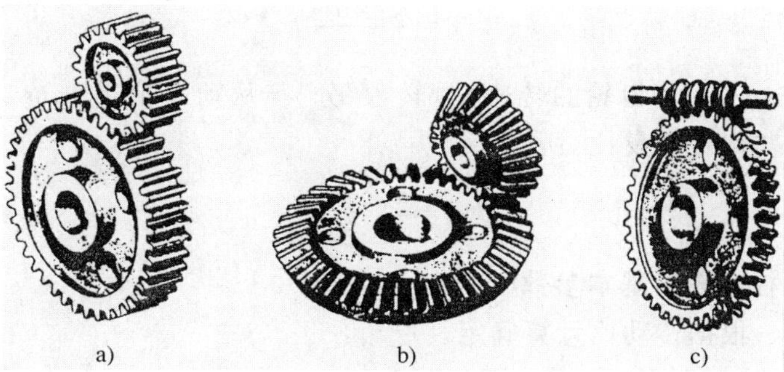

图 9-1　齿轮的类型

圆柱齿轮——用于平行轴之间的传动，如图 9-1a)所示。

圆锥齿轮——用于两相交轴之间的传动，如图 9-1b)所示。

蜗轮与蜗杆——用于两交叉轴之间的传动，如图 9-1c)所示。

齿轮的齿廓曲线有渐开线、摆线和圆弧等形式，渐开线最为常用。轮齿的方向有直齿、斜齿、人字齿或弧形齿。

二、直齿圆柱齿轮

直齿圆柱齿轮的外形为圆柱形，齿向与齿轮轴线平行。

(一) 直齿圆柱齿轮各部分的名称、代号

图 9-2 是两个相互啮合的直齿圆柱齿轮各部分的名称及代号。

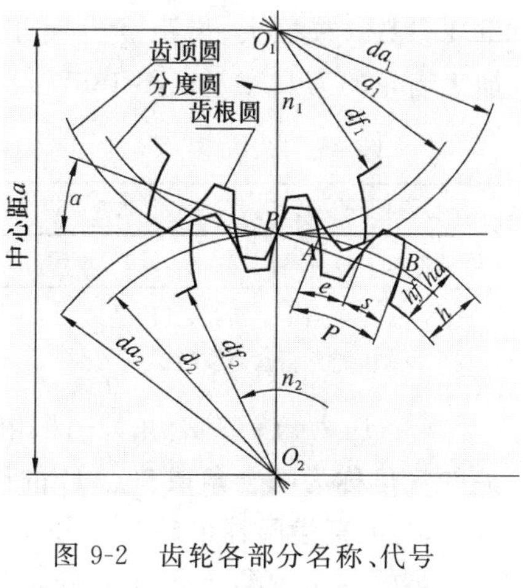

图 9-2　齿轮各部分名称、代号

(1) 节圆直径 d' 和分度圆直径 d-O_1、O_2 分别是两啮合齿轮的中心，两齿轮的齿廓在 O_1O_2 连线上的

啮合接触点为 P，P 点称为节点。分别以：O_1、O_2 为圆心，O_1P、O_2P 为半径作圆，所得的两个圆称为节圆，其直径用 d' 表示。分度圆是设计、制造齿轮时进行各部分尺寸计算的基准圆，其直径用 d 表示。对于标准齿轮而言，分度圆与节圆重合，且在此圆周上，齿厚与齿间相等。

(2) 齿顶圆直径 d_a——过轮齿顶部的圆称齿顶圆，直径用 d_a 表示。

(3) 齿根圆直径 d_f——过轮齿根部的圆称齿根圆，直径用 d_f 表示。

(4) 齿距 p、齿厚 s、齿间 e——在分度圆上，相邻的两个齿对应点之间的弧长称齿距，用 p 表示；一个轮齿齿廓间的弧长称齿厚，用 s 表示；一个齿槽齿廓间的弧长称齿间，用 e 表示。对于标准齿轮，$s=e$，$p=s+e$。

(5) 齿高 h、齿顶高 h_a、齿根高 h_f——齿顶圆与齿根圆的径向距离称齿高，用 h 表示；齿顶圆与分度圆的径向距离称齿顶高，用 h_a 表示；分度圆与齿根圆的径向距离称齿根高，用 h_f 表示。$h=h_a+h_f$。

(6)中心距 a——两啮合齿轮轴线之间的距离，用 a 表示。中心距与两节圆之间的关系为：

$$a=\frac{d'_1+d'_2}{2}$$

(7) 传动比 i——主动齿轮的转速 n_1(转数/分)与从动齿轮转速 n_2 之比，用 i 表示，$i=n_1/n_2$。由于转速与齿数成反比，所以：

$$i=\frac{n_1}{n_2}=\frac{z_2}{z_1}$$

(二) 直齿圆柱齿轮的基本参数

(1)齿数 z——根据传动比计算确定。

(2) 模数 m——分度圆周长等于所有齿距之和，即 $\pi d=zp$ 则 $d=\frac{p}{\pi}z$。

上式中的 π 是一个无理数，不便于计算和标准化，为此令 $\frac{p}{\pi}=m$ 为有理数，m 称为齿轮的模数，则 $d=mz$。

因为两啮合齿轮的齿距 p 必须相等，所以它们的模数也一定相等。模数是计算齿轮的重要参数。模数大，齿距 p 也大，随之齿厚 s 也增大，因而齿轮的承载能力增强。为了减少加工齿轮的刀具数量，GB 1357—88 对齿轮的模数作了统一的规定，如表 9-1 所示。

表 9-1　齿轮模数系列(mm)

第一系列	1　1.25　1.3　2　2.5　3　4　6　8　10　12　16　20　25　32　40　50
第二系列	1.75　2.25　(3.25)　3.5　(3.75)　4.5　5.5　(6.5)　7　9　(11)　14　18　22　28　36　45

注：1. 应优先采用第一系列，其次是第二系列，括号内的数值尽可能不用。

2. 对斜齿轮是指法向模数。

(3) 压力角 α(啮合角)—两相啮合齿轮齿廓在节点 P 处的公法线与两节圆的公切线所夹的锐角称为啮合角或节点 P 的压力角，用 α 表示。我国采用的压力角一般为 20°。

(三) 直齿圆柱齿轮各部分尺寸的计算公式

齿轮的基本参数 m、z、α 确定之后，齿轮的各部分尺寸的计算公式如表 9-2 所示。

表 9-2　直齿圆柱齿轮各部分尺寸的计算公式

名称及代号	公　式	名称及代号	公　式
根数 m	$m=p/\pi$(大小按设计需要而定)	齿根圆直径 d_f	$d_{f_1}=m(z_1-2.5)$;$d_{f_2}=m(z_2-2.5)$
分度圆直径 d	$d_1=mz_1$;$d_2=mz_2$	齿距 p	$p=\pi m$
齿顶高 h_a	$h_a=m$	齿厚 s	$s=p/2$
齿根高 h_f	$h_f=1.25m$	槽宽 e	$e=p/2$
全齿高 h	$h=h_a+h_f=2.25m$	中心距 a	$a=(d_1+d_2)/2=m(z_1+z_2)/2$
齿顶圆直径 d_a	$d_{a_1}=m(z_1+2)$;$d_{a_2}=m(z_2+2)$	传动比 i	$=n_1/n_2=z_2/z_1$

注:以上 d_a、d_f、a 的计算公式适用于外啮合直齿圆柱齿轮传动。

(四) 直齿圆柱齿轮画法

(1) 单个直齿圆柱齿轮画法(图 9-3),轮齿部分应按下列规定绘制:

名称	在投影为圆的视图上	在通过轴线的剖视图上
分度圆和分度线	点画线	点画线
齿顶圆和齿顶线	粗实线	粗实线
齿根圆和齿根线	细实线(但一般可省略不画)	轮齿部分按不剖处理,齿根应画粗实线
		若不画成剖视,则齿根线可省略不画

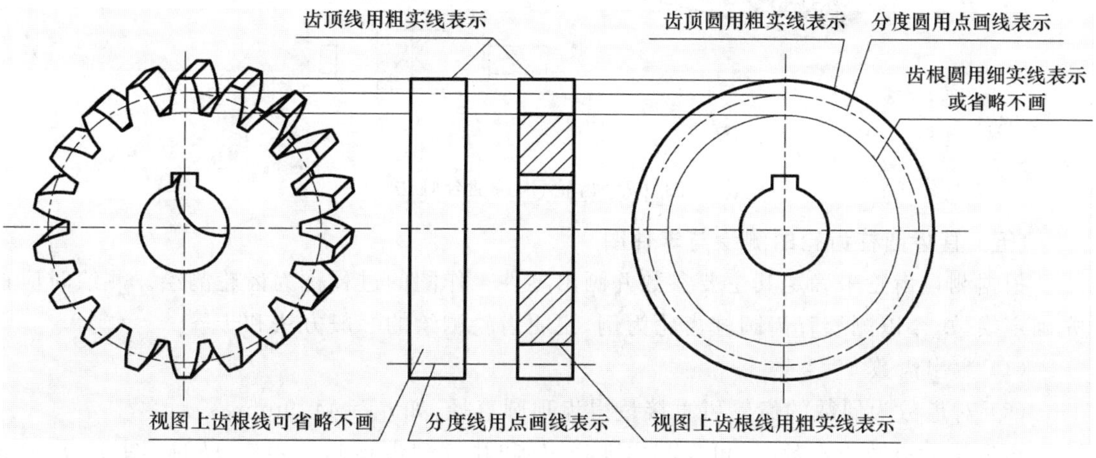

图 9-3　单个直齿圆柱齿轮画法

有时、在齿轮工作图上需画出一个或两个齿形,以标注尺寸,这时可用近似画法画出,如图 9-4 所示。

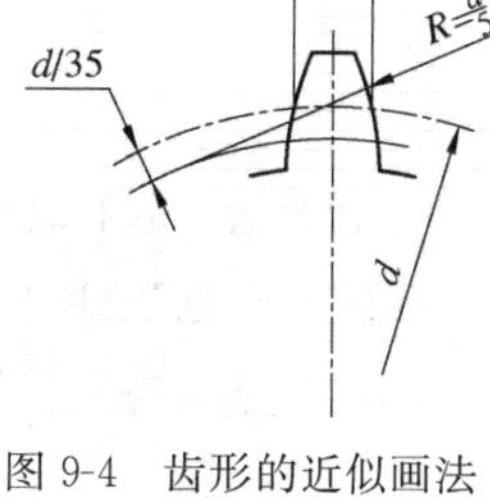

图 9-4　齿形的近似画法

(2) 直齿圆柱齿轮的啮合画法(图 9-5),在投影为圆的视图上的画法(图 9-5a)):两齿轮啮合时,其节圆(或分度圆)相切,用点画线绘制;啮合区内的齿顶圆均用粗实线绘制(必要时允许省略);齿根圆均用细实线绘制(一般可省略不画)。在通过轴线的剖视图上的画法(图 9-5b)):轮齿的啮合部分两分度线重合,用点画线画出;齿根线均画成粗实线;齿顶线的画法为:一个齿轮(常为主动轮)的齿顶线画粗实线；另一个齿轮的齿顶线画虚线（图 9-6），或省略不画。在外形视图上的画法（图 9-5c））：啮合 3 内的齿顶线和齿根线不必画出；分度线用粗实线绘制。

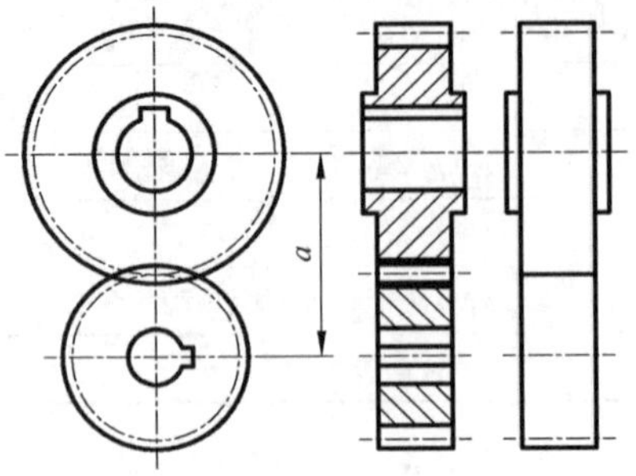

a)　　b)　　c)

图 9-5　直齿圆柱齿轮的啮合画法

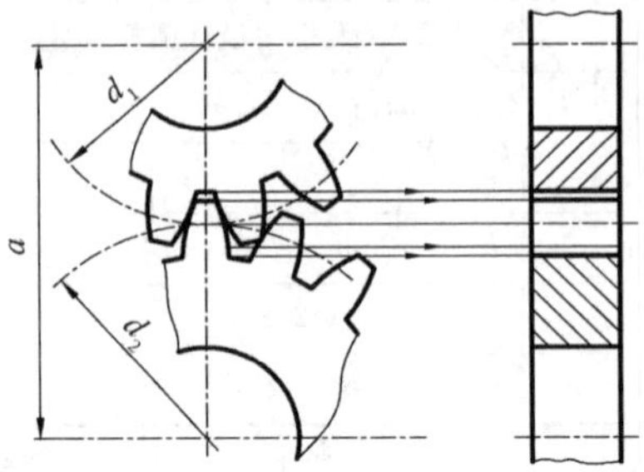

图 9-6　轮齿在剖视图上的啮合画法

图 9-7 所示为齿轮、齿条啮合的画法。齿条可以看成是直径无限大的齿轮。这时齿顶圆、分度圆、齿根圆和齿廓都是直线。

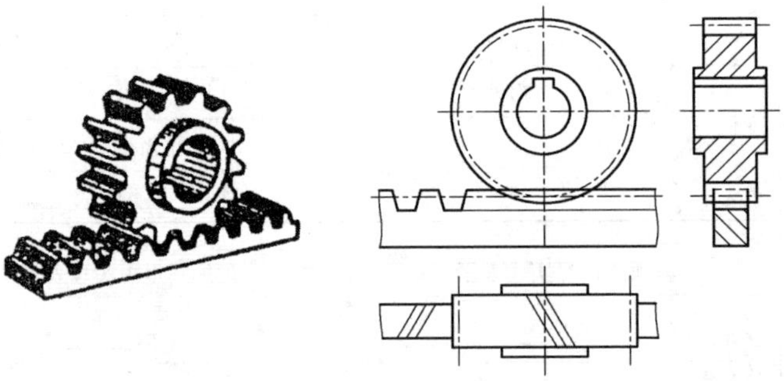

a)　　b)

图 9-7　齿轮、齿条啮合画法

（五）直齿圆柱齿轮的测绘与零件图

根据测量齿轮来确定其主要参数并画出零件工作图的过程称为齿轮测绘。测绘时应首先确定模数，今以测绘直齿圆柱齿轮为例，说明齿轮测绘的一般方法和步骤。

（1）数出齿数 $z=40$。

（2）对齿数为偶数的齿轮可直接量得齿顶圆直径，如 $d_a=41.9$mm。

当齿轮的齿数为奇数时，可先测出孔径 d_z 和孔壁到齿顶间的距离 H 顶（图 9-8），再计算出齿顶圆直径 d_a：

$$d_a=2H\text{顶}+d_z$$

（3）根据 d_a 计算模数 m：

$$m=\frac{d_a}{z+2}=\frac{41.9}{40+2}\approx 0.998\text{mm}$$

对照表 13-1 取标准值 $m=1$。

（4）根据表 13-2 所示的公式计算齿轮各部分尺寸：

$$d=mz=1\times 40=40\text{mm}$$

$$d_a=m(z+2)=1\times(40+2)=42$$

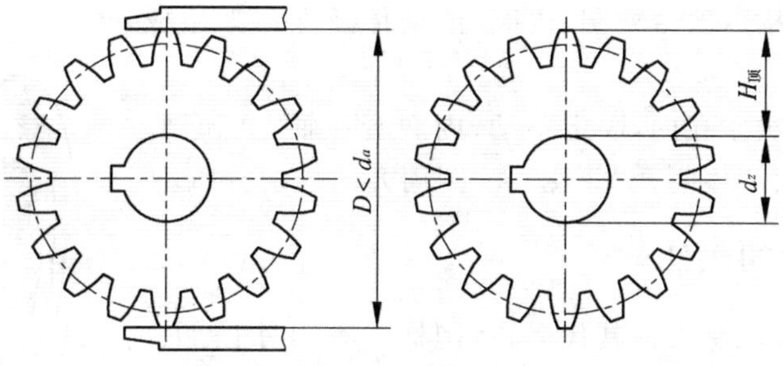

a)　　　　　　　b)

图 9-8　测量齿顶圆直径

$$d_f = m(z - 2.5) = 1 \times (40 - 2.5) = 37.5\text{mm}$$

(5) 测量其他部分尺寸，并绘制该齿轮工作图(图 9-9)。其尺寸标注如图所示，齿根圆直径一般在加工时由其他参数控制，故可以不标注。齿轮的模数、齿数等参数要列表说明。

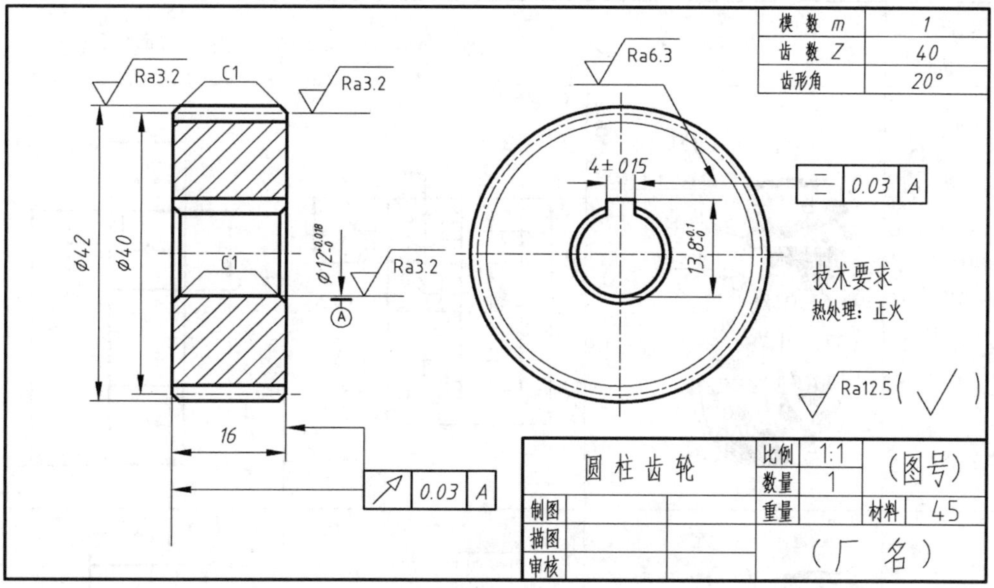

图 9-9　直齿圆柱齿轮工作图

第二节　滚动轴承

滚动轴承的作用是支承轴进行旋转运动:是标准组件。由于滚动轴承摩擦阻力小，结构紧凑，旋转精度高，所以在机器或部件中被广泛使用。

一、滚动轴承的种类和结构

按可承受载荷的方向，滚动轴承分为三类：

向心轴承——主要承受径向载荷，如深沟球轴承。

推力轴承——只承受轴向载荷，如平底推力球轴承。

向心推力轴承——同时承受径向和轴向载荷，如圆锥滚子轴承。

滚动轴承的结构一般由外圈、内圈、滚动体及保持架组成，如图 9-10 所示。

通常外圈装在机座孔内，固定不动；内圈套在轴上，随轴一起转动；保持架将滚动体隔开，并使其沿圆周方向均匀分布。

二、滚动轴承的画法

在装配图中，轴承是根据其代号，从国标中查出外径 D、内径 d 和宽度 B 等几个主要尺寸来进行绘图的。当需要较详细地表达滚动轴承的主要结构时，可采用简化画法；如果只需简单地表达滚动轴承的主要结构时，可采用示意画法。

表 9-3 中列出三种常用轴承的简化画法及示意画法。

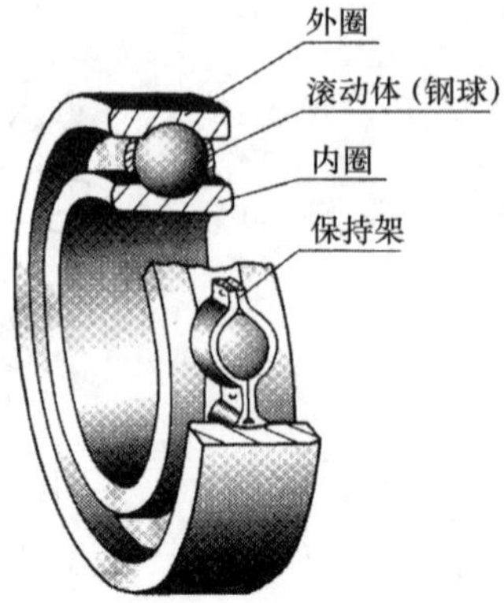

图 9-10　滚动轴承结构

表 9-3　常用滚动轴承的型式和规定画法

轴承名称及代号	结构型式	规定画法	特征画法	应用
深沟球轴承 GB/T276-93 6000 型	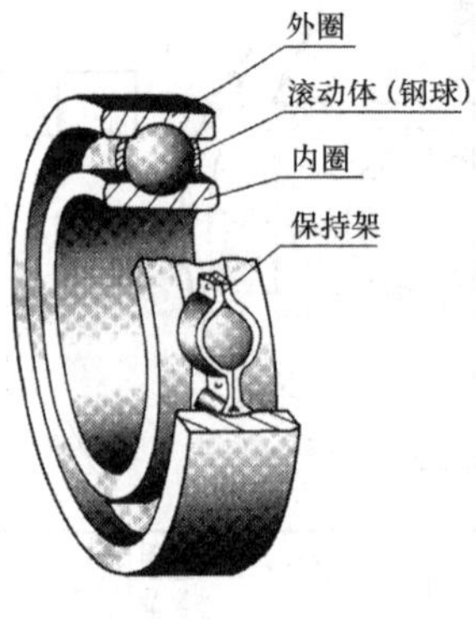	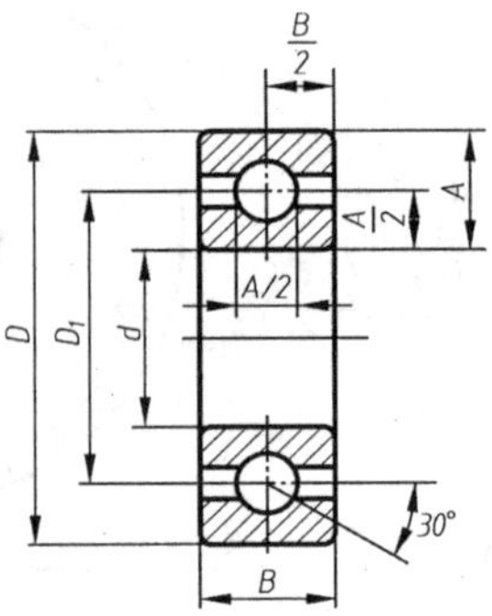	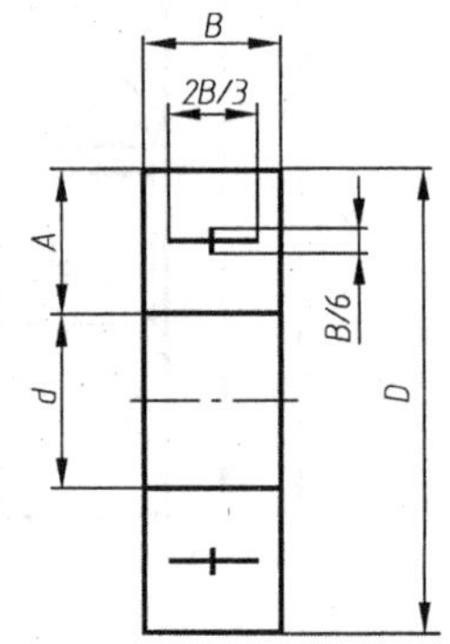	主要承受径向力
圆锥滚子轴承 GB/T297-93 3000 型	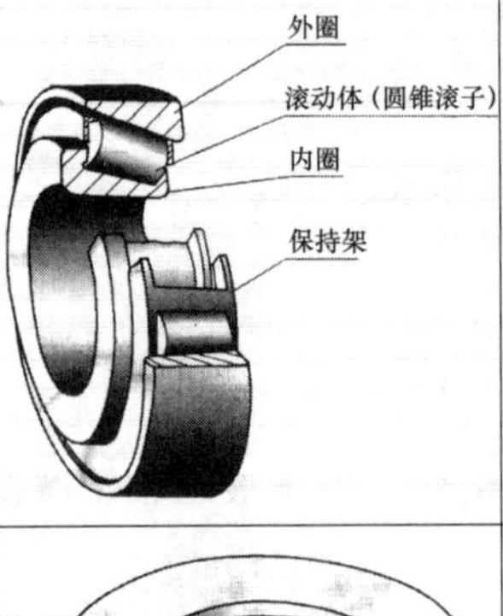	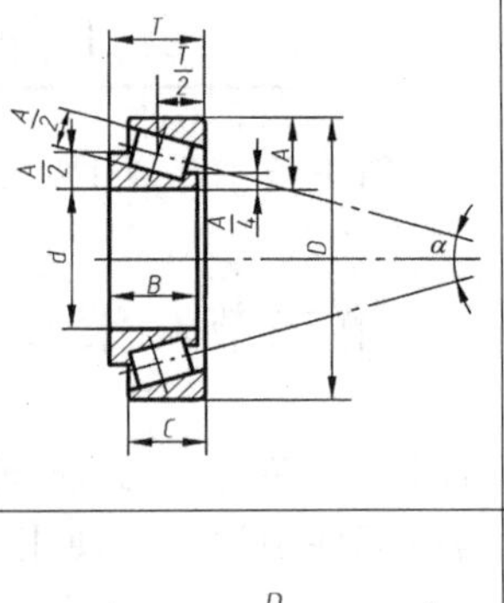	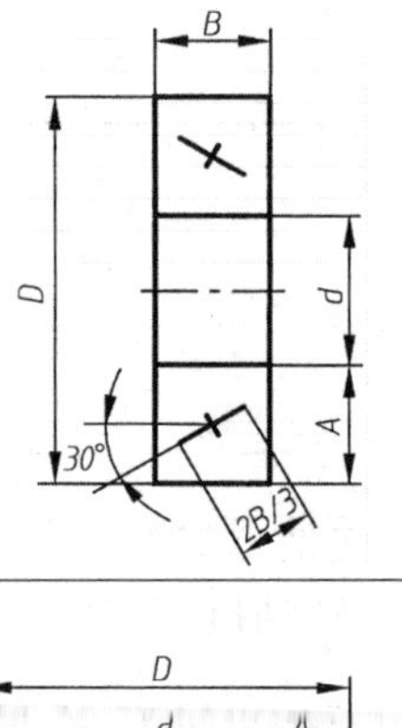	可同时承受径向力和轴向力
平底推力球轴承 GB/T301-1995 5000 型	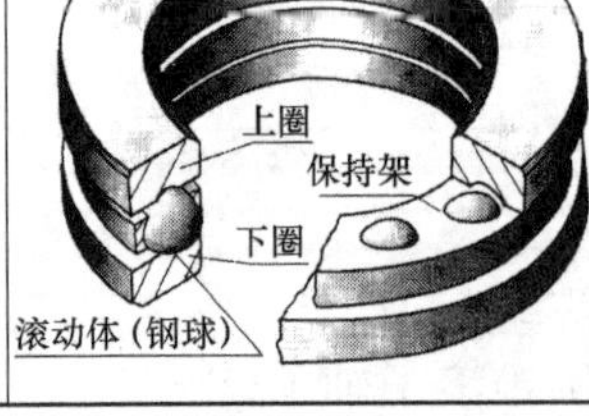	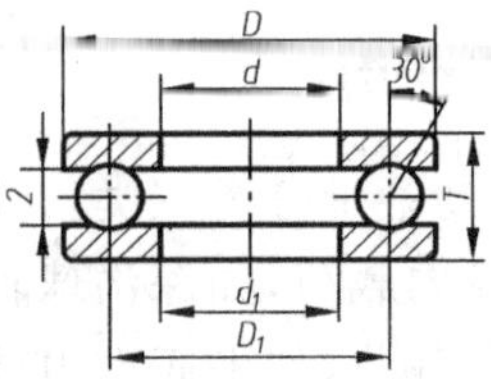	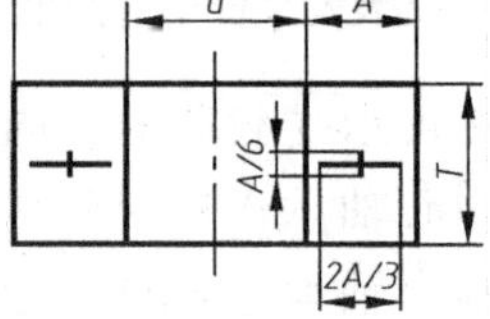	承受单方向的轴向力

三、滚动轴承的代号表示方法(GB/T 272—93)

滚动轴承的代号由基本代号、前置代号和后置代号构成，其排列如下：

前置代号　基本代号　后置代号

(一) 基本代号

基本代号是滚动轴承代号的基础，用以表示滚动轴承的基本类型、结构和尺寸，其排列如下：

类型代号　尺寸系列代号　内径代号

(1) 类型代号用数字或字母按表 9-4 表示。

表 9-4　滚动轴承类型代号

代号	轴承类型	代号	轴承类型
0	双列角接触球轴承	N	圆柱滚子轴承
1	调心球轴承		双列或多列用字母 NN 表示
2	调心滚子轴陈和推力调心滚子轴承	U	外球面球轴承
3	圆锥滚子轴承		
4	双列深沟球轴承	QJ	四点接触球轴承
5	推力球轴承		
6	深沟球轴承		
7	角接触球轴承		
8	推力圆柱滚子轴承		

注：在表中代号后或前加字母或数字表示该类轴承中的不同结构。

(2) 尺寸系列代号由滚动轴承的宽(高)度系列代号和直径代号组合而成。向心轴承、推力轴承尺寸系列代号按表 9-5 表示。

表 9-5　向心轴承、推力轴承尺寸系列代号

直径系列代号	向心轴承								推力轴承			
	宽度系列代号								高度系列代号			
	8	0	1	2	3	4	5	6	7	9	1	2
	尺寸系列代号											
7	—	—	17	0	37	—	—	—	—	—	—	—
8	—	08	18	28	38	48	58	68	—	—	—	—
9	—	09	19	29	39	49	59	69	—	—	—	—
0	—	00	10	20	30	40	50	60	70	90	10	—
1	—	01	11	21	31	41	51	61	71	91	11	—
2	82	02	12	22	32	42	52	62	72	92	12	22
3	83	03	13	23	33	—	0	0	73	94	13	23
4	—	04	0	24	—	—	—	—	74	94	14	24
5	—	—	—	—	—	—	—	—	—	95	—	—

(3) 内径代号表示轴承公称内径，按表 9-6 表示。

表 9-6　滚动轴承内径代号及其示例

轴承公称内径 mm		内径代号	示　例
0.6 到 10(非整数)		用公称内径毫料数直接表示，在其与尺寸系列代号之间用"/"分开	深沟球轴承 618/2.5 $d=2.5$mm
1 到 9(整数)		用公称内径毫米数直接表示，对深沟及角接触球轴承 7，8，9 直径系列，内径与尺寸系列代号之间用"/"分开	深沟球轴承 625/5 $d=5$mm
10 到 17	10	00	深沟球轴承 6200 $d=10$mm
	12	01	
	15	02	
	17	03	
20 到 480 (22，28，32)除外)		公称内径除以 5 的商数，商数为个位数，需要商数左边加"0"，如 08	调心滚子轴承 23208 $d=40$mm
大于和等于 500 以点 22，28，32		用公称内径毫米数直接表示，但在与尺寸系列之间用"/"分开	调心滚子轴承 230/500 $d=500$mm 深沟球轴承 62/22 $d=22$mm

例：调心滚子轴承 23224　2——类型代号　32——尺寸系列代号　24——内径代号 $d=120$mm

例如：

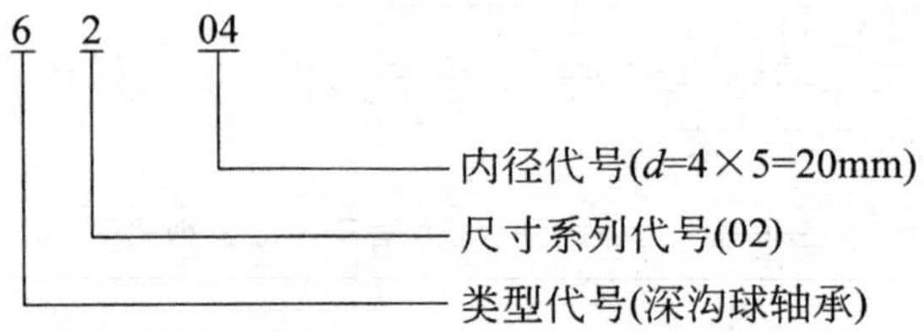

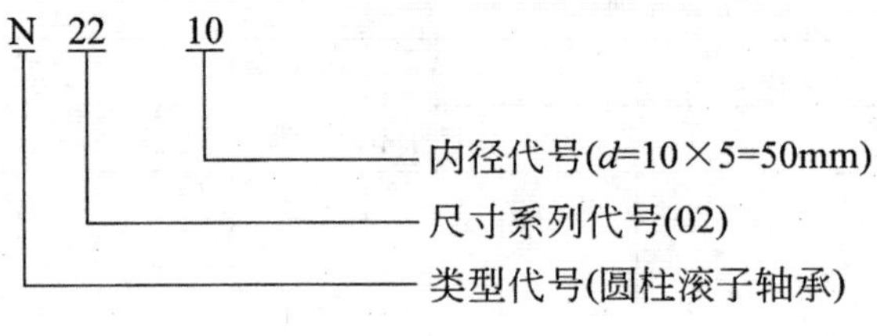

(二) 前置、后置代号

前置、后置代号是轴承在结构形状、尺寸、公差和技术要求等有改变时，在其基本代号左右添加的补充代号。

(1) 前置代号用字母表示。

如前置代号 L　表示可分离轴承的可分离内圈或外圈，示例：LN207

R　表示不带可分离内圈或外圈的轴承。示例：RNU207

(2) 后置代号用字母(或加数字)表示。

如：

6205 - 2Z / P6
- 2Z：表示轴承两面带防尘盖
- P6：表示公差等级符合标准规定的6级

22308 / P63
- P63：表示轴承公差等级P6级，径向游隙3组

第三节　弹　簧

弹簧是一种广泛应用的零件，其主要作用是减震、夹紧、测力、贮存或输出能量等。

弹簧的种类很多，常见的有圆柱螺旋弹簧、蜗卷弹簧、板簧和片弹簧等，如图 9-11 所示。在圆柱螺旋弹簧中，按其受力形式又分为压缩弹簧、拉伸弹簧和扭转弹簧。这里只介绍螺旋压缩弹簧的有关尺寸和画法。其他弹簧的画法，可参阅 GB/T4459.4—2000 的有关规定。

一、弹簧的规定画法

(1) 弹簧在平行于轴线的投影面的视图中，各圈的轮廓画成直线，以代替螺旋线，如图 9-12 所示。

(2) 有效圈数在四圈以上的螺旋弹簧，中间部分可以省略，用表示簧丝中心的点画线相连即可，如图 9-12 所示。中间部分省略后，可适当缩短图形长度。

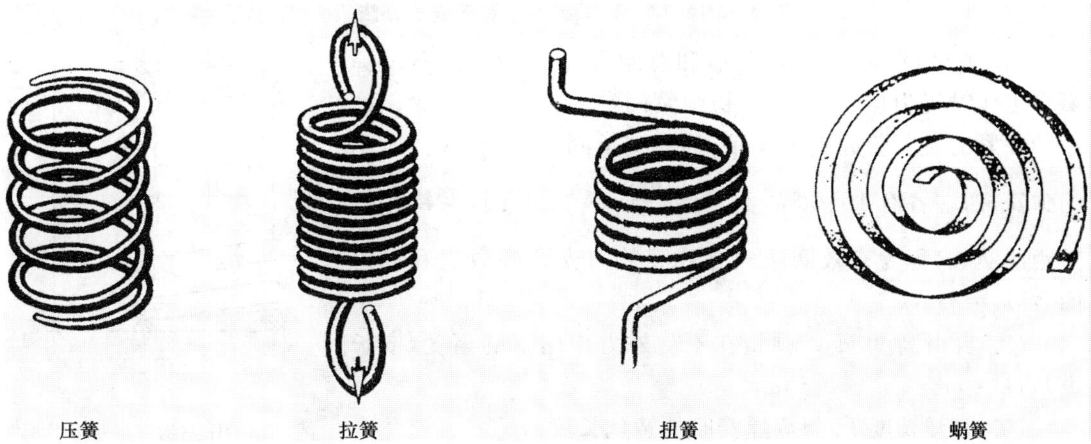

图 9-11　常见的弹簧

(3) 螺旋弹簧均可画成右旋，但左旋弹簧不论画成左旋或右旋，一律要注出旋向“左”字。

(4) 在装配图中，被弹簧挡住的结构一般不画，可见部分应从弹簧的外轮廓或簧丝中心线画起，如图 9-13b)所示。

(5) 在装配图中弹簧被剖切时，如果簧丝剖面直径在图中等于或小于 2mm 时，剖面可

以涂黑表示，如图 9-13a）所示；剖面直径在图中小于 1mm，可用示意画法，如图 9-13c）所示。

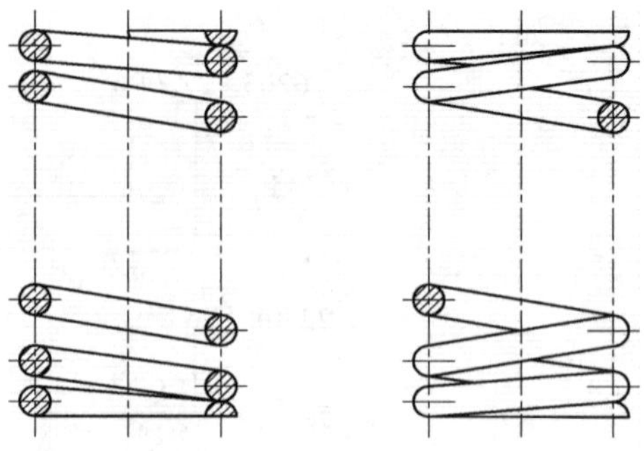

a) 全剖　　b) 不剖

图 9-12　圆柱螺旋压缩弹簧的画法

二、螺旋压缩弹簧各部分名称及尺寸关系

如图 9-14 所示。

（1）簧丝直径 d。

（2）弹簧外径 D。弹簧的外圈直径。

弹簧内径 D_1。弹簧的内圈直径 $D_1=D-2d$。

弹簧中径 D_2。弹簧的平均直径 $D_2=D-d$。

（3）节距 t。除支承圈外，相邻两圈的轴向距离。

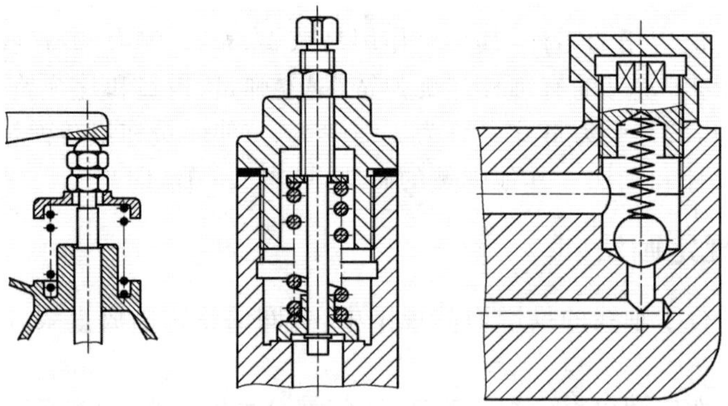

a) 涂黑画法($d\leqslant 2$)　b) 被弹簧挡住结构的画法　c) 示意画法($d<1$)

图 9-13　装配图中弹簧的表示方法

（4）有效圈数 n、支承圈 n_0 和总圈数 n_1。为了使压缩弹簧在工作时受力均匀，支承平稳弹簧两端面需磨平、并紧。磨平和并紧的各圈仅起支承作用，称为支承圈。如图 9-12 所示的弹簧，两端各有 $1\frac{1}{4}$ 圈的支承圈，即 $n_0=2.5$ 圈，保持相等节距的圈数，称为有效圈数。有效圈数与支承圈数之和称总圈数，$n_1=n+n_0$。

（5）自由高度 H_0。弹簧在不受外力作用下的高度（或长度），$H_0=nt+(n_0-0.5)d$。

（6）展开长度 L. 制造弹簧时的簧丝长度。

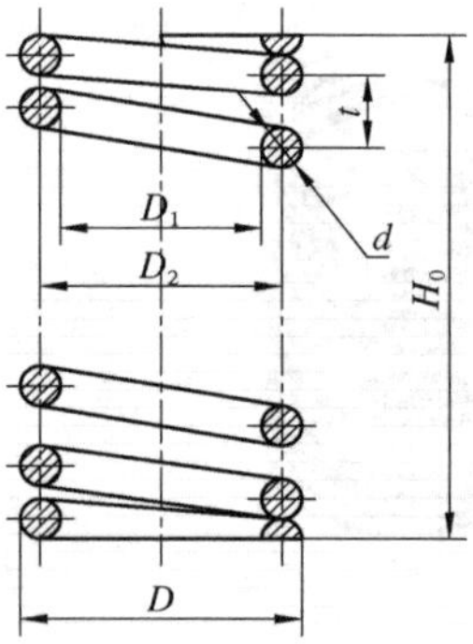

图 9-14　压缩弹簧的尺寸代号

$$L\approx n_1\sqrt{(\pi D_2)^2+t^2}$$

国家标准（GB 1358—78）规定了弹簧材料的直径 d、中径 D_2、有效圈数 n、自由高度 H_0 的系列尺寸供设计选用。需要时可查阅有关标准。

三、压缩弹簧画法举例

对于两端并紧、磨平的压缩弹簧，不论支承圈的圈数多少和端部并紧情况如何，以及螺旋的旋向，都可按图 9-15 所示的形式画出：即按支承圈数为 2.5 圈，磨平圈数为 1.5 的形式表示。弹簧的画法步骤如图 9-15 所示。

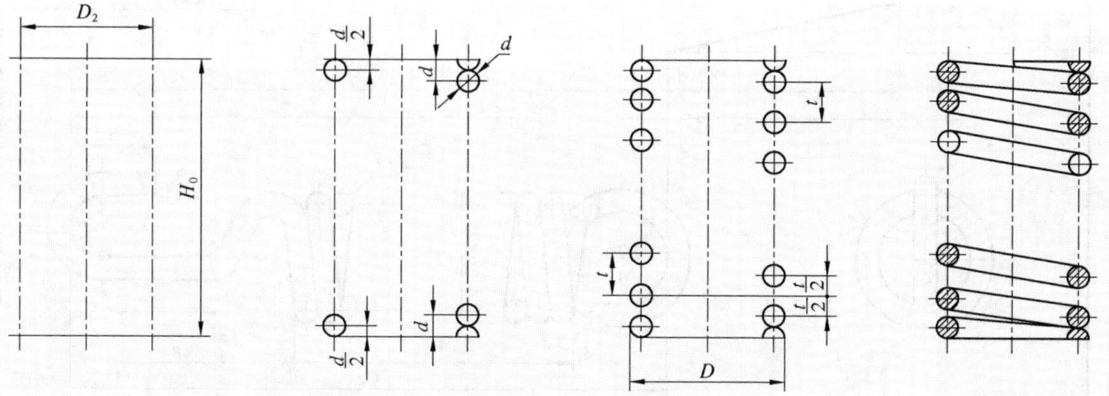

a) 以自由高度H_0和弹簧中径D_2作矩形　b) 根据d画出两端支承圈的小圆　c) 再根据t从支承圈画出几个有效圈的小圆　d) 按右旋作相应的外公切线，再画剖面线

图 9-15　弹簧的画图步骤

一张正式的弹簧工作图，除了正确绘制图形和标注尺寸外，还需将弹簧的性能及有关技术要求等填写清楚，如图 9-16、图 9-17 所示的一些完整的压缩弹簧零件工作图的格式和内容。

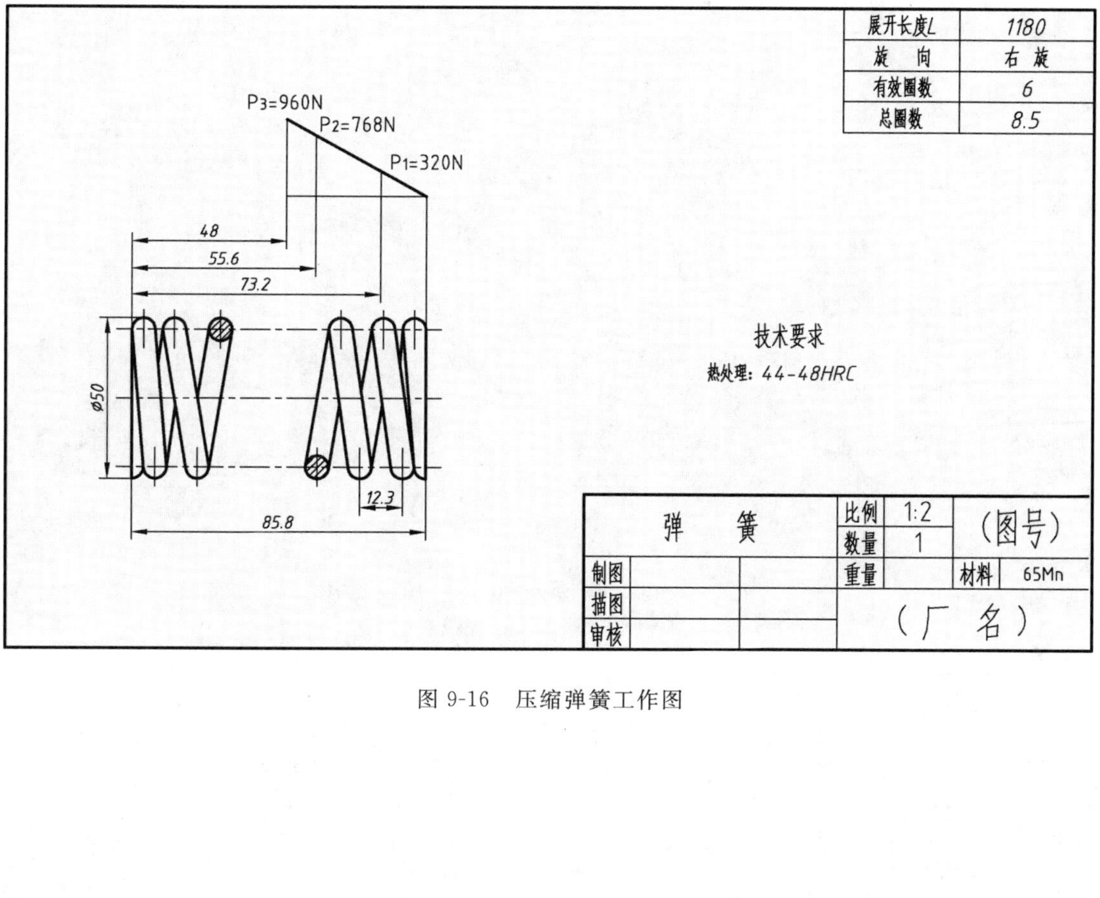

图 9-16　压缩弹簧工作图

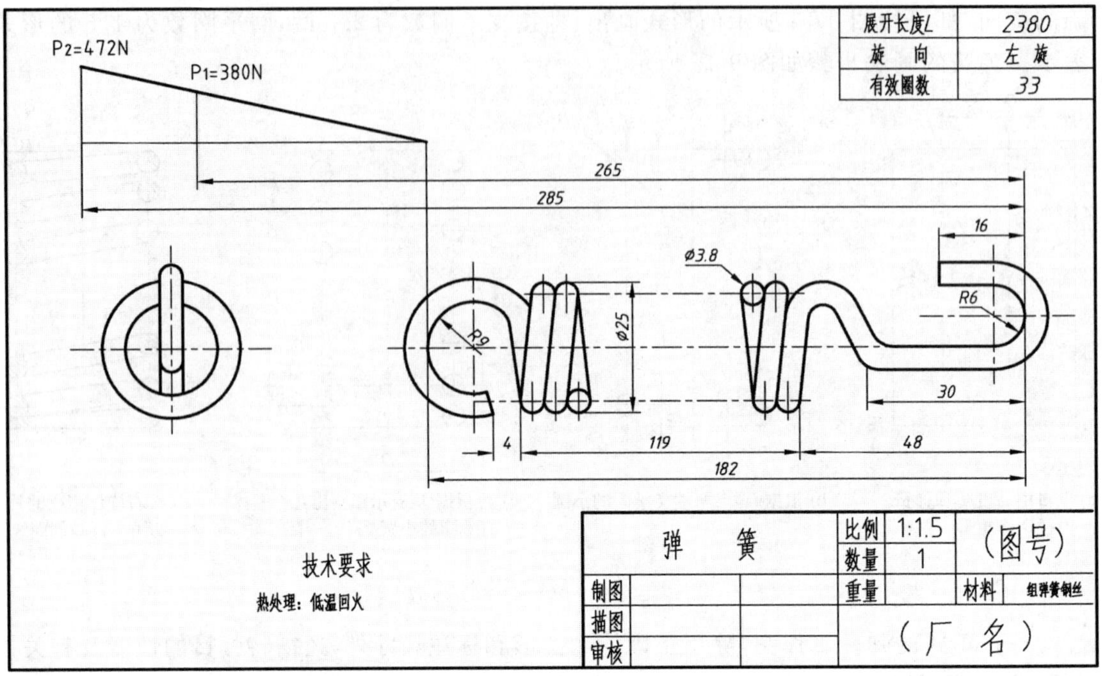

图 9-17　拉伸弹簧工作图

第十章 装配图

第一节 概 述

一、装配图的作用

装配图是表达机器或部件的图样，前者称为总装图，后者称为部装图。在进行设计、装配、安装、调试、检验、使用和维修等环节时，都离不开装配图。它是生产中的重要技术文件。在产品设计或测绘机器时，首先要绘制装配图，然后根据装配图进行零件设计并拆画零件图。装配图应反映出设计者的意图，表达出机器或部件的工作原理、性能要求、零件之间的装配关系、连接方式和主要零件的主要结构和形状，以及在装配、调试、检验和安装时所需要的尺寸和要求。

本章将介绍装配图的内容、常用的表达方法、部件测绘及装配图的画法、读装配图和由装配图拆画零件图，以及有关的国家标准。

二、装配图的内容

图 10-1 是齿轮油泵装配图。它应具有如下内容：

（一）一组视图

用各种表达方法，正确、完整、清晰而简便地表达机器和部件的工作原理、传动路线、零件间的连接方式、装配关系、相对位置以及主要零件的主要结构和形状。

图 10-1 所示齿轮油泵，采用了全剖主视图和半拆卸左视图（装配图的表达方法见下一节）。

（二）必要的尺寸

标注出表示机器或部件性能、规格、装配、安装外形、检验和其他重要的尺寸。

图 10-1 中的 G $\frac{3}{8}$ 为规格尺寸、$\phi 16\ \frac{H2}{h6}$ 为配合尺寸、118、95 和 85 为外形尺寸等。

（三）技术要求

用文字或符号说明机器或部件的性能及在装配、调试、检验及使用等方面的要求。

图 10-1 中用文字注明了两点技术要求。

（四）零、部件的序号、明细表和标题栏

根据生产组织和管理上的需要，按一定的格式编写零部件的序号，并填写明细表和标题栏。

该齿轮泵的工作原理简述如下（图 10-2、图 10-3）。

泵体 6 是齿轮泵中的主要零件之一，它的内腔可以容纳一对吸油和压油的齿轮。将齿轮轴 2、传动齿轮轴 3 装入泵体，两侧有左端盖 1，右端盖 7 支承这一对齿轮轴的旋转运动。由销 4 将端盖与泵体定位后，再用螺钉 15 将端盖与泵体连接成整体。为了防止泵体与端盖结合面处以及传动齿轮轴 3 伸出端漏油，分别用垫片 5 及密封圈 8、轴套 9、压紧螺母 10 密封。

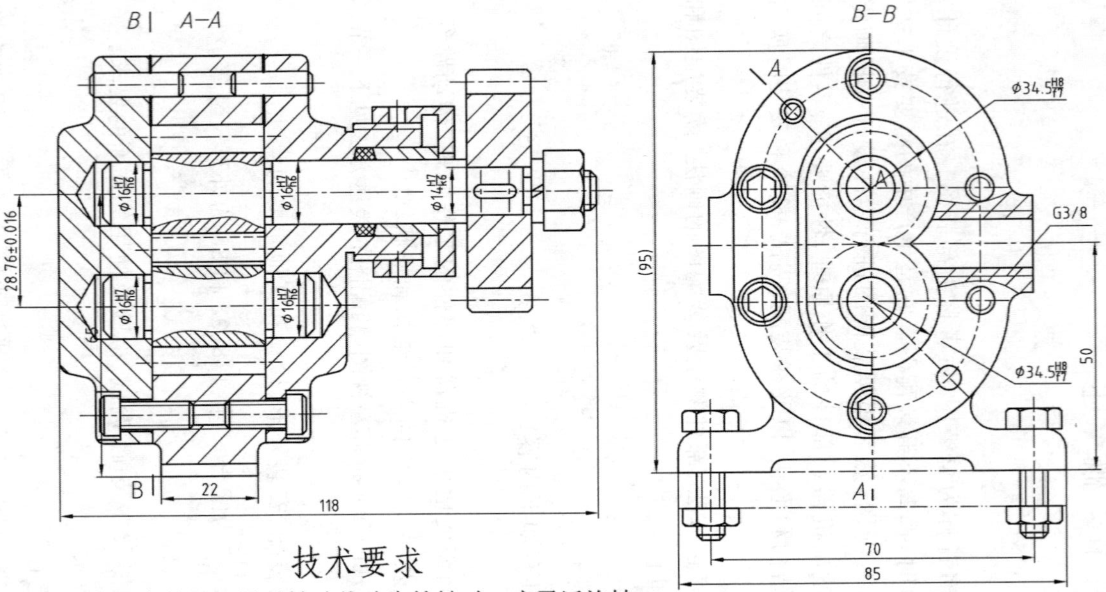

技术要求

1、齿轮安装后，用手转动传动齿轮轴时，应灵活旋转。

2、两齿轮轮齿的啮合面应占齿长的3/4以上。

序号	名称	件数	材料	备注
17	螺母 M6	2	A3	GB 6170-86
16	螺栓 M6X30	2	A3	GB5782-86
15	螺钉 M6X16	12	35	GB70-85
14	键 5X10	1	45	GB 1096-00
13	螺母 M12X1.5	1	35	GB6170-86
12	垫圈 12	1	65Mn	GB 859-87
11	传动齿轮	1	45	m=2.5, z=20
10	压紧螺母	1	35	
9	轴套	1	QSn6-6-3	
8	密封圈	1	橡胶	
7	右端盖	1	HT200	
6	泵体	1	HT200	
5	垫片	2	纸	
4	销 A5X18	4	45	GB 119-86
3	传动齿轮轴	1	45	m=3, z=9
2	齿轮轴	1	45	m=3, z=9
1	左端盖	1	HT200	

（图　名）		比例		
		数量		
制图	（日　期）	重量		共　张 第　张
描图	（日　期）	（校　名）		
审核	（日　期）			

图 10-1　齿轮油泵装配图

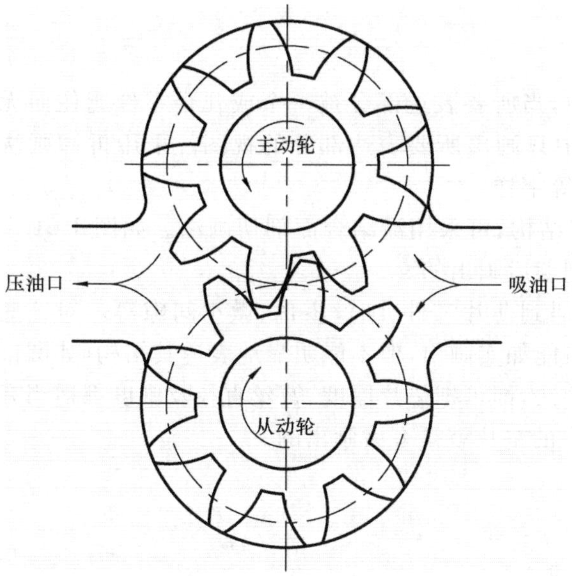

图 10-2 齿轮油泵工作原理

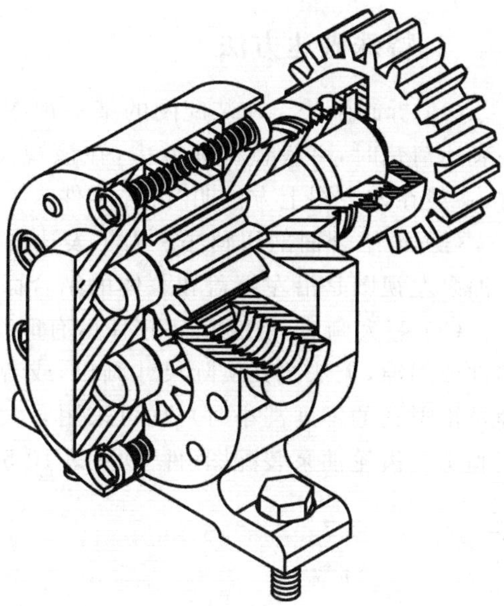

图 10-3 齿轮油泵装配轴测图

齿轮轴 2、传动齿轮轴 3、传动齿轮 11 是油泵中的运动零件。当传动齿轮 11 按逆时针方向(从左视图观察)转动时,通过键 14,将扭矩传递给传动齿轮轴 3,经过齿轮啮合带动齿轮轴 2,从而使后者作顺时针方向转动。如图 10-2 所示,当一对齿轮在泵体内作啮合传动时,啮合区内右边压力降低而产生局部真空,油池内的油在大气压力作用下进入油泵低压区内的吸油口,随着齿轮的转动,齿槽中的油不断沿箭头方向被带至左边的压油口把油压出,送至机器中需润滑的场合。

第二节 装配图的表达方法

一、规定画法

(1) 两相邻零件的接触面和配合面,规定只画一条轮廓线;但基本尺寸不相同的两相邻零件间的非接触面,即使间隙很小,也必须画出两条轮廓线。如图 10-1 齿轮油泵装配图中 $\phi 16\,\frac{H7}{h6}$件 7 与件 3 的结合面,销 A5×18 与件 1 的结合面都画了一条线;而螺钉 15 与件 7 孔的非接触面,则画成了两条线。

(2) 在剖视图中,相邻两金属零件的剖面线方向应相反。三个或三个以上金属零件相接触时,除其中两个零件的剖面线倾斜方向不同外,第三个零件应采用不同的剖面线间隔或相互错开,应特别注意,在各个视图中,同一零件的剖面线方向与间隔必须一致。

(3) 在剖视图中,对一些标准件(如螺栓、螺母、键和销等)以及轴、连杆、钩子和球等实心零件,若按纵向剖切,剖切平面通过其轴线或对称面时,按不剖绘制。如图 10-1 主视图中螺钉 15、销 4 等,就是按不剖绘制的。

当这些零件上有需要表达的局部结构,可采用局部剖视。如图 10-1 所示左视图吸油孔和主视图中两齿轮啮合处,都是这样表达的。

二、特殊表达方法

(1) 拆卸画法。在装配图的某一视图中,当所要表达部分被一个或几个零件遮住而无法表达清楚时,可假想将其拆去,在该视图中只画出所要表达部分的视图。采用拆卸画法时,一般在该视图上方注明"拆去零件××"等字样。

(2) 沿结合面剖切画法。为了表达内部结构,可采用沿结合面剖切画法。如图 10-1 齿轮油泵左视图是沿左端盖和泵体的结合面剖切后画出的。

(3) 夸大画法。在画装配图时,有时会遇到薄片零件、细丝零件、微小间隙等。对这些零件或间隙,无法按其实际尺寸画出,或者虽能如实画出,但不能明显地表达其结构(如圆锥销及锥形孔的锥度甚小时),均可采用夸大画法,即可把垫片厚度、簧丝直径及锥度都适当夸大画出。齿轮油泵装配图(件 5)及图 10-5 中的垫片就是夸大画出的。

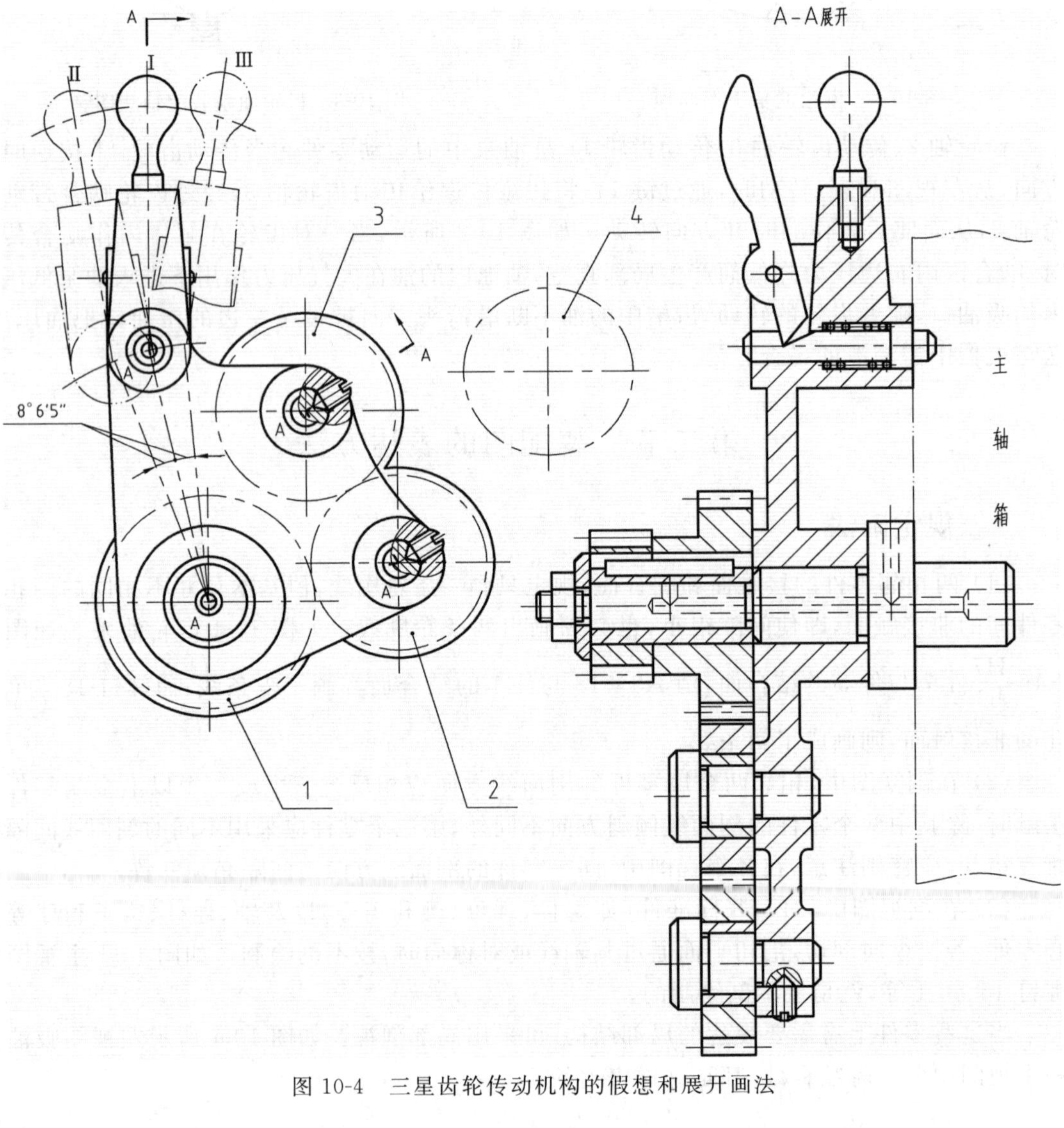

图 10-4 三星齿轮传动机构的假想和展开画法

(五) 假想画法

为了表示与本部件有装配关系但又不属于本部件的其它相邻零部件时，可采用假想画法，并将其它相邻零、部件用双点划线画出，如图 10-1 中用双点划线画出的机架。

为了表示运动零件的运动范围或极限位置时，可在一个极限位置上画出该零件，再在另一个极限位置上用双点划线画出其轮廓。如图 10-4 传动机构手柄的表达。

(4) 展开画法。为了表达某些重叠的装置关系(如多级齿轮传动变速箱)，为了表示齿轮传动顺序和装配关系：可以假想将空间轴系按其传动顺序展开在一个平面上，画出剖视图。这种画法称展开画法。如图 10-4 传动机构装配图就是采用了展开画法。

(5) 简化画法。

① 在装配图中，零件的工艺结构如小圆角、倒角、退刀槽、凹坑及滚花等允许不画。

② 在装配图中螺母和螺栓头允许采用简化画法，如图 10-5 所示。当遇到螺纹连接件等相同的零件组时，在不影响理解的前提下，允许只画出一处，其余只用点画线表示其中心位置。如图 10-5 所示。

③ 在装配图中的滚动轴承需要进行剖视时，允许画出对称图形的一半，另一半画出其轮廓，并用粗实线在轮廓内画"十"字形。如图 10-5 所示。

④ 在装配图中，当不致引起误解时，剖切平面后面不需表达的部分可省略不画。

⑤ 当剖面厚度小于 2mm 时，允许将剖面涂黑，以代替剖面线，如图 10-1 中的垫片 5。

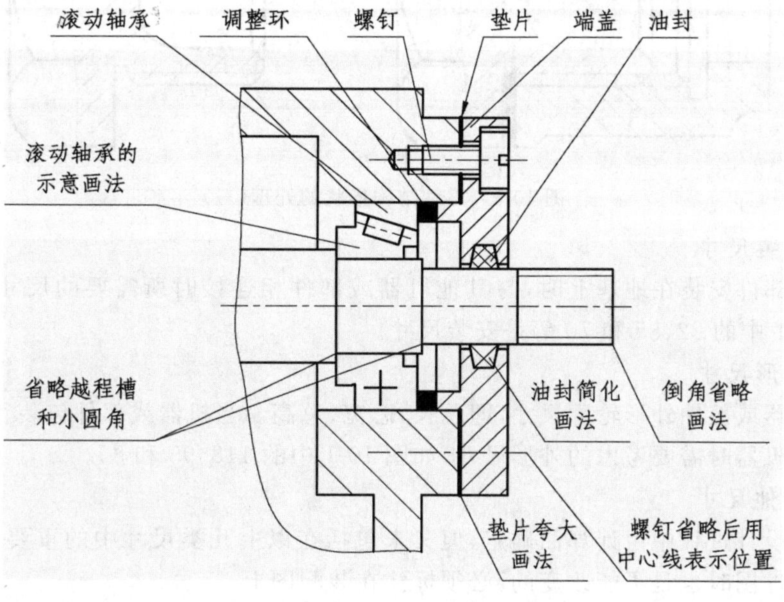

图 10-5　夸大画法和简化画法

第三节　装配图中的尺寸标注和技术要求

一、装配图的尺寸标注

装配图中应标注出必要的尺寸。这些尺寸是根据装配图的作用确定的，应能进一步说明机器的性能、工作原理、装配关系和安装等要求。应标注下列尺寸。

(一) 性能尺寸(规格尺寸)

它是表示机器或部件的性能和规格的尺寸，这些尺寸在设计时就已确定，是设计机器、了解和选用机器的依据。如图 10-1 中两轴中心距 28.76±0.016 和进出油孔 G3/8。

(二) 装配尺寸

通常表示机器上有关零件装配关系的尺寸，主要有以下几种：

(1) 配合尺寸 它是表示两个零件之间配合性质的尺寸，如图 10-1 齿轮油泵装配图中的 $\phi 16\ \dfrac{H7}{h6}$、$\phi 14\ \dfrac{H7}{h6}$等。

(2) 装配时加工的尺寸 有的零件要先装配后加工，以满足装配工艺的要求，此时在装配图中需注出装配时加工的尺寸，如图 10-6 所示。

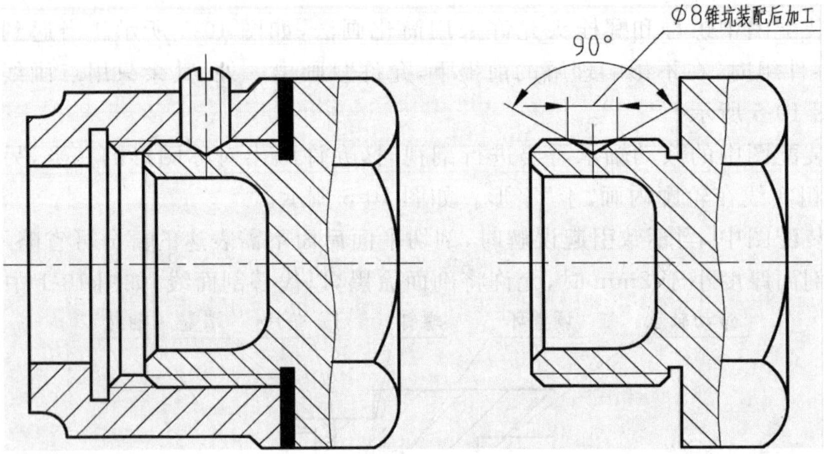

图 10-6 零件结构形状的处理(三)

(三) 安装尺寸

机器或部件安装在地基上时，与其他机器或部件相连接时所需要的尺寸，就是安装尺寸，如图 10-1 中的 22、85 和 70 等是安装尺寸。

(四) 外形尺寸

表示机器或部件外形轮廓尺寸，即总长，总宽、总高。当机器或部件包装、运输以及厂房设计和安装机器时需要考虑的外形尺寸，如图 10-1 中的 118、95 和 85。

(五) 其他尺寸

它是在设计过程中由计算而确定，但又未包括在以上几类尺寸中的重要尺寸。这些尺寸在拆画零件图时也是不能改变的，必须标注在装配图上。

必须指出：装配图中某些尺寸有时兼有几种含义，而每张装配图上并不一定同时具备以上几种尺寸内容。因此，一张装配图上标注哪些尺寸较为适宜，应该根据具体情况进行具体分析。

二、技术要求

不同性能的机器或部件，其技术要求也不同。一般说来，装配图应对该机器或部件在装配、试验、调整、检验和使用方面提出技术指标和措施、性能上的要求，或就其中某些项目提出要求。技术要求的各项内容，除了公差配合标注在视图上，其余一般都用文字和表格的形式写在图纸的空白处，也可以另编技术文件附上。

技术要求涉及知识面较宽，且往往专业性较强，故本课程不做进一步介绍。

第四节　装配图的零、部件序号、明细表和标题栏

装配图上对每个零件或部件都必须编注序号或代号，并填写明细表，以便统计零件数量，进行生产的准备工作。同时，在看装配图时，也是根据序号查阅明细表，以了解零件的名称、材料和数量等，有利于看图和图样管理。

一、零、部件的序号

(1) 序号(或代号)应注在图形轮廓线的外边，并填写在带指引线的横线上或圆内，横线或圆用细实线画出。指引线应从所指零件的可见轮廓线内引出，并在末端画一小圆点，如图10-7所示。序号字体要比尺寸数字大一号，如图10-7a)所示；也可用图10-7b)，字高应大二号。若在所指部分内不宜画圆点时(很薄的零件或黑的剖面)，可在指引线末端画出指向该部分轮廓的箭头，如图10-8所示。

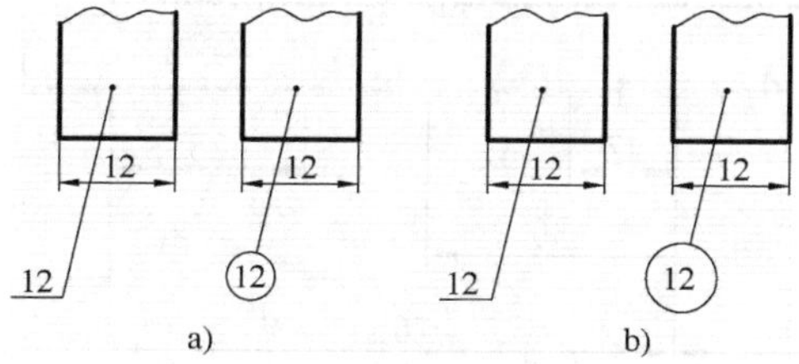

图 10-7　装配图序号画法

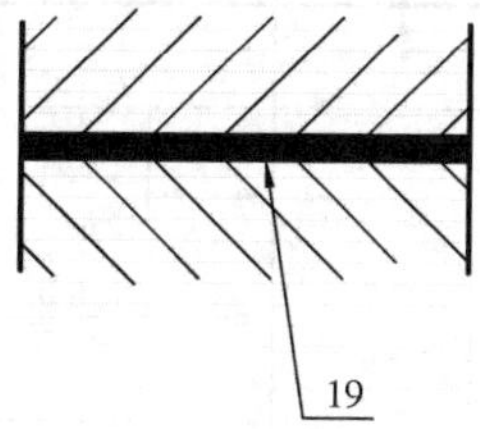

图 10-8　指引线用箭头表示情况

(2) 指引线尽可能分布均匀且不要彼此相交，也不要过长。指引线通过有剖面线的区域时，要尽量不与剖面线平行，必要时可画成折线，但只允许弯折一次，如图10-9所示。同一连接件组成装配关系清楚的零件组，允许采用公共指引线，如图10-10所示。

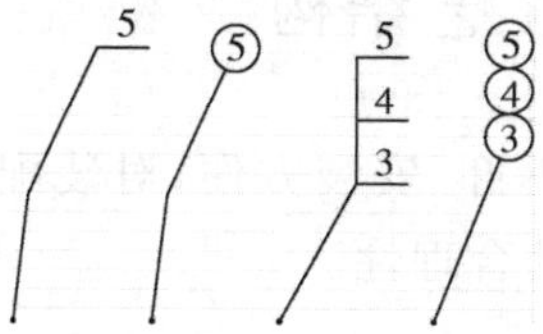

图 10-9　指引线画法

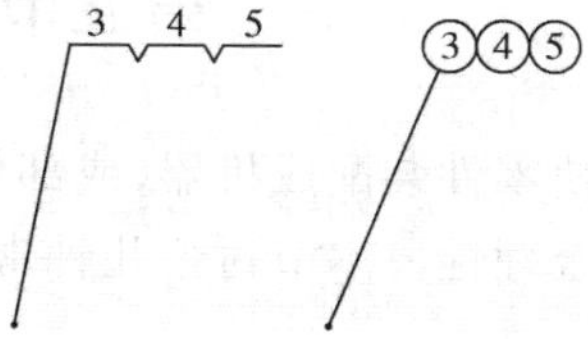

图 10-10　公共指引线画法

(3) 每一种零件在各视图上只编一个序号。对同一标准件(如油杯、滚动轴承、电机等)，在装配图上只编一个序号。

(4) 要沿水平或垂直方向按顺时针或逆时针次序排列整齐，如图10-1所示。

(5) 编注序号通常有两种方法，一种是一般件与标准件混合一起编排(图10-1)；另一种是将一般件编号填入明细栏中，而标准件直接在图上标注规格、数量和国标号，或另列专门表格。

二、明细表和标题栏

装配图的明细表接在标题栏上方，外框为粗实线，内框为细实线。填写明细表时，按零件序号自下而上依次书写，不得间断或交错。当幅面不够不能往上画时，可画在标题栏左侧，再不够时，可再往左移，但各排间不得留有间隙。明细表和标题栏格式统一规定，如图10-11所示。

在实际生产中，明细表也可不画在装配图内，而单独按零件分类统一填写在一定的格式表内。

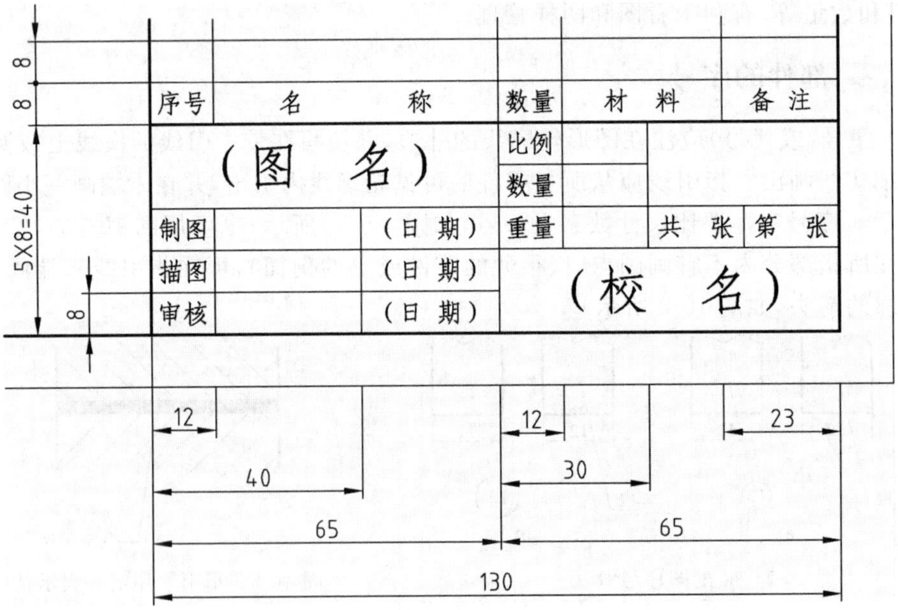

图 10-11 标题栏和明细表的格式

第五节 装配图的常见工艺结构

为使零件装配成机器(或部件)后能达到性能要求，拆卸、安装方便，对装配结构要求有一定的合理性。本节讨论几种常见的装配结构，并讨论其合理性。

一、接触面和配合面结构

(1) 当两个零件以平面相接触时，在同一方向上一般只能有一个接触面，这样既保证了两零件间良好的接触性能，又降低了加工要求。如图10-12所示。

(2) 当柱面配合时，在径同一般只允许有一处配合面或接触面，其余为非配合面或非接触面，如图10-13所示。

(3) 当两锥面配合时，由于锥面同时确定轴向和径向位置，因此锥体顶部和锥孔底部间必须留有空隙，如图10-14所示。

(4) 两配合零件在转角处应有间隙，以防止装配时发生干涉现象。如图10-15中所设

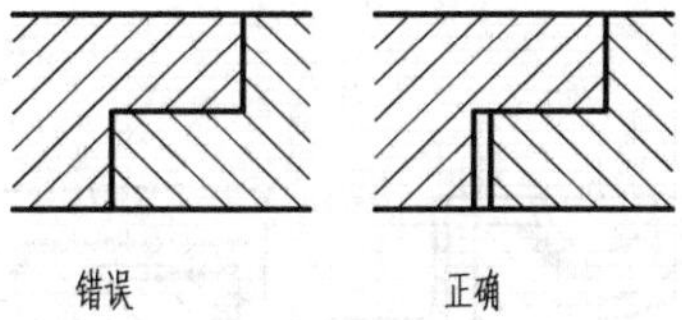

图 10-12　两个零件以平面接触时，同方向只有一个接触面

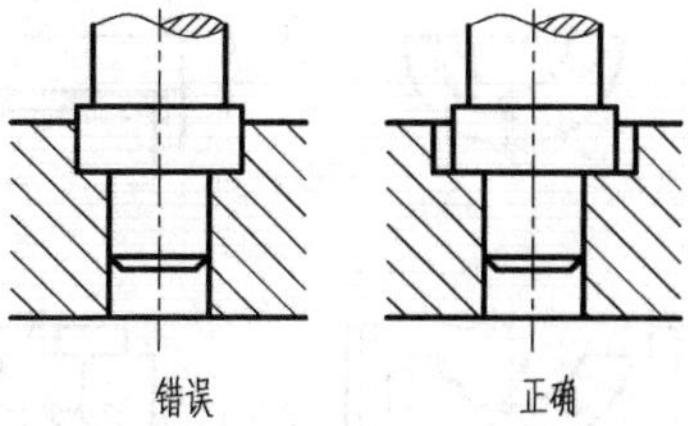

图 10-13　柱面配合时，径现一般只允许有一处配合面

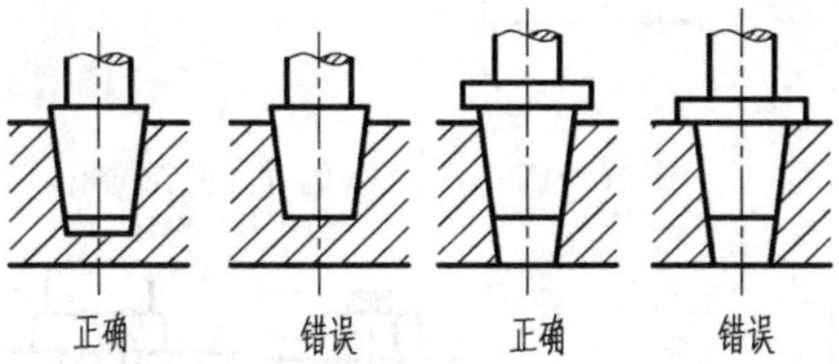

图 10-14　两锥面配合时，锥体顶部和锥孔底部间必须有空隙

计的几种形式：a)孔口有倒角；b)轴上开越程槽；c)采用不同的圆角半径(孔口圆角半径大，轴径圆角半径小)。

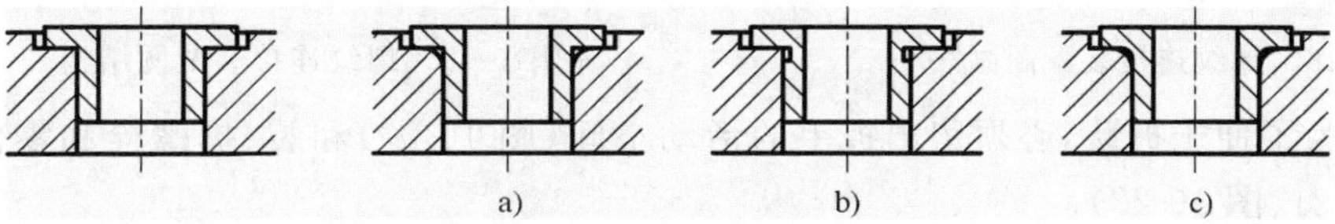

图 10-15　留倒角、越程槽、圆角情况

(5) 为了保证接触良好，接触面需经机械加工。因此，合理地减少加工面积，不但可以降低加工费用，而且可以改善接触情况。

① 为了保证连接件(螺栓、螺母、垫圈)和被连接件间的良好接触，在被连接件上作出沉孔、凸台等结构，如图 10-16 所示。沉孔的尺寸，可根据连接件的尺寸从有关手册中查取。

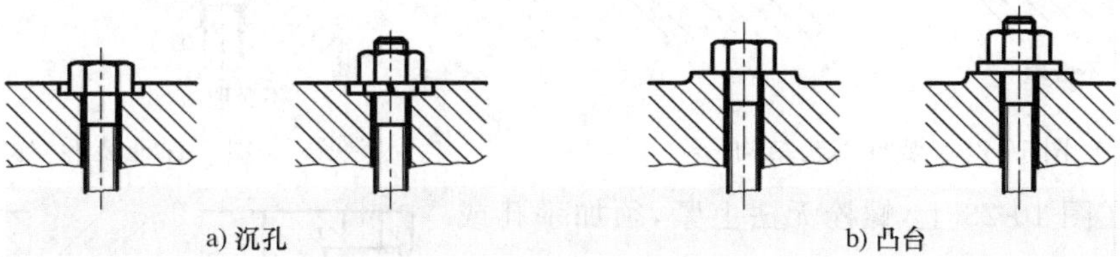

图 10-16　沉孔和凸台

② 图 10-17 所示的轴承，为了减少接触面，轴承底座与下轴衬的接触面上，分别在轴承和底座的底部上挖一凹槽。下轴衬凸肩处有退刀槽是为了改善两个互相垂直表面的接触情况。

二、螺纹连接的合理结构

(1) 被连接件通孔的尺寸应比螺纹大径或螺杆直径稍大，以便装配，如图 10-18 所示。

(2) 为了保证拧紧，要适当加长螺纹尾部、在螺杆上加工出退刀槽、在螺孔上作出凹坑或倒角，如图 10-19 所示。

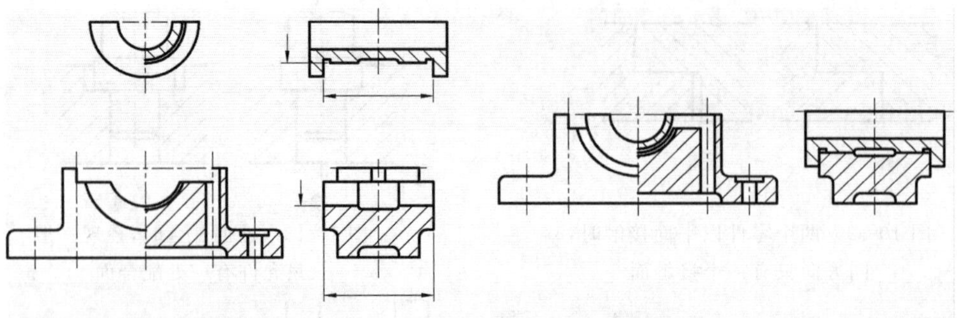

a)　　　　b)

图 10-17　减少接触面的结构

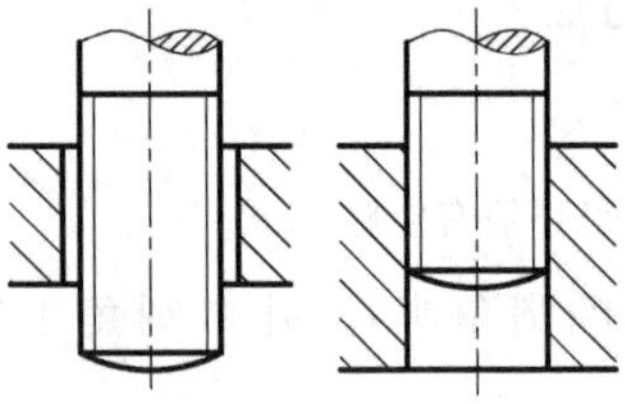

正确　　不正确

图 10-18　螺纹连接装配图画法

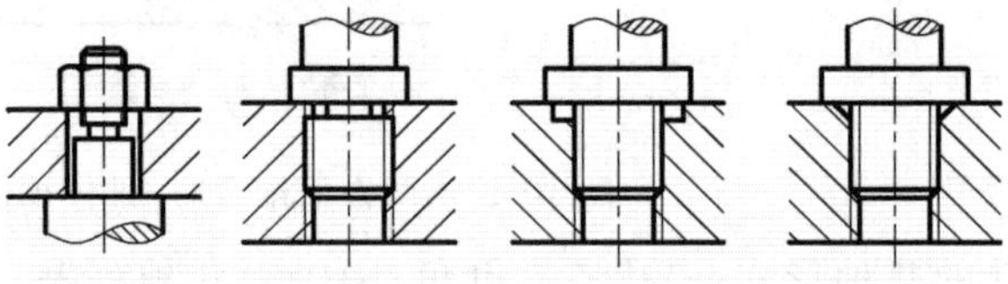

a) 尾部加长　b) 退刀槽　c) 凹坑　d) 倒角

图 10-19　螺纹连接装配图结构

(3) 为了便于拆装,必须留出扳手的活动空间(图 10-20)和装、拆螺栓和零件活动的空间(图 10-21、图 10-22)。

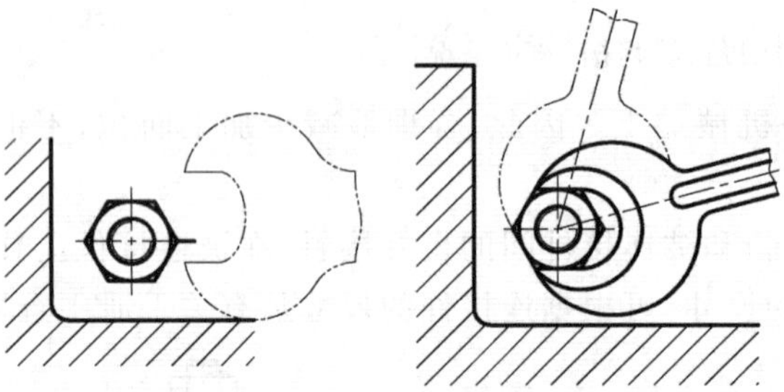

不合理　　合理

图 10-20　装拆工艺结构

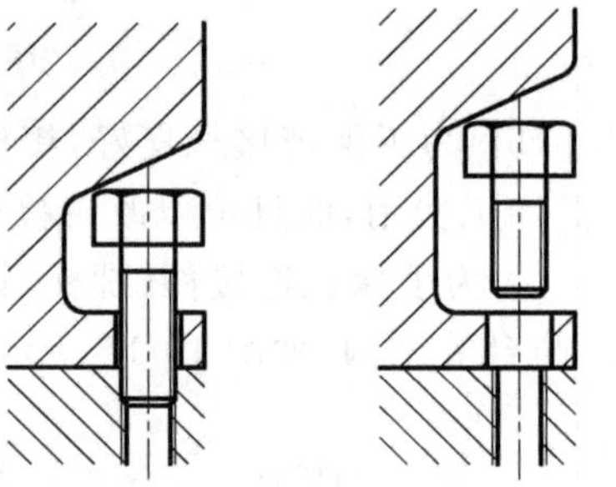

不合理　　合理

图 10-21　保证装拆空间

(4) 在图 10-23 上,螺栓无法上紧,须加手孔或改成双头螺柱。

三、销孔的合理结构

采用圆柱销或圆锥销定位时,考虑孔加工和销子拆卸方便,可将销孔做成通孔,如图 10-24a)所示。图 10-24b)的结构是不合理的。

四、密封装置的结构

在机械传动中,为了防止外界灰尘、铁屑等进入滚动轴承或机件内部,常使用密封装置,这种装

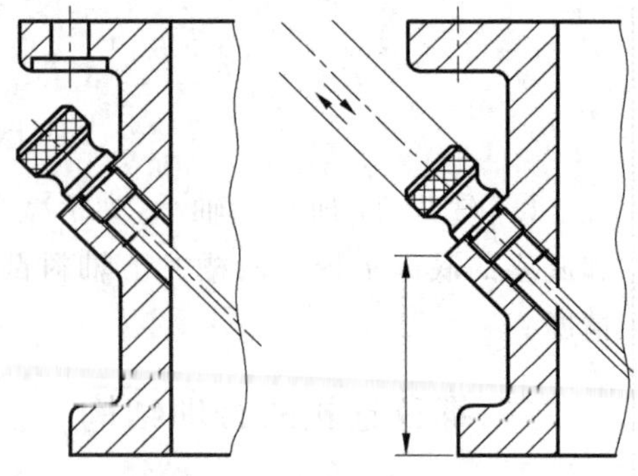

不正确　　正确

图 10-22　留出活动空间

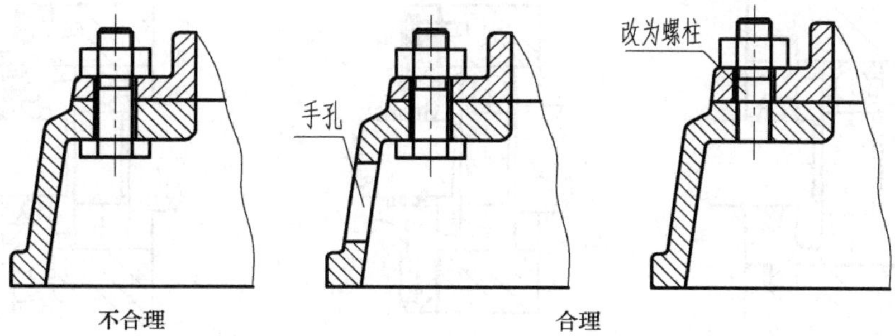

图 10-23　零件上加手孔结构

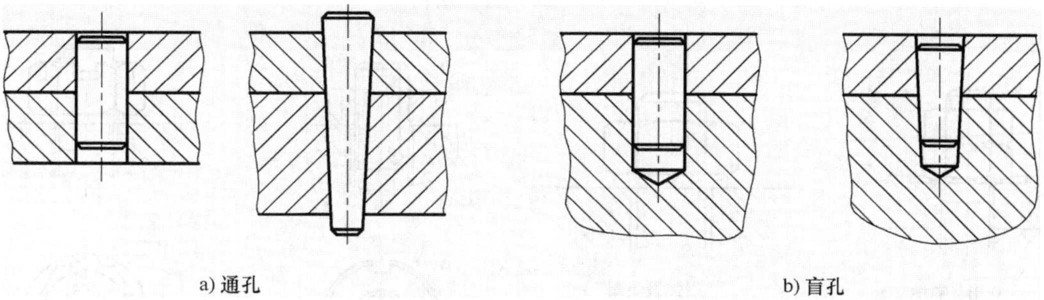

图 10-24　销孔的合理结构

置也能防止漏油等现象。图 10-25a)毡圈密封就是常见的一种形式。

在使用阀类、泵类零件时，为防止气、液体渗漏，常用浸油石棉、棉纱等作填料，从而达到密封的目的。如图 10-25b)所示。

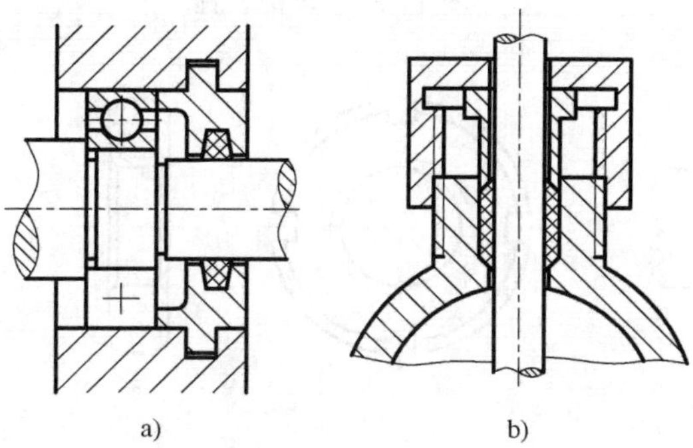

图 10-25　密封装置的结构图

滚动轴承中常用的密封方法有皮碗、毡圈、毡圈槽和油沟等，它们都有标准。图 10-26 所示为几种密封结构。

五、防松结构

机器运转时，常有振动或冲击，此时紧固体连接部分会逐渐松动，影响连接质量，甚至造成事故。因此，在这些机构中必须考虑防止松动的问题。图 10-27 所示是常用的几种防松装置。

图 10-28 所示是滚动轴承中使用止动垫圈防止松动的实例。

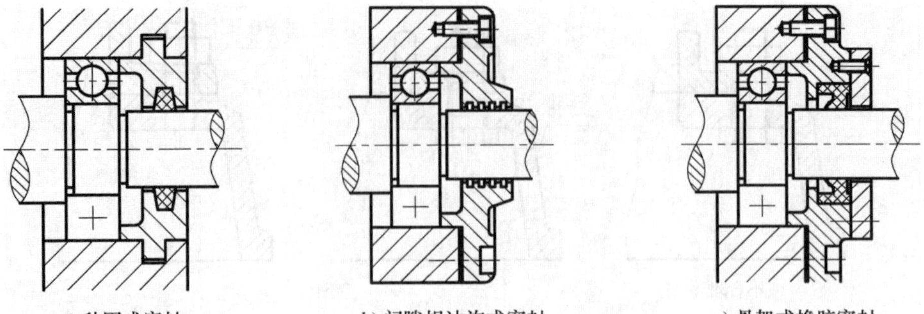

a) 毡圈式密封　　b) 间隙相油沟式密封　　c) 骨架式橡胶密封

图 10-26　密封结构

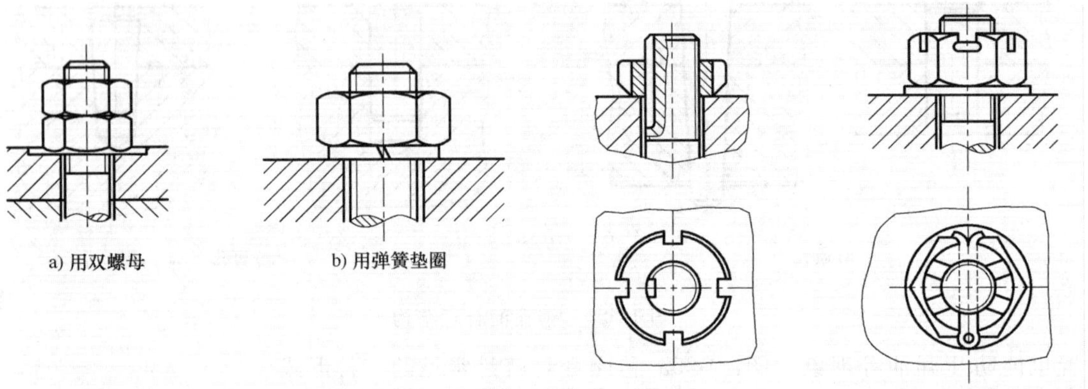

a) 用双螺母　　b) 用弹簧垫圈　　c) 用圆螺母和止动垫圈　　d) 用开口销和六角开槽螺母

图 10-27　防松装置

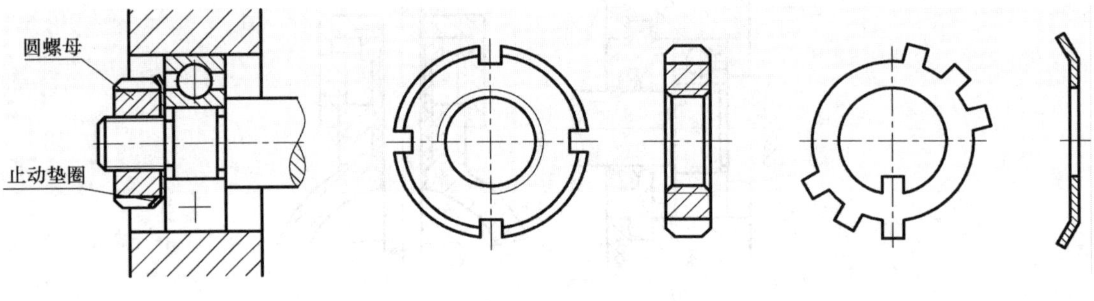

图 10-28　滚动轴承内圈双向固定

六、滚动轴承的固定

为了防止滚动轴承的轴向窜动，必须设计适当的结构形式来固定滚动轴承的内、外圈。其方法诸如采用轴肩、孔肩、端盖、弹性挡圈、可拆式挡圈、轴端挡圈、锁紧螺母、圆螺母及止退垫圈等，其方式可采用单向或双向固定轴承内、外圈。而挡圈、螺母均是标准件，如图10-29所示。

在设计安装轴承的轴与孔时，还需注意轴承在维修时拆卸的方便性，如用孔肩及轴肩来定轴承的外圈与内圈时，则孔肩的高度应小于外圈的厚度，轴肩的高度应小于内圈的厚度，如图 10-30 所示。

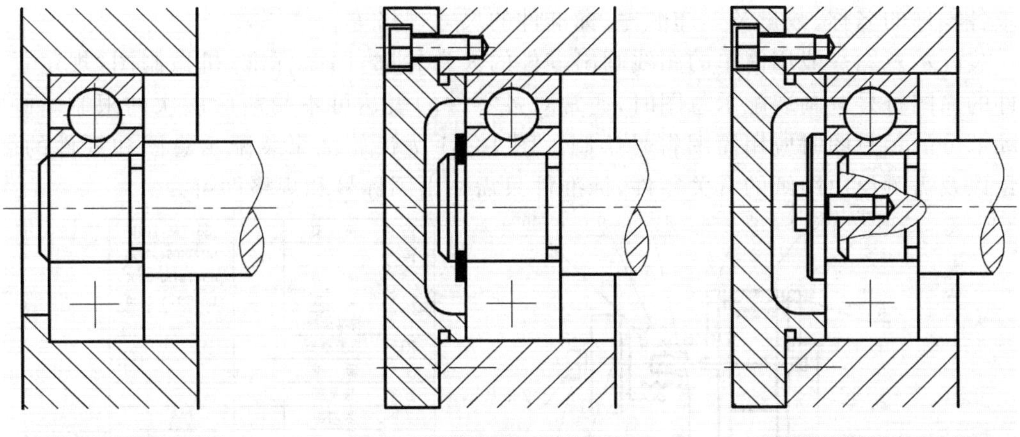

a) 用轴肩固定轴承内外圈　　b) 用弹性挡圈固定轴承内圈　　c) 用轴端挡圈固定轴承内圈

图 10-29　滚动轴承的固定

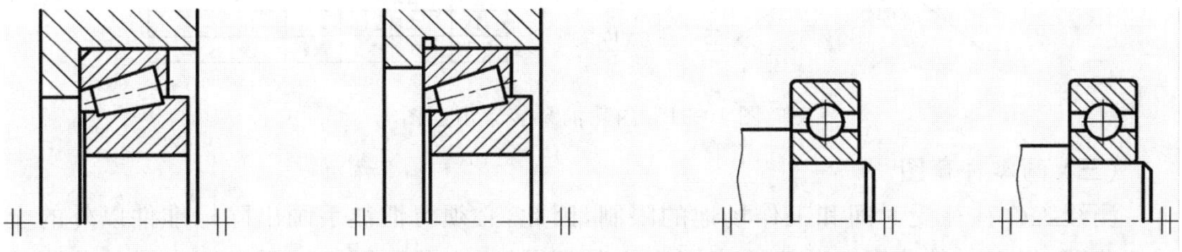

不合理　　合理　　不合理　　合理

图 10-30　滚动轴承轴向定位

第六节　部件测绘和装配图的画法

一、部件测绘

部件测绘可按下述步骤进行。

(一) 对部件全面了解和分析

首先,应该了解测绘部件的任务和目的,决定测绘工作的内容和要求。如为了设计新产品提供参考图样,测绘时可进行修改;如为了补充图样或制作备件,测绘时必须正确、准确,不得修改。

其次,通过阅读有关技术文件、资料和同类产品图样,以及直接向有关人员广泛了解使用情况,分析部件的构造、功用、工作原理、传动系统、大体的技术性能和使用运转情况,并检测有关的技术性指标和一些重要的装配尺寸,如零件间的相对位置尺寸、极限尺寸以及装配间隙等,为下一步拆装工作和测绘工作打下基础。

(二) 拆卸部件并画装配示意图

在对机器或部件进行全面了解和分析后,可着手拆卸机器或部件,并画出装配示意图。装配示意图是在机器或部件拆卸过程中所画的记录图样。它的主要作用是可以避免部件拆开后可能产生的零件错乱,致使重装时无法复原,同时也是绘制装配图时的依据。装配示意图所表达的主要内容是各零件间的相对位置、装配关系和部件的工作原理、传动路线等,并记录各零件的名称、数量及拆卸顺序、标准件的尺寸规格等。

装配示意图一般用简单的图线画出零件的大致轮廓，国家标准《机械制图》规定了一些零件的简图符号。画装配示意图时，通常对各零件的表达可不受前后层次的限制。画机构传动部分的示意图时应用简图符号绘制。图 10-31 为齿轮油泵装配示意图和零件的名称、数量以及需测绘出图纸的有关零件，标准件只需注出国标号和规格即可。

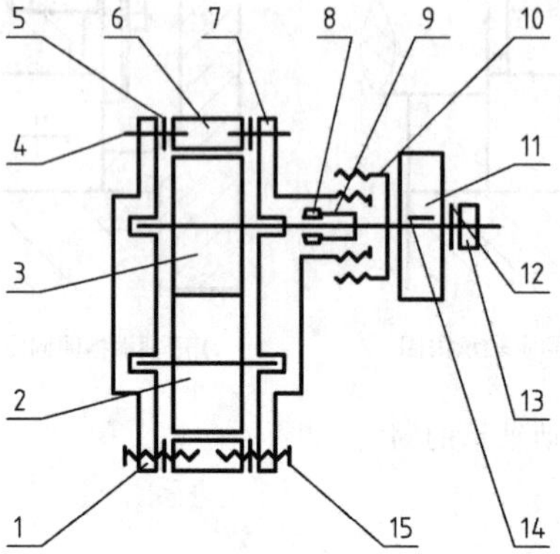

序号	名称	数量	备注
15	螺钉		GB/T65-2000
14	键		GB/T1096-1998
13	螺母		GB/T6170-2000
12	垫圈		GB/T97.1-2000
11	传动齿轮		—
10	压紧螺母		—
9	轴套		—
8	密封圈		—
7	右端盖		—
6	泵体		—
5	垫片		—
4	销		GB/T119-2000
3	传动齿轮轴		—
2	齿轮轴		—
1	左端盖		—

图 10-31　内轮油泵装置示意图

（三）画零件草图

测绘工作往往受时间和工作场地的限制，因此，必须习惯徒手画出除标准件以外的全部零件草图，根据零件草图和装配示意图画出装配图，再由装配图拆画零件图。零件草图的内容要求见第十一章。

此外，画零件草图时要注意以下几点：

(1) 对于非标准件的草图，应将所有的工艺结构，如倒角、圆角、凸台及退刀槽等详细画出。但由于制造误差或缺陷，如不对称、砂眼、缩孔和裂纹等不应画出。

(2) 测量尺寸的处理：对于非配合表面尺寸和非主要尺寸，一般应圆整成整数，并尽可能采用标准系列数值。重要尺寸要进行复核或计算；对于标准结构要素（螺纹、键槽、销孔等）的尺寸，要在测量的基础上，查阅相应标准，核对确定。

(3) 零件的配合尺寸，装配、安装时涉及相关零件或部件的尺寸，一定要协调一致。为防止遗漏、相互矛盾等错误，可在测得此类尺寸后，同时标注在相关零件的草图上。

(4) 在测绘旧设备时，必须考虑磨损、碰伤等原因给结构和尺寸带来的影响，应正确予以处理。

(5) 对于零件的表面粗糙度、公差配合、形位公差和热处理等技术要求的确定，可以参考类同产品图样或资料，用类比方法确定。

二、装配图的画法

（一）拟定表达方案

表达方案包括选主视图、确定视图数量和表达方法：

(1) 选主视图。一般按部件的工作位置选择，并使主视图能表示机器（或部件）的工作原理、传动系统、零件间主要的或较多的装配关系，连接方式、零件间的相对位置以及主要零件的结构形状。

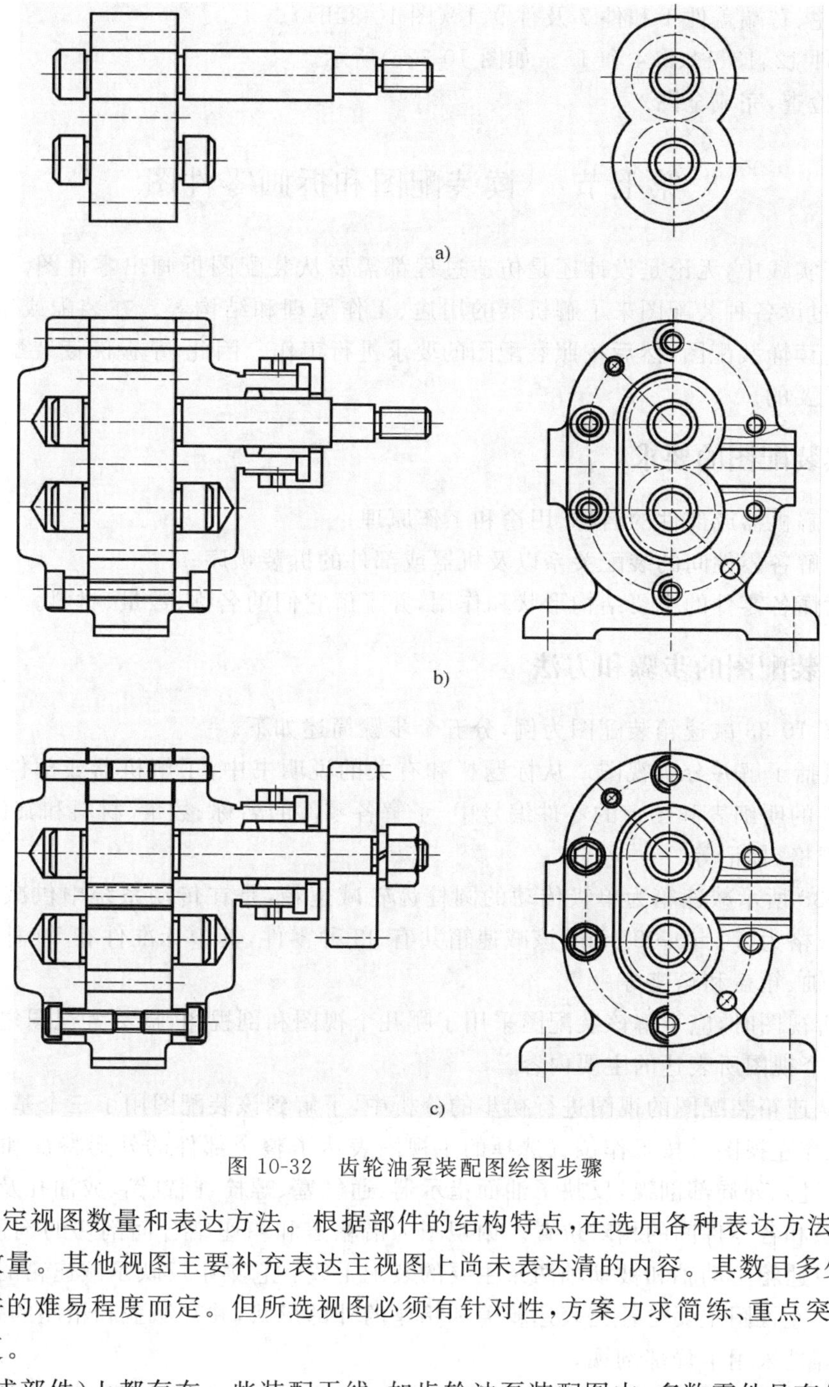

图 10-32　齿轮油泵装配图绘图步骤

(2) 确定视图数量和表达方法。根据部件的结构特点，在选用各种表达方法时，应同时确定视图数量。其他视图主要补充表达主视图上尚未表达清的内容。其数目多少和配置方案应视部件的难易程度而定。但所选视图必须有针对性，方案力求简练、重点突出，避免不必要的重复。

机器(或部件)上都存在一些装配干线，如齿轮油泵装配图中，多数零件具有的共同轴线为装配干线。为了清楚地表示这些装配关系，一般都通过装配干线的轴线选取剖切平面，画出剖视图。为便于看图，各视图的配置应尽可能符合投影关系。

(二) 画装配图的步骤

图 10-32 是齿轮油泵装配图的画图步骤：

(1) 根据表达方案画主视图的主要基准线，即传动齿轮轴件 3 和齿轮轴件 2(图 10-32a))。

(2)画左、右端盖件 1 和件 7 及件 9、10(图 10-32b))。

(3)画件 12、13、14、5、4 和 15。如图 10-32c)所示。

(4)经检查,完成全图。

第七节　读装配图和拆画零件图

在生产实践中,无论是设计还是仿造过程都需要从装配图拆画出零件图。在技术交流时,也是通过读各种装配图来了解机器的用途、工作原理和结构等。在装配或维修机器时,也必须是先读懂装配图,然后按照装配图的要求进行工作。因此,掌握阅读装配图的要求和方法是很重要的。

一、读装配图的要求

(1) 了解机器或部件的名称、用途和工作原理;

(2) 了解各零件间的装配关系以及机器或部件的拆装顺序;

(3) 读懂各零件的主要结构形状和作用,并了解它们的名称、数量、材料。

二、读装配图的步骤和方法

现以图 10-33 减速箱装配图为例,分五个步骤简述如下。

(1) 概括了解并分析视图。从标题栏和有关的说明书中,了解机器或部件的名称和用途。从零件的明细表和图上的零件编号中,了解各零件的名称、数量、材料和其位置,以及各标准件的规格、标记等。

图 10-33 所示减速箱为单级传动的圆柱齿轮减速箱,是在传动系统中供减速用的。它的中心距规格为(70±0.08)mm,该减速箱共有 33 种零件,其中标准件有 10 种。其主要零件为齿轮、轴、箱盖和箱座等。

在分析视图时,应了解该装配图采用了哪几个视图和剖视图,搞清各视图之间的投影关系,明确每个视图所表达的主要内容。

从对减速箱装配图的视图进行初步的分析中,了解到该装配图用了三个基本视图:主视图、俯视图和左视图。按工作位置选择的主视图表达了整个部件的外形特征和几个重要尺寸,并且通过几处局部剖视,反映了油面指示器、通气塞、螺栓、圆锥销、放油孔及螺塞等部位的装配关系和各零件间的相对位置。俯视图为沿箱盖和箱座结合面剖切的剖视图,清楚地表示出了减速箱主动轴和被动轴两条主要的装配干线。它集中反映了减速箱的工作原理和装配关系。左视图主要是补充表达箱盖和箱座的外部形状,并在箱盖和箱座的螺栓连接、底面安装孔等处采用了局部剖视。

(2) 了解工作原理和装配关系。先从反映工作原理的视图着手,分析机器或部件中零件的运动情况,从而了解工作原理。然后根据投影规律分析各条装配干线,了解零件相互之间的配合要求,以及零件的定位、连接方式。此外,再了解运动零件的润滑、密封形式等内容。

减速箱是通过一对或数对齿数不同的齿轮啮合传动来达到减低输出轴速度的,这时小齿轮轴应作为输入轴,大齿轮轴为输出轴。从图 10-33 减速箱装配图的俯视图中可以看出,运动自齿轮轴 17 输入,带动大齿轮 24,通过键 25 由轴 26 输出。

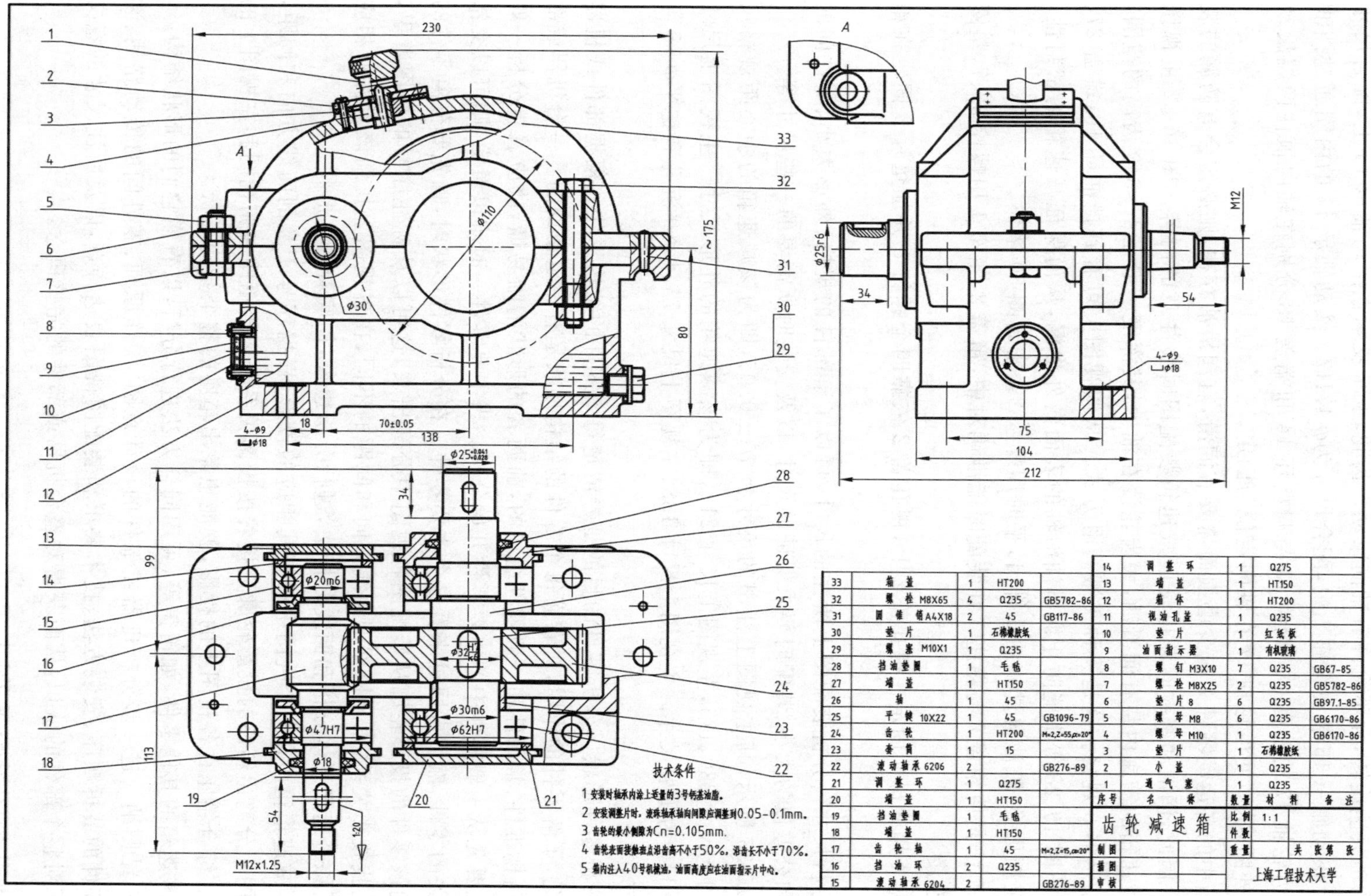

技术条件

1 安装时轴承内涂上适量的3号钙基油脂.
2 安装调整片时，滚珠轴承轴向间隙应调整到0.05-0.1mm.
3 齿轮的最小侧隙为Cn=0.105mm.
4 齿轮表面接触斑点沿齿高不小于50%，沿齿长不小于70%.
5 箱内注入40号机械油，油面高度应在油面指示片中心.

序号	名称	数量	材料	备注
33	箱盖	1	HT200	
32	螺栓 M8X65	4	Q235	GB5782-86
31	圆锥销 A4X18	2	45	GB117-86
30	垫片	1	石棉橡胶纸	
29	螺塞 M10X1	1	Q235	
28	挡油垫圈	1	毛毡	
27	端盖	1	HT150	
26	轴	1	45	
25	平键 10X22	1	45	GB1096-79
24	齿轮	1	HT200	M=2,Z=55,α=20°
23	套筒	1	15	
22	滚动轴承 6206	2		GB276-89
21	调整环	1	Q275	
20	端盖	1	HT150	
19	挡油垫圈	1	毛毡	
18	端盖	1	HT150	
17	齿轮轴	1	45	M=2,Z=15,α=20°
16	挡油环	2	Q235	
15	滚动轴承 6204	2		GB276-89
14	调整环	1	Q275	
13	端盖	1	HT150	
12	箱体	1	HT200	
11	视油孔盖	1	Q235	
10	垫片	1	红纸板	
9	油面指示器	1	有机玻璃	
8	螺钉 M3X10	7	Q235	GB67-85
7	螺栓 M8X25	2	Q235	GB5782-86
6	垫片 8	6	Q235	GB97.1-85
5	螺母 M8	6	Q235	GB6170-86
4	螺母 M10	1	Q235	GB6170-86
3	垫片	1	石棉橡胶纸	
2	小盖	1	Q235	
1	通气塞	1	Q235	

齿轮减速箱		比例	1:1	
		件数		
制图		重量		共　张第　张
描图		上海工程技术大学		
审核				

图 10-33　减速和装配图

下面按轴系来分析装配关系，轴通常应支承在轴承上，轴承安装在机体中。一般来说，减速箱内的轴只能旋转，而不允许有轴向窜动。齿轮轴 17 支承在滚动轴承 15 上，配合尺寸为ϕ 20m6。滚动轴承 15 装在箱座 1 中，配合尺寸为ϕ 47H7。滚动轴承 15 的内圈通过挡油环 16 靠在齿轮轴 17 的轴肩上。端盖 13 与调整环 14 和端盖 18 分别在轴向顶住两端滚动轴承 15 的外圈，从而使齿轮轴 17 在轴向定位与固定。

减速箱中的各运动零件为减少磨损而需要有润滑，有润滑油存在，则必定会有防漏的装置和结构。因此，润滑和密封问题也是读减速箱装配图时要注意的内容。图 10-32 主视图上反映出减速箱的箱座内装有润滑油，大齿轮浸在油中，其深度一般在 1～3 全齿高的范围，可用油面指示器 9 观察。这是一种飞溅润滑方式。从俯视图上可看到挡油环 16，端盖 27、13、18、20，毡圈 19、28 等都能防止润滑油沿轴的表面向外渗漏，从而保证减速箱的密封性。润滑油须定期更换，脏油通过放油孔排出，平时用螺塞 29、密封圈 30 堵住。

圆锥销 31 是使箱盖 2 与箱座 1 在装配时能准确对中，箱盖 2、箱座 1 用螺栓 32、7，垫圈 6，螺母 5 连接。

通气塞 1 用螺母 4 固定在视孔盖 2 上，视孔盖 2 依靠四个螺钉 8 并加垫片 3 固定在箱盖 33 上。

(3) 分析尺寸。分析装配图上所注的尺寸，可以了解部件的规格、外形大小、零件间的配合性质和公差值的大小、装配时要求保证的尺寸，以及安装时所需要的一些尺寸等。

如图 10-33 所示，其主视图上注出的尺寸为 70±0.05，即为该减速箱的中心距规格尺寸。主视图上尺寸 230、175，左视图上尺寸 212，即为该减速箱的外形尺寸。主视图上尺寸 80、ϕ 30、ϕ 110 为重要尺寸。主视图上尺寸 138、左视图上尺寸 75、4-ϕ 9 沉孔和锪平ϕ 18 等为安装尺寸。

(4) 分析零件形状。分析零件的目的是弄清楚每个零件的结构形状。根据部件或机器的工作情况，了解零件的作用，对看懂每个零件的结构形状是有一定帮助的。一台机器或部件通常是由标准件、常用件和一般零件组成的，前两者的形状清晰易懂，故应着重分析一般零件，而且要先从一般零件中的主要零件开始分析。当主要零件一时难以看懂，则可以交错看与它有关的零件，然后再回过来看这个主要零件。在分析零件形状时，首先要分离零件的视图，即把该零件的投影轮廓从装配图各视图中分离出来，这可以从标注序号的视图着手，用对线条、找投影关系，以及根据剖面线方向和间距的不同，在各视图上找到该零件的相应投影，然后综合运用形体分析和面线分析法，进行分析想象，彻底看懂其形状。

例如，减速箱箱座在三个视图中都有其相应的投影，根据序号 1 及剖面线方向和间距，先在主视图上分离出箱座的投影轮廓。接着按投影关系分离出箱座在俯视图和左视图上的投影轮廓。综合箱座在各视图上的投影，就能想象出箱座的整个结构形状。

对于减速箱的其他零件，如箱盖等，可用同样方法进行分析，以看懂它们的形状结构。

(5) 总结归纳。进一步分析机器或部件的设计意图、工作原理、零件间的传动路线、装配关系、部件的装拆顺序、安装方法、技术要求和装配图视图表达特点，以及所注尺寸的意义等，以加深对整个部件的认识，从而获得对整台机器或部件的完整概念。

三、由装配图拆画零件图

根据装配图拆画零件图是一项重要的、生产前的准备工作。它是在彻底读懂装配图的基础上，进行零件设计并画出零件图的。由于在装配图上某些零件的结构形状，并不一定表达完全，此时就需要根据零件的作用和装配关系来进行设计。对装配图上省略的一些工艺结构，如小圆角、倒角、退刀槽等，绘制零件图时必须补全。所画的零件图应符合设计和工艺要求。

拆零件图时，首先是了解该零件的作用，再根据它在装配图中的投影轮廓，结合和它有装配、连接关系的其他零件，分析出它的结构和想象其空间形状，并补齐投影，然后根据零件结构本身表达的需要，重新选择视图表达方案，画出零件图。

由装配图拆画的零件图，必须保证各零件的结构形状合理，并使尺寸、配合性质和技术要求等协调一致。

零件图的内容和要求详见第十一章。由装配图拆画零件图时，需要注意的方面归纳如下。

(一) 零件分类

先将装配图上所有零件分类，以便区别对待，利于拆图工作的进行。

(1) 标准件。标准件大多属于外购件，因此不必拆画零件图，只需按明细表中的规定标记代号，列出标准件表即可。

(2) 借用零件。指借用定型产品上的零件。对此类零件可利用已有的图样，不必另行画图。

(3) 特殊零件。指设计时确定的重要零件。在设计说明书中均附有这类零件的图样或重要数据，应按这些图样或数据绘制零件图。

(4) 一般零件。是拆画零件图的主要对象。这类零件原则上应按照装配图中所表达的形状、大小和有关技术要求进行绘制，对装配图上未表达清的结构形状等，可自行设计。

(二) 视图处理

拆画零件图时，零件的表达方案是根据零件的结构和形状特点考虑的，不强求与装配图中的该零件一致。在多数情况下，壳体、箱座类零件主视图所选取的位置可以与装配图一致。这样做，装配机器时，便于对照，如减速器箱座、箱盖。对于轴套类零件，一般按加工位置选取主视图，所以主视图选取轴线处于水平位置，这对加工时看图较为方便。

(三) 对零件结构形状的处理

在装配图中，对零件上某些次要结构(图 10-34、图 10-35)往往未作肯定，对零件上某些工艺结构(如倒角、倒圆、退刀槽等)也未完全表达。拆画零件图时，应结合考虑工艺要求，补画出这些结构。如零件上某部分需要与某零件装配后一起加工，则应在零件图上注明，如图 10-36 所示。

图 10-34　零件结构形状的处理(一)

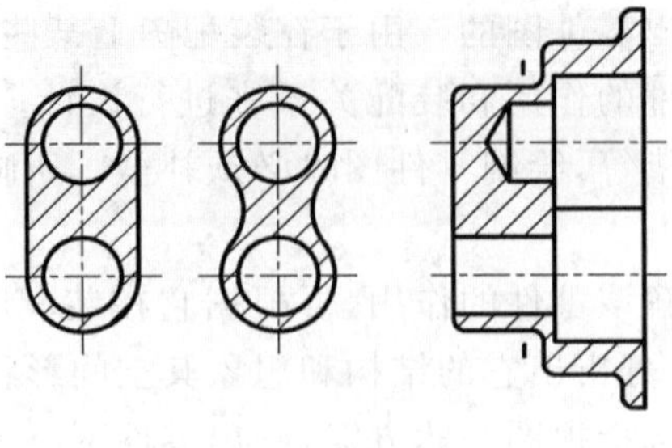

图 10-35　零件结构形状的处理(二)

当零件上采取弯曲或卷边等变形方法连接时,应画出其连接前的形状,如图 10-36、图 10-37 所示。

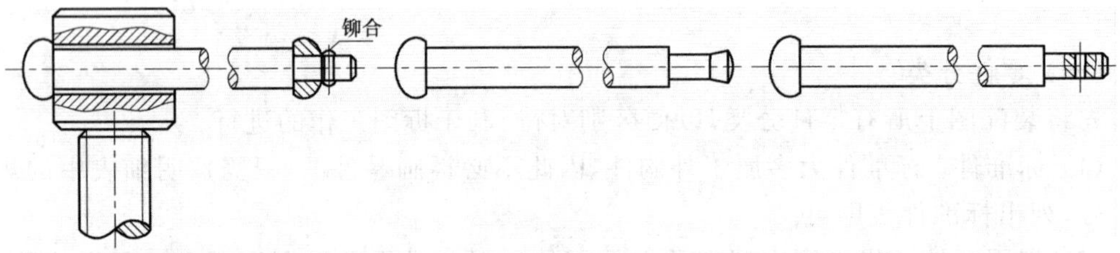

a) 装配图　　b) 零件的不正确形状　　c) 零件的正确形状

图 10-36　零件结构形状的处理(四)

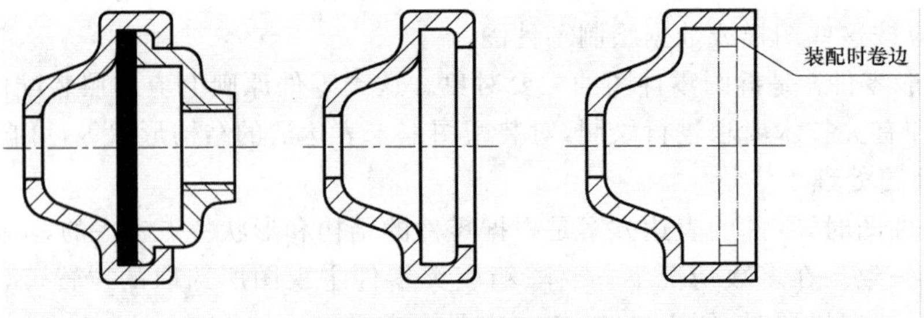

a) 装配图　　b) 零件的不正确形状　　c) 零件的正确形状

图 10-37　零件结构形状的处理(五)

在考虑零件的结构形状时,一定要满足设计和工艺的要求,合理性与经济性要统筹兼顾。有关零件与装配图的典型工艺结构,可参阅第七章第三节和第十章第五节。

(四) 零件图上尺寸的处理

装配图上的尺寸不多,但各零件结构形状的大小,已经过设计人员的考虑,虽未注尺寸数字,但基本上是合适的。因此,根据装配图画零件图,可以直接从图形上量取尺寸。尺寸的注法应按零件图尺寸注法中讨论过的要求进行。尺寸数字必须根据不同情况分别处理:

(1) 装配图上已注出的尺寸,在有关的零件图上直接注出。对于配合尺寸,要查表,注出偏差数值或公差带代号。

(2) 与标准件相连接或配合的有关尺寸,如螺纹尺寸、滚动轴承的内、外径和销孔直径等,要从相应标准中查取。

(3) 非标准件,但已在明细表中给定了尺寸的,如弹簧尺寸、垫片厚度等,要按给定尺寸注写。

(4) 根据装配图所给定的数据应进行计算的尺寸，如齿轮的分度圆、齿顶圆直径尺寸等，要经过计算，然后注写。

(5) 有标准规定的尺寸，如倒角、沉孔、螺纹退刀槽、砂轮越程槽及键槽等，要从有关手册中查取。

(6) 一般尺寸可在装配图上直接量取。零件上大部分非配合尺寸属于这类尺寸，一般均可在装配图上按比例直接量取。对量得尺寸数值加以圆整，并符合标准系列。零件上自行设计的局部结构，尺寸数值也需按比例确定。

(五) 关于零件图的技术要求

零件上各表面的粗糙度可以根据其作用和要求或参照同类产品确定；其他技术要求，可参照装配图中标注的内容分别确定，并注写在零件图上。本课程不做进一步阐述。

四、拆画零件图举例

绘制零件图的方法，在零件图一章中已经讨论，此处以拆画减速器箱座为例，介绍拆画应处理的几个问题。

(一) 视图选择

根据零件序号(零件 1)和剖面符号，在装配图上有关视图中找到箱座的投影。考虑到装配工作和箱座主要加工工序(与箱盖一起加工(镗削)轴承孔)时看图的方便，按加工位置选择主视图的投影方向，如图 10-38 所示。主视图除了表达两轴承座孔的位置、箱体的整体布局外，还采用局部剖视表达了沉孔及放油孔的结构。俯视图表达了结合面的形状、螺栓孔和定位销孔的位置及左视图采用了 A-A 阶梯剖，以表达内腔在高度上的形状特征(其左半部分还利用局部剖形式保留了部分外形，以表示箱座左端面下面部分处于同一平面)，并使轴线方向上的一些尺寸配置清晰。另外，为清楚地表示出吊耳、螺栓孔端面的结构形状，还使用一个 B-B 剖视。图 10-38、图 10-39 所示为减速箱箱座和箱盖的零件图。

(二) 标注尺寸

装配图上已注出的尺寸，应直接移注到有关的零件图上，如图 10-38 减速箱箱座中的高度 80，底面长度 182、宽度 104，总长 230 等。对于配合尺寸、某些相对位置尺寸要注出偏差数值，如图中的 70 ± 0.05、$\phi 47^{+0.014}_{-0.011}$、$\phi 62^{+0.018}_{-0.012}$等。

对于零件上标准化的结构尺寸，如螺栓通孔、倒角、退刀槽、沉孔及键槽等，则应查阅有关手册予以确定，如图中的 6-ϕ9 锪平ϕ20 等。

在拆画齿轮零件图时，关于齿轮的分度圆、齿顶圆、齿根圆等直径尺寸，则需根据装配图中给出的齿轮参数：模数 m、齿数 z 进行计算确定，然后注写在图样上。

零件上大部分不重要的或非配合的自由尺寸，一般均由装配图上按比例直接量取。量得的尺寸数字应尽量化整，并符合标准系列。

相邻两零件接触面的有关尺寸及连接件的有关定位尺寸必须保证一致。如图 10-39 减速箱箱痤零件图上，总长 230、宽度 104、螺栓孔定位尺寸 158 等，应与图 10-38 减速箱箱盖零件图上的对应部分相一致。孔$\phi 47^{+0.014}_{-0.011}$、$\phi 62^{+0.018}_{-0.012}$处将装配滚动轴承，为保证圆度，加工时必须将箱座与箱盖装配在一起作最后的圆整加工。因此，在箱座、箱盖零件图上的半圆均应以直径尺寸ϕ注出。

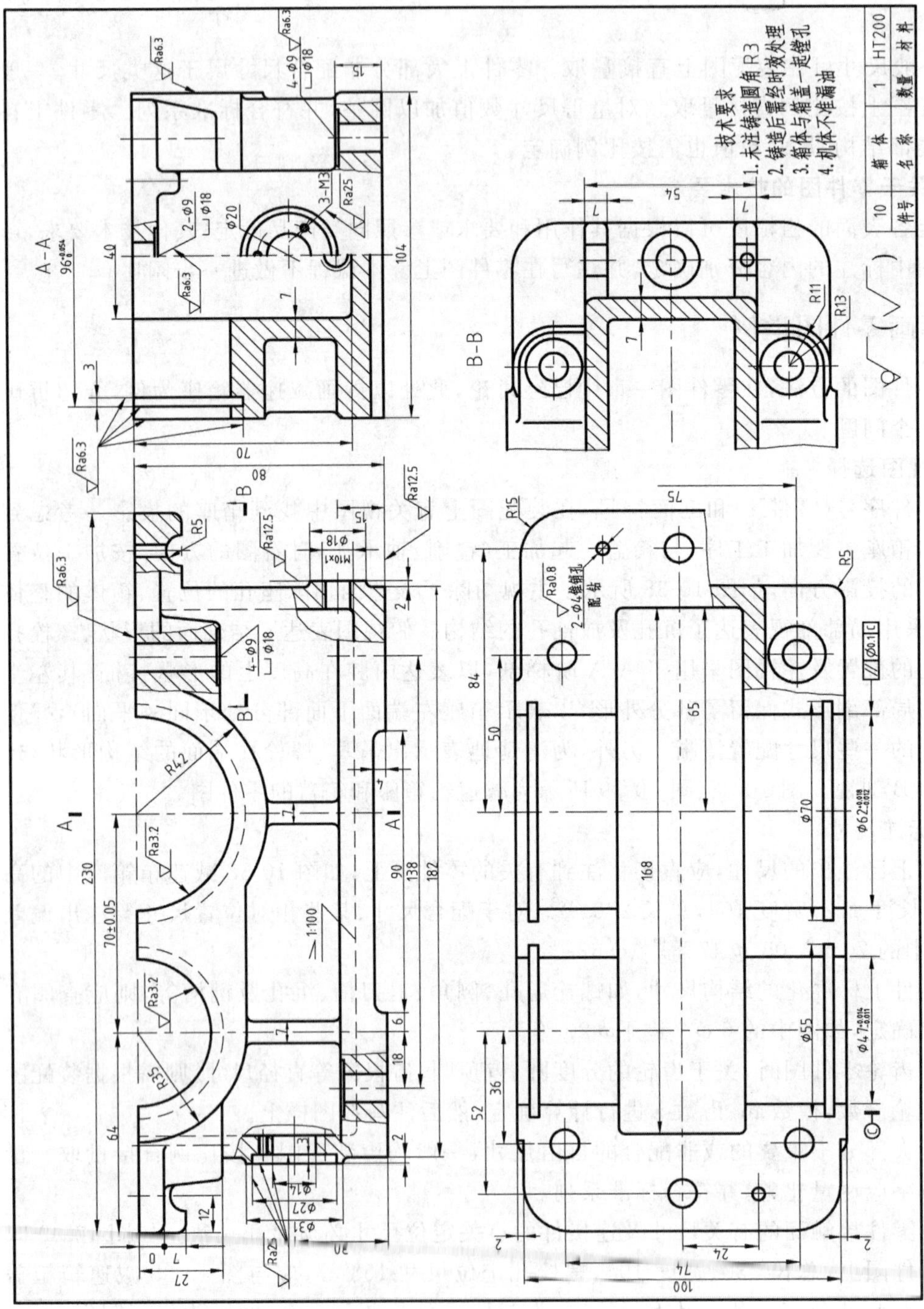

图 10-38　减速箱箱座零件图

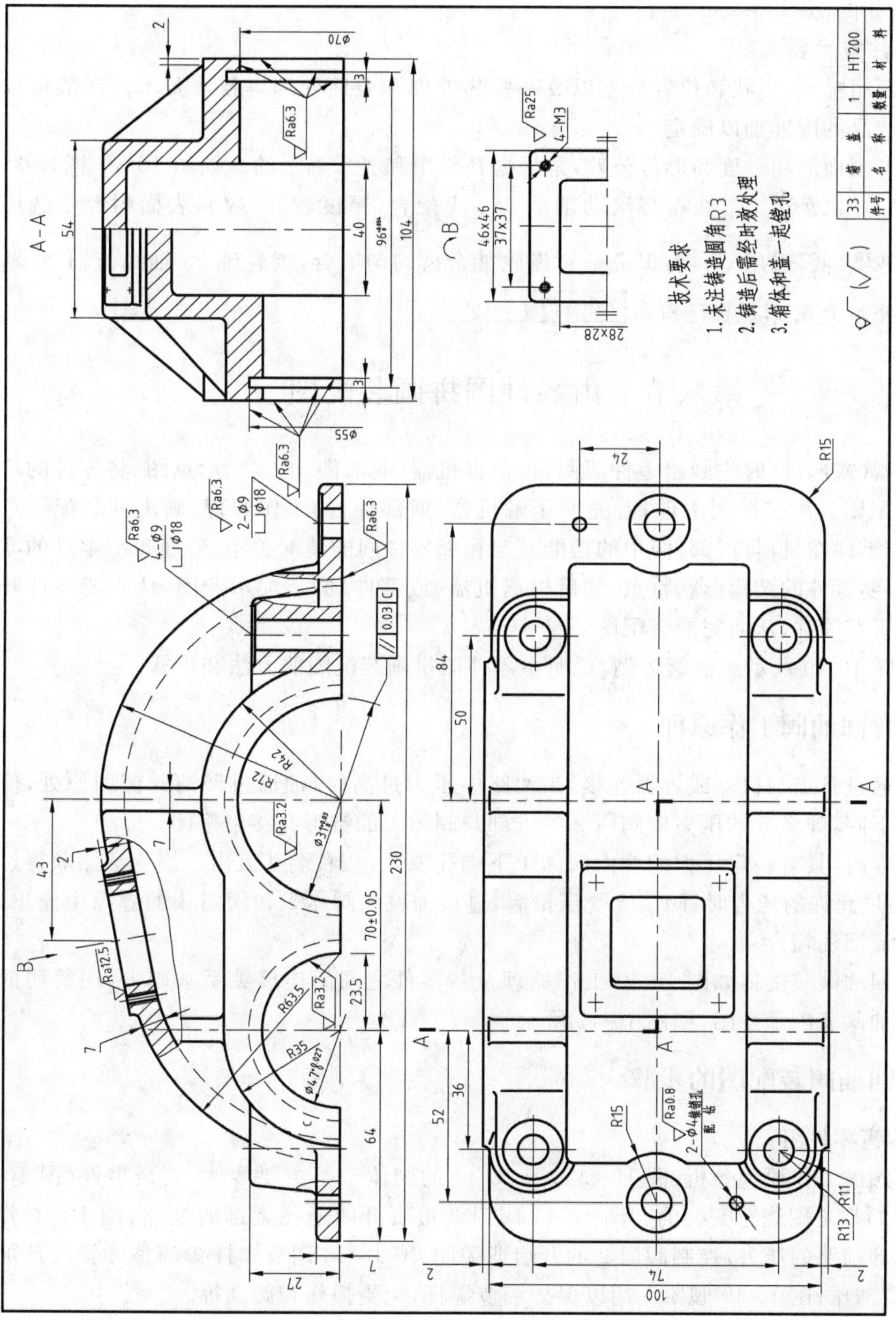

图 10-39　减速箱箱盖零件图

当有些结构需两个零件装配在一起同时加工时，则应在该两零件图上加以注明。如图10-39箱座零件图上标注的“2-ϕ3圆锥销孔装配时作”。同样，在箱盖的零件图上也需相应地同样标注，如图10-38所示。

(三) 标注技术要求

包括表面粗糙度、形状和位置公差以及一些热处理和表面处理等技术要求。一般可以参考同类型产品的图样加以确定。

零件上各表面的粗糙度和形位公差，是根据其作用和要求确定的。如图10-39、图10-38所注：孔$\phi 47^{+0.014}_{-0.011}$、$\phi 62^{+0.018}_{-0.012}$处需与滚动轴承25、31配合，精度较高，故其表面粗糙度选用$\overset{1.6}{\bigtriangledown}$。螺栓孔要求低，选用$\overset{12.5}{\bigtriangledown}$，为保证一对齿轮能全齿均匀啮合，齿轮轴23轴线与轴20轴线的平行度公差为0.1，见标注符号$\boxed{//\ |\ \phi 0.1\ |\ C}$处。

第八节　由零件图拼画装配图

测绘机器(或部件)时先画出零件草图，再依据机器(或部件)的装配示意图，将零件的草图拼画成装配图。画装配图之前，首先要了解机器(或部件)的工作原理，画出其装配示意图，了解每个零件在机器(或部件)中的功能及与相邻零件间的装配关系，看懂每个零件的零件图，掌握主要零件的结构形状特点，然后根据机器(或部件)的装配示意图，从主要零件开始逐个画出所有零件，从而完成装配图。

下面以图10-40所示回油阀为例，说明由零件图拼画装配图的方法和步骤。

一、了解回油阀工作原理

回油阀通过管道与机器或容器连接，当油路中压力过高时，油通过回油阀流回原处，使管道中压力下降，弹簧3的压力使阀门2的锥部与阀体1的锥形孔接触密闭。

正常工作时，具有一定压力的油由阀体1下端孔流入，从右端孔流出。当主油路获得过量的油 并超过允许的压力时，阀门2受压抬起，过量油就从阀体1和阀门2的缝隙中流出，从左端管道流回油箱。

在分析回油阀装配体如图10-40工作原理及各零件之间的连接关系基础上，用简明的线条画出回油阀装配示意图，如图10-41所示。

二、画回油阀装配图的步骤

(一) 读懂零件图

从回油阀的工作原理分析(图10-41)，图10-42的阀体1是主要零件，其余零件(图10-43～图10-49)都是围绕它安装的。图10-44阀门2负责开闭通往上部的油路；图10-46弹簧3根据下部油路的压力，控制阀门2的开启或关闭；图10-48调节螺杆7调整弹簧的预加压力，以限定油压；图10-49阀罩6用以保护调节螺杆，免受损伤和旋动等。

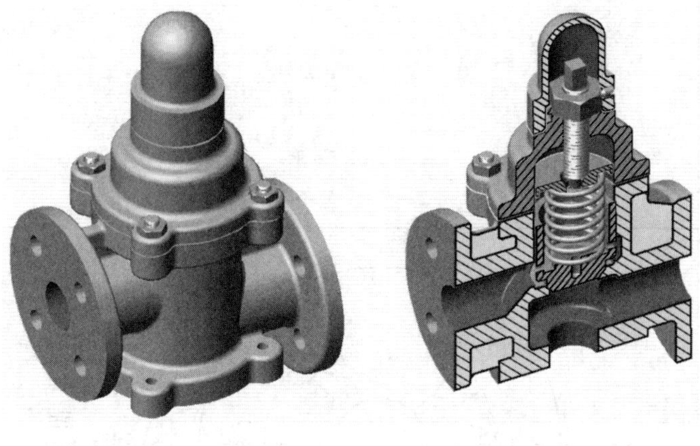

图 10-40　回油阀装配体

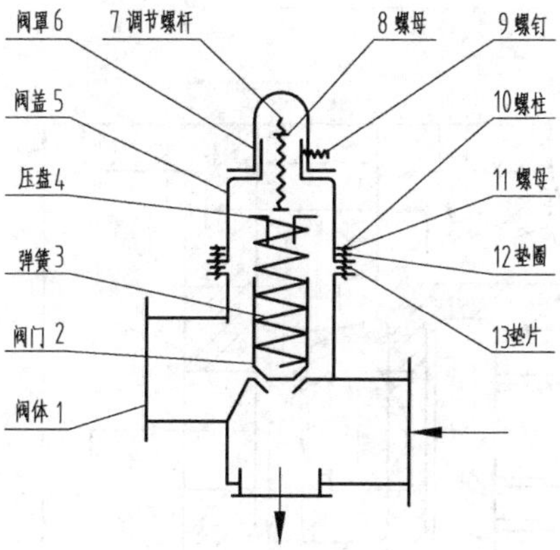

图 10-41　回油阀装配示意图

(二) 拟定表达方案、定比例、图幅

1. 选择主视图

机器(或部件)的主视图通常按工作位置画出,并能反映机器(或部件)的装配关系、工作原理和主要零件的结构特点的方向作为主视图的投影方向。如图 10-40 所示的回油阀,按图示作为主视图的投影方向,并作剖视,可清楚地表达各主要零件的结构形状、装配关系和工作原理。

2. 选择其他视图

根据确定的主视图,结合考虑反映其他局部结构和外形的视图。如图 10-40 所示,以俯视方向沿阀体和阀盖的结合面剖切(半剖),表达阀体和阀盖在俯视方向的外形,另外,再加连接法兰的局部视图和表达螺钉连接的局部放大剖视图,这样就将回油阀较完整的表达清楚了。

3. 选择图幅和比例

根据回油阀的大小,确定使用三号图纸,绘图比例为 1∶1。

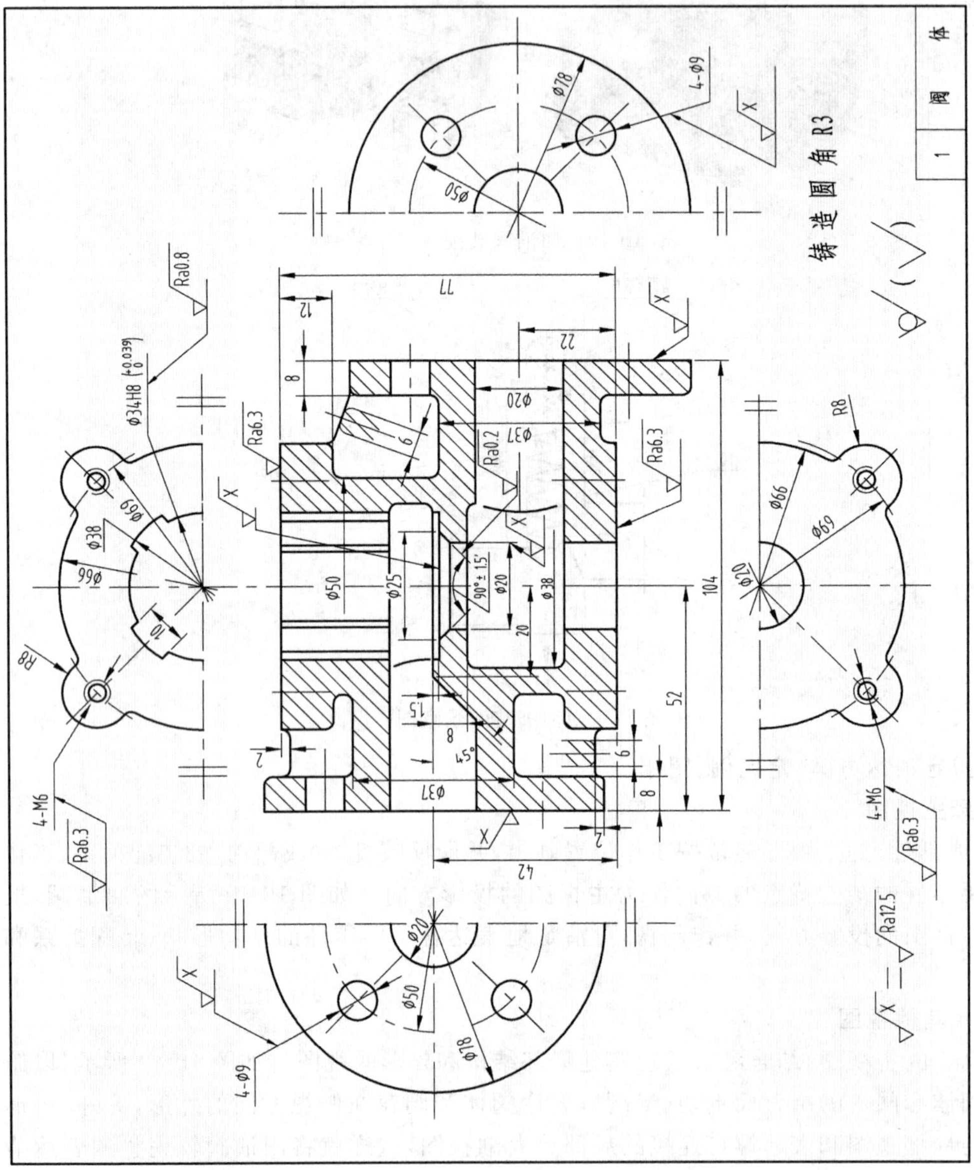

图 10-42　阀体零件图

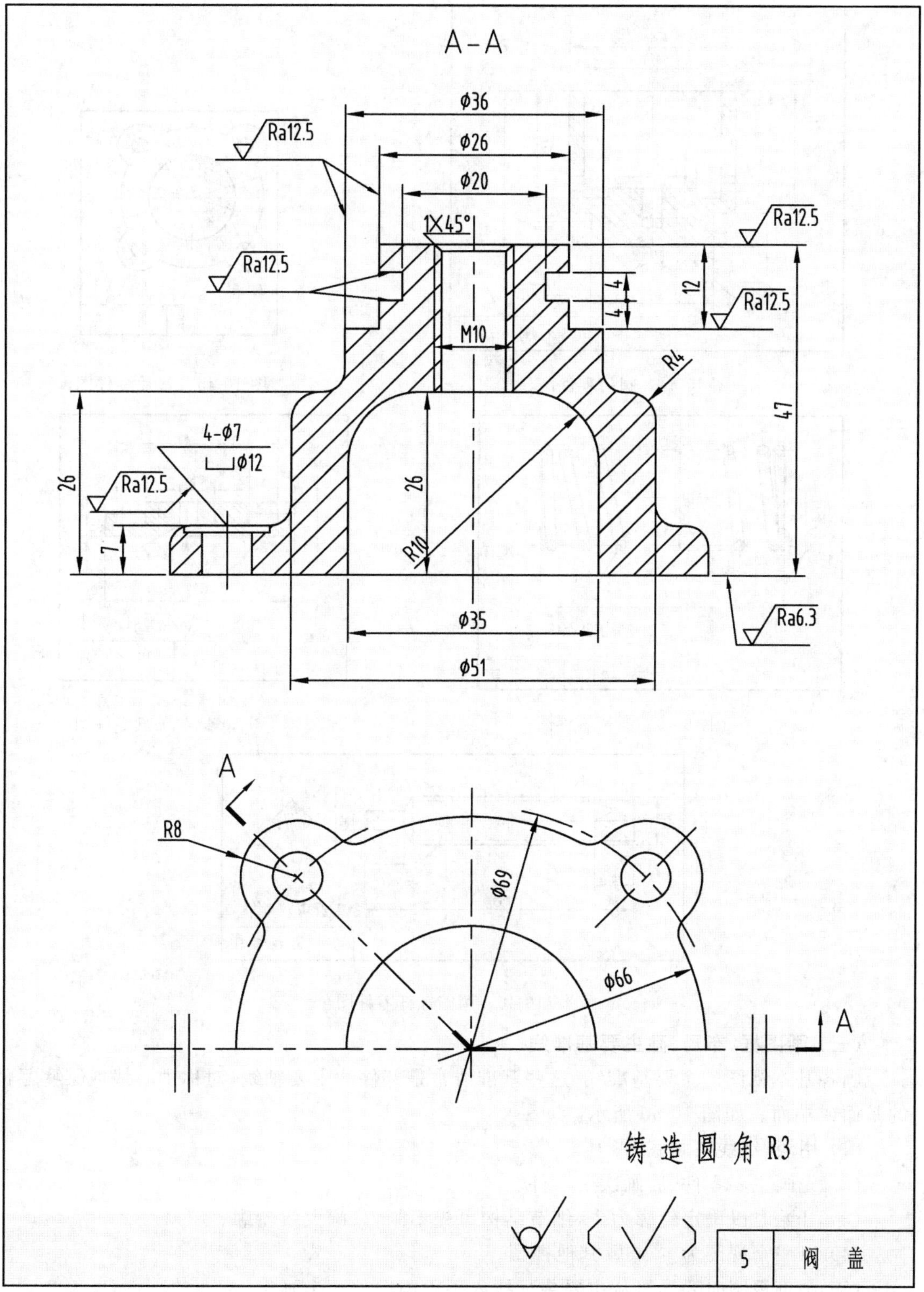
A-A
φ36
φ26
φ20
Ra12.5
1×45°
Ra12.5
Ra12.5
Ra12.5
12
4
4
M10
R4
47
26
4-φ7
⌴φ12
Ra12.5
26
7
R10
φ35
φ51
Ra6.3
A
R8
φ69
φ66
A
铸造圆角 R3
5
阀　盖

图 10-43　阀盖零件图

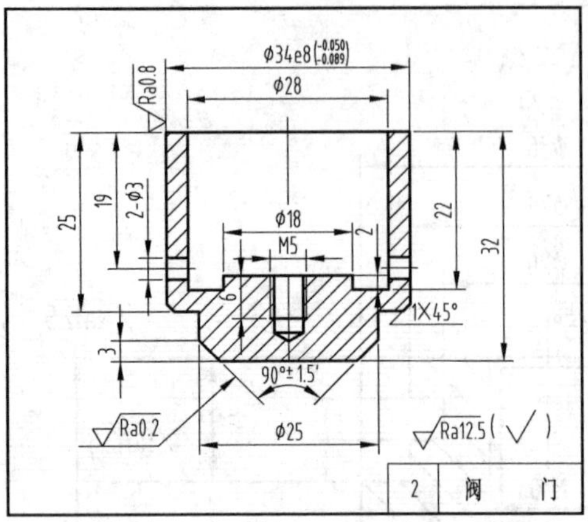

图 10-44　阀门零件图

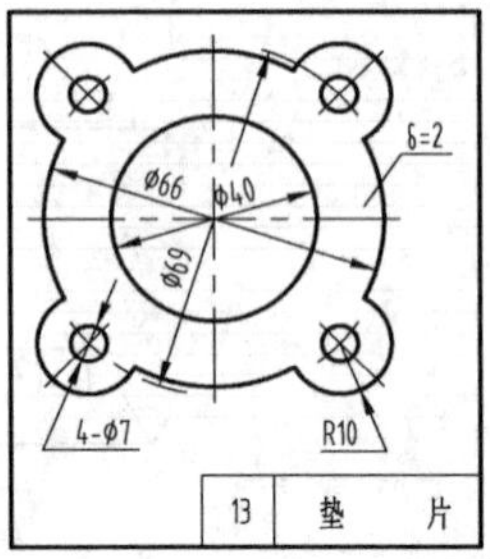

图 10-45　垫片零件图

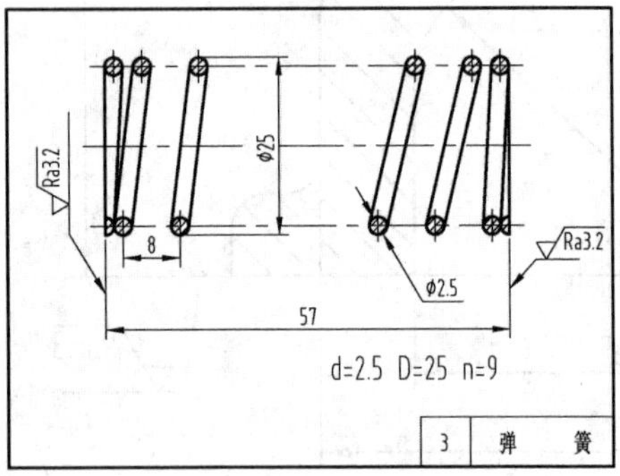

图 10-46　弹簧零件图

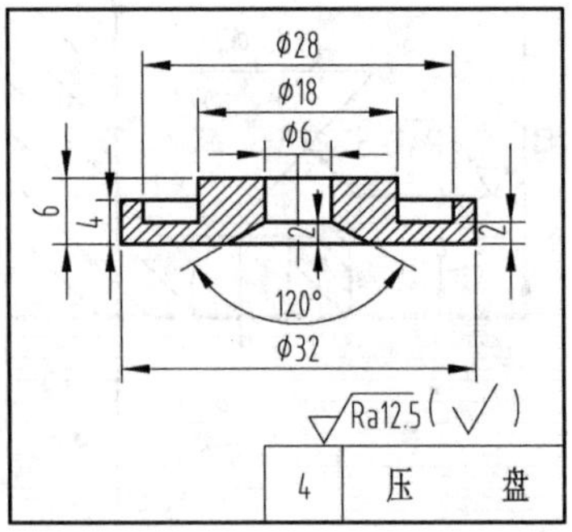

图 10-47　压盘零件图

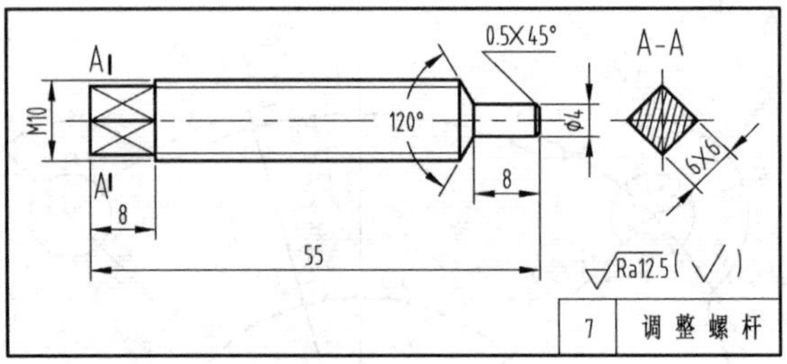

图 10-48　调整螺杆零件图

(三) 画图框、布局，画主要基准线

画各基本视图的主要基准线，这些基准线常是部件的主要轴线，对称中心线或某些零件的基面或端面。如图 10-50 所示。

(1) 用淡、细线条画底图。

(2) 先画主要零件，后画次要零件。

(3) 开始时以确定轮廓为主，细节结构可先不画，只画大致轮廓。

(4) 以一个视图为主 兼顾其他视图。

(5) 画剖视图时要尽量从主要装配线入手由内向外逐个画出。

(6) 零件上的小圆角、倒角等工艺结构可简化不画。

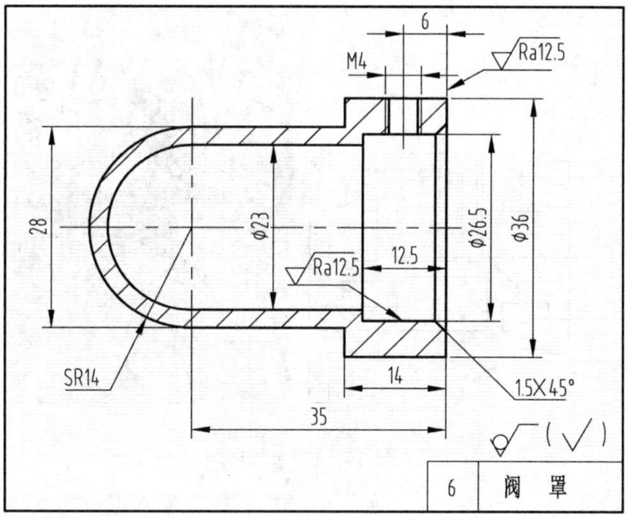

图 10-49　阀罩零件图

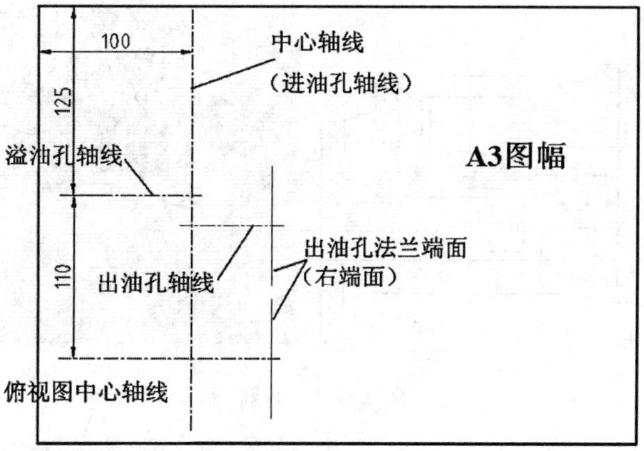

图 10-50　画主要基准线

(四) 画图

(1) 先画阀体(图 10-51)。

(2) 画阀门(图 10-52)。

(3) 画阀盖、螺杆、弹簧、压盖和螺母(图 10-53)。

(4) 画阀罩、紧定螺钉(图 10-54)。

(5) 画次要结构、细部结构。

(6) 画其他视图(图 10-55)。

(五)标注尺寸(图 10-56)

(六) 编零件号、填写明细表、标题栏和技术要求(图 10-56)

(七) 检查、描深(图 10-56)

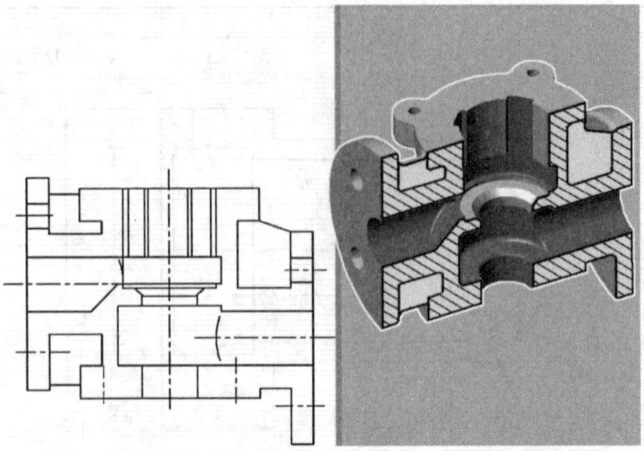

图 10-51　画阀体

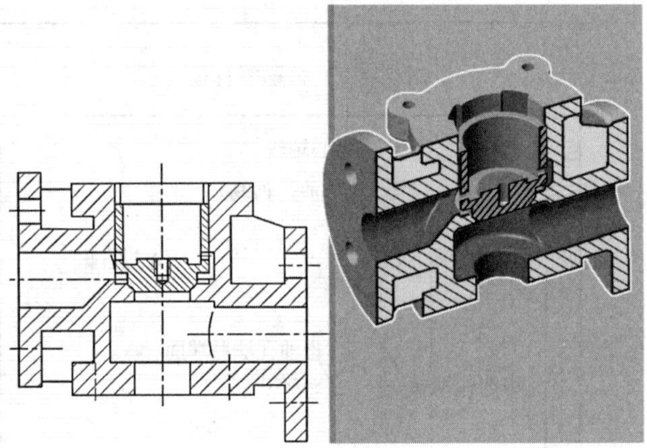

图 10-52　画阀门

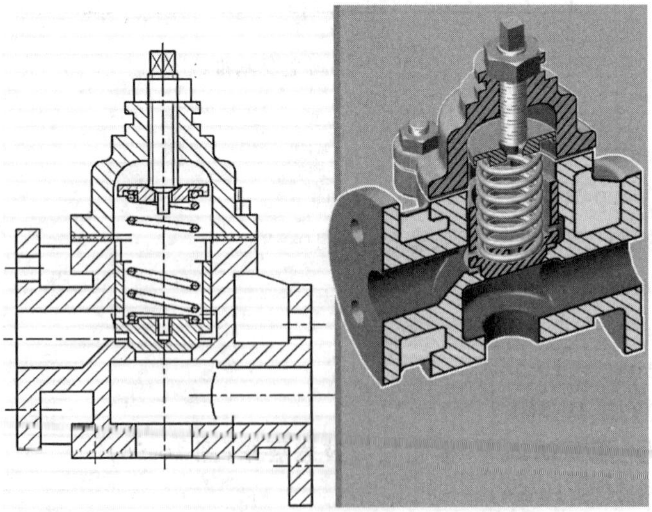

图 10-53　画阀盖　螺杆　弹簧　压盖　螺母

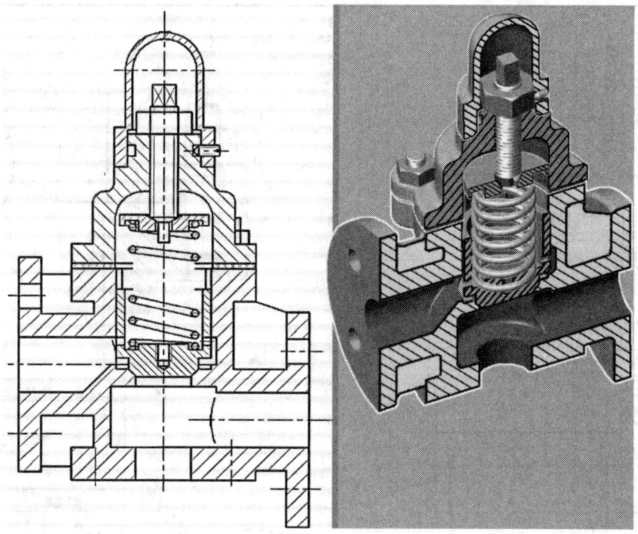

图 10-54　画阀罩、紧定螺针

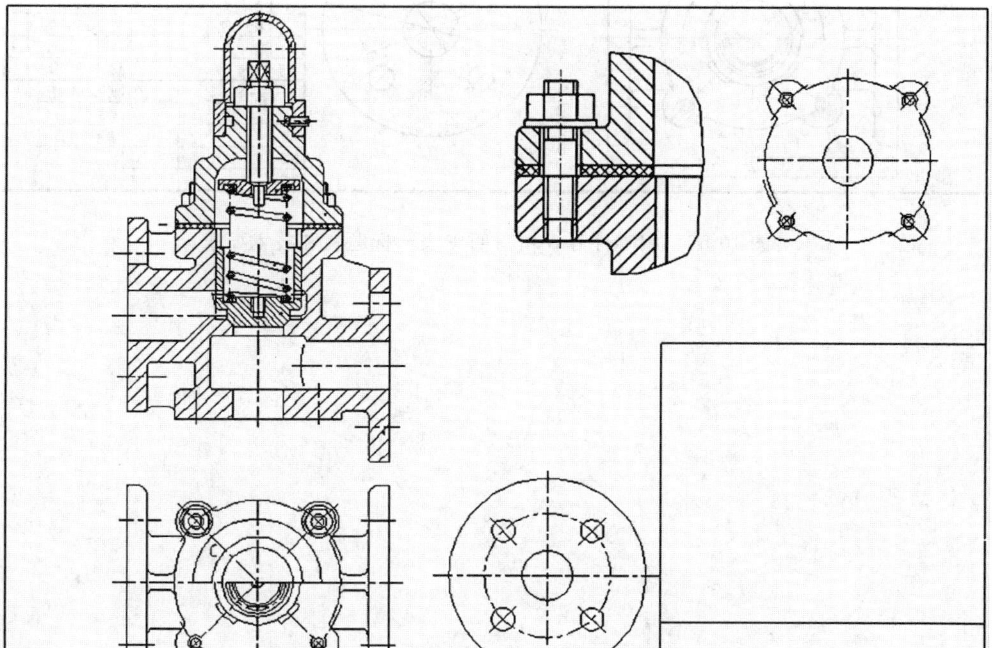

图 10-55　画其他视图

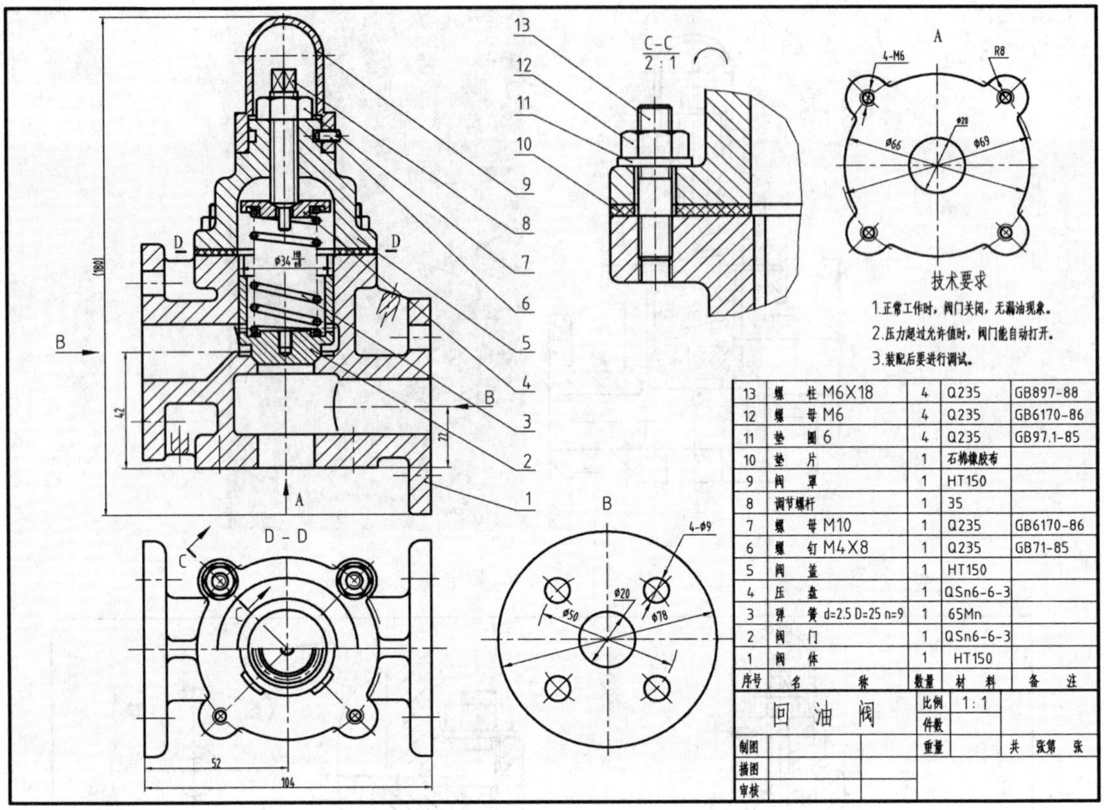

序号	名称	数量	材料	备注
13	螺柱 M6X18	4	Q235	GB897-88
12	螺母 M6	4	Q235	GB6170-86
11	垫圈 6	4	Q235	GB97.1-85
10	垫片	1	石棉橡胶布	
9	阀罩	1	HT150	
8	调节螺杆	1	35	
7	螺母 M10	1	Q235	GB6170-86
6	螺钉 M4X8	1	Q235	GB71-85
5	阀盖	1	HT150	
4	压盘	1	QSn6-6-3	
3	弹簧 d=2.5 D=25 n=9	1	65Mn	
2	阀门	1	QSn6-6-3	
1	阀体	1	HT150	

图 10-56　编零件号　填写明细表　标题栏和技术要求

第十一章　焊　接

焊接是在工业生产中广泛使用的一种连接方式，它是将需要连接的零件在连接部分利用电流或火焰产生的热量，将其加热到熔化或半熔化状态后，用压力使其连接起来；或在其间加入其他熔化状态的金属，使它们冷却后连成一体。用这种方式形成的零件称为焊接结构件。焊接是一种不可拆的连接，它具有连接可靠、节省材料、工艺简单和便于在现场操作等优点。常用的焊接方法有手工电弧焊、气焊等。

焊接形成的被连接件熔接处称为焊缝。常见的焊接接头有对接接头(图 11-1a))、搭接接头(图 11-1b))、T 形接头(图 11-1c))及角接接头(图 11-1d))等。焊缝形式主要有对接焊缝（图 11-1a))、点焊缝(图 11-1b))和角焊缝(图 11-1c)、d))等。

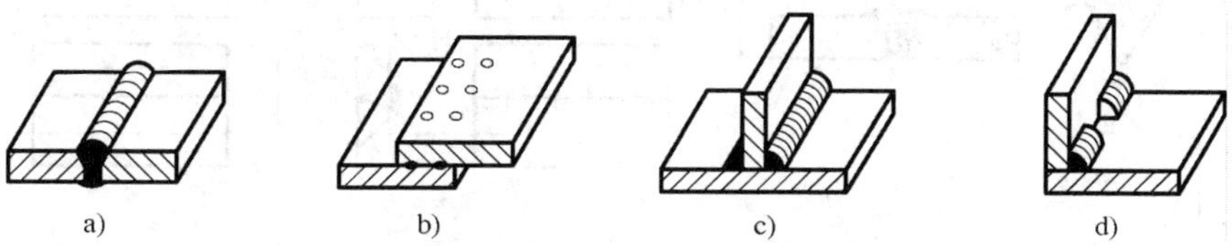

图 11-1　焊接接头和焊缝形式

第一节　焊缝符号

绘制焊接图时，为了使图样简化，一般都用焊缝符号来标注焊缝，必要时也可采用技术制图方法表示。本章介绍的焊缝符号的国家标准摘自《技术制图 焊缝符号的尺寸、比例及简化表示法》(GB/T1221-1990)和《机械制图 焊缝符号表示法》(GB/T324-1988)。焊缝符号一般由基本符号与指引线组成，必要时还可以加上辅助符号、补充符号和焊缝尺寸符号等。

一、基本符号

基本符号是表示焊缝横截面形状的符号，常用基本符号及焊缝符号表示法及标注示例见表 11-1 所示。

二、指引线

指引线一般由带有箭头的指引线(简称箭头线)和两条基准线(一条为实线，另一条为虚线)两部分组成，指引线全部为细线(图 11-2)。必要时，允许箭头线弯折一次。需要时可在基准线(实线)末端加一尾部，作其他说明之用(如焊接方法、相同焊缝数量等)。基准线的虚线可以画在基准线的实线下侧或上侧。基准线一般应与图样的底边相平行，但在特殊条件下也可与底边相垂直。

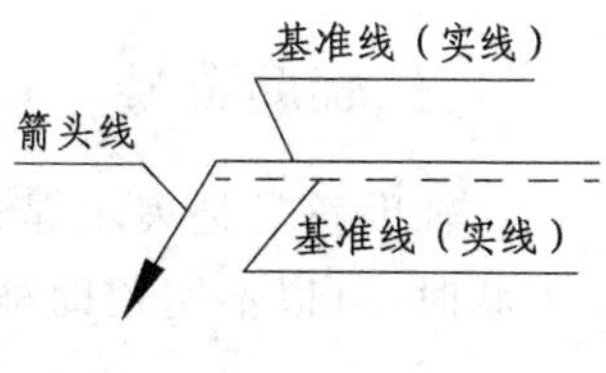

图 11-2　指引线

表 11-1　常用焊缝的基本符号及标注示例

焊缝名称	基本符号	一般图示法	符号表示法标注示例	
I 形焊缝	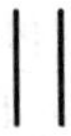		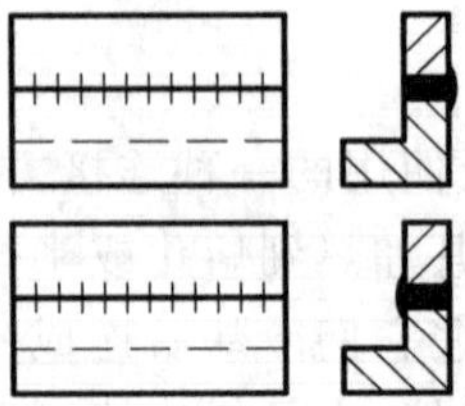	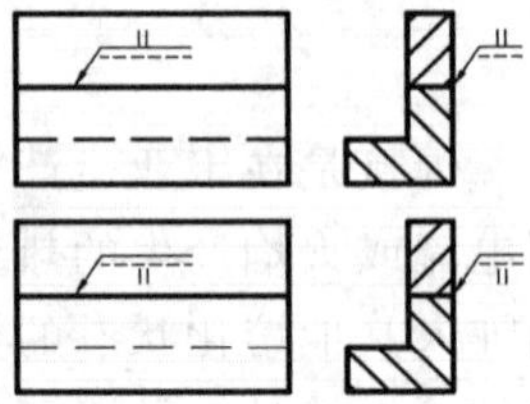
V 形焊缝			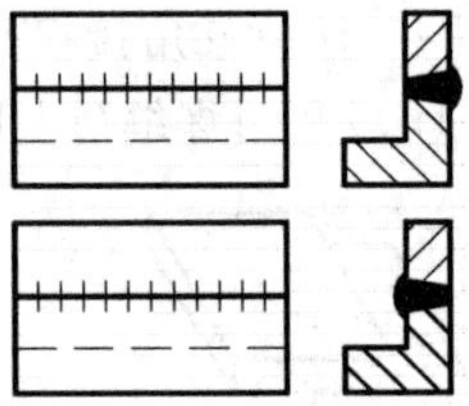	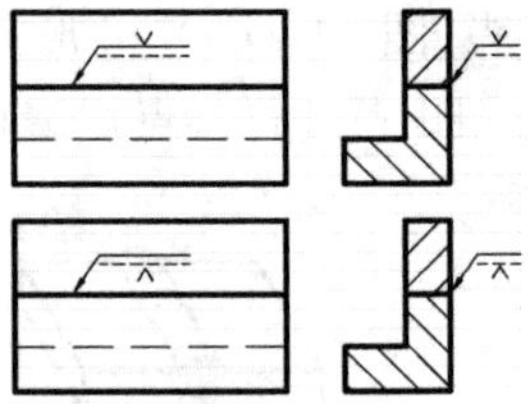
角焊缝		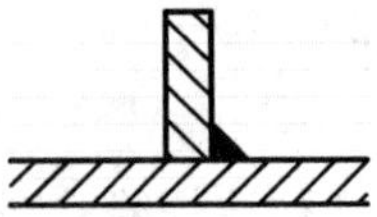	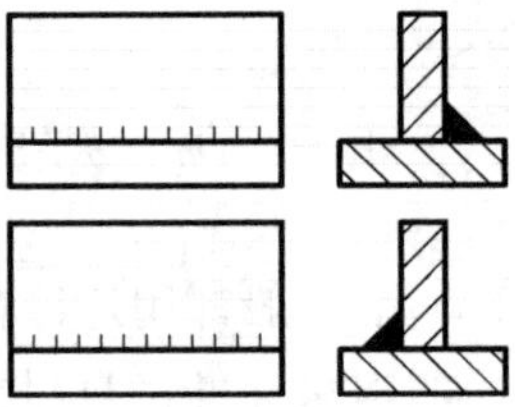	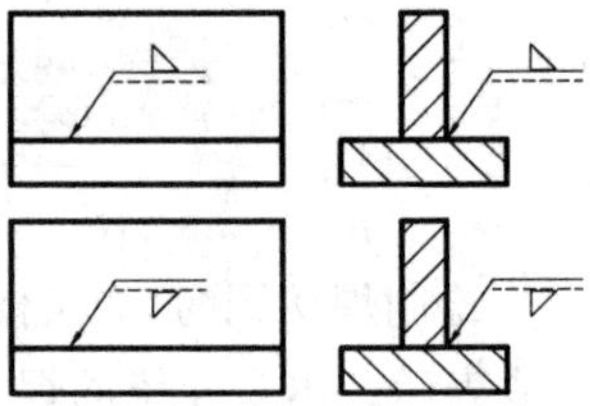
点焊缝		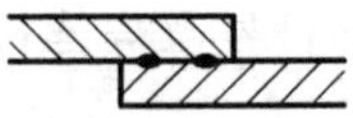	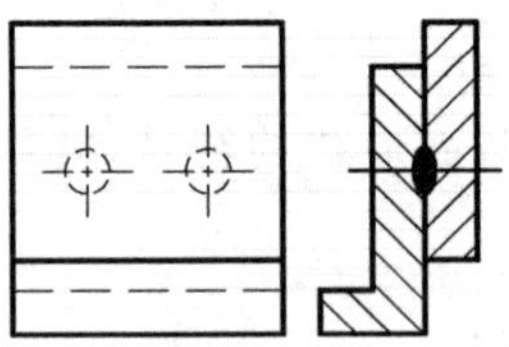	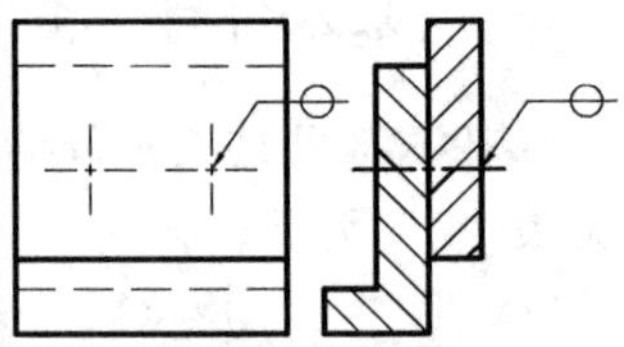

三、辅助符号

辅助符号是表示焊缝表面形状的符号，如表 11-2 所示。在不需要确切地说明焊缝表面形状时，可以不用辅助符号。

表 11-2 辅助符号及标注示例

名称	符号	符号说明	焊缝形式	标注示例及其说明
平面符号		焊缝表面齐平		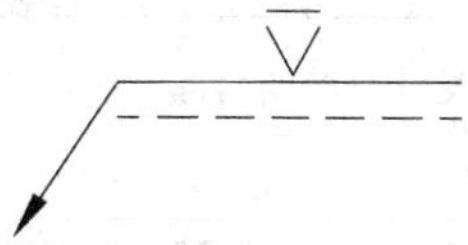
凹面符号		焊缝表面凹陷	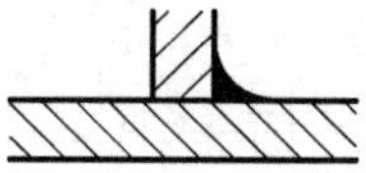	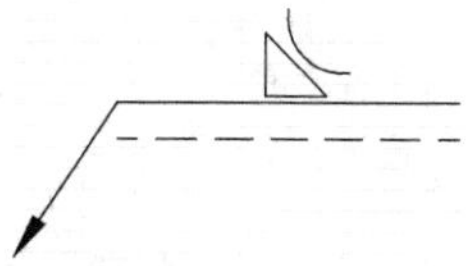
凸画符号		焊缝表面凸起		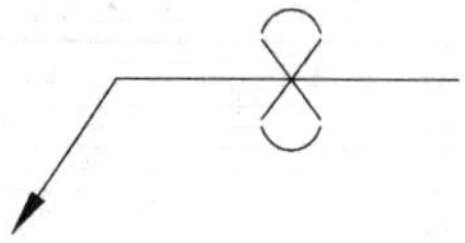

四、补充符号

补充符号是为了补充说明焊缝的某些特征而采用的符号，如表 11-3 所示。

表 11-3 补充符号及标注示例

名称	符号	符号说明	一般图示法	标注示例及其说明
带垫板符 号		表示焊缝底部有垫板		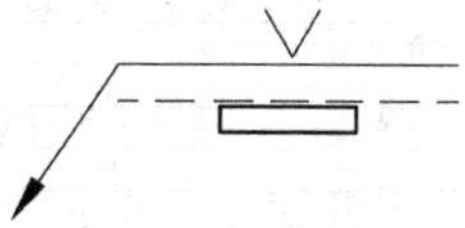
三面焊缝符号		表示三面带有焊缝，开口的方向应与焊缝开口的方向一致	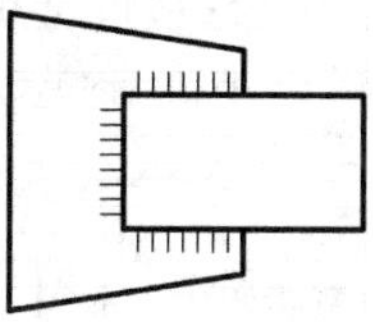	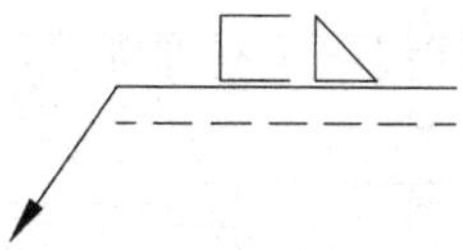
周围焊缝符号	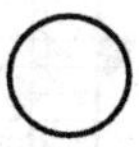	表示环绕工件周围的有焊缝	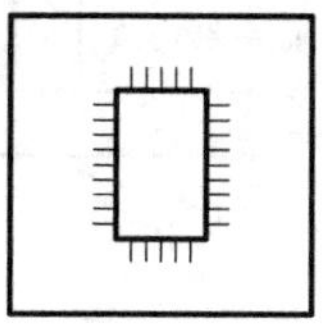	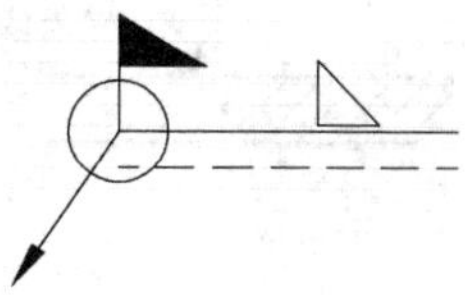
现场符号		表示在现场或工地上进行焊接		
交错断续焊接符 号		表示焊缝由一组交错断续的相同焊缝组成	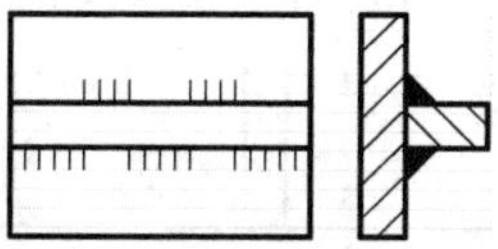	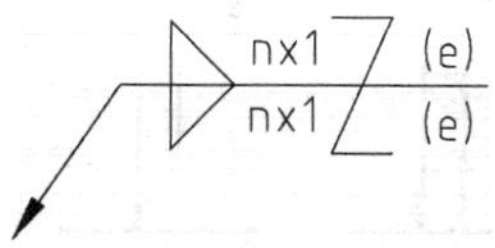

基本符号、辅助符号、补充符号的线宽应与图样中其他符号(尺寸符号、表面粗糙度符号)的线宽相同。

五、焊缝尺寸符号

如设计或生产需要，基本符号必要时可附带有尺寸符号及数据。常用的焊缝尺寸符号如表 11-4 所示。

表 11-4 常用的焊缝尺寸符号

符号	名称	示意图	符号	名称	示意图	符号	名称	示意图
δ	工件厚度	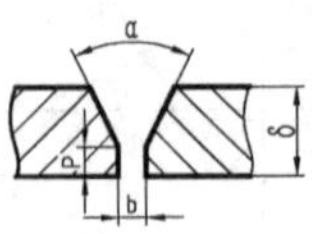	K	焊角尺寸	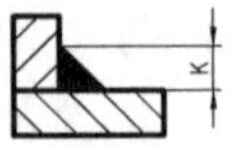	c	焊缝宽度	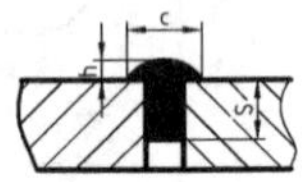
α	坡口角度		l	焊缝长度		h	余　高	
P	钝边		e	焊缝间距	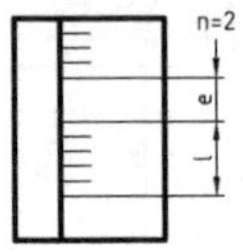	S	焊缝有效厚　度	
b	根部间隙		n	焊缝段数		H	坡口深度	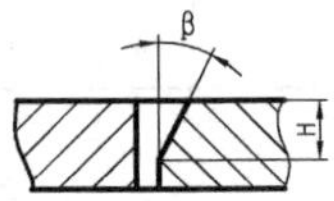
R	根部半径	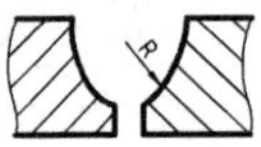	d	熔核直径	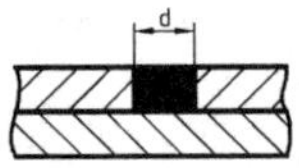	β	坡口面角　度	

第二节　焊缝标注的有关规定

一、基本符号相对基准线的位置

图 11-3 表示指引线中箭头线和接头的关系，图 11-4 表示基本符号相对基准线的位置。如果焊缝在接头的箭头侧(图 11-3a))，则将基本符号标在基准线的实线侧(图 11-4c))。如果焊缝在接头的非箭头侧(图 11-3b))，则将基本符号标在基准线的虚线侧(图 11-4b))。标对称焊缝及双面焊缝时，基准线可以不加虚线(图 11-4c)、d))。

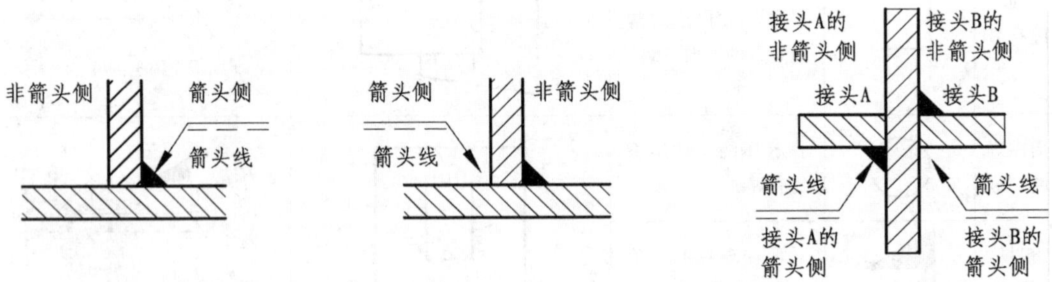

a)　　b)　　c)

图 11-3　箭头线和接头的关系

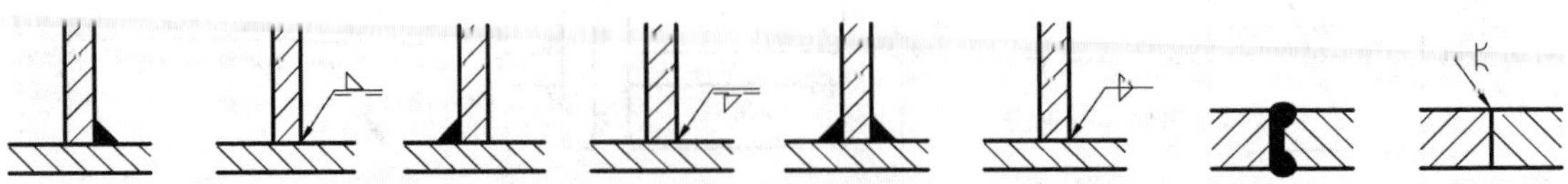

a)　　b)　　c)　　d)

图 11-4　基本符号相对基准线的位置

二、焊缝尺寸的标注位置

焊缝尺寸符号及数据的标注原则如下(图 11-5)：

(1) 焊缝横截面上的尺寸如钝边 P、坡口深度 H、焊角尺寸 K 和焊缝宽度 c 等标在基本符号的左侧。

(2) 焊缝长度方向的尺寸如焊缝长度 l、焊缝间距 e、相同焊缝段数 n 等标在基本符号的右侧。

(3) 坡口角度 α、坡口面角度 β、根部间隙 b 等尺寸标注在基本符号的上侧或下侧。

(4) 相同焊缝数量 N 标在尾部。

当需要标注的尺寸数据较多又不易分辨时，可在数据前面增加相应的尺寸符号。若在基本符号的右侧无任何标注，且又无其他说明时，意味着焊缝在工件的整个长度上是连续的。若在基本符号的左侧无任何标注，且又无其他说明时，表示对接焊缝要完全焊透。

当若干条焊缝的焊缝符号相同时，可使用公共基准线进行标注(图 11-6)。

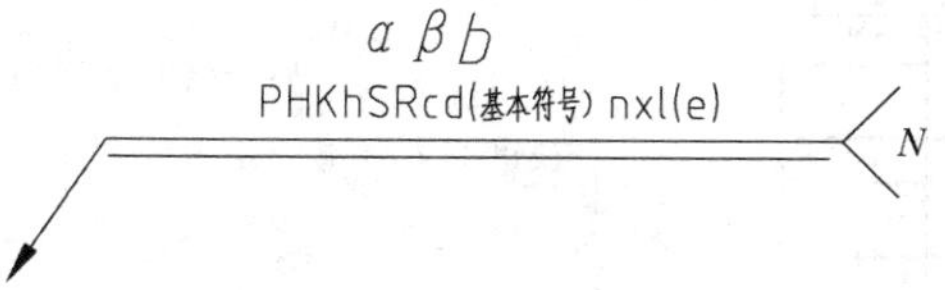

图 11-5　焊缝尺寸标注原则

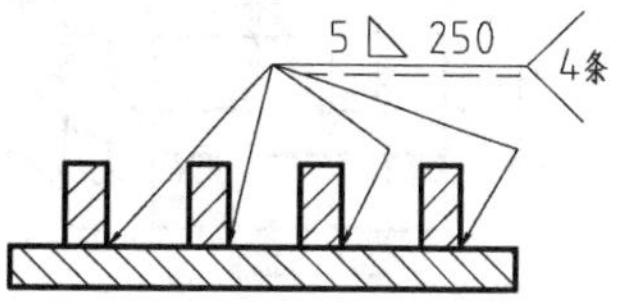

图 11-6　相同焊缝的标注

第三节　焊缝标注的示例

常见焊缝的标注示例见表 11-5。

表 11-5　常见焊缝标注示例

焊头形式	焊缝示例	标注示例	说　明
对接接头	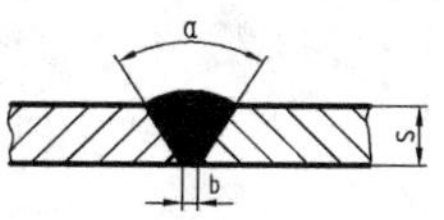	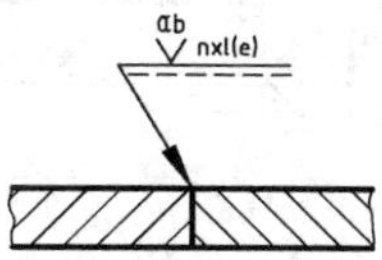	V 形焊缝，坡口角度为 α，根部间隙为 b，焊缝段数为 n，焊缝长度为 l，焊缝间距为 e
	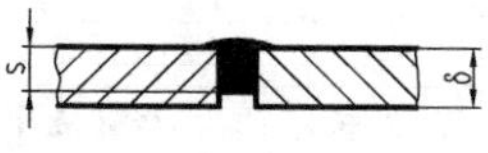	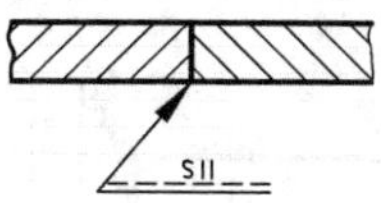	Ⅱ形焊缝，焊缝的有效焊度为 S
	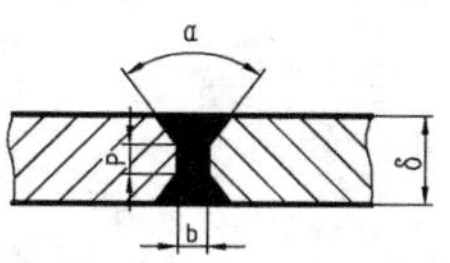	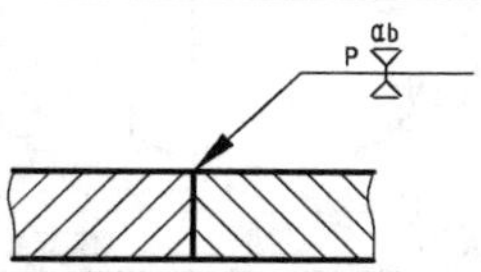	焊钝边的 X 形焊缝，钝边为 P，坡口角度为 α，根部间隙为 b，焊缝表面齐平

续表

焊头形式	焊缝示例	标注示例	说　明
T形接头	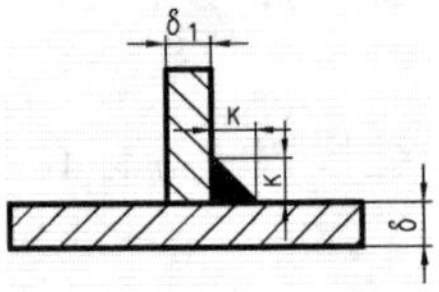	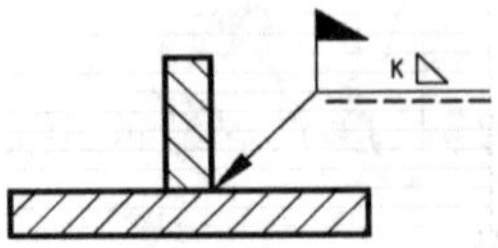	在现场装配时焊接，焊角尺寸为 K
	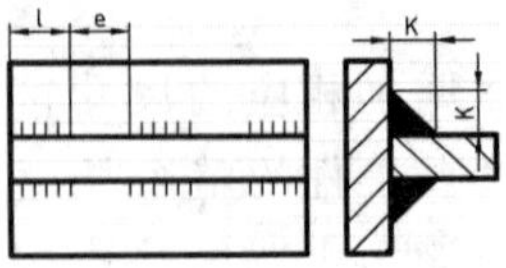	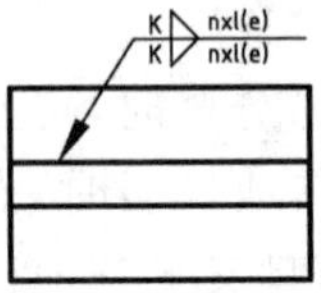	焊缝段数为 n 的双面断续链状角焊缝，焊缝长度为 l，焊缝间距为 e，焊角尺寸为 K
	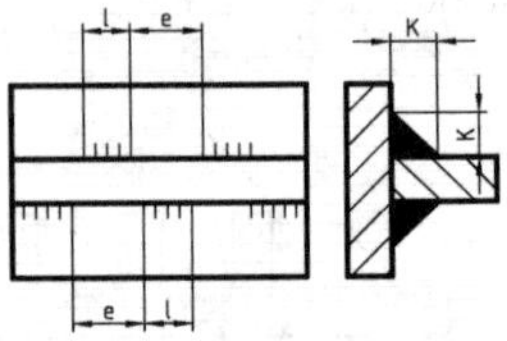	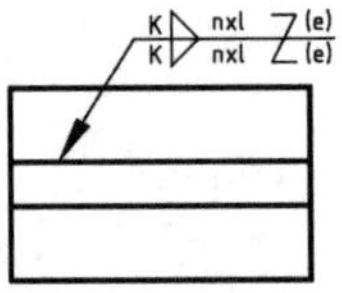	焊缝段数为 n 的交错断续角焊缝，焊缝长度为 l，焊缝间距为 e，焊角尺寸为 K
	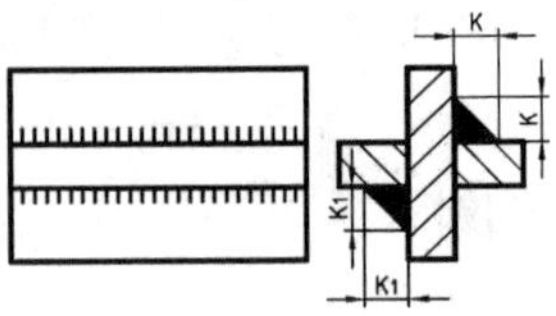	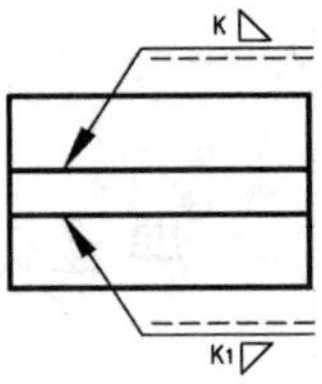	有对角的双面角焊缝，焊角尺寸为 K 和 K_1
角接接头	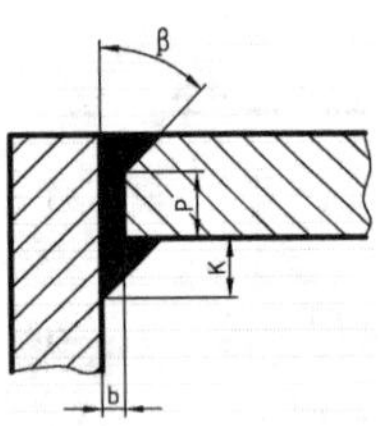	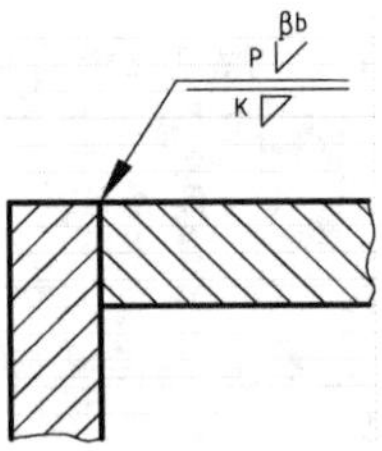	双面焊缝，上面为单边 V 形焊缝，坡口面角度为 β，钝边为 P，根部间隙为 b；下面为角焊缝，焊角尺寸为 K
搭接接头	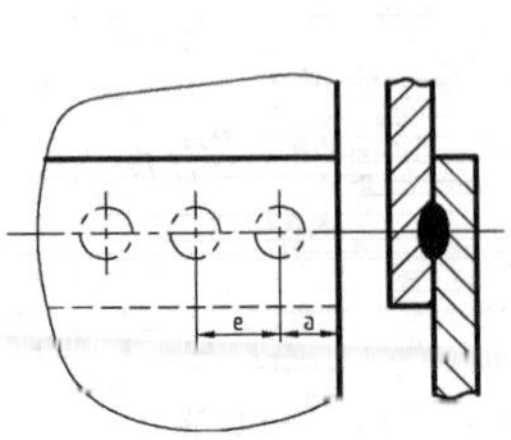	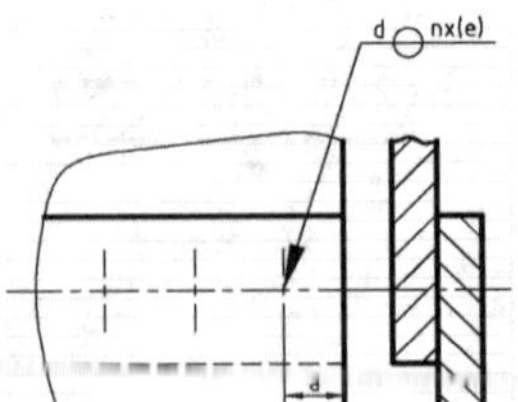	点焊、熔核直径为 d，其 n 个焊点，焊点间距为 e

图 11-7 为一焊接件实例——支座的焊接图。图中的焊缝标注表明了各构件连接处的接头形式、焊缝符号及焊缝尺寸。焊接方法在技术要求中统一说明。

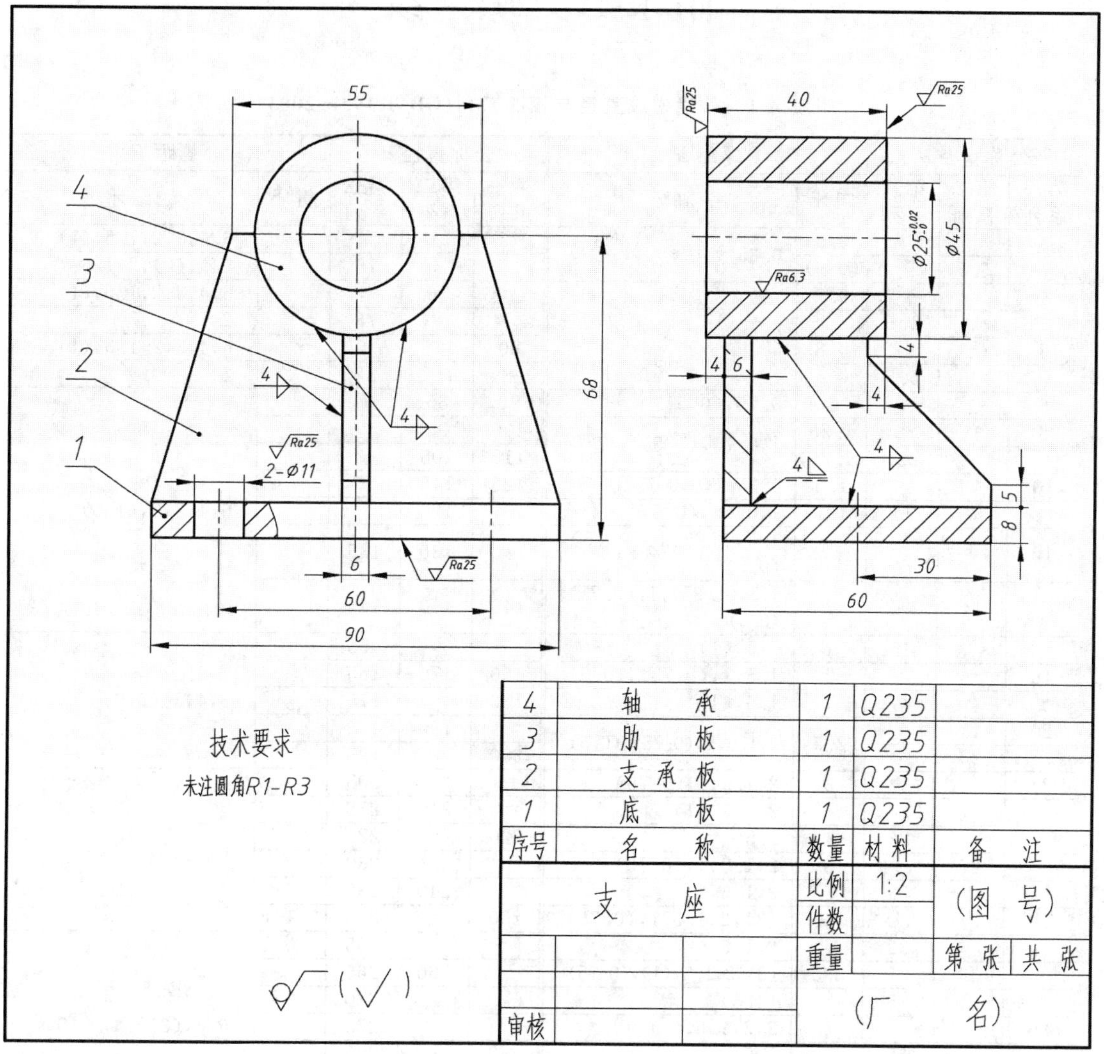

图 11-7　支座焊接图

附录A 螺 纹

附表 A-1 普通螺纹直径与螺距系列(GB/T 193—2003)

公称直径 d			螺距 P		公称直径 d			螺距 P	
第一系列	第二系列	第三系列	粗牙	细牙	第一系列	第二系列	第三系列	粗牙	细牙
3			0.5	0.35	72				6,4,3,2,1.5,(1)
	3.5		(0.6)				75		(4),(3),2,1.5
4			0.7	0.5		76			6,4,3,2,1.5,(1)
		4.5	(0.75)				78		2
5			0.8		80				6,4,3,2,1.5,(1)
		5.5					82		2
6		7	1	0.75,(0.5)	90	85			6,4,3,2,(1.5)
8			1.25	1,0.75,(0.5)	100	95			
		9	(1.25)		110	105			
10			1.5	1.25,1,0,0.75,(0.5)	125	115			
		11	(1.5)	1,0.75,(0.5)		120			
12			1.75	1.5,1.25,1,(0.75),(0.5)		130	135		
	14		2	1.5,(1.25),1,(0.75),(0.5)	140	150	145		
		15		1.5,(1)			155		6,4,3,(2)
16			2	1.5,1,(0.75),(0.5)	160	170	165		
		17		1.5,(1)	180		175		
20	18		2.5	2,1.5,1,(0.75),(0.5)		190	185		
	22				200		195		
24			3	2,1.5,1,(0.75)			205		6,4,3
		25		2,1.5,(1)		210	215		
		26		1.5	220		225		
	27		3	2,1.5,1,(0.75)			230		
		28		2,1.5,1		240	235		
30			3.5	(3),2,1.5,1,(0.75)	250		245		
		32		2,1.5			255		6,4,(3)
	33		3.5	(3),2,1.5,(1),(0.75)		260	265		
		35		(1.5)			270		
36			4	3,2,1.5,(1)			275		
		38		1.5	280		285		
	39		4	3,2,1.5,(1)			290		
		40		(3),(2),1.5		300	295		
42	45		4.5	(4),3,2,1.5,(1)			310		6,4
48			5		320		330		
		50		(3),(2),1.5		340	350		
	52		5	(4),3,2,1.5,(1)	360		370		
		55		(4),(3),2,1.5	400	380	390		
56			5.5	4,3,2,1.5,(1)		420	410		6
		58		(4),(3),2,1.5		440	430		
	60		(5.5)	4,3,2,1.5,(1)	450	460	470		
		62		(4),(3),2,1.5		480	490		
64			6	4,3,2,1.5,(1)	500	520	510		
		65		(4),(3),2,1.5	550	540	530		
	68		6	4,3,2,1.5,(1)		560	570		
		70		(6),(4),(3),2,1.5	600	580	590		

注:(1)优先选用第一系列,其次是第二系列,第三系列尽可能不用。(2)括号内尺寸尽可能不用。(3)M14×1.25仅用于火花塞。(4)M35×1.5仅用于滚动轴承锁紧螺母。

附表 A-2 用螺纹密封的管螺纹(摘自 GB/T 7306－1987)

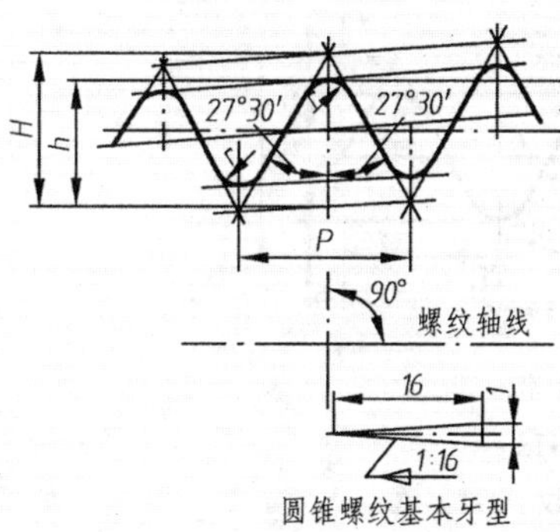

圆锥螺纹基本牙型

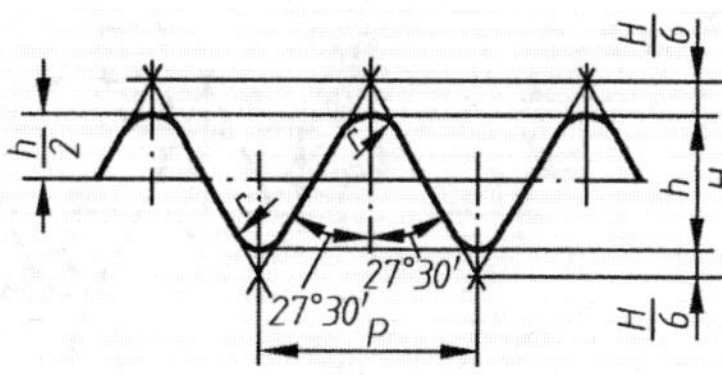

圆柱内螺纹基本牙型

标 记 示 例

1½圆锥内螺纹：R_c1½；1½圆柱内螺纹：R_p1½

1½圆锥外螺纹：$R$1½；1½圆柱外螺纹；左旋：$R$1½-LH

圆锥内螺纹与圆锥外螺纹的配合：R_c1½/$R$1½

圆柱内螺纹与圆锥外螺纹的配合：R_p1½/$R$1½

左旋圆锥内螺纹与圆锥外螺纹的配合：R_c1½/$R$1½-LH

尺寸代号	每 25.4mm 内的牙数 n	螺距 P /mm	牙高 h /mm	圆弧半径 r≈/mm	基面上的基本直径/mm			基准距离/mm	有效螺纹长度/mm
					大径(基准直径)$d=D$	中径 $d_2=D_2$	小径 $d_1=D_1$		
1/16	28	0.907	0.581	0.125	7.723	7.142	6.561	4.0	6.5
1/8	28	0.907	0.581	0.125	9.728	9.147	8.566	4.0	6.5
1/4	19	1.337	0.856	0.184	13.157	12.301	11.445	6.0	9.7
3/8	19	1.337	0.856	0.184	16.662	15.806	14.950	6.4	10.1
1/2	14	1.814	1.162	0.249	20.95	19.793	18.631	8.2	13.2
3/4	14	1.814	1.162	0.249	26.441	25.279	24.117	9.5	14.5
1	11	2.309	1.479	0.317	33.249	31.770	30.291	10.4	16.8
11/4	11	2.309	1.479	0.317	41.910	40.431	38.952	12.7	19.1
11/2	11	2.309	1.479	0.317	47.803	46.324	44.845	12.7	19.1
2	11	2.309	1.479	0.317	59.614	58.135	56.656	15.9	23.4
21/2	11	2.309	1.479	0.317	75.184	73.705	72.226	17.5	26.7
3	11	2.309	1.479	0.317	87.884	86.405	84.926	20.6	29.8
31/2①	11	2.309	1.479	0.317	100.330	98.851	97.372	22.2	31.4
4	11	2.309	1.479	0.317	113.030	111.551	110.072	25.4	35.8
5	11	2.309	1.479	0.317	138.430	136.951	135.472	28.6	40.1
6	11	2.309	1.479	0.317	163.830	162.351	160.872	28.6	40.1

① 尺寸代号为 31/2 的螺纹，限用于蒸汽机车。

附表 A-3　非螺纹密封的管螺纹(摘自 GB/T 7307—2001)

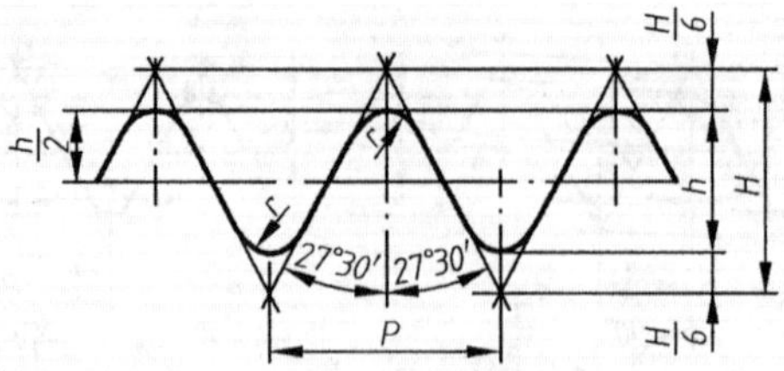

标 记 示 例

尺寸代号 1½，内螺纹：G1½

尺寸代号 1½，A 纹外螺纹：G1½A

尺寸代号 1½，B 纹外螺纹，左旋：G1½B-LH

螺纹装配标记：右旋　G1½/G1½A

左旋　G1½/G1½A-LH

尺寸代号	每 25.4mm 内的牙数 n	螺距 P /mm	牙高 h /mm	圆弧半径 $r\approx$/mm	基本直径/mm		
					大径 $d=D$	中径 $d_2=D_2$	小径 $d_1=D_1$
1/16	28	0.907	0.581	0.125	7.723	7.142	6.561
1/8	28	0.907	0.581	0.125	9.728	9.147	8.566
1/4	19	1.337	0.856	0.184	13.157	12.301	11.445
3/8	19	1.337	0.856	0.184	16.662	15.806	14.950
1/2	14	1.814	1.162	0.249	20.95	19.793	18.631
5/8	14	1.814	1.162	0.249	22.911	21.749	20.587
3/4	14	1.814	1.162	0.249	26.441	25.279	24.117
7/8	14	1.814	1.162	0.249	30.201	29.039	27.877
1	11	2.309	1.479	0.317	33.249	31.770	30.291
11/8	11	2.309	1.479	0.317	37.897	36.481	34.939
11/4	11	2.309	1.479	0.317	41.910	40.431	38.952
11/2	11	2.309	1.479	0.317	47.803	46.324	44.845
13/4	11	2.309	1.479	0.317	53.746	52.267	50.788
2	11	2.309	1.479	0.317	59.614	58.135	56.656
21/4	11	2.309	1.479	0.317	65.710	64.231	62.752
21/2	11	2.309	1.479	0.317	75.184	73.705	72.226
23/4	11	2.309	1.479	0.317	81.534	80.055	78.576
3	11	2.309	1.479	0.317	87.884	86.405	84.926
31/2	11	2.309	1.479	0.317	100.330	98.851	97.372
4	11	2.309	1.479	0.317	113.030	111.551	110.072
41/2	11	2.309	1.479	0.317	125.730	124.251	122.772
5	11	2.309	1.479	0.317	138.430	136.951	135.472
51/2	11	2.309	1.479	0.317	151.130	149.651	148.172
6	11	2.309	1.479	0.317	136.830	162.351	160.872

附表 A-4 梯形螺纹基本尺寸(摘自 GB/T 5796.3—2005)

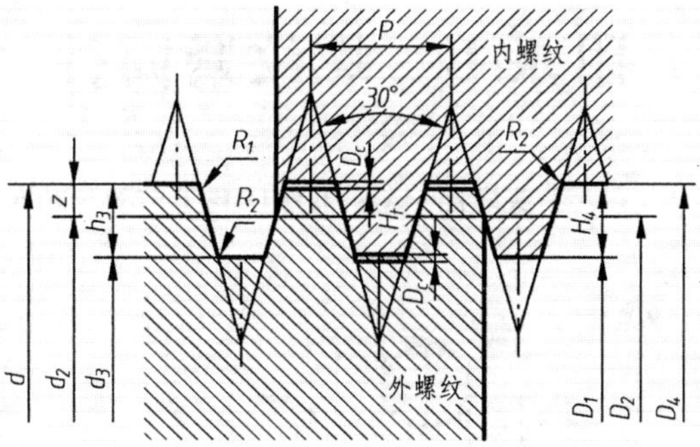

标 记 示 例

公称直径 40mm,导程 14mm,螺距为 7mm 的双线左旋梯形螺纹:

Tr40×14(P7)LH

(mm)

公称直径 d		螺距	中径	大径	小径		公称直径 d		螺距	中径	大径	小径	
第一系列	第二系列	P	$d_2=D_2$	D_4	d_3	D_1	第一系列	第二系列	P	$d_2=D_2$	D_4	d_3	D_1
8		1.5	7.25	8.30	6.20	6.50		26	3	24.50	26.50	22.50	23.00
	9	1.5	8.25	9.30	7.20	7.50			5	23.50	26.50	20.50	21.00
		2	8.00	9.50	6.50	7.00			8	22.00	27.00	17.00	18.00
10		1.5	9.25	10.30	8.20	8.50	28		3	26.50	28.50	24.50	25.00
		2	9.00	10.50	7.50	8.00			5	25.50	28.50	22.50	23.00
	11	2	10.00	11.50	8.50	9.00			8	24.00	29.00	19.00	20.00
		3	9.50	11.50	7.50	8.00		30	3	28.50	30.50	26.50	27.00
12		2	11.00	12.50	9.50	10.00			6	27.00	31.00	23.00	24.00
		3	10.50	12.50	8.50	9.00			10	25.00	31.00	19.00	20.00
	14	2	13.00	14.50	11.50	12.00	32		3	30.50	32.50	28.50	29.00
		3	12.50	14.50	10.50	11.00			6	29.00	33.00	25.00	26.00
16		2	15.00	16.50	13.50	14.00			10	27.00	33.00	21.00	22.00
		4	14.00	16.50	11.50	12.00		34	3	32.50	34.50	30.50	31.00
	18	2	17.00	18.50	15.50	16.00			6	31.00	35.00	27.00	28.00
		4	16.00	18.50	13.50	14.00			10	29.00	35.00	23.00	24.00
20		2	19.00	20.50	17.50	18.00	36		3	34.50	36.50	32.50	33.00
		4	18.00	25.50	15.50	16.00			6	33.00	37.00	29.00	30.00
	22	3	20.50	22.50	18.50	19.00			10	31.00	37.00	25.00	26.00
		5	19.50	22.50	16.50	17.00		38	3	36.50	38.50	34.50	35.00
		8	18.00	23.00	13.00	14.00			7	34.50	39.00	30.00	31.00
24		3	22.50	24.50	20.50	21.00			10	30.00	39.00	27.00	28.00
		5	21.50	24.50	18.50	19.00	40		3	38.50	40.50	36.50	37.00
		8	20.00	25.00	15.00	16.00			7	36.50	41.00	32.00	33.00
									10	35.00	41.00	29.00	30.00

附录 B 螺纹紧固件

附表 B-1 六角头螺栓—A 和 B 级(GB/T 5782－2000)摘编

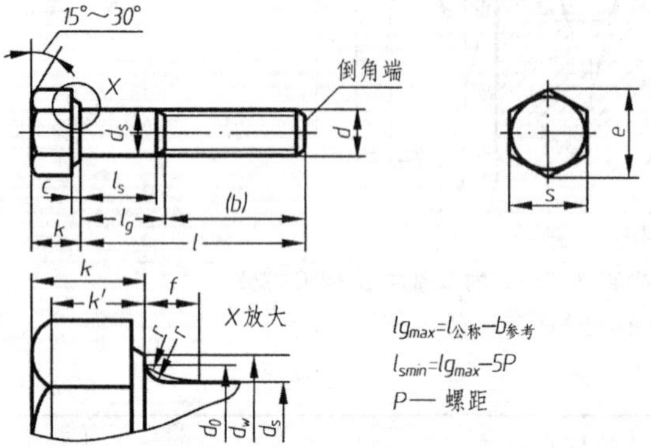

标 记 示 例

螺纹规格 d＝M12、公称长度 l＝80mm、性能等级为 8.8 级、表面氧化、A 级的六角头螺栓：

螺栓 GB 5782—86 M12×80

(mm)

螺纹规格 d				M3	M4	M5	M6	M8	M10	M12	M16	M20	M24	M30	M36	M42	M48	M56	M64
b 参考	l≤125			12	14	16	18	22	26	30	38	46	54	66	78	—	—	—	—
	125＜l≤200			—	—	—	—	28	32	36	44	52	60	72	84	96	105	124	140
	l＞200			—	—	—	—	—	—	—	57	65	73	85	97	109	121	137	153
c	min			0.15	0.15	0.15	0.15	0.15	0.15	0.15	0.2	0.2	0.2	0.2	0.2	0.3	0.3	0.3	0.3
	max			0.4	0.4	0.5	0.5	0.6	0.6	0.6	0.8	0.8	0.8	0.8	0.8	1	1	1	1
d_B	max			3.6	4.7	5.7	6.8	9.2	11.2	13.7	17.7	22.4	26.4	33.4	39.4	45.6	52.6	63	71
d_B	max			3	4	5	6	8	10	12	16	20	24	30	36	42	48	56	64
	min	产品等级	A	2.86	3.82	4.82	5.82	7.78	9.78	11.73	15.73	19.67	23.67	—	—	—	—	—	—
			B	—	—	4.70	5.70	7.64	9.64	11.57	15.57	19.48	23.48	29.48	35.38	41.38	47.38	55.26	63.26
d_w	min	产品等级	A	4.6	5.9	6.9	8.9	11.6	14.6	16.6	22.5	28.2	33.6	—	—	—	—	—	—
			B	—	—	6.7	8.7	11.4	14.4	16.4	22	27.7	33.52	42.7	51.1	60.6	69.4	78.7	88.2
e	min	产品等级	A	6.07	7.66	8.79	11.05	14.38	17.77	20.03	26.75	33.53	39.98	—	—	—	—	—	—
			B	—	—	8.63	10.89	14.20	17.59	19.85	26.17	32.95	39.55	50.85	60.79	72.02	82.6	93.56	104.86
f	max			1	1.2	1.2	1.4	2	2	3	3	4	4	6	6	8	10	12	13
k	公称			2	2.8	3.5	4	5.3	6.4	7.5	10	12.5	15	18.7	22.5	26	30	35	40
	产品等级	A	min	1.88	2.68	3.35	3.85	5.15	6.22	7.32	9.82	12.28	14.78	—	—	—	—	—	—
			max	2.12	2.92	3.65	4.15	5.45	6.58	7.68	10.18	12.72	15.22	—	—	—	—	—	—
		B	min	—	—	3.26	3.76	5.06	6.11	7.21	9.71	12.15	14.65	18.26	22.08	25.58	29.58	34.5	39.5
			max	—	—	3.74	4.24	5.54	6.69	7.79	10.29	12.85	15.35	19.12	22.92	26.42	30.42	33.5	40.5
k'	min	产品等级	A	1.3	1.9	2.3	2.7	3.6	4.4	5.1	6.9	8.6	10.3	—	—	—	—	—	—
			B	—	—	2.3	2.6	3.5	4.3	5	6.8	8.5	10.2	12.8	15.5	17.9	20.9	24.2	27.6
r	min			0.1	0.2	0.2	0.25	0.4	0.4	0.6	0.6	0.8	0.8	1	1	1.2	1.6	2	2
s	max＝公称			5.5	7	8	10	13	16	18	24	30	36	46	55	65	75	85	95
	min	产品等称	A	5.32	6.78	7.78	9.78	12.73	15.73	17.73	23.67	29.67	35.38	—	—	—	—	—	—
			B	—	—	7.64	9.64	12.57	15.57	17.57	23.16	29.16	35	45	53.8	63.8	73.1	82.8	92.8
l(商品规格范围及通用规格)				20～30	25～40	25～50	30～60	35～80	40～100	45～120	55～160	65～200	80～240	90～300	110～360	130～400	140～400	160～400	200～400
l 系列				20,25,30,35,40,45,50,55,60,(65),70,80,90,100,110,120,130,140,150,160,180,200,220,240,260,280,300,320,340,360,380,400															

注：A 和 B 为产品等级，A 级用于 d≤24 和 l≤10d 或 l≤150mm(按较小值)的螺栓；B 级用于 d＞24 或 l＞10d 或 l＞150mm(按较小值)的螺栓。尽可能不采用括号内的规格。

附表 B-2　双头螺柱

$b_m=1d$ (GB/T 897—1988)　$b_m=1.25d$ (GB/T 898—1988)

$b_m=1.5d$ (GB/T 899—1988)　$b_m=2d$ (GB/T 900—1988)摘编

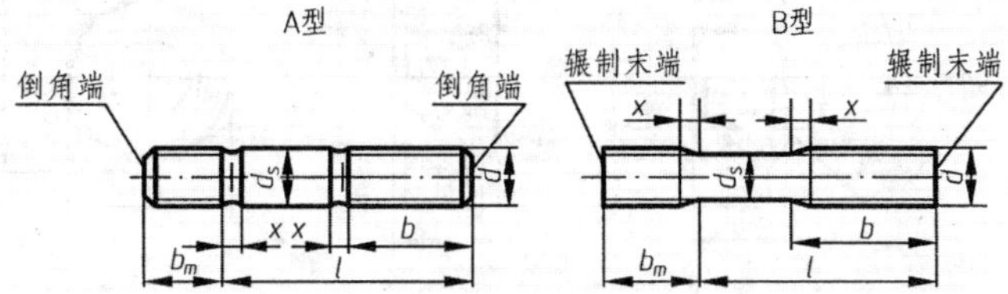

末端按 GB 2—85 的规定；d_B≈螺纹中径(仅适用于 B 型)

标 记 示 例

两端均为粗牙普通螺纹，d=10mm、l=50mm、性能等级为 4.8 级、不经表面处理、B 型、$b_m=1d$ 的双头螺柱：

螺柱　GB 897—88　M10×50

旋入机件一端为粗牙普通螺纹，旋螺母一端为螺母 P=1mm 的细牙普通螺纹，d=10mm、l=50mm、性能等级为 4.8 级、不级表面处理、A 型、$b_m=1d$ 的双头螺柱：

螺柱　GB 897—88　AM10－M10×1×50

(mm)

螺纹规格 d	b_m(公称)				l/b
	GB 897—88	GB 898—88	GB 899—88	GB 900—88	
M2			3	4	12～16/6、20～25/10
M2.5			3.5	5	16/8、20～30/11
M3			4.5	6	16～20/6、25～40/12
M4			6	8	16～20/8、25～40/14
M5	5	6	8	10	16～20/10、25～50/16
M6	6	8	10	12	20/10、25～30/14、35～70/18
M8	8	10	12	16	20/12、25～30/16、35～90/22
M10	10	12	15	20	25/14、30～35/16、40～120/26、130/32
M12	12	15	18	24	25～30/16、35～40/20、45～120/30、130～180/36
M16	16	20	24	32	30～35/20、40～50/30、60～120/38、130～200/44
M20	20	25	30	40	35～40/25、45～60/35、70～120/46、130～200/52
M24	24	30	36	48	45～50/30、60～70/45、80～120/54、130～200/60
M30	30	38	45	60	60/40、70～90/50、100～120/66、130～200/72、210～250/85
M36	36	45	54	72	70/45、80～110/60、120/78、130～200/84、210～300/97
M42	42	50	63	84	70～80/50、90～110/70、120/90、130～200/96、210～300/109
M48	48	60	72	96	80～90/60、100～110/80、120/102、130～200/108、210～300/121
l(系列)	12,16,20,25,30,35,40,45,50,60,70,80,90,100,110,120,130,140,150,160,170,180,190,200,210,220,230,240,250,260,280,300				

注：(1)尽可能不用括号内的规格。(2)GB 897—88 M24、M30 有括号(M24)、(M30)。(3)GB 898—88 (M14)、(M18)、(M22)、(M27)均无括号。

附表 B-3 1 型六角螺母—A 和 B 级(摘自 GB/T 6170—2000)

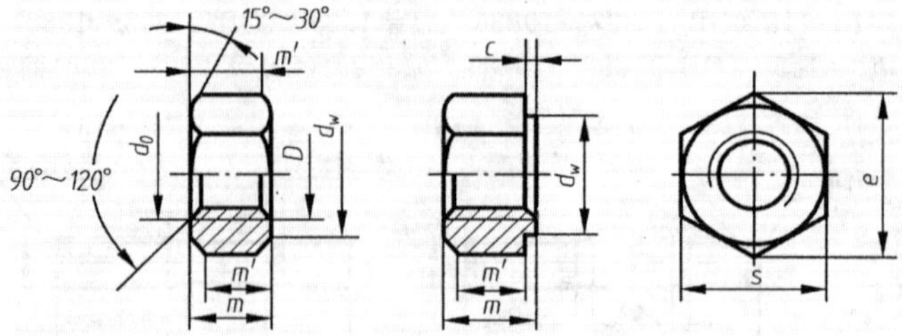

标 记 示 例

螺纹规格 D＝M12、性能等级为 10 级、不经表面处理、A 级的 1 型六角螺母：

螺母 GB 6170—86 M12

(mm)

螺纹规格 D		M1.6	M2	M2.5	M3	M4	M5	M6	M8	M10	M12
c	max	0.2	0.2	0.3	0.4	0.4	0.5	0.5	0.6	0.6	0.6
d_a	max	1.84	2.3	2.9	3.45	4.6	5.75	6.75	8.75	10.8	13
	min	1.6	2	2.5	3	4	5	6	8	10	12
d_w	min	2.4	3.1	4.1	4.6	5.9	6.9	8.9	11.6	14.6	16.6
e	min	3.41	4.32	5.45	6.01	7.66	8.79	11.05	14.38	17.77	20.03
m	max	1.3	1.6	2	2.4	3.2	4.7	5.2	6.8	8.4	10.8
	min	1.05	1.35	1.75	2.15	2.9	4.4	4.9	6.44	8.04	10.37
m′	min	0.8	1.1	1.4	1.7	2.3	3.5	3.9	5.1	6.4	8.3
m″	min	0.7	0.9	1.2	1.5	2	3.1	3.4	4.5	5.6	7.3
s	max	3.2	4	5	5.5	7	8	10	13	16	18
	min	3.02	3.82	4.82	5.32	6.78	7.78	9.78	12.73	15.73	17.73

螺纹规格 D		M16	M20	M24	M30	M36	M42	M48	M56	M64
c	max	0.8	0.8	0.8	0.8	0.8	1	1	1	1.2
d_a	max	17.3	21.6	25.9	32.4	38.9	45.4	51.8	60.5	69.1
	min	16	20	24	30	36	42	48	56	64
d_w	min	22.5	27.7	33.2	42.7	51.1	60.6	69.4	78.7	88.2
e	min	26.75	32.95	39.55	50.85	60.79	72.02	82.6	93.56	104.86
m	max	14.8	18	21.5	25.6	31	34	38	45	51
	min	41.1	16.9	20.2	24.3	29.4	32.4	36.4	43.4	49.1
m′	min	11.3	13.5	16.2	19.4	23.5	25.9	29.1	34.7	39.3
m″	min	9.9	11.8	14.1	17	20.6	22.7	25.5	30.4	34.4
s	max	24	30	36	46	55	65	75	85	95
	min	23.67	29.16	35	45	53.8	63.8	73.1	82.8	92.8

注：(1) A 级用于 D≤16 的螺母；B 级用于 D＞16 的螺母，本表仅按商品规格和通用规格列出。

(2) 螺纹规格为 M8～M64、细牙、A 级和 B 级的 1 型六角螺母，请查阅 GB 6171—86。

附表 B-4 1型六角开槽螺母—A和B级(摘自 GB/T 6178—1986)

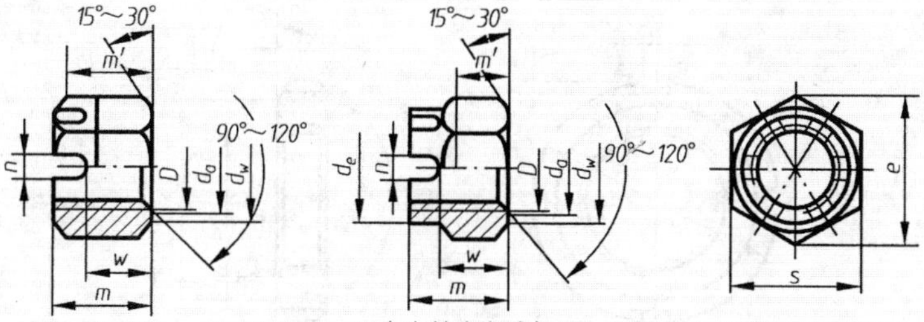

允许制造的形式

标记示例

螺纹规格 D=M5、性能等级为8级、不经表面处理、A级的1型六角开槽螺母：

螺母 GB 6178—86 M5

(mm)

螺纹规格 D		M4	M5	M6	M8	M10	M12	M16	M20	M24	M30	M36
d_a	max	4.6	5.75	6.75	8.75	10.8	13	17.3	21.6	25.9	32.4	38.9
	min	4	5	6	8	10	12	16	20	24	30	36
d_e	max	—	—	—	—	—	—	—	28	34	42	50
	min	—	—	—	—	—	—	—	27.16	33	41	49
d_w	min	5.9	6.9	8.9	11.6	14.6	16.6	22.5	27.7	33.2	42.7	51.1
e	min	7.66	8.79	11.05	14.38	17.77	20.03	26.75	32.95	39.55	50.85	60.79
m	max	5	6.7	7.7	9.8	12.4	15.8	20.8	24	29.5	34.6	40
	min	4.7	6.4	7.34	9.44	11.97	15.37	20.28	23.16	28.66	33.6	39
m'	min	2.32	3.52	3.92	5.15	6.43	8.3	11.28	13.52	16.16	19.44	23.52
n	min	1.2	1.4	2	2.5	2.8	3.5	4.5	4.5	5.5	7	7
	max	1.8	2	2.6	3.1	3.4	4.25	5.7	5.7	6.7	8.5	8.5
s	max	7	8	10	13	16	18	24	30	36	46	55
	min	6.78	7.78	9.78	12.73	15.73	17.73	23.67	29.16	35	45	53.8
w	max	3.2	4.7	5.2	6.8	8.4	10.8	14.8	18	21.5	25.6	31
	min	2.9	4.4	4.9	6.44	8.04	10.37	14.37	17.17	20.88	24.98	30.38
开口销		1×10	1.2×12	1.6×14	2×16	2.5×20	3.2×22	4×28	4×36	5×40	6.3×50	6.3×63

注：A级用于 $D \leqslant 16$ 的螺母；B级用于 $D>16$ 的螺母。螺纹规格 D=M14 的螺母尽可能不采用，本表未列入。

附表 B-5 圆螺母(GB/T 812—1988)

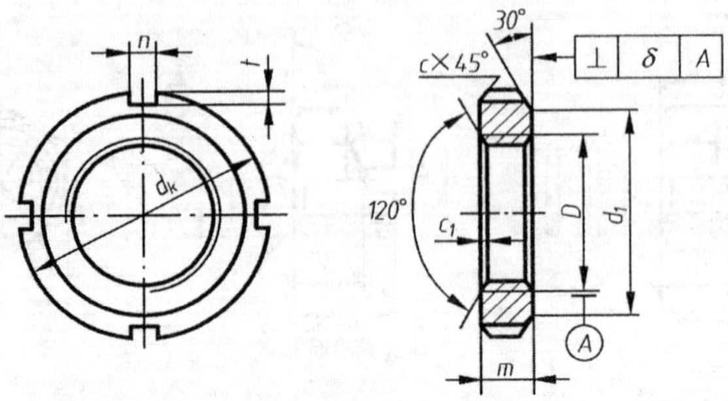

标 记 示 例

螺纹规格 D=M16×1.5、材料为45钢、槽或全部热处理后硬度35～45HRC、表面氧化的圆螺母:

螺母 GB/T 812 M16×1.5

(mm)

D	d_k	d_1	m	n min	t min	C	C_1	D	d_k	d_1	m	n min	t min	C	C_1
M10×1	22	16	8	4	2	0.5	0.5	M64×2	95	84	12	8	3.5	1.5	1
M12×1.25	25	19						M65×2*	95	84					
M14×1.5	28	20						M68×2	100	88		10	4		
M16×1.5	30	22		5	2.5			M72×2	105	93	15				
M18×1.5	32	24						M75×2*	105	93					
M20×1.5	35	27						M76×2	110	98					
M22×1.5	38	30	10			1		M80×2	115	103					
M24×1.5	42	34						M85×2	120	108					
M25×1.5*	42	34						M90×2	125	112	18	12	5		
M27×1.5	45	37						M95×2	130	117					
M30×1.5	48	40						M100×2	135	122					
M33×1.5	52	43		6	3			M105×2	140	127					
M35×1.5*	52	43						M110×2	150	135		14	6		
M36×1.5	55	46				1.5		M115×2	155	140	22				
M39×1.5	58	49						M120×2	160	145					
M40×1.5*	58	49						M125×2	165	150					
M42×1.5	62	53						M130×2	170	155					
M45×1.5	68	59						M140×2	180	165					
M48×1.5	72	61	12	8	3.5			M150×2	200	180	26	16	7		
M50×1.5*	72	61						M160×3	210	190				2	1.5
M52×1.5	78	67						M170×3	220	200					
M55×2*	78	67						M180×3	230	210	30				
M56×2	85	74					1	M190×3	240	220					
M60×2	90	79						M200×3	250	230					

注:(1) 槽数 n:当 D≤M100×2时,n=4;当 D≥M105×2时,n=6。

(2) 标有*者仅用于滚动轴承锁紧装置。

附表 B-6　小垫圈—A(GB/T 848—1985)，平垫圈—A 级(GB/T 97.1—1985)
平垫圈倒角型—A 级(GB/T 97.2—1985)、大垫圈—A 级(GB/T 96—1985)摘编

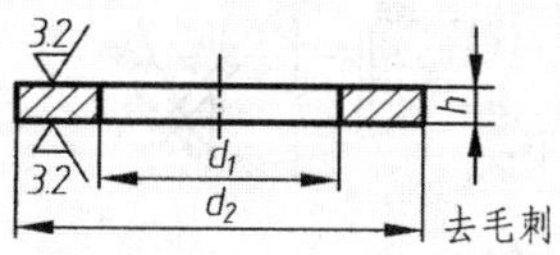

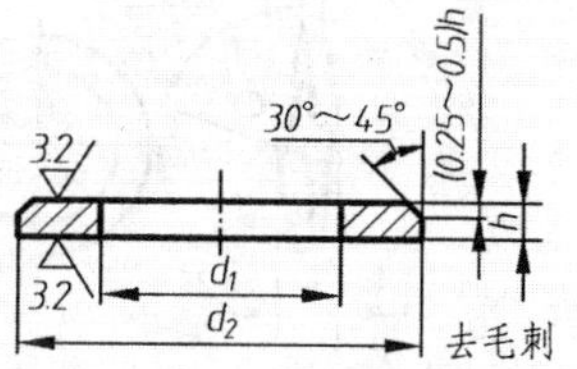

标 记 示 例

标准系列、公称尺寸 d=8mm、性能等级为 140HV 级、不经表面处理的平垫圈：

垫圈　GB 97.1—85　8—140HV

(mm)

公称尺寸（螺纹规格）d			1.6	2	2.5	3	4	5	6	8	10	12	14	16	20	24	30	36
内径 d_1	max	GB 848—85	1.84	2.34	2.84	3.38	4.48	5.48	6.62	8.62	10.77	13.27	15.27	17.27	21.33	25.33	31.33	37.62
		GB 97.1—85															31.39	
		GB 97.2—85	—	—	—	—	—											
		GB 96—85	—	—	—	3.38	4.48								22.52	26.84	34	40
	公称(min)	GB 848—85	1.7	2.2	2.7	3.2	4.3	5.3	5.4	8.4	10.5	13	15	17	21	25	31	37
		GB 97.1—85																
		GB 97.2—85	—	—	—	—												
		GB 96—85	—	—	—	3.2	4.3								22	26	33	39
外径 d_2	公称(max)	GB 848—85	3.5	4.5	5	6	8	9	11	15	18	20	24	28	34	39	50	60
		GB 97.1—85	4	5	6	7	9	10	12	16	20	24	28	30	37	44	56	66
		GB 97.2—85	—	—	—	—	—											
		GB 96—85	—	—	—	9	12	15	18	24	30	37	44	50	60	72	92	110
	min	GB 848—85	3.2	4.2	4.7	5.7	7.64	8.64	10.57	14.57	17.57	19.48	23.48	27.48	33.38	38.38	49.38	58.8
		GB 97.2—85	3.7	4.7	5.7	6.64	8.64	9.64	11.56	15.57	19.48	23.48	27.48	29.48	36.38	43.48	55.26	64.8
		GB 97.2—85	—	—	—	—	—											
		GB 96—85	—	—	—	8.64	11.57	14.57	17.57	23.48	29.48	36.38	43.38	49.38	58.1	70.1	89.8	107.8
厚度 h	公称	GB 848—85	0.3	0.3	0.5	0.5	0.5	1	1.6	1.6	1.6	2	2.5	2.5	3	4	4	5
		GB 97.1—85					0.8				2	2.5		3				
		GB 97.2—85	—	—	—	—	—											
		GB 96—85	—	—	—	0.8	1	1.2	1.6	2	2.5	3	3	3	4	5	6	8
	max	GB 848—85	0.35	0.35	0.55	0.55	0.55	1.1	1.8	1.8	1.8	2.2	2.7	2.7	3.3	4.3	4.3	5.6
		GB 97.1—85					0.9				2.2	2.7		3.3				
		GB 97.2—85	—	—	—	—	—											
		GB 96—85	—	—	—	0.9	1.1	1.4	1.8	2.2	2.7	3.3	3.3	3.3	4.6	6	7	9.2
	min	GB 848—85	0.25	0.25	0.45	0.45	0.45	0.9	1.4	1.4	1.4	1.8	2.3	2.3	2.7	3.7	3.7	4.4
		GB 97.1—85					0.7				1.8	2.3		2.7				
		GB 97.2—85	—	—	—	—	—											
		GB 96—85	—	—	—	0.7	0.9	1.0	1.4	1.8	2.3	2.7	2.7	2.7	3.4	4	5	6.8

附表 B-7　标准型弹簧垫圈(GB/T 93－1987)、轻型弹簧垫圈(GB/T 859－1987)摘编

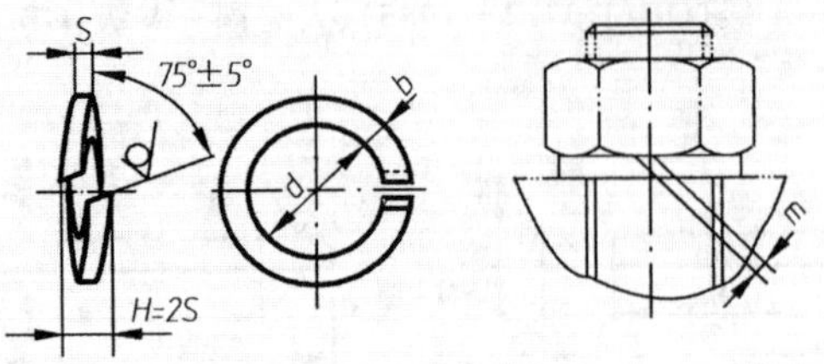

标 记 示 例

规格 16mm、材料为 65Mn、表面氧化的标准型弹簧垫圈：

垫圈　GB 97—87　16

规格 16mm、材料为 65Mn、表面氧化的轻型弹簧垫圈：

垫圈　GB 859—87　16

(mm)

规格(螺纹大径)			2	2.5	3	4	5	6	8	10	12	16	20	24	30	36	42	48
d	min		2.1	2.6	3.1	4.1	5.1	6.1	8.1	10.2	12.2	16.2	20.2	24.5	30.5	36.5	42.5	48.5
	max		2.35	2.85	3.4	4.4	5.4	6.68	8.68	10.9	12.9	16.9	21.04	25.5	31.5	37.7	43.7	49.7
s(*b*) 公称	GB 93—87		0.5	0.65	0.8	1.1	1.3	1.6	2.1	2.6	3.1	4.1	5	6	7.5	9	10.5	12
s 公称	GB 859—87		—	—	0.6	0.8	1.1	1.3	1.6	2	2.5	3.2	4	5	6	—	—	—
b 公称	GB 859—87		—	—	1	1.2	1.5	2	2.5	3	3.5	4.5	5.5	7	9	—	—	—
H	GB 93—87	min	1	1.3	1.6	2.2	2.6	3.2	4.2	5.2	6.2	8.2	10	12	15	18	21	24
		max	1.25	1.63	2	2.75	3.25	4	5.25	6.5	7.75	10.25	12.5	15	18.75	22.5	26.25	30
	GB 859—87	min	—	—	1.2	1.6	2.2	2.6	3.2	4	5	6.4	8	10	12	—	—	—
		max	—	—	1.5	2	2.75	3.25	4	5	6.25	8	10	10.2	15	—	—	—
m≤	GB 93—87		0.25	0.33	0.4	0.55	0.65	0.8	1.05	1.3	1.55	2.05	2.5	3	3.75	4.5	5.25	6
	GB 859—87		—	—	0.3	0.4	0.55	0.65	0.8	1	1.25	1.6	2	2.5	3	—	—	—

注：*m* 应大于零。

附表 B-8 圆螺母用止动垫圈(GB/T 858—1988)

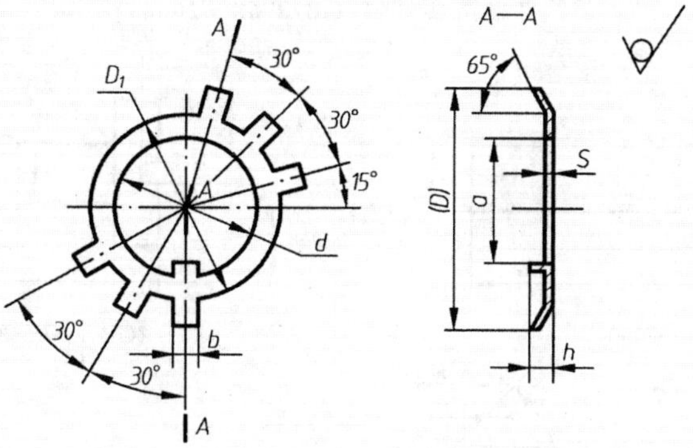

标 记 示 例

规格16mm、材料为Q215、经退火、表面氧化的圆螺母用止动垫圈:

垫圈 GB/T 858—16

(mm)

规格(螺纹大径)	d	(D)(参考)	D_1	S	b	a	h	轴端 b_1	轴端 t	规格(螺纹大径)	d	(D)(参考)	D_1	S	b	a	h	轴端 b_1	轴端 t
14	14.5	32	20	1	3.8	11	3	4	10	55*	56	82	67	1.5	7.7	52	6	8	—
16	16.5	34	22		4.8	13		5	12	56	57	90	74			53			52
18	18.5	35	24			15	4		14	60	61	94	79			57			56
20	20.5	38	27			17			16	64	65	100	84			61			60
22	22.5	42	30			19			18	65*	66	100	84			62			—
24	24.5	45	34			21			20	68	69	105	88		9.6	65		10	64
25*	25.5	45	34			22			—	72	73	110	93			69	7		68
27	27.5	48	37			24	5		23	75*	76	110	93			71			—
30	30.5	52	40			27			26	76	77	115	98			72			70
33	33.5	56	43	1.5	5.7	30		6	29	80	81	120	103			76			74
35*	35.5	56	43			32			—	85	86	125	108			81			79
36	36.5	60	46			33			32	90	91	130	112	2	11.6	86		12	84
39	39.5	62	49			36			35	95	96	135	117			91			89
40*	40.5	62	49			37			—	100	101	140	122			96			94
42	42.5	66	53			39			38	105	106	145	127			101			99
45	45.5	72	59			42			41	110	111	156	135		13.5	106		14	104
48	48.5	76	61		7.7	45		8	44	115	116	160	140			111			109
50*	50.5	76	61			47	6		—	120	121	166	145			116			114
52	52.5	82	67			49			48	125	126	170	150			121			119

注:标有*仅用于滚动轴承锁紧装置。

附表 B-9　开槽圆柱头螺钉(GB/T 65—2000)、开槽盘头螺钉(TB/T 67—2000)、开槽沉头螺钉(GB/T 68—2000)

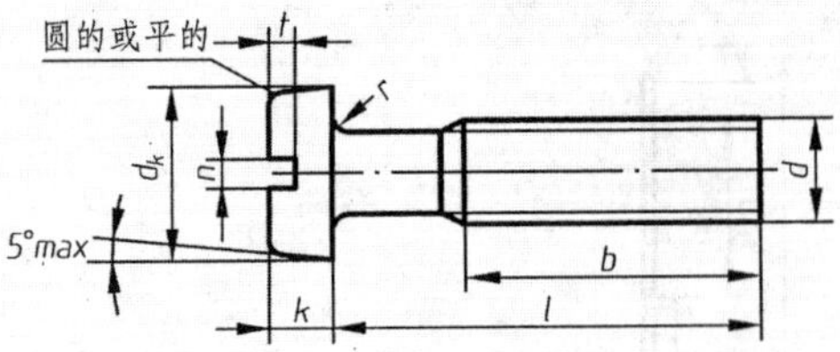

(GB/T 65—2000)

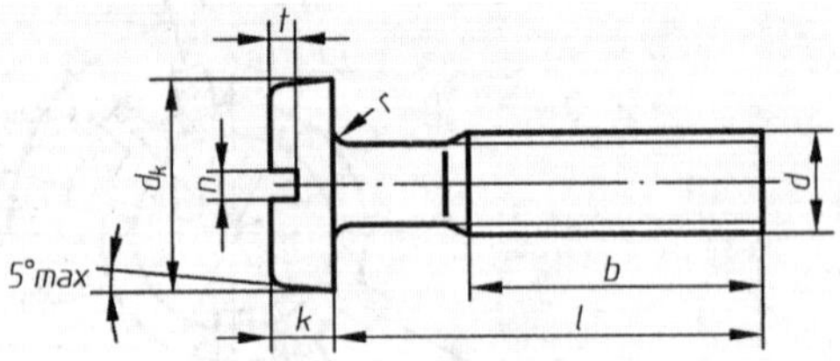

(GB/T 67—2000)

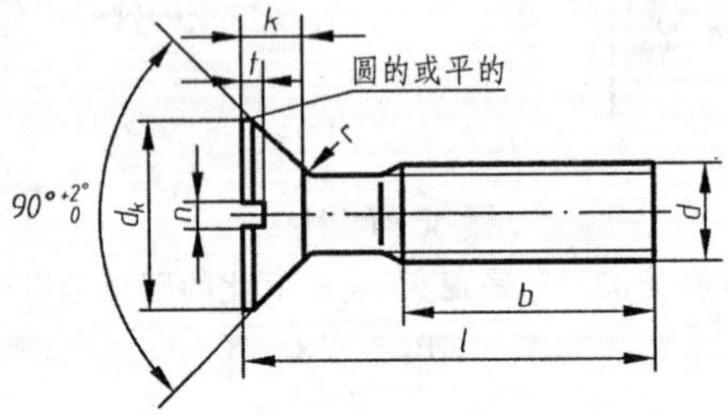

(GB/T 68—2000)

标 记 示 例

螺纹规格 d=M5、公称长度 l=20mm、性能等级为 4.8 级，不经表面处理的 A 级开槽圆柱头螺钉：

螺钉　GB/T 65　M5×20

(mm)

	螺纹规格 d	M1.6	M2	M2.5	M3	M4	M5	M6	M8	M10
GB/T 65—2000	d_k 公称=max	3	3.8	4.5	5.5	7	8.5	10	13	16
	k 公称=max	1.1	1.4	1.8	2	2.6	3.3	3.9	5	6
	t min	0.45	0.6	0.7	0.85	1.1	1.3	1.6	2	2.4
	l	2~16	3~20	3~25	4~35	5~40	6~50	8~60	10~80	12~80
	全螺纹时最大长度	全螺纹					40	40	40	40
GB/T 67—2000	d_k 公称=max	3.2	4	5	5.6	8	9.5	12	16	20
	k 公称=max	1	1.3	1.5	1.8	2.4	3	3.6	4.8	6
	t min	0.35	0.5	0.6	0.7	1	1.2	1.4	1.9	2.4
	l	2~16	2.5~20	3~25	4~30	5~40	6~50	8~60	10~80	12~80
	全螺纹时最大长度	全螺纹					40	40	40	40
GB/T 68—2000	d_k 公称=max	3	3.8	4.7	5.5	8.4	9.3	11.3	15.8	18.3
	k 公称=max	1	1.2	1.5	1.65	2.7	2.7	3.3	4.65	5
	t min	0.32	0.4	0.5	0.6	1	1.1	1.2	1.8	2
	l	2.5~16	3~20	4~25	5~30	6~40	8~50	8~60	10~80	12~80
	全螺纹时最大长度	全螺纹					45	45	45	45
	n	0.4	0.5	0.6	0.8	1.2	1.2	1.6	2	2.5
	b	25				38				
	l(系列)	2,2.5,3,4,5,6,8,10,12,(14),16,20,25,30,35,40,45,50,(55),60,(65),70,(75),80								

附表 B-10　内六角圆柱头螺钉(GB/T 70.1—2000)摘编

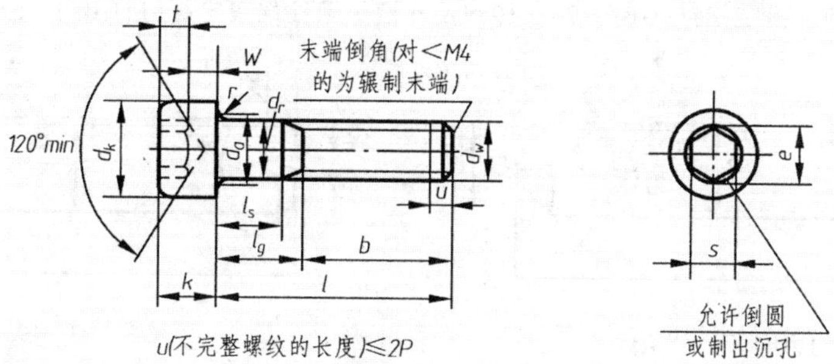

标 记 示 例

螺纹规格 d=M5、公称长度 l=20mm、性能等级为 8.8 级、表面氧化的内六角圆柱头螺钉：

螺钉　GB 70—85　M5×20

(mm)

螺纹规格 d		M3	M4	M5	M6	M8	M10	M12	M16	M20	M24
螺距 P		0.5	0.7	0.8	1	1.25	1.5	1.75	2	2.5	3
b	参考	18	20	22	24	28	32	36	44	52	60
d_k	max	5.5	7	8.5	10	13	16	18	24	30	36
	min	5.32	6.78	8.28	9.78	12.73	15.73	17.73	23.67	29.67	35.61
d_a	max	3.6	4.7	5.7	6.8	9.2	11.2	13.7	17.7	22.4	26.4
d_n	max	3	4	5	6	8	10	12	16	20	24
	min	2.86	3.82	4.82	5.82	7.78	9.78	11.73	15.73	19.67	23.67
e	min	2.87	3.44	4.58	5.72	6.86	9.15	11.43	16.00	19.44	21.73
f	max	0.51	0.60	0.60	0.68	1.02	1.02	1.87	1.87	2.04	2.04
k	max	3	4	5	6	8	10	12	16	20	24
	min	2.86	3.82	4.82	5.70	7.64	9.64	11.57	15.57	19.48	23.48
r	min	0.1	0.2	0.2	0.25	0.4	0.4	0.6	0.6	0.8	0.8
s	公称	2.5	3	4	5	6	8	10	14	17	19
	min	2.52	3.02	4.02	5.02	6.02	8.025	10.025	14.032	17.05	19.065
	max	2.56	3.08	4.095	5.095	6.095	8.115	10.115	14.142	17.23	19.275
t	min	1.3	2	2.5	3	4	5	6	8	10	12
u	max	0.3	0.4	0.5	0.6	0.8	1	1.2	1.6	2	2.4
d_w	min	5.07	6.53	8.03	9.38	12.33	15.33	17.23	23.17	28.87	34.81
W	min	1.15	1.4	1.9	2.3	3.3	4	4.8	6.8	8.6	10.4
l(商品规格范围公称长度)		5~30	6~40	8~50	10~60	12~80	16~100	20~120	25~160	30~200	40~200
l≤表中数值时，制出全螺纹		20	25	25	30	35	40	45	55	65	80
l(系列)		5,6,8,10,12,(14),(16),20,25,30,35,40,45,50,(55),60,(65),70,80,90,100,110,120,130,140,150,160,180,200									

注：(1) l_{gmax}(夹紧长度)$=l_{公称}-b_{参考}$；l_{gmin}(无螺纹杆部长)$=l_{gmax}-5P$。

(2) 尽可能不采用括号内的规格。

附表 B-11　开槽锥端紧定螺钉(GB/T 71—1985)、开槽平端紧定螺钉(GB/T 73—1985)、开槽凹端紧定螺钉(GB/T 74—1985)、开槽长圆柱端紧定螺钉(GB/T 75—1985)

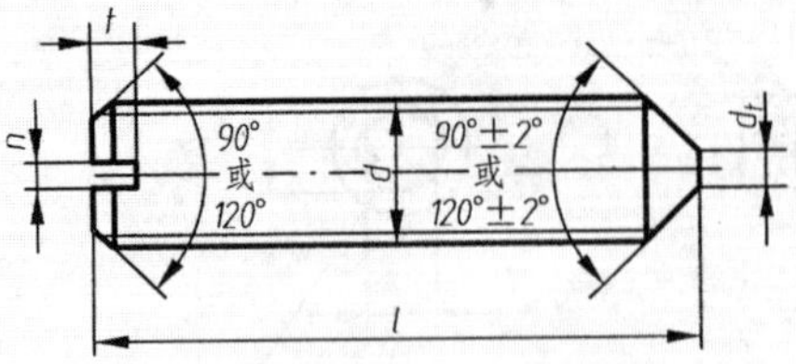

(GB/T 71—1985)

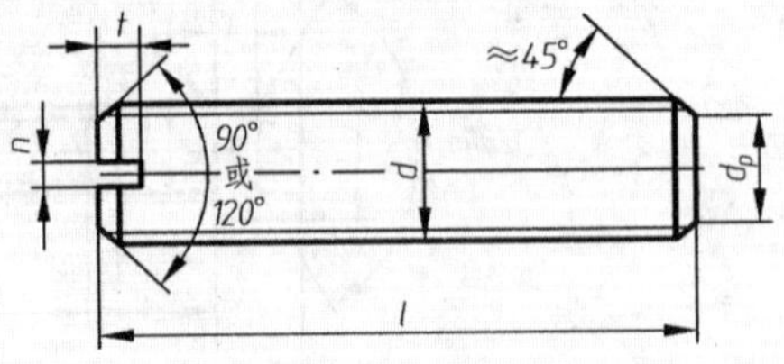

(GB/T 73—1985)

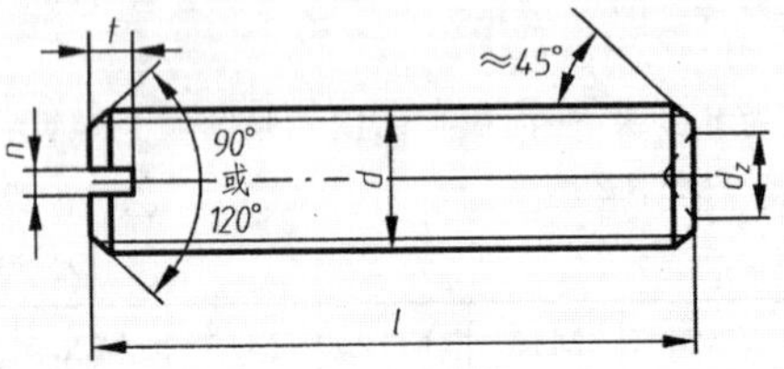

(GB/T 74—1985)

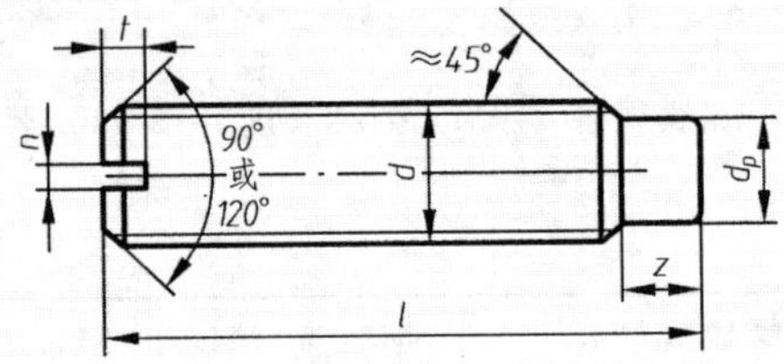

(GB/T 75—1985)

标 记 示 例

螺纹规格 d=M5、公称长度 l=12mm、性能等级为 14H 级、表面氧化的开槽锥端紧定螺钉：

螺钉　GB/T 71　M5×12

(mm)

螺纹规格 d		M1.2	M1.6	M2	M2.5	M3	M4	M5	M6	M8	M10	M12
n	公称	0.2	0.25	0.25	0.4	0.4	0.6	0.8	1	1.2	1.6	2
t	min	0.4	0.56	0.64	0.72	0.8	1.12	1.28	1.6	2	2.4	2.8
d_t	max	0.12	0.16	0.2	0.25	0.3	0.4	0.5	1.5	2	2.5	3
d_p	max	0.6	0.8	1	1.5	2	2.5	3.5	4	5.5	7	8.5
d_z	max		0.8	1	1.2	1.4	2	2.5	3	5	6	8
z	max		1.05	1.25	1.5	1.75	2.25	2.75	3.25	4.3	5.3	6.3
公称长度 l	GB/T 71	2～6	2～8	3～10	3～12	4～16	6～20	8～25	8～30	10～40	12～50	14～60
	GB/T 73	2～6	2～8	2～10	2.5～12	3～16	4～20	5～25	6～30	8～40	10～50	12～60
	GB/T 74		2～8	2.5～10	3～12	3～16	4～20	5～25	6～30	8～40	10～50	12～60
	GB/T 75		2.5～8	3～10	4～12	5～16	6～20	8～25	8～30	10～40	12～50	14～60
公称长度 l≤右表内值时的短螺钉，应按上图中所注 120°角制成，而 90°用于其余长度	GB/T 71	2	2.5		3							
	GB/T 73		2	2.5	3	3	4	5	6			
	GB/T 74		2	2.5	3	4	5	5	6	8	10	12
	GB/T 75		2.5	3	4	5	6	8	10	14	16	20
l(系列)		2,2.5,3,4,5,6,8,10,12,(14),16,20,25,30,35,40,45,50,(55),60										

注：尽可能不采用括号内的规格。

附表 B-12　内六角平端紧定螺钉(GB/T 77－200)、内六角锥端紧定螺钉(GB/T 78－2000)

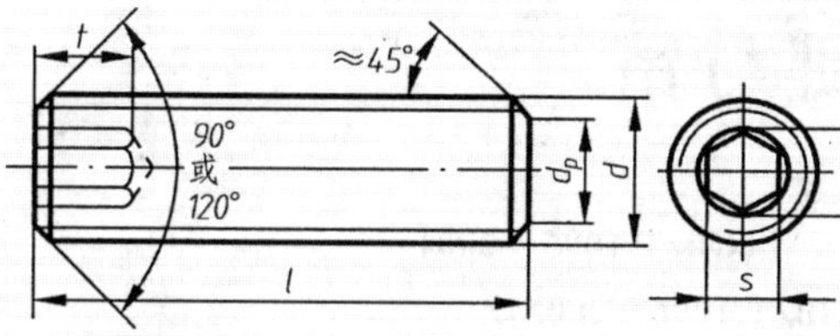

(GB/T 77—2000)

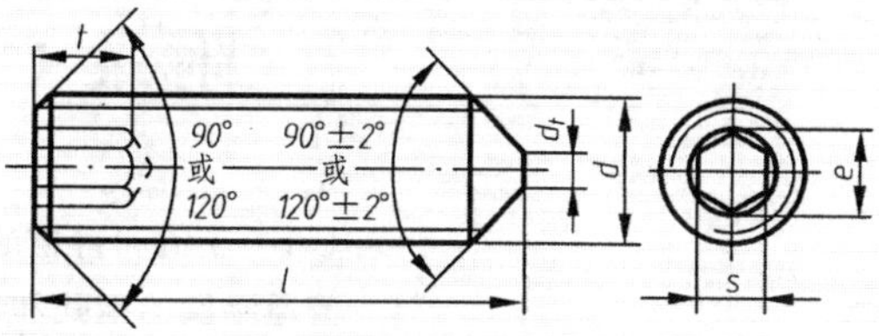

(GB/T 78—2000)

标 记 示 例

螺纹规格 d=M6、公称长度 l=12mm、性能等级为 45H 级、表面氧化的 A 级内六角平端紧定螺钉：

螺钉　GB/T 77　M6×12

(mm)

螺纹规格 d		M1.6	M2	M2.5	M3	M4	M5	M6	M8	M10	M12	M16	M20	M24
d_p	max	0.8	1	1.5	2	2.5	3.5	4	5.5	7	8.5	12	15	18
d_t	max	0.4	0.5	0.65	0.75	1	1.25	1.5	2	2.5	3	4	5	6
e	min	0.8	1	1.43	1.73	2.3	2.87	3.44	4.58	5.72	6.86	9.15	11.43	13.72
s	公称	0.7	0.9	1.3	1.5	2	2.5	3	4	5	6	8	10	12
t	min	1.5 (0.7)	1.7 (0.8)	2 (1.2)	2 (1.2)	2.5 (1.5)	3 (2)	3.5 (2)	5 (3)	6 (4)	8 (4.8)	10 (6.4)	12 (8)	15 (10)
公称长度 l	GB/T 77	2～8	2～10	2～12	2～16	2.5～20	3～25	4～30	5～40	6～50	8～60	10～60	12～60	16～60
	GB/T 78	2～8	2～10	2.5～12	2.5～16	3～20	4～25	5～30	8～45	8～50	10～60	12～60	16～60	20～60
公称长度 l≤右表内值时的短螺钉，应按上图中所注 120°角制成，而 90°用于其余长度	GB/T 77	2	2.5	3	3	4	5	6	6	8	12	16	16	20
	GB/T 78	2.5	2.5	3	3	4	5	6	8	10	12	16	20	25
l 系列	2,2.5,3,4,5,6,8,10,12,16,20,25,30,35,40,45,50,55,60													

注：t_{min}在括号内的值，用于 l≤上表内值时的短螺钉。

附录C　键与销

附表 C-1　平键和键槽的剖面尺寸(GB/T 1095—200)

普通平键的型式和尺寸(GB/T 1096—2003)

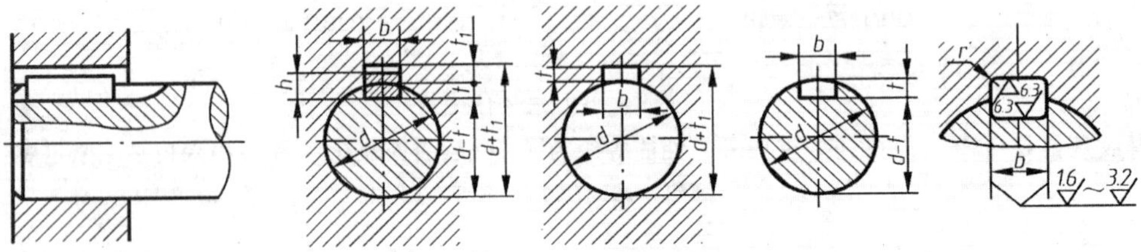

注：在工作图中，轴槽深用 t 或 $(d-t)$ 标注，轮毂槽深用 $(d+t_1)$ 标注。

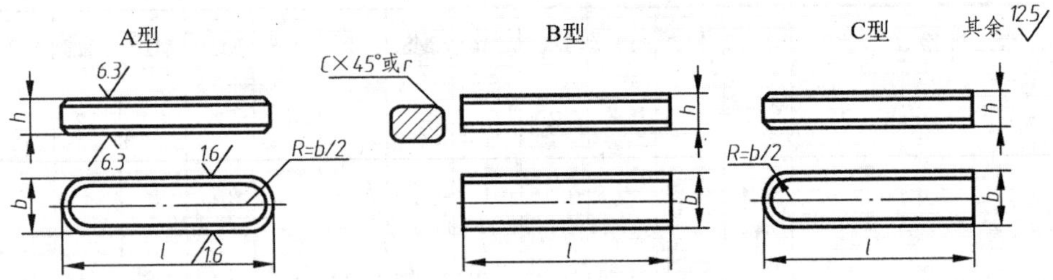

标 记 示 例

圆头普通平键(A 型)、b=18mm、h=11mm、L=100mm：键 18×100　GB 1096—79

方头普通平键(B 型)、b=18mm、h=11mm、L=100mm：键 B 18×100　GB 1096—79

单圆头普通平键(C 型)、b=18mm、h=11mm、L=100mm：键 C 18×100　GB 1096—79

(mm)

轴	键		键槽											
			宽度 b						深度				半径 r	
			公称尺寸 b	极限偏差					轴 t		毂 t_1			
				较松键连接		一般键连接		较紧键连接						
公称直径 d	公称尺寸 $b×h$	长度 L		轴 H9	毂 D10	轴 N9	毂 Js9	轴和毂 P9	公称尺寸	极限偏差	公称尺寸	极限偏差	最小	最大
自 6~8	2×2	6~20	2	+0.025 0	+0.060 +0.020	−0.004 +0.029	± 0.0125	−0.006 −0.031	1.2	+0.1 0	1	+0.1 0	0.08	0.16
>8~10	3×3	6~36	3						1.8		1.4			
>10~12	4×4	8~45	4	+0.030 0	+0.078 +0.030	0 −0.030	± 0.015	−0.012 −0.042	2.5		1.8			
>12~17	5×5	10~56	5						3.0		2.3		0.16	0.25
>17~22	6×6	14~70	6						3.5		2.8			
>22~30	8×7	18~90	8	+0.036 0	+0.098 +0.040	0 −0.036	± 0.018	−0.015 −0.051	4.0	+0.2 0	3.3	+0.2 0		
>30~38	10×8	22~110	10						5.0		3.3		0.25	0.40
>38~44	12×8	28~140	12	+0.043 0	+0.120 +0.050	0 −0.043	± 0.0215	+0.018 −0.061	5.0		3.3			
>44~50	14×9	36~160	14						5.5		3.8			
>50~58	16×10	45~180	16						6.0		4.3			
>58~65	18×11	50~200	18						7.0		4.4			
>65~75	20×2	56~220	20	+0.052 0	+0.149 +0.065	0 −0.052	± 0.026	+0.022 −0.074	7.5		4.9		0.40	0.60
>75~85	22×14	63~250	22						9.0		5.4			
>85~95	25×14	70~280	25						9.0		5.4			
>95~110	28×16	80~320	28						10.0		6.4			
>110~130	32×18	90~360	32	+0.062 0	+0.180 +0.080	0 −0.062	± 0.031	+0.026 −0.088	11.0		7.4			
>130~150	36×20	100~400	36						12.0	+0.3 0	8.4	+0.3 0	0.70	1.0
>150~170	40×22	100~400	40						13.0		9.4			
>170~200	45×25	110~450	45						15.0		10.4			

注：(1) $(d-t)$和$(d+t_1)$两组组合尺寸的极限偏差按相应的 t 和 t_1 的极限偏差选取，但$(d-t)$极限偏差应取负号(−)。

(2) L 系列：6,8,10,12,14,16,18,20,22,25,28,32,36,40,45,50,56,63,70,80,90,100,110,125,140,160,180,200,220,250,280,320,360,400,450。

(3) 平键轴槽的长度以公差用 H14。

附表 C-2　平圆键 键和键槽的剖面尺寸(GB/T 1098－2003)
平圆键 型式尺寸(GB/T 1099－2003)摘编

GB/T 1098—2003　　　　　　　　　　　　GB/T 1099—2003

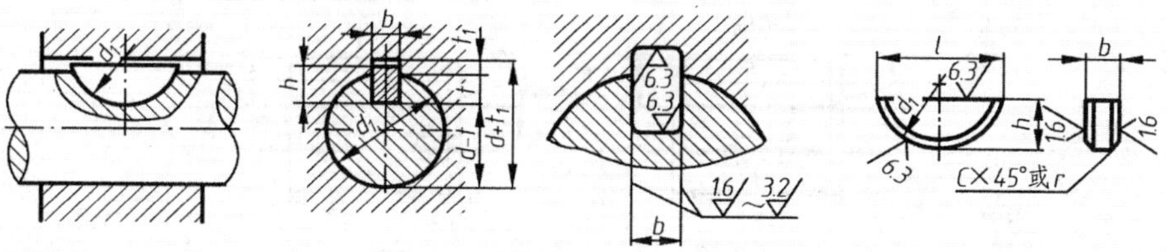

注：在工作图中，轴槽深用 t 或 $(d-t)$ 标注，轮毂槽深用 $(d+t_1)$ 标注。

标记示例

半圆键 $b=6\text{mm}$、$h=10\text{mm}$、$d_1=25\text{mm}$

键　6×25　GB 1099—79

(mm)

轴径 d		键		键槽									
				宽度 b				深度				半径 r	
					极限偏差			轴 t		毂 t_1			
键传递扭矩	键定位用	公称尺寸 $b\times h\times d_1$	长度 $L\approx$	公称尺寸	一般键连接		较紧键连接						
					轴 N9	毂 Js9	轴和毂 P9	公称尺寸	极限偏差	公称尺寸	极限偏差	最小	最大
自 3～4	自 3～4	1.0×1.4×4	3.9	1.0	−0.004 −0.029	±0.012	−0.006 −0.031	1.0	+0.1 0	0.6	+0.1 0	0.08	0.16
>4～5	>4～6	1.5×2.6×7	6.8	1.5				2.0		0.8			
>5～6	>6～8	2.0×2.6×7	6.8	2.0				1.8		1.0			
>6～7	>8～10	2.0×3.7×10	9.7	2.0				2.9		1.0			
>7～8	>10～12	2.5×3.7×10	9.7	2.5				2.7		1.2			
>8～10	>12～15	3.0×5.0×13	12.7	3.0				3.8	+0.2 0	1.4			
>10～12	>15～18	3.0×6.5×16	15.7	3.0				5.3		1.4		0.16	0.25
>12～14	>18～20	4.0×6.5×16	15.7	4.0	0 −0.030	±0.015	−0.012 −0.042	5.0		1.8			
>14～16	>20～22	4.0×7.5×19	18.6	4.0				6.0		1.8			
>16～18	>22～25	5.0×6.5×16	15.7	5.0				4.5		2.3			
>18～20	>25～28	5.0×7.5×19	18.6	5.0				5.5		2.3			
>20～22	>28～32	5.0×9.0×22	21.6	5.0				7.0		2.3			
>22～25	>32～36	6.0×9.0×22	21.6	6.0				6.5	+0.3 0	2.8			
>25～28	>36～40	6.0×10.0×25	24.5	6.0				7.5		2.8	+0.2 0	0.25	0.40
>28～32	40	8.0×11.0×28	27.4	8.0	0 −0.036	±0.018	−0.015 −0.051	8.0		3.3			
>32～38	—	10.0×13.0×32	31.4	10.0				10.0		3.3			

注：$(d-t)$和$(d+t_1)$两个组合尺寸的极限偏差按相应的 t 和 t_1 的极限偏差选取，但$(d-t)$极限偏差值应取负号(−)。

附表 C-3　圆柱销(GB/T 119.1—2000)摘编

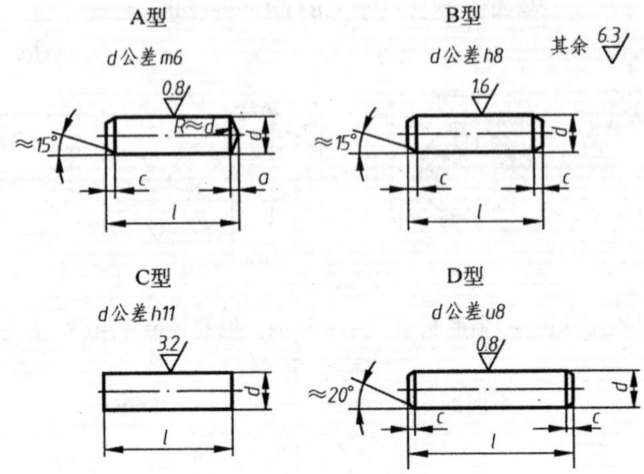

标 记 示 例

公称直径 d=8mm、长度 l=30mm、材料为 35 钢、热处理硬度(28～38)HRC、表面氧化处理的 A 型圆柱销：

销　GB 119—86　A8×30

(mm)

d(公称)	0.6	0.8	1	1.2	1.5	2	2.5	3	4	5
a≈	0.08	0.10	0.12	0.16	0.20	0.25	0.30	0.40	0.50	0.63
c≈	0.12	0.16	0.20	0.25	0.30	0.35	0.40	0.50	0.63	0.80
l(商品规格范围公称长度)	2～6	2～8	4～10	4～12	4～16	6～20	6～24	8～30	8～40	10～50
d(公称)	6	8	10	12	16	20	25	30	40	50
a≈	0.80	1.0	1.2	1.6	2.0	2.5	3.0	4.0	5.0	6.3
c≈	1.2	1.6	2.0	2.5	3.0	3.5	4.0	5.0	6.3	8.0
l(商品规格范围公称长度)	12～60	14～80	18～95	22～140	26～180	35～200	50～200	60～200	80～200	95～200
l(系列)	2,3,4,5,6,8,10,12,14,16,18,20,22,24,26,28,30,32,35,40,45,50,55,60,65,70,75,80,85,90,95,100,120,140,160,180,200									

附表 C-4 圆锥销(GB/T 117－2000)摘编

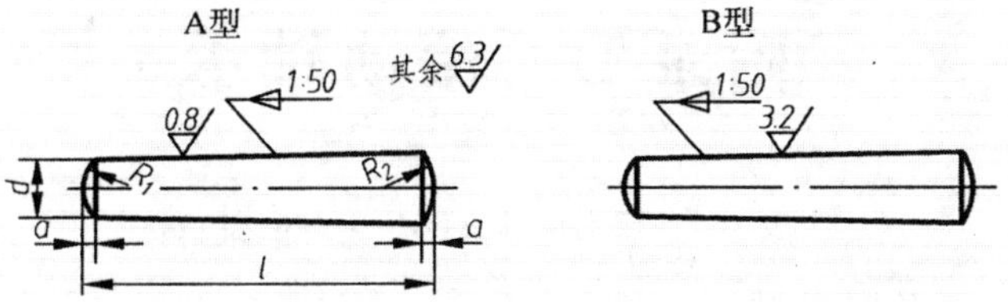

$$R_1 \approx d$$

$$R_2 \approx d + \frac{l-2a}{50}$$

标 记 示 例

公称直径 d=10mm、长度 l=60mm、

材料为 35 钢、热处理硬度为(28～38)HRC、表面氧化处理的 A 型圆锥销：

销 GB 117－86 A10×60

(mm)

d(公称)	0.6	0.8	1	1.2	1.5	2	2.5	3	4	5
a≈	0.08	0.1	0.12	0.16	0.2	0.25	0.3	0.4	0.5	0.63
l(商品规格范围公称长度)	4～8	5～12	6～16	6～20	8～24	10～35	10～35	12～45	14～55	18～60
d(公称)	6	8	10	12	16	20	25	30	40	50
a≈	0.8	1	1.2	1.6	2	2.5	3	4	5	6.3
l(商品规格范围公称长度)	22～90	22～120	26～160	32～180	40～200	45～200	50～200	55～200	60～200	65～200
l(系列)	2,3,4,5,6,8,10,12,14,16,18,20,22,24,26,28,30,32,35,40,45,50,55,60,65,70,75,80,85,90,95,100,120,140,160,180,200									

附表 C-5 开口销(GB/T 91－2000)摘编

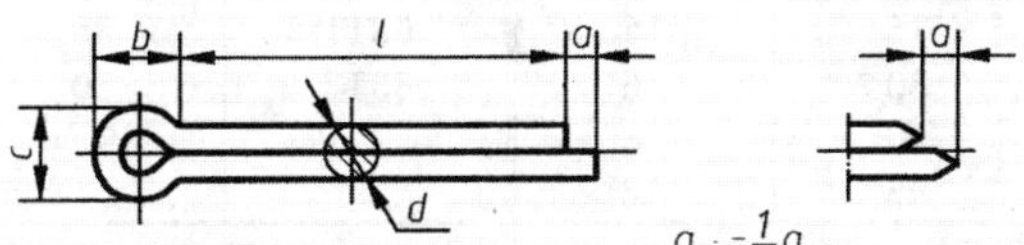

$$a_{min} = \frac{1}{2} a_{max}$$

标 记 示 例

公称直径 d=5mm，长度 l=50mm，材料为低碳钢，不经表面处理的开口销：

销 GB 91—86 5×50

(mm)

d	公称	0.6	0.8	1	1.2	1.6	2	2.5	3.2	4	5	6.3	8	10	12
	min	0.4	0.6	0.8	0.9	1.3	1.7	2.1	2.7	3.5	4.4	5.7	7.3	9.3	11.1
	max	0.5	0.7	0.9	1	1.4	1.8	2.3	2.9	3.7	4.6	5.9	7.5	9.5	11.4
c	max	1	1.4	1.8	2	2.8	3.6	4.6	5.8	7.4	9.2	11.8	15	19	24.8
	min	0.9	1.2	1.6	1.7	2.4	3.2	4	5.1	6.5	8	10.3	13.1	16.6	21.7
b	≈	2	2.4	3	3	3.2	4	5	6.4	8	10	12.6	16	20	26
a	max	1.6			2.5				3.2	4				6.3	
l 系列		4,5,6,8,10,12,14,16,18,20,22,24,26,28,30,32,36,40,45,50,55,60,65,70,75,80,85,90,95,100,120,140,160,180,200													

注：销孔的公称直径等于 $d_{公称}$。

附录 D　滚动轴承

附表 D-1　深沟球轴卫(GB/T 276—1994)

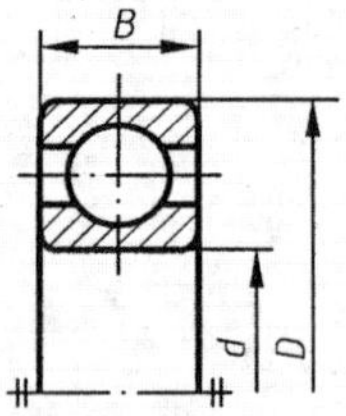

60000 型

标 记 示 例

滚动轴承　6208　GB/T 276— 1994

轴承型号	尺寸/mm			轴承型号	尺寸/mm		
	d	*D*	*B*		*d*	*D*	*B*
(0) 系列				(3) 窄系列			
606	6	17	6	634	4	16	5
607	7	19	6	635	5	19	6
608	8	22	7	6300	10	35	11
609	9	24	7	6301	12	37	12
6000	10	26	8	6302	15	42	13
6001	12	28	8	6303	17	47	14
6002	15	32	9	6304	20	52	15
6003	17	35	10	6305	25	62	17
6004	20	42	12	6306	30	70	19
6005	25	47	12	6307	35	80	21
6006	30	55	13	6308	40	90	23
6007	35	62	14	6309	45	100	25
6008	40	68	15	6310	50	110	27
6009	45	75	16	6311	55	120	29
6010	50	80	16	6312	60	130	31
6011	55	90	18				
6012	60	95	18				
(2) 窄系列				(4) 窄系列			
623	3	10	4	6403	17	62	17
624	4	13	5	6404	20	72	19
625	5	16	5	6405	25	80	21
626	6	19	6	6406	30	90	23
627	7	22	7	6407	35	100	25
628	8	24	8	6408	40	110	27
629	9	26	8	6409	45	120	29
6200	10	30	9	6410	50	130	31
6201	12	32	10	6411	55	140	33
6202	15	35	11	6412	60	150	35
6203	17	40	12	6413	65	160	37
6204	20	47	14	6414	70	180	42
6205	25	52	15	6415	75	190	45
6206	30	62	16	1646	80	200	48
6207	35	72	17	6417	85	210	52
6208	40	80	18	6418	90	225	54
6209	45	85	19	6419	95	240	55
6210	50	90	20				
6211	55	100	21				
6212	60	110	22				

附表 D-2　圆锥滚子轴承(GB/T 297—1994)

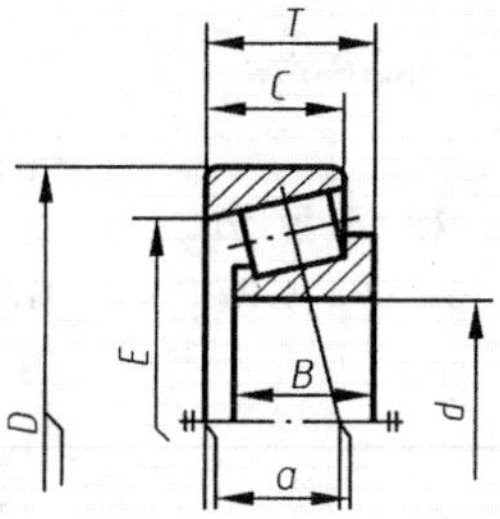

30000 型

标 记 示 例

滚动轴承　30308　GB/T 297—1994

轴承型号	尺寸/mm						
	d	D	T	B	C	E≈	a≈
02 尺寸系列							
30204	20	47	15.25	14	12	37.3	11.2
30205	25	52	16.25	15	13	41.1	12.6
30206	30	62	17.25	16	14	49.9	13.8
30207	35	72	18.25	17	15	58.8	15.3
30208	40	80	19.75	18	16	65.7	16.9
30209	45	85	20.75	19	16	70.4	18.6
30210	50	90	21.75	20	17	75	20
30211	55	100	22.75	21	18	84.1	21
30212	60	110	23.75	22	19	91.8	22.4
30213	65	120	24.75	23	20	101.9	24
30214	70	122	26.25	24	21	105.7	25.9
30215	75	130	27.25	25	22	110.4	27.4
30216	80	140	28.25	26	22	119.1	28
30217	85	150	30.5	28	24	126.6	79.9
30218	90	160	32.5	30	26	134.9	32.4
30219	95	170	34.5	32	27	143.3	35.1
30220	100	180	37	34	29	151.3	36.5
03 尺寸系列							
30304	20	52	16.25	15	13	41.3	11
30305	25	62	18.25	17	15	50.6	13
30306	30	72	20.75	19	16	58.2	15
30307	35	80	22.75	21	18	65.7	17
30308	40	90	25.25	23	20	72.7	19.5
30309	45	100	27.75	25	22	81.7	21.5
30310	50	110	29.25	27	23	90.6	23
30311	55	120	31.5	29	25	99.1	25
30312	60	130	33.5	31	26	107.7	26.5
30313	65	140	36	33	28	116.8	29
30314	70	150	38	35	30	125.2	30.6
30315	75	160	40	37	31	134	32
30316	80	170	42.5	39	33	143.1	34
30317	85	180	44.5	41	34	150.4	36
30318	90	190	46.5	43	36	159	37.5
30319	95	200	49.5	45	38	165.8	40
30320	100	215	51.5	47	39	178.5	42

轴承型号	尺寸/mm						
	d	D	T	B	C	E≈	a≈
22 尺寸系列							
32206	30	62	21.5	20	17	48.9	15.4
32207	35	72	24.25	23	19	57	17.6
32208	40	80	24.75	23	19	64.7	19
32209	45	85	24.75	23	19	69.6	20
32210	50	90	24.75	23	19	74.2	21
32211	55	100	26.75	25	21	82.8	22.5
32212	60	110	29.75	28	24	90.2	24.9
32213	65	120	32.75	31	27	99.4	27.2
32214	70	125	33.25	31	27	103.7	28.6
32215	75	130	33.25	31	27	108.9	30.2
32216	80	140	35.25	33	28	117.4	31.3
32217	85	150	38.5	36	30	124.9	34
32218	90	160	42.5	40	34	132.6	36.7
32219	95	170	45.5	43	37	140.2	39
32220	100	180	49	46	39	148.1	41.8
23 尺寸系列							
32304	20	52	22.25	21	18	39.5	13.4
32305	25	62	25.25	24	20	48.6	15.5
32306	30	72	28.75	27	23	55.7	18.8
32307	35	80	32.75	31	25	62.8	20.5
32308	40	90	25.25	33	27	99.2	23.4
32309	45	100	38.25	36	30	78.3	25.6
32310	50	110	42.25	40	33	86.2	28
32311	55	120	45.5	43	35	94.3	30.6
32312	60	130	48.5	46	37	102.9	32
32313	65	140	51	48	39	111.7	34
32314	70	150	54	51	42	119.7	36.5
32315	75	160	58	55	45	127.8	39
32316	80	170	61.5	58	48	136.5	42
32317	85	180	63.5	60	49	144.2	43.6
32318	90	190	67.5	64	53	151.7	46
32319	95	200	71.5	67	55	160.3	49
30320	100	215	77.5	73	60	171.6	53

附表 D-3　推力球轴承(GB/T 301—1995)

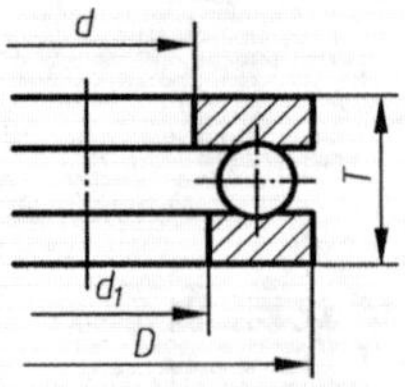

50000 型

标记示例

滚动轴承　51208　GB/T 301—1995

轴承型号	尺寸/mm				轴承型号	尺寸/mm			
	d	$d_{1\min}$	D	T		d	$d_{1\min}$	D	T
11(51000 型)尺寸系列					12(51000 型)尺寸系列				
51100	10	11	24	9	51214	70	72	105	27
51101	12	13	26	9	51215	75	77	110	27
51102	15	16	28	9	51216	80	82	115	28
51103	17	18	30	9	51217	85	88	125	31
51104	20	21	35	10	51218	90	93	135	35
51105	25	26	42	11	51220	100	103	150	38
51106	30	32	47	11	13(51000 型)尺寸系列				
51107	35	37	52	12	51304	20	22	47	18
51108	40	42	60	13	51305	25	27	52	18
51109	45	47	65	14	51306	30	32	60	21
51110	50	52	70	14	51307	35	37	68	24
51111	55	57	78	16	51308	40	42	78	26
51112	60	62	85	17	51309	45	47	85	28
51113	65	67	90	18	51310	50	52	95	31
51114	70	72	95	18	51311	55	57	105	35
51115	75	77	100	19	51312	60	62	110	35
51116	80	82	105	19	51313	65	67	115	36
51117	85	87	110	19	51314	70	72	125	40
51118	90	92	120	22	51315	75	77	135	44
51120	100	102	135	25	51316	80	82	140	44
12(51000 型)尺寸系列					51317	85	88	150	49
51200	10	12	26	11	14(51000 型)尺寸系列				
51201	12	14	28	11	51405	25	27	60	24
51202	15	17	32	12	51406	30	32	70	28
51203	17	19	35	12	51407	35	37	80	32
51204	20	22	40	14	51408	40	42	90	36
51205	25	27	47	15	51409	45	47	100	39
51206	30	32	52	16	51410	50	52	110	43
51207	35	37	62	18	51411	55	57	120	48
51208	40	42	68	19	51412	60	62	130	51
51209	45	47	73	20	51413	65	68	140	56
51210	50	52	78	22	51414	70	73	150	60
51211	55	57	90	25	51415	75	78	160	65
51212	60	62	95	26	51416	80	83	170	68
51213	65	67	100	27	51417	85	88	180	72

附录 E　极限与配合

附表 E-1　标准公差数值(GB/T 1800.3－1998)

基本尺寸/mm		标准公差等级																	
		IT1	IT2	IT3	IT4	IT5	IT6	IT7	IT8	IT9	IT10	IT11	IT12	IT13	IT14	IT15	IT16	IT17	IT18
大于	至	μm											mm						
—	3	0.8	1.2	2	3	4	6	10	14	25	40	60	0.1	0.14	0.25	0.4	0.6	1	1.4
3	6	1	1.5	2.5	4	5	8	12	18	30	48	75	0.12	0.18	0.3	0.48	0.75	1.2	1.8
6	10	1	1.5	2.5	4	6	9	15	22	36	58	90	0.15	0.22	0.36	0.58	0.9	1.5	2.2
10	18	1.2	2	3	5	8	11	18	27	43	70	110	0.18	0.27	0.43	0.7	1.1	1.8	2.7
18	30	1.5	2.5	4	6	9	13	21	33	52	84	130	0.21	0.33	0.52	0.84	1.3	2.1	3.3
30	50	1.5	2.5	4	7	11	16	25	39	62	100	160	0.25	0.39	0.62	1	1.6	2.5	3.9
50	80	2	3	5	8	13	19	30	46	74	120	190	0.3	0.46	0.74	1.2	1.9	3	4.6
80	120	2.5	4	6	10	15	22	35	54	87	140	220	0.35	0.54	0.87	1.4	2.2	3.5	5.4
120	180	3.5	5	8	12	18	25	40	63	100	160	250	0.4	0.63	1	1.6	2.5	4	6.3
180	250	4.5	7	10	14	20	29	46	72	115	185	290	0.46	0.72	1.15	1.85	2.9	4.6	7.2
250	315	6	8	12	16	23	32	52	81	130	210	320	0.52	0.81	1.3	2.1	3.2	5.2	8.1
315	400	7	9	13	18	25	36	57	89	140	230	360	0.57	0.89	1.4	2.3	3.6	5.7	8.9
400	500	8	10	15	20	27	40	63	97	155	250	400	0.63	0.97	1.55	2.5	4	6.3	9.7
500	630	9	11	16	22	32	44	70	110	175	280	440	0.7	1.1	1.75	2.8	4.4	7	11
630	800	10	13	18	25	36	50	80	125	200	320	500	0.8	1.25	2	3.2	5	8	12.5
800	1000	11	15	21	28	40	56	90	140	230	360	560	0.9	1.4	2.3	3.6	5.6	9	14
1000	1250	13	18	24	33	47	66	105	165	260	420	660	1.05	1.65	2.6	4.2	6.6	10.5	16.5
1250	4600	15	21	29	39	55	78	125	195	310	500	780	1.25	1.95	3.1	5	7.8	12.5	19.5
1600	2000	18	25	35	46	65	92	150	230	370	600	920	1.5	2.3	3.7	6	9.2	1.5	23
2000	2500	22	30	41	55	78	110	175	280	440	700	1100	1.75	2.8	4.4	7	11	17.5	28
2500	3150	26	36	50	68	96	135	210	330	540	860	1350	2.1	3.3	5.4	8.6	13.5	21	33

注：(1) 基本尺寸大于 500mm 的 IT1～IT5 的标准公差数值为试行的。

(2) 基本尺寸小于或等于 1mm 时，无 IT14～IT18。

附表 E-2　轴的基本偏

基本尺寸/mm		基本															
		上偏差 es														
		所有标准公差等级												IT5和IT6	IT7	IT7	IT4至IT7
大于	至	a	b	c	cd	d	e	ef	f	fg	g	h	js	j			
—	3	-270	-140	-60	-34	-20	-14	-10	-6	-4	-2	0	偏差等于 $\pm\frac{ITn}{2}$，式中 ITn 是 IT 值数	-2	-4	-6	0
3	6	-270	-140	-70	-46	-30	-20	-14	-10	-6	-4	0		-2	-4		+1
3	10	-280	-150	-80	-56	-40	-25	-18	-13	-8	-5	0		-2	-5		+1
10	14	-290	-150	-95		-50	-32		-16		-6	0		-3	-6		+1
14	18																
18	24	-300	-160	-110		-65	-40		-20		-7	0		-4	-8		+2
24	30																
30	40	-310	-170	-120		-80	-50		-25		-9	0		-5	-10		+2
40	50	-320	-180	-130													
50	65	-340	-190	-140		-100	-60		-30		-10	0		-7	-12		+2
65	80	-360	-200	-150													
80	100	-380	-220	-170		-120	-72		-36		-12	0		-9	-15		+3
100	120	-410	-240	-180													
120	140	-460	-260	-200		-145	-85		-43		-14	0		-11	-18		+3
140	160	-520	-280	-210													
160	180	-580	-310	-230													
180	200	-660	-340	-240		-170	-100		-50		-15	0		-13	-21		+4
200	225	-740	-380	-260													
225	250	-820	420	-280													
250	280	-920	-480	-300		-190	-110		-56		-17	0		-16	-26		+4
280	315	-1050	-540	-330													
315	355	-1200	-600	-360		-210	-125		-62		-18	0		-18	-28		+4
355	400	-1350	-680	-400													
400	450	-1500	-760	-400		-230	-135		-68		-20	0		-20	-32		+5
450	500	-1650	-840	-480													
500	560					-260	-145		-76		-22	0					0
560	630																
630	710					-290	-160		-80		-24	0					0
710	800																
800	900					-320	-170		-86		-26	0					0
900	1000																
1000	1120					-350	-195		-98		-28	0					0
1120	1250																
1250	1400					-390	-220		-110		-30	0					0
1400	1600																
1600	1800					-430	-240		-120		-32	0					0
1800	2000																
2000	2240					-480	-260		-130		-34	0					0
2240	2500																
2500	2800					-530	-290		-145		-38	0					0
2800	3150																

注：(1) 基本尺寸小于或等于 1mm 时，基本偏差 a 和 b 均不采用。

(2) 公差带 js7 至 js11，若 ITn 值数是奇数，则取偏差 $=\pm\frac{ITn-1}{2}$。

差数值(GB/T 1800.3—1998)

μm

偏差数值														
下偏差 ei														
≤IT3 >IT7	所有标准公差等级													
k	m	n	p	r	s	t	u	v	x	y	z	za	zb	zc
0	+2	+4	+6	+10	+14		+18		+20		+26	+32	+40	+60
0	+4	+8	+12	+15	+19		+23		+28		+35	+42	+50	+80
0	+6	+10	+15	+19	+23		+28		+34		+42	+52	+67	+97
0	+7	+12	+18	+23	+28		+33		+40		+50	+64	+90	+130
								+39	+45		+60	+77	+108	+150
0	+8	+15	+22	+28	+35		+41	+47	+54	+63	+73	+98	+136	+188
						+41	+48	+55	+64	+75	+88	+118	+160	+218
0	+9	+17	+26	+34	+43	+48	+60	+68	+80	+94	+112	+148	+200	+274
						+54	+70	+81	+97	+114	+136	+180	+242	+325
0	+11	+20	+32	+41	+53	+66	+87	+102	+122	+144	+172	+226	+300	+405
				+43	+59	+75	+102	+120	+146	+174	+210	+274	+360	+480
0	+13	+23	+37	+51	+71	+91	+124	+146	+178	+214	+258	+335	+445	+585
				+54	+79	+104	+144	+172	+210	+254	+310	+400	+525	+690
0	+15	+27	+43	+63	+92	+122	+170	+202	+248	+300	+365	+470	+620	+800
				+65	+100	+134	+190	+228	+280	+340	+415	+535	+700	+900
				+68	+108	+146	+210	+252	+310	+380	+465	+600	+780	+1000
0	+17	+31	+50	+77	+122	+166	+236	+284	+350	+425	+520	+670	+880	+1150
				+80	+130	+180	+258	+310	+385	+470	+575	+740	+960	+1250
				+84	+140	+196	+284	+340	+425	+520	+640	+820	+1050	+1350
0	+20	+34	+56	+94	+158	+218	+315	+385	+475	+580	+710	+920	+1200	+1550
				+98	+170	+240	+350	+425	+525	+650	+790	+1000	+1300	+1700
0	+21	+37	+62	+108	+190	+268	+390	+475	+590	+730	+900	+1150	+1500	+1900
				+114	+208	+294	+435	+530	+660	+820	+1000	+1300	+1650	+2100
0	+23	+40	+68	+126	+232	+330	+490	+595	+740	+920	+1100	+1450	+1850	+2400
				+132	+252	+360	+540	+660	+820	+1000	+1250	+1600	+2100	+2600
0	+26	+44	+78	+150	+280	+400	+600							
				+155	+310	+450	+660							
0	+30	+50	+88	+175	+340	+500	+740							
				+185	+380	+560	+840							
0	+34	+56	+100	+210	+430	+620	+940							
				+220	+470	+680	+1050							
0	+40	+66	+120	+250	+520	+780	+1150							
				+260	+580	+840	+1300							
0	+48	+78	+140	+300	+640	+960	+1450							
				+330	+720	+1050	+1600							
0	+58	+92	+170	+370	+820	+1200	+1850							
				+400	+920	+1350	+2000							
0	+68	+110	+195	+440	+1000	+1500	+2300							
				+460	+1100	+1650	+2500							
0	+76	+135	+240	+550	+1250	+1900	+2900							
				+580	+1400	+2100	+3200							

附表 E-3　孔的基本

基本尺寸 / mm		基本偏差																				
		下偏差 EI																				
		所有标准公差等级												IT6	IT7	IT8	≤IT8	>IT8	≤IT8	>IT8	≤IT8	>IT8
大于	至	A	B	C	CD	D	E	EF	F	FG	G	H	JS	J			K	M	N			
—	3	+270	+140	+60	+34	+20	+14	+10	+6	+4	+2	0	偏差等于 $\pm\frac{ITn}{2}$，式中 ITn 是 IT 值数	+2	+4	+6	0	0	−2	−2	−4	−4
3	6	+270	+140	+70	+46	+30	+20	+14	+10	+6	+4	0		+5	+6	10	−1+Δ		−4+Δ	−4	−8+Δ	0
6	10	+280	+150	+80	+56	+40	+25	+18	+13	+8	+5	0		+5	+8	+12	−1+Δ		−6+Δ	−6	−10+Δ	0
10	14	+290	+150	+95		+50	+32		+16		+6	0		+6	+10	+15	−1+Δ		−7+Δ	−7	−12+Δ	0
14	18																					
18	24	+300	+160	+110		+65	+40		+20		+7	0		+8	+12	+20	−2+Δ		−8+Δ	−8	−15+Δ	0
24	30																					
30	40	+310	+170	+120		+80	+50		+25		+9	0		+10	+14	+24	−2+Δ		−9+Δ	−9	−17+Δ	0
40	50	+320	+180	+130																		
50	65	+340	+190	+140		+100	+60		+30		+10	0		+13	+18	+28	−2+Δ		−11+Δ	−11	−20+Δ	0
65	80	+360	+200	+150																		
80	100	+380	+220	+170		+120	+72		+36		+12	0		+16	+22	+34	−3+Δ		−13+Δ	−13	−23+Δ	0
100	120	+410	+240	+180																		
120	140	+460	+260	+200		+145	+85		+43		+14	0		+18	+26	+41	−3+Δ		−15+Δ	−15	−27+Δ	0
140	160	+520	+280	+210																		
160	180	+580	+310	+230																		
180	200	+600	+380	+240		+170	+100		+50		+15	0		+22	+30	+47	−4+Δ		−17+Δ	−17	−31+Δ	0
200	225	+740	+380	+260																		
225	250	+820	+420	+280																		
250	280	+920	+480	+300		+190	+110		+56		+17	0		+25	+36	+55	−4+Δ		−20+Δ	−20	−34+Δ	0
280	315	+1050	+540	+330																		
315	355	+1200	+600	+360		+210	+125		+62		+18	0		+29	+39	+60	−4+Δ		−21+Δ	−21	−37+Δ	0
355	400	+1350	+680	+400																		
400	450	+1500	+760	+440		+230	+135		+68		+20	0		+33	+43	+66	−5+Δ		−23+Δ	−23	−40+Δ	0
450	500	+1650	+840	+480																		
500	560					+260	+145		+76		+22	0					0		−26		−14	
560	630																					
630	710					+290	+160		+80		+24	0					0		−30		−50	
710	800																					
800	900					+320	+170		+86		+26	0					0		−34		−56	
900	1000																					
1000	1120					+350	+195		+98		+28	0					0		−40		−65	
1120	1250																					
1250	1400					+390	+220		+110		+30	0					0		−48		−78	
1400	1600																					
1600	1800					+430	+240		+120		+32	0					0		−58		−92	
1800	2000																					
2000	2240					+480	+260		+130		+34	0					0		−68		−110	
2240	2500																					
2500	2800					+520	+290		+145		+38	0					0		−76		−135	
2800	3150																					

注：(1) 基本尺寸小于或等于 1mm 时，基本偏差 A 和 B 及大于 IT8 的 N 均不采用。

(2) 公差带 JS7 至 JS11，若 ITn 值数是奇数，则取偏差 $=\pm\frac{ITn-1}{2}$。

(3) 对小于或等于 IT8 的 K、M、N 和小于或等于 IT7 的 P 至 ZC，所需 Δ 值从表内右侧选取，例如，18 至 30mm 段的 K7：Δ=8μm，所 ES=−2+28=+6μm，18 至 30mm 段的 S6：Δ=4μm，所以 ES=−35+4=−31μm。

(4) 特殊情况：250mm 至 315mm 段的 M6，ES=−9μm（代替−11μm）。

偏差数值(GB/T 1800.3－1998)

μm

数值													Δ值					
上偏差 ES																		
≤IT7	标准公差等级大于 IT7												标准公差等级					
P至ZC	P	R	S	T	U	V	X	Y	Z	ZA	ZB	ZC	IT3	IT4	IT5	IT6	IT7	IT8
在大于IT7的相应数值上增加一个Δ值	－6	－10	－14		－18		－20		－26	－32	40	60	0	0	0	0	0	0
	－12	－15	－19		－23		－28		－35	－42	－50	－80	1	1.5	1	3	4	6
	－15	－19	－23		－28		－34		－42	－52	－67	－97	1	1.5	2	3	6	7
	－18	－23	－28		－33		－40		－50	－64	－90	－130	1	2	3	3	7	9
						－39	－45		－60	－77	－108	－150						
	－22	－28	－35		－41	－47	－54	－63	－73	－98	－136	－188	1.5	2	3	4	8	12
				－41	－48	－55	－64	－75	－88	－118	－160	－218						
	－26	－34	－43	－48	－60	－68	－80	－94	－112	－148	－200	－274	1.5	3	4	5	9	14
				－54	－70	－81	－97	－114	－136	－180	－242	－325						
	－32	－41	－53	－66	－87	－102	－122	－144	－172	－226	－300	－405	2	3	5	6	11	16
		－43	－59	－75	－102	－120	－146	－174	－210	－274	－360	－480						
	－37	－51	－71	－91	－124	－146	－178	－214	－258	－335	－445	－585	2	4	5	7	13	19
		－54	－79	－104	－144	－172	－210	－254	－310	－400	－525	－690						
	－43	－63	－92	－122	－170	－202	－248	－300	－365	－470	－620	－800	3	4	6	7	15	23
		－65	－100	－134	－190	－228	－280	－340	－415	－535	－700	－900						
		－68	－108	－146	－210	－252	－310	－380	－465	－600	－780	－1000						
	－50	－77	－122	－166	－236	－284	－350	－425	－520	－670	－880	－1150	3	4	6	9	17	26
		－80	－130	－180	－258	－310	－385	－470	－575	－740	－960	－1250						
		－84	－140	－196	－284	－340	－425	－520	－640	－820	－1050	－1350						
	－56	－94	－158	－218	－315	－385	－475	－580	－710	－920	－1200	－1550	4	4	7	9	20	29
		－98	－170	－240	－350	－425	－525	－650	－790	－1000	－1300	－1700						
	－62	－108	－190	－268	－390	－475	－590	－730	－900	－1150	－1500	－1900	4	5	7	11	21	32
		－114	－208	－294	－435	－530	－660	－820	－1000	－1300	－1650	－2100						
	－68	－126	－232	－330	－490	－595	－740	－920	－1100	－1450	－1850	－2400	5	5	7	13	23	34
		－132	－252	－360	－540	－660	－820	－1000	－1250	－1600	－2100	－2600						
	－78	－150	－280	－400	－600													
		－155	－310	－450	－660													
	－88	－175	－340	－500	－740													
		－185	－380	－560	－840													
	－100	－210	－430	－620	－940													
		－220	－470	－680	－1050													
	－120	－250	－520	－780	－1150													
		－260	－580	－810	－1300													
	－140	－300	－640	－960	－1450													
		－330	－720	－1050	－1600													
	－170	－370	－820	－1200	－1850													
		－400	－920	－1350	－2000													
	－195	－440	－1000	－1500	－2300													
		－460	－1100	－1650	－2500													
	－240	－550	－1250	－1900	－2900													
		－580	－1400	－2100	－3200													

附表 E-4　轴的极限偏差(摘自 GB/T 1800.3—1998)　μm

代号 / 基本尺寸/mm	a*	b*		c			d				e		
等级	11	11	12	9	10	**11**	8	9	10	11	7	8	9
≤3	−270 −330	−140 −200	−140 240	−60 −85	−60 −100	**−60** **−120**	−20 −34	**−20** **−45**	**−20** **−60**	**−20** **−80**	**−14** **−24**	**−14** **−28**	**−14** **−39**
>3～6	**−270** **−345**	**−140** **−215**	**−140** **−260**	**−70** **−100**	**−70** **−118**	**−70** **−145**	−30 −48	**−30** **−60**	−30 −78	−30 −105	−20 −32	−20 −38	−20 −50
>6～10	−280 −370	−150 −240	−150 −300	−80 −116	−80 −138	**−80** **−170**	−40 −62	**−40** **−76**	−40 −98	−40 −130	−25 −40	−25 −47	−25 −61
>10～14	−290	−150	−150	−95	−95	**−95**	−50	**−50**	−50	−50	−32	−32	−32
>14～18	−400	−260	−330	−138	−165	**−205**	−77	**−93**	−120	−160	−50	−59	−75
>18～24	−300	−160	−160	−110	−110	**−110**	−65	**−65**	−65	−65	−40	−40	−40
>24～30	−430	−290	−370	−162	−194	**−240**	−98	**−117**	−149	−195	−61	−73	−92
>30～40	−310 −470	−170 −330	−170 −420	−120 −182	−120 −220	**−120** **−280**	−80	**−80**	−80	−80	−50	−50	−50
>40～50	−320 −480	−180 −340	−180 −430	−130 −192	−130 −230	**−130** **−290**	−119	**−142**	−180	−240	−75	−89	−112
>50～65	−340 −530	−190 −380	−190 −490	−140 −214	−140 −260	**−140** **−330**	−100	**−100**	−100	−100	−60	−60	−60
>65～80	−360 −550	−200 −390	−200 −500	−150 −224	−150 −270	**−150** **−340**	−146	**−174**	−220	−290	−90	−106	−134
>80～100	−380 −600	−220 −440	−220 −570	−170 −257	−170 −310	**−170** **−390**	−120	**−120**	−120	−120	−72	−72	−72
>100～120	−410 −630	−240 −460	−240 −590	−180 −267	−180 −320	**−180** **−400**	−174	**−207**	−260	−340	−107	−126	−159
>120～140	−460 −710	−260 −510	−260 −660	−200 −300	−200 −360	**−200** **−450**	−145	**−145**	−145	−145	−85	−85	−85
>140～160	−520 −770	−280 −530	−280 −680	−210 −310	−210 −370	**−210** **−460**							
>160～180	−580 −830	−310 −560	−310 −710	−230 −330	−230 −390	**−230** **−480**	−208	**−245**	−305	−395	−125	−148	−185
>180～200	−660 −950	−340 −630	−340 −800	−240 −355	−240 −425	**−240** **−530**	−170	−170	−170	−170	−100	−100	−100
>200～225	−740 −1030	−380 −670	−380 −840	−260 −375	−260 −445	**−260** **−550**							
>225～250	−820 −1110	−420 −710	−420 −880	−280 −395	−280 −465	**−280** **−750**	−242	−285	−355	−460	−146	−172	−215
>250～280	−920 −1240	−480 −800	−480 −1000	−300 −430	−300 −100	**−300** **−620**	−190	**−190**	−190	−190	−110	−110	−110
>280～315	−1050 −1370	−540 −860	−540 −1060	−330 −460	−330 −540	**−330** **−650**	−271	**−320**	−400	−510	−162	−191	−240
>315～355	−1200 −1560	−600 −960	−600 −1170	−360 −500	−360 −590	**−360** **−720**	−210	**−210**	−210	−210	−125	−125	−125
>355～400	−1350 −1710	−680 −1040	−680 −1250	−400 −540	−400 −630	**−400** **−760**	−299	**−350**	−440	−570	−182	−214	−265
>400～450	−1500 −1900	−760 −1160	−760 −1390	−440 −595	−440 −690	**−440** **−840**	−230	**−230**	−230	−230	−135	−135	−135
>450～500	−1650 −2050	−840 −1240	−840 −1470	−480 −635	−480 −730	**−480** **−880**	−327	**−385**	−480	−630	−198	−232	−290

续表

基本尺寸/mm \ 代号	f					g			h							
等级	5	6	7	8	9	5	6	7	5	6	7	8	9	10	11	12
≤3	−6 −10	−6 −12	−6 −16	−6 −20	−6 −31	−2 −6	−2 −8	−2 −12	0 −4	0 −6	0 −10	0 −14	0 −25	0 −40	0 −60	0 −100
>3～6	−10 −15	−10 −18	−10 −22	−10 −28	−10 −40	−4 −9	−4 −12	−4 −16	0 −5	0 −8	0 −12	0 −18	0 −30	0 −48	0 −75	0 −120
>6～10	−13 −19	−13 −22	−13 −28	−13 −35	−13 −49	−5 −11	−5 −14	−5 −20	0 −6	0 −9	0 −15	0 −22	0 −36	0 −58	0 −90	0 −150
>10～14 >14～18	−16 −24	−16 −27	−16 −34	−16 −43	−16 −59	−6 −14	−6 −17	−6 −24	0 −8	0 −11	0 −18	0 −27	0 −43	0 −70	0 −110	0 −180
>18～24 >24～30	−20 −29	−20 −33	−20 −41	−20 −53	−20 −72	−7 −16	−7 −20	−7 −28	0 −9	0 −13	0 −21	0 −33	0 −52	0 −84	0 −130	0 −210
>30～40 >40～50	−25 −36	−25 −41	−25 −50	−25 −64	−25 −87	−9 −20	−9 −25	−9 −34	0 −11	0 −16	0 −25	0 −39	0 −62	0 −100	0 −160	0 −250
>50～65 >65～80	−30 −43	−30 −49	−30 −60	−30 −76	−30 −104	−10 −23	−10 −29	−10 −40	0 −13	0 −19	0 −30	0 −46	10 −74	0 −120	0 −190	0 −300
>80～100 >100～120	−36 −51	−36 −58	−36 −71	−36 −90	−36 −123	−12 −27	−12 −34	−12 −47	0 −15	0 −22	0 −35	0 −54	0 −87	0 −140	0 −220	0 −350
>120～140 >140～160 >160～180	−43 −61	−43 −68	−43 −83	−43 −106	−43 −143	−14 −32	−14 −39	−14 −54	0 −18	0 −25	0 −40	0 −63	0 −100	0 −160	0 −250	0 −400
>180～200 >200～225 >225～250	−50 −70	−50 −79	−50 −96	−50 −122	−50 −165	−15 −35	−15 −44	−15 −61	0 −20	0 −29	0 −46	0 −72	0 −115	0 −185	0 −290	0 −460
>250～280 >280～315	−56 −79	−56 −88	−56 −108	−56 −137	−56 −186	−17 −40	−17 −49	−17 −69	0 −23	0 −32	0 −52	0 −81	0 −130	0 −210	0 −320	0 −520
>315～355 >355～400	−62 −87	−62 −98	−62 −119	−62 −151	−62 −202	−18 −43	−18 −54	−13 −75	0 −25	0 −36	0 −57	0 −89	0 −140	0 −230	0 −360	0 −570
>400～450 >450～500	−68 −95	−68 −108	−68 −131	−68 −165	−68 −223	−20 −47	−20 −60	−20 −83	0 −27	0 −40	0 −63	0 −97	0 −155	0 −250	0 −400	0 −630

续表

代号 基本尺寸/mm　等级	js			k			m			n			p		
	5	6	7	5	**6**	7	5	6	7	5	**6**	7	5	**6**	7
≤3	±2	±3	±5	+4 0	**+6 0**	**+10 0**	**+6 +2**	**+8 +2**	**+12 +2**	**+8 +4**	**+10 +4**	+14 +4	+10 +6	**+12 +6**	**+16 +6**
＞3～6	±2.5	±4	±6	+6 +1	**+9 +1**	+13 +1	+9 +4	+12 +4	+16 +4	+13 +8	**+16 +8**	+20 +8	+17 +12	**+20 +12**	+24 +12
＞6～10	±3	±4.5	±7	+7 +1	+10 +1	+16 +1	+12 +6	+15 +6	+21 +6	+16 +10	**+19 +10**	+25 +10	+21 +15	**+24 +15**	+30 +15
＞10～14 ＞14～18	±4	±5.5	±9	+9 +1	**+12 +1**	+19 +1	+15 +7	+18 +7	+25 +7	+20 +12	**+23 +12**	+30 +12	+26 +18	**+29 +18**	+36 +18
＞18～24 ＞24～30	±4.5	±6.5	±10	+11 +2	**+15 +2**	+23 +2	+17 +8	+21 +8	+29 +8	+24 +15	**+28 +15**	+36 +15	+31 +22	**+35 +22**	+43 +22
＞30～40 ＞40～50	±5.5	±8	±12	+13 +2	**+18 +2**	+27 +2	+20 +9	+25 +9	+34 +9	+28 +17	**+33 +17**	+42 +17	+37 +26	**+42 +26**	+51 +26
＞50～65 ＞65～80	±6.5	±9.5	±15	+15 +2	**+21 +2**	+32 +2	+24 +11	+30 +11	+41 +11	+33 +20	**+39 +20**	+50 +20	+45 +32	**+51 +32**	+62 +32
＞80～100 ＞100～120	±7.5	±11	±17	+18 +3	**+25 +3**	+38 +3	+28 +3	+35 +13	+48 +13	+38 +23	**+45 +23**	+58 +23	+52 +37	**+59 +37**	+72 +37
＞120～140 ＞140～160 ＞160～180	±9	± 12.5	±20	+21 +3	**+28 +3**	+43 +3	+33 +15	+40 +15	+55 +15	+45 +27	**+52 +27**	+67 +27	+61 +43	**+68 +43**	+83 +43
＞180～200 ＞200～225 ＞225～250	±10	± 14.5	±23	+24 +4	**+33 +4**	+50 +4	+37 +17	+46 +17	+63 +17	+51 +31	**+60 +31**	+77 +31	+70 +50	**+79 +50**	+96 +50
＞250～280 ＞280～315	± 11.5	±16	±26	+27 +4	**+36 +4**	+56 +4	+43 +20	+52 +20	+72 +20	+57 +34	**+66 +34**	+86 +34	+79 +56	**+88 +56**	+108 +56
＞315～355 ＞355～400	± 12.5	±18	±28	+29 +4	**+40 +4**	+61 +4	+46 +21	+57 +21	+78 +21	+62 +37	**+73 +37**	+94 +37	+87 +62	**+98 +62**	+119 +62
＞400～450 ＞450～500	± 13.5	±20	±31	+32 +5	**+45 +5**	+68 +5	+50 +23	+63 +23	+86 +23	+67 +40	**+80 +40**	+103 +40	+95 +68	**+108 +68**	+131 +68

续表

基本尺寸/mm ╲ 代号 / 等级	r			s			t			u		v	x	y	z
	5	6	7	5	**6**	7	5	6	7	**6**	7	6	6	6	6
≤3	+14 +10	+16 +10	+20 +10	+18 +14	**+20** **+14**	+24 +14	—	—	—	**+24** **+18**	+28 +18	—	+26 +20	—	+32 +26
>3～6	+20 +15	+23 +15	+27 +15	+24 +19	**+27** **+19**	+31 +19	—	—	—	**+31** **+23**	+35 +23	—	+36 +28	—	+43 +35
>6～10	+25 +19	+28 +19	+34 +19	+29 +23	**+32** **+23**	+38 +23	—	—	—	**+37** **+28**	+43 +28	—	+43 +28	—	+51 +42
>10～14	+31 +23	+34 +23	+41 +23	+36 +28	**+39** **+28**	+46 +28	—	—	—	**+44** **+33**	+51 +33	—	+51 +40	—	+61 +50
>14～18							—	—	—			+50 +39	+56 +45	—	+71 +60
>18～24	+37 +28	+41 +28	+49 +28	+44 +35	**+48** **+35**	+56 +35	—	—	—	**+54** **+41**	+62 +41	+60 +47	+67 +54	+76 +63	+86 +73
>24～30							+50 +41	+54 +41	+62 +41	**+61** **+48**	+69 +48	+68 +55	+77 +64	+88 +75	+101 +88
>30～40	+45 +34	+50 +34	+59 +34	+54 +43	**+59** **+43**	+68 +43	+59 +48	+64 +48	+73 +48	**+76** **+60**	+85 +60	+84 +68	+96 +80	+110 +94	+128 +112
>40～50							+65 +54	+70 +54	+79 +54	**+86** **+70**	+95 +70	+97 +81	+113 +97	+130 +114	+152 +136
>50～65	+54 +41	+60 +41	+71 +41	+66 +53	**+72** **+53**	+83 +53	+79 +66	+85 +66	+96 +66	**+106** **+87**	+117 +87	+121 +102	+141 +122	+163 +144	+191 +172
>65～80	+56 +43	+62 +43	+73 +43	+72 +59	**+78** **+59**	+89 +59	+88 +75	+94 +75	+105 +75	**+121** **+102**	+132 +102	+139 +120	+165 +146	+193 +174	+229 +210
>80～100	+66 +51	+73 +51	+86 +51	+86 +71	**+93** **+71**	+106 +71	+106 +91	+113 +91	+126 +91	**+146** **+124**	+159 +124	+168 +146	+200 +178	+236 +214	+280 +258
>100～120	+69 +54	+76 +54	+89 +54	+94 +79	**+101** **+79**	+114 +79	+119 +104	+126 +104	+139 +104	**+166** **+144**	+179 +144	+194 +172	+232 +210	+226 +254	+332 +310
>120～140	+81 +63	+88 +63	+103 +63	+110 +92	**+117** **+92**	+132 +92	+140 +122	+147 +122	+162 +122	**+195** **+170**	+210 +170	+227 +202	+273 +248	+325 +300	+390 +365
>140～160	+83 +65	+90 +65	+105 +65	+118 +100	**+125** **+100**	+140 +100	+152 +134	+159 +134	+174 +134	**+215** **+190**	+230 +190	+253 +228	+305 +280	+365 +340	+440 +415
>160～180	+86 +68	+93 +68	+108 +68	+126 +108	**+133** **+108**	+148 +108	+164 +146	+171 +146	+186 +146	**+235** **+210**	+250 +210	+277 +252	+335 +310	+405 +380	+490 +465
>180～200	+97 +77	+106 +77	+123 +77	+142 +122	**+151** **+122**	+168 +122	+186 +166	+195 +166	+212 +166	**+265** **+236**	+282 +236	+313 +284	+379 +350	+454 +425	+549 +520
>200～225	+100 +80	+109 +80	+126 +80	+150 +130	**+159** **+130**	+176 +130	+200 +180	+209 +108	+226 +180	**+287** **+258**	+304 +258	+339 +310	+414 +385	+449 +470	+604 +575
>225～250	+104 +84	+113 +84	+130 +84	+160 +140	**+169** **+140**	+186 +140	+216 +196	+225 +196	+242 +196	**+313** **+284**	+330 +284	+369 +340	+454 +425	+549 +520	+669 +640
>250～280	+117 +94	+126 +91	+146 +94	+181 +158	**+190** **+159**	+210 +158	+241 +218	+250 +218	+270 +218	**+347** **+315**	+367 +315	+417 +385	+507 +475	+612 +580	+742 +710
>280～315	+121 +98	+130 +98	+150 +98	+198 +170	**+202** **+170**	+222 +170	+263 +240	+272 +240	+293 +240	**+382** **+350**	+402 +350	+457 +425	+557 +525	+682 +650	+822 +790
>315～355	+133 +108	+144 +108	+165 +108	+215 +190	**+226** **+190**	+247 +190	+293 +268	+304 +268	+325 +268	**+426** **+390**	+447 +390	+511 +475	+626 +590	+766 +730	+936 +900
>355～400	+139 +114	+150 +114	+171 +114	+233 +208	**+244** **+208**	+265 +208	+319 +294	+330 +294	+351 +294	**+471** **+435**	+492 +435	+566 +530	+696 +660	+856 +820	+1036 +1000
>400～450	+153 +126	+166 +126	+189 +126	+259 +232	**+272** **+232**	+295 +232	+357 +330	+370 +330	+393 +330	**+530** **+490**	+553 +490	+635 +595	+780 +740	+980 +920	+1140 +1100
>450～500	+159 +132	+172 +132	+195 +132	+279 +252	**+292** **+252**	+315 +252	+387 +360	+400 +360	+423 +360	**+580** **+540**	+603 +540	+700 +660	+860 +820	+1040 +1000	+1290 +1250

注：* 基本尺寸小于 1mm 时，各级的 a 和 b 均不采用。
黑体字为优先公差带。

附表 E-5　孔的极限偏差(摘自(GB/T1800.3—1998)

代号	A*	B*		C		D				E		F			
基本尺寸/mm \ 等级	11	11	12	**11**	12	8	**9**	10	11	8	9	6	7	**8**	9
≤3	+330 +270	+200 +140	+240 +140	**+120 +60**	+160 +60	+34 +20	**+45 +20**	+60 +20	+80 +20	+28 +14	+39 +14	+12 +6	+16 +6	**+20 +6**	+31 +6
>3～6	+345 +270	+215 +140	+260 +140	**+145 +70**	+190 +70	+48 +30	**+60 +30**	+78 +30	+105 +30	+38 +20	+50 +20	+18 +10	+22 +10	**+28 +10**	+40 +10
>6～10	+370 +280	+240 +150	+300 +150	**+170 +80**	+230 +80	+62 +40	**+76 +40**	+98 +40	+130 +40	+47 +25	+61 +25	+22 +13	+28 +13	**+35 +13**	+49 +13
>10～14	+400 +290	+260 +150	+330 +150	**+205 +95**	+275 +95	+77 +50	**+93 +50**	+120 +50	+160 +50	+59 +32	+75 +32	+27 +16	+34 +16	**+43 +16**	+59 +16
>14～18															
>18～24	+430 +300	+290 +160	+370 +160	**+240 +110**	+320 +110	+98 +65	**+117 +65**	+149 +65	+195 +65	+73 +40	+92 +40	+33 +20	+41 +20	**+53 +20**	+72 +20
>24～30															
>30～40	+470 +310	+330 +170	+420 +170	**+280 +120**	+370 +120	+119 +80	**+142 +80**	+180 +80	+240 +80	+89 +50	+112 +50	+41 +25	+50 +25	**+64 +25**	+87 +25
>40～50	+480 +320	+340 +180	+430 +180	**+290 +130**	+380 +130										
>50～65	+530 +340	+380 +190	+490 +190	**+330 +140**	+440 +140	+146 +100	**+174 +100**	+220 +100	+290 +100	+106 +60	+134 +60	+49 +30	+60 +30	**+76 +30**	+104 +30
>65～80	+550 +360	+390 +200	+500 +200	**+340 +150**	+450 +150										
>80～100	+600 +380	+440 +240	+570 +240	**+390 +170**	+520 +170	+174 +120	**+207 +120**	+260 +120	+340 +120	+126 +72	+159 +72	+58 +36	+71 +36	**+90 +35**	+123 +36
>100～120	+630 +410	+460 +240	+590 +240	**+400 +180**	+530 +180										
>120～140	+710 +460	+510 +260	+660 +260	**+450 +200**	+600 +200	+208 +145	**+245 +145**	+305 +145	+395 +145	+148 +85	+185 +85	+68 +43	+83 +43	**+106 +43**	+143 +43
>140～160	+770 +520	+530 +280	+680 +280	**+460 +210**	+610 +210										
>160～180	+830 +580	+560 +310	+710 +310	**+480 +230**	+630 +230										
>180～200	+950 +660	+630 +340	+800 +340	**+530 +240**	+700 +240	+242 +170	**+285 +170**	+355 +170	+460 +170	+172 +100	+215 +100	+79 +50	+96 +50	**+122 +50**	+165 +50
>200～225	+1030 +740	+670 +380	+840 +380	**+550 +260**	+720 +260										
>225～250	+1110 +820	+710 +420	+880 +420	**+570 +280**	+740 +280										
>250～280	+1240 +920	+800 +480	+1000 +480	**+620 +300**	+820 +300	+271 +190	**+320 +190**	+400 +190	+510 +190	+191 +110	+240 +110	+88 +56	+108 +56	**+137 +56**	+186 +56
>280～315	+1370 +1050	+860 +540	+1060 +540	**+650 +330**	+850 +330										
>315～355	+1560 +1200	+960 +600	+1170 +600	**+720 +360**	+930 +360	+299 +210	**+350 +210**	+440 +210	+570 +210	+214 +125	+265 +125	+98 +62	+119 +62	**+151 +62**	+202 +62
>355～400	+1710 +1350	+1040 +680	+1250 +680	**+760 +400**	+970 +400										
>400～450	+1900 +1500	+1160 +760	+1390 +760	**+840 +440**	+1070 +440	+327 +230	**+385 +230**	+480 +230	+630 +230	+232 +135	+290 +135	+108 +68	+131 +68	**+165 +68**	+223 +68
>450～500	+2050 +1650	+1240 +840	+1470 +840	**+880 +480**	+1110 +488										

续表

基本尺寸/mm \ 等级 \ 代号	G		H							Js			K		
	6	**7**	6	**7**	**8**	**9**	10	**11**	12	6	7	8	6	**7**	8
≤3	+8 +2	**+12** **+2**	+6 0	**+10** **0**	**+14** **0**	**+25** **0**	+40 0	**+60** **0**	+100 0	±3	±5	±7	0 −6	**0** **−10**	0 −14
>3～6	+12 +4	**+16** **+4**	+8 0	**+12** **0**	**+18** **0**	**+30** **0**	+48 0	**+75** **0**	+120 0	±4	±6	±9	+2 −6	**+3** **−9**	+5 −13
>6～10	+14 +5	**+20** **+5**	+9 0	**+15** **0**	**+22** **0**	**+36** **0**	+58 0	**+90** **0**	+150 0	±4.5	±7	±11	+2 −7	**+5** **−10**	+6 −16
>10～14 >14～18	+17 +6	**+24** **+6**	+11 0	**+18** **0**	**+27** **0**	**+43** **0**	+70 0	**+110** **0**	+180 0	±5.5	±9	±13	+2 −9	**+6** **−12**	+8 −19
>18～24 >24～30	+20 +7	**+28** **+7**	+13 0	**+21** **0**	**+33** **0**	**+52** **9**	+84 0	**+130** **0**	+210 0	±6.5	±10	±16	+2 −11	**+6** **−15**	+10 −23
>30～40 >40～50	+25 +9	**+34** **+9**	+16 0	**+25** **0**	**+39** **0**	**+62** **0**	+100 0	**+160** **0**	+250 0	±8	±12	±19	+3 −13	**+7** **−18**	+12 −27
>50～65 >65～80	+29 +10	**+40** **+10**	+19 0	**+30** **0**	**+46** **0**	**+74** **0**	+120 0	**+190** **0**	+300 0	±9.5	±15	±23	+4 −15	**+9** **−21**	+14 −32
>80～100 >100～120	+34 +12	**+47** **+12**	+22 0	**+35** **0**	**+54** **0**	**+87** **0**	+140 0	**+220** **0**	+350 0	±11	±17	±27	+4 −18	**+10** **−25**	+16 −38
>120～140 >140～160 >160～180	+39 +14	**+54** **+14**	+25 0	**+40** **0**	**+63** **0**	**+100** **0**	+160 0	**+250** **0**	+400 0	±12.5	±20	±31	+4 −21	**+12** **−28**	+20 −43
>180～200 >200～225 >225～250	+44 +15	**+61** **+15**	+29 0	**+46** **0**	**+72** **0**	**+115** **0**	+185 0	**+290** **0**	+460 0	±14.5	±23	±36	+5 −24	**+13** **−33**	+22 −50
>250～280 >280～315	+49 +17	**+69** **+17**	+32 0	**+52** **0**	**+81** **0**	**+130** **0**	+210 0	**+320** **0**	+520 0	±16	±26	±40	+5 −27	**+16** **−36**	+25 −56
>315～355 >355～400	+54 +18	**+75** **+18**	+36 0	**+57** **0**	**+89** **0**	**+140** **0**	+230 0	**+360** **0**	+570 0	±18	±28	±44	+7 −29	**+17** **−40**	+28 −61
>400～450 >450～500	+60 +20	**+83** **+20**	+40 0	**+63** **0**	**+97** **0**	**+155** **0**	+250 0	**+400** **0**	+630 0	±20	±31	±48	+8 −32	**+18** **−45**	+29 −68

续表

代号	js			k			m			n			p		
基本尺寸/mm　　等级	5	6	7	5	**6**	7	5	6	7	5	**6**	7	5	**6**	7
≤3	±2	±3	±5	+4 0	**+6** **0**	**+10** **0**	**+6** **+2**	**+8** **+2**	**+12** **+2**	**+8** **+4**	**+10** **+4**	+14 +4	+10 +6	**+12** **+6**	**+16** **+6**
>3~6	±2.5	±4	±6	+6 +1	**+9** **+1**	+13 +1	+9 +4	+12 +4	+16 +4	+13 +8	**+16** **+8**	+20 +8	+17 +12	**+20** **+12**	+24 +12
>6~10	±3	±4.5	±7	+7 +1	+10 +1	+16 +1	+12 +6	+15 +6	+21 +6	+16 +10	**+19** **+10**	+25 +10	+21 +15	**+24** **+15**	+30 +15
>10~14 >14~18	±4	±5.5	±9	+9 +1	**+12** **+1**	+19 +1	+15 +7	+18 +7	+25 +7	+20 +12	**+23** **+12**	+30 +12	+26 +18	**+29** **+18**	+36 +18
>18~24 >24~30	±4.5	±6.5	±10	+11 +2	**+15** **+2**	+23 +2	+17 +8	+21 +8	+29 +8	+24 +15	**+28** **+15**	+36 +15	+31 +22	**+35** **+22**	+43 +22
>30~40 >40~50	±5.5	±8	±12	+13 +2	**+18** **+2**	+27 +2	+20 +9	+25 +9	+34 +9	+28 +17	**+33** **+17**	+42 +17	+37 +26	**+42** **+26**	+51 +26
>50~65 >65~80	±6.5	±9.5	±15	+15 +2	**+21** **+2**	+32 +2	+24 +11	+30 +11	+41 +11	+33 +20	**+39** **+20**	+50 +20	+45 +32	**+51** **+32**	+62 +32
>80~100 >100~120	±7.5	±11	±17	+18 +3	**+25** **+3**	+38 +3	+28 +3	+35 +13	+48 +13	+38 +23	**+45** **+23**	+58 +23	+52 +37	**+59** **+37**	+72 +37
>120~140 >140~160 >160~180	±9	±12.5	±20	+21 +3	**+28** **+3**	+43 +3	+33 +15	+40 +15	+55 +15	+45 +27	**+52** **+27**	+67 +27	+61 +43	**+68** **+43**	+83 +43
>180~200 >200~225 >225~250	±10	±14.5	±23	+24 +4	**+33** **+4**	+50 +4	+37 +17	+46 +17	+63 +17	+51 +31	**+60** **+31**	+77 +31	+70 +50	**+79** **+50**	+96 +50
>250~280 >280~315	±11.5	±16	±26	+27 +4	**+36** **+4**	+56 +4	+43 +20	+52 +20	+72 +20	+57 +34	**+66** **+34**	+86 +34	+79 +56	**+88** **+56**	+108 +56
>315~355 >355~400	±12.5	±18	±28	+29 +4	**+40** **+4**	+61 +4	+46 +21	+57 +21	+78 +21	+62 +37	**+73** **+37**	+94 +37	+87 +62	**+98** **+62**	+119 +62
>400~450 >450~500	±13.5	±20	±31	+32 +5	**+45** **+5**	+68 +5	+50 +23	+63 +23	+86 +23	+67 +40	**+80** **+40**	+103 +40	+95 +68	**+108** **+68**	+131 +68

附录F　紧固件通孔及沉孔尺寸

附表 F-1　紧固件通件(GB/T 5277—1985)及沉孔(GB/T 152.2—1988)尺寸　　(mm)

螺纹直径 d			M3	M4	M5	M6	M8	M10	M12	M16	M20	M24	M30
螺栓和螺钉通孔直径 d_h (GB/T 5277)	精装配		3.2	4.3	5.3	6.4	8.4	10.5	13	17	21	25	31
	中等装配		3.4	4.5	5.5	6.6	9	11	13.5	17.5	22	26	33
	粗装配		3.6	4.8	5.8	7	10	12	14.5	18.5	24	28	35
六角头螺栓和六角螺母用沉孔 (GB/T 152.4)	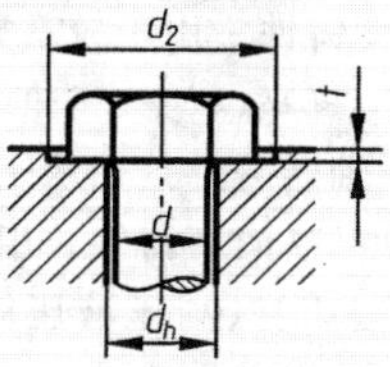 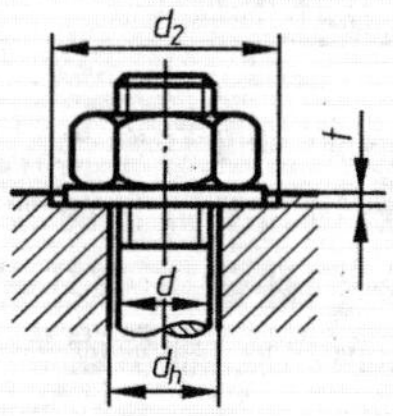	d_2	9	10	11	13	18	22	26	33	40	48	61
		t	t值很小，主要是在不经机加工的铸造或锻造表面或不平整的表面加工一环形平面，使支承面垂直于螺栓轴线，保证连接质量和可靠性										
沉头螺钉用沉孔 (GB/T 152.5)	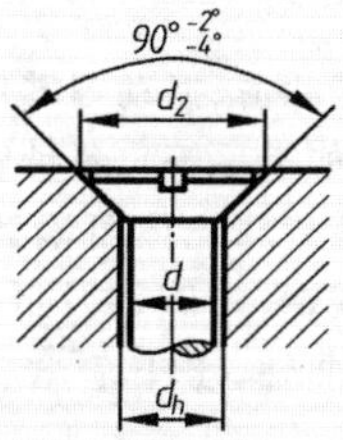	d_2	6.4	9.6	10.6	12.8	17.6	20.3	24.4	32.4	40.4	—	—
开槽圆柱头螺钉用沉孔 (GB/T 152.3)	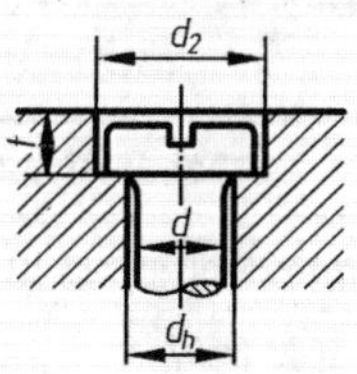	d_2	—	8	10	11	15	18	20	26	33	—	—
		t	—	3.2	4	4.7	6	7	8	10.5	12.5	—	—
内六角圆柱头螺钉用沉孔 (GB/T 152.3)	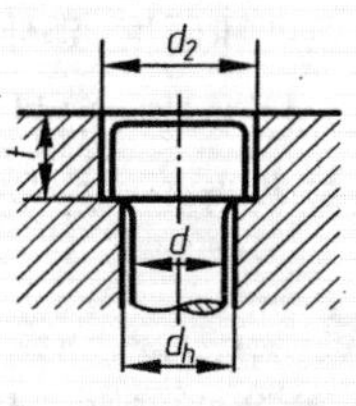	d_2	6	8	10	11	15	18	20	26	33	40	48
		t	3.4	4.6	5.7	6.8	9	11	13	17.5	21.5	25.5	32

附录G 常用材料及热处理名词解释

附表 G-1 常用铸铁牌号

名称	牌号	牌号表示方法说明	硬度(HB)	特性及用途举例
灰铸铁	HT100	"HT"是灰铸铁的代号，它后面的数字表示抗拉强度。("HT"是"灰、铁"两字汉语拼音的第一个字母)	143～229	属低强度铸铁。用于盖、手把、手轮等不重要零件
	HT150		143～241	属中等强度铸铁。用于一般铸件如机床座、端盖、皮带轮、工作台等
	HT200 HT250		163～255	属高强度铸铁。用于较重要铸件如汽缸、齿轮、凸轮、机座、床身、飞轮、皮带轮、齿轮箱、阀壳、联轴器、衬筒、轴承座等
	HT300 HT350 HT400		170～255 170～269 197～269	属高强度、高耐磨铸铁。用于重要铸件如齿轮、凸轮、床身、高压液压筒、液压泵和滑阀的壳体、车床卡盘等
球墨铸铁	QT450-10 QT500-7 QT600-3	"QT"是球墨铸铁的代号，它后面的数字分别表示强度和延伸率的大小。("QT"是"球、铁"两字汉语拼音的第一个字母)	170～207 187～255 197～269	具有较高的强度和塑性。广泛用于机械造业中受磨损和受冲击的零件，如曲轴、凸轮轴、齿轮、汽缸套、活塞环、摩擦片、中低压阀门、千斤顶底座、轴承座等
可锻铸铁	KTH300-06 KTH330-08 KTZ450-05	"KTH"、"KTZ"分别是黑心和珠光体可锻铸铁的代号，它们后面的数字分别表示强度和延伸率的大小。("KT"是"可、铁"两字汉语拼音的第一个字母)	120～163 120～163 152～219	用于承受冲击、振动等零件，如汽车零件、机床附件(如扳手等)、各种管接头、低压阀门、农机具等。珠光体可锻铸铁在某些场合可代替低碳钢、中碳钢及低合金钢，如用于制造齿轮、曲轴、连杆等

附表 G-2 常用钢材牌号

名称	牌号	牌号表示方法说明	特性及用途举例
碳素结构钢	Q215-A Q215-A·F	牌号由屈服点字母(Q)、屈服点数值、质量等级符号(A、B、C、D)和脱氧方法(F—沸腾钢，b—半镇静钢，Z—镇静钢，TZ—特殊镇静钢)等四部分按顺序组成。在牌号组成表示方法中"Z"与"TZ"符号可以省略	塑性大，抗拉强度低，易焊接。用于炉撑、铆钉、垫圈、开口销等
	Q235-A Q235-A·F		有较高的强度和硬度，延伸率也相当大，可以焊接，用途很广，是一般机械上的主要材料，用于低速轻载齿轮、键、拉杆、钩子、螺栓、套圈等
	Q255-A Q255-A·F		延伸率低，抗拉强度高，耐磨性好，焊接性不够好。用于制造不重要的轴、键、弹簧等

续表

名称		牌号	牌号表示方法说明	特性及用途举例
优质碳素结构钢	普通含锰钢	15	牌号数字表示钢中平均含碳量。如“45”表示平均含碳量为0.45%	塑性、韧性、焊接性能和冷冲性能均极好，但强度低。用于螺钉、螺母、法兰盘、渗碳零件等
		20		用于不经受很大应力而要求很大韧性的各种零件，如杠杆、轴套、拉杆等。还可用于表面硬度高而心部强度要求不大的渗碳与氰化零件
		35		不经热处理可用于中等载荷的零件，如拉杆、轴、套筒、钩子等；经调质处理后适用于强度及韧性要求较高的零件如传动轴等
		45		用于强度要求较高的零件。通常在调质或正火后使用，用于制造齿轮、机床主轴、花键轴、联轴器等。由于它的淬透性差，因此截面大的零件很少采用
		60		这是一种强度和弹性相当高的钢。用于制造连杆、轧辊、弹簧、轴等
		75		用于板弹簧、螺旋弹簧以及受磨损的零件
	较高含锰钢	15Mn	化学元素符号Mn，表示钢的含锰量较高	它的性能与15号钢相似，但淬透性及强度和塑性比15号都高些。用于制造中心部分的机械性能要求较高，且须渗碳的零件。焊接性好
		45Mn		用于受磨损的零件，如转轴、心轴、齿轮、叉等。焊接性差。还可做受较大载荷的离合器盘、花键轴、凸轮轴、曲轴等
		65Mn		钢的强度高。淬透性较大，脱碳倾向小，但有过热敏感性，易生淬火裂纹，并有回火脆性。适用于较大尺寸的各种扁、圆弹簧，以及其他经受摩擦的农机具零件

续表

名称		牌号	牌号表示方法说明	特性及用途举例
合金钢	锰钢	15Mn2	① 合金钢牌号用化学元素符号表示； ② 含碳量写在牌号之前，但高合金钢如高速工具钢、不锈钢等的含碳量不标出； ③ 合金工具钢含碳量≥1%时不标出；＜1%时，以千分之几来标出； ④ 化学元素的含量＜1.5%时不标出；含量＞1.5%时才标出，如Cr17，17是铬的含量，约为17%	用于钢板、钢管，一般只经正火
		20Mn2		对于截面较小的零件，相当于20Cr钢，可作渗碳小齿轮、小轴、活塞销、柴油机套筒、气门推杆、钢套等
		30Mn2		用于调质钢，如冷镦的螺栓及截面较大的调质零件
		45Mn2		用于截面较小的零件，相当于40Cr钢，直径在50mm以下时，可代替40Cr作重要螺栓及零件
	硅锰钢	27SiMn		用于调质钢
		35SiMn		除要求低温（－20℃），冲击韧性很高时，可全面代替40Cr钢作调质零件，亦可部分代替40CrNi钢，此钢耐磨、耐疲劳性均佳，适用于作轴、齿轮及在430℃以下的重要紧固件
	铬钢	15Cr		用于船舶主机上的螺栓、活塞销、凸轮、凸轮轴、汽轮机套环，机车上用的小零件，以及用于心部韧性高的渗碳零件
		20Cr		用于柴油机活塞销、凸轮、轴、小拖拉机传动齿轮，以及较重要的渗碳件。20MnVB、20Mn2B可代替它使用
	铬锰钛钢	18CrMnTi		工艺性能特优，用于汽车、拖拉机等上的重要齿轮，和一般强度、韧性均高的减速器齿轮，供渗碳处理
		35CrMnTi		用于尺寸较大的调质钢件
	铬钼铝钢	38CrMoAlA		用于渗氮零件，如主轴、高压阀杆、阀门、橡胶及塑料挤压机等
	铬轴承钢	GCr6	铬轴承钢，牌号前有汉语拼音字母“G”，并且不标出含碳量。含铬量以千分之几表示	一般用来制造滚动轴承中的直径小10mm的钢球或滚子
		GCr15		一般用来制造滚动轴承中尺寸较大的钢球、滚子、内圈和外圈
铸钢		ZG200-400	铸钢件，前面一律加汉语拼音字母“ZG”	用于各种形状的零件，如机座、变速箱壳等
		ZG270-500		用于各种形状的零件，如飞轮、机架、水压机工作缸、横梁等。焊接性尚可
		ZG310-570		用于各种形状的零件，如联轴器汽缸齿轮，及重负荷的机架等

附表 G-3　常用有色金属牌号

名称		牌号	说　明	用途举例
青铜	压力加工用青铜	QSn4-3	Q表示青铜，后面加第一个主添加元素符号，及除基元素铜以外的成分数字组来表示	扁弹簧、圆弹簧、管配件和化工器械
		QSn6.5-0.1		耐磨零件、弹簧及其他零件
	铸造锡青铜	ZQSn5-5-5	Z表示铸造，其他同上	用于承受摩擦的零件，如轴套、轴承填料和承受10个大气压以下蒸汽和水的配件
		ZQSn10-1		用于承受剧烈摩擦的零件，如丝杠、轻型轧钢机轴承、蜗轮等
		ZQSn8-12		用于制造轴承的轴瓦及轴套，以及在特别重载荷条件下工作的零件
	铸造无锡青铜	ZQAl9-4		强度高，减磨性、耐蚀性、受压、铸造性均良好。用于在蒸汽和海水条件下工作的零件，及受摩擦和腐蚀的零件，如蜗轮衬套、轧钢机压下螺母等
		ZQAl10-5-1.5		制造耐磨、硬度高、强度好的零件，如蜗轮、螺母、轴套及防锈零件
		ZQSn5-21		用在中等工作条件下轴承的轴套和轴瓦等
黄铜	压力加工用黄铜	H59	H表示黄铜，后面数字表示基元素铜的含量。黄铜系铜锌合金	热压及热轧零件
		H62		散热器、垫圈、弹簧、各种网、螺钉及其他零件
	铸造黄铜	ZHMn58-2-2	Z表示铸造，后面符号表示主添加元素，后一组数字表示除锌以外的其他元素含量	用于制造轴瓦、轴套及其他耐磨零件
		ZHAl 66-6-3-2		用于制造丝杠螺母、受重载荷的螺旋杆、压下螺钉的螺母及在重载荷下工作的大型蜗轮轮缘等
铝	硬铝合金	LY1	LY表示硬铝，后面是顺序号	时效状态下塑性良好。切削加工性在时效状态下良好；在退火状态下降低。耐蚀性中等。系铆接铝合金结构用的主要铆钉材料
		LY8		退火和新淬火状态下塑性中等。焊接性好。切削加工性在时效状态下良好；退火状态下降低。耐蚀性中等。用于各种中等强度的零件和构件、冲压的连接部件、空气螺旋桨叶及铆钉等
	锻铝合金	LD2	LD表示锻铝，后面是顺序号	热态和退火状态下塑性高：时效状态下中等。焊接性良好。切削加工性能在软态下不良；在时效状态下良好。耐蚀性高。用于要求在冷状态和热状态时具有高可塑性，且承受中等载荷的零件和构件
	铸造铝合金	ZL301	Z表示铸造，L表示铝，后面系顺序号	用于受重大冲击负荷、高耐蚀的零件
		ZL102		用于汽缸活塞以及高温工作的复杂形状零件
		ZL401		适用于压力铸造用的高强度铝合金

续表

名称		牌号	说明	用途举例
轴承合金	锡基轴承合金	ZChSnSb9-7	Z表示铸造，Ch表示轴承合金，后面系主元素，再后面是第一添加元素。一组数字表示除第一个基元素外的添加元素含量	韧性强，适用于内燃机、汽车等轴承及轴衬
		ZChSnSb 13-5-12		适用于一般中速、中压的各种机器轴承及轴衬
	铅基轴承合金	ZChPbSn 16-16-2		用于浇铸汽轮机、机车、压缩机的轴承
		ChPbSb15-5		用于浇铸汽油发动机、压缩机、球磨机等的轴承

附表 G-4 热处理名词解释

名词	标注举例	说明	目的	适用范围
退火	Th	加热到临界温度以上，保温一定时间，然后缓慢冷却(例如在炉中冷却)	1. 消除在前一工序(锻造、冷拉等)中所产生的内应力。 2. 降低硬度，改善加工性能。 3. 增加塑性和韧性。 4. 使材料的成分或组织均匀，为以后的热处理准备条件	完全退火适用于含碳量0.8%以下的铸锻焊件；为消除内应力的退火主要用于铸件和焊件
正火	Z	加热到临界温度以上，保温一定时间，再在空气中冷却	1. 细化晶粒。 2. 与退火后相比，强度略有增高，并能改善低碳钢的切削加工性能	用于低、中碳钢。对低碳钢常用以代替退火
淬火	C62(淬火后回火至60～65HRC) Y35(油冷淬火后回火至30～40HRC)	加热到临界温度以上，保温一定时间，再在冷却剂(水、油或盐水)中急速地冷却	1. 提高硬度及强度。 2. 提高耐磨性	用于中、高碳钢。淬火后钢件必须回火
回火	回火	经淬火后再加热到临界温度以下的某一温度，在该温度停留一定时间，然后在水、油或空气中冷却	1. 消除淬火时产生的内应力。 2. 增加韧性，降低硬度	高碳钢制的工具、量具、刃具用低温(150℃～250℃)回火。 弹簧用中温(270℃～450℃)回火
调质	T235(调质至220～250HB)	在450℃～650℃进行高温回火称"调质"	可以完全消除内应力，并获得较高的综合机械性能	用于重要的轴、齿轮，以及丝杠等零件

续表

名词	标注举例	说　明	目　的	适用范围
表面淬火	H54(火焰加热淬火后,回火至52～58HRC) G52(高频淬火后,回火至50～55HRC)	用火焰或高频电流将零件表面迅速加热至临界温度以上,急速冷却	使零件表面获得高硬度,而心部保持一定的韧性,使零件既耐磨又能承受冲击	用于重要的齿轮以及曲轴、活塞销等
渗碳淬火	S0.5-C59(渗碳层深0.5,淬火硬度56～62HRC)	在渗碳剂中加热到900℃～950℃,停留一定时间,将碳渗入钢表面,深度约0.5～2mm,再淬火后回火	增加零件表面硬度和耐磨性,提高材料的疲劳强度	适用于含碳量为0.08%～0.25%的低碳钢及低碳合金钢
氮化	D0.3-900(氮化深度0.3,硬度大于850HV)	使工作表面渗入氮元素	增加表面硬度、耐磨性、疲劳强度和耐蚀性	适用于含铝、铬、钼、锰等的合金钢,例如要求耐磨的主轴、量规、样板等
碳氮共渗	Q59(氰化淬火后,回火至56～62HRC)	使工作表面同时饱和碳和氮元素	增加表面硬度、耐磨性、疲劳强度和耐蚀性	适用于碳素钢及合金结构钢,也适用于高速钢的切削工具
时效处理	时效处理	1. 天然时效:在空气中长期存放半年到一年以上。 2. 人工时效:加热到500℃～600℃,在这个温度保持10～20h或更长时间	使铸件消除其内应力而稳定其形状和尺寸	用于机床床身等大型铸件
冰冷处理	冰冷处理	将淬火钢继续冷却至室温以下的处理方法	进一步提高硬度、耐磨性,并使其尺寸趋于稳定	用于滚动轴承的钢球、量规等
发蓝、发黑	发蓝或发黑	氧化处理。用加热办法使工件表面形成一层氧化铁所组成的保护性薄膜	防腐蚀、美观	用于一般常见的紧固件
硬度	HB(布氏硬度)	材料抵抗硬的物体压入零件表面的能力称"硬度"。根据测定方法的不同,可分布氏硬度、洛氏硬度、维氏硬度等	硬度测定是为了检验材料经热处理后的机械性能——硬度	用于经退火、正火、调质的零件及铸件的硬度检查
	HRC(洛氏硬度)			用于经淬火、回火及表面化学热处理的零件的硬度检查
	HV(维氏硬度)			特别适用于薄层硬化零件的硬度检查

参考文献

[1] 钱可强.机械制图[M].4版.北京：高等教育出版社，2014.
[2] 蒋寿伟.现代机械工程图学[M].2版.北京：高等教育出版社，2006.
[3] 谭建荣，等.图学基础教程[M].北京：高等教育出版社，2000.
[4] 大连理工大学工程画教研室.画法几何学[M].6版.北京：高等教育出版社，2003.
[5] 大连理工大学工程画教研室.机械制图[M].5版.北京：高等教育出版社，2003.
[6] 何铭新，钱可强.机械制图[M].5版.北京：高等教育出版社，2004.
[7] 刘朝儒，彭福荫，高政一.机械制图[M].5版.北京：高等教育出版社，2001.
[8] 谢步瀛.工程图学[M].上海：上海科学技术出版社，2000.
[9] 汪恺.机械工业基础标准应用手册[M].北京：机械工业出版社，2001.
[10] 机械设计手册编委会.机械设计手册[M].3版.北京：机械工业出版社，2003.
[11] 梁德本，叶玉驹.机械制图手册[M].3版.北京：机械工业出版社，2003.
[12] 国家质量技术监督局.中华人民共和国国家标准 技术制图[M].北京：中国标准出版社，1999.
[13] 国家质量监督检验检疫总局.中华人民共和国国家标准 机械制图[M].北京：中国标准出版社，2004.
[14] 国家技术监督局.中华人民共和国国家标准形状和位置公差[M].北京：中国标准出版社，1997.
[15] 汪恺.形状和位置公差标准应用指南[M].北京：中国标准出版社，2000.
[16] 王槐德.机械制图新旧标准代换教程(修订版) [M].北京：中国标准出版社，2005.
[17] 蒋知民，张洪德.怎样识读《机械制图》新标准[M].4版.北京：机械工业出版社，2005.
[18] 祝燮权.实用紧固件手册[M].2版.上海：上海科学技术出版社，2006.